Alain Giret

GEOGRAPHIE DE L'ECOULEMENT FLUVIAL

www.librairieharmattan.com
harmattan1@wanadoo.fr
diffusion.harmattan@wanadoo.fr

ISBN : 978-2-296-02645-2
EAN : 9782296026452

Alain Giret

GEOGRAPHIE
DE
L'ECOULEMENT FLUVIAL

L'Harmattan
5-7, rue de l'École-Polytechnique ; 75005 Paris
FRANCE

L'Harmattan Hongrie
Könyvesbolt
Kossuth L. u. 14-16
1053 Budapest

Espace L'Harmattan Kinshasa
Fac..des Sc. Sociales, Pol. et
Adm. ; BP243, KIN XI
Université de Kinshasa – RDC

L'Harmattan Italia
Via Degli Artisti, 15
10124 Torino
ITALIE

L'Harmattan Burkina Faso
1200 logements villa 96
12B2260
Ouagadougou 12

Introduction

Il est préférable de nommer *potamologie* la science des fleuves et des rivières, car le terme de *potamologie* provient du grec *"potamos"* qui a le sens de *"fleuve"*. Dans ce cas, cette discipline n'est qu'une partie d'un ensemble beaucoup plus vaste : l'*hydrologie,* mot issu de *hudor* qui signifie seulement *eau*, mais qui rassemble l'*océanographie* ou étude des mers et des océans, la *limnologie* (ou étude des lacs), l'*hydrogéologie* (ou étude des eaux infiltrées dans l'écorce terrestre) et la *nivologie* et la glaciologie (ou étude des eaux sous leur forme solide). Il faudrait y inclure aussi les eaux participant aux *mécanismes du climat* et aux *cycles biologiques* (nourriture, photosynthèse...).

La ***potamologie*** concerne la part des précipitations chues sur les $148{,}7.10^6$ km^2 de terres émergées, non-évaporées, ruisselant à la surface des continents où elles se concentrent en réseaux hydrographiques. Qu'on parvienne à regrouper dans *un* même flux l'eau apportée à l'océan par l'ensemble des fleuves et des rivières, et, selon Sokolov (1975), Tardy (1986) et bien d'autres, on verrait passer chaque année un volume voisin de $42{,}5.10^6$ km^3 d'eau. Ce chiffre peut paraître considérable, et il l'est.

On estime qu'un individu moyen doit maintenir en permanence à l'intérieur de son corps une cinquantaine de litres d'eau, renouvelée toutes les trois semaines : l'actif de ce cycle est assuré pour moitié par la boisson et pour moitié par les aliments. Les premiers 50% sont ainsi assurés par l'eau potable stricto sensu. Suivant les climats, une partie de la boisson est plus ou moins immédiatement transpirée ; ce qui signifie qu'il faut quotidiennement absorber seulement un à deux litres d'eau en climat frais et humide, mais jusqu'à dix litres par jour en climat chaud et aride. Si on retient une moyenne de 4,5 litres par personne, et qu'on l'applique à une population mondiale estimée à six milliards d'individus en l'an 2000, le besoin en eau potable serait voisin de 27 km^3. Au regard des apports fluviaux - $42{,}5.10^6$ km^3 - ces besoins n'en concerneraient que 1,6 parties pour 1 000 000. On en comprend mieux le rôle économique et social joué par les réseaux hydrographiques au cours des siècles, et l'intérêt scientifique des analyses potamologiques.

À l'inverse, au regard de l'hydrosystème planétaire, dont les réserves globales (mers et océans, névés et inlandsis, sol et sous-sol, fleuves, marais et lacs, zoosphère et phytosphère...) sont estimées à $1\,386.10^6$ km^3, l'écoulement n'en concerne que 0,03%, ou 3 parties pour 10 000. Mais son rôle est néanmoins considérable. En effet, en estime à près de 10 000 ans la durée moyenne du séjour des eaux dans les inlandsis, à plus de 3 000 ans dans les océans, à 300 ans dans les nappes souterraines (mais certaines sont fossiles) et encore à 6 ans dans les lacs. Dans les réseaux de chenaux, cette durée se réduit à quelques jours seulement. À *l'échelle* économique, écologique et humaine, l'eau des fleuves est abondante et constamment renouvelée.

Mais ces considérations interfèrent avec deux autres concepts : en amont la surface drainée par le réseau hydrographique et dont dépend, en grande partie, l'ampleur des retours à l'atmosphère, et en aval le rôle de la zonalité climatique dispensatrice d'eau pluviale mais aussi déterminante dans l'ampleur de l'évapotranspiration.

Dans ce contexte, l'*abondance moyenne* donne une vision générale des processus unissant l'actif pluvial (au sens large) et le passif potamologique. Aussi impose-t-elle la définition d'une unité de mesure adaptée à la diversité dimensionnelle des bassins hydrographiques. Elle fait aussi apparaître *le rôle prédominant des* conditions *climatiques*. Par la notion de *régime fluvial*, l'hydrologue Pardé avait construit une typologie des écoulements suivant leur lien avec ces conditions climatiques. Sous réserve de définir une unité de référence, cette méthode permet de décrire la régularité des écoulements (reproduction interannuelle d'un même modèle), ou leur pondération (écart saisonnier entre les débits).

Cependant, l'objectif de cet ouvrage est de réaliser une géographie de l'écoulement à l'échelle de l'ensemble des continents. À cette fin, il fallait pouvoir traiter le maximum de données moyennes et saisonnière, à la fois fiables et représentatives de la planète. En 1965, la Treizième Conférence Générale de l'Unesco proclama *Décennie Hydrologique Internationale* la décennie 1965-1974. Par la suite, 105 des 125 états membres de l'Organisation Internationale apportèrent leur contribution. Publiées dans les années 70-80, ces données nous ont permis d'analyser le module annuel moyen et la répartition saisonnière de quelque 695 jaugeages.

Notre problématique a pris deux directions. L'une est la répartition géographique des régimes saisonniers dont nous avons réduit les causes à trois facteurs climatiques : le *gel hivernal* des plaines continentales et des montagnes tempérées, l'*évaporation estivale* des moyennes latitudes océanisées et supratropicales, et l'*influence exclusivement pluviale* entre les tropiques. L'autre direction visait à rechercher une répartition géographique des modules annuels moyens. Du fait de l'hétérogénéité des bassins-versants, nous avons eu recours à une unité adimensionnelle, le module spécifique. Celui-ci fut trié suivant une courbe monotone décroissante, et une répartition zonale de familles de modules se trouva révélée. La tentation fut grande de rechercher un lien entre la répartition géographique des régimes et celle des modules.

Ce lien existe, et c'est ce que nous allons essayer d'illustrer et de démontrer. La méthode utilisée est surtout statistique, mais par esprit scientifique il fallait prouver la représentativité de la distribution géographique des stations. Pour cela, le choix de la répartition des modules en classes a été *abandonné à la logique d'un ordinateur*, lequel, parfaitement objectif, a établi des distributions que, trop *subjectif*, le seul raisonnement de l'homme n'aurait pas su réaliser.

Encore fallait-il que les sources soient représentatives de l'écoulement planétaire. Pour être représentatifs de l'écoulement sur les Terres émergées, les jaugeages collectés par l'Unesco doivent se répartir assez régulièrement. Australie et Antarctique exclus, les terres émergées couvrent 106 millions de km^2. Chaque jaugeage drainerait ainsi 150 000 km^2, soit 0,14% du total ; c'est une densité très raisonnable ! Le plus vaste des bassins-versants reste l'Amazone, jaugé à Obidos (6 150 000 km^2), et le plus étroit est la Rivière Rochon aux Seychelles (2,1 km^2). Le calcul donne une moyenne de 152 900 km^2, mais la médiane : 33 800 km^2, est plus représentative. Les bassins jaugés étaient plutôt de taille médiocre, ce qui les rend plus représentatifs des conditions climatiques régionales.

Les débits bruts sont compris entre 190 000 et 0,1m^3/s, mais l'usage du module spécifique (exprimé en l/s/km^2), permet une meilleure comparaison de bassins de tailles différentes. Les résultats sont très diversifiés : la Cleddau à Milford, dans l'île du sud de la Nouvelle-Zélande, écoule 171 l/s/km^2, la Humboldt à Imlay, dans le désert du Nevada, n'écoule que 0,075 l/s/km^2. Mais le module moyen : 19,6 l/s/km^2, se trouve être assez proche de celui de la médiane : 10,1 l/s/km^2 ; et ces deux valeurs corroborent une autre approche. Les continents écoulent annuellement 42 500 km^3 d'eau vers les océans ; soit un écoulement global de 1 348 000m^3/s. Rapporté à l'aire des terres émergées, le module théorique de 12,7 l/s/km^2 se situe entre *la* moyenne et la médiane de la série de données. Nous en déduisons une bonne représentativité de celles-ci.

Ces quelque 695 jaugeages offrent deux types de données : une moyenne annuelle, et douze moyennes mensuelles. À partir de ces dernières, nous avons pu analyser finement le rôle réel des conditions climatiques sur l'écoulement, zone par zone climatique et continent par continent. Mais les moyennes annuelles sont déjà représentatives d'une distribution climatique des cours d'eau, qu'un traitement statistique permet de classer. Au-delà des régimes chers à M. Pardé, il devenait possible d'établir une typologie associant les régimes et les abondances réelles. En effet, cette connaissance est indispensable pour estimer les disponibilités hydrologiques régionales, car, à aucun moment, nous ne détacherons jamais cette diversité naturelle du rôle économique des cours d'eau et des aménagements qui ont pu les affecter : navigation, irrigation, hydro-électricité…

Premier chapitre :
L'abondance moyenne

Les eaux fluviales s'écoulent dans les chenaux d'un réseau hydrographique dont le développement draine un espace appelé bassin hydrographique ou bassin-versant (le bassin de la Loire couvre 110 000 km^2, celui de l'Amazone est de $6{,}15.10^9$ km^2). Mais cet écoulement ne concerne qu'une partie des précipitations tombées sur le bassin hydrographique. En dehors des cas de dysréisme, seule une part généralement inférieure à 30% des pluies atteindra le réseau hydrographique puis l'embouchure.

C'est cette quantité qu'il faut mesurer (ou estimer).Il n'est pas de notre propos de présenter ici toutes les différentes procédures de jaugeage *des cours d'eau*, et nous en rappellerons seulement le but : exprimer un *débit brut*, c'est-à-dire la quantité d'eau écoulée par unité de temps. Dans les pays utilisant le système métrique (les plus évolués et les plus nombreux) on utilise généralement le *mètre-cube par seconde*. Cet écoulement est mesuré en un ou plusieurs points du réseau hydrographique ; et, pour les fleuves aboutissant à une mer à marées, on choisit un site où leur influence est imperceptible. Ainsi, en France, l'écoulement de la Loire n'est plus mesuré en aval de Montjean (près d'Angers).

Cependant, leurs variations interannuelles sont élevées. Les débits du Mississippi sont relevés à Clinton (Iowa) depuis 1874. En décembre 1883 le cours d'eau écoulait 2 048 m^3/s, c'est le plus fort débit mensuel de décembre connu. Mais un an auparavant, en décembre 1882, il n'écoulait que 699 m^3/s, et le plus faible débit de décembre fut celui de 1934 avec 315 m^3/s. Du fait de cette irrégularité, il est nécessaire de calculer des moyennes interannuelles. Le plus souvent, on se contente d'une *normale de trente années* et la "*normale* saisonnière" du Mississippi à Clinton est de 975 m^3/s pour décembre.Mais ces valeurs brutes perdent très vite leur sens si les bassins hydrographiques sont de tailles différentes, d'où la nécessité de définir une unité adimentionelle.

Le résultat concerne la solution d'un triple problème :

- Comment mesurer la quantité d'eau débitée par un cours d'eau en un lieu donné ?
- Dans quelle unité exprimer les jaugeages réalisés afin qu'ils puissent être comparés ?
- Comment interpréter ces résultats ?

I - Moyens et méthodes de mesure de l'écoulement

L'expression la plus simple d'exprimer le débit d'un cours d'eau est de mesurer la quantité d'eau passée en un lieu par unité de temps. En théorie, il suffit de multiplier la *section mouillée* **Sm**, ou périmètre compris entre les fonds, les berges et la surface de l'eau, par la vitesse **V** du courant (document 1.1). Selon le système M.K.S, la vitesse est exprimée en m/s et les surfaces en m^2. Le débit sera exprimé en m^3/s. C'est plus facile à dire qu'à réaliser.

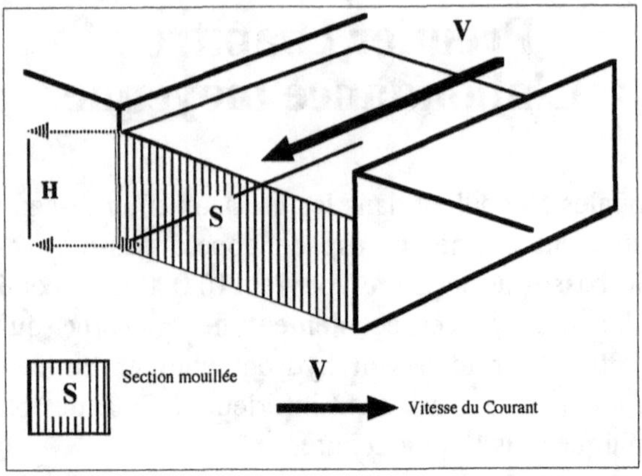

Document 1.1 - Théorie de la mesure du débit d'un cours d'eau.

A - La mesure directe de la vitesse est aisée à effectuer

Les mesures au flotteur ne sont plus guère utilisées que pour estimer le débit des fleuves très retirés ou trop importants (l'Amazone, par exemple). La vitesse moyenne est évaluée en mesurant le temps mis par un flotteur pour parcourir un secteur de rivière rectiligne sur une distance définie. Mais seule la vitesse de surface $\mathbf{V_{surf}}$ est mesurée, et elle est supérieure à la vitesse moyenne $\mathbf{V_m}$. Il faut donc apporter un coefficient de correction **k** dont la valeur varie généralement de 0,80 pour des lits rugueux à 0,90 pour des chenaux artificiels sans rugosité importante. La vitesse devient alors $\mathbf{V_m = k.V_{surf}}$. Mais les résultats restent incertains avec une marge d'erreur de 10% dans le meilleur des cas.

On utilise surtout le *moulinet* : une hélice dont le nombre de tours, totalisé sur un certain temps donné, est ensuite converti en vitesse linéaire. Que le moulinet soit monté sur une tige pour des rivières de faible taille, ou suspendu à un câble et lesté d'un poids dans des rivières importantes, les mesures ne donnent que des vitesses ponctuelles. Il en est de même des *sondes électromagnétiques* où l'eau, conductrice de l'électricité, induit un courant électrique proportionnel à sa vitesse au travers d'un champ magnétique. Ce type d'appareils permet toutefois de mesurer les vitesses instantanées du courant suivant des pas de temps inférieurs au 10e de seconde.

B - L'extrapolation de la vitesse à partir de la seule hauteur de l'eau

Le périmètre mouillé peut être extrapolé à partir de la seule mesure de la hauteur de l'eau. Pour les petits cours d'eau, ou en hydrologie urbaine, on utilise un déversoir de section triangulaire équilatérale pointe en bas : de la hauteur de l'eau, il est aisé d'obtenir la section. Pour les grands cours d'eau, il faut sonder le profil du fond (en espérant que les crues ne le modifient pas trop) à un endroit où les berges présentent un profil fixe : généralement entre les piles d'un pont. La mesure de la hauteur de l'eau a longtemps été effectuée à l'aide d'une règle ou échelle limnigraphique (on en voit fréquemment sur les piles de pont, les quais des cours d'eau navigables, ou les digues de protection). Aujourd'hui, on les a remplacées par un limnigraphe qui enregistre les mouvements d'un flotteur qui suit les variations du niveau d'eau de la rivière, et qui, par un système de poulies, transmet l'information à un stylet qui grave un tambour actionné par un mouvement d'horlogerie.

Le débit est théoriquement calculé à partir de ces deux valeurs. Mais on a cherché à estimer le débit à partir de la seule mesure de la hauteur. Il est vrai que généralement sur un grand nombre de mesures on obtient une relation débits/hauteurs dans le sens d'une relation logarithmique ou le plus souvent géométrique. Prenons l'exemple l'Oued Kert dans le Rif (document 1.2).

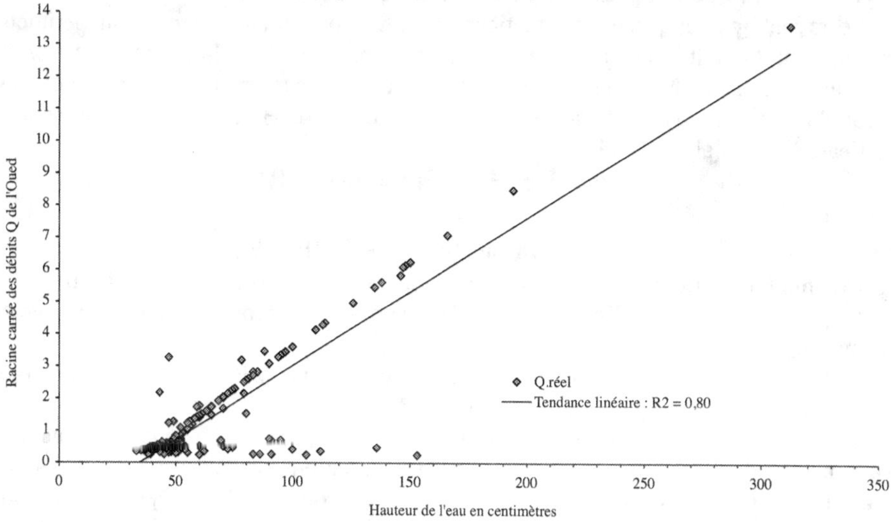

Document 1.2 - Relations entre la hauteur de la ligne d'eau et les débits sur l'Oued Kert.

- L'Oued Kert est un tributaire de la Méditerranée issu du Rif oriental au Maroc. Une évaluation du débit et une mesure de hauteur de l'eau au même instant furent réalisées entre 1978 et 1994.
- L'hydrologie appliquée n'est pas une science exacte, mais il ressort assez clairement une relation géométrique entre les débits et les hauteurs.
- Il a été estimé que la relation liant le débit à la hauteur de l'eau était…

$$Q = 0{,}00212.H^2 - 0{,}15632.H + 2{,}52480$$

… pour un coefficient de corrélation *à peine médiocre* de r = 1,1989, du fait qu'on soit face à un oued

- La relation dépend de la nature du fluide, or dans un oued ce n'est pas toujours de l'eau, souvent il s'agit d'une lave torrentielle dont les qualités hydrauliques sont différentes de celle de l'eau. Pour une hauteur donnée, la vitesse sera plus faible pour un écoulement plus visqueux et le débit sera moindre.

• Aussi, sur cet oued existe-t-il plusieurs modalités de relations hauteurs-débits. Cet oued est un mauvais exemple… mais il expose clairement la difficulté des problèmes à résoudre sur le terrain.

C - Le calcul du débit

Mais les hydrauliciens ont essayé de se débarrasser de la mesure de la vitesse. Par empirisme, Chézy a montré au XIXe Siècle qu'il existait une relation assez simple permettant le calcul de la *vitesse* **V** à partir du *rayon hydraulique* **R**, de la *pente* **P** *de la ligne d'eau* et de la *rugosité* **n**, car ces valeurs sont des constantes caractéristiques du lieu, dont principalement le rayon hydraulique qui peut être calculé d'après la seule *hauteur* **H**.

• Le rayon hydraulique est le quotient de la section mouillée Sm et du périmètre mouillé Pm. On fait intervenir la largeur L du cours d'eau. Si le lieu d'implantation du jaugeage est bien choisi, entre deux culées de pont par exemple, cette valeur est invariable, et la section de l'écoulement ne dépend que de H la profondeur, ou hauteur de l'eau. On peut ainsi calculer :

Sm = L x H et **Pm = 2 (L + H)**

… Soit :

R = Sm/Pm ou **R = 1/2.L.H/(L + H)**

… Comme L est "invariable", R peut être directement calculé de la mesure de H.

• La pente P de la ligne d'eau ou pente de la surface de l'écoulement est exprimée en degrés ou en%,

• La rugosité n du fond est estimée d'après sa simple composition. La valeur de n peut être calculée à partir d'un abaque ; celle de Manning est, par exemple, d'un usage courant.On applique la relation $n = (n_o + n_1 + n_2 + n_3 + n_4).m_5$, où no dépend du matériau du fond, n_1 de l'irrégularité du profil, n_2 des variations de la forme de la section transversale, n_3 des "effets d'obstruction" (embâcles, ponts) n_4 de la végétation du fond et des rives, et que m_5 est le degré de sinuosité du Chenal. On comprend l'intérêt de placer un limnigraphe dans un secteur rectiligne, au fond homogène, au lit et aux rives bien propres, généralement un pont.

Nous avons toutes les données pour exprimer le débit à partir de **H** la seule variable à mesurer.

• La formule de Chézy donnait la vitesse par la relation V = n.√R.P.

• On lui préfère aujourd'hui la formule de Manning : V = (R2/3.P1/2)/n. Comme la section mouillée est Sm = L.H le débit est leur produit.

Cette mesure peut être instantanée, on peut en calculer des moyennes quotidiennes, mensuelles et annuelles. Les "moyennes de ces moyennes", calculées sur une période de 50-60 ans, permettent de se donner une idée des possibilités d'écoulement du cours d'eau : la Seine à Paris a un débit annuel moyen de 266 m^3/s (soit 8,4 km^3/an), mais l'Amazone à Belem écoulerait 190 000 m^3/s, ce qui en ferait le plus puissant fleuve du monde.

II - La recherche d'une valeur adimentionnelle

L'expression du débit dans le système M.K.S. est le débit brut. Mais cette mesure perd tout son sens pour des bassins hydrographiques de tailles différentes. Avec un débit de 1 180 m^3/s, le Niger à Diré (Mali) est 4,4 fois plus abondant que la Seine à Paris (266 m^3/s) ; et avec 190 000 m^3/s, le débit de l'Amazone à Belem est plus de 700 fois plus élevé. Il a donc fallu exprimer les écoulements suivant une unité comparable, une *valeur adimentionnelle* mathématiquement parlant.

- À Paris, la Seine draine un bassin-versant de 44 300 km^2, le Niger à Diré draine un espace de 340 000 km^2 et l'Amazone à Belem un bassin gigantesque de 6 150 000 km^2. Le bassin du Niger est huit fois plus vaste que celui de la Seine et celui de l'Amazone 140 fois.

- La solution consiste donc à rapporter le débit global à un bassin unitaire de 1 km^2, tel que :

$$\mathbf{Q_{sp} = Q_b/S*1000}$$

... où $\mathbf{Q_b}$ est le débit brut exprimé en m^3/s, **S** l'aire du bassin hydrographique exprimée en km^2, et dont le résultat obtenu $\mathbf{Q_{sp}}$ est le *module spécifique* exprimé alors en l/s/*km*^{2}.

- Les valeurs calculées sont alors de 5,9 l/s/km^2 pour la Seine, 3,5 l/s/km^2 pour le Niger et 30,9 l/s/km^2 pour l'Amazone. La Seine, cours d'eau exoréique du domaine tempéré, offre un module modeste (5,9 l/s/km^2), caractéristique d'une évapotranspiration moyenne.

- Mais le fleuve est plus abondant que le Niger (3,5 l/s/km^2) : un cours d'eau qui faillit être endoréique vers le Sahara, et qui perd beaucoup d'eau dans *sa traversée du désert* du fait d'une évapotranspiration très élevée.

- À l'inverse, l'Amazone, cours d'eau dysréique reste très abondant (30,9 l/s/km^2) du fait de l'ampleur des précipitations (plus 3 500 mm) face à une évapotranspiration limitée.

- Comparée au Mississippi à Clinton : 1 389 m^3/s, la Seine paraît un cours d'eau bien modeste. Mais en amont de Clinton, le fleuve américain draine un bassin de 221 700 km^2, ce qui lui confère un module de 6,3 l/s/km^2 assez peu différent de celui du fleuve parisien.

On pourrait aussi utiliser la *lame d'eau écoulée :* le bassin de la Seine à Paris écoulerait une lame d'eau de 190 mm en un an, celui du Niger en amont de Diré 112 mm seulement, mais l'Amazone apporte à Belem l'équivalent de 1 040 mm.

Enfin, on utilise aussi les coefficients mensuels de débits. Le principe repose sur le calcul du débit mensuel moyen - 1/12 du module annuel - ce qui donnerait 18,8 m^3/s par mois pour la Seine, 98,3m^3/s pour le Niger et 15 830 m^3/s pour l'Amazone ; puis ce nombre est rapporté à 1, et les débits de chacun des 12 mois sont calculés en fonction de cet indice. Cependant cet artifice de calcul a surtout pour but d'illustrer les variations saisonnières et mensuelles, et de définir d'autres critères tels que la pondération ou les régimes.

Pour un classement régressif de la surface des 618 bassins-versants, on assiste à la réduction du débit brut, et à la croissance du module spécifique.

A - Intérêt de l'abondance brute et relative

À une échelle régionale, le débit moyen annuel donne une idée des disponibilités en eaux de surface ; on vient de voir que le calcul du module spécifique permet de relativiser l'abondance des grands fleuves, en effaçant quelques idées reçues dont l'accroissement des débits d'amont en aval. En effet, le document 1.3 montre que plus l'aire du bassin-versant croît, plus le débit brut est élevé. Mais, à l'inverse, l'évapotranspiration étant proportionnelle à l'aire drainée, le module, qui néglige cette surface, se réduit sur les bassins les plus vastes. On relèvera quelques traits communs (Document 1.4).

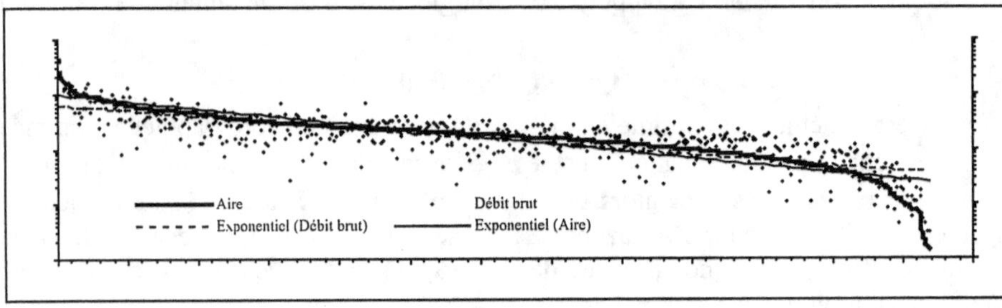

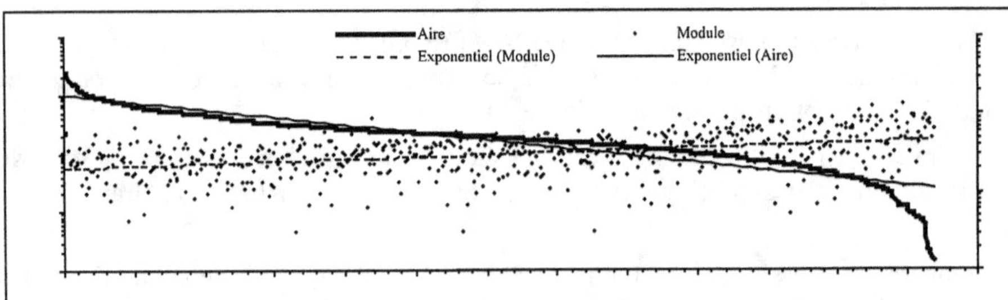

Document 1.3. - Relations de la surface de drainage avec les débits bruts et les modules. Les ordonnées de gauche désignent les surfaces des bassins-versants et les ordonnées de droites les débits bruts et les modules. Du fait de l'utilisation des coordonnées logarithmiques, la corrélation exponentielle traduit la tendance linéaire.

Dans tous les exemples qui appartiennent au mode exoréique (le plus représentatif de la planète) l'abondance brute augmente de l'amont du bassin vers l'aval car l'aire de l'impluvium s'accroît : sur le Mississippi entre Clinton (Iowa) et Vicksburg (Mississippi) l'aire du bassin hydrographique fait plus que décupler et le débit croît de 1 389 à 16 700 m^3/s. Comme l'évaporation est proportionnelle à cette aire, il est logique que le module subisse, lui, un recul ; ainsi décroît-il de 6,3 à 5,6 l/s/km^2. C'est une règle quasi universelle qu'illustre le document 1.4 sous des climats aussi différents que l'Europe océanique et méditerranéenne, les grandes plaines d'Amérique du Nord, la Mésopotamie, le Dekkan.

	Km2	m3/s	l/s/km2
Ecoulement des grandes plaines continentales			
Saskatchewan à Medecine Hat	56 500	175	3,1
Saskatchewan à Deer Creek	57 000	194	3,4
Saskatchewan à Prince Albert	131 000	236	1,8
Saskatchewan à Saskatoon	141 000	226	1,6
Mississippi à Clinton	221 700	1 389	6,3
Mississippi à Alton	440 200	2 620	6,0
Mississippi à Vicksburg	2 964 300	16 700	5,6
Ecoulement des façades océanisées			
Loire à Gien	38 590	345	8,9
Loire à Montjean	110 000	874	7,9
Elbe à Decin	51 104	312	6,1
Elbe à Neu-Darchau	131 950	700	5,3
Ecoulement de la haute montagne tempérée			
Rhône à Chancy	10 299	334	32,4
Rhône à la Mulatière	50 200	1 030	20,5
Rhône à Beaucaire	95 500	1 712	17,9
Pô à Piacenza	42 030	1 480	35,2
Pô à Borette	55 183	1 180	21,4
Pô à Pontelagoscuro	70 091	950	13,6

	Km2	m3/s	l/s/km2
Ecoulement influencé par la montagne			
Columbia à Birchbank	88 100	2 035	23,1
Columbia à Int.Boundary	155 000	2 810	18,1
Columbia à Dalles	614 000	5 520	9,0
Danube à Bratislava	131 138	1 993	15,2
Danube à Nagymaros	183 533	2 360	12,9
Danube à Velko Gradi	570 270	5 500	9,6
Danube à Orsova	576 232	5 427	9,4
Danube à Ceatal Izmail	807 000	6 250	7,7
Ecoulement influencé par l'aridité			
Euphrates à Keban	63 835	639	10,0
Euphrates à Youssef Pacha	97 000	830	8,6
Euphrates à Hit D.S.	264 000	906	3,4
Colorado à Buta Ranquil	15 300	132	10,1
Colorado à Pichi Mahuida	22 100	154	6,0
Colorado à Less Ferry	279 500	489	1,7
Colorado à Yuma	629 100	383	0,6
Ecoulement tropical à deux saisons			
Krishna à Alamatti	36 286	559	15,4
Krishna à Vijayawada	251 355	1 257	5,0
Cauvery à Krishnarajasagar	10 600	151	14,2
Cauvery à Grand Anicut	74 004	237	3,2

Document 1.4 - Cas général : le débit brut croît vers l'aval alors que le module régresse, modèle de cours d'eau exoréiques appartenant à des domaines climatiques différents

B - Toutefois, l'abondance relative reste le reflet des liens existant entre l'évapotranspiration réelle et potentielle.

En termes de bilan, l'*évapotranspiration réelle* ne retient que la disponibilité en eau et n'est donc conditionnée que par *l'offre*. Si on connaît la pluviométrie **P** et l'écoulement **Q** régional, l'évapotranspiration réelle est déterminée par l'égalité **Etr = P - Q**. Elle est aussi appelée *déficit d'écoulement* **D** (= Etr). À l'inverse, l'*évapotranspiration potentielle* ou *Etp)* est celle qui se produirait dans le cas où la quantité d'eau évaporable ou transpirable ne serait pas limitée. Elle n'est alors conditionnée que par la demande, c'est-à-dire l'éloignement de la saturation dans lequel se trouve l'air. Elle s'évalue d'une manière analytique par différentes méthodes à la représentativité limitée, car il n'existe pas de bonnes méthodes pour évaluer l'évapotranspiration. Mais une valeur mensuelle approchée est bien représentée par la relation **Etp = 2.t°C**, quand Etp est exprimé en mm et t en °C.

C'est l'expression de la *sécheresse hydrologique* de Lambert et Vigneau, qui permet d'effectuer une typologie sommaire de l'écoulement basée sur les liens entre les précipitations **P** et l'évapotranspiration potentielle **Etp**

- Dans le cas général, l'Etp est forte, mais elle reste inférieure à l'apport pluvial : **Etp < P**. Aussi existe-t-il un excédent, dont la valeur relative est en moyenne de 40% des précipitations. Gagnant l'*extérieur des continents,* ce mode d'écoulement relève de l'***exoréisme***.Dans les secteurs chauds mais très arrosés (Amazonie), ou frais et humides (Grand-nord), l'excédent relatif peut être très élevé. Il atteint 90% sur le Yukon et l'Amazone, et l'on évoque le **dysréisme**, sorte d'*anomalie hydrologique*
- À l'inverse, dans les déserts arides la situation s'inverse : **Etp > P**. Les rares pluies ne ruissellent que quelques heures (le ***sheet flood*** de Mac Gee) avant de s'évaporer

complètement. On parlera alors d'***aréisme sec***. Il peut aussi exister des formes d'aréisme d'origine lithologique sur les karsts, ou topographique dans les plaines dépourvues de pente comme la Pampa.

• Une cotte mal taillée serait l'***endoréisme***, qui concerne des fleuves puissants qui se perdent dans des cuvettes arides : la Volga dans la Mer Caspienne, le Jourdain dans la Mer Morte, le Chari dans le lac Tchad, le Murray dans le lac Eyre.Ce sont des cours d'eau *allogènes*, souvent originaires d'une région bien arrosée où **Etp < P**, pour gagner un milieu où **Etp > P.**

Sous les *climats océanisés et continentaux de l'Europe et de l'Amérique du Nord*, l'évaporation potentielle est assez proche de l'évapotranspiration réelle. C'est le domaine de ***l'exoréisme généralisé*** qui se traduit par un déficit d'écoulement assez élevé. Aussi, non seulement le module, reflet de l'aire du bassin-versant et de ses conditions climatiques, recule vers l'aval, mais il est largement inférieur à 10 $l/s/km^2$.

• Ce modèle est illustré par les cours d'eau des grandes Plaines nord-américaines : Saskatchewan et Mississippi, et par les cours d'eau des plaines océanisées d'Europe occidentale : Loire ou Elbe.

• Le recul important du module de la Saskatchewan après Prince Albert est aussi imputable à l'apparition de l'aridité qui, à l'abri des Rocheuses, réduit l'apport pluvial, mais augmente sensiblement l'Etr et l'Etp.

La présence de *réserves glaciaires et nivales dans de la haute montagne* ne modifie en rien le principe du recul du module face à la croissance du débit. Mais, à l'inverse, la débâcle printanière et estivale est sans commune mesure avec l'accroissement de l'évapotranspiration au cours de ces deux saisons. L'écoulement devient alors *dysréique froid* ; nous dirions plutôt *dysréique de montagne* pour éviter la confusion avec les hautes latitudes. Le module est beaucoup plus élevé, supérieur à 10, voire à 20 $l/s/km^2$. Le Pô et le Rhône illustrent assez bien un fonctionnement qui se maintient longtemps hors de la montagne. Mais le *changement de contexte climatique réduit très vite ce module* : le bilan, de dysréique, devient simplement exoréique.

• C'est le cas de la Columbia, quand elle perd le soutien de ses affluents glaciaires des Rocheuses.

• C'est surtout visible sur le Danube quand il entre en Pannonie : de dysréique en amont, du fait des affluents alpins de la rive droite (Salzach, Inn...), il devient exoréique quand il n'est plus alimenté que par des cours d'eau de plaine comme la Tisza ou de montagnes méditerranéennes comme la Drave et la Save.

• Cependant, l'abondance venue de la montagne leur conserve un module assez fort, supérieur à 7 $l/s/km^2$.

• Cette abondance, comme celle des *"cours d'eau alpins"*, y explique souvent la précocité et l'ampleur des aménagements hydrauliques.

La modification est encore plus flagrante si les *cours d'eau pénètrent dans un milieu climatique totalement différent.*

• Déjà la Krishna et le Cauveri, qui dévalent des Ghates occidentales vers le golfe du Bengale, connaissent l'alimentation abondante de la Mousson dans leur partie amont, au point de s'approcher du dysréisme.

• Mais l'éloignement de la Côte de Malabar et le phénomène d'abri allongent la saison sèche à l'est du Dekkan. Alors que l'aire de leur bassin est multipliée par 7, leurs débits respectifs ne le sont que par 2,2 et 1,6 alors que leurs modules sont divisés par 3,1 et 4,4 du fait d'une Etp de plus en plus élevée, responsable d'un accroissement du déficit d'écoulement.

L'exemple extrême est atteint sur les *cours d'eau quittant la montagne pour le désert.*

• Le débit de l'Euphrate ne cesse de croître malgré la traversée du désert irakien. Ce cours d'eau est abondant dans les montagnes du Khurdistan turc, et son module est encore élevé à Youssef Pacha, à la sortie de la montagne. Mais, en Mésopotamie, alors que son drainage est multiplié par 3, son débit brut n'augmente que de 9%, alors que son module est divisé par 2,5. Comme le Nil en Egypte, il devient allogène dans un espace où l'exoréisme voisine souvent avec l'endoréisme et l'aréisme. S'il conserve un écoulement abondant, c'est le fait d'inféroflux avec le Tigre, qui dans la traversée de la plaine reçoit des affluents montagnards venus du Zagros.

• Le Colorado n'a pas cette chance. Il vient des Rocheuses, dans des montagnes certes assez sèches, mais hautes de plus de 4 000 m. C'est un cours d'eau encore abondant - 10 $l/s/km^2$- qui pénètre dans l'Utah. C'est alors pour lui la *"traversée du désert"*. À l'image de l'Euphrate, son débit ne s'accroît plus que modestement : à Less Ferry, il n'est que 3,2 fois celui de Pichi Mahuida pour un drainage multiplié par 13 ; le module a été, quant à lui, divisé par 3,5. Puis c'est l'entrée dans le Sonora, et à Yuma non seulement le module a reculé de 2,8 fois, mais le débit brut a aussi connu une réduction de 22%.

Ce comportement, qui serait celui du Nil dans sa traversée du Sahara, annonce les manquements à la règle : certains cours d'eau voient leur module croître vers l'aval, d'autres connaissent une dégradation de leur débit brut.

C - L'exception de la croissance du module vers l'aval

Dans ce contexte, l'Etr est très inférieure aux précipitations, conjointement ou pas à une Etp réduite (Document 1.5)

• C'est par exemple le cas des fleuves américains tributaires de l'Arctique.

• Entre Rampart et Kaltag, le drainage du Yukon est multiplié par 1,5. Son débit est multiplié par.1,7 ; et son module s'accroît, lui aussi, multiplié par 1,3.

• C'est encore plus net sur le Mackenzie entre Fort Providence et Normans Wells. Pour une augmentation voisine du drainage - x.1,6 - le gain acquis par l'écoulement est sans commune mesure ; le débit brut est multiplié par 2,3 et le module par 1,4.

En effet, sous ces hautes latitudes (entre 35° et 70° N) l'Etp est très réduite. Dans une station voisine, à Coppermine (67° N, 115° W) la température moyenne n'est que de -0,5°C ; si on estime l'Etp mensuelle à 2.t°C le total annuel ne sera que de 82 mm, soit le 1/3 de précipitations pourtant modestes : 246 mm. Or, de leur côté, le Yukon écoule une lame d'eau de 256 mm à Kaltag, et le Mackenzie 165 mm à Normans Wells. Il est probable que l'apport glaciaire des affluents de la rive gauche, issus des Montagnes Rocheuses, ne soit pas étranger à cette situation.

Le dysréisme est aussi le fait *des cours d'eau intertropicaux "hyper-alimentés" par les précipitations,* voire aussi par d'abondantes chutes de neige dans les Andes, l'Himalaya ou le Kilimandjaro.

- Le Mekong constitue un exemple de cours d'eau participant du dyréisme humide.
- Entre Vientiane au Laos et Mukhdahan en Thaïlande, son drainage se trouve multiplié par 1,3, puis encore par 1,7 entre Mukhdahan et Kratié au Cambodge.
- Simultanément le débit a été multiplié par 1,8 puis 1,7 et le module par 1,4 puis 1,03. Cette apparente anomalie n'est que le reflet des conditions climatiques.

Ecoulement périarctique	**Km2**	**m3/s**	**l/s/km2**	**mm**
Mackenzie à Fort Providence	970 000	3 541	3,7	117
Mackenzie à Normans Wells	1 570 000	8 227	5,2	164
Yukon à Rampart	516 400	3 630	7,0	221
Yukon à Kaltag	767 000	6 210	8,1	256

Ecoulement intertropical	**Km2**	**m3/s**	**l/s/km2**	**mm**
Mékong à Vientiane	299 000	4 590	15,4	487
Mékong à Mukdahan	391 000	8 330	21,3	674
Mékong à Kratié	646 000	14 200	22,0	696
Chiriqui Viejo à Paso Canoa	788	62	78,3	2 476
Chiriqui à David	1 204	140	116,3	3 678

	Km2	**m3/s**	**l/s/km2**	**mm**
Ecoulement avec changement de domaine climatique				
Arkansas à Tulsa	193 250	188	1,0	32
Arkansas à Little Rock	409 741	1 140	2,8	89
Le Huaihe à Bengbu	121 330	425	3,5	111
Le Huaihe à Hankéou	1 488 036	21 874	14,7	465
Le Godavari à Babli	55 510	167	3,0	95
Le Godavari à Basar	86 660	269	3,1	98
Le Godavari à Mancherial	102 900	535	5,2	164
Le Godavari à Polavaram	299 320	3 053	10,2	323

Document 1.5 - L'exception : débits bruts et modules s'accroissent vers l'aval

Dans la péninsule indochinoise, l'évaporation potentielle estimée par la méthode de Gaussen ne serait que de 650 à 700 mm par an. C'est la moitié des précipitations mesurées en Thaïlande, à Chien-Maï : 1 300 m et à Bangkok : 1 500 mm. Et l'on sait que les apports sont beaucoup plus élevés sur les versants montagneux exposés à la Mousson (11 400 mm à Tcherrapoundji en Assam). L'Etr n'étant pas extensible à l'infini, l'apport pluvial est tel que le bassin-versant répond à toute sollicitation ; aussi la quasi-totalité des pluies finit-elle par s'écouler. Ajoutons que dans ces régions montagneuses les pentes accélèrent le processus.

- Un cas extrême est représenté par le Chiriqui au Panama.
- Le drainage de ce *"torrent équatorial"* tributaire du Pacifique est étroit, et sa surface n'est multipliée que par 1,5 entre Paso-Cañoa et David. Pourtant, débit et module ont presque doublé.
- Ce dysréisme est rare, et surtout il est ici exacerbé par l'étroitesse du bassin-versant, mais la lame écoulée passe successivement de 2 500 à 3 700 mm ; c'est la quasi-totalité des précipitations : 3 500 mm à Panama-city.

Nous avons décrit la dégradation des formes de dysréisme quand des cours d'eau montagnards pénètrent dans une ambiance climatique plus sèche ; mais l'inverse est aussi fréquent dans les formes d'écoulement allogène. Dans les grandes plaines nord américaines, les cours d'eau qui naissent dans l'Ouest, sur le versant sec des Rocheuses, gagnent les plaines du Mississippi plus arrosées. En amont, au Colorado, les précipitations sont de l'ordre de 4 à 500 mm/an ; mais elles avoisinent 1 300 à 1 500 mm dans la vallée du Mississippi.

• Entre Tulsa et Little-Rock, le débit de l'Arkansas est multiplié par 6,1 alors que le module est lui-même multiplié par 2,8. Cependant, les valeurs sont trompeuses, il y a certes amélioration de l'écoulement, mais nous restons dans des conditions assez proches d'un écoulement rare : la lame écoulée ne représenterait que 6 à 7% des apports pluviométriques. L'Etp reste très élevée et supérieure à l'Etr.

• Les avatars du Godavari sont aussi significatifs. Son bassin draine l'Inde sèche du nord-ouest en amont, et l'Inde plus humide à l'aval. Le jaugeage est effectué en quatre endroits qui traduisent cette distribution. D'un jaugeage à l'autre, de l'amont vers l'aval, le drainage est successivement multiplié par 1,6,1,2 et 2,9. Dans les mêmes sites, le débit est successivement multiplié par 1,6, 2,0 puis 5,7. C'est une croissance plus rapide que celle du drainage, elle correspond à une pluviométrie de plus en plus élevée ; le résultat est une croissance du module d'abord stable, puis multiplié par 1,7 et enfin par 2. On se rapproche ici du dysréisme avec une lame d'eau de 323 mm qui atteint le golfe du Bengale.

• Ce dysréisme est connu sur le *Huaihe* ou *Fleuve Bleu.* À Bengbu, au Chen-Si, le Fleuve Bleu draine une région peu arrosée : 4-500 mm/an. Plus en aval, les précipitations ne sont guère plus importantes : 530 mm à Tien-Sin. Mais les conditions géomorphologiques ont changé. Au Chen-Si, les averses sont absorbées par les lœss ; mais à Hankéou, le fleuve reçoit des affluents issus des montagnes du Taï-Hang-Chang et du Shantoung. Ce n'est pas la transition climatique qui ici importe, car dans des conditions topographiques moins accidentées, un drainage multiplié par 12 ne se traduirait pas par un débit multiplié par 50 et un module par 4. L'écoulement est devenu dysréique par son environnement topographique, et une lame écoulée de 465 mm ne laisse que 67 mm à l'Etr si on retient la pluviométrie de Tien-Sin. On n'en comprend que mieux les dangers de ce fleuve que les autorités chinoises ont endigué depuis 2 000 ans.

Toutefois, en dehors des régions équatoriales et polaires, le dysréisme est rare ; mais ces exceptions sont fort utiles car la morphologie est souvent celle de boucliers (arctiques et tropicaux) qui se prêtent à l'équipement hydro-électrique.

D - Le recul du débit brut implique souvent l'occurrence de l'aridité

Apporter des illustrations chiffrées relève de l'exercice. En effet, ces cours d'eau sont d'une part assez rares, et d'autre part peu utilisés de façon intensive. Ce sont le plus souvent des oueds sur lesquels les jaugeages sont rares et souvent réduits à un seul site. Mais des cours d'eau allogènes sont affectés par cette situation. Ils traversent ou aboutissent à un désert : Nil, Euphrate, Amou-Daria, Syr-Daria, Indus... connaissent une perversion de la règle avec un repli du débit du fait de l'évaporation associée à l'absence d'affluents. Nous avons aussi évoqué l'exemple du Colorado pénétrant au Sonora.

• Le Nil a souvent servi de référence, avant la construction du barrage d'Assouan. Le fleuve ne reçoit plus aucun affluent en aval d'Atbara, peu en amont de la cinquième cataracte.

• Le débit brut du Nil, qui est encore de 2 730 m^3/s au Soudan, se réduisait à 2 650 m^3/s à Assouan, pour n'être que de 1 080 m^3/s à l'entrée du delta, dans un contexte d'aréisme sec : pluies estimées à 1 mm/an à Wadi-Halfa à la frontière entre l'Egypte et le Soudan.

Quelques débits sont alors mesurés en plusieurs points, et le Niger et l'Indus lui ressemblent beaucoup (document 1.6).

• Le premier est alimenté par les pluies du Fouta-Djalon ; et à Koulikoro c'est un fleuve abondant - 1 560 m^3/s - qui pénètre dans la partie saharienne du Mali. Il ne recevra qu'un seul affluent important, la Bani, qui le rejoint à Mopti. Mais c'est insuffisant et son débit recule à 1 210 m^3/s à Mopti puis à 1 180 m^3/s à Diré. Ce n'est qu'au Nigeria qu'il retrouvera un comportement *"normal"* avec 1 450 m^3/s à l'entrée du delta, du fait de l'apport de la Bénoué.

• L'Indus, alimenté par la fonte des neiges dans l'Himalaya, écoule plus de 3 500 m^3/s ou 13,3 $l/s/km^2$ au Penjab ; mais l'aridité a vite raison de son écoulement. Les 2 400 m^3/s écoulés à Kotri ne doivent pas faire illusion ; l'Indus draine un bassin 3 fois plus vaste, la lame écoulée, qui était encore de 420 mm au Penjab, n'est plus que de 92 mm dans le Sind, dans une région où il tombe moins de 100 mm/an.

	Km2	m3/s	l/s/km2
Tigre à Fatha	107.600	1.320	12,3
Tigre à Bagdad	134.000	1.160	8,7
Euphrates à Hit D.S.	264.000	906	3,4
Euphrates à D.S. Hindiya B.	274.000	600	2,2
L'Indus à Attock	265.122	3.526	13,3
L'Indus à Kotri	832.418	2.414	2,9

	Km2	m3/s	l/s/km2
Niger à Koulikoro	120.000	1.560	13,0
Niger à Mopti	281.000	1.210	4,3
Niger à Diré	340.000	1.180	3,5
Rio Bravo à Laredo	352.178	123	0,3
Rio Bravo à Matamoros	459.902	69	0,2

Document 1.6. - L'exception aride : débits bruts et modules diminuent vers l'aval.

L'*allogénie est alors illustrée par les cours d'eau dont la plus grande partie de l'écoulement est étrangère en milieu aride.* Dans la dernière partie de son cours, l'Euphrate tend à se perdre dans le désert. Un cas extrême est illustré par le Rio Bravo (ou Rio Grande) dont le débit n'est plus que de 69 m^3/s à son embouchure (la lame écoulée n'est que de 6 mm) Les mesures font défaut, mais de nombreux oueds issus de l'Atlas se perdent ainsi dans le Sahara.

Toutefois, certains conservent malgré tout un écoulement abondant du fait de l'apport d'affluents issus de montagnes arrosées et/ou enneigées. C'était le cas de l'Amou-Daria et duSyr-daria, mais aussi du Tigre (frère non-jumeau de l'Euphrate). Il est alimenté par la fonte des neiges du Zagros ; aussi est-il abondant à son entrée en Mésopotamie avec un module de 12,3 $l/s/km^2$, digne du dysréisme montagnard. Mais à Bagdad il conserve encore un débit élevé, quoiqu'en recul, du fait de ses affluents de la rive gauche. Plus que l'Euphrate, c'est lui qui fit la richesse de la Mésopotamie antique et actuelle.

On comprend que ces fleuves soient très fortement sollicités car ils représentent le seul approvisionnement en eau pour les régions traversées : l'Egypte était considérée comme un don du Nil. Parfois la sollicitation a été trop forte, comme on le sait sur l'Amou-Daria et la Syr-Daria, mais aussi sur le Nil, l'Indus, le Rio Bravo...

III - Comment interpréter les abondances moyennes ?

Un résultat scientifique fiable peut être obtenu par le traitement d'une série statistique importante et variée, et cette liste existe : les 695 jaugeages répartis sur l'ensemble de la planète, dont les superficies vont de 2,1 km^2 à 6.10^6 km^2, et dont les superficies vont de 2,1 km^2 à 6.10^6 km^2, et dont la répartition géographique est assez homogène (Document 1.7). Cet ensemble constituait un échantillonnage évoquant assez fidèlement le rôle de la zonalité climatique, de la continentalité et du relief dans le processus d'écoulement.

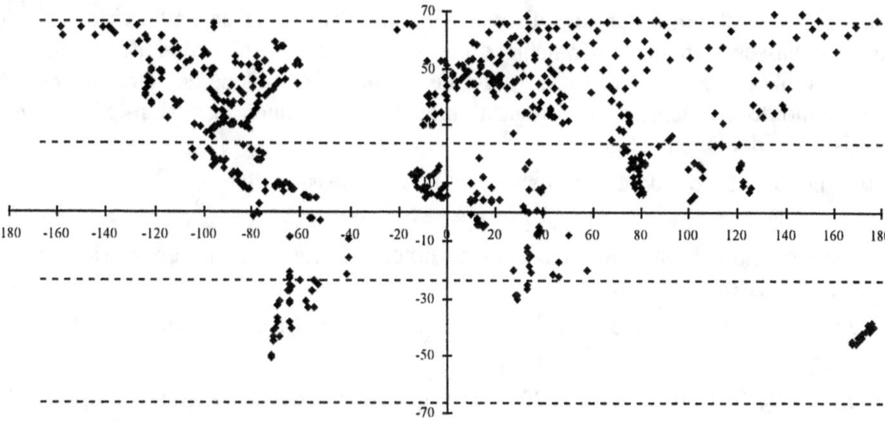

Document 1.7 - Répartition des 695 stations publiées par l'Unesco. Leur densité et leur répartition couvrent la quasi-totalité de la planète, exception faite de l'Australie et de l'Insulinde.

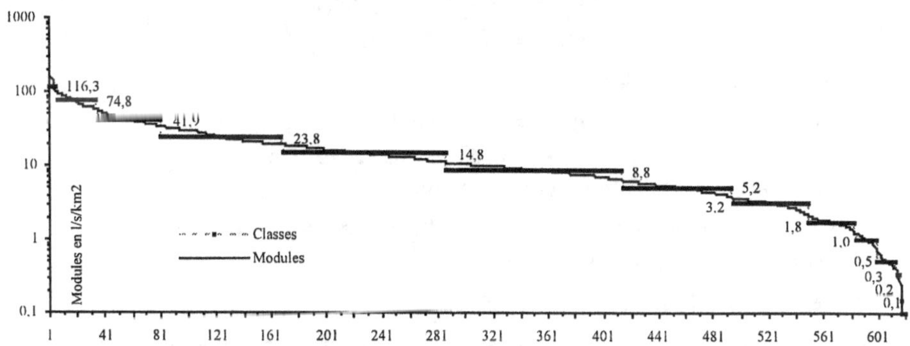

a) Courbe des monotones des débits classés (en échelle semi-logarithmique)

Classes	Nombre	Min.	Médiane	Max.	Classes	Nombre	Min.	Médiane	Max.
14	5	98,87	**116,28**	170,97	**7**	55	2,14	**3,17**	3,70
13	29	57,18	**74,79**	98,87	**6**	34	1,24	**1,75**	2,14
12	47	33,07	**41,90**	57,18	**5**	16	0,72	**1,00**	1,24
11	88	19,12	**23,77**	33,07	**4**	14	0,41	**0,51**	0,72
10	117	11,06	**14,76**	19,12	**3**	3	0,24	**0,35**	0,41
9	128	6,40	**8,75**	11,06	**2**	1	0,14	**0,15**	0,24
8	80	3,70	**5,23**	6,40	**1**	3	0,08	**0,10**	0,14

b) Discrétisation selon les 14 classes calculée selon la méthode Brooks-Carruthers

Document 1.8 - Découpage selon une régression géométrique des modules de 620 cours d'eau répartis sur l'ensemble des continents à des latitudes diverses.

Toutefois, afin d'interpréter le rôle de ces divers paramètres, l'ensemble des modules spécifiques devait être classé selon une organisation par exemple régressive, dans le dessein d'établir une typologie des cours d'eau pouvant ensuite se rapporter à un modèle climatique.

• Le choix s'est porté sur une discrétisation mathématique de cette série des 695 modules classés afin de s'affranchir d'une détermination subjective des seuils des différents taxons de la typologie. L'allure de la courbe monotone des modules classés (une sigmoïde en échelle semi-logarithmique) traduit une régression géométrique décroissante (document 1.8.a).

• Les modules Q sont donc répartis suivant une progression du type...

(1) $$\mathbf{Q_n = Q_1 . R^k}$$

... dans laquelle **Q1** est le module le plus faible, **R** la raison de la progression et **k** le nombre de classes de la série.

• Le nombre **K** de classes a été calculé selon la méthode Brooks-Carruther telle que :

(2) $$\mathbf{k = 5.log.n}$$

... où **n** est l'effectif de la série : 620 pour ce qui concerne la collection de l'Unesco. Le calcul donne alors 14 classes

(3) $$\mathbf{k = 5.log.620 = 14}$$

• La raison **R** de la progression est calculée à partir de la relation (1)

(4) $$\mathbf{log.Q_n = log.Q_1 + k.log.R}$$

(5) $$\mathbf{log.R = (log.\ Q_n - log.\ Q_1) / k}$$

... comme en l'occurrence **k = 14...**

(6) $$\mathbf{log.R = (log.170{,}97 - log.0{,}08) / 14}$$

$$\mathbf{log.R = 0{,}23784 \text{ et } R = 1{,}72920}$$

• Chacune des classes est alors calculée selon la relation...

(7) **Classe 1 : (Q_1 ; Q_1.R)** ou **0,08 à 0,14 l/s/km²**

(8) **Classe k : (Q_{k-1} ; Q_{k-1}.R)**

Classe 14 : 98,87 à 170,97 l/s/km².

• La médiane de chaque classe illustre, par sa valeur, le module central de chaque taxon.Les résultats sont rapportés par le document 1.8.b. Toutefois, la répartition est très inégale et déportée vers les modules les plus élevés : la moyenne : 16,9 l/s/km² est 1,7 fois plus élevée que la médiane : 10,1 l/s/km². Cette inégalité est illustrée par le document 1.9.a, où les effectifs de chaque taxon ont été répartis selon une courbe de Gauss et une courbe cumulative. La courbe de Gauss est déportée vers la droite. Surtout, 93% des modules appartiennent aux classes 6 à 13 (1,24 à 98,87 l/s/km²) et 67% aux classes 8 à 11 (3,70 à 33,07 l/s/km²). Avec 2/3 de l'effectif, ces quatre taxons sont représentatifs de la majorité des écoulements de la planète, et correspondent à des écoulements représentatifs d'une moyenne planétaire. À l'inverse, les modules des extrêmes : 81 modules > 33 l/s/km² (classes 12-13-14) et 21 modules < 0,75 l/s/km⁻² (classes 1-2-3-4) illustrent le rôle de la répartition géographique. Les débits les plus élevés correspondent aux régions de la planète les plus arrosées : façades montagneuses hyperocéanisées des moyennes latitudes de l'hémisphère sud, et régions insulaires ou péninsulaires intertropicales soumises aux alizés marins et à la mousson. Ces écoulements relèvent du dysréisme. À l'inverse, les plus faibles modules se rencontrent dans les secteurs supratropicaux et surtout dans les régions abritées ou très continentales des moyennes latitudes.

À partir de la classification statistique et de cette remarque d'ordre climatique, une typologie peut être construite par référence à deux concepts : celui de *bilan hydrologique* qui se réfère à la valeur du module (classes 14 à 1) et celui du *volume des précipitations* de la zone climatique concernée par le bassin-versant. Il en découle ce modèle de classification :

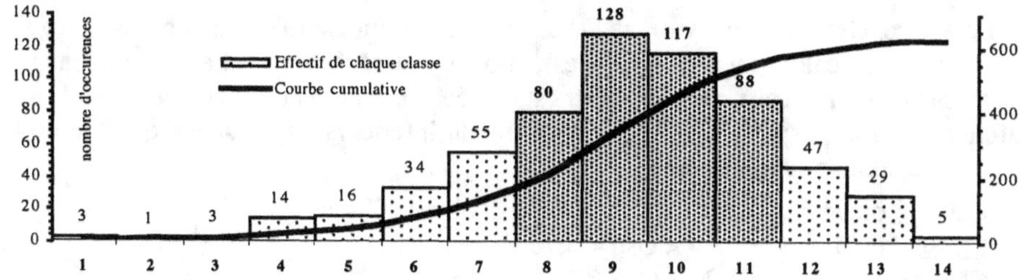

a) Répartition des effectifs de chacune des 14 classes de modules.

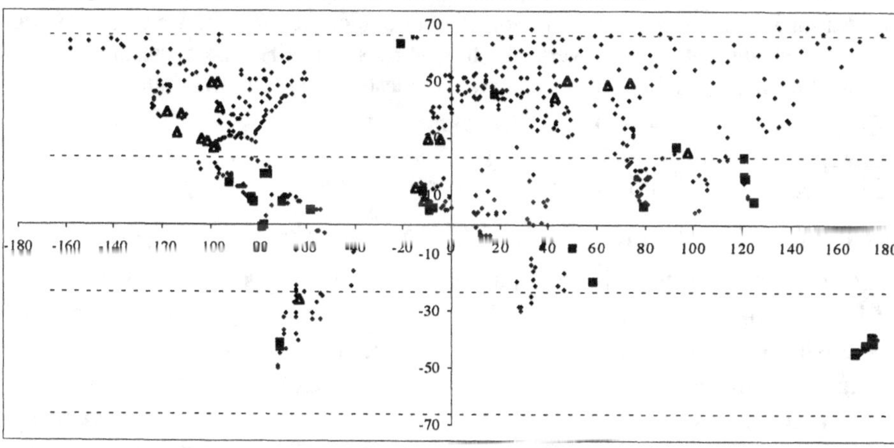

b) Répartition géographique des modules élevés (classes 12 à 14 = carrés) et des modules les plus faibles (classe 1 à 4 = triangles).

Document 1.9 - Répartition des modules les plus fréquents

• Le **Mégaréisme** (de *mégalé = grand)* concerne des bassins où les précipitations sont très supérieures à l'évapotranspiration : domaine polaire océanisé, domaine hyperocéanisé, montagnes tempérées et tropicales et domaine tropical humide. Il se subdivise en :

Classe 14 ou *démesuré* : 98,87 < Qsp < 170,97 l/s/km^{-2}.
Classe 13 ou *abondant* : 57,18 < Qsp < 98,87 l/s/km^{-2}.
Classe 12 ou *basique :* 33,07 < Qsp < 57,18 l/s/km^{-2} (c'est le plus représentatif avec 8% de la population).

• Le **Mésoréisme** (de *méso = médian*) rassemble les bassins aux modules les plus fréquents, proches de la moyenne et de la médiane de la série, et compris entre le 1er et le 3e quartiles. Ici le rapport Pmm/Etr est moins favorable : façades nord-est, domaines continentaux froids et tempérés, montagnes continentales et méditerranéennes, domaines supratropicaux humides et façades ouest océanisées subdivisés en :

Classe 11 ou *élevé* : 19,12 < Qsp < 33,07 l/s/km^{-2} (le 1er quartile est de 20,15 l/s/km^{-2}).
Classe 10 ou *moyen* : 11,06 < Qsp < 19,1^{-2} l/s/km^{-2} (la moyenne de la série est de 16,9 l/s/km^{-2}).
Classe 9 ou *médian* : 6,40 < Qsp < 11,06 l/s/km^{-2} (la médiane de la série est de 11,1 l/s/km^{-2}).

• Le **Microréisme** (de *mikros = petit)* est celui des milieux secs et/ou abrités : façades ouest supratropicales (méditerranéennes), montagnes sèches et milieux continentaux, subtropicaux et tropicaux secs. Ici, l'Etr est élevée, son rôle est croissant vers les classes inférieures. Il correspond à des débits voisins ou inférieurs au troisième quartile de la population, et il se subdivise en :

Classe 8 ou *soutenu* : 3,70 < Qsp < 6,40 l/s/km^{-2} (le 3e quartile est de 5,04 l/s/km^{-2})
Classe 7 ou *atténué* : 2,14 < Qsp < 3,70 l/s/km^{-2}.
Classe 6 ou *mesuré* : 1,24 < Qsp < 2,14 l/s/km^{-2}.
Classe 5 ou *très mesuré :* 0,72 < Qsp < 1,24 l/s/km^{-2}.

• Le **Nanoréisme** (de *nanos = très petit*) peut être intermittent, et concerne surtout des domaines semi-arides ou des versants très abrités, où l'Etr peut saisonnièrement l'emporter sur des précipitations toujours très modestes. On le subdivise en :

Classe 4 ou *faible* : 0,41< Qsp < 0,72 l/s/km^{-2}.
Classe 3 ou *très faible* : 0,24 < Qsp < 0,41 l/s/km^{-2}.
Classe 2 et 1 ou insignifiants : 0,08 < Qsp < 0,24 l/s/km^{-2}.

A - Le mégaréisme et les classes 12 à 14 (modules > 33 l/s/km^{-2})

La médiane des effectifs de chaque série : Cl.12 = 41,9, Cl.13 = 74,8 et Cl.14 = 116,3 l/s/km^{-2} illustre l'abondance de leur module spécifique, principale caractéristique de ces écoulements qui concernent des bassins-versants au drainage compris entre 4 640 000 km^{-2} avec *l'Amazone à Obidos* (Brésil) et 3 km^{-2} pour la *Rivière des cascades* aux Seychelles. Leur répartition géographique (document 1.10) évoque surtout une ambiance humide ; aussi près des trois-quarts de ces cours d'eau (58 bassins) appartiennent au monde intertropical.

Ce dysréisme corrobore, certes, des climats équatoriaux : bassins de l'Orénoque, de l'Amazone et du Zaïre ; mais il évoque surtout la double conjonction climatique et orographique : versants exposés aux alizés (et aux tempêtes tropicales) de *l'Isthme américain*, des *Antilles*, des *Philippines* et des *Iles de l'océan indien*, versants exposés à la *mousson africaine du golfe de Guinée* et surtout à la Mousson asiatique des Ghâtes occidentales et des Péninsules indochinoises. Il ne faut pas négliger l'apport nival des hautes montagnes intertropicales sur le *bassin de l'Indus, du Gange et du Brahmapoutre* et surtout des *Andes de Colombie*. Le bilan hydrologique - P = Q + Etr - est très évocateur.

• Dans cette ambiance intertropicale, la démesure (classe 14) est illustrée par le *Chiriqui* (116 l/s/km²) à David au Panama. Sur ce bassin-versant de 761 km², les trois-quarts des précipitations participent à l'écoulement.

• L'*Essequibito* à Plantain Island au Guyana (81 l/s/km²) participe à l'*écoulement abondant* de classe 13 ; lequel, même dans le cas de figure d'un bassin-versant au drainage de 58 600 km², concerne encore plus des deux-tiers des précipitations annuelles.

• Enfin, sur la *Kelantan* à Guilllemard Bridge en Malaysia (11 900 km² et 47 l/s//km²), exemple découlement diluvial ici tropical, 60% des pluies annuelles passent à l'écoulement.

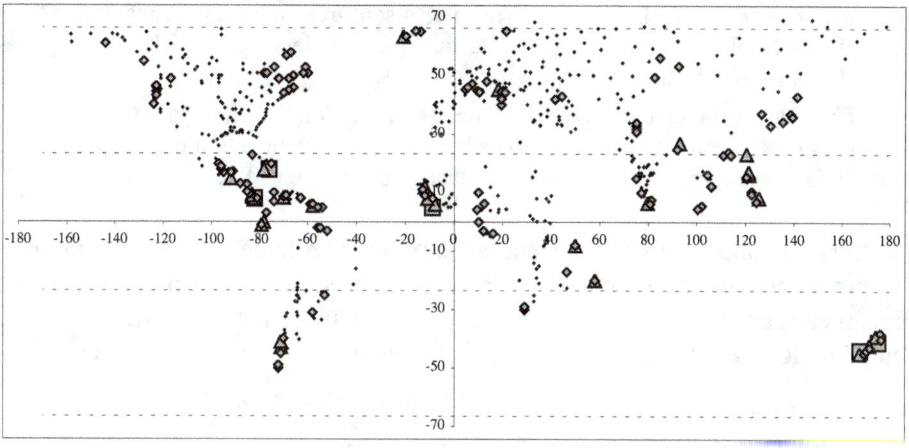

a) Répartition des modules de classe 14 (rectangles), de classe 13 (triangles) et de classe 12 (losanges)

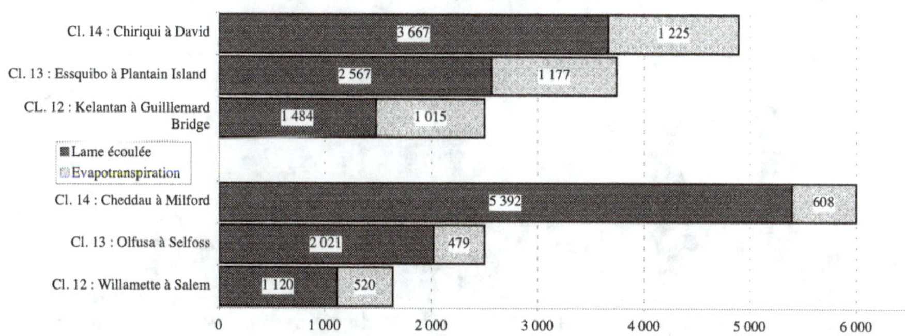

b) Quelques exemples de mégaréisme (l'unité est le mm).

Document 1.10 - Le mégaréisme des classes 14 à 12.

Hors du monde intertropical, cette abondance concerne les milieux froids et humides des façades océanisées occidentales et orientales de continents tempérés, avec une évidente influence orographique : *Côte Nord-ouest de l'Amérique du Nord*, *Côte du Labrador*, *Côte de la Norvège* et *Côte du Chili méridional*. Il faut y associer les grandes îles océaniques : *Islande* et *Nouvelle-*

Zélande. La persistance d'un tapis neigeux relève en partie de ce type d'écoulement dans les *Alpes*, les *Rocheuses*, ce qui permet d'y intégrer une partie de l'écoulement des montagnes au climat supratropical (méditerranéen).

- La *Cheddau* à Milford dans l'île du sud de la Nouvelle-Zélande (155 km^{-2}, 171 l/s/km^{-2}) représente le cas le plus extrême de *débits démesurés* (classe 14) : 90% des précipitations passent à l'écoulement. Cette médiocrité de l'évapotranspiration s'explique par un climat plus frais ou elle atteint rapidement sa valeur maximale, ce qui profite à l'écoulement.
- Même dans un contexte climatique moins humide, le quotient d'écoulement reste élevé. Sur l'*Olfusa* à Selfoss en Islande septentrionale (5 760 km^{-2}, 64 l/s/km^{-2}) = *écoulement abondant* de la classe 13), les pluies sont très abondantes dans un contexte d'enneigement hivernal durable associé à quelques glaciers : plus de 80% des pluies annuelles passent ainsi à l'écoulement.
- Enfin, dans l'écoulement copieux de la classe 12, qu'on illustrera par la *Willamette* à Salem dans l'Orégon (18 900 km^{-2}, 36 l/s/km^{-2}), c'est la conjonction de pluies de relief et d'un fort enneigement qui expliquent encore un quotient d'écoulement de près de 70%.

Cette abondance absolue et relative explique le rôle de ces cours d'eau dans l'approvisionnement des réservoirs hydro-électriques, tant en milieu tropical : Brésil et Venezuela, Afrique occidentale et Union Indienne, qu'en milieu tempéré : Rocheuses canadiennes et *"états-uniennes"*, Alpes scandinaves.

B - Le mésoréisme des classes 9 à 11 (6,4 < Q < 33,07 l/s/km^{-2})

La médiane des effectifs de chaque classe fournit une première indication de leur abondance : Cl. 9 = 8,8 , Cl. 10 = 14,8 et Cl. 11 = 23,8 l/s/km^{-2}. Du fait de sa grande représentativité, ce groupe est le plus nombreux avec 307 bassins-versants.

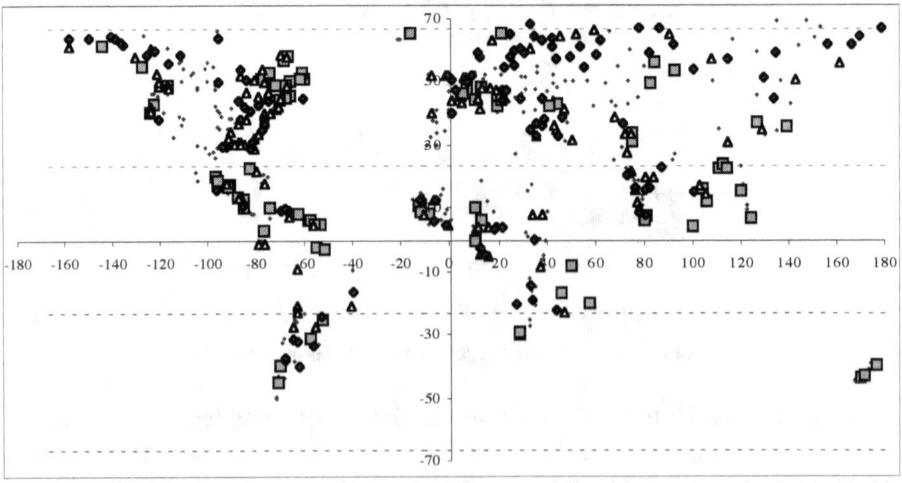

Document 1.11 - Le mésoréisme : répartition des modules de classe 11 (rectangles), de classe 10 (triangles) et de classe 9 (losanges)

Leur répartition géographique (document 1.11) semble anarchique ; pourtant elle évoque déjà la possibilité de définir des *hydro-climats*. On y retrouve la note intertropicale : pays de mousson, milieux tropicaux insulaires et versants soumis à un alizé, mais cet ensemble de 136 bassins ne constitue plus que 44% de l'ensemble. L'impact des climats océanisés se trouve également réduit, avec seulement 34 bassins (11%) situés près des façades océaniques, montagneuses ou pas, exposées aux trains de perturbations des deux hémisphères.

Mais le rôle du gel se précise par l'abondance des cours d'eau arctiques et/ou issus des hautes montagnes tempérées, continentales et méditerranéennes. Ce processus concerne en effet 86 bassins (28%) où les températures (en l'occurrence le gel) prennent le pas sur l'abondance des précipitations. Ainsi s'explique l'intrusion de cours d'eau très éloignés des océans, dans les provinces continentales de la Russie (13 cours d'eau).

A l'inverse, selon un processus plus proche du milieu tropical, on voit apparaître la relative abondance des bassins-versants soumis au climat supratropical humide des façades sud-est des continents tempérés. 17 cours d'eau sont ainsi concernés aux Etats-Unis, au Brésil et en Uruguay. En Extrême-Orient, cette influence se confond avec celle de la mousson.

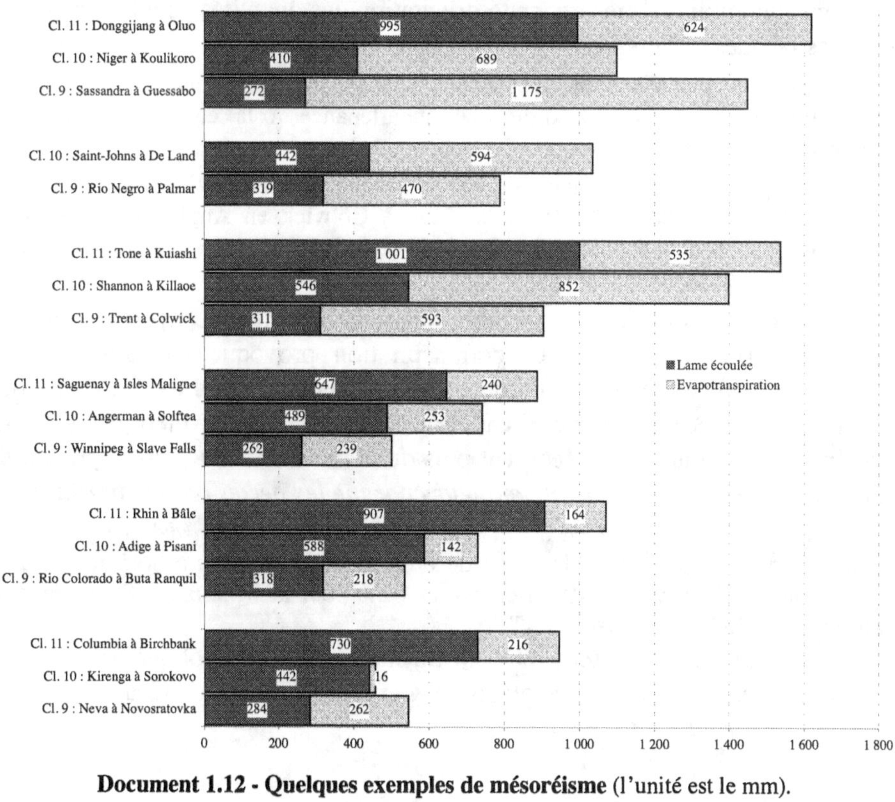

Document 1.12 - Quelques exemples de mésoréisme (l'unité est le mm).

Par rapport au dyréisme, le quotient d'écoulement des cours d'eau intertropicaux recule fortement du fait d'une ambiance restée chaude dans un contexte pluviométrique affaibli ; de la classe 11 à la classe 9, la lame écoulée opère un très fort repli (document 1.12).

- Trois bassins-versants appartiennent à la classe 11 : le *Donggijang* à Oluo en Chine du Sud, le *Niger* à Koulikoro et la *Sassandra* à Guessabo en Côte d'Ivoire.
- Leur pluviométrie est semblable : 1 219, 1 099 et 1 447 mm. Si avec 995 mm écoulés et un quotient d'écoulement de 61% le *Donggijang* (5 325 km^{-2}, 31,6 $l/s/km^{-2}$) évoque le dyréisme, l'évapotranspiration l'emporte sur le *Niger* (76 940 km^{-2}, 13 $l/s/km^{-2}$), et sur la *Sassandra* (35 400 km^{-2}, 9 $l/s/km^{-2}$).
- Le quotient d'écoulement du premier n'est plus que de 37%, et de 19% seulement pour la seconde.

La présence de cours d'eau issus des régions subtropicales dans la série confirme cette nouvelle disposition. Il n'existe pas d'exemples observés en classe 11, mais la *Saint-John's* à De Land en Floride (210 000 km^{-2}, 11,4 $l/s/km^{-2}$ = classe 10) et le *Rio Negro* à Palmar en Uruguay (63 000 km^{-2}, 10 $l/s/km^{-2}$ = classe 10) participent à ce repli du quotient d'écoulement : 43 et 40% ; même s'il reste élevé par rapport aux autres cours d'eau des régions tempérées océaniques et continentales.

Dans une moindre mesure, cette orientation des quantités écoulées concerne aussi les façades océaniques.

- Au Japon, le *Tone* à Kuiashi (8 590 km^{-2}, 31,8 $l/s/km^{-2}$) écoule les deux-tiers de son apport pluvial de 1 536 mm, d'où une appartenance à la classe 11 comme le *Donggijang*.
- Mais malgré un climat océanisé sans saison sèche, la *Shannon* à Killaoe en Irlande (10 400 km^{-2}, 14,2 $l/s/km^{-2}$, Cl.10) et la *Trent* à Colwick en Angleterre (7 490 km^{-2}, 9,9 $l/s/km^{-2}$, Cl. 9) n'en écoulent plus que 39% et 34% (des valeurs par ailleurs élevées pour l'Europe occidentale).

C'est le froid qui dans l'ensemble fait la caractéristique hydrologique des classes 11, 10 et 9. Il réduit l'évapotranspiration, provoque une forte rétention nivale en saison froide, et on lui doit l'abondance des cours d'eau de l'Arctique américain et eurasiatique et des façades nord orientales de l'Amérique et l'Asie. Nombre de ces cours d'eau écoulent plus de la moitié de leur apport pluvial du fait de la *longue rétention nivale qui leur épargne les pertes par évaporation.*

- Le quotient d'écoulement est de 73% pour le Saguenay à Isles Maligne au Québec (73 000 km^{-2}, 21 $l/s/km^{-2}$, Cl. 11), il est de 66% pour l'*Angerman* à Solftea en Suède (30 640 km^{-2}, 16 $l/s/km^{-2}$, Cl. 10) et encore de 52% pour la *Winnipeg* à Slave Falls au Canada (126 000 km^{-2}, 8,3 $l/s/km^{-2}$, Cl.9)

Les montagnes tempérées relèvent du même bilan hydrologique, auquel il faut aussi ajouter une influence glaciaire. Certaines valeurs relèveraient presque du *dysréisme froid.*

• Ainsi, alimenté par 1 000 km^{-2} de glaciers, le *Rhin* à Bâle en Suisse (35 925 km^{-2}, 29 l/s/km^{-2}, Cl. 11) et l'*Adige* à Boara Pisani dans les Dolomites (11 954 km^{-2}, 19 l/s/km^{-2}, Cl. 10) écoulent 85 et 81% des précipitations de leur bassin-versant.

• Bien moins abondant, le *Rio Colorado* à Buta Ranquil en Argentine (15 300 km^{-2}, 10 l/s/km^{-2}, Cl. 9), possède un quotient d'écoulement de 60%.

Ce sont de tels quotients qui, associés à d'autres avantages, expliquent le choix de ces régions pour la production hydro-électrique de masse : pourtour de la Baie James et de la Baie d'Hudson, bouclier canadien, bouclier fénoscandien, Alpes et Pyrénées, Rocheuses et Appalaches, Andes méridionales.

Or, ces quotients sont aussi ceux de quelques fleuves bien arrosés du domaine tempéré continental, malgré une alimentation essentiellement estivale, donc soumise à l'évapotranspiration.

• Bien que de classe 10 par son module, la *Kirenga* à Sorokovo en Sibérie orientale (46 500 km^{-2}, 14 l/s/km^{-2}, Cl. 10) écoule 97% de ses précipitations, et explique, en partie, le choix de la lointaine Sibérie au milieu du XXe siècle pour produire de l'électricité.

• En d'autres lieux, les quotients restent élevés : 77% sur la *Columbia* à Birchbank en Colombie Britannique (88 100 km^{-2}, 23 l/s/km^{-2}, Cl. 11), et 52% sur la *Neva* à Novosaratovka en Russie (614 000 km^{-2}, 9 l/s/km^{-2}, Cl. 9).

C - Le microréisme des classes 8 à 5 (6,40 > Q 0,72 l/s/km^2)

Mais les *quotients* d'écoulement se réduisent ; la médiane de chaque classe en est l'illustration : Cl.8 = 5,2 l/s/km^2, Cl.7 = 3,2 l/s/km^2, Cl.6 = 1,8 l/s/km^2 et Cl.5 = 1 l/s/km^2. La répartition géographique dépend essentiellement des sources de l'UNESCO. Toutefois (Document 1.13), la répartition géographique traduit un écoulement surtout continental, dans lequel dominent les régions tropicales à saison sèche marquée de l'Afrique occidentale, de l'Amérique du Sud et du Dekkan (72 bassins-versants). Mais 48 cours d'eau relèvent du milieu continental des moyennes latitudes, froid et/ou sec, de l'Asie supra-himalayenne, des grandes plaines de l'Amérique du Nord, de la Pampa et de la Patagonie.

Les autres relèvent des climats effectivement secs comme les *climats supratropicaux des façades occidentales* (le bassin méditerranéen surtout), montagnes tropicales sous le vent. L'abri joue un rôle non équivoque dans les quelques exemples océanisés et montagnards, sinon une influence lithologique.

• On peut ainsi évoquer la *Moutere* à Old House Road, dans l'Ile du sud en Nouvelle-Zélande (129,500 km^2, 5,5 l/s/km^2, Cl. 6).

Près de 40% des 186 cours d'eau appartenant à ce mode de bilan s'écoulent en *milieu tropical à longue saison sèche*. Le déficit (pertes par évapotranspiration) dépasse 75%, ce qui explique la faiblesse des quotients d'écoulement (Document 1.14).

• La *Bénoué* à Garoua au Niger (281 000 km^2, 5,9 l/s/km^2, Cl.8) perd les trois-quarts de son apport pluvial, pourtant son quotient d'écoulement - 25% - reste encore assez avantageux. Le déficit d'écoulement s'accroît de la classe 7 à la classe 5.

• C'est l'exemple du *Godavari* à Basar dans l'est du Dekkan (86 660 km^2, 3 l/s/km^2, Cl.7), bien abrité de la Mousson. Mais ce quotient n'est plus que de 16%, sur le *Chari* à Fort-Lamy (600 000 km^2, 1,6 l/s/km^2, Cl.6), la proximité du Sahara réduit ce quotient à 8%.

• Enfin, le quotient du *Limpopo* à Chokwe au Mozambique (23 300 km^2, 1 l/s/km^2, cl.5) n'est plus que de 8%. D'ailleurs, le Chari est endoréique dans la cuvette du Tchad et le Limpopo ne s'échappe que difficilement de la cuvette du Kalahari.

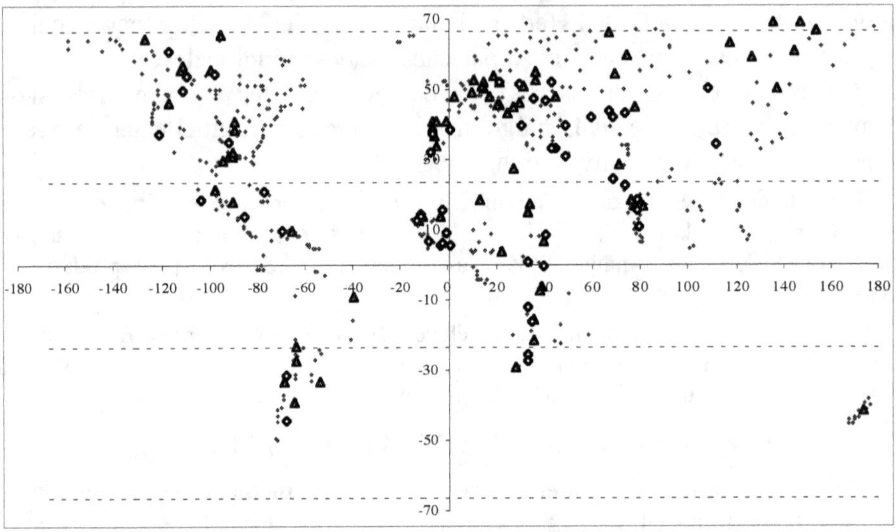

Document 1.13 - Le microréisme : répartition des modules de classe 8 (rectangles), de classe 7 (triangles), de classe 6 (cercles) et de classe 5 (losanges).

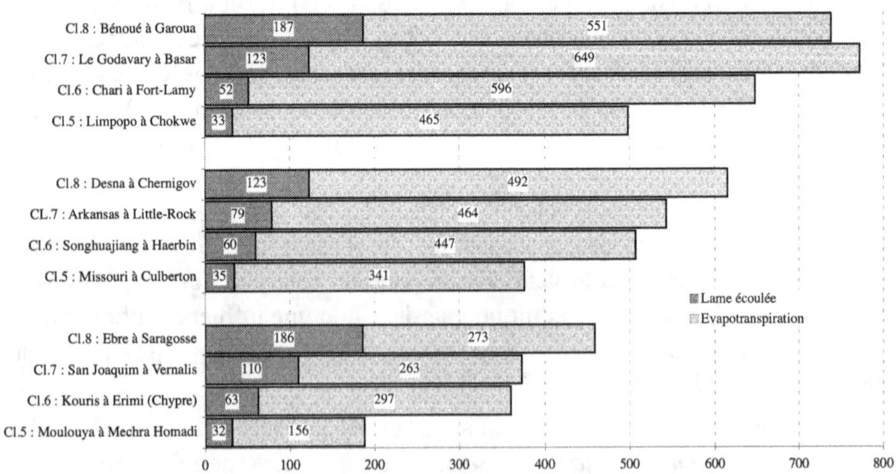

Document 1.14 - Exemple de cours d'eau soumis au microréisme (l'unité est le mm).

Du fait de son immensité en Eurasie et en Amérique du Nord, le domaine tempéré continental est concerné par 25% de ces bilans. Malgré des hivers rigoureux à forte rétention nivale, la pluviométrie essentiellement estivale, associée à l'éloignement des océans et à l'abri des hautes montagnes (Himalaya, Rocheuses, Andes), explique des bilans fort modestes aux quotients d'écoulement assez voisins du domaine tropical à longue saison sèche.

- La *Desna* affluent du Dniepr à Chernigov en Ukraine (81 400 km^2, 3,9 l/s/km^2, Cl.8) n'écoule que 20% de son apport nival et pluvial.

- Puis de la classe 7 à la classe 5, ce quotient recule : 15% sur l'*Arkansas* à Little-Rock (409 571 km^2, 3,1 l/s/km^2, Cl.7), 12% sur le *Songhuajiang* à Haerbin en Mandchourie (390 526 km^2, 1,9 l/s/km^2, Cl.6), et 9% sur le *Missouri* à Culberton au Montana (342 000 km^2, 1,1 l/s/km^2, Cl.5).

A l'inverse, les cours d'eau des *régions supratropicales du pourtour méditerranéen et de la Californie* conservent un écoulement plus abondant (toutes proportions gardées).

•Sur l'*Ebre* à Saragosse (40 434 km^2, 5,9 l/s/km^2, Cl.8) le quotient d'écoulement - 41% - est encore élevé. Puis il se réduit de la classe 7 à la classe 5 : 29% sur le *San Joaquim* à Vernalis en Californie (35 070 km^2, 3,5 l/s/km^2, Cl.7), 18% sur le *Kouris* à Erimi à Chypre (351 km^2, 2 l/s/km^2, Cl.6) et 17% sur la *Moulouya* à Mechra Homadi (51 960 km^2, 1 l/s/km^2, Cl.5) dans un bassin intérieur du Moyen Atlas marocain.

- Cette relative abondance s'explique par l'originalité du climat supratropical. Il relève des moyennes latitudes océanisées en hiver, ce qui lui assure une abondance pluviométrique à l'écart des fortes chaleurs ; un environnement montagneux à forte rétention nivale fait le reste.

On n'en comprend que mieux le soin apporté à l'aménagement des montagnes méditerranéennes, californiennes et chiliennes dans la production hydro-électrique et surtout dans le stockage des eaux hivernales derrière des barrages pour en assurer la restitution à l'irrigation en été. L'aménagement des cours d'eau des milieux tropicaux secs et continentaux se heurte à une forte évaporation estivale : les réservoirs font ainsi perdre 19% de son écoulement naturel à la Volga, dont 45% entre mars et juin.

D - Le nanoréisme est divisé en trois classes

Toutefois, sur les 21 cours d'eau répondant à ces critères, 14 appartiennent à la classe 4. Mais l'existence des autres classes traduit non pas la rareté de ces modes de bilans, mais celle des mesures réalisées dans ces milieux hostiles. Leur analyse est cependant riche en enseignements.

Ces 21 cours d'eau s'écoulent sur les marges des grands déserts : Mexique et ouest des Etats-Unis, Chaco, Asie centrale (Document 1.15), où l'on regrettera la quasi-absence de mesures sur les oueds sahariens. Toutefois, l'abri des Rocheuses étend ce mode d'écoulement jusqu'au Canada. Quoi qu'il en soit, les modules sont dérisoires : Cl.4 = 0,5 l/s/km^2, Cl.3 = 0,3 l/s/km^2, Cl.2 = 0,15 l/s/km^2 et Cl.1 = 0,1 l/s/km^2.

Sur la plupart des bassins-versants, le déficit d'écoulement dépasse 90% des apports pluviométriques (Document 1.16). L'écoulement tend vers l'aréisme aride, une situation atteinte fréquemment sur le Draa. Sur les 21 *"oueds"* analysés, 18 avoisinent les grands déserts tropicaux et continentaux. Partout le quotient d'écoulement est inférieur à 5%, car dans les déserts froids d'Asie centrale et d'Amérique le couvert neigeux est mince du fait de la concentration des rares précipitations sur l'été.

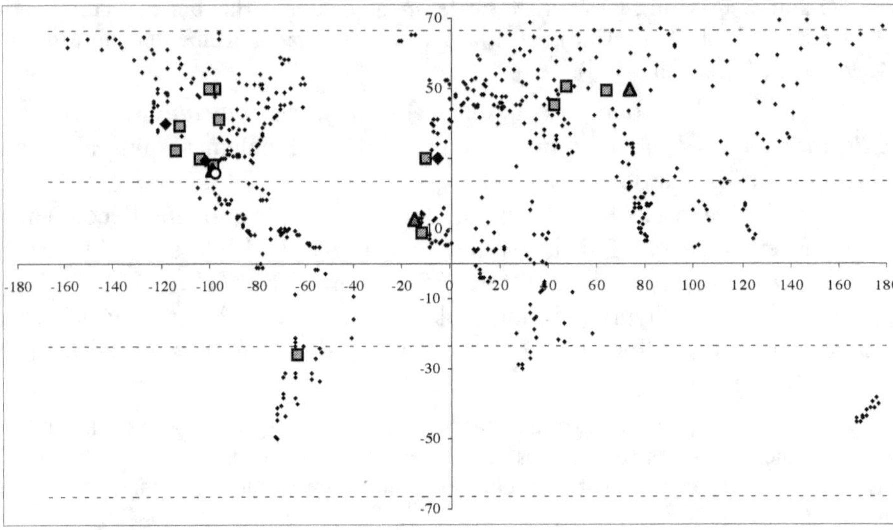

Document 1.15 - Le nanoréisme : modules de classe 4 (rectangles), de classe 3 (triangles), de classe 2 (cercles) et de classe 1 (losanges).

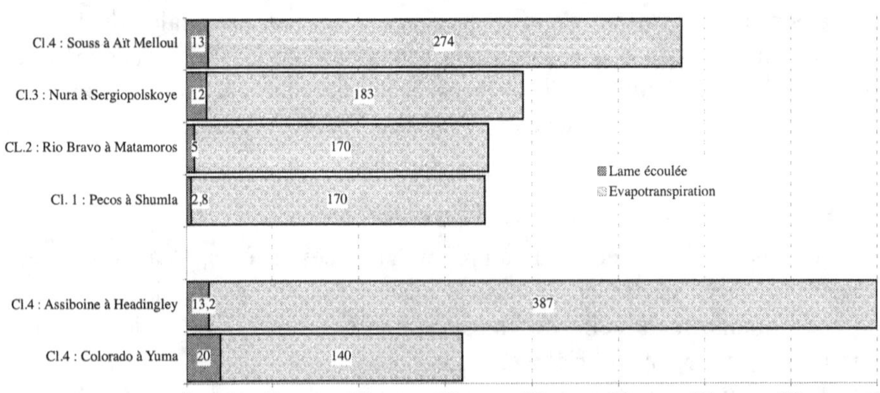

Document 1.16 - Exemple de cours d'eau soumis au nanoréisme (l'unité est le mm)

- Dans le sud-marocain, le *Souss* à Aït Melloul (16 150 km^2, 0,4 l/s/km^2, Cl.4) n'a écoulé que 5% des précipitations chues sur le Haut et l'Anti-Atlas.

- Cette médiocrité se retrouve sur d'autres continents : 6% sur la *Nura* à Sergiopolskoye (12 300 km^2, 0,4 l/s/km^2, Cl.2), un cours d'eau endoréique qui se jette

Grande à Matamoros au Mexique (159,902 km^2, 0,15 l/s/km^2, Cl. 3), et 2% sur le *Pecos* à Shumla au Texas (91 069 km^2, 0,09 l/s/km^2, Cl.4).

Ce déficit est enregistré sur les cours d'eau canadiens du piémont des Rocheuses. Ce n'est pas un désert d'abri, car le *Chinook*, un effet de fœhn, y fait fondre la neige et permet d'accueillir des cultures de blé. Mais il en résulte aussi une sécheresse hydrologique dont l'écoulement se ressent.

• L'*Assiniboine* à Headingley, un affluent du lac Winnipeg (153 000 km^2, 0,42 l/s/km^2, Cl.4) n'écoule que 3% des pluies chues sur son bassin-versant.

Cependant, la présence d'un massif montagneux attire aussi les précipitations ; il retient également la neige, ce qui améliore le quotient d'écoulement.

• Avec un quotient d'écoulement de 13%, le *Colorado* à Yuma (629 100 km^2, 0,65 l/s/km^2, Cl.4) appartient à ce type.

On retrouverait ce mode sur les cours d'eau des montagnes d'Iran et d'Afghanistan. On n'y comprend que mieux la précocité des aménagements hydrauliques à vocation agricole puis hydroélectrique.

IV - Vers une définition d'hydroclimats

Il s'agit d'établir un lien entre le type de bilan et le climat auquel il est afférent. Le traitement des 620 bassins-versants dont nous avons utilisé les données fournies par l'Unesco a permis de définir 14 types de bilans regroupés en quatre ensembles :

• Le **mégaréisme** : démesuré de classe 14, *abondant* de classe 13 et *basique de* classe 12.

• Le **mésoréisme** : *élevé* de classe 11, *moyen* de classe 10 et *médian* de classe 9.

• Le **microréisme** : *soutenu* de classe 8, *atténué de* classe 7, *mesuré* de classe 6 et *très mesuré* de classe 5.

• Le **nanoréisme** : *faible* de classe 4, *très faible* de classe 3 et *insignifiant* de classes 2 et 1.

Or, l'analyse qui a précédé a montré le rôle incontournable du climat. Ceci amène à définir quels climats sont responsables de ces types de bilan. Nous avons opté pour le choix de 17 climats, dans lesquelles les montagnes dessinent une originalité. Nous distinguerons ainsi 17 *hydro-climats* regroupés en quatre ensembles.

• Les **climats froids** sont *marqués* par le gel hivernal durable et la rétention nivale d'une part importante des précipitations. Ce sont le *climat arctique océanisé*, les *montagnes arctiques* (Rocheuses d'Alaska), les *montagnes continentales* (Oural, Carpates, Caucase) et les *climats des façades orientales océanisées* (Chine du Nord, Québec).

• Les **climats tempérés et pluvieux** ne connaissent pas la sécheresse hydrologique, et le gel n'a pas un caractère permanent en hiver : *climats hyperocéanisés des façades ouest* (Norvège, Chili méridional, Nouvelle-Zélande), *climats des façades ouest* *océanisées* (Europe occidentale, Colombie britannique) et *montagnes océanisées* (Pyrénées, Alpes).

• Les **climats tempérés continentaux** sont plus marqués par le froid que par la sécheresse, malgré des pluies à caractère estival : *climat tempéré continental* (Russie, Canada central) et *climat continental froid* (Sibérie, pourtour de la Baie d'Hudson).

• Les **climats semi-arides et arides** (50% des terres émergées) sont essentiellement marqués par le déficit hydrique, mais dans le domaine hypercontinental tempéré, le froid peut être important : *climat continental semi-aride* (Ukraine, sud-ouest des Etats-Unis, Chaco), *façades ouest supratropicales* (ex-climat méditerranéen), *montagnes méditerranéennes, montagnes semi-arides*, et *climat tropical semi-aride et aride* (le Sahel par exemple, mais aussi tous les climats tropicaux à longue saison sèche).

• Les **climats chauds et humides** ignorent à la fois gel et sécheresse ; ce sont le *climat tropical humide (*climats intertropicaux à saison sèche courte ou inexistante : Amazonie, bassin du Zaïre), les *montagnes tropicales* (Himalaya, Andes, où le tapis nival est quotidien au-dessus de 4 500 m). Nous y avons ajouté les *climats des façades supratropicales*, très arrosées, au gel rare, de Chine du Sud, de Floride, d'Uruguay.

Classes	Type de bilans Hydroclimats	Arctique océanisé	Montagne arctique	Façades ouest hyperocanisées	Façade est océanisée	Façade ouest océanisée	Montagnes océanisées	Montagnes continentales	Tempéré continental	Continental froid	Continental semi-aride	Façades ouest supratropicales	Montagnes méditerranéennes	Montagnes 1/2 arides et arides	Tropical 1/2 aride et aride	Façades est supratropicales	Montagnes tropicales
14	Mégaréisme démesuré			2													
13	Mégaréisme abondant	1		3			3										
12	Mégaréisme basique	1		6			7						1				4
11	Mésoréisme élevé	2		4	6		12		1	11			5				4
10	Mésoréisme moyen	3	1		5	4	30	4	1	5			3			11	8
9	Mésoréisme médian	2			6	5	13	3	11	34	2		3			6	10
8	Microréisme soutenu			1	1	2	7		14	14	6	7	1		24	3	
7	Microréisme atténué							5	2	2	11	3			14		1
6	Microréisme mesuré										17	3		2	12		
5	Microréisme très mesuré										6	1		1	8		
4	Nanoréisme faible										8	1		2	3		
3	Nanoréisme très faible										2				1		
2	Nanoréisme insignifiant														1		
1	Nanoréisme très insignifiant											1			2		

Document 1.17 - Les types d'écoulement et leurs climats afférents. (Sur chaque ligne, les valeurs expriment le pourcentage d'écoulements dans chacun des milieux des colonnes)

Le document 1.17 résume la relation entre écoulement et climat et permet de reconnaître d'importantes corrélations. En toute logique le ***mésoréisme des classes 9 à 10*** occupe la place dominante, et l'échantillon des modules compris entre *6,4 et 33,7* $l/s/km^2$ est le plus représentatif de l'écoulement planétaire. À l'exclusion des régions arides et semi-arides, il concerne tous les climats ; ***il est représentatif d'une situation potamologique interglaciaire***. Cette situation explique une certaine concentration dans les environnements très végétalisés (ils évitent le dysréisme) des *climats continentaux froids* où le processus est activé par une évaporation réduite, et dans les *milieux océanisés et intertropicaux* où l'abondance des pluies dépasse assez largement le pouvoir évaporant de l'atmosphère. La Sibérie, les reliefs d'Europe occidentale, l'Amazonie, relèvent de cette définition. Les autres bilans relèvent d'hydroclimats plus localisés géographiquement.

En dehors de quelques cas concentrés dans l'Arctique (ruissellement sur permafrost) et les montagnes arides (ruissellement sur des pentes dénudées), le ***mégaréisme des classes 14 à 12*** dont les modules dépassent *33,07* $l/s/km^2$ concerne principalement les *climats très arrosés* des *plaines et montagnes océanisées des façades occidentales de continents tempérés* et des *régions intertropicales*. La Nouvelle-Zélande et les Philippines illustrent assez bien ce mécanisme.

À l'inverse, le ***nanoréisme*** - des modules $< 0{,}72\ l/s/km^2$ - ne concerne que les régions connaissant une longue sécheresse au cours de l'année ; les *régions méditerranéennes* notamment. Mais les cours d'eau les mieux concernés sont issus des *espaces continentaux secs* comme l'Ukraine et le sud-ouest du continent nord-américain, où la sécheresse hydrologique est accentuée par l'abri et l'éloignement des océans. Il est à l'évidence que les déserts tropicaux et leurs marges sont les plus concernés : Mexique septentrional, Moyen-Orient, Sahel.

Entre ces deux extrêmes, le ***microréisme*** ($0{,}72 < Qsp < 6{,}4\ l/s/km^2$) concerne en réalité les mêmes domaines que le nanoréisme, dont il constitue en quelque sorte la *"version humide"*. Sa présence dans les domaines *tempérés continentaux et froids* y traduit surtout une situation d'interface avec la semi-aridité continentale observable sur les confins de la Sibérie et de l'Asie sèche, sous l'abri des Rocheuses canadiennes et des Andes argentines. Mais son occurrence dans des *milieux tropicaux humides* et sur les *façades océanisées* peut être interprétée comme une influence locale de l'abri, mais aussi comme celle d'un paramètre non climatique, la nature du sol et du sous-sol notamment.

La situation climatique interglaciaire actuelle favorise surtout écoulement assez modéré ; en effet, sur l'ensemble des cours d'eau analysés 13% relèvent du **mégaréisme**, et seulement 3% du ***nanoréisme***, ce qui illustre la variété des bilans hydrologiques.

Deuxième chapitre : Quels régimes mensuels ?

Instaurée par Pardé dans les années 40, cette conception de la potamologie recourt aux variations des douze débits mensuels moyens. Pour favoriser la comparaison de cours d'eau à la taille différente, il serait plus réaliste de recourir aux modules spécifiques.

Toutefois, la définition du régime n'a d'intérêt que comparée aux données climatiques, où les températures sont exprimées en degrés Celsius (°C), et la hauteur des précipitations en millimètres (mm). Il est peu souhaitable d'introduire une troisième unité, et le recours à la lame d'eau écoulée est un artifice de calcul qui donne une valeur dans la même unité que l'apport pluviométrique. On est alors très surpris des valeurs prises par l'écoulement.

- La lame d'eau écoulée par l'Amazone est élevée : 836 mm.
- Mais en dépit de l'immensité de leurs bassins-versants, l'Ob et l'Iénisséï n'écoulent qu'une lame respective de 177 et 233 mm.
- À l'inverse, le Rhin et le Rhône, aux bassins bien plus étroits, écoulent respectivement 435 et 564 mm du fait de la présence des vastes glaciers alpins.

I - La notion de régime

Le régime de la Seine servira de modèle (Document 2.1). La répartition mensuelle des lames d'eau écoulées ne connaît qu'un maximum et un minimum uniques : *un tel régime est réputé simple* (deux maxima et minima définissent un régime mixte) avec des *hautes eaux hivernales* et des *basses eaux estivales*.

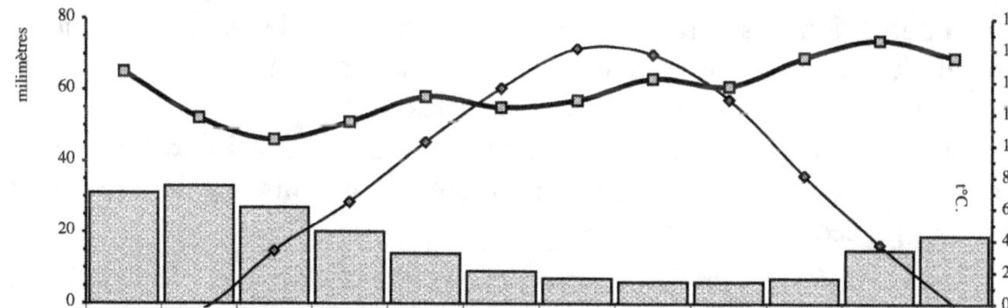

	Jr	Fe	Ms	Av	Ma	Jn	Jt	At	Se	Oc	No	De
Qmm	31	33	27	20	14	9	7	6	6	7	15	19
t°C	-1,0	-0,5	3,3	6,4	10,2	13,6	16,1	15,7	12,9	8,1	3,7	-0,1
Pmm	65	52	46	51	58	55	57	63	61	69	74	69

Document 2.1 - Détermination du régime de la Seine : par la lame d'eau écoulée Qmm comme les précipitations sont nommées Pmm.

La comparaison de cette chronologie avec le climat définit le régime: En hiver, l'écoulement est d'origine *pluviale* car il est *en phase avec les précipitations* ; mais dès le printemps, il entre en opposition de phase avec les températures ; malgré de fortes précipitations estivales l'écoulement recule car l'évaporation l'emporte, et à ce titre il est nommé *évaporal.* Le régime de la Seine sera donc réputé *pluvio-évaporal.*

L'écart entre les extrêmes est un bon critère du rôle du milieu ; car il détermine la double notion de **pondération** et d'**immodération**. Mais du fait de la diversité des modules, il faut utiliser une *valeur adimentionnelle* ; celle-ci est fournie par le *quotient entre le maximum et le minimum mensuels.* Indépendant des valeurs absolues, c'est le *quotient de pondération* (ou d'*immodération)* : avec 5,5 sur la Seine, c'est déjà une valeur médiocre pour la France.

• Les cours d'eau issus des grands massifs calcaires sont les plus pondérés ; le quotient de pondération est souvent voisin de 1. La traversée d'un lac est un grand facteur de pondération ; au débouché du Lac Victoria, le quotient de pondération du Nil n'est que de 1,2. Aussi pondère-t-on artificiellement les cours d'eau par des barrages écréteurs de crues. Ainsi, depuis la construction du barrage d'Assouan, le quotient de pondération du Nil à l'entrée du Delta a été réduit de 12 à 2.

• Un fort quotient est fréquent sur les marges des domaines tempérés et tropicaux, là où l'occurrence saisonnière des perturbations tempérées et tropicales reste brève. Le quotient de pondération de l'Euphrate est de 12,6. Cette *immodération* devient très élevée en milieu sahélien (31,5 sur le Niger au Mali) et en Asie des Moussons (163 sur le Godavari en Union Indienne). Mais c'est aussi une caractéristique des cours d'eau d'origine glaciaire, où l'écoulement n'existe que lorsque les températures passent au dessus de 0°C . Ce quotient est de 39,7 sur l'Avérole en Isère.

• *La situation moyenne est illustrée par les cours d'eau des régions tempérées océanisées* : 4,7 sur la Shannon en Irlande, ou ceux des régions équatoriales : 3,3 sur l'Ogoué à Lambaréné au Gabon.

La *pondération* ne doit pas être confondue avec la *régularité* qui définit le retour ou le non-retour interannuel des mêmes événements. Les cours d'eau alimentés par la fonte des glaciers, très immodérés, sont réguliers, car liés aux températures dont les variations interannuelles sont elles-mêmes pondérées. En général, les cours d'eau pluviaux sont immodérés, mais le paysan égyptien préparait ses champs dans l'attente des crues du Nil car celui-ci présentait une régularité d'horloge. La crue apparaissait en mai, se développait en juin, juillet et août, pour disparaître en septembre, moment où commençaient les opérations agricoles précédant les récoltes.

Comment établir une typologie des régimes ? Pris dans le détail, il existe une grande variété de régimes fluviaux. En leur temps, Pardé, Rochefort, Guilcher... ont construit une typologie en s'appuyant sur les moyennes mensuelles. La méthode occulte les *constantes des bassins* : morphométrie, géométrie, structure géologique, mise en valeur... qui constituent la *structure hydrologique du bassin*, et dont le rôle est, par exemple de premier plan, pour ce qui concerne pondération et immodération. Si on s'en tient aux seuls paramètres variables, l'écoulement de l'eau sous sa forme liquide n'est possible que sous trois conditions : les températures doivent être > 0°C, l'évapotranspiration ne doit pas l'emporter sur l'écoulement, et il doit s'y produire des précipitations (solides ou liquides), mais cette dernière condition est impliquée dans les deux autres.

L'eau qui s'écoulera proviendra donc de divers systèmes pluviogènes, selon le climat, la latitude, la saison, mais qui tous vont fournir un *actif pluvial* **P**. Cet apport va suivre trois destinations. Une forte part retourne à l'atmosphère soit directement, soit après consommation par les êtres vivants, c'est l'*évapotranspiration* **E**, une autre partie gagne les nappes phréatiques par *infiltration* **I** ; quant au solde, il s'écoule vers les chenaux et constitue l'*écoulement* **Q**.

On pourrait alors écrire l'égalité suivante…

ACTIF PASSIF

$$\mathbf{P} = \mathbf{E + I + Q}$$

… En réalité, ce n'est pas aussi simple…

• Dans le cas d'un grand cours d'eau pérenne - La Loire, le Rhin, le Zaïre… - l'eau continue de s'écouler en l'absence de pluies, car des *réserves* **R** se sont constituées dans le bassin-versant - nappes souterraines, plans d'eau lacustres - et ce sont ces réserves qui assurent cette pérennité entre les épisodes pluvieux. Il faut donc écrire l'égalité autrement :

ACTIF PASSIF

$$\mathbf{P} + \partial.\mathbf{R}_1 + \mathbf{R} = \mathbf{E} + \partial.\mathbf{R}_2 + \mathbf{Q} + \mathbf{R}$$

… Où **R** représente ces réserves souterraines et/ou lacustres, dont une partie seulement, $\partial.\mathbf{R}_1$, est reversée à l'actif par les sources en complément des précipitations **P**. Mais l'infiltration **I** vers les nappes engendre un *flux vers les réserves* du passif qui se rechargent et qu'il faut nommer $\partial.\mathbf{R}_2$. Dans cette nouvelle égalité, **R** se trouvant dans les deux membres peut être effacé. En effet, dans le mécanisme du fonctionnement hydrologique du bassin-versant, seules ses variations $\partial.\mathbf{R}_1$ et $\partial.\mathbf{R}_2$ jouent un rôle, et l'égalité ainsi simplifiée devient :

ACTIF PASSIF

$$\mathbf{P} + \partial.\mathbf{R}_1 = \mathbf{E} + \partial.\mathbf{R}_2 + \mathbf{Q}$$

… Sur une très longue période, on estimera dans les types de bilan que la *restitution* $\partial.\mathbf{R}_1$, vers le passif, est équilibrée par leur *recharge* $\partial.\mathbf{R}_2$, de telle sorte que l'égalité se simplifie à…

ACTIF PASSIF

$$\mathbf{P} = \mathbf{E + Q}$$

… Où l'évapotranspiration **E** n'apparaît être que le *déficit d'écoulement* que nous appellerons *évapotranspiration réelle* ou **Etr = P - Q**.

• Toutefois, il faut encore nuancer. Réduire l'écoulement **Q** à un unique processus serait ignorer une réalité plus complexe. Quand la pluie arrive sur le sol, la part **Q** qui échappe à l'évapotranspiration suit elle-même plusieurs voies. Une part *s'écoule à la surface du sol* en direction des chenaux pour alimenter un *écoulement rapide* **Qr**. Il peut être violent, mais cesse très vite après la pluie et il se rapproche du *ruissellement* des géomorphologues. Le solde s'infiltre et participe à la recharge $\partial.\mathbf{R}_2$ des nappes. Mais il a été reconnu qu'une part de cette infiltration constitue une *eau nouvelle* qui prend la place d'une *eau ancienne* et qui constitue la *vidange naturelle des réservoirs souterrains*, celle qui assure la continuité de l'écoulement en dehors des passages pluvieux. Elle constitue l'*écoulement de base* que nous préférerons nommer *écoulement souterrain* **Qst**, qui alimente les chenaux tout au long de leur parcours et non à la tête des vallons possédant une source, comme on le croit trop souvent. L'égalité devient (avec les processus dans l'ordre de leur occurrence et de leur durée) :

ACTIF		PASSIF
P	=	**Etr + Qr + Qst**

... Toutefois, pour un pas de temps très court il est préférable de recourir à une autre égalité, quand la participation des nappes à l'écoulement l'emporte sur leur alimentation, (ou inversement).

ACTIF		PASSIF
$\mathbf{P + (R + \partial.R_1)}$	=	$\mathbf{(Etr + Qr + Qst) + (R + \partial.R_2)}$

Nous pouvons envisager quelques cas de figures.

• **Dans le cas du torrent de montagne ou l'oued** il n'y a pas de réserves, puisque l'écoulement disparaît entre les averses. L'égalité devient :

ACTIF		PASSIF
P	=	**Etr + Qr**

... Du fait de la brièveté des processus et d'une structure hydrologique particulière, le *coefficient d'écoulement* **C = Qr/P.%** serait très élevé.

• **Un cours d'eau avec réserve souterraine, sans réserve nivale, sous climat aux saisons thermiques nuancées connaîtra** des variations saisonnières intenses. En hiver, l'évaporation peut disparaître (en théorie) et l'écoulement devient prépondérant, il arrive même que la recharge des nappes l'emporte sur leur vidange : $\mathbf{\partial.R_1 > \partial.R_2}$:

ACTIF		PASSIF
$\mathbf{P + (R + \partial.R_1)}$	=	$\mathbf{(Qr + Qst) + (R + \partial.R_2)}$

... En été, l'évaporation peut annihiler l'écoulement de surface et l'infiltration (cas extrême), alors l'évaporation l'emporte et l'écoulement ne survit que par le lent tarissement des nappes où $\mathbf{\partial.R_2 = Qst}$.

ACTIF		PASSIF
$\mathbf{P + (R + \partial.R_1)}$	=	**Qst + R**

... Ces cas de figures sont fréquents sur les bassins de petite taille des régions tropicales à deux saisons et supratropicales de façade ouest (méditerranéennes).

• **Un cours d'eau avec réserve souterraine, sans réserve nivale, sous climat sans saisons thermiques** ne connaîtra que les variations saisonnières des précipitations, car l'évapotranspiration est constante. En saison sèche, l'évaporation l'emporte, mais elle peut être très réduite faute d'eau, tandis que les nappes se vidangent : $\mathbf{Qst = \partial.R_1}$ ($\mathbf{\partial.R_2}$ est voisin de 0) :

ACTIF		PASSIF
$\mathbf{R + \partial.R_1}$	=	**Etr + Qst + R**

... En saison des pluies, l'évaporation réelle s'ajuste au volume des pluies, mais l'écoulement de surface s'emballe avec apparition de l'écoulement rapide de crue.

ACTIF		PASSIF
$\mathbf{P + (R + \partial.R_1)}$	=	$\mathbf{Etr + Qr + Qst + (R + \partial.R_2)}$

... Le fonctionnement est parfaitement pluvial : il y a hautes eaux et recharge des nappes, car en cette période $\mathbf{\partial.R_2 > \partial.R_1}$.

• **Un cours d'eau avec réserve nivale exclusive** connaîtra des variations saisonnières considérables. En saison froide, l'eau n'existe pas sous sa forme liquide et les réserves se constituent : les chutes de neiges **P** sont converties en réserves nivales **R.**

ACTIF — PASSIF

P = **R**

... Au printemps la réserve nivale fond brutalement, de telle sorte que la fonte des neiges se traduit par un *très violent écoulement rapide de crue* **Qr**, face à un *écoulement souterrain* **Qst** presque négligeable, à une *évapotranspiration* **Etr** *réduite* du fait de la précocité saisonnière du processus et à l'absence de reconstitution des réserves du fait du changement d'état de l'eau.

ACTIF — PASSIF

P + R = **Etr + Qr**

... En été, l'écoulement se retrouve à la merci des relations entre *l'évapotranspiration* et les pluies d'orage :

ACTIF — PASSIF

P = **Etr + Qr**

• **Le schéma sera différent pour un cours d'eau aux réserves glaciaires exclusives.** En effet, les réserves sont si considérables que leurs variations interannuelles sont négligeables : $\partial.R_1 = \partial.R_2$. En saison froide, l'eau n'existe guère sous sa forme pluviale, mais l'écoulement est alimenté par la fonte des glaces sous leur propre poids : c'est le torrent sous-glaciaire dont l'écoulement peut être assimilé à $Qst = \partial.R_1$. Mais les chutes de neiges rechargent le glacier : $P = \partial.R_2$ en sachant que **P est très supérieur à** $\partial.R_1$.

ACTIF — PASSIF

$P + R + \partial.R_1$ = $Est + R + \partial.R_2$

... En été, l'eau retrouve en partie sa forme liquide et le débit **Qst** du torrent sous-glaciaire s'accroît conjointement aux températures, alors que les pluies d'orages peuvent alimenter un violent écoulement rapide **Qr**. Le glacier et la neige peuvent aussi se sublimer, ce qui donne une certaine consistance à l'Etr.

ACTIF — PASSIF

$P + R + \partial.R_1$ = **Etr + Qr + Qst**

Dans sa globalité, l'écoulement fluvial est sous la dépendance du gel, de l'évapotranspiration et des précipitations, aussi, pour ce qui concerne les régimes, *il ressort trois cas de figures.*

• L'écoulement peut être dominé par le passage des températures saisonnières au-dessus ou au-dessous du point de congélation de l'eau. **Le rôle principal est alors donné aux réserves solides : neige et glace**.

• Il peut à l'inverse être sous l'influence d'une grande stabilité thermique. **La variation de la distribution saisonnière des pluies devient le facteur dominant**.

• A l'interface des deux processus l'hiver frais conserve un rôle majeur aux précipitations (même solides) mais la chaleur de l'été fait que **l'évaporation devient l'élément dominant**.

II - Les régimes à rétention solide

Ici, le rôle du froid domine par la constitution de réserves glaciaires et nivales. Le gel hivernal provoque un changement d'état de l'eau au cours de l'année, avec des basses eaux en saison froide et un écoulement abondant en saison chaude (appelé aussi débâcle du fait du charriage de glaçons). Ce régime se décline en deux cas de figure. Le plus fréquemment, la neige est stockée pour une durée plus ou moins longue, et son *tapis saisonnier,* qui fond au printemps, est commun aux hautes latitudes et aux moyennes montagnes des latitudes moyennes. Mais, en haute montagne, les *réserves solides sont permanentes*, ce sont les *névés* et les *glaciers*, des réservoirs qui restituent de l'eau tant que les températures sont positives.

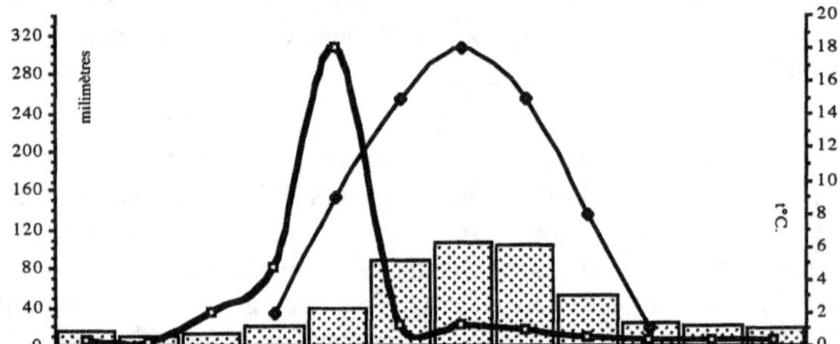

	Jr	Fe	Ms	Av	Ma	Jn	Jt	At	Se	Oc	No	De
Précipitations	15	11	12	20	38	87	106	105	52	23	20	18
Températures > 0°C				2,0	9,0	15,0	18,0	15,0	8,0	1,0		
Lame écoulée	5	3	33	81	306	20	20	16	7	5	5	5

Document 2.2 - L'Iénisseï : exemple de régime nival.

A - Dans le cas du régime nival pur des milieux très froids, le tapis neigeux saisonnier peut se constituer sans apport pluvial sensible.

C'est le cas *du bassin de l'Iénisseï* (Document 2.2) car la Sibérie subit le climat continental à hiver froid, aux précipitations estivales. Ce régime n'existe vraiment qu'aux hautes latitudes, là où il n'est pas perturbé par un écoulement pluvial. Aussi le maximum hydrologique est-il thermal avec une débâcle de printemps quand les températures passent au-dessus de 0°C.

C'est un régime purement nival où le stock de neige est annuel et disparaît entièrement en été. Ainsi l'Iénisseï associe rareté des précipitations liquides entre novembre et mars et forte évapotranspiration de juin à août. L'écoulement est très bref : 80% sont réalisés entre avril et août. Le reste de l'année n'est qu'une longue période de basses eaux. Il en résulte une immodération très élevée : 102. La raison en est purement climatique ; les précipitations continentales, à maximum estival, sont peu abondantes ; aussi, le manteau neigeux constitué seulement au début de l'automne, est-il très mince. Les températures restent négatives de novembre à mars, mais s'accroissent brutalement en avril-mai, ce qui provoque la fonte complète du tapis de neige, et explique que l'écoulement soit en avance de deux mois sur les températures. La caractéristique de cet écoulement reste une violente crue de printemps.

Géographiquement, ce régime concerne l'écoulement des hautes latitudes continentales de l'hémisphère nord : Russie, Sibérie, Canada et Alaska. Mais il s'étend très largement vers le sud, dans les grandes plaines d'Amérique du Nord et la *Steppe russo-sibérienne*, du fait de l'extension des hivers glacés. La remontée brutale des températures en avril-mai provoque une violente fonte des neiges qui engendre une crue dont le maximum est en juin. C'est la *débâcle* sur les fleuves russes et canadiens. Ce moment est dangereux, car le cours d'eau connaît un accroissement violent de son débit, tout en charriant des glaçons. Il inonde alors la totalité de sa vallée, et jeter des ponts sur les fleuves sibériens fut un des problèmes des aménagements ferroviaires de l'ex-U.R.S.S. Mais dans ces contrées désolées, c'est aussi très utile pour maintenir en eau les immenses retenues hydroélectriques.

B - Avec le régime glaciaire, les réserves peuvent n'être constituées que par de la glace mais la présence de neige influence souvent un écoulement rarement exclusivement glaciaire.

L'*Avérole* fournit cependant une bonne illustration *du régime exclusivement glaciaire* (Document 2.3).

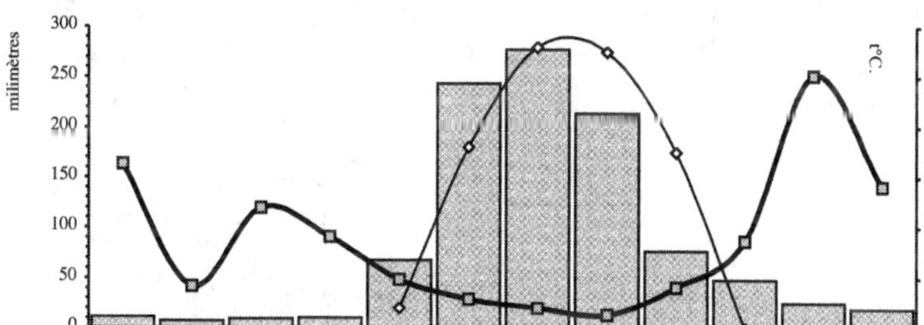

	Jr	Fe	Ms	Av	Ma	Jn	Jt	At	Se	Oc	No	De
Lame écoulée	11	7	9	10	68	244	278	214	77	48	25	19
Températures > 0°C					0,4	3,6	5,6	5,5	3,5	0,0		
Précipitations	163	42	120	91	49	29	20	13	41	87	252	141

Document 2.3 - L'Avérole : exemple de régime glaciaire

Du fait de l'altitude (1 950 m), l'alimentation pluviale est modeste et le rôle des températures est prépondérant. Ce cours d'eau provient de la fonte du glacier des Ecrins et son régime est encore plus parfaitement thermal que dans le régime nival pur : l'écoulement est en parfaite phase avec le régime thermique. Au contraire, il est indépendant du régime des précipitations avec lesquelles il se trouve en opposition de phase du fait d'une pluviométrie de climat océanisé.

Les basses eaux sont hivernales, malgré un maximum pluviométrique situé entre novembre et mars. Les températures sont alors négatives et leur rôle est indirect : la neige alimente alors névés et glaciers. L'écoulement augmente quand les températures deviennent positives, avec des hautes eaux en juillet, mois où la relation durée du jour/hautes températures est optimale. Le cours d'eau est très immodéré : 39,7 ; il existerait même une immodération diurne, liée à l'ensoleillement, le débit pouvant varier du simple au triple entre le jour et la nuit. Ainsi s'explique le repli de l'écoulement du mois d'août où il est synchrone avec celui de la durée du jour et le retour du gel nocturne. Mais cette tyrannie du rôle des températures donne une grande régularité au régime glaciaire.

Cet écoulement accompagne les hautes montagnes de type alpin des milieux tempérés et froids : Alpes, Caucase, Rocheuses, Pamir... mais aussi tropicales s'il existe des glaciers : Andes, Himalaya, voire l'Est Africain. Les glaciers y constituent un modèle de stockage à long terme, et leurs émissaires sont fort appréciés pour remplir les barrages au cours de l'été : Français, Suisses et Autrichiens ont fortement mis en valeur cette qualité.

C - Le régime mixte glacio-nival est plus fréquent

Il est bien représenté en haute montagne où le tapis neigeux est très épais du fait de l'abondance saisonnière des pluies frontales sur les façades des moyennes latitudes (Alpes, Pyrénées, Rocheuses, Japon, Nouvelle-Zélande) ou de la mousson sur le versant méridional de l'Himalaya. Une forte part fond dès que les températures diurnes deviennent positives, sans avoir alimenté les glaciers. Dans les Alpes, la *Romanche* en offre un assez bon exemple (Document 2.4), avec des températures positives de mars à novembre.

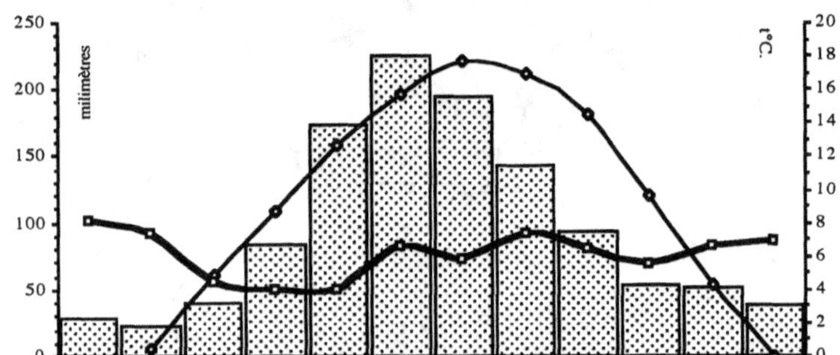

	Jr	Fe	Ms	Av	Ma	Jn	Jt	At	Se	Oc	No	De
Lame écoulée	28	23	40	84	173	226	194	143	94	53	51	39
Températures > 0°C		0,5	4,9	8,7	12,6	15,7	17,7	17,0	14,5	9,6	4,3	0,0
Précipitations	102	92	56	50	50	82	73	91	80	69	83	86

Document 2.4 - La Romanche : exemple de régime glacio-nival

Les précipitations sont réparties sur toute l'année, mais elles connaissent un maximum de novembre à mars au moment où les températures sont négatives. Il se constitue ainsi un épais stock neigeux, tandis que l'écoulement connaît alors ses basses eaux. À la différence de l'Avérole, le maximum d'écoulement est en avance d'un mois sur celui des températures. En effet, la fonte des neiges apparaît dès que celles-ci passent en dessus de 0°C, et le stock étant malgré tout limité, sa fonte est achevée en juin. Mais l'écoulement reste abondant, en phase avec les températures dont il accompagne le recul, car le stock neigeux consommé, les réserves glaciaires prennent le relais. Aussi le régime est-il *mixte* : nival et glaciaire.

On remarquera aussi l'inefficacité des pluies d'été absorbées par l'évaporation. L'immodération moins prononcée - 9,8 - s'explique par des basses eaux hivernales moins accusées, du fait de la fonte partielle du couvert neigeux. Ces cours d'eau de régime glacio-nival occupent les mêmes secteurs géographiques que les précédents, et participent au remplissage des grands réservoirs.

Enfin, en montagne, ces régimes thermaux ne sont jamais à l'abri d'un orage estival responsable d'un ruissellement brutal que la pente et le déboisement peuvent accentuer, et qui dérive alors en inondation catastrophique, comme au Grand-Bornand le 14 juillet 1987.

III - Les régimes exclusivement pluviaux

Il concerne à l'inverse les domaines climatiques chauds sans saison thermique. Ici le gel est absent alors que l'amplitude thermique est négligeable. L'évapotranspiration est alors intense et consomme la plus grande partie des pluies ; aussi le quotient d'écoulement s'en trouve-t-il très affecté. Cependant, du fait de la constance de l'évapotranspiration réelle, le rôle majeur se trouve joué par l'apport pluvial. Ce sont les fleuves des régions intertropicales qui seront concernés, avec deux cas de figures pluviométriques liés au balancement saisonnier de la position de l'équateur météorologique[1].

À proximité de l'Equateur proprement dit, les pluies sont quasi quotidiennes avec un maximum quand le soleil passe au zénith : à chacun des équinoxes. À l'inverse, près de chaque tropique, les pluies zénithales alternent avec le passage du soleil au zénith de chacun des tropiques : au solstice d'été. Il en résulte la succession d'une saison sèche hivernale et d'une saison des pluies estivale, dont le phénomène de *mousson* n'est qu'une variante.

A - Le régime pluvial équatorial

Il sera illustré par celui de l'Ogoué au Gabon (Document 2.5). L'écoulement se décline sur le *régime "zénithal" des précipitations équatoriales*. La répartition des pluies est à deux maxima aux solstices séparés par deux périodes de minima aux équinoxes du fait du balancement saisonnier de l'équateur météorologique de part et d'autre de l'équateur géographique. L'*écoulement est alors en phase avec les deux maxima pluviométriques équatoriaux* des équinoxes : avril-mai et novembre-décembre.

Un *coefficient* de 3 traduit une bonne pondération. Pourtant, à l'exception de l'Amazone, ces fleuves ne sont pas navigables, non pas pour des raisons

---

[1] Le concept des pluies zénithales n'est pas pris ici dans sa valeur scientifique, très contestée et contestable, mais seulement pour illustrer le rythme saisonnier des précipitations. La terminologie n'a donc ici qu'un sens pratique

hydrologiques, mais parce que situés sur des boucliers tropicaux, leurs lits sont coupés de rapides. Ce fut l'un des principaux obstacles au développement de la navigation sur le Zaïre.

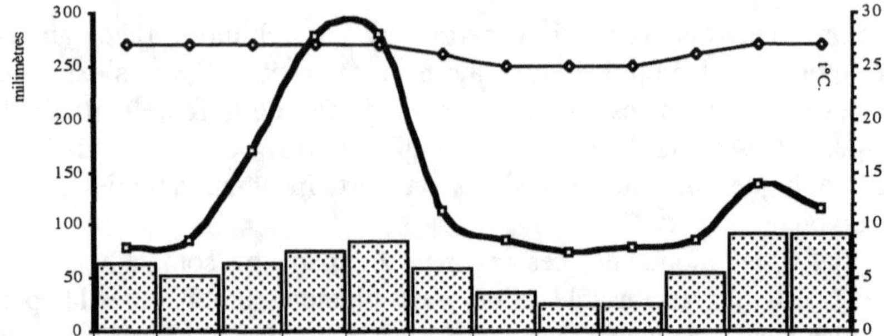

	Jr	Fe	Ms	Av	Ma	Jn	Jt	At	Se	Oc	No	De
Lame écoulée	64	52	63	75	84	60	37	26	25	55	92	91
Températures	27,0	27,0	27,0	27,0	27,0	26,0	25,0	25,0	25,0	26,0	27,0	27,0
Précipitations	79	85	170	278	279	113	84	73	77	84	137	115

Document 2.5 - L'Ogoué : exemple de régime pluvial équatorial. L'amplitude thermique est négligeable et l'évapotranspiration est constante.

B - Le régime pluvial tropical

Il se trouve assez bien illustré par le *Godavari*, tributaire du golfe du Bengale, qui voit son régime calqué sur celui de la Mousson (Document 2.6). Si on observe quelque retard à l'écoulement et surtout un très faible quotient d'écoulement, c'est le résultat d'une évapotranspiration intense sur le Dekkan qui se réduit à peine au cours de la Mousson, et qui entame fortement les réserves du sol et du sous-sol, lesquelles doivent être rechargées avant la reprise de l'écoulement.

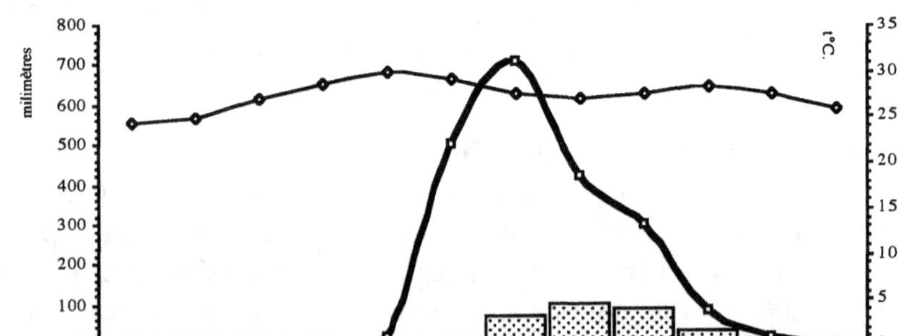

	Jr	Fe	Ms	Av	Ma	Jn	Jt	At	Se	Oc	No	De
Lame écoulée	2	2	1	1	1	8	71	106	92	38	10	4
Températures	24,3	24,9	26,9	28,7	29,9	29,1	27,5	27,1	27,4	28,3	27,5	25,9
Précipitations	2	1	0	3	16	502	709	419	297	88	21	2

Document 2.6 - Le Godavari : exemple de régime pluvial tropical

Ce régime pluvial tropical concerne la plupart des cours d'eau des régions tropicales. Ici, la saison sèche hivernale se prolonge, mais la pluviométrie à maximum estival, brève et très marquée, joue le rôle principal dans les processus d'écoulement. Le Godavari, en Inde, en illustre un cas très tranché car le régime pluviométrique est accentué par la Mousson. Du fait de l'évapotranspiration, les eaux sont basses de novembre à juin. Aussi, après l'explosion de cette Mousson la réponse n'est-elle pas immédiate : il faut recharger des sols desséchés sur ce bassin de 300 000 km^2, et la montée des eaux survient avec un mois de retard sur les pluies. L'immodération (ici de 106) sera une caractéristique de ces cours d'eau tropicaux.

Ce régime serait celui des fleuves de l'Afrique sub-saharienne, de l'Amérique centrale, de l'Amérique au sud de l'équateur et de l'Asie du Sud-est. Ces cours d'eau immodérés sont aussi *très irréguliers* du fait d'une distribution interannuelle des pluies très aléatoire en climat de Mousson et en climat tropical à deux saisons. Ils ne furent jamais navigables mais toujours dangereux ; et les crues de l'été 1998 sur le Yang-Tsé-Kiang l'ont bien illustré.

IV - Les régimes pluvio-évaporaux

Il doit son origine à l'occurrence de *saisons thermiques, associées à la rareté du gel, équilibrent les relations entre évapotranspiration et précipitations.* Si la température varie fortement au cours de l'année, elle ne passe guère en dessous de 0°C. En hiver, l'*écoulement rapide* **Qr** l'emporte sur une évapotranspiration réduite : c'est la période de hautes eaux. En été, les processus s'inversent et l'évapotranspiration l'emporte. Le débit ne dépend plus que la vidange **Qst** des réserves : nappes et lacs.

A - C'est le régime pluvio-évaporal océanique de Pardé

Le régime de la rivière irlandaise *Shannon* (Document 2.7) respecte la distribution saisonnière des pluies, et c'est en cela qu'il se trouve pluvial. Mais l'écoulement est surtout en opposition de phase avec les températures, principaux vecteurs de l'évapotranspiration, aussi ce régime domine-t-il l'écoulement des moyennes latitudes océanisées à maximum d'automne et minimum de printemps.

En hiver, les averses de saison froide alimentent directement les chenaux, le *régime est pluvial*, mais il se constitue aussi des réserves par infiltration vers les nappes phréatiques. En été, l'évaporation suit l'accroissement des températures, les pluies pourtant abondantes sont presque totalement absorbées par les plantes et l'évaporation. Le modeste débit observé correspond à l'écoulement des sources, exutoire des nappes souterraines.

Si la pondération est médiocre (4,7), le trait caractéristique de ce régime reste néanmoins son opposition de phase avec les températures, et on le rencontrera sur les façades océanisées des moyennes latitudes : Europe du nord-ouest, Colombie britannique et Oregon, Chili méridional et Nouvelle-Zélande. Peu pondérés, les cours d'eau y sont aussi irréguliers que la distribution des précipitations d'hiver, les plus utiles car elles alimentent les nappes phréatiques et le ruissellement. Quel que soit l'usage qu'on voulût en faire, il fallut les aménager.

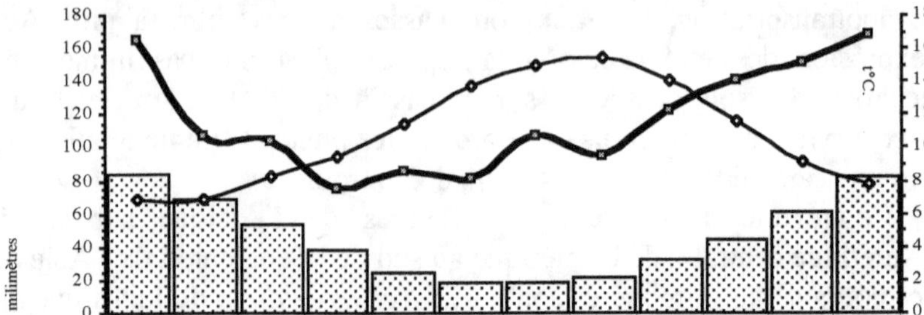

	Jr	Fe	Ms	Av	Ma	Jn	Jt	At	Se	Oc	No	De
Lame écoulée	84	69	53	38	24	18	19	22	32	44	61	83
Températures	6,9	6,8	8,3	9,4	11,4	13,8	15,0	15,4	14,0	11,6	9,1	7,8
Précipitations	164	107	103	74	86	81	107	95	122	140	151	168

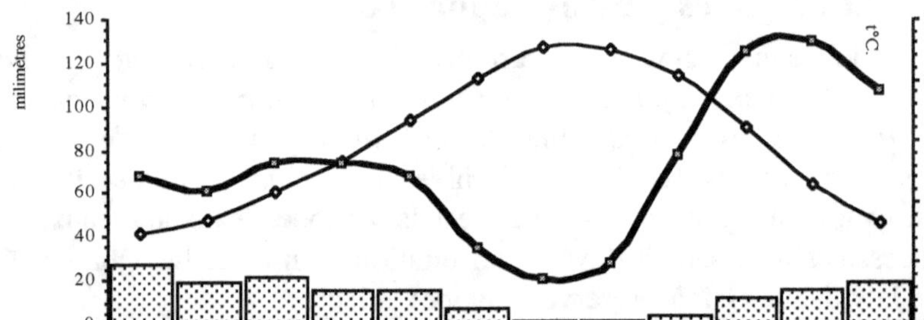

	Jr	Fe	Ms	Av	Ma	Jn	Jt	At	Se	Oc	No	De
Lame écoulée	27	19	21	16	15	7	1	1	3	12	16	19
Températures	7,5	8,5	10,8	13,3	16,7	20,1	22,7	22,5	20,3	16,0	11,5	8,2
Précipitations	68	61	73	73	68	35	20	27	77	124	129	107

Document 2.7 - Deux exemples de régime pluvial-évaporal : la Shannon influencée par le climat océanisé et la Canterrane par le climat méditerranéen.

B - Le régime pluvio-évaporal méditerranéen

Ce n'en est qu'une variante, mais *les* remarques précédentes sont encore plus vraies pour la *Canterrane*, ruisseau méditerranéen des Pyrénées-Orientales, avec un débit en parfaite opposition de phase avec les températures (Document 2.7). Ce régime n'est en fait qu'une *exagération du régime océanique* avec un maximum pluvial en hiver et un minimum évaporal en été. Mais irrégularité et immodération y sont accentuées par la quasi-disparition de l'écoulement en été, du fait de l'ampleur de l'évaporation et l'inefficacité des pluies (souvent des orages trop brefs). Ici l'immodération atteint 27 ; et l'on passerait très rapidement à un oued, forme exacerbée de cet écoulement.

Cet écoulement intéresse tous les cours d'eau de plaine du pourtour méditerranéen, ainsi que les "*sosies*"*supratropicaux* de ce milieu : cours d'eau californiens et cours d'eau du Chili central. Les écoulements des régions supratropicales des façades orientales : Sud des Etats-Unis et Chine du Sud s'en rapprocheraient, la sécheresse estivale en moins.

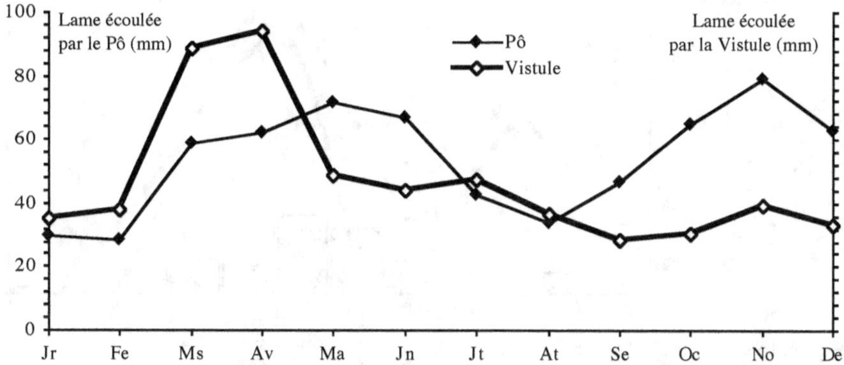

Document 2.8 - Les régimes alliant l'influence de la neige et de la pluie : nivo-pluvial pour la Vistule à Varsovie (38 700 km^2), pluvio-nival pour le Pô à Boretto (55 200 km^2).

C - Les régimes mixtes associent influences pluviales et nivales dans les moyennes montagnes

Dans les secteurs montagneux, ou aux confins des domaines océanisés et continentaux des moyennes latitudes, le rôle de la pluie se mêle à celui de la neige, donnant des régimes mixtes où, selon le cas, c'est l'un ou l'autre facteur qui l'emporte.Mais l'évaporation estivale reste toujours marquée.

Cette double influence est majoritaire dans les montagnes des moyennes latitudes, où il est rare que seule la fonte des neiges intervienne dans l'écoulement. On y distingue deux modalités selon que l'un ou l'autre des deux types de précipitations l'emporte.

• ***Dans le régime nivo-pluvial, la fonte des neiges l'emporte sur les pluies.*** À Varsovie, l'écoulement de la *Vistule* comporte deux périodes de basses eaux : l'hiver et le coeur de l'été, séparés par deux maxima : l'un principal en avril et l'autre secondaire en novembre (Document 2.8) Le pic de novembre correspond aux précipitations d'automne, puis la rétention nivale des Carpates provoque les basses eaux de janvier-février, aussi le pic d'avril est-il nival. Les basses eaux d'été restent évaporales. Ce régime est caractéristique des milieux océanisés froids, associés à de la montagne, où il n'est qu'une dégradation du régime nival chez des cours d'eau issus d'une montagne enneigée et aboutissant à une plaine côtière plus clémente : Scandinavie et pourtour de la Baltique, Appalaches et pourtour du Saint-Laurent, Japon…

• ***Dans le régime pluvio-nival, la neige ne joue plus qu'un rôle secondaire.*** Ainsi le régime du *Pô* reste-t-il marqué par deux minima hivernaux et estivaux ; mais ici le pic d'automne l'emporte sur le pic de printemps (Document 2.23). Le régime s'explique par la fonte, au printemps, d'un stock nival dans les Alpes et de fortes précipitations méditerranéennes sur l'Apennin en automne. Mais du fait de l'ampleur de ces averses méditerranéennes, l'écoulement est avant tout pluvial et évaporal. Cet écoulement, fréquent dans les moyennes montagnes tempérées, est plus caractéristique du pourtour de la Méditerranée où le climat se dégrade très vite avec l'altitude. Le stock neigeux vite évacué généra la construction d'aménagements hydrauliques dès l'Antiquité (Moyen-Orient, Maghreb, Espagne...) pour satisfaire les exigences de l'agriculture estivale.

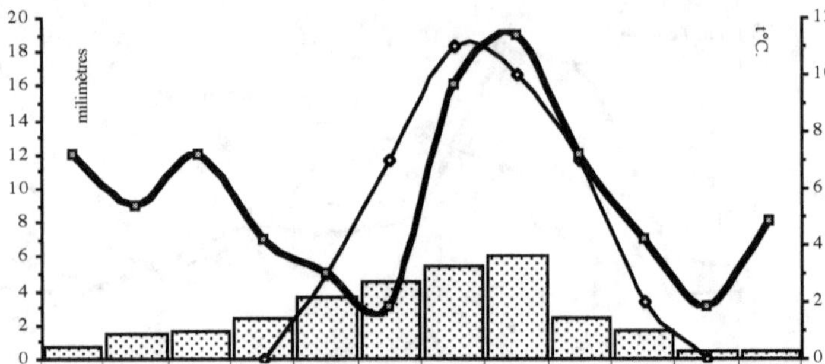

	Jr	Fe	Ms	Av	Ma	Jn	Jt	At	Se	Oc	No	De
Lame écoulée	0,8	1,5	1,7	2,4	3,6	4,6	5,5	6,0	2,5	1,6	0,5	0,4
Températures > 0°C				0,0	3,0	7,0	11,0	10,0	7,0	2,0	0,0	
Précipitations	12	9	12	7	5	3	16	19	12	7	3	8

Document 2.9 - Le régime pluvio-nival tropical de la Jhelum (Pakistan) : 60 000 km^2.

• ***Le régime de la Jhelum est à la fois influencé par les neiges de l'Himalaya et la mousson indienne***, ce qui ne génère qu'un seul maximum (Document 2.9). L'Himalaya est très arrosé en hiver, mais du fait des températures négatives la rétention nivale est intense, et le cours d'eau connaît des basses eaux de novembre à avril. Au printemps, les précipitations reculent, mais la remontée des températures provoque un écoulement nival dont le maximum se situe en juin. Le relais est alors pris par l'influence pluviale de la mousson, à laquelle on doit le maximum d'août.

De nombreuses montagnes tropicales se couvrent de neige durant la saison des pluies (Himalaya, Andes, Afrique orientale, Australie...). La fonte de ce stock neigeux, la présence de glaciers expliquent souvent l'ampleur des modules spécifiques observés sur les fleuves de l'Asie du Sud-est (document 4). L'abondance spécifique de l'Amazone tient beaucoup à la fonte des neiges et des glaces dans les Andes équatoriales. La multiplication des affluents issus de tous les azimuts engendre une complexité du régime des grands cours d'eau, dont l'étude sera réalisée dans l'analyse zonale et régionale des régimes fluviaux.

V - Pris dans son ensemble, l'écoulement fluvial apparaîtrait relativement simple.

Il est conditionné par l'offre, laquelle est essentiellement pluviale : soit directement sous forme liquide - régimes pluvio-évaporaux - soit indirectement quand l'eau séjourne quelques mois ou quelques années sous sa forme solide dans les névés ou les glaciers - régimes nivaux et régimes glaciaires. La mixité des régimes n'est que la conséquence de la complexité géographique de l'organisation des bassins hydrographiques. Seuls les cours d'eau au développement réduit possèdent un régime simple - cours d'eau alpins, fleuves côtiers de l'Europe tempérée... - mais l'extension de la taille entraîne la dépendance vis-à-vis de plusieurs milieux climatiques.

Si le rôle du climat reste déterminant (la réalité de notre système climatique planétaire est extrêmement complexe) la typologie simple que nous venons de définir se doit d'être fortement nuancée d'un continent à l'autre comme d'une zone climatique à une autre, comme cela a été exprimé pour l'abondance moyenne. C'est d'autant plus vrai que la nature du sous-sol et du sol, la morphologie de l'espace (les constantes chères à R. Lambert) ne jouent pas toujours un rôle secondaire. Il n'est que de comparer les régimes du Yukon et du Mackenzie, deux cours d'eau issus d'un même milieu climatique, le milieu péri-arctique, pour en être persuadé - (Document 2.10).

Ces deux fleuves se trouvent soumis aux mêmes influences climatiques : le gel hivernal retient un tapis neigeux restitué brutalement par la débâcle du printemps. Le Yukon offre un régime nival assez typique (peut-être influencé par les glaciers des Rocheuses septentrionales et des pluies estivales) avec une immodération de 20. Le Mackenzie s'écoule dans un contexte climatique semblable, et l'on y reconnaît une forte rétention nivale d'hiver suivie d'une violente débâcle. Mais ce cours d'eau issu du bouclier canadien traverse une région de lacs et de marais. Il en résulte une lente redistribution de l'eau de fonte qui se traduit par une pondération de 4, et au XIXe siècle, dans un contexte économique favorable, ce fleuve fut jugé navigable.

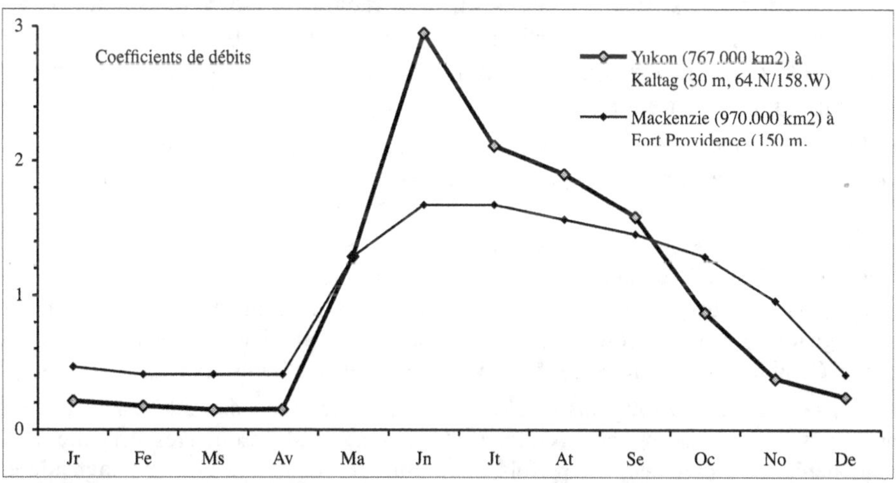

Document 2.10 - Modification du régime nival entre l'Alaska et le pourtour du bouclier canadien

Toutefois, ceci reste marginal à l'échelle des moyennes mensuelles et annuelles, et le climat joue un rôle tyrannique dans la modalité des écoulements. Mais ce rôle peut être influencé par l'échelle choisie, qu'elle soit temporelle ou spatiale. Comme dans toute discussion géographique, il faut choisir diverses échelles. Les grands bassins-versants (10^5 à 10^6 km^2) sont surtout influencés par les milieux climatiques concernés, et souvent la moyenne de longues séries mensuelles rend une image satisfaisante des conditions de l'écoulement, des aménagements possibles et des risques encourus. Mais la variété des formes climatiques au sein d'une même zone engendre une complexité telle, que tout cas étudié reste particulier.

À une échelle plus réduite (10^3 à 10^{34} km^2), l'influence climatique devient plus homogène. Mais, selon la zonalité, il faut aussi retenir l'irrégularité climatique. Les moyennes ne suffisent plus et il faut prendre en compte les débits moyens années par années pour juger de l'irrégularité des écoulements. C'est d'autant plus vrai sur l'apport pluvial l'emporte sur le rôle des températures. Enfin, sur les bassins de taille modeste (< 10^3 km^2), la nature des constantes du bassin : sol, sous-sol, morphologie... peut jouer un rôle aussi important que le climat, en particulier quand le rôle primordial revient toujours à l'apport pluvial. La connaissance des moyennes mensuelles devient alors insuffisante pour décrire les modalités des écoulements extrêmes (crues et étiages) qui ne peuvent être appréhendés qu'au travers des données quotidiennes, voire instantanées.

Une fois ces considérations émises, nous avons établi une *géographie des régimes mensuels* à partir des *Etudes et rapports d'hydrologie* que l'UNESCO publia à la fin des années 70 et qui nous ont servi à déterminer une typologie des modules spécifiques annuels moyens et de leurs bilans. C'est à partir de ces résultats que nous avons construit une répartition mondiale des types de régimes. En effet, si les 14 classes ont une répartition souvent zonale, il faut aussi tenir compte de la répartition saisonnière de l'actif : P et ∂.R1 et du passif : Q et surtout Etr. De cette confrontation, déclinent diverses répartitions géographiques plus ou moins zonales :

- Les *écoulements périarctiques* sont marqués par le gel. Les *écoulements intrinsèques aux montagnes tempérées et tropicales* leur ressemblent beaucoup. De l'abondance des réserves nivo-glaciaires, dépend l'importance des bilans.
- Les *écoulements des moyennes latitudes* sont soumis à la *succession* des saisons thermiques. Les bilans sont marqués par l'abondance des précipitations de saison froide ; mais beaucoup de cours d'eau sont mixtes et complexes car une origine montagnarde accentue le rôle de la neige, avec souvent un bilan très avantageux. Cette mixité étend le rôle de la rétention nivale vers les moyennes latitudes
- Les *écoulements des régions tropicales à deux saisons* associent de longs étiages à des crues brutales afférentes aux pluies d'été (dont la Mousson).Très irrégulier, très immodéré, cet écoulement est parfois très influencé par une origine montagnarde en Asie du Sud-est ou en Amérique latine : le rôle de la neige n'est alors pas à négliger.
- Enfin, les climats équatoriaux, du fait leur abondance pluviométrique, engendreraient *un dysréisme associé à un écoulement pondéré et régulier* si l'origine des affluents issus de montagnes tropicales, et surtout les climats à double saison, n'apportaient pas une pointe d'originalité accentuée parfois par le changement d'hémisphère.

Mais ceci est la théorie, car l'analyse systématique de quelque 620 régimes montre une autre réalité, comme la rareté du modèle typiquement équatorial.

Troisième chapitre : Les écoulements périarctiques

Nous y avons regroupé les cours d'eau originaires du *milieu périglaciaire* de l'hémisphère nord, un espace marqué par des hivers interminables et rigoureux. L'eau se trouve alors retenue sous sa forme solide à la partie supérieure du permarfrost, dans les glaces lacustres et fluviales, et surtout dans un vaste et mince tapis neigeux. Au cours des épisodes glaciaires du Quaternaire, il s'y constitua aussi d'immenses inlandsis, dont il ne reste que le Groenland ; et, les glaciers utiles à l'écoulement fluvial ne concernent plus que l'Alaska, le Kamtchatka et l'Islande.

Les régimes sont alors marqués par une importante débâcle de printemps. Toutefois, la pérennité du permafrost interdit toute infiltration profonde, et une part élevée des précipitations estivales peut contribuer à un volumineux *écoulement rapide de crue*, qui succède à la débâcle nivale, et rend compte du caractère souvent dysréique des bilans hydriques. Mais il ne faut pas négliger les conditions topographiques locales : par exemple la pondération lacustre, fréquente au Canada, et le volcanisme, important en Islande et au Kamtchatka.

Géographiquement, ces cours d'eau sont tributaires de l'océan Arctique et de ces mers bordières : mer de Behring, baie d'Ungawa, baie d'Hudson, golfe de Botnie, golfe de Finlande, mer Blanche, mer d'Okhotsk... Leur extension de prédilection correspond aux plaines sédimentaires : Russie, Sibérie occidentale, grand nord Canadien, et aux boucliers canadien, scandinave et sibérien ; et ce mode d'écoulement atteint son paroxysme en Sibérie.

En un mot, les écoulements périarctiques correspondent aux climats polaire océanisé et continental froid.

I - La rigueur du climat

Notre objectif n'est pas d'effectuer une étude du climat polaire, mais seulement d'en appréhender les facteurs qui influencent l'écoulement : la ***durée du gel*** qui autorise la constitution des stocks neigeux, l'***ampleur des précipitations*** dont dépend le volume de ce stock, et l'***effet ombrothermique*** qui, en été, peut réduire ou aggraver l'impact des pluies sur cet écoulement.

Du fait de leur situation géographique, la plupart des cours d'eau de la périphérie de l'Arctique naissent dans un milieu déjà froid : le domaine continental d'Amérique du Nord et d'Eurasie, avant même de se diriger vers l'océan Arctique et ses golfes bordiers. Par là même, ils traversent des milieux de plus en plus rudes du point de vue thermique, mais devenant aussi mieux arrosés, du fait de l'influence maritime. Bien souvent, ils quittent une contrée où les pluies estivales dominent pour pénétrer dans un environnement pluvial *mieux équilibré*.

Les climats continentaux ont été abordés à partir des stations suivantes :

• Amérique du Nord : Fairbanks (65°N, 148°W), Edmonton (53°N, 113°W), Fort-Smith (60°N, 112°W), Winnipeg (50°N, 98°W), voire Duluth (47°N, 92°W).

• Russie-Sibérie : Moscou (56°N, 38°E), Kazan (55°N, 49°E), Sverdlovsk (57°N, 61°E), Salehard/Ob (67°N, 66°E), Omsk (55°N, 73°E), Semipalatinsk (un milieu déjà marqué par l'aridité par 51°N, 80°E), Irkoustsk (52°N, 104°E), Iakoutsk (62°N, 130°E), Verkojansk (60°N, 138°E) et (Oïmiekon : 63°N, 142°E).

Les bassins-versants de très grands fleuves, comme le Yukon, le Mackenzie, l'Ob, l'Iénisséï et la Léna, sont presque en totalité inscrits dans ce domaine.climatique. Mais vers le nord, ils pénètrent dans l'Arctique d'abord continental, puis océanique à l'approche du rivage.

• Le milieu continental est bien illustré par les stations nord-américaines d'Eureka (67°N, 116°W), d'Inoucdjpuac (82°N, 85°W), Fort Harrisson (58°N, 79°W) et par la station sibérienne de Tchokurdah (70°N, 149°E).

• Vers l'embouchure, le climat devient plus humide dans le domaine océanisé : Barrow (71°N, 156°W), Alert (82°N, 65°W) en Amérique du Nord, Ostrov Dikson (73°N, 81°E), Cap Tchéliouskine (78°N, 105°E) et Anadyr (65°N, 177°E) en Sibérie.

Toutefois, les cours d'eau scandinaves (dont ceux d'Islande) et les cours d'eau du versant pacifique de l'Alaska abordent des *climats moins rudes.*

• Parmi eux, domine le *domaine polaire océanisé* des stations de Nome (64°N, 165°W) et Anchorage (62°N, 150°E) en Alaska, et de Mourmansk (69°N, 34°E) et Kanin-Nos (68°N, 44°E) en Russie-Sibérie.Les stations maritimes de Jan Mayen (71°N, 9°W), d'Isfjord-Radio (78°N, 15°E) au Spitzberg et de Saint-Paul Island (57°N, 171°W) en mer de Behring ont été utilisées à titre de comparaison. Cependant il existe des stations traduisant un climat hyperocéanisé : Juneau en Alaska (1 383 mm par 59°N, 135°W) et Tromso en Norvège (1 119 mm par 70°N, 20°E).

• Enfin, vers le sud de la Scandinavie notamment le *climat devient plus clément*, c'est le domaine subpolaire océanisé avec Reykjavik (64°N, 22°W) et Akureyri (65°N, 18°W) en Islande et Oslo (60°N, 11°E), Stockholm (59°N, 18° E) et Vardö (70°N, 30°E) en Fénoscandie.

A - Des précipitations modestes et souvent tranchées

Les médianes des données des stations étudiées ont permis de définir sept cas de figure :

	Latitude	Précipitations Annuelles	Température moyenne
Climat subpolaire océanisé	64°N	587 mm	3,5°C,
Climat polaire océanisé	68°N	371 mm	-1,1°C.
Climat polaire hyperocéanisé	65°N	1 251 mm	3,9°C,
Climat arctique océanisé	74°N	371 mm	-12,4°C,
Climat arctique continental	69°N	196 mm	-12,8°C
Climat tempéré continental froid américain	55°N	477 mm	2,4°C,
Climat tempéré continental froid Eurasiatique	68°N	348 mm	0°C.

On s'aperçoit qu'à l'exception des façades occidentales de la Norvège et de l'Alaska, ces domaines sont peu arrosés, mais la répartition saisonnière des précipitations hésite entre un *modèle océanique*, et une *répartition plus continentale* (Document 3.1), et dont il ressort trois types de pluviosités.

• Les stations très influencées par l'océan - climats subpolaires océanisés et climats hyperocéanisés - offrent, en toute logique, une prédilection pour des précipitations d'automne. C'est une distribution qui aura une grande influence potamologique, car une partie des précipitations tombant déjà sous forme solide, sera capitalisée au cours de l'hiver.

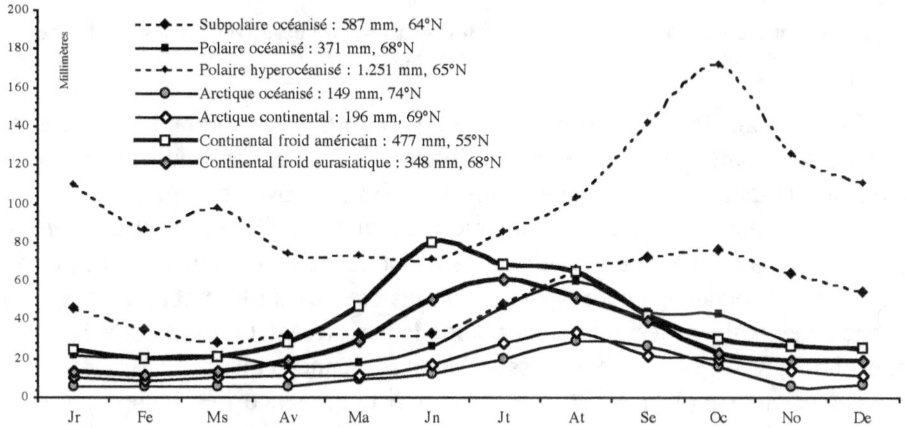

Document 3.1 - Répartition mensuelle des précipitations sur les rivages de l'Arctique et sur les continents et îles limitrophes

• À l'inverse, mais tout aussi logiquement, les stations plus continentales reçoivent leurs précipitations au coeur de l'été, avec pour conséquence une réserve nivale modeste et un risque accru d'*évapotranspiration.* On notera aussi une pluviométrie plus abondante en Amérique du Nord.

• Entre ces deux tendances, les domaines polaires et arctiques océanisés connaissent la double influence d'un automne encore arrosé, responsable d'un important stock neigeux, et d'un maximum d'août, marque de l'influence thermique dans l'occurrence d'orages convectifs (Selon J.P. Vigneau).

La plupart des grands fleuves sont soumis aux pluies d'été peu efficaces dans les secteurs méridionaux de leurs bassins-versants ; mais à l'approche de l'Arctique, ils peuvent recevoir l'apport d'un stock nival très abondant, dont la fonte plus tardive du fait de la latitude, explique la brutalité de la *débâcle.*

B - La durée du gel

En effet, ce n'est pas la rigueur du froid qui importe, mais le nombre de semaines où les températures sont inférieures à 0°C ; or, plus on se rapproche du pôle, plus le gel se prolonge (Document 3.2). Nous retrouvons les trois cas de figure. Non seulement dans l'Arctique le gel est intense (< -30°C en hiver) mais il est durable : 7 mois de gel en moyenne (octobre à mai) en Arctique continental, 6 mois près de l'océan (novembre à avril).

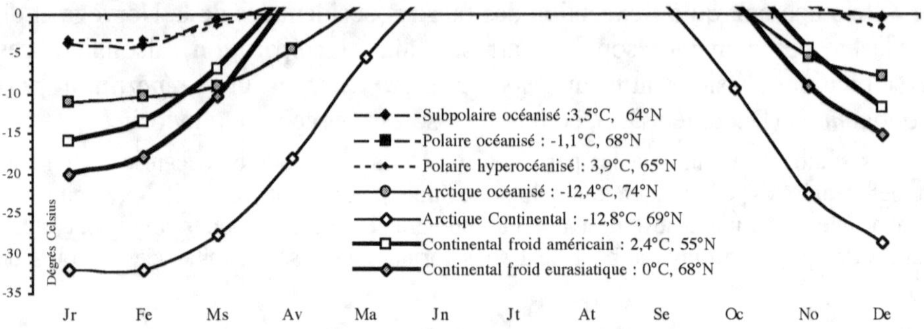

Document 3.2 - Répartition des températures mensuelles négatives sur les rivages de l'Arctique et sur les continents et îles limitrophes.

En fait, dans les autres domaines : subpolaire océanisé, polaire océanisé, et continental froid, si le froid est moins intense, il n'en est pas moins durable : 5 mois de gel dans les domaines continentaux froids (novembre à mars) avec un froid plus intense en Eurasie qu'en Amérique du Nord. Ce continent est *pénétré par la mer* dans l'archipel canadien et surtout par la baie d'Hudson. 4 mois de gel dans les domaines polaires et subpolaires océanisés (décembre à mars). On notera que malgré des pluies très abondantes, les stations hyperocéanisées connaissent aussi 4 mois de gel, associé à un fort enneigement.

Un calcul simple permet d'estimer la part moyenne des pluies qui vont participer à la rétention nivale au cours de l'hiver boréal. (Il faudrait y ajouter la rétention glacielle impossible à calculer).

	Pmm	dont Neige	Taux de rétention	T°C du 1er mois >O°C
Subpolaire océanisé	587	163	28%	1,7
Polaire océanisé	371	133	36%	1,7
Polaire hyperocéanisé	1251	405	32%	2,2
Arctique océanisé	149	37	25%	1,7
Arctique continental	196	84	43%	3,9
Continental froid américain	477	116	24%	3,2
Continental froid eurasiatique	348	75	22%	2,0

Le quart, voire près de la moitié, des précipitations se trouve retenu sur le sol. Or ce stock peut fondre en quelques semaines, entre avril et juin selon la latitude. Comme le sous-sol est ici perpétuellement gelé (présence d'un permafrost), et que les températures restent très faibles, cette eau de fonte n'a d'autre choix que de ruisseler : c'est la débâcle, un élément caractéristique de l'écoulement des fleuves périarctiques.

C - Le rôle de l'évapotranspiration estivale

Il faut s'interroger sur la réalité de son impact dans les domaines continentaux, là où dominent des précipitations essentiellement estivales. À la suite de Gaussen, R. Lambert et J.P. Vigneau définissent une *sécheresse potamologique mensuelle* quand la lame d'eau écoulée est inférieure au double des températures moyennes, de telle sorte que : **Etp > 2.t°C**. Nous l'avons calculée pour les différents domaines climatiques (Document 3.3).

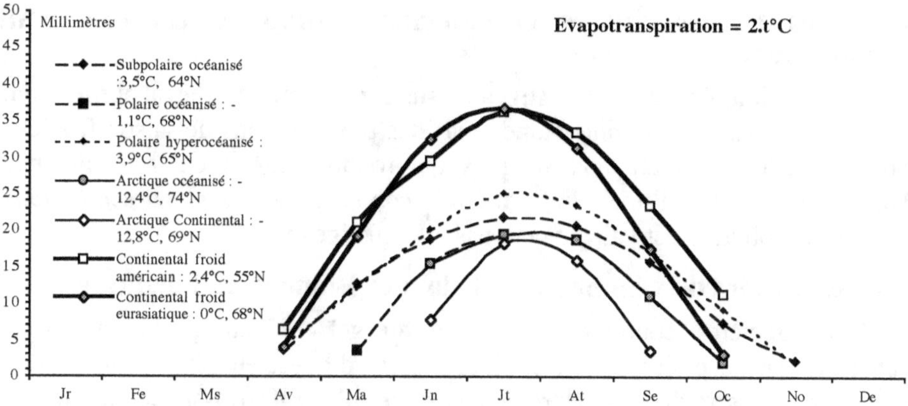

Document 3.3 - Estimation de l'évapotranspiration estivale

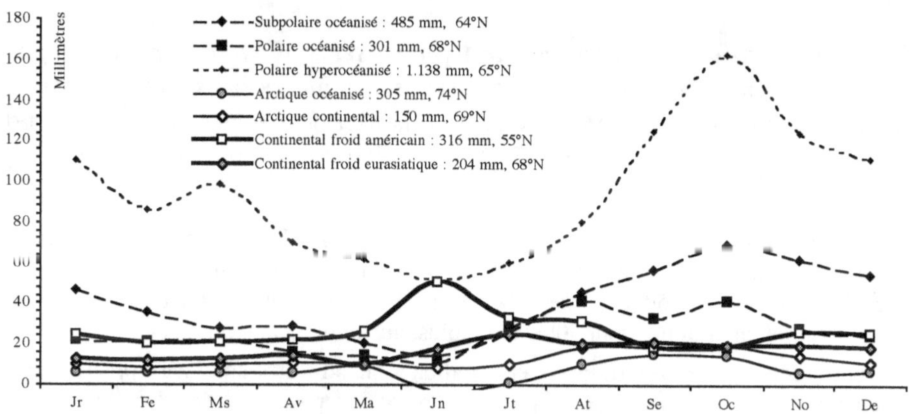

Document 3.4 - Précipitations utiles à l'écoulement.

À proximité de l'Arctique et dans le domaine polaire océanisé, l'**Etr** est très modérée et ne prend guère effet qu'en juillet-août. De toute façon, ces régions disposent d'une réserve nivale copieuse, capable d'en compenser l'effet. Si les pertes par évapotranspiration doivent intervenir, ce ne peut être qu'à l'amont des bassins, dans les domaines continentaux froids. Or, il est vrai que l'**Etp** y dépasse 30 mm/mois au coeur de l'été. Y a-t-il risque pour l'écoulement, à l'image de ce qui se produit dans les écoulements pluvio-évaporaux ? Nous en donnons une illustration en retranchant cette **Etr** des totaux pluviométriques mensuels (Document 3.4).

D'un point de vue purement climatique, ces précipitations utiles reculent en juin, quand une *sécheresse hydrologique* s'installe. Mais juin est aussi le mois de la fonte des neiges, et la débâcle comble ce vide. En effet, en juin, le déficit serait en moyenne de -3 mm, la fonte du tapis neigeux apporte simultanément 37 mm, aussi la rupture d'écoulement est elle inconnue.

Elle se produira, mais au coeur de l'hiver, quand le gel intense réduit l'apport même des réserves du sol et du sous-sol.

II - Les fleuves russes et sibériens : modèles d'écoulement périglaciaire

La rétention glaciaire est négligeable sur cet ensemble à cheval sur le cercle polaire arctique, aussi la plus grande part des précipitations de saison froide se trouve stockée dans un tapis neigeux qui fondra entièrement au printemps. Mais, du fait d'une *répartition continentale des précipitations,* l'évapotranspiration estivale ne peut pas être négligeable.

A - Les avatars du régime nival de la mer Blanche au Pacifique

Les caractères continentaux : durée du gel, réduction pluviométrique, concentration de pluies sur l'été, s'accroissent d'ouest en est, ce que rendent parfaitement les régimes des principaux cours d'eau de Russie septentrionale, de Sibérie occidentale, de Sibérie centrale et de Sibérie orientale (Document 3.5).

1°) Dans le choix des fleuves de l'Arctique russe, nous avons éliminé les cours d'eau de la péninsule de Kola, influencés par le climat océanisé, pour ne retenir que les tributaires de la Mer Blanche et de la Mer de Barentz : Dvina du Nord, Mezen et Petchora (Document 3.5-a). Leur régime est moins simple qu'il n'y paraît.

- L'essentiel de l'écoulement correspond à la débâcle nivale, dont la pointe se situe en mai (sauf pour la Petchora, plus *"sibérienne"* où elle se tient en juin, bien que l'écoulement de mai soit déjà très abondant). En effet, plus de 60% des eaux sont écoulés entre mai et juillet dont 30%, voire plus, au cours du maximum de mai.
- Cette débâcle est terminée en juillet, quand arrivent les précipitations continentales ; et il est vrai que, du fait de l'évapotranspiration, l'écoulement continue alors de se réduire vers un minimum secondaire situé en août. L'arrivée des premiers frimas et surtout la fin de la période végétative dans la forêt boréale (et des clairières cultivées) provoque une brève reprise de l'écoulement en automne, avec un maximum très secondaire en octobre. Mais 20% de l'écoulement se réalisent de septembre à novembre, ce qui est loin d'être négligeable, et permit autrefois la navigation et le flottage de grumes, et assure aujourd'hui le remplissage des réservoirs hydro-électriques.

Le *régime arctique russe est nivo-pluvial,* mais un écoulement de saison froide réduit à 10-12% du total annuel se traduit par une immodération moyenne de **20**. Avec un module moyen de 11,6 $l/s/km^2$, les écoulements relèvent du *mésoréisme moyen* de classe 10.

2°) Les fleuves de Sibérie occidentale, Ob, Pur (ou Pour) et Iénisséï ne font que transcrire un régime semblable, mais dont la débâcle est décalée vers l'été, au cours duquel l'écoulement reste relativement abondant du fait des pluies continentales (Document 3.5.b).

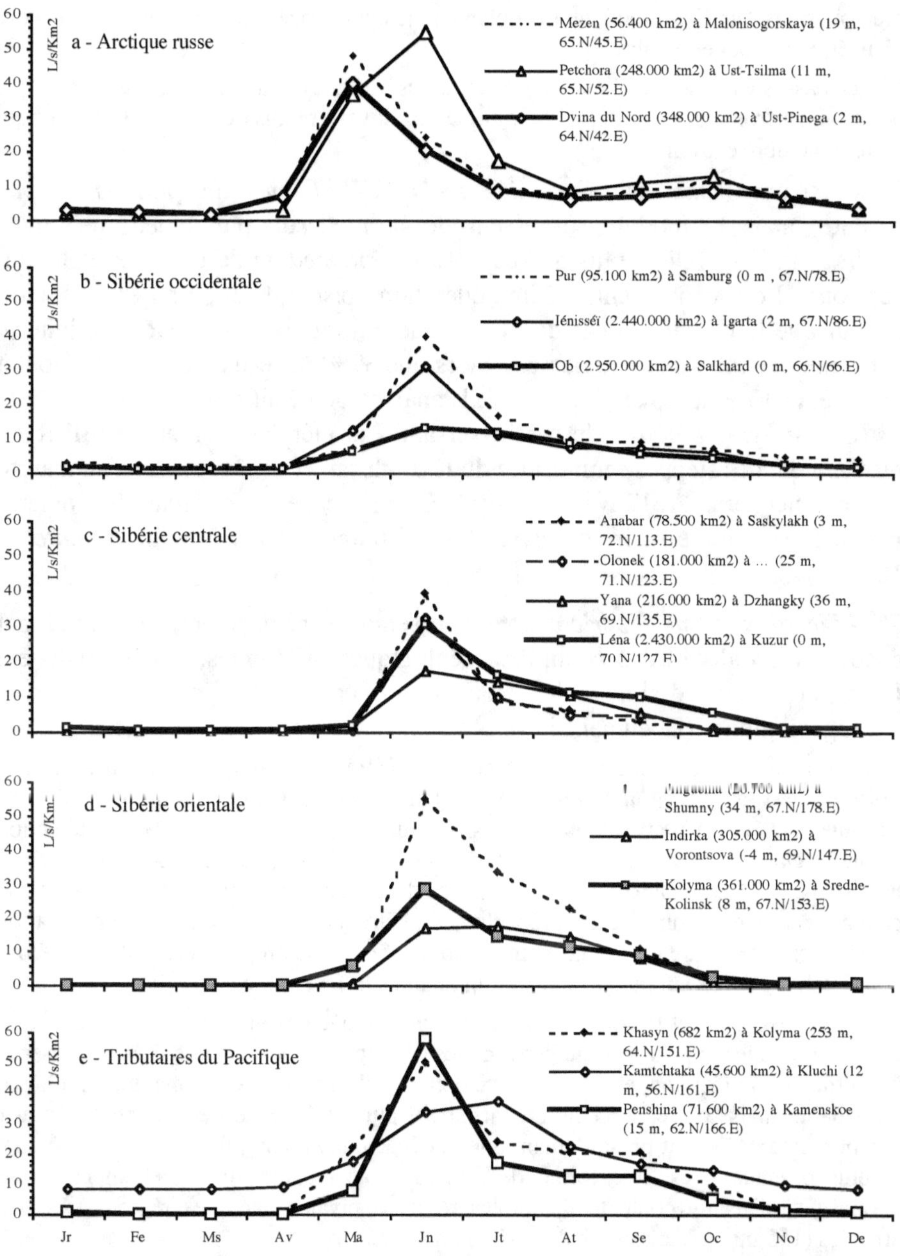

Document 3.5 - Régimes comparés des tributaires de l'Arctique russe et sibérien.

• Pour les trois fleuves, la débâcle de printemps, maintenant centrée sur juin, n'écoule plus que 40 à 45% des eaux entre mai et juillet, dont l'essentiel au mois de juin : 37% en moyenne.

• C'est le fruit de la brièveté du printemps thermique et d'une couverture neigeuse moins épaisse dans ces régions plus continentales. À l'inverse, la concentration des précipitations sur l'été soutient l'écoulement jusqu'en octobre : 30% en sont encore réalisés entre août et octobre.

• Les basses eaux sont à l'inverse très creusées, du fait de la pauvreté pluviométrique de la saison froide et de la dureté thermique de l'hiver : moins de 10% de l'écoulement entre novembre et avril.

C'est un *régime nival de plaine, mais où l'influence des pluies n'est pas* absente, mais le module se ressent de la modestie pluviométrique : avec 7,1 l/s/km², il ne relève plus que du *mésoréisme médian* de classe 9. Pourtant, ces cours d'eau conservent une immodération voisine de **20,** à relier à un autre facteur que le climat. Le cas de l'Ob est assez original : la débâcle de juin ne concerne que 22% de l'écoulement, alors que 37% des eaux s'écoulent d'août à octobre, et 13% de novembre à avril. L'analyse de détail montrera le rôle de la *"structure hydrologique"* du bassin-versant. Lui-même et son affluent l'Irtych proviennent des steppes semi-arides du Kazakhstan et de Dzoungarie, au maigre couvert neigeux. À l'inverse, l'aval est marécageux, capable de soutenir l'écoulement en été, voire en hiver. Aussi l'immodération est-elle *"réduite"* à **10.**

3°) ***L'écoulement de Sibérie centrale*** ne serait guère différent, sans un climat encore plus rude, et des conditions géologiques différentes. Anabar, Olonek, Léna et Yana drainent le Bouclier sibérien aux maigres réserves hydrogéologiques (Document 3.5-c).

• L'influence de la débâcle nivale s'accuse encore avec la rigueur des hivers et la *brutalité de l'explosion du printemps...* en juin. A lui seul il cumule plus de 50% de l'écoulement, et on n'atteint que 55% si on lui adjoint juillet. En effet, la rétention nivale et glacielle commence dès octobre et se poursuit jusqu'en mai. Au cours de ces huit mois, 5% seulement des eaux sont écoulés, tandis qu'Anabar, Olonek et Yana connaissent une rupture de leur écoulement entre janvier et avril. L'immodération atteint alors son comble : sur la moins immodérée des quatre, la Léna, elle est de **66,** pour atteindre **1 759** sur la Yana, et l'infini quand survient l'assec.

• À l'inverse, l'été et le court automne sont plus abondants du fait de la concentration estivale de pluies le plus souvent convectives (l'évaporation sur le Lac Baïkal n'y serait pas étrangère). Comme en Sibérie occidentale, il n'y a pas de maximum pluvial secondaire, mais août et septembre concentrent plus de 20% de l'écoulement. Ce taux atteint même 31% (soit presqu'autant que la débâcle nivale de juin : 35%) sur la Yana, le plus oriental. C'est une forme de *dysréisme* attribuable au ruissellement sur le permafrost, dans un contexte de faibles réserves nivales dans ces régions très peu arrosées (155 mm à Verkojansk dont 101 mm en été).

• La Léna présente un autre cas particulier, celui de ne pas connaître la rupture d'écoulement en hiver et d'écouler 16% de ses eaux d'octobre à avril. Mais ce n'est pas une anomalie hydrogéologique. La fonte printanière des neiges ne couvre que 38% de l'écoulement, le reste est assuré par son principal affluent l'Aldan. Issue des confins de la Chine, cette rivière reçoit une partie de la *mousson humide* (terme équivoque), ce qui explique l'abondance estivale : 26% de l'écoulement, et un automne copieux : 5,9 l/s/km² en octobre et encore 1,4 en novembre, alors que les autres cours d'eau avoisinent l'assec en cette période. C'est plus l'éloignement que les conditions hydrologiques qui écartèrent ces *cours d'eau nivo-pluviaux* des aménagements hydroélectriques.

Toutefois, l'abondance spécifique suit la tendance pluviométrique, elle se réduit encore ; ces fleuves n'écoulent plus en moyenne que 5 l/s/km^2 : un *microréisme soutenu* de classe 8.

4°) Le dysréisme froid s'exaspère en Sibérie orientale. En effet, à la rigueur du climat se joignent les effets de l'altitude et de la proximité de perturbations océaniques (Document 3.5-d). Les Soviétiques avaient installé des limnigraphes sur l'Indirka, la Kolyma et l'Anguema.

- Il gèle pratiquement d'octobre à mai à Oïmiekon pour un apport pluviométrique de 348 mm. Ici, le ruissellement estival sur le permafrost est intense, mais les *"averses"* d'octobre et de novembre sont neigeuses, et retenues jusqu'en juin. On comprend mieux l'hydrologie : 6% seulement des eaux sont écoulées au cours des huit mois de l'hiver arctique, d'octobre à mai, et l'écoulement est rompu de janvier à avril.

- La fonte des réserves nivales est alors brutale : 40% de la lame d'eau écoulés pour le seul mois de juin. Mais l'écoulement mettra trois à quatre mois avant de connaître l'embâcle hivernal, et 56% des eaux sont écoulés entre juillet et septembre.

- Ce processus avait fait écrire à Pardé et à Guilcher que ces cours d'eau avaient un *régime pluvial à gel intense.* C'est presque vrai pour l'Indirka dont l'écoulement de juillet, pluvial (17,8l/s/km^2), est plus important que celui de juin, nival (16,9 l/s/km^2). Cependant, nous estimons que la neige joue un rôle du fait de *chutes tardives*, et nous avons affaire à des cours d'eau peut-être *pluvio-nivaux à gel intense.*

L'immodération souvent infinie est de **285** sur la Kolyma, **585** sur l'Indirka. Mais les modules sont supérieurs à ceux de la Sibérie centrale : 6,2 l/s/km^2 (*microréisme soutenu* de classe 8) et atteignent même 10,48 l/s/km^2 sur l'Anguema (*mésoréisme moyen* de classe 10). On notera que les fleuves sibériens, souvent décrits comme exemple de dysréisme froid, sont loin d'offrir cette qualité.

5°) Les tributaires sibériens du Pacifique offrent d'autres particularités car le milieu devient plus humide : c'est celui des façades orientales des continents. L'influence de la haute montagne volcanique commence aussi à y être ressentie. La Khasyn est la plus méridionale et se jette en mer d'Okhotsk, la Penshina, issue des monts de la Kolyma se jette dans le golfe de Chelkov (mer d'Okhotsk), et la Kamtchatka naît à plus de 3 000 m dans la péninsule du même nom.

- Les régimes sont *globalement nivo-pluviaux* à l'image des fleuves russes tributaires de l'Arctique (Document 3.5-e). L'embâcle glacielle et la rétention nivale durent de novembre à avril, mois qui ne contribuent qu'à 2% de l'écoulement. Puis la débâcle de mai et surtout juin contribue à près des 2/3 de l'écoulement dont 35% en juin. Mais du fait des *"échos de la mousson chinoise"*, l'écoulement reste abondant, avec même un maximum secondaire en septembre, qui fait de la Khasyn et de la Penshina des cours d'eau de régime *nivo-pluvial* avec une immodération élevée de **194** pour Khasyn et de **332** pour la Penshina. Mais une ambiance plus humide se traduit aussi par le retour des modules plus élevés. La moyenne est de 11,9 l/s/km² et ces cours d'eau relèvent du *mésoréisme moyen* de classe 10 (comme en Russie). La Kamtchatka écoule même 16,33 l/s/km².

• Mais l'originalité de la Kamtchatka relève de son régime. Son écoulement, modeste de novembre à avril, s'amplifie jusqu'en juillet pour amorcer ensuite un lent recul. C'est la description d'un écoulement glaciaire (ou au minimum glacio-nival) calqué sur le régime des températures, ce qui ne serait pas anormal dans ces hautes montagnes de la ceinture de feu du Pacifique. Seulement, dans ce cas de figure, l'immodération serait élevée avec une quasi-rupture de l'écoulement en hiver. Or ce n'est pas le cas ; avec un coefficient de 5 on peut parler de pondération, et surtout 22% des eaux sont écoulés de novembre à avril contre 45% au printemps. Nous ne pouvons fournir qu'une explication : une autre source de chaleur qui assure la fonte en hiver. L'hypothèse volcanique (que nous retrouverons en Islande) n'est pas à écarter.

B - Trois exemples de géants sibériens : l'Ob, l'Ienisseï et la Léna

Ces trois grands bassins-versants méritent une attention particulière du fait de la connaissance des débits de quelques-uns de leurs affluents, et de leur répartition zonale d'ouest en est.

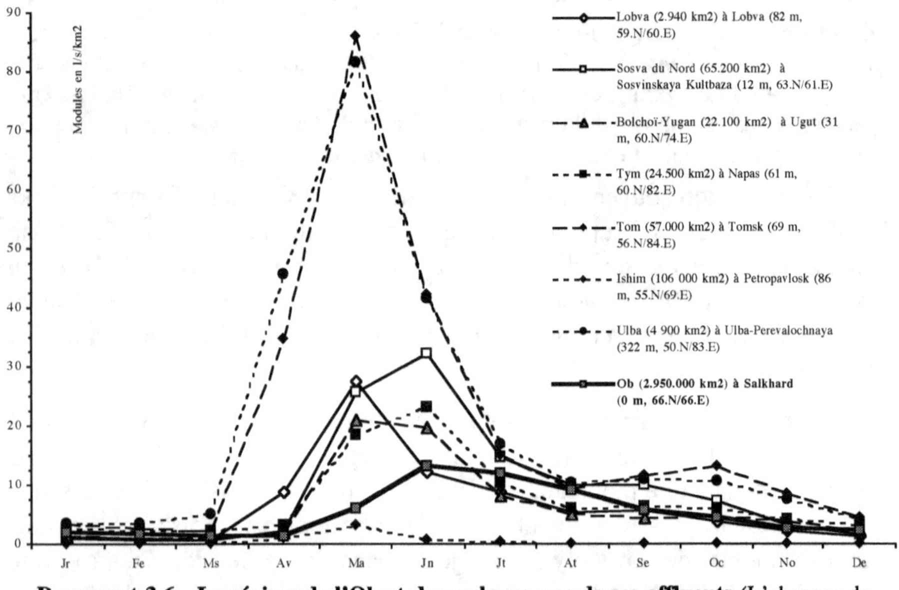

Document 3.6 - Le régime de l'Ob et de quelques-uns de ses affluents (L'absence de jaugeage sur l'Irtych est regrettable)

1°) L'Ob et ses affluents drainent un bassin de près de 3 000 000 km² répartis entre deux géants : l'Ob proprement dit et l'Irtych (Document 3.6). Les deux cours d'eau sont en partie alimentés par les eaux chues sur l'Altaï, alors qu'un affluent de l'Irtych, le Tobol, reçoit les eaux de l'Oural. Mais l'incidence climatique la plus importante est l'opposition entre le nord et le sud du bassin, assez bien traduite par les diagrammes ombrothermiques de Salehard et de Semipalatinsk (Document 3.7). En effet, si dans la moitié septentrionale du bassin les précipitations sont largement supérieures à l'évaporation potentielle estivale, au sud, dans les steppes Kazakhes, et celles (en partie endoréiques) de Dzoungarie, l'écoulement peut connaître la sécheresse hydrologique de mai septembre.

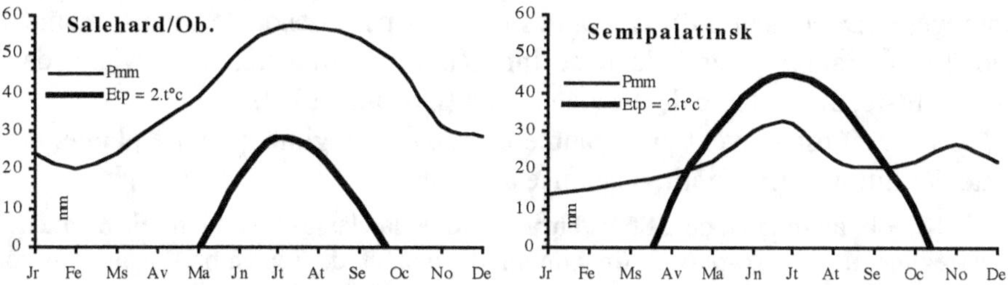

Document 3.7 - Diagrammes ombrothermiques de deux stations caractéristiques des climats du bassin de l'Ob (Par définition ; Etp = 2.t°c).

À l'époque de leur splendeur, les services hydrologiques de l'U.R.S.S. ont effectué des relevés sur quelques affluents. La Lobva et la Sosva du Nord sont issues de l'Oural, le Bolchoï-Yugon, le Tym et le Tom sont des affluents de l'Irtych dans la plaine de Sibérie (marécageuse en été), l'Ishim draine les steppes semi-arides du sud et n'échappe à l'endoréisme que par l'abondance des affluents, dont l'Ulba, issus de l'Altaï.

• Malgré les apparences, la Sosva du Nord n'a pas un régime glaciaire, le régime est nival à l'image des autres cours d'eau de cette région de Sibérie occidentale. Le retard - maximum de juin - vient de la position très aval du jaugeage (confluence avec l'Ob) et à la traversée de marécages. Les deux-tiers de l'écoulement sont concentrés sur le printemps : c'est la débâcle, à laquelle s'ajoute un maximum secondaire pluvial en septembre.

• La Lobva, dont le jaugeage est plus en amont, présente un maximum de mai, plus logique.

• Le régime de la Sosva se révèle être aussi celui du Tym et du Bolchoï-Yugon, affluents de l'Irtych. Ces cours d'eau étant plus orientaux, la débâcle y est plus tardive, mais ils traversent aussi d'importantes taïga marécageuses : 60% de l'écoulement concernent mai à juillet, et un maximum secondaire pluvial de septembre persiste. Une crue durable, due à la traversée des marais, pourrait marquer le printemps sur l'Irtych.

• À l'inverse, le Tom, issu du socle du Kouznetsk, connaît une crue nivale de mai qui annonce les écoulements de Sibérie centrale.

• L'Ishim s'apparente à un oued. Son module est un des plus faibles : 0,46 l/s/km^2, et relève du nanoréisme faible de la classe 4. 72% des eaux sont écoulés entre avril et juin, dont 55% en avril. En fait, la pointe de crue provient d'un affluent de l'Altaï, l'Ulba dont les volumes écoulés ainsi que le régime rappelle le Tom.

Ainsi du fait de la traversée de marécages, l'Ob est plutôt pondéré pour un cours d'eau arctique : 10. Mais l'origine semi-aride d'une partie de ses affluents en fait un cours d'eau très peu abondant : 5 l/s/km^2 (classe 8 ou microréisme soutenu) ce qui écarta toute velléité d'aménagements hydro-électriques importants. Seule une navigation, peu développée, est dirigée vers l'Arctique à partir de Tomsk.

2°) L'Iénisseï et ses affluents dessinent un bassin plus homogène qui draine l'ouest du bouclier sibérien dans un contexte climatique également plus homogène (Document 3.8). Les pluies n'y sont pas abondantes, mais, même au sud, l'évaporation potentielle reste inférieure à l'alimentation pluviale, dans, rappelons-le, un contexte de débâcle nivale (Document 3.9).

L'Iénisséï est souvent pris comme exemple de régime nival de plaine, mais cette définition hâtive mérite une mise au point.

• Le Khilok, au module de 2,86 l/s/km^2, relève de la classe 7 ou microréisme atténué. Son régime reste nivo-pluvial (maximum de mai et de septembre) mais son rôle hydrologique est annihilé par la traversée du lac Baïkal dont il est un tributaire.

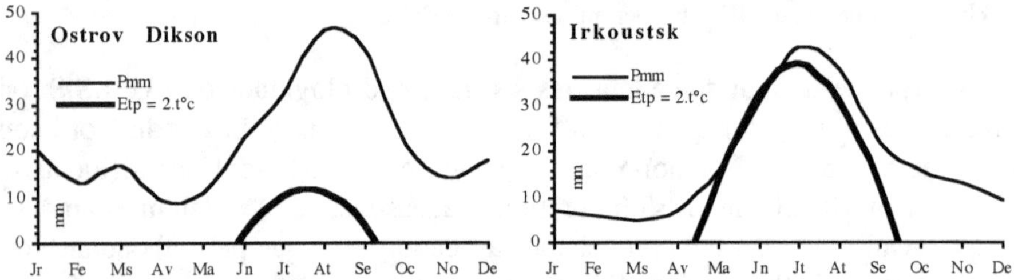

Document 3.8 - Diagrammes ombrothermiques de deux stations caractéristiques des climats du bassin de l'Iénisséï (Par définition ; Etp = 2.t°c).

La plupart des affluents qui furent équipés d'instruments de mesures, en vue des grands aménagements hydrauliques des années 60, sont situés sur le bouclier de Sibérie centrale : la Guerassimova (affluent de la Toungouska inférieure), la Toungouska pierreuse, la Tuba (affluent de l'Angara en aval de Bratsk) et l'Iya (qui alimente la retenue de Bratsk).

Ces cours d'eau sont pour la plupart de régime nival de plaine avec une crue de juin :

• C'est le cas de la Guerassimova qui écoule 74% de ses eaux entre mai et juillet, dont 54% en juin. Ce régime se retrouve sur la Touba (64% des eaux de mai à juillet et 29% en juin) et sur la Toungouska (74% des eaux de mai à juillet et 35% en juin). Mais l'influence des pluies d'été n'est pas absente, avec un soutien pluvial jusqu'en octobre, voire un maximum secondaire de 9,8 l/s/km^2 en octobre sur la Guerassimova. On avait trop rapidement évacué le rôle des pluies sur ces cours d'eau sibériens, il est modeste, mais il est réel, et explique en partie le choix de ces régions pour l'aménagement hydroélectrique de la Riviera du Baïkal.

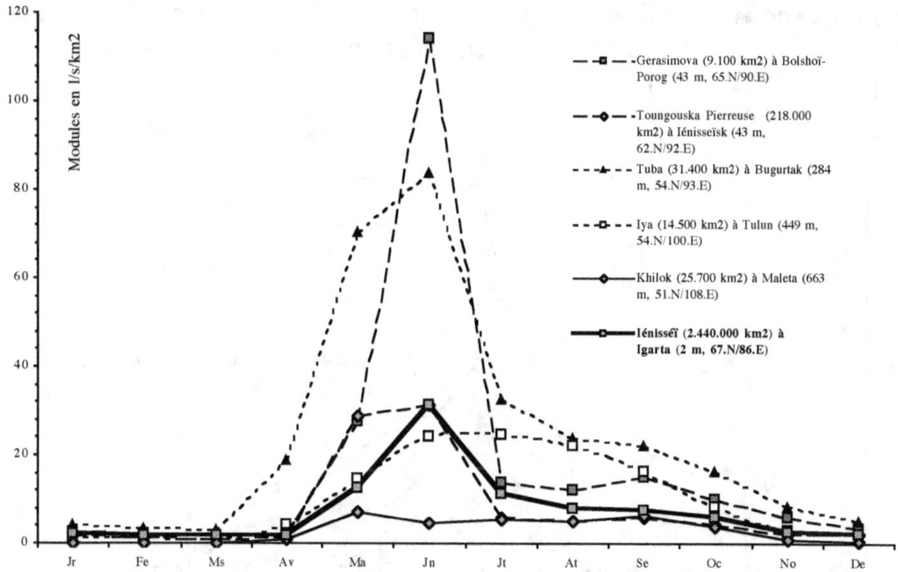

Document 3.9 - Le régime de l'Iénisseï et de quelques-uns de ses affluents.

• Le régime de l'Iya, en amont de Bratsk (qui fut longtemps la plus vaste retenue artificielle de la planète), ne fut pas étranger au choix du site. Si une grande partie du réservoir est alimentée par les eaux du Baïkal par son émissaire l'Angara, le régime de l'Iya, cours d'eau issu des monts Saïan, est glacio-nival. Certes le maximum est en juin, mais le régime reste très soutenu jusqu'en septembre. [illegible]% de l'écoulement sont réalisés entre mai et septembre, et l'importance de l'écoulement estival ne peut plus être attribuée aux seules précipitations.

Si l'Iénisseï est un cours d'eau globalement nival de plaine, un module de 7 l/s/km^2, mais qui atteint 10 l/s/km^2 sur l'Iya (classe 9 ou mésoréisme médian) , 17 l/s/km^2 sur la Guerassimova (classe 10 ou mésoréisme moyen) et 24 l/s/km^2 sur la Tuba (classe 11 ou mésoréisme élevé), en fait un des fleuves les plus puissants de la planète, ce que des conditions climatiques défavorables n'avaient pas permis à l'Ob (de là son moindre intérêt économique).

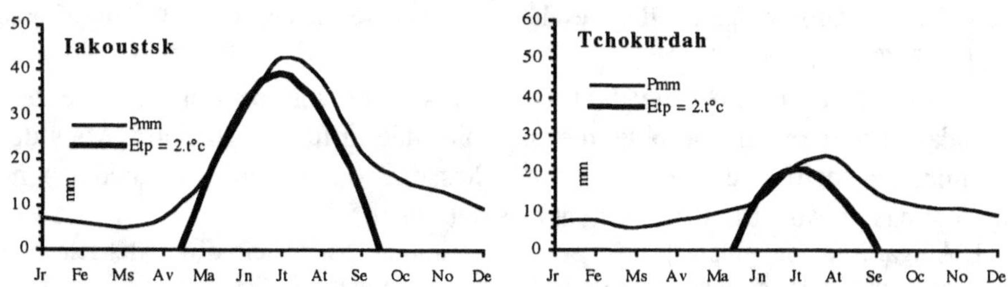

Document 3.10 - Diagrammes ombrothermiques de deux stations caractéristiques des climats du bassin de la Léna (Par définition : Etp = 2.t°c).

*3°) **La Léna et ses affluents*** appartiennent à l'un des milieux continentaux les plus rudes du globe. Les hivers peuvent durer plus de huit mois avec un gel qui dépasse -50°C en hiver.

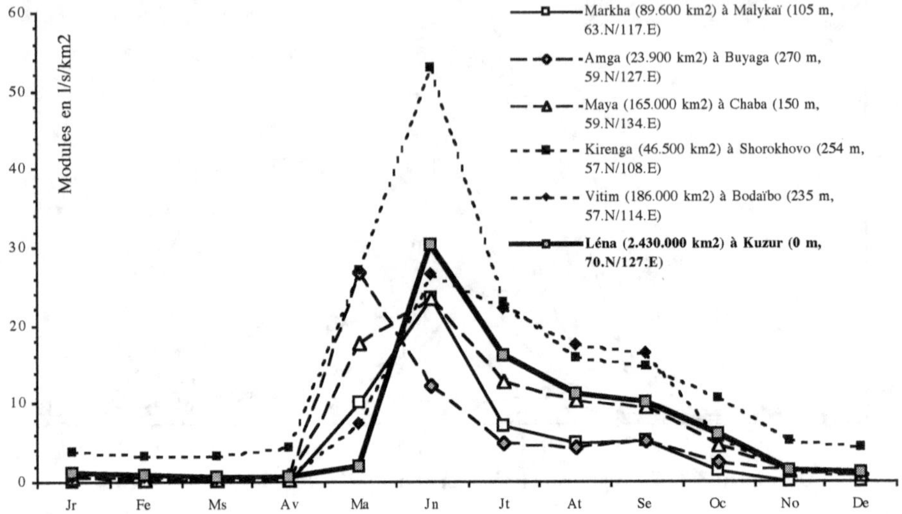

Document 3.11 - Les régimes de la Léna et de quelques-uns de ses affluents.

Les stations d'Iakoutsk et de Tchokurdah rendent plutôt bien ces conditions où, du fait de la modestie des précipitations (même estivales) l'évapotranspiration potentielle avoisine les précipitations au cours de l'été. Toutefois, cette situation potentielle est contrecarrée, il est vrai, par une taïga peu exigeante et la présente de sols gelés en permanence. Cette structure hydrologique n'est pas sans conséquence sur l'écoulement (Document 3.11).

• La Markha, qui provient du bouclier sibérien, est assez représentative de l'écoulement de ces régions. La débâcle de mai à juillet concerne 78% de l'écoulement (dont 45% au cours du maximum de juin. Puis les pluies ruissellent sur le permafrost jusqu'en octobre, et produisent 22% de l'écoulement ; car tout s'est écoulé entre mai et octobre puisque la rivière connaîtra la rétention glacielle totale durant tous les mois d'hiver. C'est un exemple parfait de régime exclusivement nival et pluvial à gel intense sans réserve hydrogéologique. Il en résulte un module très modeste : 4,4 l/s/km^2 (Classe 8 ou microréisme soutenu).

L'Amga et la Maïa dévalent les monts Stanovoï, ce qui suppose une abondance pluviométrique plus intense, voire une influence glaciaire. Mais des modules respectifs de 4 et 7 l/s/km^2 (Classe 9 ou mésoréisme médian) ne laissent pas présager un fort quotient d'écoulement.

• L'Amga, à la fois plus à l'ouest et plus méridionale, bénéficie d'une débâcle plus précoce à maximum de mai (72% de l'écoulement de mai à juillet, dont 44% en mai), suivi d'un soutien pluvial jusqu'en octobre (20% de l'écoulement).

• La Maïa, plus orientale, mais aussi très proche de la mer d'Okhostk, reçoit la mousson qui expliquerait un maximum nivo-pluvial de juin (65% de l'écoulement de mai à juillet, dont 28% seulement en juillet) et un important soutien pluvial - 30% de l'écoulement - toujours jusqu'en octobre, du fait du ruissellement sur le permafrost. Puis, avec la généralisation du gel, il y a quasi rupture de l'écoulement jusqu'en avril.

• Ce serait aussi le régime de la Kirenga : débâcle printanière suivie d'un soutien pluvial sur sol gelé, sans la relative douceur de la Riviera du Baïkal. En effet, ce cours d'eau voisin de l'Angara, né près du rivage nord-ouest du lac, présente une crue de 52,9 l/s/km^2 en juin. Pourtant, cet apport nival ne concerne que 27% de l'écoulement (56% de mai à juillet). En effet, ce cours d'eau bénéficierait plutôt du climat d'Irkoutsk (Document 3.8-b), mieux arrosé en été et plus doux le restant de l'année. Ainsi s'explique un soutien pluvial de 40% jusqu'en octobre et surtout la disparition de l'assec de novembre à avril où le module moyen reste élevé avec 4,1 l/s/km^2. Cette persistance de l'écoulement hivernal est unique en l'absence de ressources souterraines, notamment karstiques. Avec un module annuel de 14 l/s/km^2, le cours d'eau est abondant et appartient à la classe 10 ou mésoréisme moyen.

• Le Vitim en offre une image atténuée (8,3 l/s/km^2). Situé dans les monts Iablanovoï, il reçoit la Mousson par la mer d'Okhotsk. Le cumul d'une Débâcle de juin (56% de l'écoulement entre mai et juillet et 27% en juin) et d'un fort apport pluvial (40% de l'écoulement d'août à octobre lui donne un régime d'allure nivo-glaciaire, mais qui reste nivo-pluvial à gel intense.

C - La modélisation des régimes russo-sibériens

L'Arctique et les immensités continentales froides de l'ensemble russo-sibérien fournissent un assez bon exemple d'écoulement où, en réalité, la fonte des neiges n'est jamais le seul acteur, la modestie des températures estivales et de l'évapotranspiration afférente provoquent un ruissellement accentué par le gel du sol. Aussi ces fleuves sont-ils navigables en été. Mais comme ils sont orientés vers le nord, c'est un piètre avantage dans un pays où la circulation se fait d'ouest en est. Seul l'usage hydro-électrique est aujourd'hui mis en valeur. On notera aussi la proximité de l'aridité continentale dès qu'on approche des régions plus méridionales (sans que pour autant la rigueur des hivers en soit réellement affectée).

Document 3.12 - Les deux modèles de régimes russo-sibériens

La médiane des régimes des cours d'eau analysés semble traduire l'existence de cinq modèles de régime. La réalité (Document 3.12) est plus simple ; s'il existe bel un bien un modèle russe indubitablement nivo-pluvial, il n'existe qu'un seul modèle sibérien, nival de plaine entretenu par un ruissellement estival sur permafrost.

III - Fleuves alaskiens et canadiens : des régimes influencés

En Eurasie, au voisinage du cercle polaire, la dégradation ombrothermique mène progressivement des climats polaires littoraux océanisés de la mer de Barentz aux climats froids hypercontinentaux de la Sibérie orientale. Cette régularité n'existe pas en Amérique du Nord, du fait de trois facteurs :

- Les Montagnes Rocheuses, qui dépassent les 5 000 m en Alaska, réduisent l'influence du Pacifique oriental,
- Au Centre-Ouest du continent, l'influence de l'océan Arctique est perturbée par sa division en bras de mer par l'archipel nord-canadien.
- À l'inverse, au Centre-Est du continent, la baie d'Hudson porte l'influence maritime jusqu'au 50e parallèle en Baie James.

Pour ce qui concerne l'Eurasie, l'influence de la structure hydrologique marécageuse avait été évoquée pour expliquer la toute relative pondération de l'Ob, opposée à l'immodération des cours d'eau drainant des socles aquicludes : Iénisseï et Léna. De la mer de Beaufort au Lac supérieur, la périphérie du bouclier canadien est parsemée de centaines de lacs dont certains dépassent la dizaine de milliers de km^2 :

- Grand Lac de l'Ours (31 600 km^2, 82 m de profondeur et 373 km de long),
- Grand Lac des Esclaves (26 000 km^2, 614 m de profondeur et 480 km de long),
- Lac Winnipeg (24 600 km^2 et 428 km de long)...

L'écoulement d'un fleuve comme le Mackenzie, tributaire de l'Arctique, qui - avec un drainage de 1 570 000 km^2 - est comparable à l'Ob, à l'Iénisséï ou à la Léna, présente une pondération de 6,9 du fait de l'influence de nombreux systèmes lacustres, dont le Grand Lac de l'Ours et le Grand Lac des Esclaves.

A - Les tributaires de la mer de Behring et de l'océan Pacifique venus du versant oriental des Rocheuses

Ils sont influencés par le climat polaire océanique et l'âpreté du milieu montagnard. Deux fleuves illustrent assez bien la diversité des influences, dont celle de la montagne : la Copper à Chitina (53 200 km^2) qui gagne le Pacifique, et la Kuskokwim à Crooked Creek (80 500 km^2) qui se jette en mer de Behring (Document 3.13).

- Par son module annuel : 19,6 l/s/km^2, la Copper appartient au mésoréisme élevé de classe 11. Elle vient des monts Wrangell (4 919 m) et ses affluents de la rive droite proviennent du massif du Mac Kinley (6 187 m). L'influence glaciaire est fortement marquée par un maximum d'écoulement estival à maximum de juillet : 80% des eaux circulent entre juin à août et 91% entre mai et octobre. C'est la description même du régime glaciaire (sous une latitude plus basse, et s'il n'atteignait pas rapidement l'océan, son bassin-versant serait considéré comme typiquement montagnard).
- La Kuskokwim débite annuellement 15,9 l/s/km^2 : un mésoréisme moyen de classe 10. Son bassin est peu différent de celui de la Copper. Elle naît sur le versant ouest de la

chaîne d'Alaska (3 105 m), ses affluents de la rive droite sont également sous l'influence des glaces du Mac Kinley. Pourtant, le régime est différent ; si 63% des eaux circulent entre juin à août et 85% entre mai et octobre, la proportion est moindre que sur la Copper du fait d'un notable repli de l'écoulement en juillet : 24 l/s/km² pour une moyenne de 29 l/s/km² entre mai et septembre.

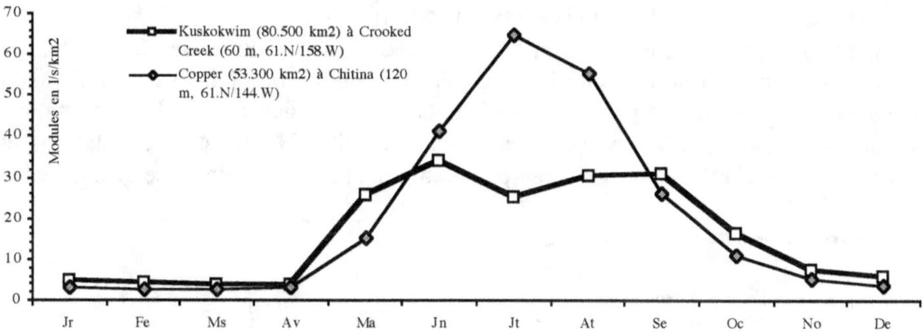

Document 3.13 - Deux cours d'eau du versant alaskien occidental des Rocheuses

Cette anomalie ne peut s'expliquer par le climat qu'illustrent Juneau : une station côtière de climat océanisé, et Anchorage : une station abritée des influences océaniques par la chaîne d'Alaska : (Document 3.14).

• Le minimum de printemps (critère d'une influence de l'océan) est affecté par la débâcle ; alors que juillet ne connaît pas de rupture des apports pluviométriques. Les températures sont certes > 0°C, mais juillet n'y dépasse pas 12 à 14°C, ce qui ne justifie pas une Etr capable d'annihiler la fonte des glaces

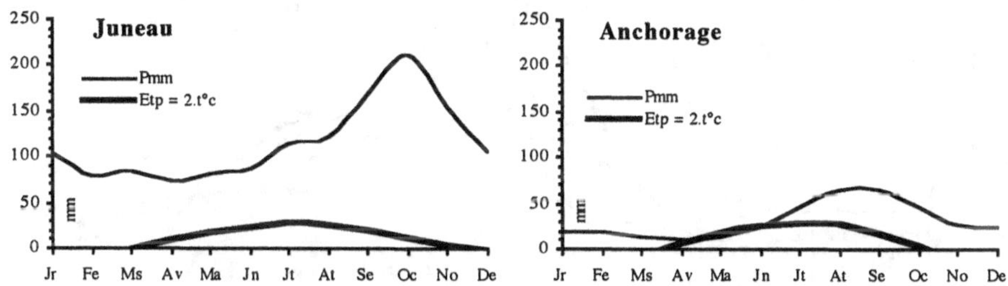

Document 3.14 - Deux stations de climat polaire océanisé.

• À l'inverse, le cours d'eau traverse de nombreux lacs de montagne et de nombreux marais dans le delta qu'il a édifié en commun avec le Yukon

C'est la première image de cette pondération lacustre caractéristique de l'écoulement de ces contrées.

B - Le fonctionnement des rivières du Grand Nord

Il est décrit par l'hydrogramme mensuel de sept cours d'eau tributaires de l'Arctique, entre la mer de Behring et la baie d'Ungava (Document 3.15). L'écoulement est partout d'influence nivale, avec un maximum de juin pour les écoulements les moins continentaux : Yukon, Mackenzie à l'ouest et

Caniapiscau à l'est, et un maximum de juillet pour les plus continentaux : Peace river, Black river et Kazan river. À l'exception de la Caniapiscau qui avec 19,3 l/s/km^2 appartient à la classe 11 ou mésoréisme élevé, tous les autres présentent un module "plus modeste", compris entre 5,2 et 8,3 l/s/km^2, soit la classe 8 ou microréisme soutenu. Le Yukon (8,2 l/s/km^2) fait exception, et s'inscrit dans la classe 9 ou mésoréisme médian.

• Un cours d'eau comme le Yukon conserve une immodération assez forte : 20, que traduit une pointe nivale de juin (35% de l'écoulement en mai-juin) suivie du soutien simultané des glaciers des Rocheuses (affluents de la rive gauche), et de précipitations estivales élevées : Fort-Yukon (417 m, Alaska) reçoit 35% de ses précipitations en juillet et août. Par ailleurs, les lacs sont peu nombreux dans le bassin de ce géant.

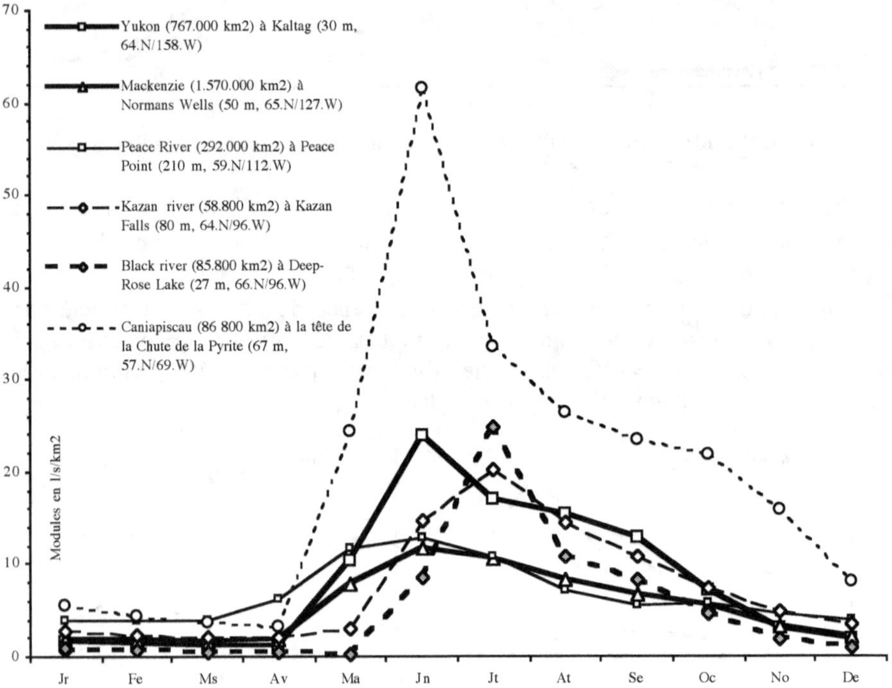

Document 3.15 - Régimes de quelques cours d'eau arctiques alaskiens et canadiens. Ce sont tous des bassins-versants dont l'écoulement se fait vers le nord (à l'exception du Yukon).La répartition doit être lue d'ouest en est : de 158° W à 69° W, afin de mieux apprécier l'importance de la pondération lacustre entre les Rocheuses et la baie d'Hudson, opposable à la brutalité des écoulements nivaux chez les tributaires de la baie d'Ungava, venus du Bouclier Canadien. Le "vide" observé entre la Black River : 96°W, et la Caniapiscau : 69°W, correspond à l'extension de la Baie d'Hudson.

• Le comportement du Mackenzie est différent, malgré un hydrogramme assez proche. Sa pondération de 6,9 est la traduction du rôle des lacs de l'Ours et des Esclaves. Même si 80% des eaux annuelles sont écoulés entre mai et octobre, juin, juillet et août n'en écoulent que 59%. La fonte du tapis neigeux et le fait que le bassin reçoive 43% de ses apports pluviométriques entre juillet et septembre, expliquent l'abondance de l'écoulement printanier et estival. Mais une grande part du ruissellement est freinée par la traversée des lacs. Plus à l'Est, la Peace river est affectée par le même processus : 67% "seulement" de l'écoulement réalisé entre mai et octobre, et 46% entre juin et août. La pondération est quasi équatoriale avec 3,4.

• À l'inverse, la continentalité marque le régime de la Kazan river et de la Black river, où la débâcle nivale se déplace vers juillet. La pondération : 7,3 et 5,2, reste pondérée par le rôle des lacs qui marquent la topographie entre le Grand lac des Esclaves et la Baie d'Hudson. Le régime de la Kazan est plus "lacustre" avec 68% des eaux en juin, juillet et août, et 80% de mai à septembre. La Black river est déjà plus marquée par le ruissellement : 84% des eaux en juin, juillet et août, et 92% de mai à septembre. La traversée du lac Pelly est à peine décelable. Il est vrai que le bassin est très continental, et que le dégel ne dure que quatre mois : les rares pluies d'été ont alors la faveur du ruissellement sur le permafrost.

• Enfin, avec la Caniapiscau l'écoulement redevient nivo-pluvial : 82% de l'écoulement au cours de la débâcle (mai- juillet) et 31% au cours de l'été et au début de l'automne (août à octobre).

Cependant, en situation géographique analogue : continentalité et proximité de l'Arctique, nous ne retrouvons pas des écoulements aussi tranchés que sur la Kolyma ou l'Indirka. Le grand Nord Canadien est aussi froid, mais la densité lacustre, héritage d'un inlandsis würmien absent en Sibérie centrale et orientale, donne une autre originalité, même si le régime reste foncièrement nivo-pluvial. Des nuances dans l'importance du rôle des lacs peuvent ainsi être appréhendées à partir du régime du Mackenzie, de la Slave river, de quelques-uns de leurs affluents, et de quelques tributaires orientaux de la Baie d'Hudson. À l'inverse, le Yukon et les tributaires de la baie d'Ungava sont peu influencés.

C - Les régimes du Mackenzie et de ses principaux affluents

Ils sont nivaux (débâcle maximale en juin) et pluviaux (écoulement soutenu jusqu'en septembre, voire octobre), mais les lacs apportent une forte pondération à ce régime généralement brutal (Document 3.16 et 3.17).

Le bassin du Mackenzie draine vers l'Arctique les eaux des grandes plaines du piémont des Rocheuses, de l'Alberta, au sud, jusqu'au Territoire du Nord. Mais les moraines frontales et le surcreusement, héritages du Pléistocène, ont piégé les eaux de ruissellement derrière de nombreux lacs dont trois principaux : les 7 160 km^2 du Lac Athabaca au sud, les 26 000 km^2 du Grand Lac des Esclaves au centre et les 31 600 km^2 du Grand Lac de l'Ours au nord. Quant au climat (abrité des influences maritimes par la barrière des Rocheuses), son rôle est bien illustré par les diagrammes ombrothermiques de Coppermine au nord et Fort-Smith au sud.

Le climat continental froid est fortement marqué par les pluies estivales dont le rôle hydrologique ne peut se trouver compromis par l'Etr qu'à Fort-Smith, plus méridional (sans que la sécheresse hydrologique soit atteinte). Malgré la latitude, les précipitations restent abondantes à Coppermine, sur les bords de l'Arctique, du fait des perturbations du front arctique : 48% des précipitations se réalisent quant la température passe en-dessous de 0°C, et elles restent importantes en automne et surtout au printemps. Cependant, leur rôle est contrarié par les lacs.

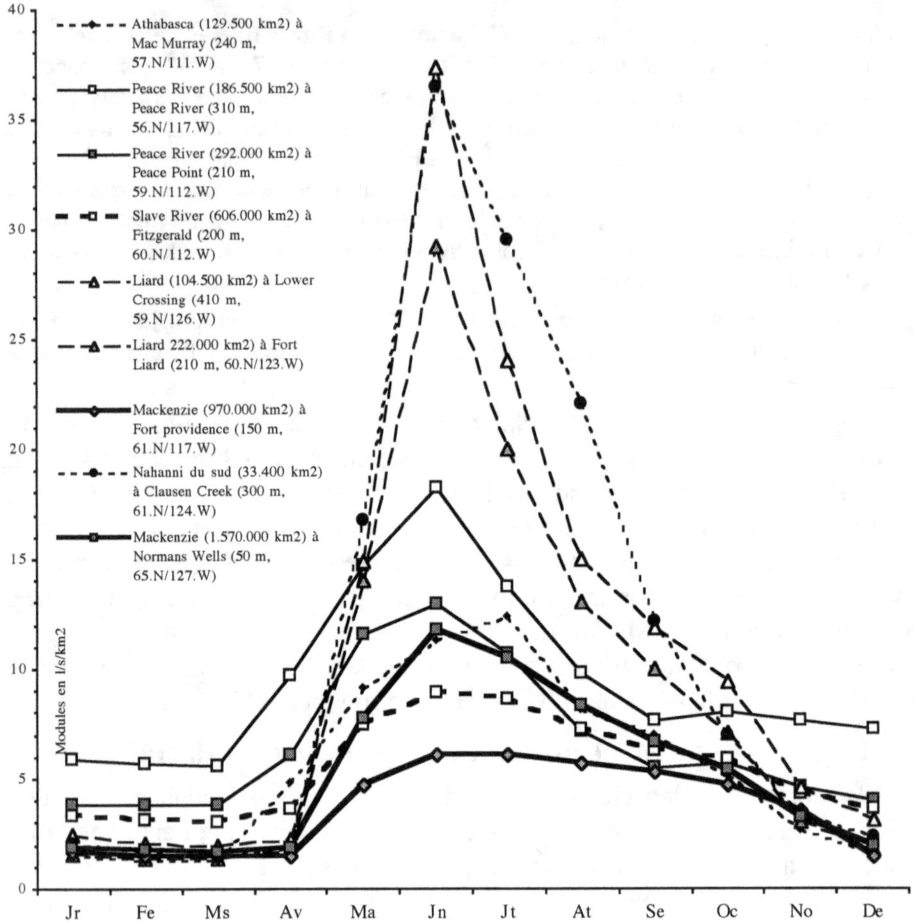

Document 3.16 - Le régime du Mackenzie et de ses principaux **affluents issus des Rocheuses**. Le régime nival à influence pluviale est fortement perturbé par la présence des lacs. Seuls les cours d'eau issus des Rocheuses et des Monts Mackenzie sont peu perturbés : Liard au centre et Nahanni du Sud au nord (la Peace river est pondérée par les aménagements hydro-électriques). Les autres cours d'eau sont directement perturbés par la traversée ou la proximité des lacs. À ce propos, les deux jaugeages du fleuve ont lieu très en aval de la confluence avec la Liard, mais entre Providence et Normans Wells le fleuve reçoit l'apport de la Nahanni du Sud, ce qui explique une modification appréciable de son régime, pourtant très influencé par les affluents de la rive droite, émissaires des lacs de l'Ours et des Esclaves.

• Les régimes des affluents montagnards - *Liard* et *Nahanni du Sud* - sont peu perturbés et du fait de leurs modules spécifiques, ces rivières relèvent du mésoréisme médian de classe 9. La *Liard*, à Lower Crossing et à Ford Liard, écoule 68 et 69% de ses eaux entre juin et août. Cette débâcle printanière est provoquée par le Chinook, par un effet de fœhn qui dévale le versant oriental des Rocheuses au printemps, ce qui explique cette abondance brutale. Ce sont aussi 87 et 89% de l'écoulement qui se réalisent entre mai et octobre. La traduction est une forte immodération de 18,7 et 20,9. Si l'écoulement recule après la pointe de juin, du fait d'une Etr estivale importante dans cette région de forêts, le débit reste soutenu en août et au début de l'automne du fait de l'occurrence de la "dormance" des arbres, laquelle précède la rétention nivale de novembre à avril. Ce sont là des fonctionnements observés à des latitudes voisines en Russie et en Sibérie (voir ci-dessus).

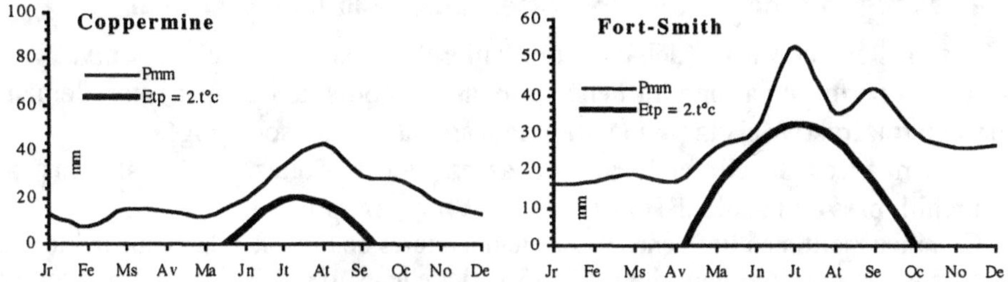

Document 3.17 - Précipitations et Etr du bassin du Mackenzie

- Plus au nord, la *Nahanni du Sud* offre un régime nivo-pluvial encore plus brutal : 73% des eaux sont écoulés de juin à août à Clausen Creek, et 91% de mai à octobre, donnant une immodération de 24,3. Mais sur les confins de la taïga et de la toundra 52% de l'écoulement annuel concernent les mois de juillet à octobre, conséquences du ruissellement possible sur le permafrost dans un contexte d'Etr affaiblie par la latitude.
- *L'Athabasca* à Mac Murray (en amont de la confluence avec le lac Athabasca) en offre une forme atténuée par la continentalité. Le module n'est plus que de 5,5 (classe 8 ou microréisme soutenu), mais le régime reste nival à maximum de juillet : 59% des eaux s'écoulent entre juin et août et 80% entre mai et octobre. Le Chinook est responsable de la brutalité de la fonte du tapis neigeux, tandis que les pluies estivales soutiennent les débits jusqu'en octobre. Mais le Petit lac des Esclaves imprime déjà son empreinte avec une pondération réduite à 9,5.
- La *Peace River* est aussi un affluent montagnard : née en Colombie britannique, elle draine le nord de l'Alberta. Mais elle n'écoule que 43% de ses eaux lors de la débâcle printanière, et seulement 63% entre mai et octobre. En effet, son cours amont traverse de nombreux lacs de surcreusement glaciaire dans les Rocheuses de Colombie Britannique ; aussi en résulte-t-il une pondération de 3,3, et un module réduit à 6,6 l/s/km^2 : classe 8 ou microréisme soutenu.
- Cette pondération lacustre concernerait le reste du bassin, en particulier les affluents venus de l'est, sur la rive droite du fleuve. La Slave river à Fitzgerald, malgré l'apport de la Peace river, conserve la pondération apportée par la traversée du lac Athabasca : 3. On ne s'étonnera pas que seulement 48% de l'écoulement concernent la débâcle estivale (et 68% de mai à octobre). La conséquence est un module réduit à 5,4 l/s/km^2 (classe 8 ou microréisme soutenu).

À Providence, le *Mackenzie* rassemble toutes ses influences, dont celles du Grand Lac des Esclaves et du Grand Lac de l'Ours. Il n'écoule plus que 3,6 l/s/km (classe 8 ou microréisme soutenu) pour une pondération de 4,1. On exploita jadis cette pondération pour le flottage des grumes. Ce n'est plus qu'une curiosité historique, mais, dès 1871, le Mackenzie fut équipé de services de navigation à vapeur pour l'expédition des minerais et des produits pétroliers ; les batelleries du Grand lac de l'Ours et du Grand lac des Esclaves assurant une liaison vers le passage du Nord-ouest…

On retiendra surtout qu'à Normans Wells la pondération acquise par la traversée des lacs est perturbée par l'apport nival de la Nahanni du Sud : le coefficient s'élève à 6,9 tandis que le module croît à 5,24 l/s/km^2…

D - Les régimes des tributaires orientaux de la baie d'Hudson

Ils restent nivaux (débâcle printanière) mais l'écoulement nival est fortement perturbé par une influence pluviale au cours de l'été par ruissellement sur le permafrost. Mais la pondération lacustre atteint ici son apogée.

Les nuances du climat local sont assez bien traduites par les stations de Churchill, près de la baie d'Hudson, et de Winnipeg, plus à l'intérieur.

• Le milieu maritime n'influence pas les températures de l'hiver. A la même latitude, à Fort Smith, la moyenne annuelle est de -3°C, ici elle est de -8°C. En effet, l'hiver est aussi froid : -26,5°C pour -23°C à Fort Smith. À l'inverse, l'été est plus maritime et plus frais : 10°C pour 14°C à Fort Smith.

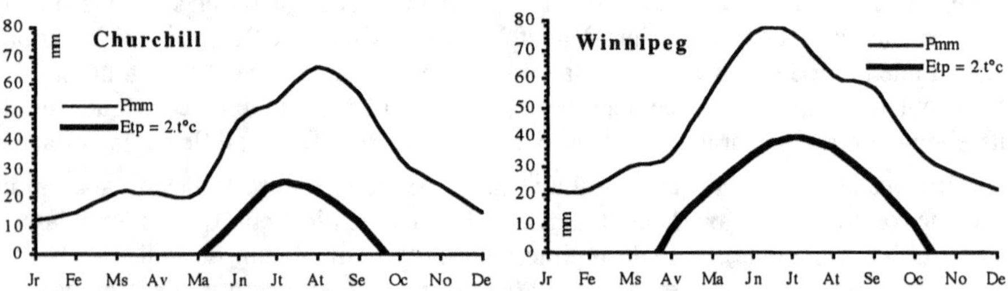

Document 3.18 - Le climat des rivages de la baie d'Hudson

• Le milieu maritime n'influence pas les températures de l'hiver. À la même latitude, à Fort Smith, la moyenne annuelle est de -3°C, ici elle est de -8°C. En effet, l'hiver est aussi froid : -26,5°C pour -23°C à Fort Smith. À l'inverse, l'été est plus maritime et plus frais : 10°C pour 14°C à Fort Smith.

• L'influence maritime est mieux réalisée au sud. À Winnipeg, l'hiver est plus bref (5 mois) et moins froid : -16°C ; et surtout l'été est beaucoup plus chaud : 18°C, avec un maximum de 20°C en juillet, ce qui peut justifier le rôle de l'Etr sur l'écoulement.

Toutefois, c'est dans cette partie de l'Amérique du Nord que les lacs (naturels et artificiels) sont le plus impliqués dans la pondération de l'écoulement. Nous commencerons par les cours d'eau les moins influencés : la Kazan river et la Winisk river, et deux autres très pondérées par les lacs du bouclier canadien : la Nelson river et la Churchill river. (Document 3.19).

• La *Kazan river* écoule 7,3 l/s/km^2 (classe 9 : mésoréisme médian). Son régime est nival à maximum de juillet (le bassin se tient au nord-ouest de la Baie d'Hudson) : plus de deux-tiers de l'écoulement sont réalisés entre juin et août, et 80% de mai à octobre, avec un soutien pluvial à la fin de l'été et au début de l'automne. Cependant, les lacs perturbent déjà ce cours d'eau dont l'immodération n'est que de 10.

• La *Winisk river*, plus méridionale, présente un double maximum de mai et d'octobre. Par 54 degrés de latitude, au sud-ouest de la baie, le climat est plus clément en été. La débâcle est précoce, en mai (15% de l'écoulement), mais brève : si les trois-quarts des eaux sont écoulés entre mai et octobre, 40% seulement concernent la débâcle de mai à juillet. À l'inverse, l'automne consomme 34% de l'écoulement. Cette hydrologie est la résultante d'une Etr non négligeable au coeur de l'été (voir le diagramme ombrothermique de Winnipeg), laquelle disparaît au cours de l'automne. Malgré une relative pondération lacustre : 7,5, le module est plus élevé : 9,3 l/s/km^2 (classe 9 = mésoréisme médian).

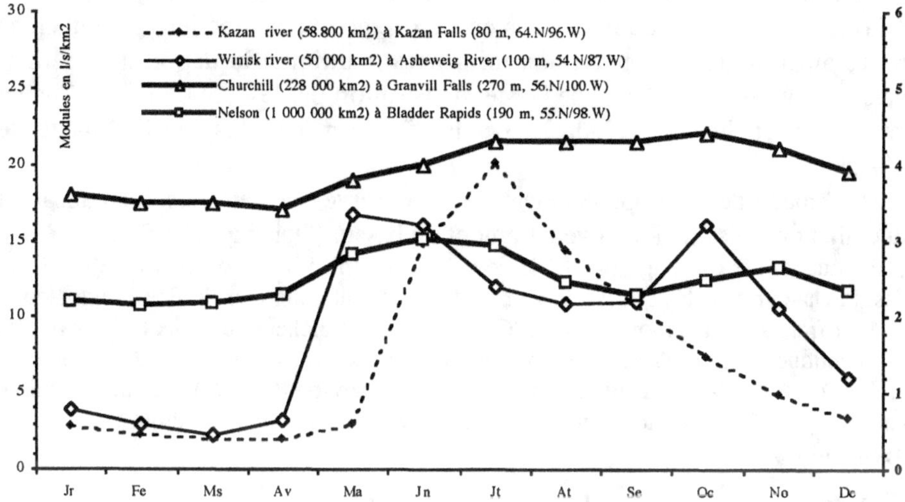

Document 3.19 - Quelques tributaires orientaux de la Baie d'Hudson. La pondération de la Churchill river a été encore accentuée par les aménagements hydro-électriques où depuis 1971, à Churchill Falls, fonctionne une des plus grandes installations du monde, capable de fournir 30 000 000 000 Kwh.

Les lacs nivellent toutes ces influences climatiques sur la Churchill river et sur la Nelson river.

• Du point de vue purement hydrologique, la *Churchil river* conserve un régime nivo-pluvial avec une débâcle de juin et une crue pluviale automnale : entre ces deux pointes, l'Etr réduit la part des eaux écoulées. Mais ce n'est que théorique : 35% seulement des eaux s'écoulent entre mai et juillet et 53% entre mai et octobre. La Churchill traverse un invraisemblable paysage de lacs auquel l'homme a ajouté les Churchill Falls en 1971. Les variations de débit sont quasi nulle et la pondération est de 1,3.

• La *Nelson river* est l'émissaire du Lac Winnipeg (24 600 km^2), et l'écoulement se divise en quatre parties : un écoulement stabilisé de janvier à avril : 11% des eaux écoulées, puis une longue débâcle d'avril à juillet : 40% des eaux écoulées, suivi d'une stabilisation jusqu'en octobre : 34% des eaux écoulées, et enfin un embâcle progressif : 15% des eaux écoulées. Il ne s'agit que des variations saisonnières du niveau du lac Winnipeg. Il en résulte une pondération de 1,4.

On comprend mieux pourquoi, malgré des modules médiocres de 3,9 et 2,5 l/s/km (classe 7 ou microréisme atténué), la Churchill et la Nelson ont attiré les aménagements hydro-électriques au XXe siècle ; ici, même en hiver, l'eau "abonde". Toutefois cette influence lacustre n'est pas la seule caractéristique du grand nord canadien et de l'Alaska : même le Yukon et les tributaires de la baie d'Ungava n'atteignent jamais la brutalité des écoulements sibériens.

E - L'originalité du Yukon

À l'inverse du Mackenzie (et des fleuves sibériens), le Yukon et ses affluents occupent un bassin-versant drainé d'est en ouest, du fait d'un rebroussement vers l'ouest de l'axe des Rocheuses, qui, par le détroit de Behring ; se raccordent aux chaînes de l'Extrême-Orient sibérien. Le Yukon se trouve ainsi largement ouvert aux influences maritimes du détroit de Behring, mais à l'inverse il est séparé de la Mer de Beaufort par les 2 500 m de la Chaîne de Brooks, et du golfe d'Alaska par les 5 000 m (et plus) de la Chaîne de l'Alaska.

À l'image de l'Europe occidentale, on observe une semi-continentalisation du climat océanisé de l'aval vers l'amont du bassin (Document 3.20). .

• Partout l'hiver est long : il gèle de novembre à avril. L'hiver est partout < -15°C, et c'est la chaleur des étés qui fait le climat.Sur le littoral de la mer de Behring, à Nome, l'été est frais avec une moyenne de 9°C, du fait de la fraîcheur des eaux froides venues de l'Arctique. Vers l'intérieur, Fairbanks (Alaska) est "plus clément" : la moyenne de l'été est de 14°C. Mais l'altitude se fait ressentir à Dawson (Canada) avec un été qui ne dépasse pas 7°C. Cette continentalisation est encore plus marquée pour les précipitations.

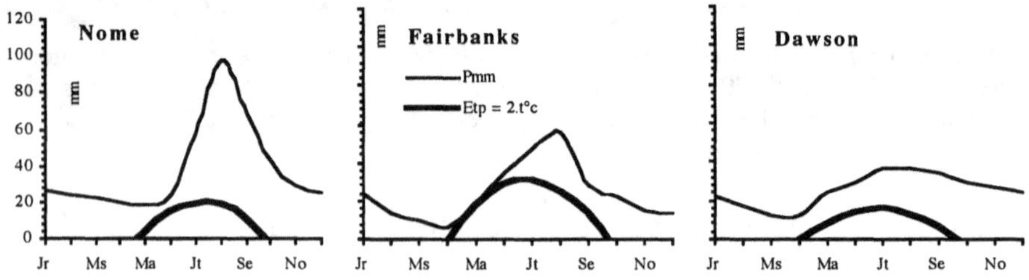

Document 3.20 - Quelques diagrammes ombrothermiques du Territoire du Yukon à la mer de Behring.

• Nome est assez arrosé - 454 mm - avec un important volume estival : 265 mm soit 58% du total. Cette abondance relève du passage des perturbations pacifiques, dont, en cette saison, la trajectoire affecte la mer de Behring. Associé à la modestie de l'Etr, l'écoulement sera fortement approvisionné en eau de pluie. Vers l'intérieur, la continentalité provoque une réduction pluviométrique : 287 mm à Fairbanks . Mais les précipitations de l'été restent abondantes : 184 mm, et, effet de cette continentalité, elles couvrent 64% du total. Enfin, le total annuel se relève à Dawson avec 307 mm. Surtout, la continentalité est moins marquée : 162 mm en été, soit 53% seulement du total.

L'amont du bassin reste assez arrosé en été, mais surtout l'enneigement hivernal sera abondant et annonciateur d'une importante débâcle. Les services hydrologiques américains et canadiens ont relevé le débit du fleuve en cinq points : à Camarcks au Canada (87 000 km^2), à Dawson (275 000 km^2), à Eagle en Alaska (294 000 km²), à Rampart (516 000 km²) et à Kaltag (767 000 km²). Des jaugeages ont aussi été effectués à Crossing, sur la Pelly, qui rejoint le fleuve entre Camarcks, et à Dawson, sur la Porcupine dont la confluence se situe entre Dawson et Eagle (Document 3.21).

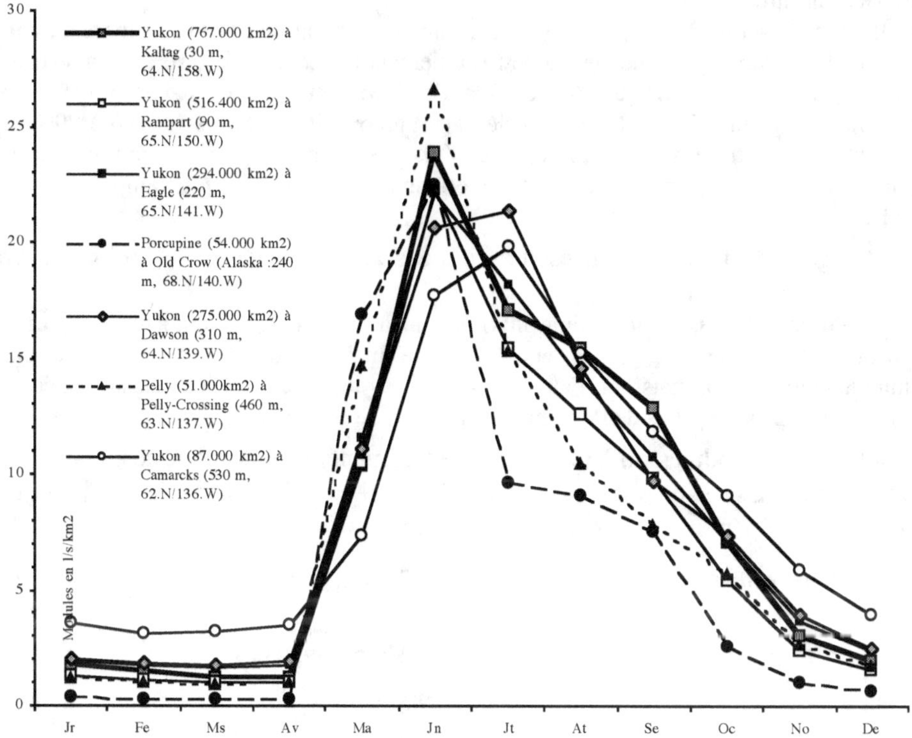

Document 3.21 - Le Yukon et ses affluents. Les stations de jaugeage sont à une **latitude** voisine : 64 degrés nord +/- 2 degrés. Cela permet d'observer le rôle de la continentalité et de l'altitude qui passe de 530 m à 30 m.

• Au Canada, que le jaugeage soit à Camarcks ou à Dawson, le régime est glaciaire. Les eaux sont abondantes en juin et en août avec un maximum de juillet : 62% des eaux sont écoulés entre juin et août à Camarcks et 67% à Dawson. C'est le reflet de la fonte des glaciers de la Chaîne d'Alaska. Le débit est ensuite soutenu par les pluies estivales : 78% et 86% de l'écoulement sont ainsi respectivement réalisés entre mai et octobre. Cependant, l'immodération est anormalement faible : 9 à Camarcks et 13 à Dawson. Nous sommes très loin des homologues sibériens où l'immodération est parfois de l'ordre de la centaine. Le Yukon canadien est peu abondant : 8,7 et 8,2 l/s/km² (Classe 9 ou mésoréisme médian), et l'on s'étonnera aussi d'une abondance hivernale élevée à Camarcks : 22% des eaux sont écoulés entre novembre et avril. Si dans le nord des Rocheuses le fleuve est alimenté par des glaciers, il traverse aussi un certain nombre de lacs de vallées qui pondèrent son écoulement. Le Yukon canadien est nivo-glaciaire à influence pluviale.S'il perd un peu de cette pondération à Dawson, c'est du fait de l'arrivée des eaux de la Pelly.

• La Pelly est issue du versant occidental des Monts Mackenzie. Son régime est typiquement nivo-pluvial. Elle écoule 30% de ses eaux en juin, 68% de mai à août et

90% entre mai et octobre. Les fortes chutes de neige de saison froide justifient la forte débâcle, mais les pluies estivales ruissellent sur le sol gelé dans un contexte de faible Etr.Il en résulte une immodération de 30.

Aussi, à Eagle, le Yukon possède-t-il un régime influencé maintenant par la débâcle nivale.

• Il va le conserver à Rampart et à Kaltag : un écoulement hivernal (novembre à avril) marqué par l'étiage prononcé (14% de l'écoulement annuel à Eagle, 10% à Rampart et Kaltag), un maximum de juin (67 et 71% de l'écoulement entre mai et juillet), une importance du ruissellement sur sol gelé dans un contexte de faible Etr (86 à 90% de l'écoulement entre mai et octobre). Le Yukon est un cours d'eau qui gagne en immodération pour prendre une allure sibérienne : 14 à Eagle, 20 à Rampart et 23 à Kaltag.

Ce gain d'immodération est le fruit des affluents venus de la Chaîne de Brooks sur la rive droite.

• La Porcupine illustre un régime nivo-pluvial à maximum de juin : 68% des eaux s'écoulent entre mai et juillet, et 96% entre mai et octobre. Il en résulte une immodération de 75, mais qui n'atteint toujours pas les valeurs observées sur les cours d'eau sibériens situés près de l'autre rive du détroit de Behring.

Aussi, les modules du Yukon et de ses affluents restent modestes, entre 7 et 8 l/s/km^2 : classe 9 ou mésoréisme médian. Près du Pacifique, le module des cours d'eau sibérien atteint parfois 16 l/s/km^2.

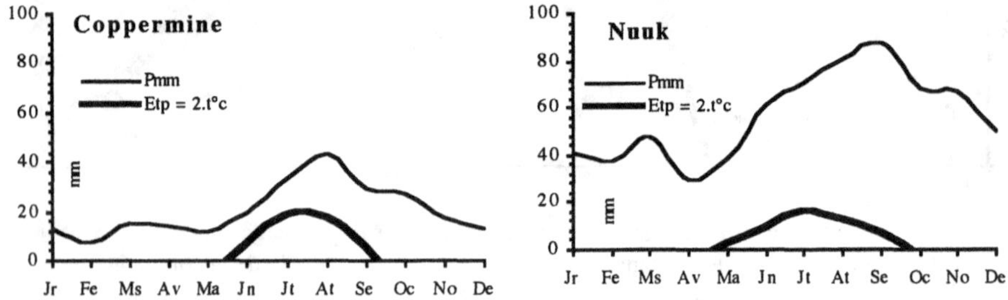

Document 3.22 - Climogrammes de deux stations arctiques. Aucune n'est proche des régions considérées, mais ces diagrammes donnent une image approximative du climat du nord du Labrador ; ils y soulignent l'ampleur du gel face à une alimentation pluviale importante.

F - L'Arctique et les tributaires de la baie d'Ungava

C'est ici que l'on rencontre des cours d'eau peu influencés par les lacs. Le seul fleuve purement arctique pour lequel nous avons des données fiables est la Black river (voir ci-dessus). En effet, les tributaires de la baie d'Ungava : Rivière Aux Feuilles, Rivière à la Baleine, Rivière George et Caniapiscau occupent le nord du Labrador, à une latitude et dans une position limite par rapport aux climats froids et humides des façades nord-est des continents.

Il n'existe pas de relevés fiables du nord de la péninsule du Labrador, aussi avons-nous retenu les diagrammes ombrothermiques de stations à la fois proches et “pédagogiques” : une station météorologique groenlandaise : Nuuk, et Coppermine en Arctique (Document 3.22).

• Les précipitations abondantes - 681 mm à Nuuk - sont de répartition déjà océanisée, avec un maximum d'automne.

• Face à cette “forte alimentation”, les températures sont basses même en été (-15°C, malgré un maximum de 16°C en juillet), et la période d'embâcle dure au moins six mois. Ici l'Etr sera négligeable.

On n'en comprend que mieux les régimes fluviaux (Document 3.23).

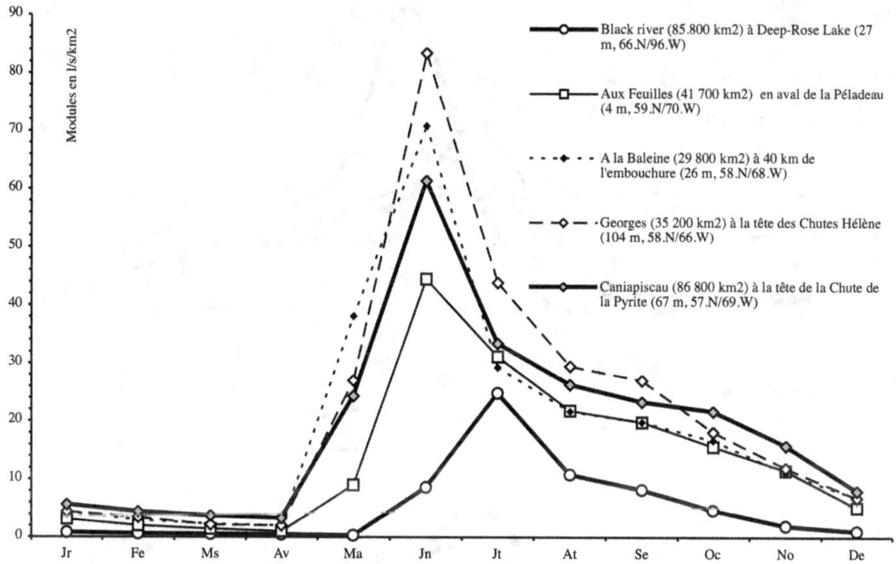

Document 3.23 - Régimes arctiques et des tributaires de la baie d'Ungava. Cette baie qui n'est qu'une extension du détroit d'Hudson, limite le Labrador vers le nord. Cette presqu'île est drainée par de très nombreux cours d'eau, aujourd'hui aménagés pour la production hydro-électrique, tant vers la baie d'Hudson, que vers l'Atlantique et le Saint-Laurent, mais seuls les tributaires de la baie d'Ungava appartiennent au domaine arctique ou continental froid. Les autres dépendent déjà des climats froids et neigeux des façades orientales de continents

• La *Black river* est d'abondance très moyenne : 5,2 l.s.km^2 (Classe 8 ou microréisme soutenu). Mais son immodération : 83, en fait un cours d'eau au régime nival. En effet, 84% des eaux sont écoulés entre juin et août, et 92% de mai à septembre. Du fait de la latitude, le pic de crue est en juillet, mais le dégel qui ne dure que quatre mois favorise une légère influence pluviale par ruissellement sur permafrost.

Les tributaires de la baie d'Ungava ont un écoulement bien moins nuancé quoique plus abondant.

· Les modules des *Rivières aux Feuilles et à la Baleine* appartiennent à la classe 10 ou mésoréisme moyen aux débits moyens. Ceux des rivières Georges et Caniapiscau, plus abondants, relèvent de la classe 11 ou mésoréisme élevé. Mais tous écoulent entre 60 et 70% de leurs eaux entre juin et août et 85 et 90% entre mai et octobre. La débâcle nivale est plus précoce, en juin, mais les précipitations estivales soutiennent un ruissellement sur les sols gelés au cours d'un été où l'Etr est très réduite.

G - La modélisation des régimes du grand nord américain

Avec ces écoulements principalement nivaux, nous retrouvons des modèles reconnus en Sibérie et en Russie. Certes, nous observons des régimes qui d'une part excluent le rôle des lacs et qui, d'autre part, montrent (comme en Russie-Sibérie) le rôle de la continentalité et du relief (Document 3.24.a).

Toutefois, la caractéristique de l'Alaska et surtout du grand nord canadien reste l'influence prédominante de la pondération lacustre (Document 3.24.b).

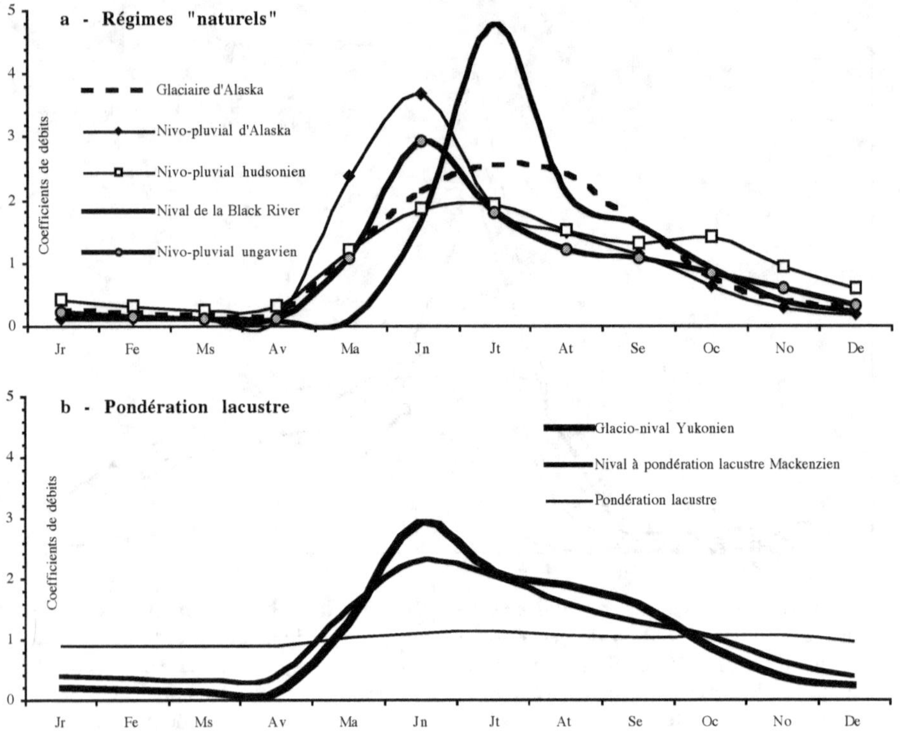

Document 3.24 – Modélisation de l'écoulement arctique nord-américain.

- À l'ouest du continent, l'Alaska, très arrosée et très montagneuse, révèle un régime glaciaire assez pur dans les Rocheuses qui ici avoisinent les 6 000 m d'altitude.Mais ce régime n'est pas la seule caractéristique locale, et les affluents du Yukon, issus de la Chaîne de Brooks, par exemple, traduisent un régime nival où la débâcle de juin se trouve relayée par un écoulement pluvial sur permafrost au cours de l'été. C'est un régime assez commun à l'Arctique et que nous retrouvons plus au nord-est sur la Black river.

- Puis ce régime se dégrade, du fait de la continentalité, chez les tributaires orientaux de la Baie d'Hudson non influencés par la traversée de systèmes lacustres. Du fait de cette continentalité, la débâcle tend à se déplacer vers juillet, alors que le caractère pluvial de l'écoulement d'automne se précise du fait d'une Etr non négligeable au cours de l'été. Le régime est alors plus purement nivo-pluvial avec deux maxima rapprochés. Cette abondance relative fut un des critères retenu pour l'aménagement hydraulique de la plupart des tributaires de la Baie d'Hudson, depuis les années 1960. Enfin, le nord du

Labrador, très arrosé et très froid, se prête à un régime nival de plaine assez pur, très immodéré, à maximum de juillet qui rappelle ses homologues sibériens.

Mais la caractéristique du grand nord canadien reste toutefois l'abondance estivale de l'écoulement associée au rôle pondérateur du système lacustre. En Alaska, le Yukon est peu influencé par les lacs ; à l'inverse, il reçoit le soutien des glaciers de la région du Mac Kinley. Son régime purement nivo-glaciaire n'est pas utilisé pour la production hydro-électrique, mais il fit, à l'image du Mackenzie, l'objet d'une batellerie estivale à la fin du XIXe siècle.

Plus à l'est, entre les Rocheuses et la Baie d'Hudson, la pondération lacustre nivelle les débâcles de juillet et allonge (en liaison avec les pluies estivales) la période de hautes eaux. Le régime du Mackenzie en donne l'image : un écoulement hivernal qui reste non négligeable, une crue de juillet atténuée, mais un écoulement qui reste soutenu tout au cours de l'été. C'est un modèle que l'Ob frôle par le rôle des marais, mais qui est totalement étranger aux écoulements russes et sibériens. Involontairement, on le créa sur la Volga à la suite des aménagements hydrauliques du XXe siècle. Enfin, les émissaires des lacs les plus importants se contentent de traduire les variations saisonnières du niveau des plans d'eau.

Les cours d'eau de Scandinavie, plus modestes, relèvent des deux modes de fonctionnement : nivo-pluvial sibérien et pondération lacustre canadienne.

IV - Les rivières scandinaves

L'espace est plus réduit, les "grands fleuves" ne dépassent guère 50 000 km^2. Les conditions apportées par la péninsule scandinave ne sont pas (toutes proportions gardées) sans rappeler le Nord-ouest américain : les Alpes scandinaves s'opposent aux perturbations de l'Atlantique nord, mais l'altitude ne dépasse 2 000 m qu'au sud, et l'englacement est modéré. Le versant suédois est plus continental, et les lacs sont nombreux en Suède et en Finlande. Enfin, géographiquement la Scandinavie couvre aussi l'Islande au climat froid, où surtout volcanisme actif et glaciers apportent une originalité hydrologique.

A - L'écoulement scandinave et finnois

Le bouclier scandinave fut nivelé par les inlandsis quaternaires, dont l'impact qui nous intéresse se manifeste par l'existence d'un grand nombre de lacs en Suède et surtout en Finlande. L'écoulement sera donc marqué par la pondération lacustre, mais il est aussi influencé par un climat subpolaire, très arrosé sur sa façade norvégienne.

• À Bodoe, au nord de la Norvège, il tombe 1 050 mm d'eau chaque année (il en tombe encore 740 mm à Oslo, pourtant déjà abrité). La répartition est typiquement océanique avec un important volume automnal : 43% des pluies annuelles. Mais l'hiver reste humide : 30% du volume annuel, ce qui alimente un important tapis neigeux au cours d'un hiver qui ne dure que trois mois. Enfin, l'Etr reste modérée du fait de la proximité de l'océan, et l'excédent pluviométrique reste important en été.

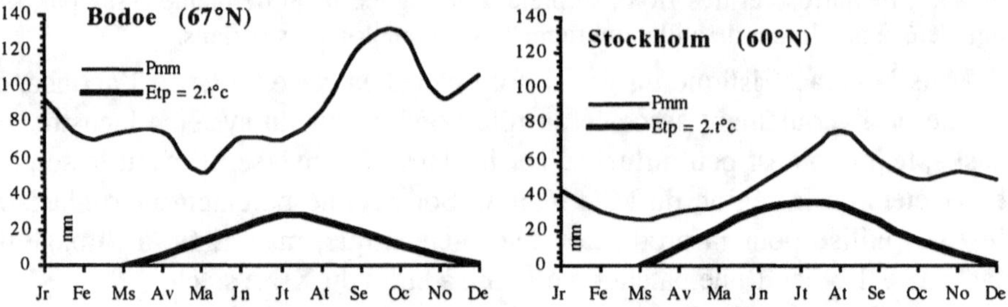

Document 3.25 - L'humidité du climat féno-scandien

• Du fait de la continentalité et de l'abri de la chaîne scandinave, la station de Stockholm reçoit moitié moins d'eau : 555 mm. Mais, malgré un été plus chaud, les conditions hydrologiques restent similaires : le maximum est automnal, l'hiver est arrosé, et l'Etr y laisse aussi un excédent à l'écoulement.

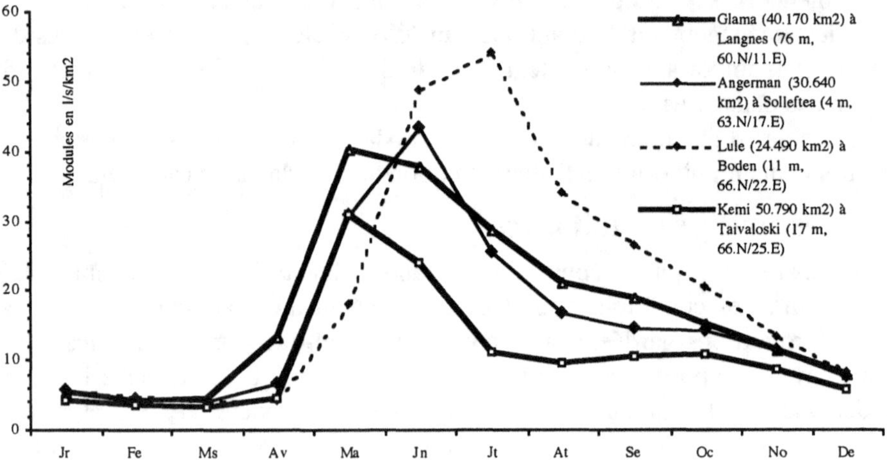

Document 3.26 - Ecoulements peu influencés par les lacs.

L'écoulement concerne deux cas de figures selon le rôle des lacs ; et nous avons distingué les écoulements non influencés des écoulements influencés (Documents 2.52 et 2.53). Parmi les régimes peu influencés par les lacs, les services hydrologiques scandinaves jaugent quatre cours d'eau : la Glama (ou Glomma), d'écoulement méridien et principal cours d'eau de la Norvège, l'Angerman et la Lule, en Suède et la Kemi, au nord de la Finlande. Ce sont des cours d'eau très abondants. Avec 20 l/s/km^2, la Lule appartient à la classe 11 = mésoréisme élevé, tandis que l'Angerman - 15 l/s/km^2 - et la Glama - 17 l/s/km^2 - appartiennent à la classe 10 = mésoréisme moyen. C'est un effet de la continentalité qui place la Kemi = 10 l/s/km^2, en classe 9 = mésoréisme médian.

• Leur régime est marqué par la débâcle nivale à maximum de mai, vers l'ouest, et de juin plus à l'est. Cette débâcle écoule, en effet, entre le tiers et la moitié de leurs eaux entre mai et juillet, et 80% entre mai et octobre. Cependant, ces valeurs sont plus proches des cours d'eau nivo-pluviaux alaskiens que du modèle sibérien : passé la débâcle printanière, l'écoulement reste soutenu pendant l'été, ce qui confirme le caractère nivo-pluvial de ces cours d'eau.

• Mais l'hiver ne connaît pas une réduction du débit aussi creusée qu'en Sibérie, et près de 20% de l'écoulement concernent novembre à avril. C'est que la plupart des rivières traversent des systèmes lacustres de montagnes désenglacées. C'est très remarquable sur la Lule, émissaire des lacs Stora et Skalka, insuffisants à laminer les variations saisonnières, mais qui donnent à son régime une allure faussement glaciaire, par la fonte de la réserve glacielle des nappes d'eau situées en altitude. Pour tous, cela se traduit par une immodération moins prononcée et voisine de 10 "seulement".

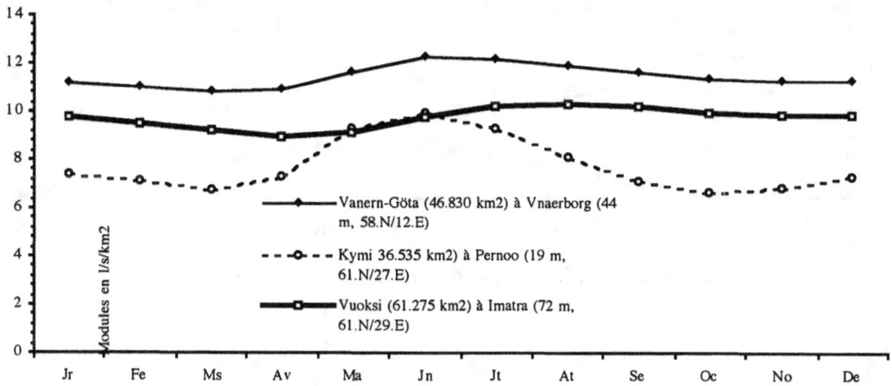

Document 3.27 - Régimes pondérés par les lacs.

Le rôle des lacs devient déterminant dans le laminage du régime de la Vanern-Göta en Suède et de la Kymi et de la Vuoksi en Finlande (Document 3.27). La pondération est comprise entre 1 et 1,5 pour des modules qui restent élevés : 8 à 1 l/s/km^2 (classes 9 et 10), et qui sont très appréciés pour le flottage des grumes. Les régimes restent nivaux, du fait d'une débâcle printanière, mais ils révèlent surtout les variations du niveau des lacs dont ils sont les émissaires.

• La *Vanern-Göta* est l'émissaire du lac Vanern dont elle ne fait que traduire les variations saisonnières du niveau, avec, il est vrai, une pointe nivale en juin.

• La *Vuoksi* draine les lacs de la Salpauselka finlandaise avant de gagner le Lac Ladoga.

· Mais, malgré la pondération lacustre indéniable, la *Kymi* reste mieux soumise à l'influence nivale qui lui assure un écoulement mieux marqué entre juin et juillet : 12% de l'écoulement contre 8% seulement pour la Vanern et la Vuaoksi. Mais cela n'entraîne aucune modification de la pondération.

B - L'écoulement islandais relève alors de l'anomalie

Le diagramme ombrothermique de Reykjavik (Document 3.28) rend assez bien l'ambiance fraîche et humide de ces îles océaniques arctiques.

• Les pluies sont abondantes : 805 mm, le gel est bref : deux mois, et peu creusé, mais l'été reste frais : 11,2°C en juillet.

• Mais il ne reflète pas la rigueur des climats d'altitude près de sommets encore couverts de calottes glaciaires : Lang Jökull, Hofs Jökull et surtout : Vatna Jökull.

L'écoulement semble souvent indépendant du rythme climatique saisonnier (Document 3.29).

• Seule le *Lagartfljot* (2 800 km^2) est réellement nival : 42% des eaux sont écoulées de mai à juillet et 70% entre mai et octobre. Ce dernier mois est marqué par une pointe pluviale consécutive au maximum pluvial de ce climat océanique. Mais c'est une exception.

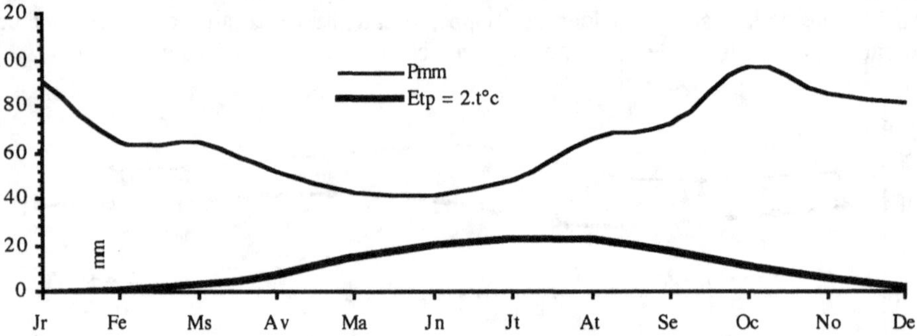

Document 3.28 - Diagramme ombrothermique de Reykjavik.

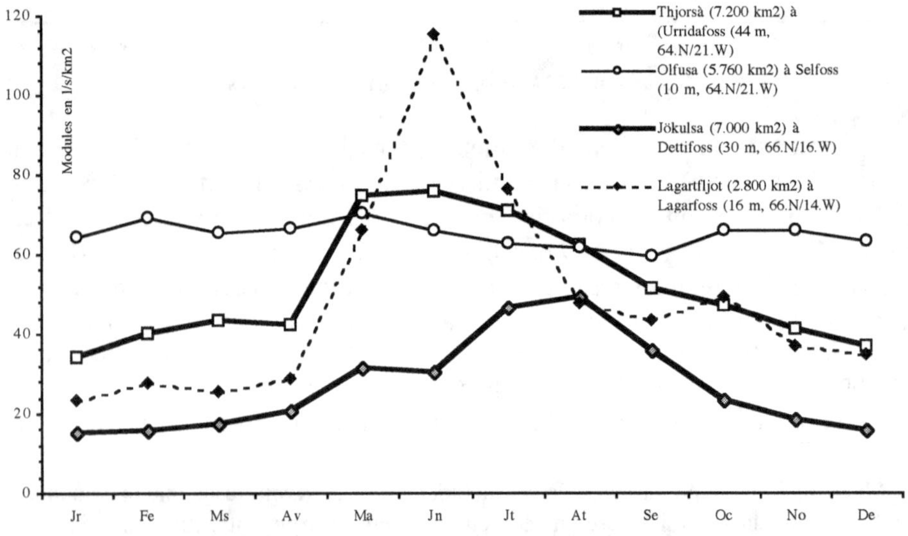

Document 3.29 - Quelques régimes islandais...

• La *Jökulsa* (7 000 km^2) s'écoule vers l'Arctique. Son régime est glaciaire avec un début maximal en août (60% de l'écoulement se réalisent de mai à septembre) ; le modeste maximum de mai est d'ailleurs le fruit d'une débâcle nivale. La Jökulsa est, en effet, un émissaire du Hofs Jökull.

• Ce régime est aussi celui de la *Thjorsà* (7 200 km^2) autre émissaire du Hofs Jökull mais gagnant l'Atlantique ; mais, du fait de la méridionalité, la crue nivale de mai l'emporte sur la fonte des neiges.

• Pour être précis, la *Jökulsa* est glacio-nivale alors que la Thjorsà serait nivo-glaciaire.

Reste à interpréter le régime de la très pondérée (1,1) Olfusa.

• Ici, la glace est en contact avec du volcanisme actif ; il en résulte un écoulement indépendant des variations climatiques saisonnières, mais qui pourrait s'amplifier lors d'un paroxysme volcanique. Or, cette activité semble perturber tous les écoulements.

• De décembre à avril, l'Olfusa réalise 51% de son écoulement, mais la Jökulsa en écoule 32% et la Thjorsà 38%. Même la Lagartfljot écoule 31% à cette saison. Une telle abondance en saison froide peut s'expliquer par le ruissellement dans un climat aux hivers peu rigoureux, mais il faut surtout imputer cette régularité à l'activité volcanique.

• Le résultat est une immodération qui ne dépasse pas 5, et surtout l'occurrence de modules élevés : 65 l/s/km^2 pour l'Olfusa, soit la classe 13 = mégaréisme abondant, 48 l/s/km^2 pour la Lagartfljot et 51 pour la Thjorsà, soit la classe 12 = mégaréisme basique, et 27 l/s/km^2 pour la Jökulsa, la classe 11 = mésoréisme élevé aux débits élevés. C'est là toute l'originalité de l'hydrologie islandaise.

On conclura que les écoulements arctiques et périarctiques restent foncièrement marqués par l'accumulation de neige au cours de la saison froide, et que la débâcle nivale est le critère principal de leur écoulement. Mais outre la plus ou moins grande continentalité du climat et le rôle du relief qui apporte des nuances glaciaires, les autres facteurs : nature du sol et du sous-sol, présence de lacs fournissent une variété assez forte de comportements hydrologiques à l'échelle des continents. Ainsi, Russie et surtout Sibérie sont marquées par la rareté des réserves nivales et glaciaires, et par l'absence de réserves lacustres. Il en résulte un régime très tranché où la débâcle printanière joue le rôle principal. Sauf en Alaska, le continent nord-américain est essentiellement marqué par la pondération lacustre qui donne une autre image de l'écoulement. Enfin, et c'est à souligner, jamais nous n'avons vraiment rencontré de régime nival pur ; tous les écoulements sont plus ou moins influencés par un ruissellement estival sur le permafrost.

Mais l'influence nivale n'est pas le seul apanage de l'Arctique, elle domine les montagnes tempérées, châteaux d'eau des plaines alentours ce qui fait que nous retrouverons les régimes nivo-pluviaux à des latitudes très basses. Surtout, l'intérieur des continents des moyennes latitudes connaît des hivers rudes favorables à la rétention nivale ; ainsi le Mississippi reste essentiellement nival jusqu'au golfe du Mexique.

Quatrième chapitre : Les moyennes latitudes et les écoulements pluvio-évaporaux

C'est le domaine tempéré des climatologues, celui qui, dans ses repères astronomiques, se trouve situé de part et d'autre du 45e parallèle. Mais seule la moyenne des températures annuelles est tempérée, avec une valeur située entre 15°C et 25°C. En effet, la caractéristique de ces latitudes est l'apparition de saisons thermiques tranchées entre un été chaud et un hiver qui peut être rude en montagne ou à l'intérieur des continents. J.P. Vigneau y a défini plusieurs domaines que nous reprendrons à sa suite, allant des domaines océanisés, aux faibles amplitudes thermiques et aux hivers doux, jusqu'aux domaines continentaux, froids l'hiver et torrides l'été. Toutefois, le point commun de ces climats régionaux est la quasi-absence de saison sèche. En général, les précipitations sont réparties sur l'ensemble de l'année, avec un maximum d'automne et un minimum de printemps près de l'océan, et un maximum d'été et un minimum d'hiver au centre des continents. Cependant, si on y inclut le climat supratropical (J.P. Vigneau) : le climat méditerranéen et ses sosies, l'apparition d'une saison sèche estivale rappelle la proximité des hautes pressions subtropicales.

Pour ce qui est des régimes fluviaux, on pourrait croire à la généralisation des régimes “pluvio-évaporaux" océaniques et méditerranéens, où domine l'influence des saisons thermiques, avec un minimum évaporal estival en opposition de phase avec une abondance pluviale hivernale, associée à la rareté du gel.

Ce n'est vrai qu'à proximité des rivages occidentaux, et sur les façades sud-est ; ailleurs le gel est important. À l'intérieur des continents, la rétention nivale peut jouer un rôle très important, et les fleuves retrouvent ici un régime nival, nivo-pluvial et pluvio-nival. Tout aussi important est le rôle hydrologique des montagnes. Ici réapparaissent des “situations arctiques” avec une tendance au dysréisme froid : gel prolongé, réserves glaciaires, réserves glacielles, réserves nivales ; on y retrouve les régimes glaciaires, nivaux et mixtes. Mais si la montagne est un milieu écologique original, en potamologie elle doit être rattachée aux plaines[2] voisines. La plupart des grands fleuves y auront leur source : Rhin, Rhône, ou seront influencés par des affluents montagnards : Danube, Mississippi...

Il n'existe donc pas de régime typique des moyennes latitudes en dehors des régions océanisées ou supratropicales. Ailleurs il faut tenir compte de l'interpénétration avec d'autres modes d'écoulement, le plus souvent avec les régimes à rétention nivale et/ou glaciaire. La mixité des régimes, voire leur complexité, y sont la règle.

---

2 - *Plaine* n'a pas ici de sens topographique, mais prend une signification écologique, culturelle, climatique... qu'on oppose à *montagne* en ce sens que le milieu est moins rude. C'est dans cet esprit qu'on oppose la *“montagne”* bourguignonne à la *“plaine”* de la Saône.

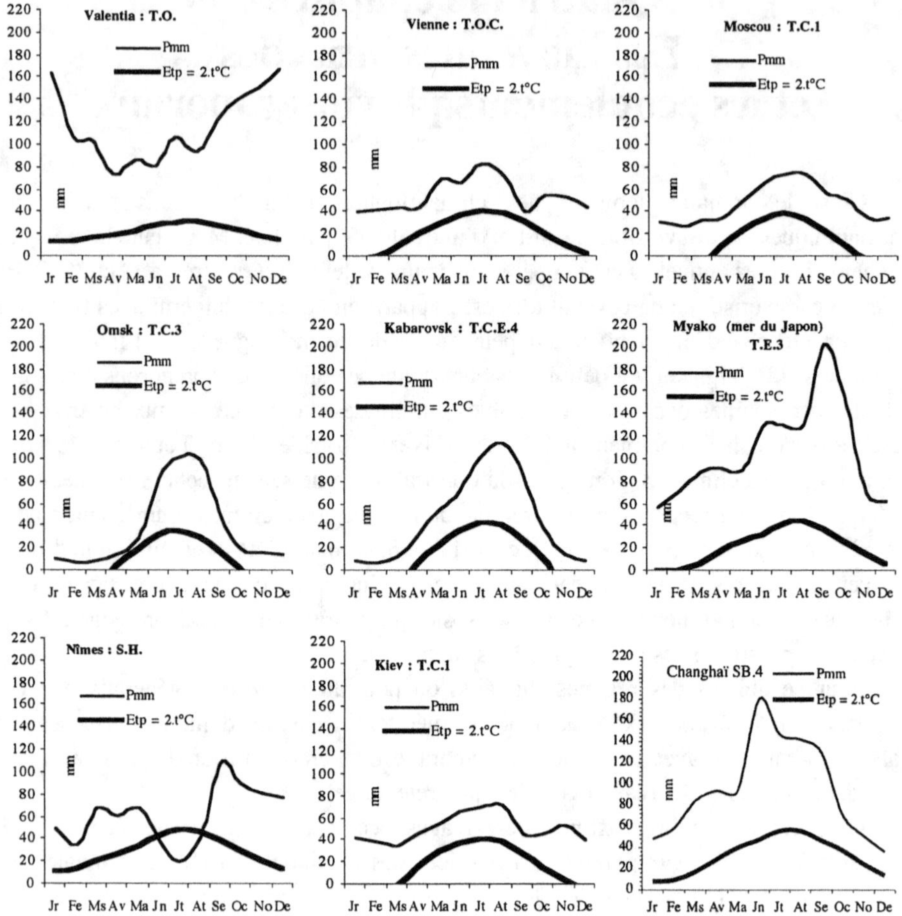

Document 4.1 - Les climats tempérés de l'Eurasie

I - Diversité climatique des moyennes latitudes

Nous avons repris et appliqué aux grandes espaces hydrologiques de chacun des hémisphères, la classification de J.P. Vigneau (Document 4.1 à 4.3).

A - L'ensemble eurasiatique

Son climat est le reflet de l'immensité de l'espace géographique et les climats tempérés continentaux se développent sur plus de 85 degrés de longitude, de l'Oural à la Mandchourie. Mais, paradoxalement, ce même continent est fortement marqué, à l'ouest, par l'ampleur du domaine océanisé : 45 degrés de longitude entre l'Atlantique et l'Oural. À l'inverse, les climats des façades orientales occupent un espace plus restreint en Chine orientale, en Corée et au Japon.

Le document 4.1 en traduit les facteurs intéressant l'écoulement : précipitations et évapotranspiration potentielle (ici le seuil de la sécheresse hydrologique : Etp = 2.t°C est rare). Cependant, il faut distinguer deux cas de figures. Sur les marges polaires arctiques, la situation de sécheresse hydrologique n'est atteinte aucun mois de l'année : jamais l'évapotranspiration n'est supérieure aux précipitations. Pour en donner l'illustration, nous avons choisi six stations.

- Valentia (Irlande) transcrit un climat océanisé T.C (classification de J.P. Vigneau).
- Vers l'est, en Europe centrale, la continentalité est déjà bien acquise, et Vienne (climat semi-océanisé : T.O.C.) connaît déjà la rétention nivale et un maximum pluviométrique estival.
- Cette continentalité s'accuse en Russie (Moscou = climat continental T.C.1) et en Sibérie (Omsk : = climat continental T.C.3). Même si la pluie peut continuer de jouer un rôle hydrologique direct (régime pluvial), la débâcle nivale caractérisera l'écoulement (Régime nival). Aussi les cours d'eau russes et sibériens tributaires de l'Arctique ont-ils été associés aux climats des régions arctiques.
- Plus à l'est, l'influence cyclonique pacifique (et parfois la Mousson) introduisent une pluviométrie plus importante, sans que ces climats ne redeviennent océanisés, du fait de la rigueur des hivers : Tien-Sin en marque la transition continentale T.C.E. et Myako, sur la côte de la Mer du Japon, la confirmation tempérée de façade occidentale T.E.4. Ce climat certes très pluvieux, continue d'associer débâcle nivale et maximum pluviométrique d'été.

Sur les marges tropicales, des températures plus élevées, associées à une pluviométrie plus modeste, font apparaître soit le risque de sécheresse hydrologique : Pmm < 2.t°C, soit l'apparition du dysréisme chaud avec l'influence de la Mousson asiatique. La suite du document 4.1 illustre les avatars des climats traversés au travers de trois stations caractéristiques.

- Nîmes en montre les premiers excès. Cette station décrit les contraintes du climat supratropical S.H. (façade occidentale) ou climat méditerranéen[3] : la sécheresse hydrologique se produit en été.
- Plus à l'est, la continentalité associée à la méridionalité conduit à la forme T.C.1 du climat continental illustrée par Kiev. Bien que plus chaud de mai à septembre, ce milieu ne connaît pas la sécheresse hydrologique du fait de la concentration des pluies sur l'été.
- Les formes continentales semi-arides et arides sortent du contexte potamologique des régions tempérées, mais le climat supratropical S.H. en illustre assez bien la transition.
- Enfin, plus à l'est, vers la mer de Chine on passe à une autre transition. À Changhaï, les pluies sont abondantes dans une ambiance chaude, c'est le climat supratropical S.B.4. des façades orientales.Son abondance pluviométrique, même estivale, peut se révéler un facteur de dysréisme et une cause d'inondations.

B - L'ensemble nord-américain

Les climats y sont plus tranchés, du fait de la répartition méridienne des deux axes montagneux littoraux : les Appalaches et surtout les Rocheuses, car ces axes perturbent fortement la circulation cyclonique océanique. Mais, à

---

3 - Pour la facilité de la comparaison avec le *régime pluvio-évaporal méditerranéen*, nous parlerons de *climat méditerranéen* pour réserver l'expression *climat supratropical* aux façades sud-est des continent.

l'inverse, le continent est largement ouvert aux influences tropicales du golfe du Mexique. Neuf stations récapitulent les domaines climatiques (Document 4.2) ; il en résulte des climats beaucoup plus arrosés.

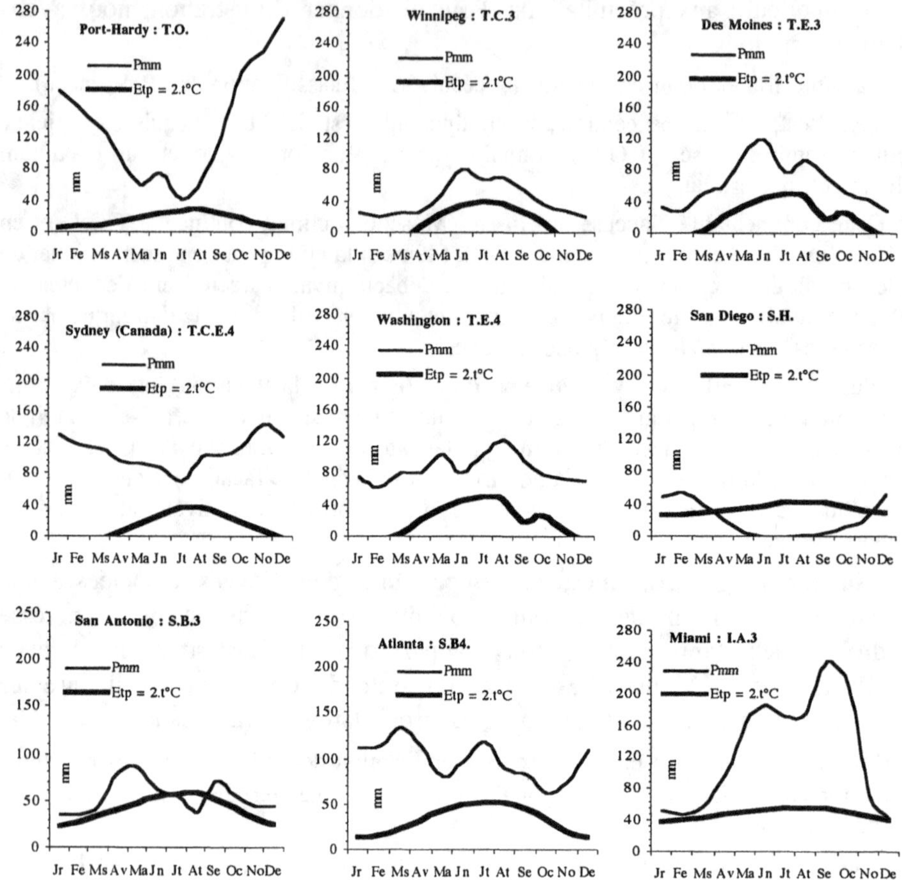

Document 4.2 - Les climats tempérés de l'Amérique du Nord.

• En Eurasie, les abats mensuels n'excédaient pas 220 mm/mois, en Amérique du Nord ils dépassent souvent cette valeur. Seules les stations de Valdivia et Changhaï totalisaient plus de 1 000 mm/an ; en Amérique du Nord, cette valeur est largement dépassée sur l'ensemble des façades océaniques : côte nord-ouest et littoral oriental du Québec à la Floride. Surtout, dans des secteurs continentaux où les pluies n'excédaient guère 500 mm/an, l'ouverture au sud permet des totaux annuels dépassant 600 mm, malgré l'abri des Rocheuses. Ce ne serait qu'à l'intérieur des bassins intramontagnards qu'on rencontrerait un excès de continentalité et d'abri, conduisant à la semi-aridité et à l'aridité.

• Dans l'ensemble, les fleuves américains seront mieux alimentés. Toutefois on retrouve la même division. Sur les marges polaires arctiques, l'évapotranspiration est toujours largement compensée par la pluviométrie : stations de Port-Hardy (Colombie britannique), de Winnipeg au Manitoba, de

Sydney en Nouvelle-Ecosse, de Des Moines en Iowa et de Washington. Le long du littoral, de l'Oregon à la Colombie britannique, le versant occidental des Rocheuses reçoit les perturbations cycloniques du Pacifique du nord-est de plein fouet. Par effet de relief, il s'y réalise un milieu hyperocéanisé T.O. qui serait propice à l'abondance hydrologique, du fait de la modestie de l'Etp.

- Mais à l'est des reliefs, par effet de fœhn (le Chinook), les pluies se réduisent, tandis que la rétention nivale des domaines continentaux purs T.C3 peut maintenir à ces latitudes plus basses, les régimes nivaux et nivo-pluviaux observés près de l'Arctique.

- Les hauts-reliefs effacent les climats océanisés de transition, mais, à l'inverse de l'Extrême-Orient, les climats tempérés de transition avec les façades orientales T.E.C.4 et T.E.3, prennent une très large extension de part et d'autre des Appalaches. Leur abondance pluviométrique, associée à la rigueur des hivers, est favorable sinon au mégaréisme, du moins au mésoréisme élevé et au régime nival.

- Une disposition du même type se retrouve dans la plaine côtière du piémont appalachien : climat des façades orientale T.E.4 : très arrosé mais très froid en hiver. L'est des Etats-Unis et le Québec sont tout, sauf des domaines océanisés.

En direction des Tropiques, seule la Californie est comparable à l'Eurasie, car du fait de l'ouverture vers le golfe, on trouve ici des climats humides, là où - à la même latitude - règne, en Asie centrale, un milieu parfois hyperaride.

- À San Diego, le climat est méditerranéen S.H. avec une très longue saison sèche.

- Au-delà de la diagonale aride des Rocheuses, la proximité du golfe du Mexique ouvre largement le Vieux et le Nouveau Sud aux influences tropicales. Les climats sont ceux de la Chine du Sud : climats supratropicaux S.B.3 et S.B.4 de San-Antonio à Atlanta.

- Certes, vers l'ouest, au Texas la sécheresse hydrologique apparaît en été (à l'ouest du 100ᵉ méridien), mais dans le Vieux Sud le climat est supratropical humide voire tropical I.4.3 à Miami.

C - A ces latitudes, l'hémisphère sud est peu continental

Les climats de la Zone T (J.P. Vigneau) ne sont représentés que dans la "péninsule sud-américaine", en Australie méridionale et Tasmanie, et en Nouvelle-Zélande. Une frange supratropicale existe aussi en Afrique australe. Mais surtout, l'exiguïté de l'espace exclut quasiment le domaine continental (Document 4.3).

- Valdivia au Chili, Hobbart en Tasmanie et Whenuapaï en Nouvelle-Zélande relèvent du domaine océanisé T.O, et les volumes chus en saison froide promettent de solides exemples de mégaréisme.

- C'est aussi l'image qui se dégage des climats des façades est S.B. où, malgré la saison estivale, les pluies dépassent très largement la demande évaporale.

- Enfin, le climat méditerranéen S.H des façades occidentales est très marqué avec une sécheresse hydrologique parfois de six mois. Cependant, du fait de l'exiguïté des espaces continentaux, ces climats n'influencent que des cours d'eau modestes, souvent issus de milieu montagnards où l'influence nivale dominera. Ce sera particulièrement vrai pour les cours d'eau andins.

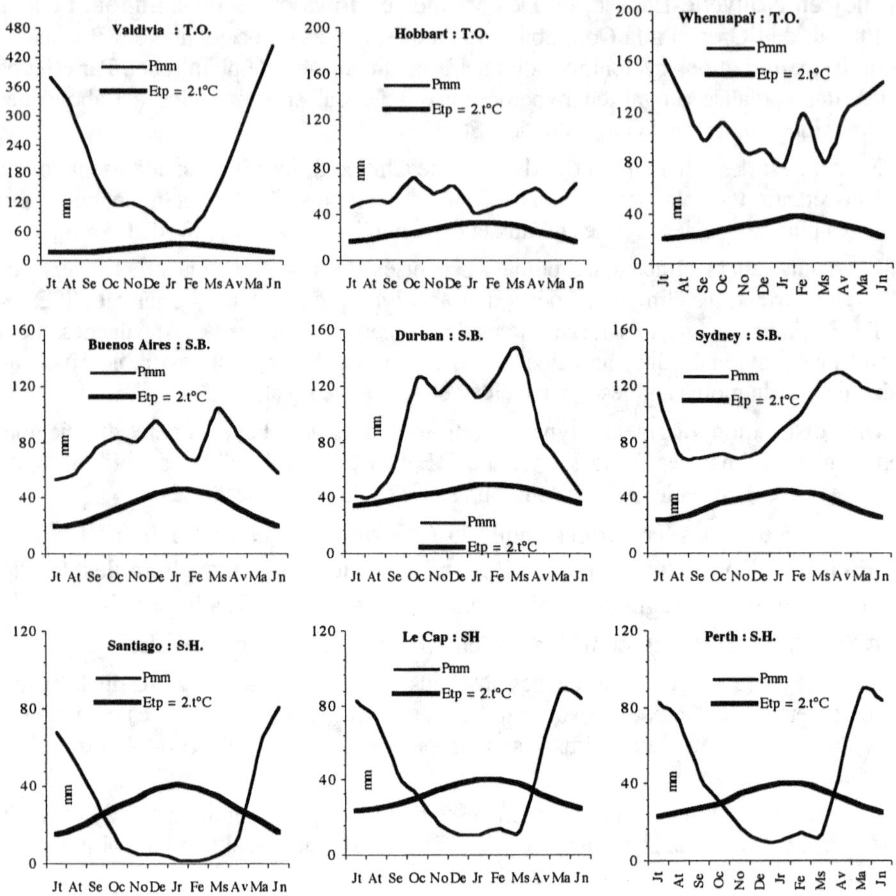

Document 4.3 - Climats tempérés de l'hémisphère sud (Pour faciliter la lecture, l'année climatique commence le 1er juillet : premier mois de l'hiver austral)

En effet, l'influence des montagnes donne encore la priorité aux écoulements influencés par la fonte des neiges et des glaces. On pourra y associer les écoulements de plaines de climat continental (voire des climats supratropicaux des façades orientales), où la rigueur des hivers implique encore l'omniprésence de l'influence nivale.

D - La rareté du régime pluvio-évaporal

On s'aperçoit que les espaces tempérés hors-gel sont très étroits. Les cours d'eau concernés se limiteront aux rivières de plaine exposées aux seuls climats sans hiver thermique marqué, dont la répartition se réduit à quelques façades maritimes dépourvues de hautes montagnes.

• S'y retrouvent quelques façades occidentales océanisées et supratropicales : une partie de l'Europe et des territoires exigus de la Californie à l'Alaska dans l'hémisphère nord, une partie du Sud-Chili, de la Nouvelle-Zélande, de la Tasmanie, ainsi que les confins supratropicaux de l'Afrique australe et de l'Australie dans l'hémisphère austral.

· En position symétrique des mêmes continents, seuls les climats supratropicaux des façades sud orientales : Chine du Sud, Vieux Sud, Natal, Pampa, ignoreront la débâcle nivale. Partout ailleurs, la fonte de la neige et de la glace intervient dans l'écoulement.

II - Le régime pluvio-évaporal océanique

Il oppose, en hiver, une abondance pluviométrique et une faible évapotranspiration, à une pluviométrie moindre et une forte évapotranspiration en été. Surtout, jamais le seuil de la sécheresse hydrologique (Pmm < 2.t°c) n'est atteint. La Shannon (Document 4.4) en illustre un exemple maintenant classique.

A - Les fleuves d'Europe occidentale

C'est en Europe occidentale que, du fait de la modestie des reliefs littoraux, l'extension du modèle climatique océanisé est la plus large. En effet, celui-ci se fait sentir jusqu'aux Vosges, au Jura, au Morvan, au Limousin et à l'Aquitaine. Le sud des Iles Britanniques, le Benelux et la moitié occidentale de la France se trouvent concernés.

Près du littoral atlantique, les précipitations annuelles dépassent souvent 900 mm, alors que l'Etp maximale dépasse rarement 30 mm par mois en été. Le résultat est un écoulement abondant. Nous avons retenu trois cours d'eau : la Shannon, la Severn, tributaire de la mer d'Irlande et le Blavet qui gagne l'Atlantique à Lorient (Document 4.4)...

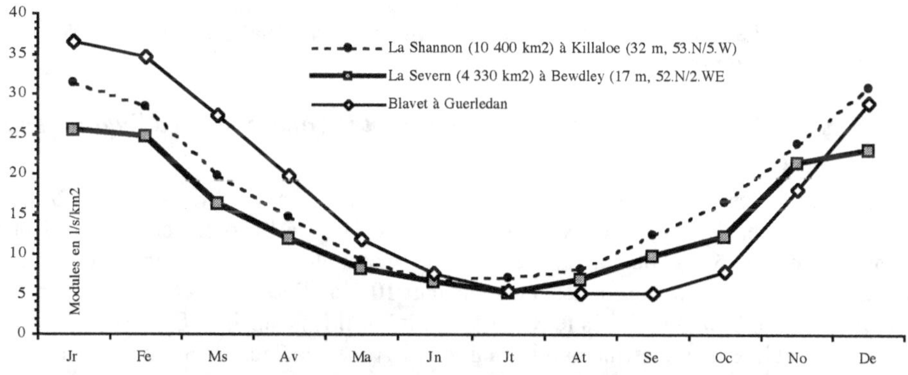

Document 4.4 - Régimes pluvio-évaporaux des littoraux britanniques et bretons. C'est ici que le climat océanique est le mieux réalisé : le gel est rare, l'amplitude thermique faible, alors que les pluies sont abondantes toute l'année. Les écoulements répercutent les fluctuations de l'évapotranspiration avec un maximum d'hiver et de basses eaux estivales parfois creusées.

1°) Les caractéristiques du régime sont assez rigoureuses : entre 65 et 70% des eaux sont écoulés entre octobre et mars, dont 45 à 50% de décembre à février. À l'inverse l'écoulement estival est modeste, 1/3 eaux des s'écoule entre avril et octobre et seulement 10% de juillet à septembre.

• Le régime du Blavet souligne d'ailleurs l'anomalie pluviométrique du sud de la Bretagne aux étés relativement secs.C'est moins du 1/3 de l'écoulement qui se trouve assuré en saison chaude, et seulement 7% de juillet à septembre (mois du minimum estival). Aussi la pondération est-elle médiocre : 5 à 7. C'est regrettable pour la batellerie, car ces rivières côtières ont en commun leur abondance : le module, de 14,2 l/s/km^2 sur la Severn, atteint 17,4 l/s/km^2 sur la Shannon et le Blavet, exemples de mésoréisme moyen de classe 10.

Dés qu'on s'écarte du littoral, le régime tend à se dégrader, à la suite du climat océanisé. Le Bassin de Londres et le Bassin de Paris sont déjà abrités des influences atlantiques : on parle parfois de climat semi-océanisé ou océanisé de transition à propos du climat de Londres et de Paris.Les cours d'eau concernés, la Seine et la Tamise en subissent les influences (Document 4.5).

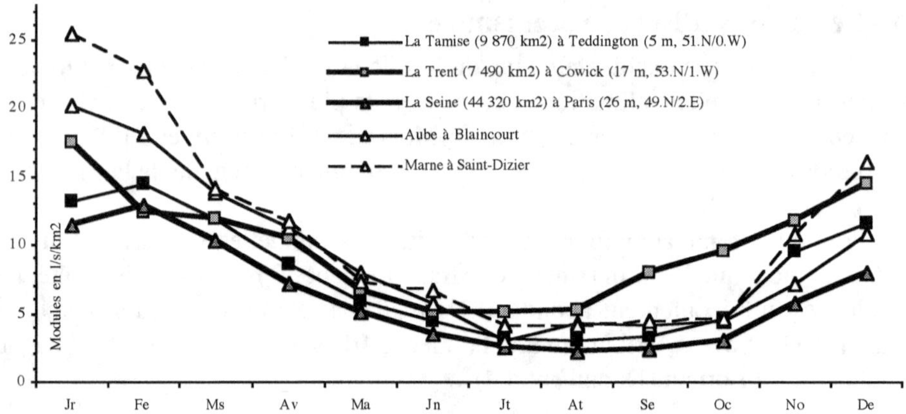

Document 4.5 - Régimes comparés de la Seine et de la Tamise et de cours d'eau affluents ou voisins

2°) *Les régimes de la Seine à Paris et la Tamise à Teddington sont étonnamment voisins.*

• Le régime est océanique avec de hautes eaux de novembre à mars (2/3 de l'écoulement) et des basses eaux d'avril à octobre (1/3 de l'écoulement). Malgré une pondération de 5 et de 6, la navigabilité naturelle de ces fleuves est toute relative ; l'étiage est très prononcé, et seulement 10% de l'écoulement s'effectue en été (juillet à septembre). Aussi, dès le XIXe siècle fallut-il les canaliser. Si la Seine semble refléter le régime de ses affluents - la Marne et l'Aube - la Trent offre une pondération presque karstique de 3,4.

• Surtout, ce ne sont plus des cours d'eau abondants, le module de la Tamise se réduit à 7,8 l/s/km^2 : un mésoréisme médian de classe 9, et celui de la Seine à 6,2 l/s/km^2 : un microréisme soutenu de classe 8. Cette médiocrité concerne moins les affluents de la Seine. Avec un module de 9,3 et 9,9 l/s/km^2, l'Aube et la Trent appartiennent au mésoréisme médian de classe 9 ; et avec un module de 11 l/s/km^2, la Marne relève du mésoréisme moyen de classe 10.

• Mais ces différences ne sont que des artéfacts : les mesures effectuées sur la Marne, l'Aube et la Trent, située plus en amont, associent un module plus élevé à un bassin versant plus étroit ; un comportement hydrologique logique en régime pluvial océanique.

3°) Plus au sud, la Charente et la Loire avec ses affluents limousins restent pluvio-océaniques (Document 4.6).

• La proximité de la nuance aquitaine du climat océanisé, amène des étés plus secs et surtout plus chauds, mais sans qu'on en arrive à une sécheresse hydrologique (Pmm < 2.t°c). L'écoulement reste pluvio-évaporal océanique en ce sens que 2/3 des eaux sont écoulés de novembre à avril et 1/3 de mai à octobre.

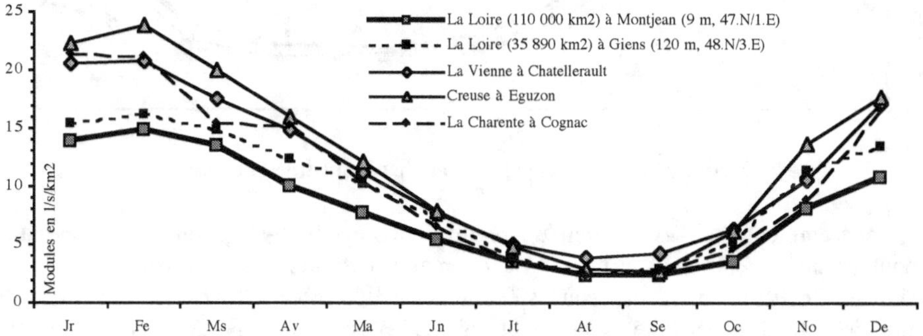

Document 4.6 - Régimes des cours d'eau issus du Massif Central On notera l'absence d'influence nivale.

• Ce régime est déjà celui de la Loire à Giens où neiges du Forez et averses cévenoles sont oubliées. Mais le creusement de l'étiage se confirme : l'été (juillet à septembre) n'écoule plus que 8% des eaux de la Loire, de la Vienne et de la Creuse, et seulement 7% de celles de la Charente à Cognac.

• Il en résulte une pondération dégradée : 7 sur la Loire, 6 sur la Vienne, 8 sur la Creuse et la Charente (malgré la contribution de la Touvre, la deuxième source vauclusienne de France). La Charente a dû être canalisée jusqu'à Angoulême. La Loire comme ses affluents n'étaient que médiocrement navigables et leur aménagement fut impossible au XIXe siècle.

• L'ampleur de l'étiage réduit l'abondance à 9,6 l/s/km à Giens, à 8 l/s/km à Montjean et à 10,7 l/s/km à Cognac : mésoréisme médian de classe 9. La Vienne et la Creuse présentent un module plus élevé : 11,6 et 12,5 $l/s/km^2$: mésoréisme moyen de classe 10. Mais c'est le reflet des bassins-versants inscrits sur le Limousin. Très arrosés en hiver, ils ont justifié le barrage des vallées à Eguzon, à Peyrat-le-Château, pour la production hydro-électrique.

4°) Vers l'est, la dégradation continentale apparaît rapidement. Les cours d'eau issus des Vosges, de la Forêt Noire et du Jura sont influencés par la fonte des neiges. À leur voisinage, la Meuse, la Moselle, la Weser et le Danube bavarois illustrent en partie cette transition (Document 4.7).

• La *Meuse* et la *Moselle* sont encore des cours d'eau de régime pluvial océanique : 1/3 des eaux écoulées pendant la saison chaude et 2/3 durant la saison froide. La pondération est bonne : 4 et 4,5, car l'été est plus frais en Lorraine et déjà plus arrosé (climat océanisé de transition) ; aussi, 12% de l'écoulement s'effectuent-ils de juillet à septembre. Mais l'abondance reste modeste : 11,2 et 10,7 l/s/km², le mésoréisme médian de classe 9, ce qui exigea leur aménagement à la navigation au XIXe et XXe siècle.

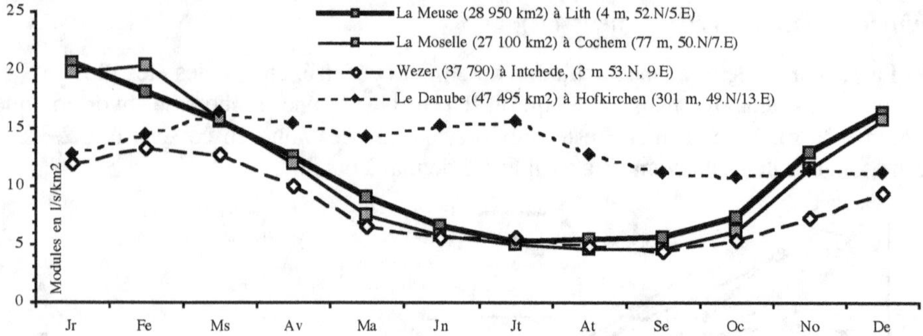

Document 4.7 - La transition vers le régime nival de plaine

• Apparemment, la *Weser* aurait un régime encore pluvio-évaporal : 56% des eaux écoulées de novembre à avril et 44% de mai à octobre. Mais l'hiver voit poindre l'étiage : 36% seulement des eaux s'écoulent de décembre à février, contre 16% de juillet à septembre, car l'été est arrosé et frais. La Weser naît en Forêt de Thuringe, dans une montagne assez continentale pour connaître une rétention nivale : le maximum est à la fin de l'hiver.

• Le pas est franchi avec le *Danube*, sur le versant oriental de la Forêt Noire : 59% des eaux s'écoulent en saison chaude, dont 1/4 en été, et 41% en saison froide dont 1/4 en hiver. Le maximum est double : nival en mars, par la fonte du couvert neigeux de Forêt Noire, glaciaire en juillet, par l'apport des affluents venus des Alpes bavaroises.

B - L'écoulement océanique en Amérique du Nord

Ce régime est vite contrarié par la proximité des Rocheuses en Oregon et en Colombie britannique ; d'où la rareté des régimes pluvio-évaporaux non influencés par la fonte des neiges.

1°) Le climat océanique ne constitue qu'une bande littorale nord-sud (Document 4.8)

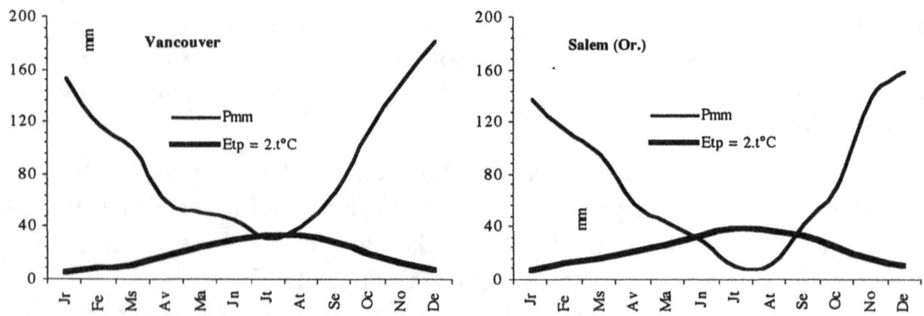

Document 4.8 - Diagrammes ombrothermiques du N.W. des USA : L'occurrence d'une sécheresse hydrologique estivale - Pmm < 2.t°C - est une originalité locale née de la position d'abri derrière la Chaîne Côtière de l'Oregon.

• Les données traduisent un climat océanisé : des totaux pluviométriques sont de 1 116 mm à Vancouver et de 914 mm à Salem, pour une moyenne thermique de 9,8°C à Vancouver et de 11,5°C à Salem. Les minima sont positifs mais frais : la moyenne de l'hiver étant de 4,3°C à Vancouver et de 5,9°C à Salem.

• Mais, l'été prend des allures méditerranéennes : pour une température moyenne du trimestre estival (juin à août) de 16,5°C à Vancouver et de 18,3°C à Salem, les précipitations simultanées ne sont que de 118 et 52 mm. C'est une conséquence de l'abri topographique qui génère une sécheresse d'un mois au nord et de 3 mois au sud. L'Etr qui en résulte explique l'immodération fluviale, et aussi la fréquence des incendies dans les forêts de résineux.

2°) Toutefois quelques fleuves côtiers de l'Oregon et de l'Etat de Washington n'en subissent pas les conditions (Document 4.9). Parmi ces rivières, on jauge la Chehalis (Washington), la Willamette, l'Umqua et la Rogue (Oregon).

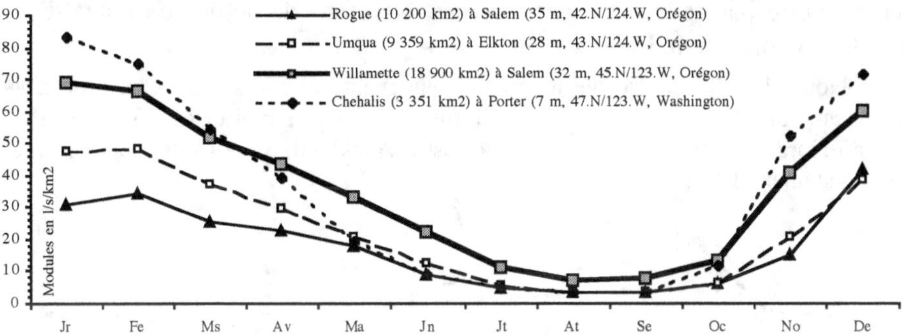

Document 4.9 - Cours pluvio-évaporaux océaniques du nord-ouest des Etats-Unis

• La répartition des débits est le reflet du climat. La saison froide, mieux alimentée par le repli de l'Etr, écoule 70% des eaux (80% même sur la Chehalis, au nord), alors que la saison chaude n'en écoule que 30% (20% sur la Chehalis). Si la part hivernale de l'écoulement reste élevée : 50 à 55% de l'écoulement de décembre à février, la part estivale n'est que de 5% ; et 3% même sur la Chehalis. Ces cours d'eau furent harnachés de barrages au XXe siècle tant pour la production d'énergie que pour l'irrigation estivale des cultures.

• Mais les écarts sont beaucoup plus importants qu'en Europe occidentale, comme le démontre l'ampleur de l'immodération : 10 sur la Willamette, 12 sur la Rogue, 14 sur la l'Umqua et 26 sur la Chehalis. Ce sont des valeurs qu'on ne retrouvera qu'en régime pluvio-évaporal méditerranéen. Certes, la région est accidentée : la Chehalis, l'Umqua et la Rogue sont issus de la Chaîne Côtière de l'Oregon et la Willamette prend naissance dans la chaîne des Cascades. Or, à l'exception de la Rogue qui gagne directement le Pacifique dans le sud de l'Oregon, le débit des autres a été mesuré dans leur traversée de la plaine centrale de l'Oregon, qui, vers le nord, gagne le Détroit de Géorgie. Ces cours d'eau se trouvent dans une situation d'abri

Vers le sud on passerait, sans solution de continuité, aux régimes pluvio-évaporaux méditerranéens, ce que démontre le régime déjà ambigu de la Rogue (sud de l'Oregon), dont le bassin-versant s'ouvre sur l'océan Pacifique. Mais, à l'inverse des cours d'eau influencés par les climats supratropicaux des façades occidentales, les modules restent très élevés, du fait de l'ampleur des pluies hivernales et de la brièveté de la saison sèche. La Rogue est certes la moins abondante, mais avec 17,9 l/s/km^2, elle appartient néanmoins au mésoréisme moyen de classe 10, l'Umqua : 22,7 l/s/km^2 relève mésoréisme élevé de classe 11, et la Willamette : 35,4 l/s/km^2 et la Chehalis : 35,6 l/s/km^2 appartiennent au mégaréisme basique de classe 12.

C - L'écoulement dans l'hémisphère sud

Il rassemble les littoraux symétriques de l'hémisphère nord par rapport à l'équateur : Chili méridional, Terre-de-Feu et Nouvelle-Zélande (document 4.10). Mais, à la latitude de Valdivia et plus au sud, le pays est désolé et désert, et aucune mesure sérieuse des débits n'y a été réalisée. D'ailleurs "la montagne tombe dans la mer", et tous les écoulements y seraient influencés par la fonte de neiges, voire par celle des glaces. Nous trouverons de nombreux cours d'eau argentins soumis à cette influence.

• La Nouvelle-Zélande est une île aussi montagneuse que le sud du Chili, toutefois, quelques cours d'eau ne subissent pas l'influence nivale. Parmi eux, la Waïkato dans l'Ile du Nord (son embouchure se tient à l'est d'Auckland), et la Clutha, dans l'Ile du Sud (Document 4.10).

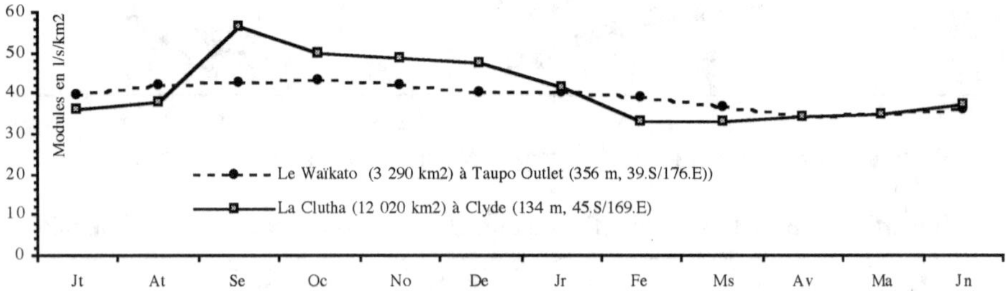

Document 4.10 - Régimes pluvio-évaporaux de la Nouvelle-Zélande. Pour une comparaison plus aisée avec les régimes de l'hémisphère nord, l'année commence en juillet, afin de localiser l'hiver dans la partie gauche du graphique.

• La pondération lacustre est presque générale sur les cours d'eau néo-zélandais. L'héritage würmien a laissé de nombreux lacs d'altitude d'où sont issus la plupart des cours d'eau. Par exemple, la Clutha est l'émissaire des lacs Wanaka et Hawea, et la Waïkato celui du lac Taupo.

• Leur écoulement rend pourtant compte des réalités climatiques. La station de Whenuapaï reçoit 1 359 mm de pluies, réparties en 392 mm en hiver, 292 mm au printemps, 279 mm en été, et 396 mm en automne. Cette faible variation est le reflet de la succession presque continue des trains de perturbations cycloniques portés par les westerlies.

• La pondération lacustre : 1,3 sur la Waïnako et 1,7 sur la Clutha, affaiblit le rôle de l'Etr, et renforce celui de la faible variation de l'alimentation pluviale. Mais la répartition pluvio-évaporale de l'écoulement est maintenue : 60% en saison froide (avril à octobre) et 40% en saison chaude (novembre à mars), dont 1/3 en hiver et 20% en été.

• En fait, l'originalité de ces cours d'eau est l'importance de leur module : 39,2 l/s/km^2 pour la Waïnako et 40,8 l/s/km^2 pour la Clutha. Ce sont parmi les modules les plus élevés de la planète, le mégaréisme basique de classe 12.

Avec les cours d'eau de l'Oregon et du Washington, c'est une réponse à l'abondance pluviométrique sur les reliefs au cours de la saison froide : une situation qui ne se rencontre pas en Europe océanisée.

III - L'immodération du régime méditerranéen

Elle est climatique, mais elle relève aussi de l'influence nivale des montagnes avoisinantes. En effet, que ce soit dans le bassin de la Méditerranée proprement dit, en Californie ou Chili central, la haute montagne, souvent couverte de neige dès l'automne, est proche. Aussi, bien des régimes réputés pluvio-évaporaux ne sont-ils que des régimes nivo-pluviaux ; et les régimes pluvio-évaporaux purs se trouvent-ils être réduits à des bassins-versants peu accidentés, proches du niveau de base maritime, ou situés non loin des tropiques. Ils se fondent alors dans ceux des écoulements incertains des régions arides (voir ci-dessous).

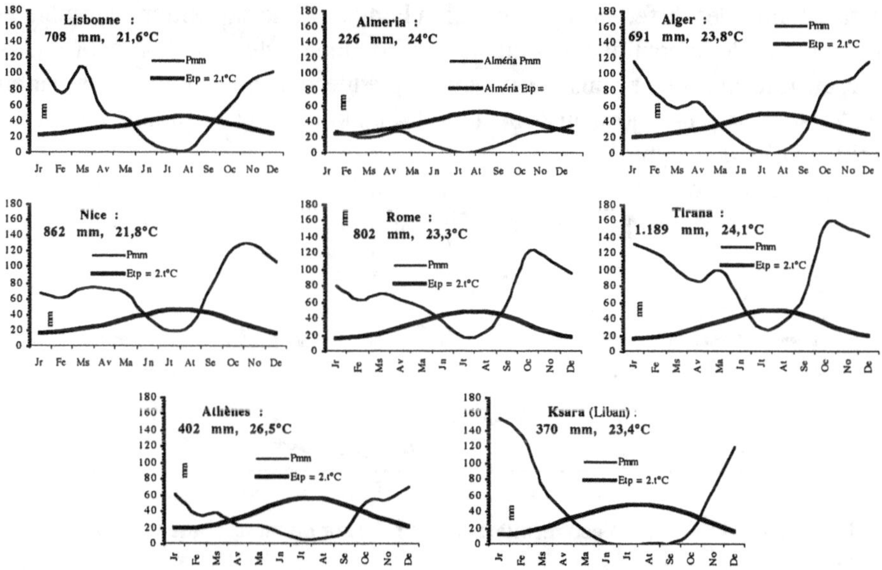

Document 4.11 - Climats du bassin méditerranéen

A - Le pourtour de la Méditerranée

L'écoulement non influencé par la débâcle nivale le sera par un climat sec en été (Pmm < 2.t°C), mais parfois très arrosé en saison froide avec un maximum pluviométrique d'automne consécutif à une pluviogénèse de type cévenol.

*1°) **Il existe plusieurs climats locaux*** ; car si la sécheresse estivale marque le pourtour de la Méditerranée, ce milieu n'a rien d'homogène et se modifie d'ouest en est (Document 4.11)

• Ce modèle se dégrade vers l'est, avec une certaine "*continentalisation*" : les précipitations annuelles sont moins abondantes, les températures se réduisent mais avec une amplitude thermique plus élevée. Mais deux cas de figures prédominent, suivant l'exposition aux vents dominants.

• L'abri accuse la sécheresse hydrologique : Pmm < 2.t°C. Sa durée est en moyenne de 3 à 4 mois, entre mai et août. Mais dans les secteurs abrités elle perdure : 6 mois à Athènes (avril à septembre) et à Ksara (mai à octobre) ; et le climat frise l'aridité à Almeria avec 9 mois de sécheresse (février à octobre).

• À l'inverse, une exposition "au vent" accroît la pluviométrie : 802 mm à Rome, 862 mm à Nice et surtout 1 189 mm à Tirana. Toutefois, si la durée de la sécheresse est réduite : 3 mois à Rome et à Nice (juin à août) et 2 mois à Tirana (juillet-août), elle ne disparaît jamais.

2°) <u>Quinze cours d'eau, répartis du Portugal au Moyen-Orient, offrent un régime pluvio-évaporal assez peu influencé par le milieu montagnard</u>. Mais, du fait d'altitudes différentes par rapport à la mer, d'une exposition favorable ou défavorable, de la continentalité, mais aussi de la structure géologique (le karst joue un rôle important dans l'écoulement méditerranéen), les modules varient de 32 l/s/km² sur la Vijosë en Albanie, à 1,4 l/s/km² sur le Vasilikos, bassin très abrité de l'île de Chypre.

Une répartition de ces cours d'eau selon la classe de leur module (de la classe 11 à la classe 6) permet une meilleure appréhension des processus.

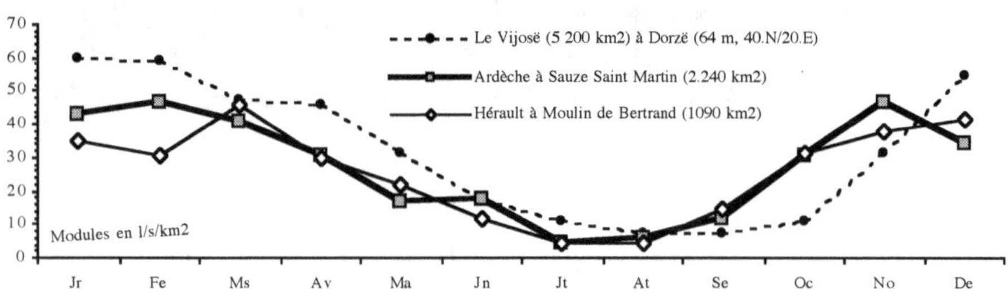

Document 4.12 - Cours d'eau méditerranéens relevant du mésoréisme élevé de classe 11.

a) Les plus abondants appartiennent au mésoréisme élevé de la classe 11 (Document 4.12)

• Ils prennent naissance dans les montagnes très arrosées des Alpes Dinariques et des Cévennes, d'où un module de 32 l/s/km² pour le Vojosë (Albanie) et 26 et 27 l/s/km² pour l'Hérault et l'Ardèche.

• Le caractère pluvial y est souligné par l'abondance de la saison froide : 2/3 de l'écoulement effectués entre novembre et mars (dont 40 à 45% entre décembre à février). À l'inverse, le caractère évaporal est très accentué en été : 7% seulement de l'écoulement. Cette opposition engendre une certaine immodération, comprise ici entre

9 et 11. Sur l'Hérault, un maximum d'écoulement situé en mars traduit déjà une légère influence nivale sur la bordure sud-ouest des Cévennes.

b) Trois cours d'eau relèvent du mésoréisme moyen de classe 10 (Document 4.13).

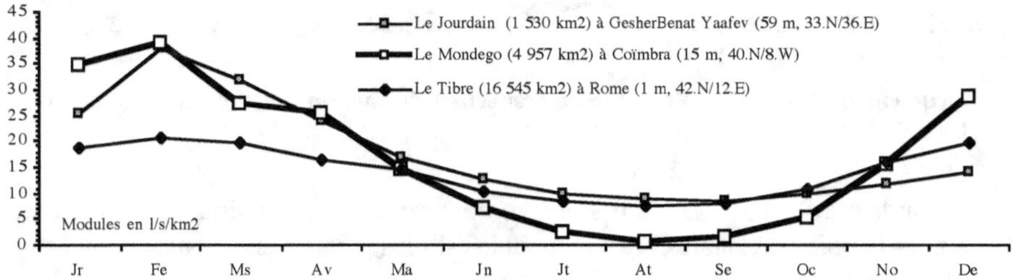

Document 4.13 - Cours d'eau méditerranéens relevant du mésoréisme moyen de classe 10

• Seul le Mondego, à Coïmbra, relève d'un écoulement pluvio-évaporal pur. En effet, le maximum d'écoulement centré sur mars correspond à une abondance pluviométrique caractéristique de la façade atlantique du Portugal. Ainsi s'explique une abondance de 16,8 $l/s/km^2$.

• Le Tibre et le Jourdain sont influencés par une circulation karstique. Si le Mondego offre une immodération toute méditerranéenne de 65, les pondérations du Jourdain : 4, et du Tibre : 3, font figure d'anomalie. En effet, les eaux qui alimentent le Tibre et ses affluents circulent dans les calcaires de l'Apennin ombrien ; celles qui soutiennent les débits du Jourdain, ont traversé les calcaires du plateau du Golan...

• Si, dans tous les cas de figure, l'écoulement est maximal en saison froide, les volumes relatifs écoulés sont très différents. Le Mondego écoule 70% de ses eaux de novembre à mars (dont 50% de décembre à février), pour n'en écouler que 2% en été. Sur le Tibre et le Jourdain, le karst réduit la part des eaux de saison froide à 56% (36% en hiver), une partie est réservée et redistribuée en été : 44% de l'écoulement sont assurés entre avril et octobre, dont 14% entre juillet et septembre.

• Beaucoup de bassins agricoles du monde méditerranéen ont dû leur richesse à cette eau souterraine malgré un climat hostile. C'est une des raisons qui poussèrent l'Etat d'Israël à contrôler le plateau du Golan dès 1967, car qui contrôle le Golan, contrôle aussi l'écoulement du Jourdain.

• La comparaison entre le diagramme ombrothermique de Rome - pluies abondantes au printemps - et de Ksara - déficit pluviométrique plus précoce, explique le maximum de printemps plus marqué sur le Tibre ; ce sont des eaux de ruissellement dont l'occurrence dégrade légèrement la pondération du fleuve latin.

• Toutefois, à Gesher Benat Yaafev, l'écoulement du Jourdain est pondéré par la traversée du lac de Tibériade.

c) Deux cours d'eau appartiennent enfin au mésoréisme médian de classe 9 (Document 4.14)... le Limnitis : 9,9 $l/s/km^2$ (Chypre) et le Jourdain en amont de la station précédente : 9,4 $l/s/km^2$.

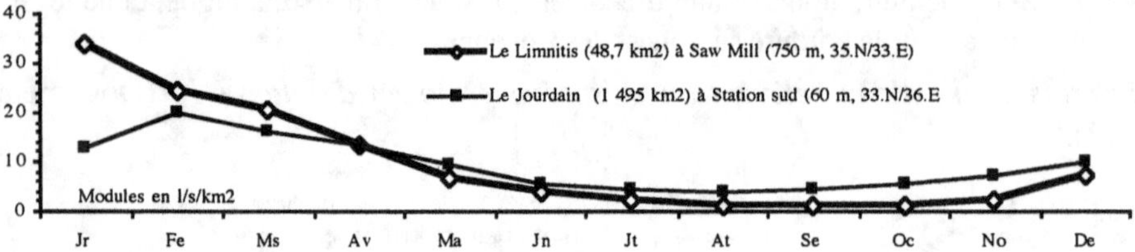

Document 4.14 - Cours d'eau méditerranéens relevant du mésoréisme médian de classe 9

• Le Jourdain à Station sud n'a pas encore traversé le lac de Tibériade, ce qui permet de montrer le poids du karst. Certes le module est plus méditerranéen, mais l'été écoule 12% des eaux, et la pondération est déjà de 5.

• Quant au Limnitis, il évoque déjà les bassins versants abrités de l'île de Chypre. Peu abondant, immodéré : 35, il oppose un étiage creusé : 1 l/s/km^2 en août et 4% de l'écoulement en été, à une saison froide encore copieuse : 75% des eaux (dont 36% en hiver). Il annonce surtout le microréisme.

d) Avec la classe 8, les modules se réduisent fortement, pour être compris entre 4,7 et 5,9 l/s/km^2 (document 4.15)

• Que ce soit sur les grands bassins : le Douro, le Tage et l'Oued Sebou, ou sur un bassin exigu : la Canterrane (Document 4.14), la répartition pluvio-évaporale méditerranéenne s'accuse : 2/3 de l'écoulement en saison froide, 1/3 en saison chaude, dont 45 à 50% en hiver contre 2 à 5% en été. Mais l'important est le repli des modules.

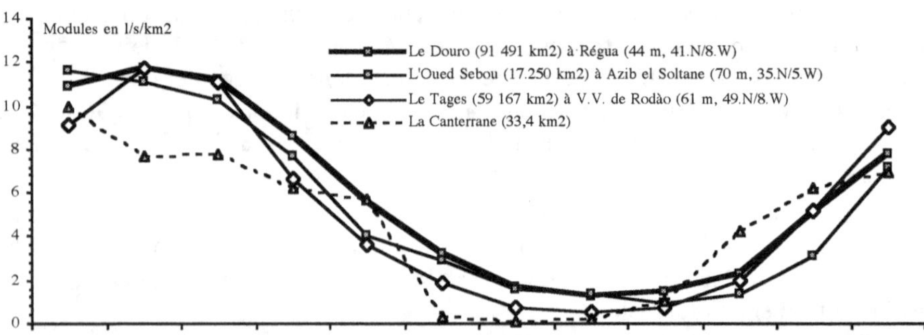

Document 4.15 - Cours d'eau méditerranéens relevant du microréisme soutenu de classe 8

• La Canterrane (4,7 l/s/km^2) répercute l'abri des Aspres. Deux mois peuvent connaître l'assec. En d'autres lieux, ce serait un oued ; ce ne sera qu'un torrent méditerranéen (pond = 100).

• Le Douro (5,9 l/s/km^2), le Tage (5,3 l/s/km^2) sont nés en Vieille et en Nouvelle Castille, ils en traduisent la semi-aridité.

• L'Oued Sebou marquerait la transition entre l'influence supratropicale et celle du Sahara, tout proche.

e) Quatre cours d'eau relèvent du microréisme atténué de classe 7 et du microréisme mesuré de classe 6 (Document 4.16).

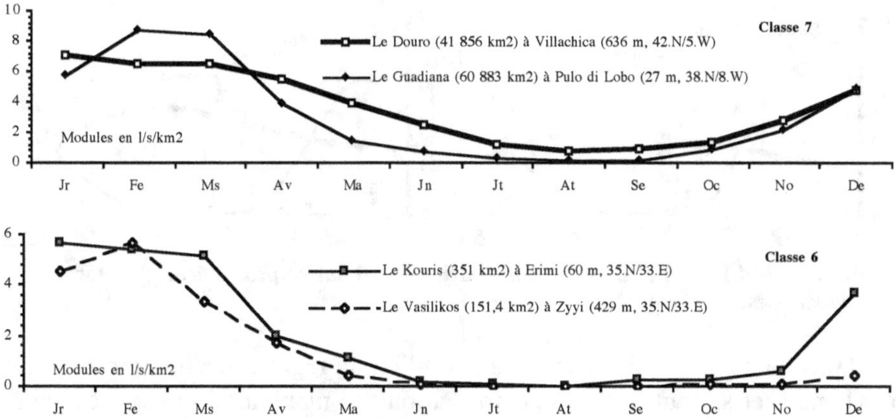

Document 4.16 - Cours d'eau méditerranéens relevant du microréisme atténué et mesuré des classes 7 et 6

• Le rôle de l'évapotranspiration s'accroît sur ces bassins très abrités. Le contraste entre hiver et été s'est accru : la saison froide contrôle 80% de l'écoulement, l'été moins de 2%.

• Le Douro à Villachica (3,6 l/s/km^2) n'a pas encore reçu l'apport des pluies de relief des Tras os Montes, il n'écoule que les eaux de Vieille Castille. Une immodération limitée à 10 suggère un soutien karstique.

• Mais le Guadiana (3,1 l/s/km^2) ne dispose plus de ce soutien, l'immodération est de 44. On n'en comprend que plus facilement l'importance des travaux hydrauliques effectués par l'Espagne au XXe siècle ; de nombreux réservoirs ont été élevés dans les Sierras de Vieille et Nouvelle Castille afin de conserver l'abondant écoulement hivernal pour le restituer aux cultures irriguées pendant la saison sèche.

f) Les cours d'eau de classe 6 connaissent l'assec estival : deux mois sur le Kouris (2 l/s/km^2) et 5 à 6 mois sur le Vasilikos (1,2 l/s/km^2).

• L'abri, la continentalité , accroissent le déficit d'écoulement aux dépens de l'été : 85% des eaux sont écoulées en hiver, le Vasilikos ne connaît aucun écoulement de juillet à septembre.

• Ce ne sont des écoulements méditerranéens que par le régime, mais l'abondance relative comme l'immodération traduisent déjà la semi-aridité du Moyen-Orient intérieur.

B - Le régime méditerranéen en Californie

Quelques cours d'eau ne subissent pas la débâcle nivale de la Sierra Nevada (Document 4.18), mais les données sont inexistantes sur l'écoulement méditerranéen au Chili.

Le climat californien est original par la modestie de sa pluviométrie : 412 mm à San Diego et 338 à Santa Maria, et par la durée de la sécheresse

(Document 4.17). En effet, à Santa Maria, elle dure de mai à novembre, et d'avril à novembre à San Diego.

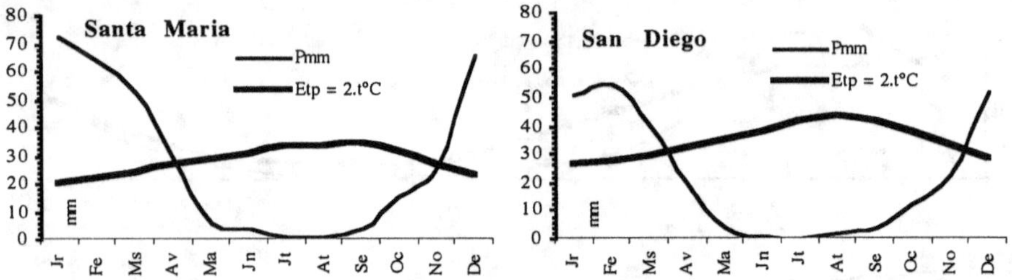

Document 4.17 - Le modèle californien du climat supratropical des façades occidentales.

Trois cours d'eau répondent à la définition du régime méditerranéen : l'Eel, la Klamath et surtout le Sacramento. Partout, le maximum pluviométrique de février repousse les maxima d'écoulement sur ce même mois, avec un profond étiage estival, reflet de la durée de la saison sèche. Aussi retrouvons-nous quelques modèles de bassins-versants abrités du pourtour méditerranéen (document 4.18).

- Le régime de la Klamath (15,7 l/s/km^2 = un mésoréisme moyen de classe 10) n'est pas sans rappeler le Vijosë, l'Ardèche ou l'Hérault. Elle écoule 2/3 de ses eaux en saison froide (dont 40% en hiver), et 1/3 en saison chaude, dont seulement 6% en été.
- Le Sacramento (0,6 l/s/km^2, un mésoréisme médian de classe 9) est surtout marqué par une pondération de 4. 54% seulement de l'écoulement sont réalisés en saison froide, contre 44% en saison chaude. Cette pondération est le fruit d'un écoulement hivernal modéré : 36% des eaux de décembre à février, face à un été "abondant" : 12% de l'écoulement de juillet à septembre. À l'image du Jourdain et du Tibre, il faut impliquer une circulation karstique.

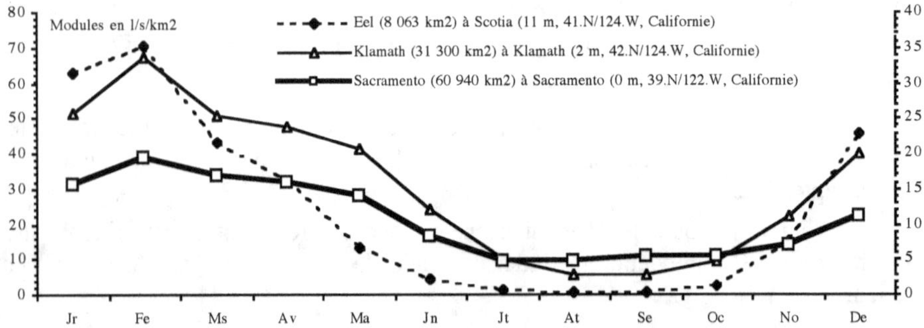

Document 4.18 - Ecoulement méditerranéen de Californie.

- L'Eel est un cours d'eau très abondant ; un module de 24,4 l/s/km^2 la situe en classe 11 : mésoréisme élevé. Mais c'est un modèle rare en Europe, mais illustré par la Canterrane. En effet, 80% de l'écoulement se font en saison froide, dont 61% de décembre à février. À l'inverse, 1% seulement des eaux sont écoulés entre juillet et septembre. L'immodération qui en dérive : 159, en fait un torrent d'une extrême violence.

Nous avons affaire à des écoulements qui se rapprochent des modèles arides des bassins des Rocheuses (voir ci-dessous). A leur image, la longue sécheresse estivale impliqua l'irrigation dés la colonisation espagnole, et, par la suite, des aménagements hydrauliques qui ont fait la puissance agricole de la Californie moderne. C'est le Central Project, avec la construction de grands réservoirs : dont Shasta, Reswick (1950) sur le Sacramento, qui servent surtout à irriguer 365 000 ha à l'extrémité du Delta Mendota Canal.

IV - Les régimes des façades orientales supratropicales

Ils sont afférents aux pluies abondantes et au contexte chaud des climats, que de Martonnes appelait de type chinois. Plus que dans le milieu méditerranéen la transition entre domaines tropicaux et tempérés est la plus difficile à établir ; mais en général, la question est tranchée quand le gel apparaît.

Les régions du monde concernent essentiellement l'Amérique du Nord, dans le Sud-est des Etats-Unis, et la Chine du Sud (également influencée par la Mousson). Cependant ce climat affecte aussi quelques secteurs de l'hémisphère sud : l'Uruguay, le Natal et le Sud-est australien.

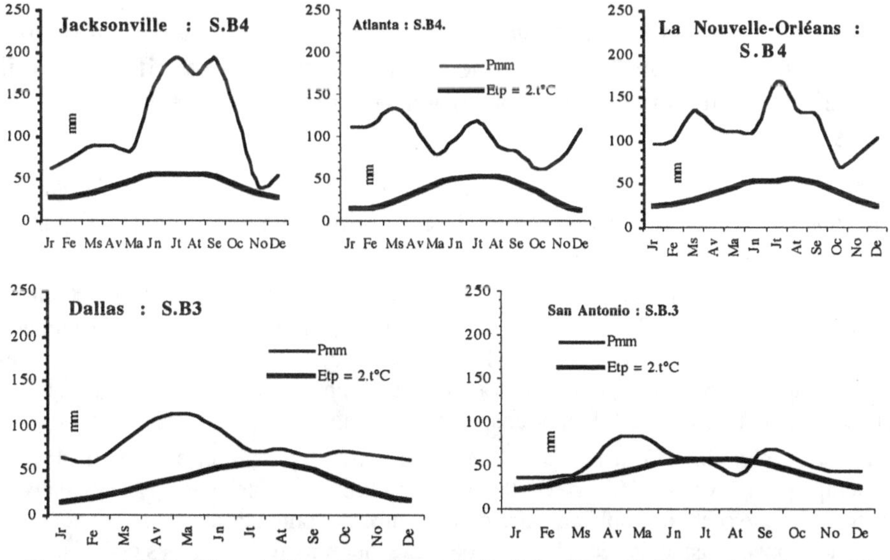

Document 4.19 - Cinq stations climatiques du Sud des Etats-Unis. San Antonio, par 98 degrés de longitude ouest, connaît déjà une sécheresse hydrologique de 2 mois.

A - Le Sud-est de l'Amérique du Nord

Dans la répartition des régimes pluvio-évaporaux, le Vieux et le Nouveau Sud des Etats-Unis occupent un large espace. Celui-ci se situe de part et d'autre des Appalaches méridionales, en Floride, et à l'ouest du Mississippi jusqu'au voisinage du 100e degré ouest ou méridien des catastrophes. En effet, il marque, en Amérique du Nord, l'occurrence de la sécheresse (Document 4.19).

1°) Dans la terminologie de J.P. Vigneau, ce sont les climats de types SB.4 et SB.3

• Ces régions sont largement ouvertes aux perturbations venues de l'Atlantique et du golfe du Mexique, auxquelles ne s'oppose aucun obstacle orographique. Aussi, se retrouvent-elles très arrosées à l'Est du Mississippi : 1 197 mm à Atlanta en Géorgie, 1 355 mm à Jacksonville en Floride et 1 371 mm à la Nouvelle-Orléans.

• Le gel est rare, et surtout, la sécheresse potamologique est inconnue, du fait des précipitations abondantes au cours de la saison chaude. La fréquence des dépressions tropicales entretient de fortes précipitations entre juin et octobre : Jacksonville ne connaît alors qu'un seul maximum.

• Vers l'intérieur, les pluies perdurent de mars à septembre, périodes durant laquelle se réalisent 70% des apports. Mais on observe surtout l'apparition d'un double maximum en mars et en juillet : le premier évoque l'impact optimal des perturbations polaires, le second l'écho des perturbations tropicales.

• Enfin, à mesure qu'on approche des Rocheuses, l'abri provoque l'amenuisement progressif des précipitations. À Dallas, le total annuel est encore de 954 mm, mais le maximum unique se situe au printemps, lequel totalise 34% des précipitations.

• Par 98 degrés de longitude ouest, San Antonio ne reçoit plus que 659 mm avec l'occurrence d'une courte saison sèche.

2°) En l'absence de rétention nivale, l'écoulement est influencé par les pluies. Nous verrons ci-dessous que le régime du Mississippi et de ses affluents, qu'ils viennent des grandes plaines ou des Appalaches, restera dominé par la fonte des neiges.

a) Au sud du 35e parallèle, quelques tributaires de l'Atlantique échappent à l'influence nivale des Appalaches. Leur régime est alors marqué par un maximum d'hiver (Document 4.20.a).

• Sur l'Altamaha (35 200 km^2) à Clyo, en Géorgie, et sur la Roanoke (21 800 km^2) à Roanoke Rapids en Caroline du Nord (Document 4.20 a), on serait tenté d'expliquer le maximum de printemps par la fonte d'un tapis nival. Il n'en est rien, le régime est pluvio-évaporal, car ce maximum correspond à un maximum pluviométrique de printemps et le minimum à l'évapotranspiration estivale.

• En effet, plus des 2/3 des eaux sont écoulés entre novembre et avril, dont 45% au printemps. À l'inverse, l'été, de juillet à septembre, n'écoule que 14% des eaux. Il existe enfin une preuve supplémentaire de l'absence de fonte des neiges : la pondération 5 et 4, se trouve voisine des écoulements pluvio-évaporaux des domaines océanisés.

• Aussi, du fait d'un important apport pluvial, ces cours d'eau sont abondants : avec un module de 10,8 l/s/km^2, l'Altamaha appartient à la Classe 9 ou mésoréisme médian, avec 11,6 l/s/km^2, la Roanoke se situe en classe 10 ou mésoréisme moyen.

b) Plus au sud, malgré l'importance de l'évapotranspiration, un second maximum est induit par l'ampleur des averses tropicales (Document 4.20 b). Quatre cours d'eau répondent à cette définition : la Cape Fear (8 910 km^2) à

Lillington en Caroline du Nord, la Pee Dee (22 900 km²) à Pee Dee et la Santee (38 100 km²) à Pineville en Caroline du Sud, et la Savannah (25 500 km²) à Clyo en Géorgie.

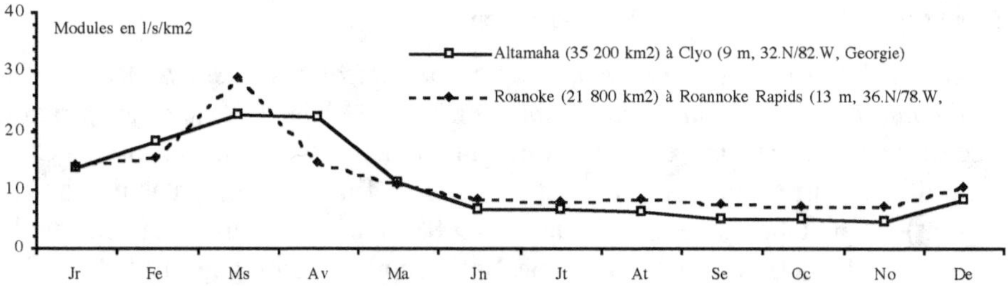

a) Régime à un seul maximum pluvial

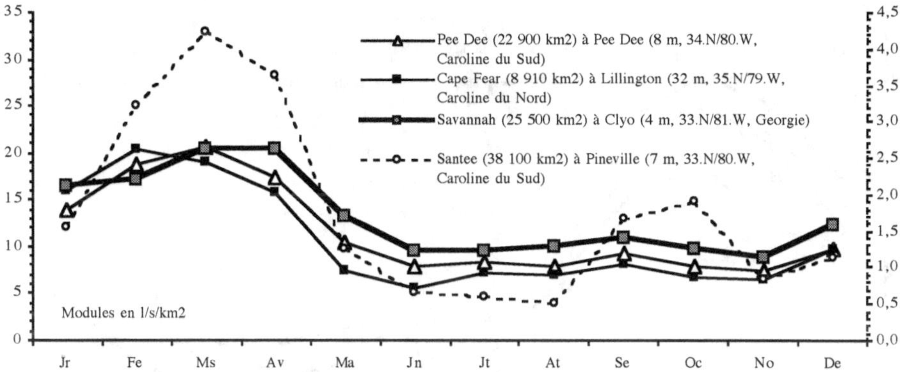

b) Régime à deux maxima pluviaux

Document 4.20 - Régimes pluvio-évaporaux de la Côte atlantique

- Ces cours d'eau écoulent 65 à 70% de l'eau entre novembre et avril, dont 40 à 50% à la fin de cette saison froide (entre février et avril). Mais un maximum secondaire apparaît au début de l'automne, en septembre ou octobre.

- La Santee est assez caractéristique de ce fonctionnement : elle écoule 52% de ses eaux au cours du maximum d'hiver, et 21% en septembre et octobre. Moins évident sur les autres cours d'eau, ce maximum secondaire serait le reflet de la restitution à l'écoulement des très fortes averses qui accompagnent le passage des dépressions tropicales, voire des cyclones.

- L'évapotranspiration potentielle est en moyenne de 235 mm entre juin et octobre ; elle ne parvient pas à absorber l'ensemble des précipitations de la même période : 450 mm, donc l'excédent parvient à atteindre l'écoulement pour y provoquer ce maximum secondaire quand les températures reculent au début de l'automne.

- Cette répartition favorable des apports pluviométriques explique la pondération de la Cape Fear : 3,6, de la Pee Dee : 2,8 et de Savannah : 2,3. L'autre conséquence est une abondance relative élevée. Avec 10,8 l/s/km² la Cape Fear appartient à la classe 9 ou mésoréisme médian ; avec 11,6 l/s/km² pour la Pee Dee et 13,2 l/s/km² pour la Savannah on atteint la classe 10 ou mésoréisme moyen.

• Cette qualité a attiré la production hydro-électrique, au point de perturber le régime de la Santee. Elle est harnachée sur tout son cours, et son module n'est plus que de 1,8 l/s/km^2, alors que du fait des prélèvements, l'immodération atteint 8,6. Si le fonctionnement des barrages est fréquemment responsable de pertes et de fuites, ceux-ci ne sont pas toujours générateurs de pondération...

c) Au sud-ouest des Appalaches, les précipitations dépassent partout 1 300 mm/an, avec un maximum estival. Mais l'évapotranspiration s'accroît ; aussi le régime est-il marqué par un seul maximum, en hiver. Cinq cours d'eau correspondent en effet à cette définition : l'Apalachicola (44 300 km^2) à Chattahoochee et l'Escambia (9 886 km^2) à Century, en Floride, la Pascagoula (17 000 km^2) à Merrill, au Mississippi, la Tombigee (49 500 km^2) à Leroy, en Alabama, et la Pearl (17 200 km^2) à Bogalusa, en Louisiane (Document 4.21 a).

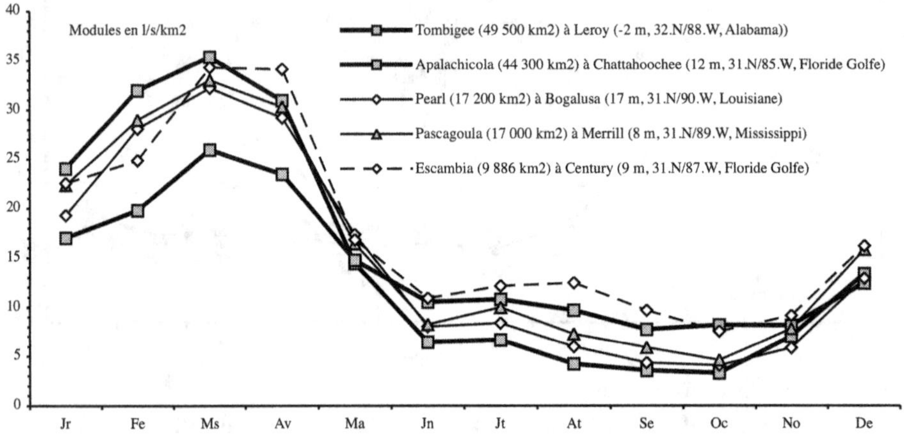

a) Régime à un seul maximum pluvial

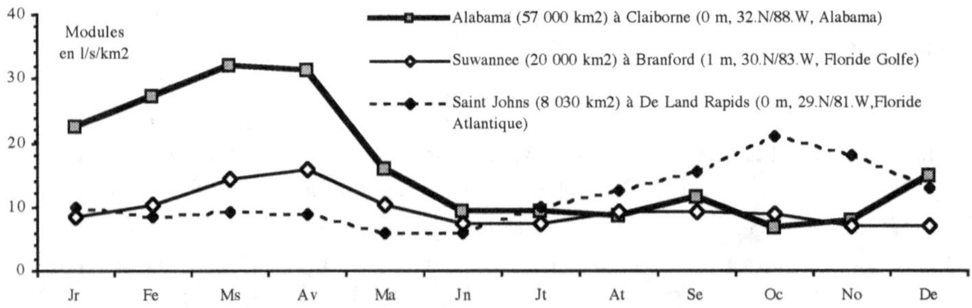

b) Régime à deux maxima.

Document 4.21 - Régimes pluvio-évaporaux du golfe du Mexique

• Ici, c'est la logique de l'Altamaha et de la Roanoke qui s'impose : 70 à 80% de l'écoulement se réalisent entre novembre et avril, dont 45 à 50% à la charnière hiver-printemps. Si, par rapport aux tributaires de l'Atlantique de même régime, la pondération reste voisine : 3,4 sur l'Apalachicola et 4,5 sur l'Escambia, elle se dégrade vers l'ouest : 7,1 sur la Pascagoula, 7,9 sur la Pearl et même 10,8 sur la Tombigee.

• Ce n'est pas étonnant, les étés sont de plus en plus chauds à l'approche du bas-Mississippi. Mais, reflet de l'abondance pluviométrique, le quotient d'écoulement reste élevé, ce qui se traduit par une abondance relative élevée : de 14,6 l/s/km² sur la Pearl à 17,6 l/s/km² sur l'Escambia. C'est une abondance de classe 10, soit un mésoréisme moyen.

Pourtant certains cours d'eau échappent à cette logique : l'Alabama (57 000 km²) à Claiborne, en Alabama, la Suwannee à Branford et la Saint-John's (8 030 km²) à De-Land-Rapids, en Floride. (Document 4.21.b). Un maximum secondaire apparaît.

• Dans les régimes de l'Alabama et de la Suwannee, la saison froide : novembre à avril, couvre encore 60 à 70% de l'écoulement ; et le maximum secondaire estival est peu marqué : 15 à 20% des eaux écoulées en été. L'évapotranspiration estivale réduit le ruissellement qui pourrait naître des perturbations tropicales.

• À l'inverse, la Saint-John's, un cours d'eau tributaire des plateaux calcaires peu accidentés de la Floride, et surtout tributaire de l'Atlantique, reçoit les perturbations tropicales et les Hurricanes de plein fouet : plus de la moitié de l'écoulement se réalise en saison chaude, et le maximum d'automne l'emporte avec 40% des eaux écoulées entre septembre et novembre.

Cette abondance estivale réduit l'écart entre été et hiver, et ces cours d'eau sont particulièrement pondérés : 5 sur l'Alabama, 3,6 sur la Saint-John's et la Suwannee. Il faudrait sans doute impliquer le rôle pondérateur du karst. Mais surtout, l'abondance pluviométrique, responsable des maxima de saison chaude, compense les pertes par évapotranspiration et l'écoulement reste abondant : 9,6 l/s/km² sur la Suwannee (Classe 9 ou mésoréisme médian), 11,5 l/s/km² sur la Saint-John's, 16,3 l/s/km² sur l'Alabama (Classe 10 ou mésoréisme moyen)

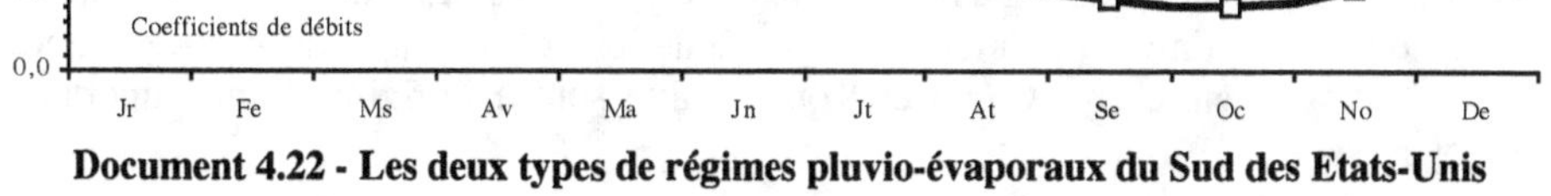

Document 4.22 - Les deux types de régimes pluvio-évaporaux du Sud des Etats-Unis

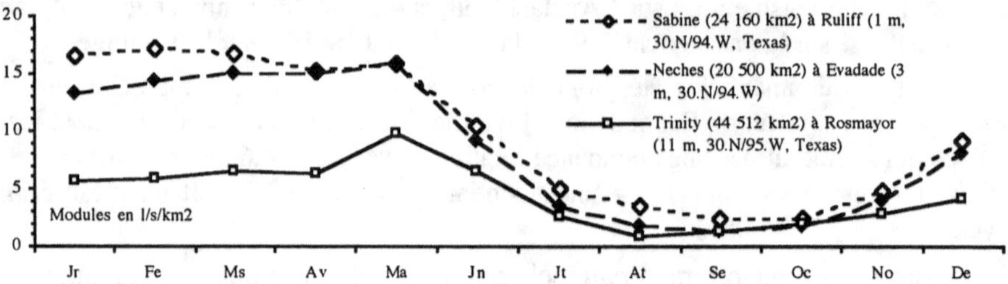

Document 4.23 - Les cours d'eau du Texas humide...

d) Le Sud : un écoulement en phase avec le climat supratropical. Mais selon leur latitude, ils sont plus ou moins sensibles aux dépressions tropicales génératrices de pluies d'été et d'automne capables de saturer le sol, malgré de fortes températures.

• Le Document 4.22 illustre cette double réponse aux précipitations. Les maxima d'hiver l'emportent en général, mais en valeurs relatives le maximum de saison froide est minoré quand les pluies tropicales parviennent à s'écouler et assurer une abondance de saison chaude. Il en résulte une amélioration de la pondération.

• Plus à l'ouest, au Texas, la Sabine, la Niches et la Trinity seraient du mode pluvio-évaporal à un ou deux maxima, dans un contexte plus sec. Mais l'occurrence d'une crue de mai évoque sans ambiguïté la fonte des neiges sur les Grands Plaines (Document 4.23).

C'est une interface vers d'autres régimes : les régimes nivaux des Grandes Plaines de l'Amérique du Nord

B - Les écoulements supratropicaux d'Extrême-Orient

L'Extrême-orient de climat supratropical regroupe les deux Corées, la moitié méridionale du Japon et la Chine centrale et méridionale, sous réserve que l'amont des bassins-versants n'inclue pas de montagnes élevées, avec le rôle perturbateur de la fonte de neiges.

1°) L'originalité du climat supratropical d'Extême-Orient repose sur l'importance de précipitations estivales apportées par les perturbations tropicales qui accompagnent l'alizé du nord-est et la Mousson.

• Il n'est pas de notre propos de critiquer les interprétations des climogrammes, mais, à l'image du "Sud", l'hiver apporterait des précipitations cycloniques du Pacifique nord, où les contrastes entre Oya-Chivo et Kouro-Chivo sont à l'origine d'une importante pluviogénèse.

• Mais vers le sud, la Chine méridionale et Taiwan se retrouvent très proches de la C.I.T. estivale (on estime qu'elle passe peu au sud de Canton) ; ce qui implique (comme aux abords du golfe du Mexique) l'arrivée de perturbations tropicales, qu'elles soient portées par l'alizé du nord-est ou par la Mousson.

• L'orientation méridienne de l'axe montagneux japonais et coréen favorise leur pénétration le long de la Mer de Chine, laquelle entretient leur pouvoir pluviogène du fait de la poursuite de l'évaporation marine.

Le Document 4.24 illustre les cas de figures au travers des climogrammes de six stations.

• Ces stations proches de la Mer de Chine, sont fortement arrosées : 1 129 mm à Mokpo, 1 135 à Changhaï, 1 562 à Tokyo et 2 365 à Kagoshima. Nous retrouvons des volumes déjà observés dans la partie orientale du golfe du Mexique ; et Xixian, à l'abri des hauteurs du Happer, fait figure d'intruse avec 492 mm seulement.

• Mais toutes ont un trait commun : l'importance des précipitations de saison chaude. Les mois dont la température est supérieure à la moyenne annuelle s'étendent de mai à octobre ; et ils illustrent l'été thermique. Or cette période regroupe plus des 2/3 des précipitations : 65 à 69% à Taïpei, Tokyo et Changhaï, 72 et 79% à Mokpo (Corée du Sud) et à Xixian, et 84% à Kagoshima. Ce n'est pas le lieu de polémiquer ; mais on peut estimer que le maximum estival de Xixian évoque déjà un climat continental.

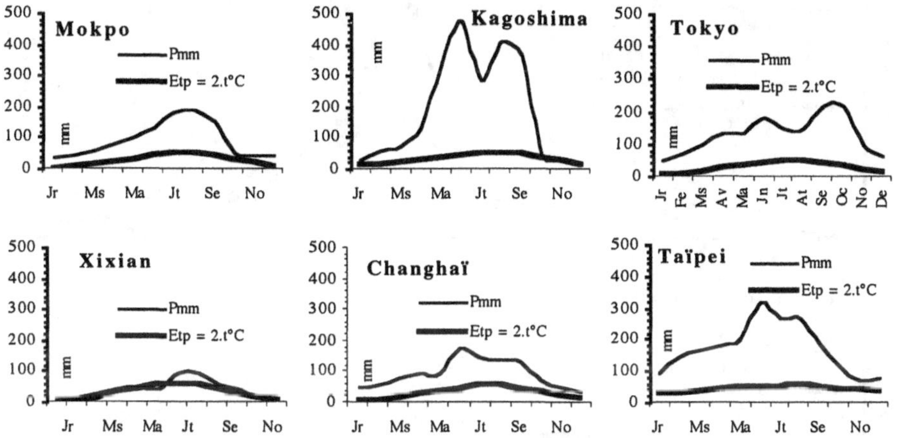

Document 4.24 - Diagrammes ombrothermiques de quelques stations d'Extrême-Orient. On notera la prédominance des pluies estivales, mais aussi le recul rapide des apports avec la continentalité

• Selon J.P. Vigneau, cette distribution estivale s'expliquerait par le contraste entre l'air océanique apporté par l'alizé dès le printemps, et l'air continental plus frais. En Corée et au Japon, à Mokpo et à Kagoshima, le système pluviogène est maximal au printemps et en automne, avec un repli estival quand le contraste des masses d'air est moins évident. Mais, plus au sud, la Mousson provoque un maximum de juillet à Taïpei et à Changhaï, mais qui, au printemps et en automne, reste encadré par les précipitations copieuses de l'alizé. Ajoutons que ces très fortes pluies d'été (2 000 mm à Kagoshima) sont aussi imputables aux perturbations tropicales portées par les alizés et accompagnées de Typhons.

• À Tokyo, après un maximum estival issu des perturbations tropicales, un maximum, en fait principal, se situe en automne et pourrait être le fruit de perturbations cycloniques issues du Pacifique du nord-ouest.

2°) Deux critères régissent les écoulements saisonniers : l'hiver reste arrosé, entre 300 et 500 mm en dehors de Xixian, alors que l'évapotranspiration estivale est compensée par l'abondance pluviométrique. Il en résulte des cours d'eau abondants (Document 4.25), qui écoulent 75 à 85% de leurs eaux entre avril et octobre.

a) Six cours d'eau occupent une position plus septentrionale (Document 4.25) : en Chine du Nord, le Huaihe (il utilise une partie de l'ancien cours du Huangue, au sud du Chantoung) ; en Corée, le Han gagne la Mer Jaune et le Nagdong la mer du Japon ; enfin, au Japon, Chikugo se dirige vers la Mer du Japon alors que le Tone et le Yodo gagnent le Pacifique. Situés vers 35 à 37 degrés nord, ils sont sous l'influence des systèmes pluviogènes de saison chaude. Sans tomber dans le déterminisme géographique, cette abondance expliquerait la précocité de la riziculture irriguée.

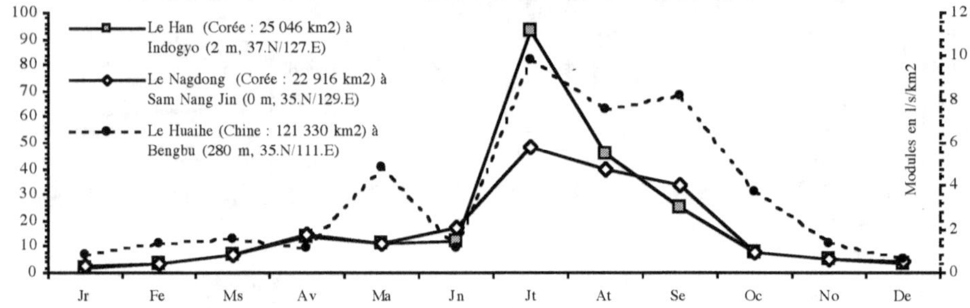

a) Cours d'eau chinois du nord et coréen.

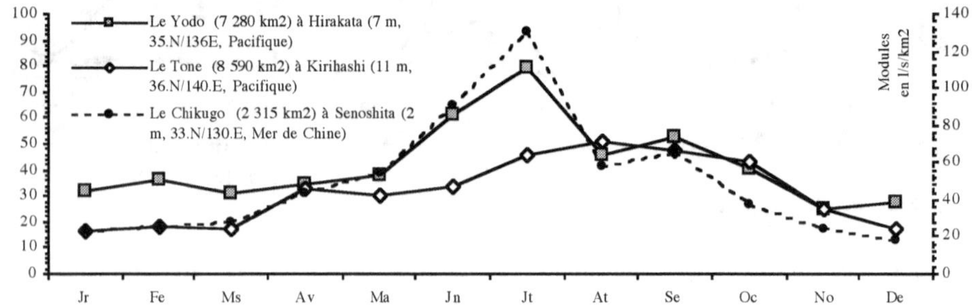

b) Cours d'eau japonais

Document 4.25 - Les régimes des tributaires de la Mer Jaune et de la Mer du Japon.

• Le maximum d'écoulement, pluvial, se situe entre juillet et septembre, avec 60 à 70% de l'écoulement sur les cours d'eau chinois et coréens et 35 à 45% sur les cours d'eau japonais. Cette différence s'explique par des précipitations de saison froide (novembre à mars) plus fournies au Japon (20 à 25% du total annuel) : aussi les cours d'eau japonais sont-ils plus abondants en hiver (15% du module) que les cours d'eau continentaux (5% du module).

La différence se retrouve dans l'abondance relative et la pondération.

• Certes, les terrains volcaniques du Japon se comportent comme un karst, et expliquent, en partie, la pondération (toute relative) des rivières : 3 sur le Tone et le Yodo, mais 7 sur le Chikugo. La relative abondance pluviométrique hivernale y joue aussi son rôle, et des modules élevés ne sont que le simple reflet du volume des précipitations et d'un relief montagneux. En effet, le Chikugo (32 l/s/km^2) appartient au mésoréisme élevé de classe 11, tandis que le Yodo (42 l/s/km^2) et le Tone (50 l/s/km^2) relèvent mégaréisme basique de classe 12.

• Cette abondance recule sur la péninsule coréenne. Cours d'eau de montagnes humides mais moins arrosées en hiver, le Nagdong et le Han sont immodérés : 20 et 46, pour une abondance relative moindre : 16 et 19 l/s/km^2. Mais elle reste élevée : classe 10 ou mésoréisme moyen.

• Enfin, sur le continent, le Huaihe, qui reste immodéré : 16, apparaît très Modeste avec un module de 3 l/s/km^2 seulement. Il reflète assez bien la pluviométrie de Xixian. Faudrait-il impliquer la position d'abri qu'il occupe en arrière des hauteurs du Happer ?

b) En Chine méridionale, l'écoulement subit la Mousson chinoise (Document 4.26) dont l'influence est relevée sur quatre cours d'eau.

• Par leur régime à deux maxima, le Donggjiang (Chine) et le Cho-sui (Taiwan) ne sont pas sans rappeler les écoulements du nord : 40 à 45% des eaux écoulées de juillet à septembre, mais le maximum principal est plus précoce et pourrait relever de la Mousson. A l'inverse, l'hiver est bien moins abondant. Ce caractère tropical se confirme sur le Beijiang dont la moitié de l'écoulement est concentrée entre avril et juin.

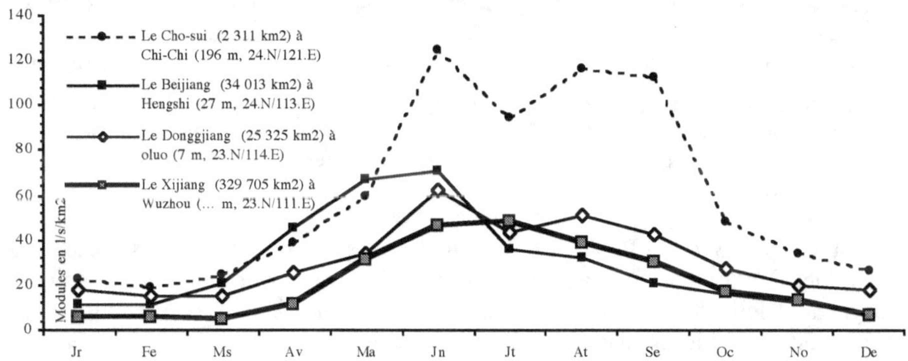

Document 4.26 - Les régimes pluviaux de Chine du Sud et de Taiwan.

Il en résulte des fleuves très abondants.

• Le Beijiang et le Donggjiang écoulent en moyenne 30 et 31 l/s/km^2 : mésoréisme élevé de classe 11, et le Cho-sui, sur les versants escarpés de Taiwan, atteint 60 l/s/km^2 : c'est le mégaréisme abondant de classe 13. Pourtant ces cours d'eau ne connaissent pas une immodération exagérée : 4 à 7, du fait de la persistance des pluies de saison froide.

• Enfin, le Xijiang marque la transition avec le monde tropical : le maximum est unique et situé au coeur de l'été. Issu des montagnes du Yunnan, il ne connaît pas la rigueur des hivers de Chine continentale, mais il en connaît tout au moins la sécheresse. À l'inverse, il reçoit la Mousson qu'il restitue lentement au cours d'une longue crue de juin. Les deux géants d'Asie, le Fleuve Jaune et le Fleuve Bleu, entreraient dans ce mécanisme, mais leur origine lointaine y associe la débâcle nivale, montrant combien sont restreints les domaines purement pluviaux.

Mais en commun avec les autres fleuves, Fleuve Bleu et Fleuve Jaune rappellent que le risque hydrologique portera ici sur des crues estivales.

C - L'écoulement supratropical dans l'hémisphère sud

Les conditions climatiques supratropicales se retrouveraient dans les Pays de la Plata, en Union sud-africaine sur le versant indien du Drakensberg, et enfin sur le versant pacifique de la Nouvelle Galles du Sud. Toutefois, faute de données sur l'Australie, nous avons exclu cette région.

*1°) **Les Pays de la Plata sont fortement arrosés*** (Document 4.27), même si les totaux annuels reculent de la côte uruguayenne : 1 314 mm à Porto-Alegre, vers l'intérieur : 900 mm à Rosario.

• Surtout, les pluies sont assez régulièrement réparties, et cette égalité est bien réalisée sur la côte : 55% des pluies sont groupés d'avril à septembre et 45% d'octobre à mars à Porto-Alegre, et 52% et 48% à Montevideo. Même à Rosario, la saison froide regroupe encore 36% des précipitations. Enfin, il n'y a ni mois sec, ni gel intense susceptible de rétention nivale.

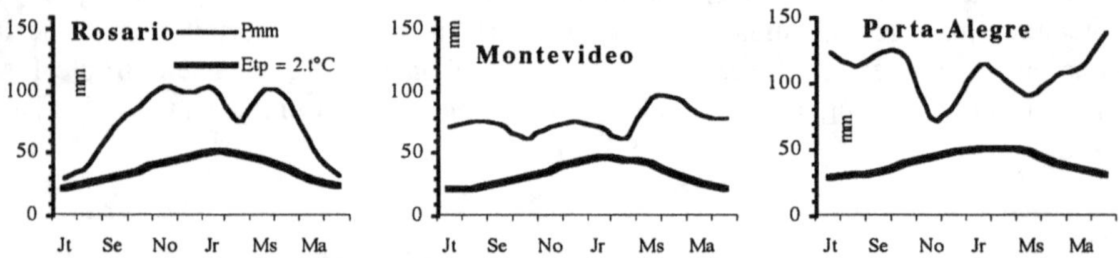

Document 4.27 - Diagrammes ombrothermiques de quelques stations des Pays de la Plata. En dehors de Rosario (Argentine) où les précipitations sont nettement estivales, la répartition sur les stations côtières de l'Uruguay est certes irrégulière, mais étalée sur l'année entière.

• C'est le type SB.4 de J.P. Vigneau : la pluviogenèse de saison froide est assurée par une cyclogenèse (ou une frontogenèse) opposant l'air tropical et l'air polaire ; en été, à l'image du Vieux Sud et de l'Extrême orient supratropical, il faut impliquer des perturbations tropicales portées par l'alizé du nord-est.

Comme en Asie orientale, des maxima intermédiaires accidentent la régularité des abats pluviométriques ; notamment à la fin de l'hiver, au début de l'été et surtout à la fin de l'automne sur la côte ; alors qu'un repli général marque le coeur de l'été tant sur la côte qu'à l'intérieur. Le régime des cours d'eau en est le reflet.

a) C'est le cas des fleuves uruguayens (Document 4.28) : l'Uruguay, son affluent le Rio Negro et le Cebollati (tributaire de la Laguna Mirim).

• Ces cours d'eau reproduisent, mais en partie seulement, le régime pluviométrique de Montevideo et de Porto-Alegre. L'écoulement n'est que modestement maximal en saison froide : 55 à 60% des eaux écoulés entre mai et septembre (mais 30 à 40% de juin à août), et il reproduit la répartition des pluies : un écoulement minimum d'août entre deux maxima de juin et de septembre-octobre.

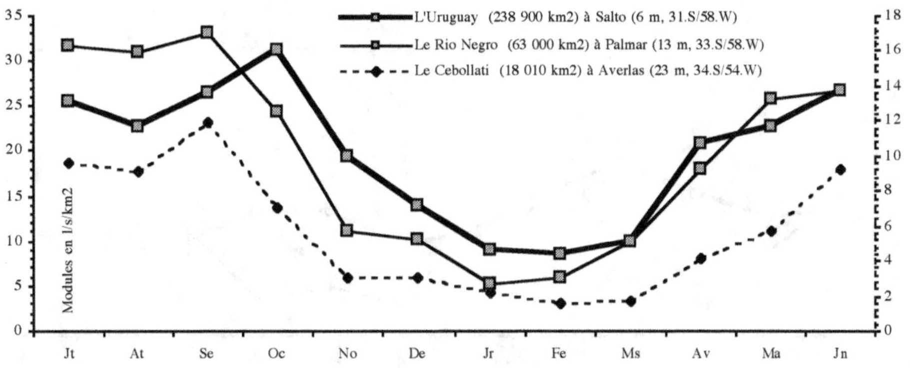

Document 4.28 - L'écoulement pluvio-évaporal en Uruguay.

• À l'inverse de l'Extrême orient supratropical et à l'image du Vieux Sud, l'évapotranspiration estivale parvient à oblitérer l'apport pluvial important du mois de janvier. Il est vrai que cet apport alizéen est ici moins soutenu qu'en Extrême-Orient. Il en résulte une décrue estivale où les basses eaux restent moins accentuées que dans le domaine océanisé. Le résultat est une pondération (4 à 7) proche de celle du domaine nord-américain qui lui est symétrique, mais en contradiction avec l'immodération extrême-orientale.

L'abondance relative est difficile à interpréter.

• L'Uruguay est logiquement abondant : 19,7 l/s/km^2 (classe 11 ou mésoréisme élevé) ; à l'inverse l'écoulement est modeste sur le Rio Negro, 10 l/s/km^2 (classe 9 ou mésoréisme médian) et le Cebollati : 6 l/s/km^2 (classe 8 ou microréisme soutenu).

• Cette modestie est toutefois facilement expliquée par des bassins-versants situés à l'intérieur des dépressions des différents axes méridiens qui accidentent l'intérieur de l'Uruguay (les Cuchilla selon l'expression locale). Or, les stations météorologiques de la côte n'en traduisent pas la réalité climatique.

b) Sur les confins septentrionaux de l'Uruguay et de l'Argentine, on passerait aux climats tropicaux sans solution de continuité, mais aussi à l'influence nivale des Andes. C'est ce que traduisent les régimes de l'Iguaçu (Brésil) et du Yabebiry (Argentine).

• Le régime de l'Iguaçu est l'image du régime des pluies à Porto-Alegre : 58% des eaux sont écoulés en été et 42% en hiver, et les maxima d'octobre et de février sont ceux des précipitations. L'évapotranspiration n'y joue plus de rôle saisonnier ; et, si le régime du fleuve reste supratropical, la proximité du tropique du capricorne efface les saisons thermiques, dont résulte une extrême pondération de 1,9. Il n'y a pas plus d'étiages qu'il n'y a de mois secs. À l'abondance pluviométrique, répond une abondance relative élevée : 19,4 l/s/km^2 (classe 11 ou mésoréisme élevé).

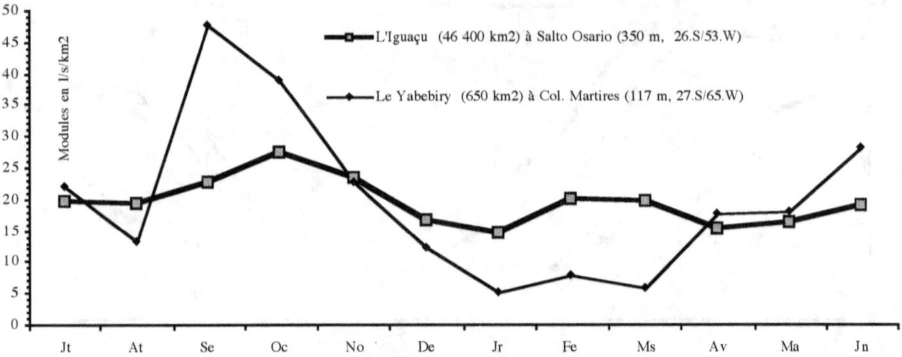

Document 4.29 - Les limites de l'écoulement supratropical en Amérique du Sud

• Le Yabebiry est situé dans la province de Catamarca (nord-ouest argentin), où il prend sa source dans la Sierra del Alconquija (qui culmine à 5 550 m). Le régime n'est pas sans rappeler celui de l'Iguaçu ; mais 36% de l'écoulement se réalisent au printemps (dont une crue de 47,5 l/s/km en septembre). Certes, c'est un mois de fortes pluies, mais sur la côte, pas à Rosario, la station intérieure la plus proche.

L'occurrence d'une crue de printemps rendrait plutôt compte d'une débâcle nivale, et nous rappelle, une nouvelle fois, que la proximité des massifs montagneux perturbe rapidement le caractère pluvial des cours d'eau tempérés.

2°) La province du Natal, en Union Sud-africaine, connaît aussi un climat supratropical de façade orientale ; mais il est vite oblitéré par la barrière des Drakensberg (Document 4.30). La ressemblance avec le milieu précédent se limite à l'absence de gel prolongé ; en effet, tout le reste les oppose.Mais la principale différence est l'occurrence d'une sécheresse estivale vers l'intérieur.

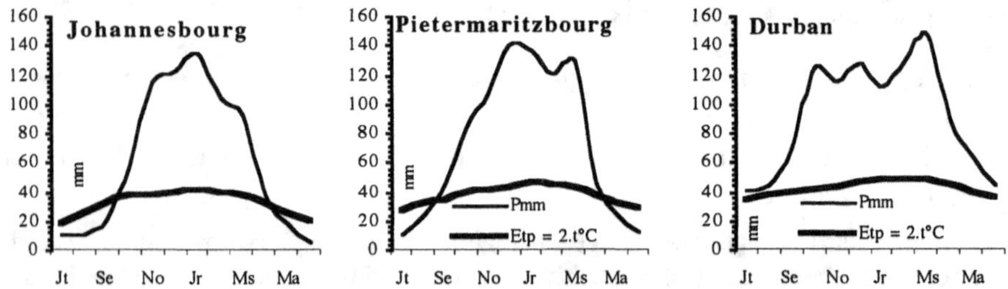

Document 4.30 - Diagrammes ombrothermiques de quelques stations sud-africaines. Les précipitations sont abondantes, que ce soit à l'intérieur (Johannesbourg) ou sur la côte du Natal (Durban). La répartition reste tropicale avec un maximum d'été et, très vite vers l'intérieur, l'apparition d'une sécheresse hivernale.

• La station de Johannesbourg, au Transvaal, traduirait un climat tropical à deux saisons sans une pluviométrie abondante centrée sur l'été : 731 mm dont 87%, entre octobre et avril. À Durban, sur la côte du Natal, le total annuel atteint 1 108 mm, et 68% ont toujours chu entre octobre et avril.

• Mais le plus remarquable est sans doute cette saison sèche (inconnue il est vrai à Durban) mais caractéristique dès Pietermaritzbourg où l'on relève quatre mois secs (Pmm < 2.t°C). Elle atteint même cinq mois à Johannesbourg.

• Ce sont les climats SB.2 et SB.3 de J.P. Vigneau. Dans ces régions, le maximum pluviométrique est porté par l'alizé du nord-est dont la vigueur est maximale au cours de l'été austral. Dans le détail, le maximum estival des précipitations est atteint entre octobre et mars ; puis on observe une certaine variabilité différente selon les stations. À Johannesbourg, elles connaissent une pointe en janvier ; à Durban, novembre et janvier sont moins pluvieux alors que mars est le mois le plus arrosé.

Quatre cours d'eau en illustrent les conséquences potamologiques (Document 4.31) : d'une part, le Caledon et son affluent le Senqu se dirigent vers l'Orange ; d'autre part, le Makhaleng et le Tsehlanyane, des cours d'eau montagnards, dévalent du Drakensberg vers l'océan Indien. Leurs régimes reflètent effectivement les variations pluviométriques : 75% des eaux sont écoulés entre octobre et mars. Cependant on observe un important recul de l'écoulement en novembre et décembre.

• Il est d'origine climatique. Les précipitations abondantes depuis octobre (le début du printemps) provoquent une crue secondaire, mais, par la suite, le repli (ou tout au moins la stabilité) des précipitations est annihilé par l'évapotranspiration aux dépens de l'écoulement. Mais ce creux potamologique est de courte durée, l'abondance pluviométrique tropicale de la fin de l'été conduit à un maximum principal de janvier à mars.

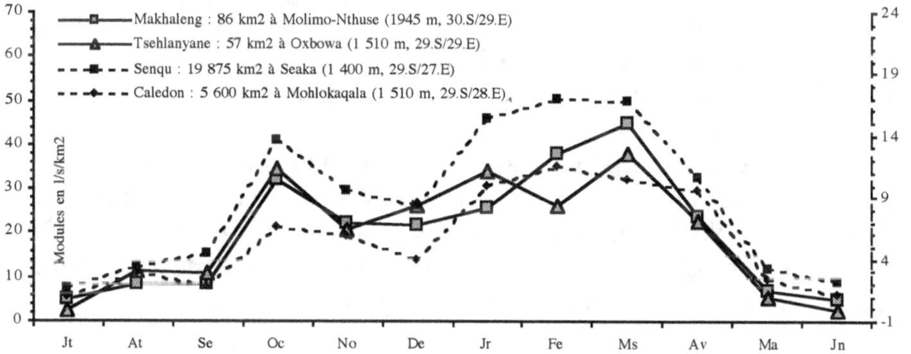

Document 4.31 - Quelques cours d'eau d'Afrique australe

Cependant la sécheresse estivale conduit à un étiage très accusé : seulement 9 à 10% des eaux écoulées entre mai et août.

• Comme dans les Pays de la Plata, la pondération est médiocre : 9 et 10 pour les affluents de l'Orange, 13 et 16 pour les torrents du Drakensberg. Quant à l'abondance relative, elle dépend des conditions locales d'abri, variant de 20 l/s/km^2 sur le Makhaleng et le Caledon (classe 11 ou mésoréisme élevé) à 8,8 l/s/km^2 sur le Senqu (classe 9 ou mésoréisme médian) et même 5,6 l/s/km^2 sur le Tsehlanyane (classe 8 ou microréisme soutenu).

L'influence de la sécheresse rappelle que l'Afrique est loin d'être un continent aussi riche en eau que l'Amérique du Sud.

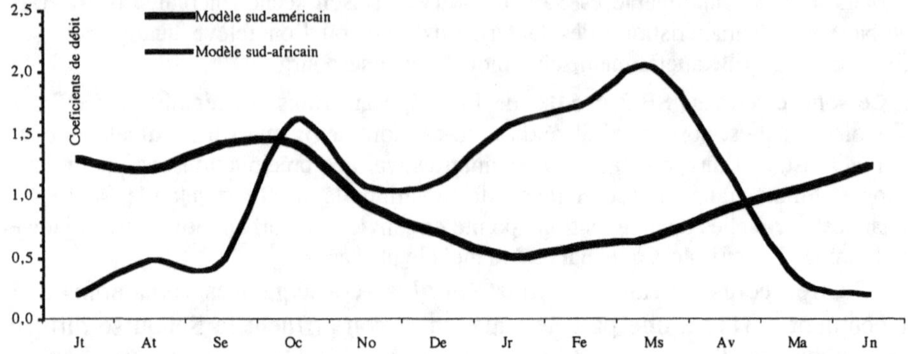

Document 4.32 - Modèles d'écoulements supratropicaux de façade orientale de l'hémisphère sud

*3°) **Quel modèle supratropical pour l'hémisphère sud ?*** Le Document 4.32 modélise les écoulements de l'"hémisphère sud ; chacun reflète le régime des pluies auquel il se trouve afférent.

Le modèle sud-américain n'est pas sans rappeler celui du sud des Etats-Unis avec un important régime pluvial de printemps, suivi d'un étiage évaporal d'été. À l'inverse, le régime sud-africain exagère le régime à deux maxima observé sur quelques cours d'eau du Sud et attribué aux perturbations tropicales. Ici, l'influence de l'alizé est dominante.

On s'approcherait alors des régimes observés en Extrême-Orient. Mais, dans tous les cas on constate la difficulté à séparer les régimes supratropicaux des régimes tropicaux proprement dits ; il est vrai que la limite climatique est souvent incertaine.

Cependant, cela ne doit pas faire oublier une autre interface, beaucoup plus large, avec les régimes nivaux, sur les vastes plaines continentales de l'Amérique du Nord et de l'Eurasie (cours d'eau non tributaires de l'Arctique). La présence de hautes montagnes - méridiennes en Amérique et zonales en Eurasie - étend l'influence des chutes des neige très bas en latitude.

Cinquième chapitre : Le poids des débacles nivales sous les moyennes latitudes

En ***Eurasie***, les influences pluviales venues de l'océan se dégradent dès qu'on s'éloigne des rivages. Selon la terminologie des climatologues, le climat océanisé (TO de J.P. Vigneau) de l'Europe du nord-ouest, sans sécheresse hydrologique, et le climat supratropical (SH) de l'Europe méditerranéenne, avec sécheresse estivale (les climats générateurs d'un régime pluvio-évaporal) se dégradent progressivement, en Europe centrale et orientale, suivant des formes de transition vers la continentalité (les types TO-C3 et TO-C4), et selon deux directions : d'une part des hivers de plus en plus froids, et d'autre part le passage d'un maximum pluviométrique d'hiver à un maximum d'été.

Mais les climats continentaux - gel hivernal et pluies d'été - ne prédominent qu'à partir des espaces russes et ukrainiens (types TC.4 et TC.2), pour ne se développer réellement que sur les immensités sibériennes, avec des formes hypercontinentales : glacées vers l'Arctique (type TC.3), semi-arides vers l'Asie centrale (type TC.1).

Cependant, du fait de la tendance générale à une circulation d'ouest en est, cette continentalité climatique est déportée vers l'est. Le climat de transition TC-E4 atteint l'océan et les climats littoraux d'Extrême-Orient (TE.2 et TE.3) conservent un hiver rude, la différence avec la continentalité reposant sur la répartition des pluies suivant l'année entière.

En ***Amérique***, le mécanisme général est le même, mais il est accentué par la disposition méridienne du relief.De l'Alaska à la Californie, les climats océanisé (TO) et supratropical (SH) sont réduits à une frange comprise entre le versant occidental des Rocheuses et le Pacifique. Il existe ici une solution de continuité avec les domaines purement continentaux (TC.1, TC.2 et TC.3) des bassins intérieurs et du Piémont des Rocheuses, puis des grandes plaines canadiennes et étatsuniennes.

À l'image de l'Extrême-Orient sibérien, le climat transitoire TC.E4 atteint le détroit de Davis.Cependant, les influences maritimes du golfe du Mexique, adoucissantes de la Baie d'Hudson, relayée par les Grands Lacs, étendent la part réservée aux climats froids et pluvieux du Nord-est (TE.4), à l'ensemble du Middle-West (TE.3), une répartition marquée par la disposition méridienne des Appalaches.

I - Le régime nival prédomine en Eurasie, au nord de l'axe des chaînes alpines.

Cette omniprésence tient à la rapide rigueur des hivers, dès qu'on s'éloigne de l'océan, et , par voie de conséquence à la constitution d'un tapis neigeux ; mais les conséquences potamologiques seront multiples du fait de la part à réserver à l'efficacité des pluies. Aussi, en résulte-t-il une floraison de variétés de régimes mixtes : du pluvial au nival en passant par les régimes pluvio-nivaux et nivo-pluviaux, car, pour l'hydrologue, le développement de la continentalité conduit à une relation manichéenne entre les rôles respectifs du gel hivernal et des précipitations.

A - Les fleuves tributaires de la Baltique

Du fait de l'influence maritime, le climat tarde à prendre un régime purement continental du fait de la persistance d'un apport pluvial important au cours de la saison froide ; cette tendance est rendue par les diagrammes ombrothermiques de Paris, Hanovre, Varsovie, Petrograd, Minsk et Arkangelsk (Document 5.1).

1°) Le rôle du climat peut être abordé de façon originale. La rétention nivale est une des causes profondes de la modification des régimes fluviaux avec la continentalité. Son ampleur dépend des volumes chus quand les températures sont négatives.

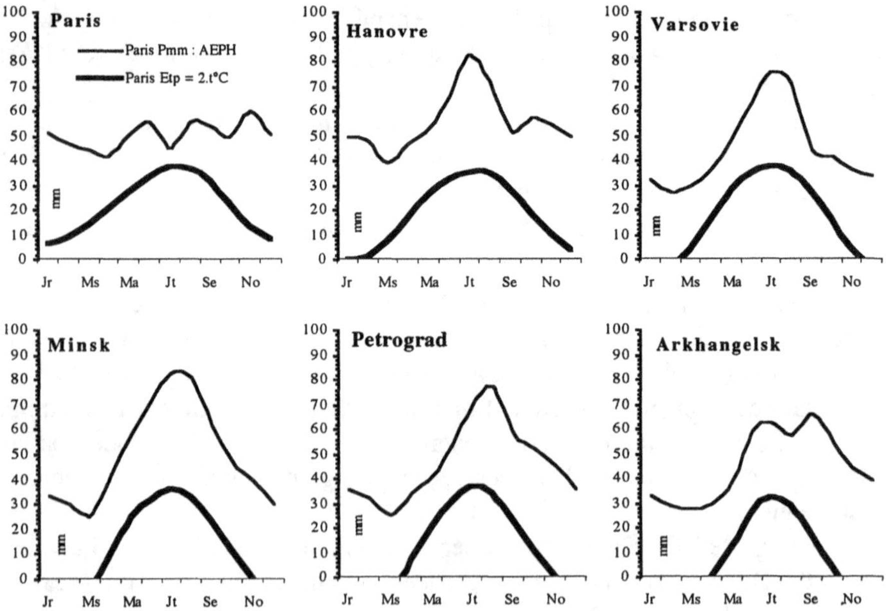

Document 5.1 - Diagramme ombrothermiques de l'Europe au sud de la Baltique

Si la température de l'été est peu concernée : 17,5°C à Paris et encore 15,5°C à Petrograd, l'hiver se creuse vers le nord-est. Le gel est encore trop rare à Paris et Hanovre pour apparaître dans des moyennes mensuelles ; mais l'hiver dure 3 mois avec une moyenne de 1,3°C. Il se creuse par la suite : 3 mois de gel à Varsovie (Xt°C = -1,3), 4 mois à Minsk (Xt°C = -7,5), 5 mois à Petrograd (Xt°C = -7,9) et 6 mois à Arkangelsk (Xt°C = -11,8), mais c'est déjà l'Arctique. Même pour des précipitations modestes, comme c'est le cas en Sibérie, un tapis neigeux peut se constituer, pour alimenter une débâcle quand les températures redeviennent positives.

Mais, du fait de la proximité de la mer, les totaux pluviométriques restent voisins, compris entre 672 mm à Hanovre et 542 mm à Arkangelsk. L'évapotranspiration estivale varie assez peu, car les températures estivales restent stables vers l'est. De plus, jusqu'au méridien de Hanovre les pluies d'hiver participent toutes à l'écoulement. Par la suite, il faut tenir compte de deux facteurs. Le premier est la durée théorique de l'hiver qui détermine la rétention nivale : on sait que de 3 mois à Varsovie, l'hiver passe à 6 mois à Arkangelsk. Le second est le volume chu en saison froide.Or son recul vers l'est peut être appréhendé de manière orginale.

Le tri du total de chaque trimestre : H = janvier-février-mars, P = avril-mai-juin, E = juillet-août-septembre et A = octobre-novembre-décembre, donne la formule A.H.E.P. : maximum pluviométrique de saison froide centré sur l'automne, pour une station océanisée, et E.A.P.H. : maximum pluviométrique de saison chaude centré sur l'été, pour une station continentale. Déjà à Paris, la distribution océanisée n'est plus respectée : la formule devient A.E.P.H. Si le maximum pluviométrique reste automnal, les précipitations d'été arrivent en deuxième position, face à un hiver qui apparaît relativement peu arrosé. À Hanovre, la répartition privilégie la saison chaude avec E.P.A.H, pour prendre la formule semi-continentale E.P.A.H. de Minsk à Petrograd.

Si on nomme saison froide la période située entre octobre et mars, elle reçoit encore 50% des précipitations à Paris. Cette part dans le total annuel commence par reculer en Europe centrale : 44% à Hanovre, 37% à Varsovie et 34% à Minsk. Mais c'est un recul modeste et l'hiver reste arrosé et neigeux. Surtout, du fait de la proximité de la Baltique, la part des pluies de saison froide remonte à 41% à Petrograd et à 42% à Arkangelsk. Quoi qu'il en soit, c'est beaucoup plus que la part des précipitations sibériennes au cours de la même période : 22% à Omsk et 17% à Irkoutsk.

Quelle part de ces pluies hivernales peut être stockée sous forme solide pour connaître une débâcle nivale au printemps, et quelle part reste sous sa forme liquide et participe directement à l'écoulement au coeur de l'hiver ? Cela revient à reconnaître que si le rôle de la neige apparaîtra très vite en Europe centrale, celui de la pluie va perdurer longtemps vers l'est.

2°) La mixité des régimes est la règle, même si la fonte des neige domine peu à peu. Le Document 5.2 illustre les régimes de quelques tributaires de la Mer du

Nord et de la Baltique : la Wezer et l'Elbe en Allemagne, l'Oder, la Vistule et le Bug en Pologne, le Niemen en Lithuanie, la Dvina de l'est en Lettonie, le Piarnu en Estonie et la Néva en Russie.

À l'exception de la Wezer qui possède encore tous les critères d'un régime pluvio-évaporal océanique, tous les autres présentent une débâcle nivale de printemps. Celle-ci, encore très modeste sur les cours d'eau allemands, s'affirme progressivement vers l'est, avec la rigueur et la durée des hivers. Cependant, à l'inverse des écoulements arctiques et sibériens, les basses eaux restent en été, ce qu'il faut interpréter comme la poursuite d'une influence pluviale, et peut-être la caractéristique d'un écoulement tempéré.

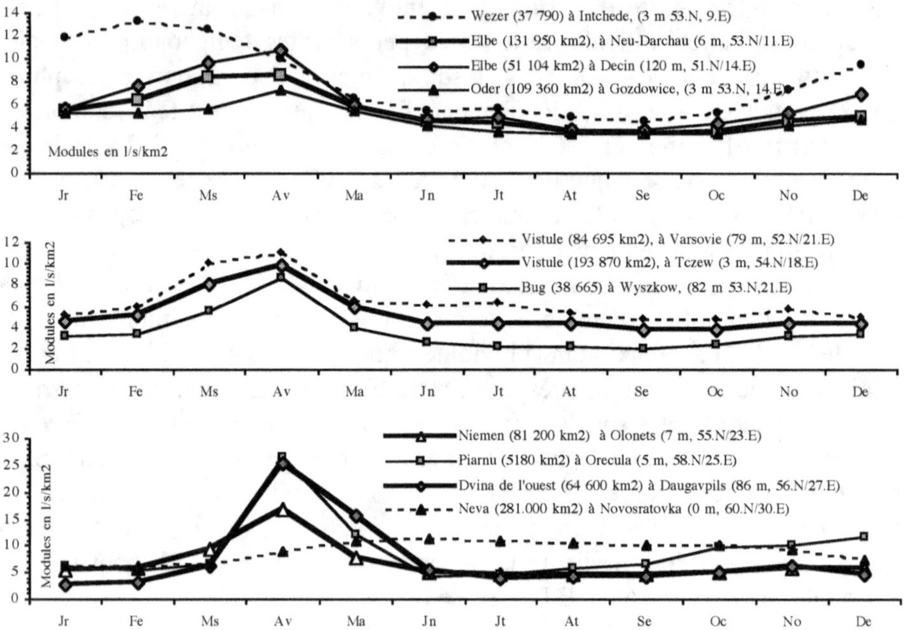

Document 5.2 - Accroissement de l'influence nivale chez les tributaires méridionaux de la Mer Baltique

- Ces fleuves écoulent encore entre 55 et 65% de leurs eaux entre novembre et avril ; ce qui est un comportement encore pluvial, qui confirme qu'une grande partie des eaux chues en saison froide n'est pas stockée dans le tapis neigeux, mais participe à l'écoulement.
- Cependant, de l'ouest vers l'est, la part des écoulements d'hiver (décembre à février) recule au profit de ceux du printemps (mars à mai). Pour modeste qu'il soit, ce recul de la part de l'hiver dans l'écoulement annuel est bien réel : de 17% sur les cours d'eau allemands, cette part recule à 21-22% sur les cours d'eau polonais, le Niemen et le Piarnu, pour n'être plus que de 12% sur la Dvina de l'Ouest.
- À l'inverse, la part de la débâcle nivale s'accroît. Située entre mars et juin, elle concerne 35% de l'écoulement de l'Oder et de l'Elbe, 40% de celui du Bug, de la Vistule, du Niemen et du Piarnu, et 54% de celui de la Dvina.

Influences nivales et pluviales viennent ici s'emboîter dans un régime mixte : pluvio-nival à l'ouest et nivo-pluvial à l'est. Toutefois, il n'y a pas que les pluies d'hiver qui entrent en jeu. En effet, un peu plus du tiers des eaux s'écoule entre mai et octobre. Les graphiques (Document 5.2) ne montrent jamais un creusement important des basses eaux estivales. La part écoulée en été est en moyenne de 17% et ce n'est pas négligeable.

• L'évapotranspiration est maximale en cette saison, mais c'est aussi celle du maximum pluviométrique dont tout l'apport n'est pas absorbé par l'atmosphère et les êtres vivants, et dont une part gagne ainsi les chenaux.

• Au sud de la Baltique, le maximum des précipitations se tient en juillet (Document 5.1). Ainsi, sur plusieurs cours d'eau, après la décrue qui suit la débâcle de mai, les débits restent soutenus sur l'Elbe à Neu-Dachau, sur le Bug et sur la Vistule à Tczew (cet écoulement plus élevé s'y poursuit jusqu'en août), voire sur le Niemen.

• Parfois même il se dessine un maximum secondaire (modeste) de juillet : l'Elbe à Decin, la Vistule à Varsovie. Enfin, sur tous les cours d'eau, l'écoulement entame une phase de croissance en automne qui annonce l'écoulement pluvial observé en hiver. Parfois, cette autre influence pluviale se traduit par un maximum secondaire : la Vistule à Varsovie, la Dvina de l'ouest, et surtout le Piarnu.

La répartition de toutes ces influences pluviales et nivales sur une grande partie de l'année se traduit par une pondération inconnue sur le pourtour de l'Arctique.

• Le quotient de pondération n'est que de 2,5 sur les cours d'eau allemands, ils n'est encore que de 3,3 sur les cours d'eau polonais et le Niemen.

• Il n'y a que dans la partie orientale du domaine que les débits deviennent plus contrastés, avec une influence nivale plus marquée, et on évoque l'immodération sur le Piarnu : 6,3 et sur la Dvina de l'ouest : 8,8.

• À l'inverse, les modules relatifs sont assez modestes. Les modules des cours d'eau allemands et polonais sont de classe 8 ou microréisme soutenu, le Niemen, le Piarnu et la Dvina de l'ouest ne sont que plus modestement abondants : classe 9 ou mésoréisme médian.

La Neva nous rappelle le rôle important des lacs qui, du fait de la pondération, de la fonte des réserves glacielles, connaît un étiage hivernal et une crue estivale, mais dans un contexte de grande pondération : 1,8, de forte abondance relative : 9,1 $l/s/km^2$.

B - Les fleuves tributaires de la mer Blanche et de la mer de Barentz

L'effet adoucissant de la dérive nord-atlantique enveloppe le littoral de la presqu'île de Kola et évite l'embâcle de la partie sud-ouest de la mer de Barentz ; aussi, le milieu est-il moins rude que dans le voisinage de la Nouvelle-Zemble. C'est ce que traduisent les climogrammes de Petrograd et d'Arkangelsk (Document 5.1).

Les fleuves de la moitié occidentale de la Russie du nord, dans la région des grands lacs, et à l'ouest de la Petchora, y maintiennent un écoulement toujours influencé par les eaux de ruissellement pluvial, malgré une rétention nivale de plus en plus forte (Document 5.3). Les services hydrologiques de l'URSS avaient effectué des jaugeages sur quelques tributaires des Grands Lacs, de la Mer Blanche et de la Mer de Barentz (Document 5.3).

• Le régime nival s'affirme : 75% des eaux sont écoulés entre mai et octobre, dont 40% entre mars et mai. L'écoulement hivernal - décembre à février - ne participe plus que pour 9%. Enfin, partout l'étiage se situe en mars, à la fin de l'hiver.

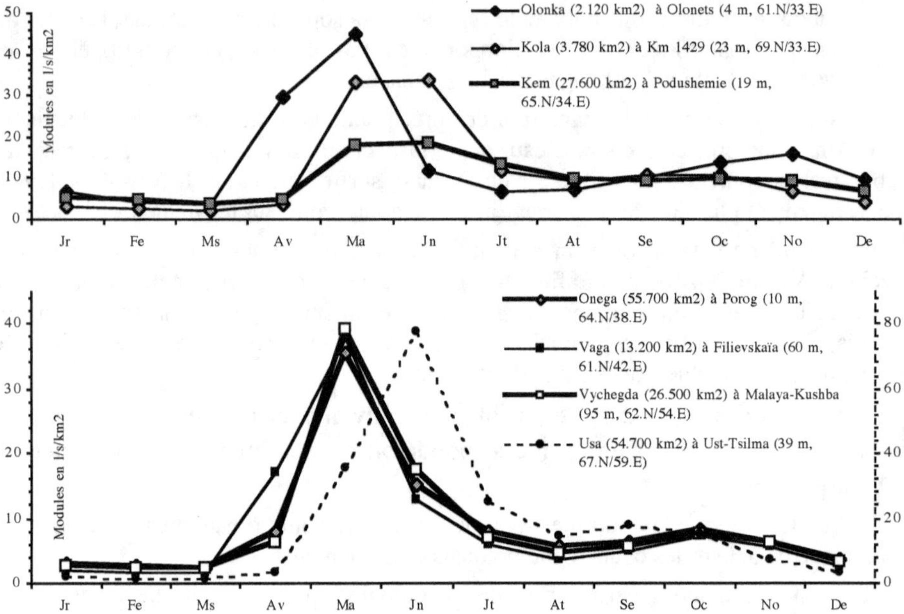

Document 5.3 - La persistance de l'influence pluviale vers l'Arctique.

Mais des nuances locales doivent être prises en compte, et avec elles, l'influence nivale. Par exemple, à l'ouest, quelques cours d'eau proviennent de la péninsule de Kola.

• L'Olonka, tributaire du lac Ladoga, présente encore une débâcle précoce, en avril, avec un maximum de juin. Surtout, la décrue estivale est interrompue par le ruissellement qui prend le pas sur l'évaporation à partir de septembre, et l'écoulement connaît un maximum secondaire pluvial d'octobre.

• À l'inverse, la débâcle est plus tardive sur la Kola (tributaire de la mer de Barentz) et sur la Kem (tributaire de la Mer Blanche). Ces rivières présentent aussi un palier , une interruption de la débâcle. Le débit est maximum en mai pour se poursuivre avec la même valeur en juin ; puis la décrue estivale est peu prononcée, et se raccorde au maximum pluvial secondaire d'automne.

• La Kola est l'émissaire du lac Imandra (au sud de Mourmansk) et la Kem est issue d'un important système lacustre dont le lac Sredneje. Insuffisamment vastes pour niveler l'écoulement, ces lacs parviendraient à aplanir la débâcle, à assurer le relais avec l'apport pluvial d'automne. Mais ils ne parviennent pas à limiter le creux de l'étiage : le coefficient de pondération, réduit à 5 sur la Kem, est encore de 15 sur la Kola.

Plus à l'est, l'écoulement conduit à la mer Blanche orientale : directement, pour l'Onega, par l'intermédiaire de la Dvina du Nord, pour la Vaga et la Vychegda, et par l'intermédiaire de la Petchora, pour l'Usa.

- La débâcle est tardive sur l'Onega, la Vaga et la Vychegda. Le creux de l'étiage est en mars-avril, puis la débâcle est violente et brève en mai. Près de 50% de l'écoulement sont réalisés en trois mois. Pourtant, le régime nival est loin d'être pur. Malgré l'évapotranspiration, l'écoulement reste important en août, et un maximum pluvial secondaire est bien marqué en automne.
- Le régime de l'Usa fait la jonction avec les régimes nivaux de l'Arctique (Document 2.31). La débâcle est centrée sur juin, et les deux-tiers de l'écoulement sont réalisés en trois mois. Pourtant, le rôle des pluies d'automne est évoqué par un maximum secondaire.

Le régime nival pur n'existerait pas en plaine. Mais, pour ces cours d'eau proches de l'Arctique, la grande différence avec les tributaires germano-polonais de la Baltique tient à la disparition d'un écoulement pluvial de saison froide, ce qui se traduit par une grande immodération : 20, si on élimine les pondérations lacustres, et même 48 sur l'Usa. En compensation, ce sont des cours d'eau abondants (du fait de la brièveté de la période évaporale) : classe 9 ou mésoréisme médian sur la Vaga (8,6 l/s/km^2), l'Onega et la Vychegda (8,7 l/s/km^2), la Kem (9,3 l/s/km^2) et la Kola (10,9 l/s/km^2)) ; classe 10 ou mésoréisme moyen sur l'Olonka (13,6 l/s/km^2) et l'Usa (17 l/s/km^2).

Le Document 5.4 illustre la différence entre le régime balte nivo-pluvial et le régime des tributaires de la mer Blanche et de la mer de Barentz, au régime nival plus affirmé.

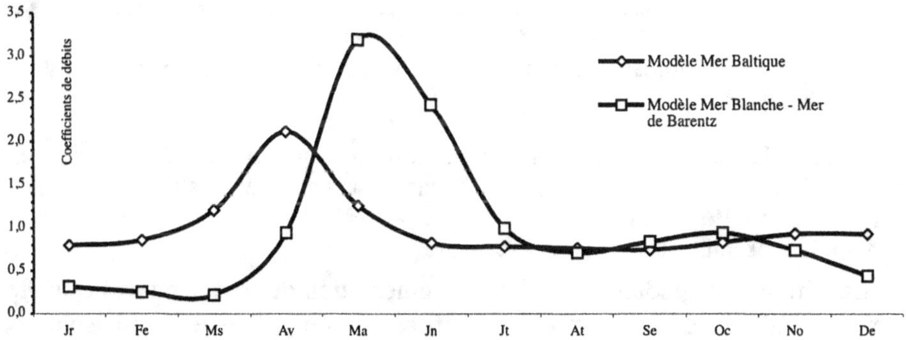

Document 5.4 - Modélisation des régimes des tributaires de la mer Baltique et des mers Arctiques limitrophes de la Russie.

C - Les fleuves tributaires de la Mer Noire et de la Caspienne

L'influence nivale y reste dominante, mais s'y ajoute une pointe d'aridité.

1°) - Un climat de transition : Certes il se radoucit vers le sud-est, mais il y devient aussi moins humide, et l'aridité s'établit au voisinage de la Caspienne (Document 5.5).

• C'est à Kiev que les précipitations sont maximales avec 615 mm ; mais elles se réduisent progressivement vers l'est - 578 mm à Moscou, 435 mm à Kazan (sur la Volga) et 358 mm à Orenbourg (sur le fleuve Oural) - et surtout vers le sud - 483 mm à Rostov, 389 mm à Odessa. Mais ces valeurs restent honorables pour un milieu continental (le total n'est que de 193 mm à Krasnovodsk sur la rive orientale de la Caspienne). Par ailleurs, le régime reste continental avec des pluies à maximum de saison chaude, de formule E.P.A.H. à Moscou, Kazan, Orenbourg et Kiev, et P.E.A.H. à Odessa et Rostov.

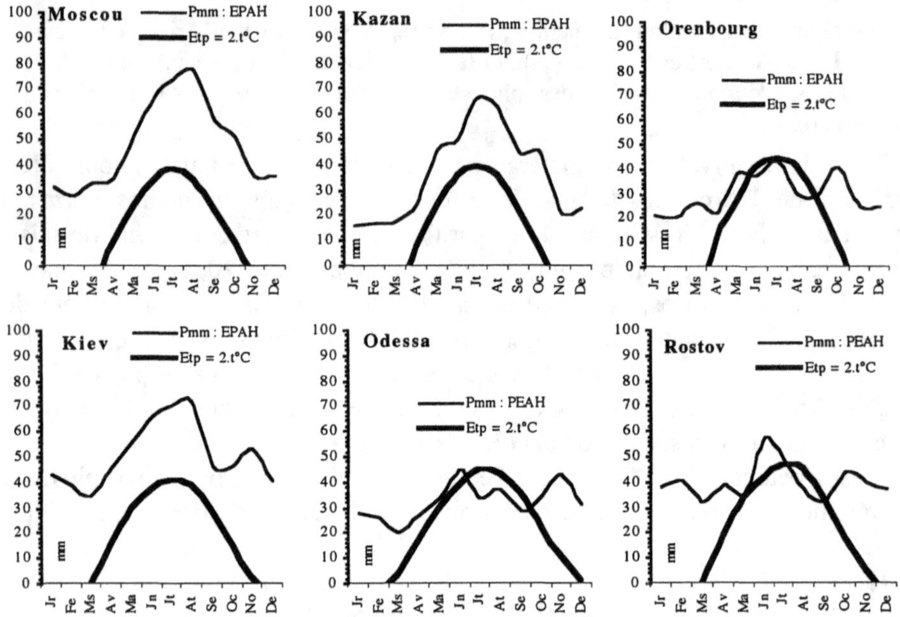

Document 5.5 - Dégradation climatique du nord-ouest vers le sud-est entre la Russie et l'Ukraine

• Toutefois, la part des précipitations de saison froide reste assez élevée, et surtout elle croît vers le sud : d'un tiers à Moscou et à Kazan, la part des précipitations d'automne et d'hiver passe à 42% à Kiev, 44% à Orenbourg, 47% à Odessa et 48% à Rostov ; ce qui y accroît la probabilité d'une couverture nivale.

La véritable dégradation vient de l'augmentation des températures estivales vers le sud : une croissance génératrice d'une forte évapotranspiration potentielle.

• L'hiver se radoucit, ce que rend la moyenne des mois de décembre, janvier, février. Il est encore très rude à Moscou : -8°C, à Kazan : -11°C et à Orenbourg : -12°C ; mais apparaît plus clément au voisinage de la mer : -4°C à Kiev, -3°C à Rostov, et -1°C à Odessa. Le tapis neigeux, mal alimenté par des pluies qui restent principalement estivales, tend vers la précarité sur les bords de la Mer Noire.

• L'été devient plus chaud. Le maximum de juillet s'élève de 19°C à Moscou et Kazan, à 22°C à Orenbourg ; de 20°C à Kiev, à 22°C à Odessa et 23,5°C à Rostov. La période estivale - juillet à septembre - devient de plus en plus chaude : de 16 à 18°C à

Moscou, Kazan et Kiev, sa température moyenne passe de 19°C à Orenbourg à 21° à Odessa et Rostov.

• L'apparition de la sécheresse hydrologique : Pmm < 2.t°C. en est une conséquence directe ; Inconnue à Moscou, Kazan et Kiev, elle se dessine en août à Rostov, elle dure trois mois à Odessa (juillet à septembre) et à Orenbourg (juin à août). Ces deux stations sont aux portes des déserts d'Asie centrale (sécheresse d'avril à octobre à Krasnovodsk). Il faut irriguer dans le sud de l'Ukraine et dans la basse vallée de la Volga.

Cependant, le dégel n'est guère plus précoce vers le sud ; certes, les températures redeviennent positives dès mars à Odessa ; mais partout ailleurs le gel perdure jusqu'en avril, aussi le régime reste-t-il foncièrement nival, mais avec des nuances liées à la dégradation climatique, mais aussi à l'immensité des bassins-versants, celui de la Volga notamment.

*2°) **Les tributaires occidentaux de la Mer Noire*** (Document 5.6 et 5.7). Par leurs dimensions, ils restent, pour certains, dans des proportions comparables à celles des cours d'eau septentrionaux. Ce sont le Desna et le Pripet, quelques affluents du Dniepr, le Dniestr et le Bug du Sud. Toutefois, le Dniestr appartient déjà aux bassins-versants de grande taille qui se développent vers l'est. Nous n'avons retenu que les jaugeages antérieurs à 1960, avant l'achèvement des grands aménagements qui ont souvent perturbé l'écoulement jusque dans la répartition des moyennes mensuelles.

Vers la frontière roumaine, le Dniestr et le Bug du Sud marquent la transition avec des climats plus chauds (Document 5.6) .

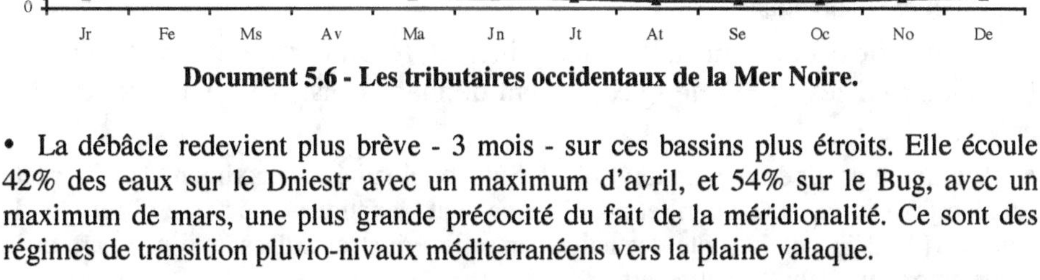

Document 5.6 - Les tributaires occidentaux de la Mer Noire.

• La débâcle redevient plus brève - 3 mois - sur ces bassins plus étroits. Elle écoule 42% des eaux sur le Dniestr avec un maximum d'avril, et 54% sur le Bug, avec un maximum de mars, une plus grande précocité du fait de la méridionalité. Ce sont des régimes de transition pluvio-nivaux méditerranéens vers la plaine valaque.

• En effet, la saison froide écoule 61% des eaux du Dniestr et 71% des celles du Bug, (dont 21 et 19% en hiver). Le régime reste fondamentalement pluvio-nival, car la fonte des neiges lui impose son allure, mais le ruissellement y joue un rôle important en hiver.

• Aussi, le minimum est-il évaporal et centré en septembre : les pluies abondantes de l'été n'ont plus qu'un rôle très secondaire dans l'écoulement. Le résultat est une pondération qui reste bonne : 3,2 et 3,9. À l'inverse, le module devient plus élevé du fait de la saison froide : 8 l/s/km^2 ou mésoréisme médian de classe 9 sur le Dniestr.

3°) Une place à part doit être donnée aux fleuves qui s'écoulent vers le sud-est : le Dniepr, le Don, la Volga et l'Oural.

a) En amont de Dniepropetrovsk, le Dniepr draine un bassin-versant de 463 000 km² (Document 5.7). En Europe occidentale, seul le Danube couvre un espace plus étendu. Aussi son régime à Dniepropetrovsk traduit-il toutes les influences apportées par son cours amont et ses affluents.

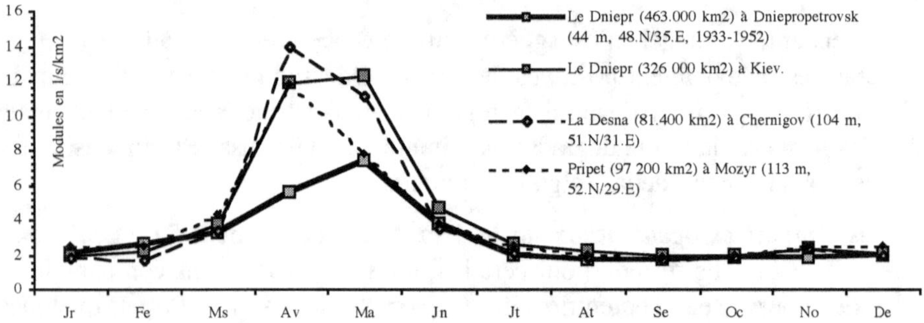

Document 5.7 - Le Dniepr et ses affluents.

• Chez les affluents, les régimes de la Desna à Chernigov et du Pripet à Mozir restent assez voisins du modèle baltique, par exemple du Niemen. La débâcle commence en mars, elle culmine en avril, et se termine en juin ; aussi a-t-elle concerné 68% de l'écoulement de la Desna et 61% de celui du Pripet. Ces valeurs sont supérieures à celles des cours d'eau baltes, car les bassins-versants sont plus continentaux, à l'écart des influences pluviales de la Mer Baltique et de la Mer Noire.

• Les données climatiques qui guident l'écoulement se situeraient entre celles de Minsk et de Kiev. Du fait du gel, l'écoulement d'hiver est modeste : 12 à 16% du total de décembre à février ; alors que l'écoulement estival est non négligeable : 12 à 14% du total de juillet à septembre.

• C'est un régime nival par la débâcle, mais qui reste pluvial aux autres saisons. Le résultat est une relative pondération : 8 et 6,5 (la traversée des marais de Pinsk explique sa meilleure pondération).

Ce régime est transmis à l'organe principal, le Dniepr, qui en rend compte à la station de Kiev : 65% de l'écoulement de mars à mai, 13% en hiver et 13% en été.

• Pourtant le profil du régime fait l'objet d'une originalité : le maximum de la débâcle est réparti sur deux mois : avril et mai. Elle ne peut s'expliquer que par la différence de date dans le début de la fonte des neiges entre le Pripet et la Desna, d'une part, et la partie amont du fleuve, d'autre part.

• Le Dniepr naît (comme la Volga) sur les hauteurs du Valdaï, près de Moscou, là où le gel perdure jusqu'en mars. C'est oublier l'échelle ; le bassin-versant du Dniepr est 6 fois plus vaste que celui du Niemen (par exemple). Pour atteindre Dniepropetrovsk, la distance que l'eau de fonte doit parcourir sur les versants et dans les chenaux aboutit à une débâcle progressive de mars à mai, avec un repli rapide en juin. Toutefois, ces quatre mois de débâcle concernent encore 56% d'un écoulement finalement beaucoup plus nival que vers la mer Baltique.

• Enfin, pour ce qui concerne les écoulements saisonniers, 48% des eaux s'écoulent en saison froide, de novembre à avril, dont 19% en hiver. Malgré les frimas, l'hiver conserve un écoulement pluvial. Aussi, le minimum est-il en septembre, comme sur un cours d'eau à régime pluvio-évaporal.

Une bonne pondération en est le résultat : 3, qui fut mise à profit par la batellerie. Mais, cette pondération se fait au détriment des modules : 4 l/s/km^2 pour le Pripet et la Desna, 3 l/s/km^2 pour le Dniepr à Dniepropetrovsk ; c'est un microréisme atténué de classe 7, des pays à forte évapotranspiration estivale. Cependant, du fait d'un contexte géologique favorable : la traversée épigénique de roches dures, on a mis en réserve le flux printanier derrière d'immenses barrages à Kiev, Krementchoug, Dniepro-petrovsk et Zaporojie.

b) Sur le Don, plus oriental, plus russe, le caractère pluvial décline ; surtout, l'aire considérable du bassin-versant provoque cet effet retard déjà observé en Sibérie et ici sur le Dniepr. À Razdorkaya, la débâcle dure quatre mois ; de mars à juin, avec un maximum de mai. Mais ce n'est que le retard des crues issues de l'amont et ralenties par l'étendue des espaces et des réseaux à parcourir : l'onde de débâcle chemine longtemps avant d'atteindre l'embouchure.

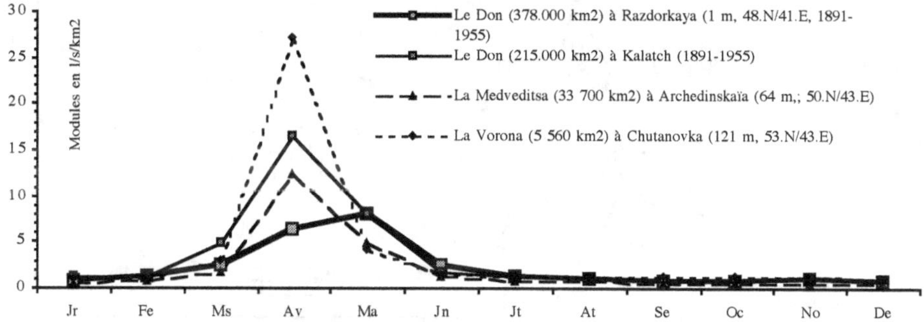

Document 5.8 - Le Don et ses affluents.

L'écoulement à Razdorkaya n'est que la conjonction de l'écoulement du Don à Kalatch avec les deux affluents : la Vorona et la Medveditsa.

• Le caractère nival est intense : plus de 75% des eaux sont écoulés en trois mois (mars à mai), face à seulement 7 à 8% en hiver et en été. C'est un régime nival de plaine : l'hiver connaît une forte rétention nivale du fait des hivers froids de la Russie centrale, le printemps est marqué par une brève fonte des neiges et l'automne par un écoulement pluvial très modéré.

• Mais l'été est évaporal : malgré le maximum pluviométrique, l'évapotranspiration l'emporte sur l'écoulement : aussi le minimum reste-t-il en septembre. Les statistiques montrent un maximum secondaire pluvial d'octobre, mais il est très peu marqué dans la réalité. Avec la sécheresse estivale, le caractère pluvial disparaît peu à peu, donnant un fleuve un régime presque exclusivement nival...

Le Don à son embouchure se contente de retarder la pointe de la crue qui se situe en mai, pour des raisons seulement topographiques. Le caractère nival accentue l'immodération : 30 et 25 sur la Vorona et la Medveditsa, 12 sur le

Don à Razdorkaya. À l'inverse, ce sont des cours d'eau qui restent peu abondants en dehors des crues : 2 à 3 l/s/km^2 soit le microréisme atténué de classe 7. Le Don n'était pas navigable, à l'inverse de la Volga.

c) La Volga offre une autre particularité ; outre les dimensions de son bassin : 1 135 000 km^2 à Volgograd (2 fois le bassin du Danube), c'est un allogène né au sein du domaine continental russe des hauteurs du Valdaï, mais qui se jette dans le bassin endoréique de la Caspienne, au climat semi-aride et froid.

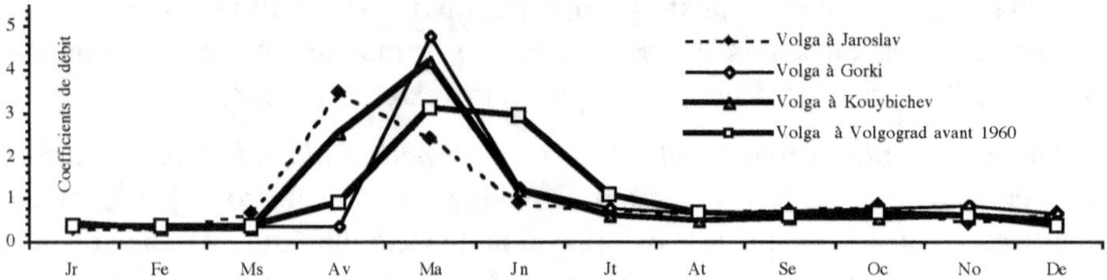

a) La Volga en différents points de son cours

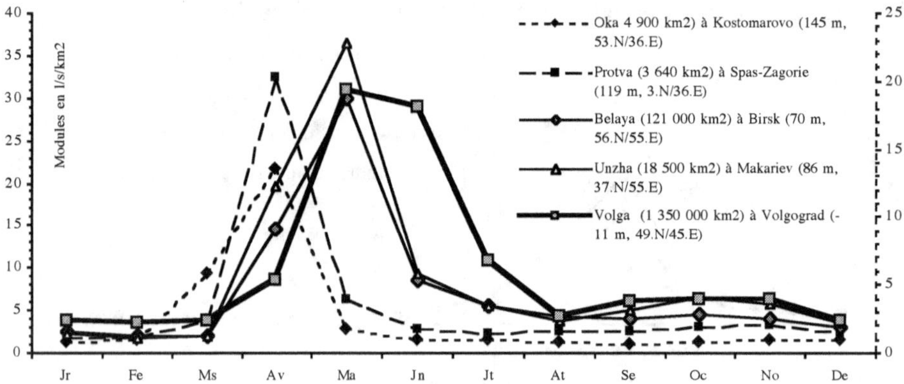

b) Rôle des affluents dans la détermination du régime de la Volga.

Document 5.9 - La Volga et ses affluents

Le Document 5.9.a évoque les avatars du régime nival qui, d'amont en aval, écoule entre 55 et 65% des eaux au cours de la débâcle ; mais la date de celle-ci se modifie vers l'aval.

- À Iaroslav c'est un cours d'eau typiquement nival, où la fonte des neiges est précoce : avril, mais dont la débâcle est pondérée par la traversée de marais.
- Puis, par accroissement de l'aire des versants à drainer, et par le retard de la fonte des neiges vers l'est, la débâcle se trouve reportée sur mai à Gorki et à Kuybichev.
- Il se produit alors un processus original (observé sur le Dniepr). À Volgograd (ou Stalingrad), si le maximum reste effectivement en mai, l'abondance perdure jusqu'en juin ; si la crue est écrêtée, elle est plus durable.

La variété des régimes des affluents explique cette évolution. (Document 5.9.b).

• En amont de Gorki, à Iaroslav, la Volga a le même régime que ses affluents l'Oka et la Protva, lesquels écoulent 74 et 66% de leurs eaux entre mars et mai avec une forte crue nivale en avril. C'est un régime presque exclusivement nival avec seulement 9% des eaux écoulées en hiver et 10% en été.

• Par un effet retard dû à l'accroissement de la surface du bassin et de la longueur du réseau, cette crue nivale se trouve décalée d'un mois à Gorki.

• Ce sont alors les régimes des affluents venus de l'Oural qui vont imposer leur loi, par le truchement de leur tributaire la Kama, qui rejoint le fleuve à Kazan. Mais ce n'est pas la seule nuance qu'ils apportent.

• Ces deux affluents de la Kama n'écoulent plus que 60% de leurs eaux pendant la débâcle (ici avec un maximum de mai du fait du retard du réchauffement printanier vers l'Oural). L'hiver reste une période de basses eaux : 8% de l'écoulement, mais 16 à 17% des eaux sont écoulés de septembre à novembre ; un écoulement pluvial qui corrobore le recul de l'évapotranspiration.

On n'en comprend que mieux le régime à Volgograd :

• De premières basses eaux hivernales avec maintenant un minimum de février,

• Une débâcle nivale de mai-juin dont le flux couvre 60% de l'écoulement,

• De secondes basses eaux estivales avec un minimum d'août, de même module spécifique (2,5 l/s/km^2) que celui de février,

• Une crue pluviale (modeste) d'automne : 16% de l'écoulement entre septembre et novembre.

Ce caractère pluvial est ici encouragé par les pluies d'automne proportionnellement plus abondantes vers le sud-est de la Russie (Document 5.5). Toutefois le régime nival est incontestable, comme sur le Don. L'immodération rappelle la Sibérie toute proche : entre 17 et 20 sur les affluents, et encore 8,8 à Volgograd. En dehors des débâcles, l'écoulement est modeste, les modules moyens appartiennent à la classe 8 ou microréisme soutenu : Oka (3,8 l/s/km^2), Protva (5,4 l/s/km^2), et Volga (6,1 l/s/km^2), ou à la classe 9 ou mésoréisme médian : Belaya (7,1 l/s/km^2) et Unzha (8,5 l/s/km^2).

La limite orientale du domaine correspond à la barrière de l'Oural. Vers le sud-est, vers la cuvette aralo-caspienne, la transition se fait avec les climats froids et semi-arides.

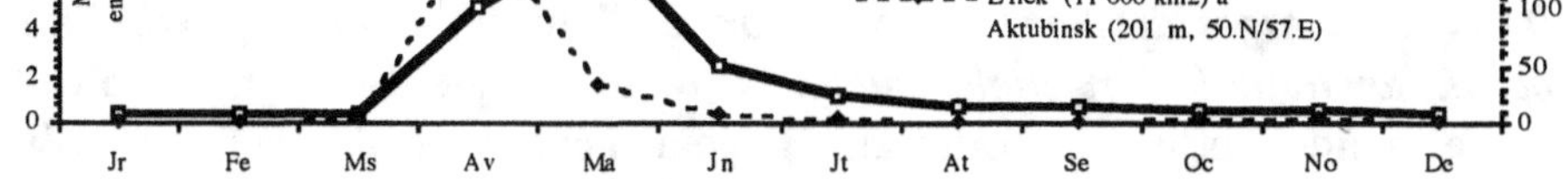

Document 5.10 - L'Oural et la limite des régimes tempérés

d) L'Oural est le dernier exemple d'écoulement nival de plaine (Document 5.10). C'est un fleuve allogène, comme la Volga, mais beaucoup plus tributaire du désert, dans lequel il réside plus longtemps.

• La neige joue un rôle prépondérant : 77% des eaux sont écoulées au cours de la débâcle. Celle-ci est tardive, d'avril à juin, avec un maximum de mai.

• L'hiver est la saison de l'étiage : 4% des eaux entre décembre et février, mais, les pluies d'été parviennent à ruisseler, assurant 12% de l'écoulement.

On serait tenté de le comparer à un fleuve sibérien, du fait d'une immodération de 27. Mais la ressemblance s'arrête là, c'est un cours d'eau de milieu semi-aride qui, en moyenne, n'écoule qu'1,7 l/s/km^2 : classe 6 ou microréisme mesuré. Non loin de là, l'un de ses affluents orientaux, l'Ilek à Aktjubinsk, au Kazakhstan, écoule 93% de ses eaux au cours de la débâcle, dont 60% en avril : c'est un oued.

Vers l'est, l'immensité de l'Asie Centrale n'offre que des modèles arides ou nivaux sibériens. Il faut atteindre l'Extrême-Orient pour rencontrer à nouveau une influence pluviale dans l'écoulement.

II - Rôle des montagnes enneigées et englacées de l'Eurasie

Le régime glaciaire joua un rôle pendant les glaciations quaternaires : l'étendue et la granulométrie des épandages fluvio-glaciaires, conservés par les terrasses, en sont la preuve. Mais la disparition de l'inlandsis fénoscandien, il y a une vingtaine de milliers d'années, a relégué les cours d'eau glaciaires en haute montagne ; néanmoins, si la jeunesse et la position "zonale" de l'orogenèse alpine poursuit l'influence nivale vers le sud, elle y ajoute une originalité devenue rare sous les hautes latitudes : la fonte estivale des glaciers. Mais s'il ne subsiste que quelques "niches" dans les Pyrénées, des massifs englacés se sont maintenus dans les Alpes : Pelvoux, Savoie, Oberland, Valais, Tauern, dans le Caucase : Elbrouz, dans les Tian-Chan, au Pamir et au Kara-Korum au nord-est de l'Himalaya. Dans l'Oberland bernois, le glacier d'Aletsch se développe sur 33 km, au Kara-Korum, le Baltoro s'étend sur 70 km.

A - Ecoulement glaciaire des montagnes eurasiatiques

Pour que la glace de montagne soit pérenne, il faut allier une bonne alimentation neigeuse à une altitude dépassant largement les 4 000 m, afin que le dégel estival soit exclu.

Ces conditions qui excluent les Pyrénées et les Carpates se rencontrent dans les Alpes du Nord, le Caucase, le Pamir et les Tian-Chan.

1°) Dans les Alpes du Nord, l'association de l'altitude et de la proximité de l'océan, explique le fort englacement. La fonte estivale d'une partie de cette réserve solide influence fortement l'écoulement avec l'occurrence d'un maximum estival (Document 5.11) correspondant au mois le plus chaud.

L'Avérole à Avérole, dans la haute Maurienne, et l'Isère à Val-d'Isère, dans la haute Tarentaise, en offrent les caractéristiques.

• Face à un étiage hivernal très long : 10% seulement de l'écoulement sont réalisés entre novembre et avril, les hautes eaux sont brèves et centrées sur l'été thermique qui écoule les 2/3 des eaux entre juin et août.

• L'écoulement s'amplifie quand les températures passent au-dessus de 0°C, en avril-mai ; mais avec le retour du gel, en octobre, seule la surfusion évite l'assec et permet un écoulement sous-glaciaire.

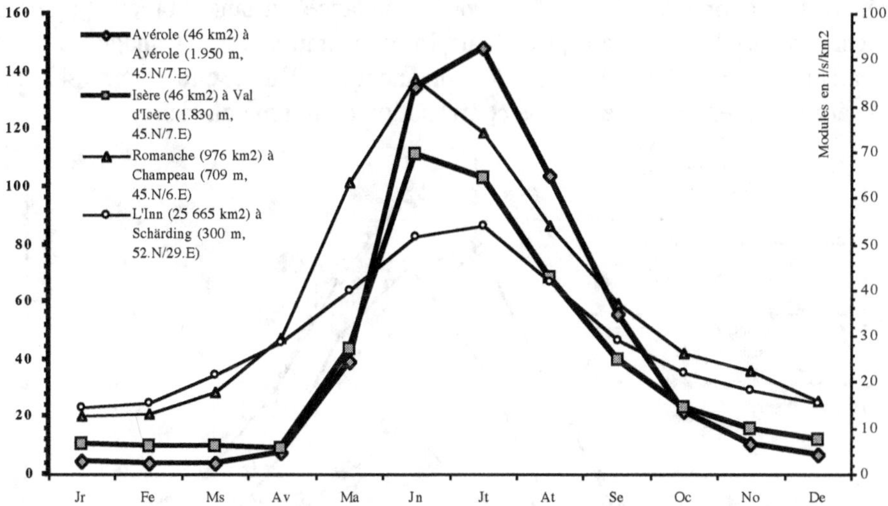

Document 5.11 - Le régime glaciaire tel qu'il apparaît dans les Alpes du Nord.

Le régime est glaciaire pur sur ces bassins torrentiels de très faible étendue. Pourtant, comme les pluies perturbent le régime nival de plaine, la fonte des neiges peut perturber le régime glaciaire. En effet, l'abondance des chutes de neige, en hiver en-dessous de 2 500-3 000 m, en toute saison au-dessus, implique une importance non négligeable des débâcles nivales.

• C'est déjà évoqué par un maximum d'écoulement avancé en juin sur l'Isère à Val d'Isère.

• Cependant, en estimant que le centre de gravité d'un écoulement nival se situe au Printemps, entre avril et juin, et celui d'un écoulement glaciaire en Eté, entre juin et août, l'Avérole et l'Isère restent assez purement glaciaires en écoulant 70% de leurs eaux dans la première période, et 30% dans la seconde.

• Ce n'est plus vrai sur la Romanche à Champeau, ni, plus à l'intérieur dans la montagne, sur l'Inn à Schärding.

• Certes la première reste sous l'emprise des systèmes glaciaires du Pelvoux, et le second sous ceux des Grisons et de l'Ötztal : respectivement 47 et 42% de leur écoulement sont concentrés entre juin et août, contre 10 et 15% de janvier à mars. Mais l'écoulement printanier, nival par définition, gagne en importance : 40% sur la Romanche, et 34% sur l'Inn.

• Ce ne sont pas de véritables régimes nivo-glaciaires, la fonte des glaces l'emporte sur la débâcle nivale, et sur l'Inn le maximum reste en juillet. Ce ne sont que des écoulements glaciaires à influence nivale ; mais ils sont certainement plus représentatifs des Alpes que les régimes glaciaires purs.

Toutefois, l'abondance pluviométrique alpine, l'ampleur et la durée de l'enneigement, l'importance des édifices glaciaires, convergent pour assurer des modules très élevés. Avec 29,4 l/s/km², l'Inn appartient à la classe 11 ou mésoréisme élevé. Quant à l'écoulement de la Romanche à Champeau et de l'Isère à Val-d'Isère : 38 l/s/km², puis de l'Avérole : 45 l/s/km², il atteint le mégaréisme abondant (classe 12), dont l'abondance fut tant appréciée pour les aménagements hydro-électriques. Mais l'immodération est à l'image de cette abondance : de 12 sur l'Isère, la Romanche et l'Inn, elle atteint 40 sur l'Avérole : cependant, elle est une confirmation du régime glaciaire.

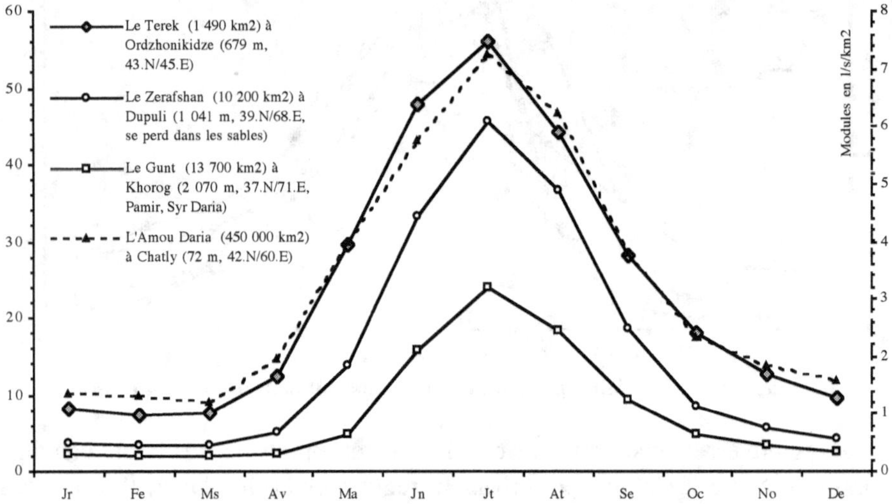

Document 5.12 - Ecoulements glaciaires d'Asie centrale

2°) L'écoulement glaciaire affecte aussi le Caucase et les Tian-Chan. En effet, vers l'est, pour retrouver des glaciers de montagnes, il faut gagner le Caucase et les Tian-Chan. La continentalité réduit le rôle des chutes de neige de saison froide, car ces montagnes dominent des plaines au climat continental, avec de fortes pointes d'aridité dans les cuvettes endoréiques d'Asie centrale. Les régimes glaciaires s'en trouvent confortés (Document 5.12).

L'allure gaussienne de la distribution des modules mensuels du Terek (Caucase), du Gunt, du Zerafshan et de l'Amou-Daria (Tian-Chan) illustre parfaitement des écoulements glaciaires reproduisant la répartition saisonnière des températures.

• En effet, l'écoulement estival, juin à août, couvre 55% des écoulements, l'influence nivale du printemps, avril à juin, est réduite : 30% des eaux. La rétention nivo-glaciaire de l'hiver est forte : 8% seulement de l'écoulement entre janvier et mars.

• En dehors des cours d'eau où les prélèvements anthropiques estivaux sont abondants : Terek et Amou-Daria, l'immodération est forte : 12 à 12.

Cependant, l'environnement aride et semi-aride des plaines voisines est très vite ressenti et marque la limite continentale du domaine tempéré

• Le Terek est un cours d'eau intramontagnard, le jaugeage du Zerafshan a été effectué à plus de 1 000 m d'altitude. Le caractère montagnard persiste dans l'écoulement sous la forme d'un module élevé : 23,5 l/s/km² sur le Terek, et 15,2 l/s/km² sur le Zerafshan ; c'est le mésoréisme élevé de classe 11.

• Plus bas en altitude, à l'approche des cuvettes endoréiques, l'aridité apporte sa marque. Le Zerafshan se perd dans les sables du Kara-Koum, le Gunt n'écoule plus que 7,6 l/s/km² (classe 9 ou mésoréisme médian), l'Amou-Daria est devenu un fleuve allogène, soumis à une importante évaporation , dont l'écoulement, 3,2 l/s/km² est réduit à un microréisme soutenu de classe 8.

B - L'écoulement nival de montagne en Europe

Il apparaît dès que l'altitude est suffisante à la réalisation d'un tapis neigeux. Mais la débâcle nivale domine très rarement l'écoulement, car celui-ci se combine avec l'apport pluvial et glaciaire.

1°) *Les montagnes françaises fournissent un bon échantillonnage des transitions entre les influences*. Le Massif Central, les Pyrénées et les Alpes donnent une bonne illustration de l'importance et des limites du rôle du relief dans la genèse des écoulements nivaux.

a) La position géographique du Massif Central en a fait le Château d'eau de la France : il alimente la quasi-totalité du bassin de la Loire, une partie des bassins de la Seine et de la Garonne. De nombreux fleuves côtiers en proviennent : Dordogne, Charente ; il influence même le régime du Rhône dans sa partie aval. Les régimes du Tarn et du Lot à l'ouest, de la Loire et de l'Allier au nord, et de l'Eyrieux et de l'Ardèche à l'Est, traduisent une assez nette influence nivale (Document 5.13) :

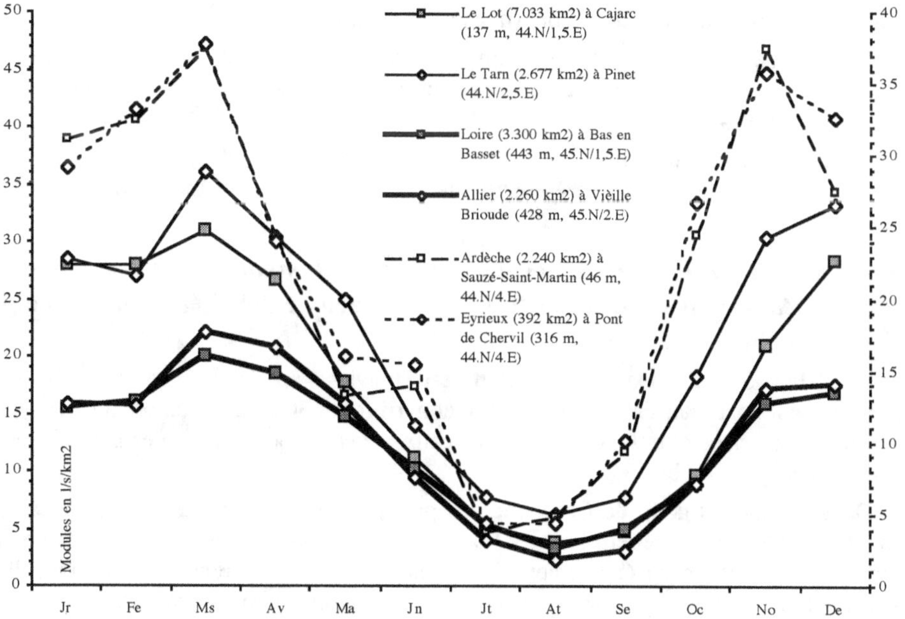

Document 5.13 - Influence de la neige sur le régime des cours d'eau du Massif Central.

• La débâcle est précoce et 35 à 40% de l'écoulement sont réalisés entre février et avril. Cependant, l'influence pluvio-évaporale est importante : 35% des eaux sont écoulés entre décembre et février, en opposition de phase avec des basses eaux estivales : 3 à 8% de l'écoulement entre juillet et septembre.

• Plus qu'à un régime pluvio-nival ou nivo-pluvial, on aurait affaire à un régime de transition entre les régimes pluvio-évaporal et le régime nival pur.

Les nuances géographiques concernent la transition entre le régime nival et les régimes pluvio-évaporaux océanique et méditerranéen.

Le Tarn, le Lot, la Loire et l'Allier relèvent du modèle océanique, et la différence provient de l'abondance relative.

• Le Tarn : 22 l/s/km^2 et le Lot : 18 l/s/km^2 appartiennent au mésoréisme élevé de la classe 11, du fait des pluies de reliefs qui, en été, continuent d'arroser les reliefs volcaniques.

• À l'inverse la Loire auvergnate : 12,5 l/s/km^2 et l'Allier : 12,7 l/s/km^2, à l'abri des mêmes reliefs, ne relèvent que du mésoréisme moyen de la classe 10. Cependant, échos des averses cévenoles, les débits de novembre sont aussi abondants que ceux de décembre.

• Le résultat est une immodération plus élevée qu'en plaine : 7 sur l'ensemble ligérien, 8 sur l'ensemble aquitain. Mais les écoulements restent dominés par la fonte des neiges, et c'est en cela qu'ils sont des régimes de transition.

À l'inverse, l'Eyrieux : 22,5 l/s/km^2 et l'Ardèche : 27,1 l/s/km^2 s'illustrent par une forte abondance : mésoréisme élevé de classe 11, une immodération de 10 et un régime pluvio-nival à deux maxima bien marqués.

• Un tiers de l'écoulement est réalisé entre février et avril (maximum de mars) et un autre tiers entre octobre et décembre (maximum de novembre).

• C'est la dégradation nivale du régime pluvio-évaporal méditerranéen : elle relève d'un hiver froid et neigeux sur les Cévennes et d'un automne soumis à la succession des averses cévenoles.

• L'omniprésence du milieu montagnard sur le pourtour méditerranéen fait que ce modèle de régime est plus représentatif que le régime pluvio-évaporal méditerranéen pur.

b) Le versant nord des Pyrénées illustre la transition du régime océanique au régime méditerranéen (Document 5.14). Aux deux extrémités de la chaîne, le régime est pluvio-évaporal.

• La Nive à Saint-Jean-Pied-de-Port est pluvio-évaporale océanique : 2/3 de l'écoulement sont réalisés entre novembre et avril (dont 30% de décembre à février), et 1/3 entre mai et octobre, avec des basses eaux peu marquées : 13% des eaux écoulés entre juillet et septembre.

• Dans le fond du golfe de Gascogne, les précipitations cycloniques déjà abondantes sont accentuées par le relief : le Pays Basque reçoit 2 000 mm assez bien répartis dans l'année. Il en résulte un écoulement semblable à ce qui a été rencontré en Nouvelle-Zélande : un module spécifique de 110,9 l/s/km^2 relevant du mégaréisme démesuré classe 14. Comme le ruissellement reste abondant en été, la pondération n'est que de 2,9.

• Pourtant le rôle de la neige n'est pas absent. L'hiver, très arrosé, est neigeux en altitude ; et un stock nival se constitue pour fondre au printemps ; preuve en est un maximum décalé vers le printemps en mars et avril : plus de 30% des eaux sont écoulés entre février et avril.

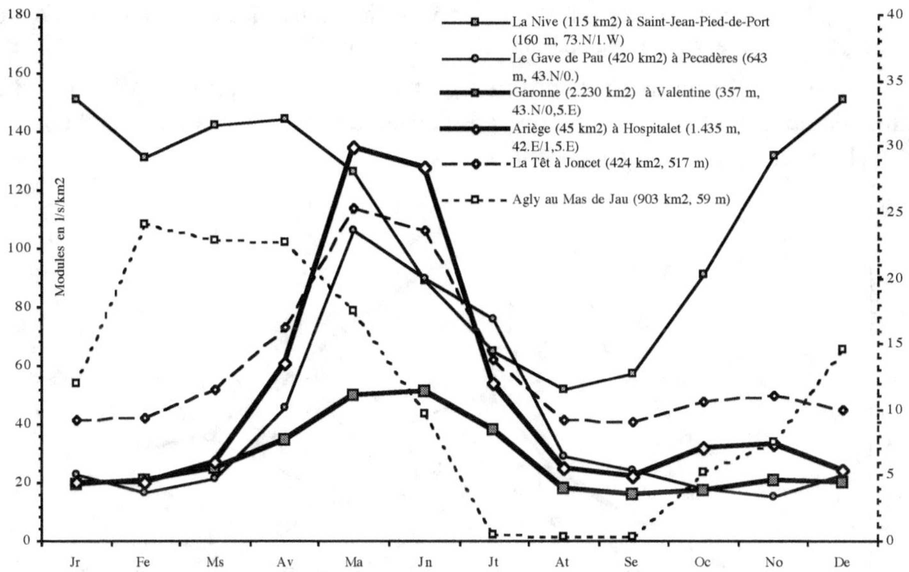

Document 5.14 - Régimes fluviaux su versant nord des Pyrénées

Ce rôle de la neige marque ainsi une montagne dont l'englacement est très réduit. Nous retiendrons quatre cours d'eau marquant le passage de l'influence océanique à l'influence méditerranéenne : le Gave de Pau, la haute Garonne, l'Ariège et la Têt.

• La rétention nivale est forte, les rivières n'écoulent que 15% de leur eau entre décembre et février, tandis que la débâcle en assure 47% entre avril et juin.

Mais ce caractère nival presque pur ne concerne que l'ouest du massif : le Gave de Pau et la Haute Garonne. Vers l'est, l'influence pluvio-évaporale méditerranéenne se dessine.

• Une première marque concerne l'occurrence d'un maximum secondaire pluvial en automne : 18 à 20% de l'écoulement sont effectués entre octobre et décembre, et le maximum pluvial de novembre est assez bien marqué : sur l'Ariège et la Têt. La haute montagne accuse le caractère nival, mais les averses cévenoles (appelées ici Aygats) peuvent intervenir de façon brutale comme en octobre 1940 et en novembre 1999.

• L'influence méditerranéenne est aussi marquée par le repli du module. Il est élevé dans les Pyrénées occidentale et centrale : avec 27,5 l/s/km^2 pour la Haute Garonne, il relève du mésoréisme élevé de classe 11. Le Gave d'Oloron : 40,6 l/s/km^2, et l'Ariège : 48,3 l/s/km^2, appartiennent au mégaréisme abondant de classe 12. Bien que restant élevé en soi, le module chute fortement sur la Têt : 1,32 l/s/km^2 ou mésoréisme moyen de la classe 10.

Le recul des modules spécifiques accompagne fréquemment l'écoulement méditerranéen. Il est vrai que rapidement l'étiage devient important.

- En effet, sur le Gave et la Garonne la pondération est de 3,2 et 2,8.Sur l'Ariège et la Têt, l'immodération est déjà de 6,9 et 6,8.
- L'Agly n'a aucun caractère nival, l'étiage y est très creux : 1% de l'écoulement entre juillet et septembre, associé à une immodération intense : 78.

En dehors d'un régime différent, une abondance plus élevée, et une immodération moindre seraient une des conséquences de l'influence de la neige dans les montagnes méditerranéennes.

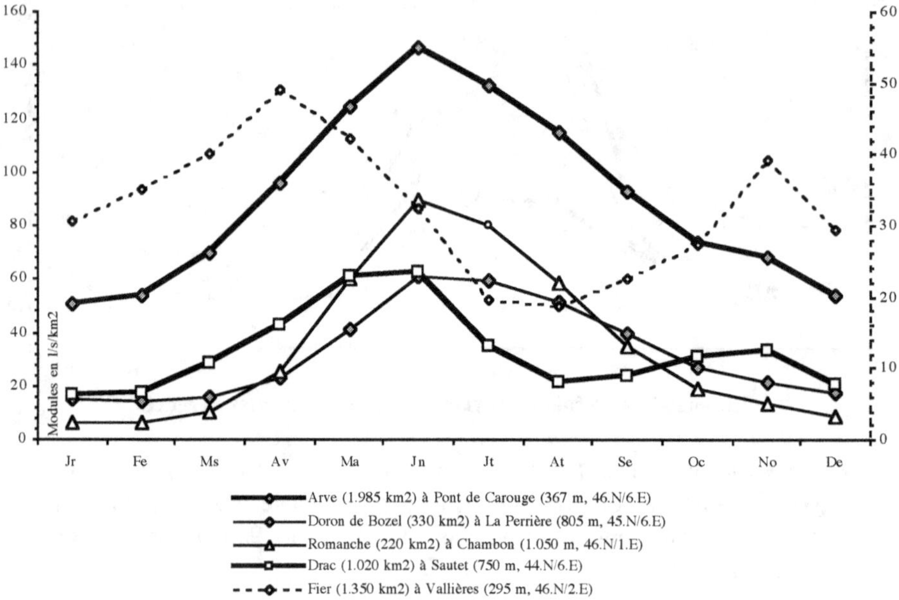

Document 5.15 - L'influence glaciaire dans les Alpes du Nord.

c) Dans les Alpes, entre la Savoie et la Méditerranée, la modification des régimes associe la phase nivale, aux averses méditerranéennes de plus en plus fréquentes vers le sud ; d'où, une importance croissante de l'écoulement pluvial d'automne. Mais, au nord, le rôle des glaciers reste important (Document 5.15). Ainsi l'écoulement des principaux cours d'eau savoyards est-il encore très marqué par la fonte estivale des glaces des Massifs du Mont-Blanc, de la Vanoise et du Pelvoux.

- Au nord, vers la frontière, l'Arve, émissaire des glaciers du Mont-Blanc, est apparemment de régime glaciaire : 37% des eaux écoulées entre juillet et août, avec un maximum de juillet. Pourtant, la neige et même la pluie ne sont jamais absentes. Si 34% du flux se réalisent entre avril et mai, c'est le fruit d'une débâcle nivale.
- Mais l'étiage hivernal : 15% de l'écoulement (trois fois plus que l'Avérole), évoque l'Inn et montre que dans ces montagnes arrosées en toute saison, le ruissellement, même sur la glace, apporte toujours une nuance pluviale.

Ces remarques concernent aussi les écoulements du Doron de Bosel (affluent de l'Arc) et de la Romanche plus au sud.

• Certes, ces rivières écoulent plus de 40% des eaux de juin à août, mais les basses eaux de l'hiver en concernent 12% et le printemps en écoule plus de 30%.entre avril et juin.

• Ce sont des écoulements glacio-nivaux à influence pluviale, dont l'abondance attira l'hydro-électricité. En effet, les modules du Doron : 32 l/s/km^2 et de la Romanche : 34 l/s/km^2 se situent à la frontière entre le mésoréisme moyen (classe 10) et le mégaréisme abondant (classe 12).

Ce n'est que plus bas en altitude que le rôle de la neige s'impose. Le Drac et le Fier en sont l'illustration.

• Le régime du Drac est encore influencé par les glaces du Pelvoux, avec un maximum de juin. Mais 20% de l'écoulement sont réalisés entre juin et août : un poids réduit pour l'été face au printemps pendant lequel 42% de l'eau circulent entre avril et juin).

• Malgré un modeste maximum secondaire en novembre, le rôle du ruissellement, à l'image des cours d'eau précédents, intervient en hiver avec 22% des eaux écoulées de décembre à février.

Ce régime, plus nival que glaciaire, marque la transition avec les régimes nivo-pluviaux dont l'écoulement du Fier est l'illustration.

• Issu du Bornes, son bassin ne comporte pas de glaciers. La débâcle nivale l'emporte entre mars et avril : 34% du débit annuel.

• Mais elle intervient entre deux basses eaux : l'une de rétention nivale en hiver et l'autre évaporale en été.

• Toutefois, le retour de la fraîcheur d'automne, dans ces régions où les pluies sont abondantes, introduit un maximum secondaire pluvial : 25% du débit annuel entre octobre et décembre.

Ce régime mixte, nivo-pluvial quand la fonte des neiges prédomine, et pluvio-nival quand les pluies la supplantent, est caractéristique de ces montagnes à la fois enneigées et très arrosées : Alpes du Nord, Jura, Vosges. Il en résulte une pondération née de la conjonction d'alimentations en opposition de phase.

L'influence nivale persiste jusque dans les Alpes du Sud, qui pourtant sont déjà une montagne méditerranéenne (Document 5.16).

• Sur la Durance (ici en amont du réservoir de la Serre-Ponçon) et sur l'Ubaye, la fonte des neiges impose sa loi : 53 et 54% de l'écoulement entre avril et juin, le maximum pluvial de l'automne est à peine marqué. Leurs régimes nivaux apparaissent presque purs, du fait de l'altitude des bassins-versants.

• Ces deux exemples expriment assez parfaitement le report à des latitudes déjà basses, de conditions hydro-climatiques semblables à celles des hautes latitudes.

• La méridionalité ne s'exprime qu'à travers une abondance relative moins élevée, qui toutefois est encore de 28 l/s/km^2 sur la haute Durance (mésoréisme élevé de la classe 11), et de 19,4 l/s/km^2 pour l'Ubaye (classe 10 ou mésoréisme moyen).

Ce n'est qu'en Provence que l'écoulement pluvial parvient à s'exprimer, sans pour cela annihiler le rôle de la neige.

- Le Verdon est nivo-pluvial : il écoule 36% de ses eaux d'avril à juin et 28% d'octobre à décembre, avec un étiage évaporal très creusé en été.
- Le Loup, qui gagne la Méditerranée à Cagnes-sur-Mer dans le Var, est pluvio-nival : 33% des eaux d'octobre à décembre et 25% d'avril à juin.

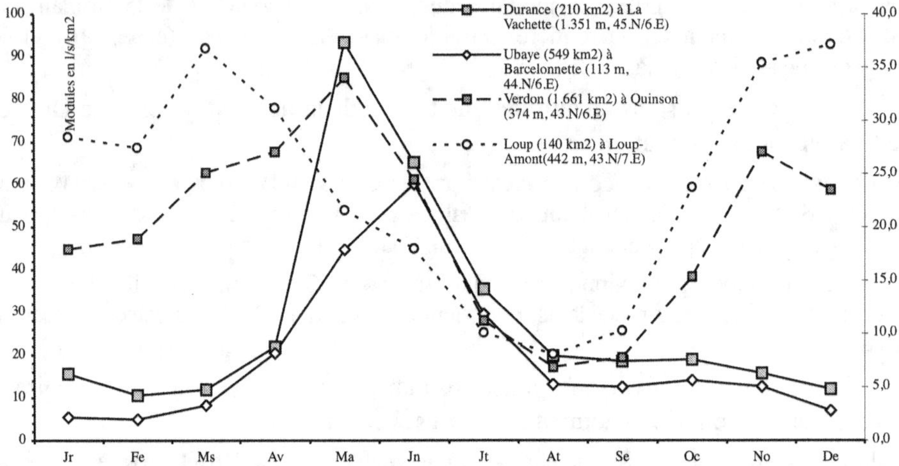

Document 5.16 - Les régimes nivaux et pluviaux des Alpes du Sud.

Nous sommes sur les bords de la Méditerranée et ces cours d'eau sont encore abondants : 19,9 l/s/km^2 pour le Verdon, 24 l/s/km^2 pour le Loup ; c'est la classe 11 ou mésoréisme élevé. La réserve de neige en altitude a toujours été une manne pour l'irrigation des plaines.

2°) Le rôle de la neige dans les montagnes d'Europe orientale reflète le climat des "plaines voisines". En effet, à l'ouest, les basses terres connaissent soit le climat océanisé, soit le climat méditerranéen ; mais dans les deux cas de figures, l'hiver, très arrosé, permet certes la constitution et l'entretien d'un épais tapis neigeux, mais il autorise aussi des pluies liquides, qui, on l'a vu, entretiennent un écoulement pluvial.

Vers l'est des Alpes, les conditions climatiques se modifient assez rapidement : la continentalisation du climat réduit l'apport hivernal, et l'été devient la saison la plus arrosée. Dans les montagnes, le tapis neigeux est moins épais, mais la réduction des précipitations d'hiver se reporte sur le rôle de la pluie en cette saison, et la pureté nivale de l'hydrogramme en est affirmée.

a) Dans les Carpates roumaines (Document 5.17), les régimes du Somes et du Mures (affluents rive gauche de la Tisza) et du Siret (affluent rive gauche du Danube) sont nivaux

- Le Somes, ouvert aux influences "océaniques" par la Puszta, connaît une débâcle précoce : mars-avril, et écoule 44% de ses eaux entre mars et mai.

• Mais sur le Mures, bien abrité des mêmes influences par la traversée de la Transylvanie, et sur le Siret, situé sur le versant oriental, “sous le vent”, des Carpates, cette débâcle est plus tardive : avril et mai, mais ce sont 43 et 41% des eaux qui sont écoulés entre avril et juin.

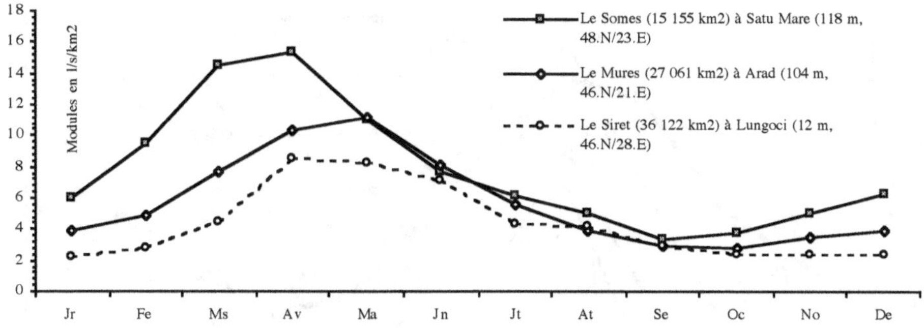

Document 5.17 - Les régimes nivaux des Carpates roumaines.

• 20% de l’écoulement s’effectue entre décembre et février ; et l’abri et la continentalité jouent déjà un rôle : de 23% de l’écoulement sur le Somes, la part de cette saison froide dans l’écoulement recule à 18 et 14% sur le Mures et le Siret.

• En contrepartie, reflet de pluies estivales sur une montagne fraîche, la part de l’écoulement entre juin et août est de 25%. C’est, à titre de comparaison, quatre fois plus que dans le Massif Central.

On en comprend que mieux la relative pondération comprise entre 4 et 5. À l’inverse, la continentalité se traduit par des modules trois fois moins élevés : 7,8 $l/s/km^2$ pour le Somes (classe 9 ou mésoréisme médian), 5,7 et 4,3 $l/s/km^2$ pour le Mures et le Siret (classe 8 ou microréisme soutenu). Ce sont là les débits observés sur les cours d’eau de la steppe russe et ukrainienne : Volga, Dniepr, Dniestr, Don...

b) Dans le Caucase, le rôle de la glace peut être important (voir ci-dessus), et le régime glacio-nival transparaît dans la distribution saisonnière des eaux du Rioni, drain principal de la Géorgie (Document 5.18). Le rôle hydrologique de l’hiver a reculé :

• Il écoule 37% de ses eaux entre mars et mai puis 39% entre juin et août. Mais l’hiver n’y connaît pas de réduction de l’écoulement : 23% des eaux sont écoulés de décembre à février, ce qui contredit un régime purement glaciaire (8% sur le Terek).

• La Géorgie est fortement arrosée et l’eau ruisselle en hiver, à l’image de l’Arve. Aussi, un coefficient de pondération de 3 apparaît excellent, avec un module de 30 $l/s/km^2$ élevé pour un milieu aussi continental.(classe 11 ou mésoréisme élevé).

Le Vorotan, arménien, s’écoule sur le versant sud du Caucase vers l’Araxe, le Kara-Samur, au Daghestan, et la Koura, en Azerbaïdjan, gagnent la Caspienne.

Ils sont de régime nivo-pluvial ; le maximum de la débâcle est en mai sur le Kara-Samur et la Koura (56 et 51% des eaux écoulées d’avril à juin), et en juin sur le Vorotan (61% de l’écoulement entre mai et juillet).

• Mais c'est en été que se produit l'apport pluvial ; les précipitations sont maximales en cette saison, et elles restent supérieures à l'évapotranspiration, ce que traduit la part élevée des eaux écoulées entre juillet et octobre : 20% sur la Koura et le Vorotan, 37% sur le Kara-Samur.

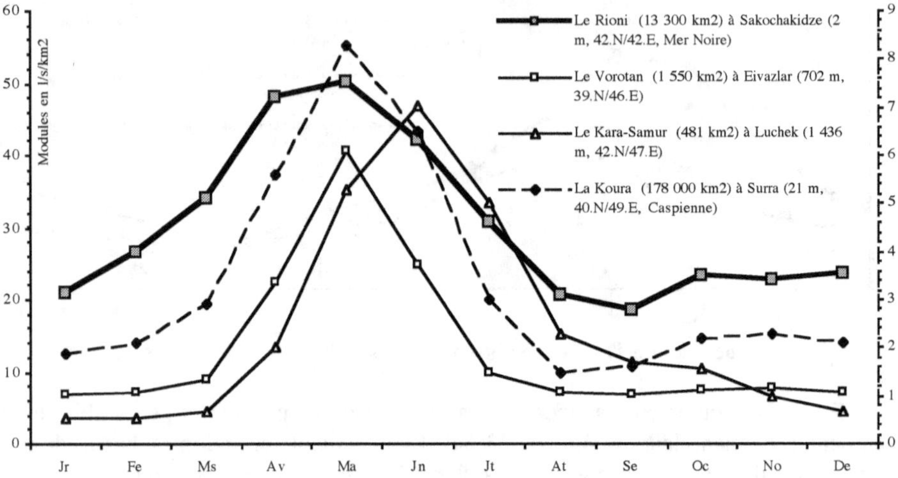

Document 5.18 - Les régimes nivaux du Caucase.

• Inversement, la rigueur des hivers, associée à une position du bassin-versant "sous le vent", confirme la réduction de la part de l'écoulement hivernal (de 20% sur le Rioni à 6% sur le Kara-Samur).

Le déséquilibre saisonnier n'atteint pas la valeur des écoulements russes et ukrainiens, et il en résulte une relative pondération de 6 sur la Koura et le Vorotan ; mais elle se dégrade sur la Kara-Samur : 13. Surtout, les cours d'eau purement montagnards sont abondants ; le Vorotan écoule annuellement 13,1 l/s/km^2 et le Kara-Samur 15,7 l/s/km^2, soit le mésoréisme moyen de classe 10. La montagne conserve à l'écoulement une abondance et une pondération qui n'existent pas dans les plaines voisines ; ce fut un des atouts pour l'irrigation puis l'hydro-électricité. Mais l'aridité réduit très vite ces qualités hydrauliques : la Koura, abritée dans les bassins intérieurs de l'Azerbaïdjan, n'écoule que 3,3 l/s/km^2 (classe 7 ou microréisme atténué).

3°) Au sud de l'Europe, les montagnes méditerranéennes sont, à l'inverse, soumises à la sécheresse estivale. Ce sont des régimes que nous avons déjà observés dans les Alpes du Sud et les Pyrénées orientales.

a) La péninsule ibérique est très montagneuse : Pyrénées et monts cantabriques au nord, Monts ibériques et Sierra castillane au centre, et Sierra Nevada au sud.Mais du fait de l'abri et de la latitude, l'influence nivale entre en conflit avec l'évapotranspiration estivale (Document 5.19) Le Guadalquivir et le Guadiana drainent la Nouvelle-Castille entre les Sierras de Guadarrama et des Gredos, au nord, et la Sierra Nevada, au sud. Le climat castillan est très rude en hiver, et les montagnes sont fortement enneigées ; à l'inverse, l'été est torride et semi-aride.

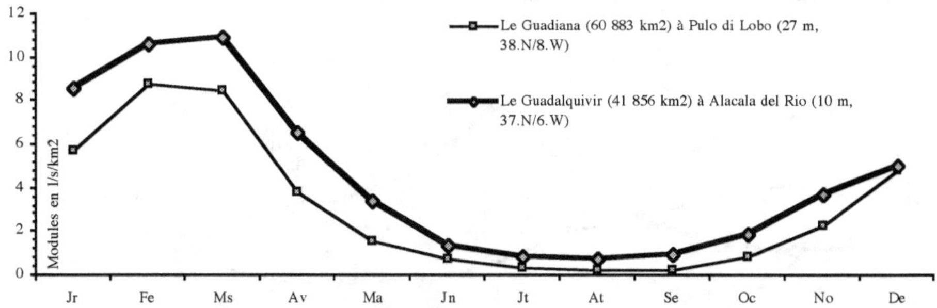

Document 5.19 - Les régimes nivaux de la péninsule ibérique.

• L'écoulement est centré sur la saison froide : 85% des eaux sont écoulés entre novembre et avril, et l'écoulement estival est négligeable : 4% du total de juin à août.

• L'apport est nival et pluvial. Il est assez évident que l'eau peut ruisseler à tout moment de la saison froide : le coeur de l'hiver, décembre à février, participe pour moitié à l'écoulement total. Pourtant le maximum, déporté sur février et mars, traduit l'écho de la fonte des neiges sur les massifs montagneux. Aussi, 55% des eaux sont-ils écoulés entre février et avril.

C'est très différent des écoulement est-pyrénéens et sud-alpins ; en fait, ce sont des modèles montagnards acquis dans les montagnes et répercutés ici très à l'aval du bassin-versant, et qui traduisent autant l'acquis d'un régime nival que l'influence du climat supratropical. Les modules sont médiocres : le Guadiana n'écoule que 3,1 l/s/km^2 (classe 7 ou microréisme atténué) et le Guadalquivir : 4,5 l/s/km^2 (classe 8 ou microréisme soutenu) ; à l'inverse, leur immodération est toute méditerranéenne : 45 et 15. L'abondance des eaux d'hiver justifia leur mise en réserve commencée par les Arabes et concrétisée par les aménagements globaux du XXe siècle. Ces fleuves posent surtout le problème de la conservation des régimes acquis dans leur parcours montagnard.

b) En Italie du Nord (Document 5.20) le régime de l'Adige n'est pas sans rappeler celui de l'Arve (Document 5.15).

• Il n'écoule que les 2/3 de ses eaux en saison froide, ce qui suppose un soutien glaciaire estival. À l'amont, ses eaux sont en effet alimentées par les glaciers et les réserves nivales de l'Otztaler, à la frontière autrichienne.

• Plus en aval, la traversée des Dolomites justifie le régime : il est nival avec 33% des eaux entre avril et juin, et glaciaire avec 35% des eaux entre juin et août et un maximum de juin : 31,5 l/s/km^2.

• Mais, comme sur la plupart des cours d'eau alpins, les pluies d'hiver ne sont pas sans effet et l'Adige écoule 17% de ses eaux entre décembre et février : il n'existe pas d'étiage glaciaire.

• Pourtant, l'influence méditerranéenne n'est pas absente, après le minimum évaporal d'octobre, survient un maximum secondaire mais non négligeable de novembre : 21 l/s/km², fruit des averses méditerranéennes d'automne.

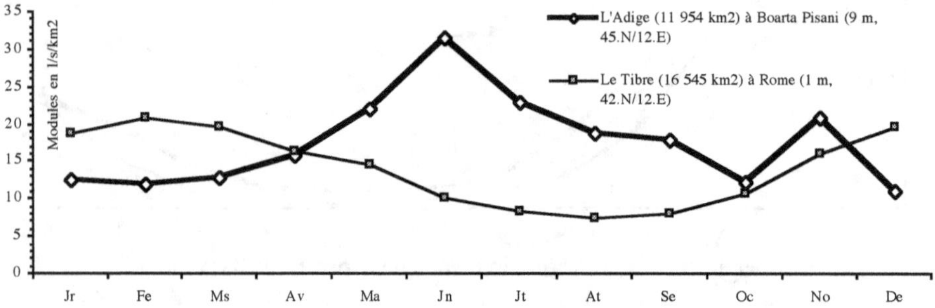

Document 5.20 - Les régimes nivaux en Italie.

Et c'est une originalité qui accroît le risque hydrologique de ce fleuve montagnard, qui - avec une influence glaciaire en sus - rappelle la Durance. Mais, la présence du soutien des glaciers supprime l'étiage estival avec une double conséquence : une pondération de 3 et un module de 17,5 l/s/km² (classe 10 ou mésoréisme moyen) ; une aubaine pour les aménagements hydro-électriques.

c) Vers le sud, dans l'Apennin, la neige joue le même rôle qu'en péninsule ibérique. L'enneigement est important dans l'Apennin central, du fait de la conjonction de l'altitude et de l'abondance pluviométrique, et le régime du Tibre s'en fait l'écho.

• Le régime serait pluvio-évaporal méditerranéen si l'écoulement maximum n'était pas déporté sur le printemps : 35% des eaux sont écoulés entre janvier et mars : c'est le régime du Guadalquivir et du Guadiana.

• Mais la pondération est de 3 pour un module de 14,5 l/s/km² (classe 10 ou mésoréisme moyen).

• Ici, les massifs volcaniques jouent le même rôle que le karst et pondèrent fortement l'écoulement en restituant en été les eaux infiltrées en hiver : le Tibre en devient un cours d'eau abondant (pour un écoulement méditerranéen) : 14,2 l/s/km² (classe 10 ou mésoréisme moyen).

d) Le calcaire joue un rôle analogue dans les Alpes Dinariques (Document 5.21). Quatre cours d'eau serviront à l'analyse : le Drin, issu des montagnes d'Albanie et émissaire du lac d'Ohrid, la Drave et la Save, qui, venues des Karawanken, au nord, respectent la direction N.W-S.E des chaînons plissés, et la Morava qui draine le nord de la Macédoine serbe.

La Save et le Drin sont de régime nivo-pluvial méditerranéen :

• 36 et 38% de leurs eaux sont nivales et s'écoulent entre mars et mai, avec un maximum d'avril ; 33 et 31% proviennent du ruissellement des pluies d'hiver, entre décembre et février ; enfin le rôle des averses méditerranéennes d'automne apparaît avec un maximum secondaire de décembre, car 25 et 23% des eaux sont écoulés de d'octobre à décembre.

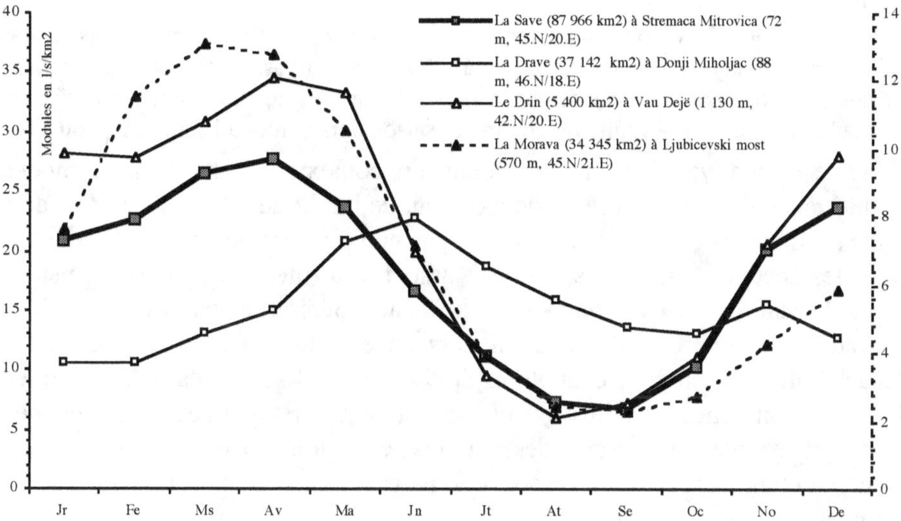

Document 5.21 - Les régimes nivaux des Alpes Dinariques.

Le fruit de ces apports variés dans le temps est une abondance assez élevée : 21,8 l/s/km^2 pour le Drin (classe 11 ou mésoréisme élevé) et 18 l/s/km^2 pour la Save (classe 10 ou mésoréisme moyen).

• Mais l'influence méditerranéennes se retrouve dans le creusement de l'étiage estival : 15% des eaux écoulées. Toutefois la présence du karst réduit ce déficit estival en restituant des eaux infiltrées ; aussi la pondération, de 4 sur la Save et de 6 sur le Drin, n'a-t-elle rien à voir avec des cours d'eau méditerranéens.

La Drave est encore plus influencée par le karst.

• Le rôle hydrologique de l'hiver est très modeste du fait de la rétention nivale : 19% de l'écoulement. Il s'y constitue un tapis neigeux qui fond au printemps ; mais la débâcle est à la fois retardée (34% de ces eaux sont écoulés entre avril et juin), et nivelée : (la pondération est de 2).À l'inverse, l'été est abondant : 31% de l'écoulement entre juin et août, fruit de la conjonction de la poursuite de la restitution karstique et des pluies estivales venues de la plaine pannonienne.

• C'est un cours d'eau au régime perturbé naturellement, mais abondant : 15,2 l/s/km^2 (classe 10 ou mésoréisme moyen) qui favorisa la navigation sans aménagement et plus tard les aménagements hydrauliques du régime titiste.

Enfin, le rôle du sous-sol prend toute son importance sur la Morava. Son régime parfaitement régulier induit l'idée d'une intense circulation souterraine.

• Ce fleuve plus méridional pourrait avoir une débâcle plus précoce, à l'image du Tibre, et le maximum d'écoulement est en mars et la période d'avril à mai en écoule 43% : un comportement parfaitement nival.

• Mais l'hiver reste abondant, la rétention nivale ne concerne pas toutes les averses et 30% des eaux circulent entre décembre et février. Enfin, 16% du flux concernent l'été, de juin à août.

• C'est le régime nivo-pluvial typique d'une montagne partiellement enneigée. Mais l'abondance moyenne est réduite à 7 l/s/km^2 (classe 9 ou mésoréisme médian).L'influence méditerranéenne se traduirait par un étiage estival très creusé, mais la circulation souterraine limite les contrastes saisonniers et réduit l'immodération à 6.

On se rend vite compte que, dans un contexte montagnard, le modèle méditerranéen, mais aussi le modèle océanique impliquent très vite le rôle de la neige (voire de la glace). Mais il ne faut pas non plus ignorer le rôle du sous-sol. Dans les secteurs aquicludes, souvent associés au métamorphisme (schistes) : Alpes du Sud, Pyrénées orientales... l'influence méditerranéenne, ou océanique, se traduit par un ruissellement qui persiste en saison froide et complète la débâcle, alors qu'en été l'évapotranspiration reprend ses droits. C'est différent dans les montagnes calcaires, où une circulation karstique peut complètement modifier l'écoulement : retard des maxima, et surtout pondération inhabituelle avec des étiages parfois imperceptibles, dans le cas des cours d'eau alimentés par une source vauclusienne.

C - Les fleuves allogènes des régions océanisées et méditerranéennes

L'influence de la montagne sur les régimes des cours qui traversent ces régions est plus complexe que le rôle de la fonte des neiges dans les plaines d'Europe du nord, de Russie et d'Ukraine. Mais, si à l'intérieur même de la montagne l'influence du gel a quelque importance sur le régime fluvial, ce rôle est vite occulté si des cours d'eau affluents, de régime pluvial, apportent leur contribution.

1°) Ainsi, la Loire auvergnate perd son caractère nival au sortir du Massif Central, malgré l'apport de son puissant affluent, l'Allier (Document 5.22).

Dans le Massif Central, la Loire acquiert un régime nivo-pluvial certes marqué par une débâcle de printemps ; mais où le ruissellement perdure en hiver, et qui peut être marqué par une violente contribution des averses cévenoles de l'automne (voir Document 5.13). C'est aussi le régime de l'Allier à leur confluence au "Bec d'Allier" près de Nevers.

Pourtant le rôle de la neige est vite contrarié vers l'aval, bien qu'aucun affluent sérieux n'intervienne avant le Val de Loire. En effet, la subsidence tourangelle (qui attira la mer des Faluns) fait converger vers Tours, les affluents venus du Limousin et de la Combraille, alors que la ligne de partage des eaux avec la Seine est proche de la rive droite. Parmi les plus abondants des affluents limousins, la Vienne et son affluent la Creuse sont de régime pluvio-évaporal-océanique : 42% de l'écoulement entre décembre et février, et 8% seulement entre juin et août, malgré l'enneigement du Limousin. En montagne limousine, le tapis neigeux est constant, mais régulièrement renouvelé et l'eau ruisselle tout l'hiver. Ces affluents sont abondants : la Vienne écoule 11,5 l/s/km² et la Creuse 12,5 (classe 10 ou mésoréisme moyen), mais déjà immodérés : 5,4 et 8,8.

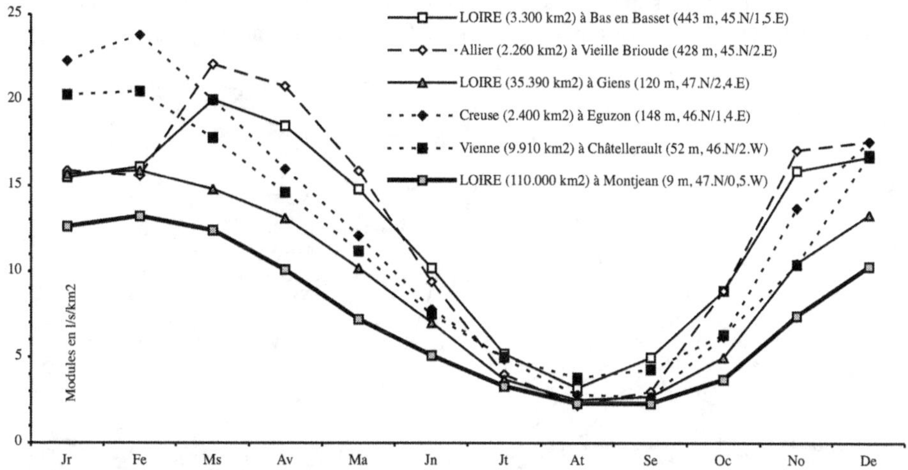

Document 5.22 - Modification du régime de la Loire entre Basset en Haute-Loire et Montjean en Maine-et-Loire.

- Dans le Massif Central, la part de la débâcle (février à avril) l'emporte de 5% sur celle du ruissellement d'hiver (décembre à février) ; mais à Giens et à Montjean (en aval d'Angers), l'hiver écoule 40% du total, soit plus que la fonte des neiges du printemps.
- L'influence nivale ne dépasse donc pas les limites du Massif Central. La Loire moyenne est un fleuve de régime pluvio-évaporal qui écoule 40% de ses eaux en hiver, alors que l'étiage estival est très creusé : 8% seulement des eaux écoulées à Giens et à Montjean entre juin et août.
- Les grandes crues de la Loire des XVIII et XIXe siècle furent toujours des crues pluviales, nées de la saturation des sols en hiver, et accentuées par des averses méditerranéennes d'automne ou de printemps comme l'apocalypse de 1856.
- Surtout, la rareté des affluents est néfaste pour l'écoulement : le module de la Loire n'est plus que de 9,5 l/s/km² à Giens et de seulement 7,5 l/s/km² à Montjean (classe 9 ou mésoréisme médian) malgré l'apport du Limousin. C'est un cours d'eau paresseux en été, qui hésite entre ses bancs de sables, mais qu'il a fallu endiguer pour se protéger des inondations.

2°) À l'inverse, la Garonne alimentée par les neiges des Pyrénées centrales conserve plus longtemps son caractère nival. (Document 5.23).

- Au sortir des Pyrénées, la Garonne est un "torrent" nivo-pluvial qui écoule 42% de ses eaux entre avril et juin, où le ruissellement estival : 20% de total entre juin et août, est équivalent à celui de l'hiver : 19% des eaux écoulées de décembre à février.
- Il a en effet reçu l'apport d'autres torrents pyrénéens, dont celui de la Neste d'Aure, pour recevoir ensuite d'autres apports nivaux en aval : le Salat et surtout l'Ariège.
- Aussi, à Portet, à la confluence avec l'Ariège, près de Toulouse, le fleuve a-t-il conservé son caractère nival (36% des eaux écoulés de mars à mai), et pluvial (27% de décembre à février).

• Seule influence océanique : l'étiage estival s'affirme (comme sur la Loire) avec 12% des eaux écoulées en été. La pondération reste bonne : 3 à Valentine et 4 au Portet, et l'écoulement a conservé son abondance montagnarde : 27 l/s/km² à Valentine (classe 11 ou mésoréisme élevé), et 18,8 au Portet (classe 10 ou mésoréisme moyen).

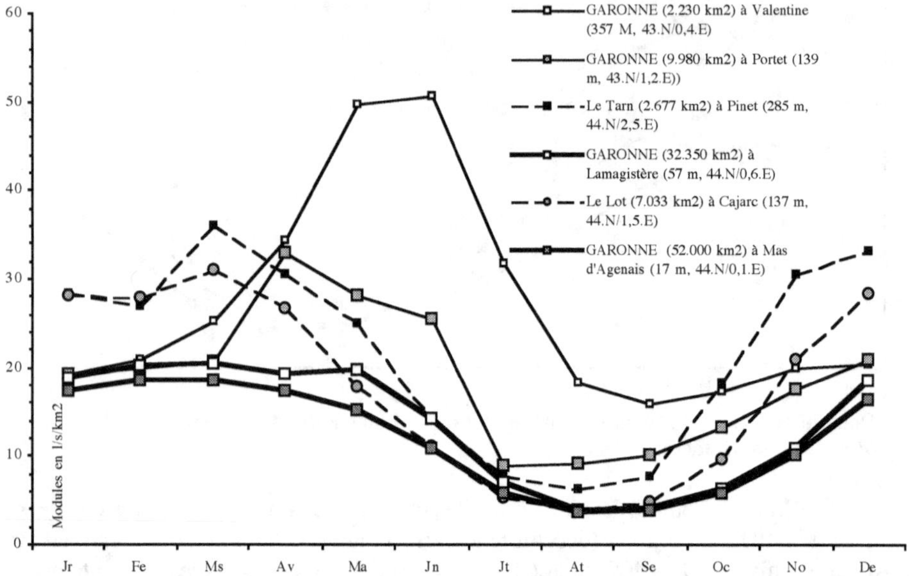

Document 5.23 - Les variations du régime de la Garonne entre les Pyrénées et l'Aquitaine

En aval de Toulouse, domine l'apport pluvial-océanique des collines de Gascogne (Save, Gers, Baïse...) et des affluents venus du Massif Central : le Tarn et le Lot, des cours d'eau abondants décrits comme pluvio-nivaux (Document 5.13).

• Entre Portet et Lamagistère, l'apport principal est celui du Tarn ; et le régime conserve une nette influence de la fonte des neiges : 36% de l'écoulement entre mars et mai à Lamagistère, et du ruissellement d'hiver : 35% des eaux écoulées entre décembre et février. Ce régime mixte se poursuit au Mas d'Agenais dans les mêmes proportions grâce à l'apport du Lot.

• Une des conséquences est certes une pondération moins affirmée : 5, mais surtout une abondance moyenne élevée : 13,6 l/s/km² à Lamagistère, et 11,9 l/s/km² au Mas d'Agenais (classe 10 ou mésoréisme moyen).

Cependant, le rôle de l'évaporation se confirme la part des eaux écoulées de juin à août est inférieure à 9% du total, sur la Garonne comme sur ses affluents. La Garonne comme la Loire n'a pas un régime complexe, ce sont tout au plus des régimes mixtes. Et encore ce terme n'est-il vraiment applicable qu'à la Garonne, qui de pluvio-nivale de montagne, devient pluvio-nivale-évaporale, la Loire changeant son régime de pluvio-nival de montagne en pluvio-évaporal océanique. La Loire redoute des crues pluviales, la Garonne plutôt un redoux accompagné de pluies qui fait fondre la neige, comme ce fut le cas en 1930.

3°) Les avatars hydrologiques du Danube (Document 5.24). Le "plus grand fleuve d'Europe occidentale" prend naissance sur le versant oriental de la Forêt Noire. Son parcours va alors se diviser en plusieurs ensembles où les régions traversées et les affluents reçus vont imprimer une note différente à son régime.En Bavière, quand on le nomme *haut Danube*, en amont de la confluence avec l'Inn, le fleuve est alimenté par les cours d'eau de régime nival à nivo-pluvial issus des Préalpes de Bavière : Lech et Isar.

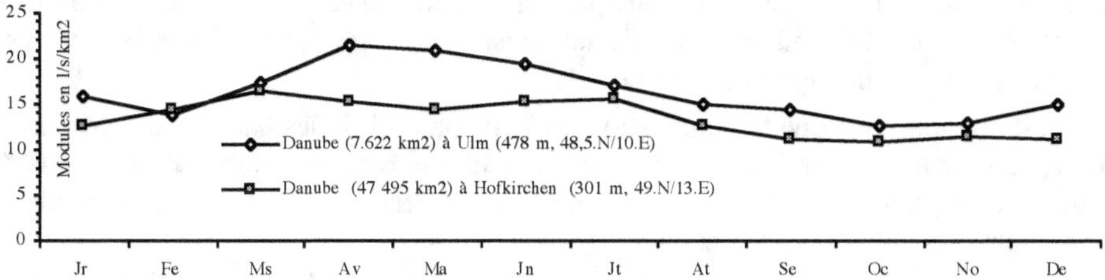

a) Le haut Danube ou Danube bavarois

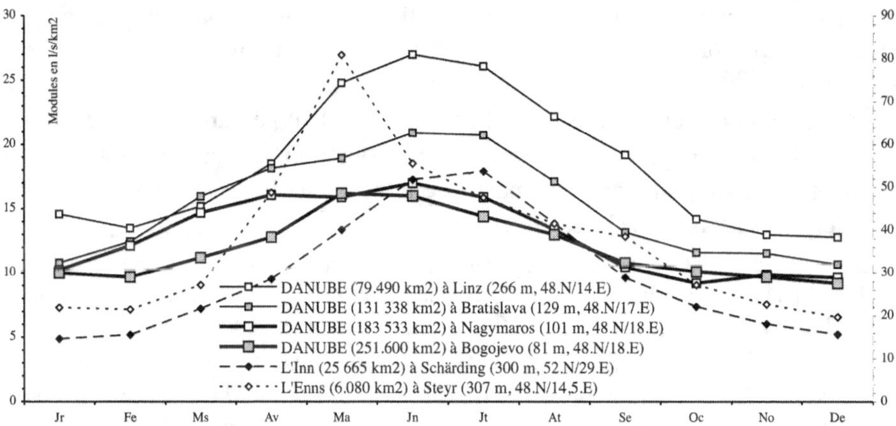

b) Le Danube Moyen, ou Danube austro-hongrois

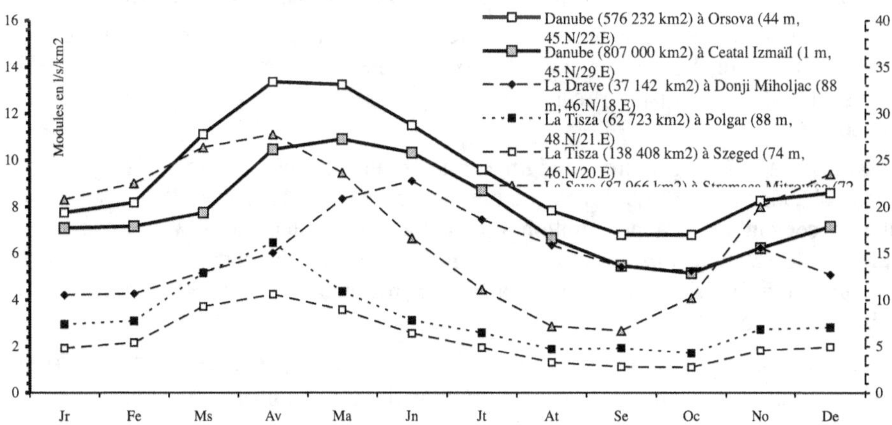

c) Le Bas Danube ou Danube Serbe et Roumain.

Document 5.24 - Les avatars du régime du Danube : entre neiges et glaciers.

En effet, le basculement Jura Souabe et Franconien vers le nord-est a déporté l'écoulement, autrefois cataclinal, vers le bassin du Rhin.

• À Ulm, le régime est nivo-pluvial (Document 5.24.a), avec un maximum principal nival d'avril (31% de l'écoulement entre mars et mai), et un maximum secondaire pluvial de janvier (23% des eaux sont écoulés entre décembre et février).

• Mais, entre ces maxima, les étiages ne se creusent pas, car l'écoulement estival (juin à septembre) participe à 24% du total. Certes, on pourrait expliquer cette abondance par le recours au ruissellement de précipitations d'été ; mais ces rivières bavaroises traversent surtout de nombreux lacs de surcreusement - Ammer See, Starnberger See, Chiem See - qui pondèrent l'écoulement : 1,7.

• C'est à Hofkirchen que la pondération est maximale : 1,5 ; les hautes eaux de saison froide sont laminées : 51% de l'écoulement se réalisent entre novembre et avril et 49% entre mai et octobre, et l'hiver (décembre à février) et l'été (juin à septembre) participent chacun au 1/4 de l'écoulement annuel.

• Si l'on y ajoute une abondance relative élevée : 16,4 l/s/km^2 à Ulm, et 13,5 l/s/km^2 à Hofkirchen (classe 10 ou mésoréisme moyen), on comprend mieux l'ampleur des aménagements globaux réalisés par Allemands et Autrichiens entre Regensbourg et Vienne : production hydro-électrique au "fil de l'eau", et navigation à grand gabarit, après la liaison Main-Danube ouverte en 1994.

Après la confluence avec l'Inn, le régime du Danube autrichien et hongrois se modifie (Document 5.24). Les affluents sont toujours alpins : Inn , Enns, Traun... mais ils sont issus des massifs englacés de Haute-Autriche : Arlberg, Otztaler, Tauern avec le Gross Glockner.

• L'Inn a été décrite comme de régime glaciaire, avec de hautes eaux estivales. Le régime du Danube à Linz en subit l'influence (31% de l'écoulement en été : juin à septembre) ; même si les eaux nivales (mars à mai) participent encore à 28% du module.

• Malgré un écoulement pluvial d'hiver non négligeable (18%), la pondération est moins bonne : 2,1. Ce défaut est compensé par la croissance de l'abondance relative (un phénomène rare) 18,4 l/s/km^2 à Linz (classe 10 ou mésoréisme moyen).

L'arrivée des eaux de l'Enns n'apporte pas de grosses modifications.

• En effet, si l'Enns est nivale avec un pic de crue en mai, et écoule 41% de ses eaux entre avril et juin, les glaciers jouent aussi un rôle dans son écoulement (comme les pluies d'été en montagne) car l'été (juin à septembre) participe pour 28% à l'écoulement.

• Bratislava et à Nagymoros le régime reste pondéré : 2 et 1,8, avec un maximum de saison chaude : nival (30% des eaux entre mars et mai) et glaciaire (27% des eaux entre juin et septembre). La pondération provient d'un écoulement pluvial hivernal non négligeable (20% des eaux entre décembre et février). L'abondance relative recule : 15,2 l/s/km^2 à Bratislava, 12,9 l/s/km^2 à Nagymoros, mais elle reste élevée (classe 10 ou mésoréisme moyen).

Le Danube traverse la Hongrie en allogène, il ne reçoit pas d'affluent important et se contente d'étaler les crues venues de l'amont.

• La crue nivale est étalée et, à Bogojevo, en Serbie, elle se confond avec la crue glaciaire : 30% des eaux sont écoulés entre avril et juin, puis 27% jusqu'en septembre. Aussi, le maximum des débits passe-t-il à juin.

• La persistance d'un apport pluvial d'hiver maintient la pondération à 1,8 , pour un module qui n'a régressé que faiblement à 11,9 l/s/km^2.

Mais surtout, le Danube est moins directement tributaire de son environnement montagneux, quand il pénètre dans un milieu climatique différent : celui de l'Alföld ou Puszta et de la Valachie roumaine.

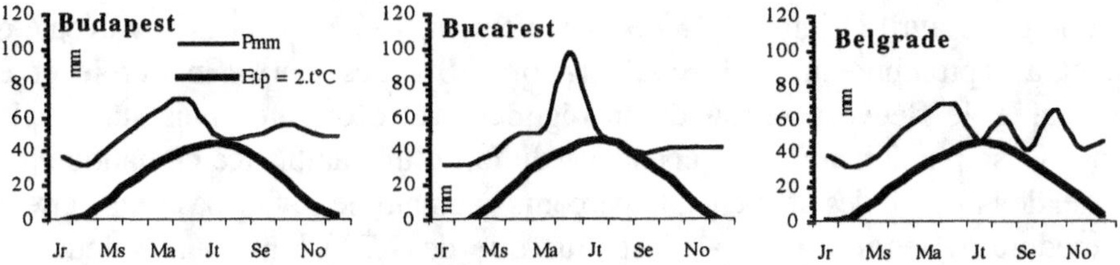

Document 5.25 - Diagrammes ombrothermiques rendant compte des conditions climatiques des plaines du Danube en Hongrie, Serbie et Roumanie

• Les diagrammes ombrothermiques de Budapest, de Belgrade et de Bucarest (Document : 5.25) rendent compte de ce milieu déjà continental.

• Mais ce climat "pannonien" diffère du véritable climat continental : le gel reste rare, et surtout le maximum pluviométrique est au printemps : 1/3 des précipitations, l'été peut connaître une certaine sécheresse, et surtout, les pluies d'hiver restent appréciables : 18% du total.

En Serbie, arrivent les affluents nivaux des Alpes Dinariques : Drave et Save, et des Carpates : la Tisza.(Document 5.24.c).

• La Drave a été présentée comme un cours de régime nival et pluvial perturbé par l'importance du karst, et dont le résultat est une abondance estivale (maximum de juin) qui ne modifiera pas le régime glaciaire du fleuve.

Après la confluence avec la Tisza, les conditions évoluent ; la rivière est de régime nivo-pluvial, du fait de son origine carpatique et de la traversée de l'Alföld enneigé en hiver.

• A Polgar, la Tisza débouche des Carpates, à Szeged elle a drainé l'Alföld. Elle écoule deux types d'eau ; des eaux d'origine pluviale (23% des eaux sont écoulées en décembre et février), et surtout nivale (42% de l'écoulement entre mars et mai).

• La traversée de la plaine pannonienne ne modifie pas son régime, car c'est la saison des pluies pluviométrique. Tout au plus le critère pluvial renforce-t-il le caractère nival du régime. Mais la plaine hongroise est peu arrosée : 500 à 600 mm ; l'abondance relative s'en ressent, le module de l'affluent est inférieur à celui du fleuve : 8,1 l/s/km^2 à Polgar et 5,7 à Szeged (classe 9 ou mésoréisme médian).

Ce serait insuffisant pour modifier le régime du drain principal. L'apport principal vient de la Save de régime nivo-pluvial méditerranéen

• 38% de ses eaux s'écoulent entre mars et mai, et 33% ruissellent entre décembre et février. Le module est très élevé : 18 l/s/km^2, et c'est apparemment suffisant pour modifier le régime du Danube. Par rapport au régime enregistré au Bogojevo, le régime à Orsova (en amont des "Portes de fer") est "avancé".

• Le maximum se reporte à nouveau sur avril : avec 33% des eaux écoulés en mars et mai, le régime redevient nival, le caractère glaciaire de l'écoulement ne s'exprimant plus que par un été aux débits encore importants : 26% de l'écoulement. Le module a aussi régressé, mais reste encore élevé : 9,4 l/s/km² (classe 9 ou mésoréisme médian).

Passé les "Portes de Fer", le fleuve ne reçoit plus d'affluents notables, alors que le climat devient semi-aride en été. Le régime à Ceatal Izmaïl est peu différent d'Orsova, mais le maximum se décale vers juin, et la crue nivale se reporte entre avril et juin : 34% de l'écoulement. L'été est lui-même décalé de juillet à septembre, mais il écoule encore 20% des eaux. En Serbie et en Roumanie, le fleuve a retrouvé son régime nival d'origine, mais surtout il a conservé sa pondération : 2. Cependant, du fait d'une ambiance climatique plus sèche, de la rareté des affluents, le parcours roumain ne se fait pas sans perte, et le module à l'entré du delta n'est plus que de 7,7 l/s/km² : une valeur déjà proche des fleuves nivo-pluviaux russes et ukrainiens.

4°) *Le Rhin subit une modification plus fondamentale et surtout plus brutale de son régime* (Document 5.26). En effet, le Rhin est à l'origine un torrent sous-glaciaire issu du glacier d'Aletsch, dans le massif du Saint-Gothard en Suisse.

• À Felsberg, près de Coire, son régime n'est pas sans rappeler celui de l'Arve. Le maximum est en juin, correspondant à un apport nival (36% de l'écoulement entre avril et juin) et glaciaire (35% de juin à août). Globalement, 75% des eaux s'écoulent entre mars et octobre ; et le rôle du ruissellement reste assez réduit : l'hiver (décembre à février) ne concernant que 13% seulement du total écoulé.

• Ce régime nivo-glaciaire est assez caractéristique des cours d'eau de la haute montagne alpine.

En amont de Bâle, se dessine ainsi un Rhin alpin drainant 35 925 km² dont 1 000 km² sont englacés. Mais, les lacs de surcreusement glaciaires sont vastes et nombreux ; le régime de l'Aar fait la synthèse de cette double influence (Document 5.26.a).

• Le maximum est en juin, le régime est donc glacio-nival avec une répartition des eaux de fonte en 31% d'eau nivale entre avril et juin, et 30% d'eau glaciaire de juin à août.

• Mais la traversée d'un important système lacustre - lacs de Brienz, de Thoune, de Neuchâtel, pour ne citer que les principaux - explique une pondération de 4 inhabituelle dans un régime nival et glaciaire. La restitution lacustre s'exprime principalement en saison froide et 40% des eaux sont écoulés entre novembre et avril.

• De cette sorte, l'Aar écoule en moyenne 31,5 l/s/km² (classe 11 ou mésoréisme élevé). Cette abondance et cette pondération sont celles du Rhin quand il quitte la Suisse.

En amont de Bâle, le Rhin a certes drainé 1 000 km² de glaciers, mais lui-même et ses affluents ont aussi traversé le lac des Quatre-Cantons, le lac de Zurich et surtout le Bodensee. Son régime est influencé par les glaces car il écoule 62% de ses eaux entre mars et octobre, mais la pondération lacustre : 2,5, lui vaut d'en écouler 38% en saison froide. Aussi reste-t-il très abondant : 28,4 l/s/km^2 (classe 11 ou mésoréisme élevé).C'est cette abondance qui permit la réalisation du grand canal d'Alsace dans les années 30 ; car, dans la traversée du fossé rhénan, le fleuve ne reçoit plus aucun affluent avant Mannheim et la confluence avec le Neckar. Mais son abondance originelle fait qu'à Maxau, peu avant la confluence, il a conservé son régime alpin et à peine réduit son module : 24 l/s/km^2.

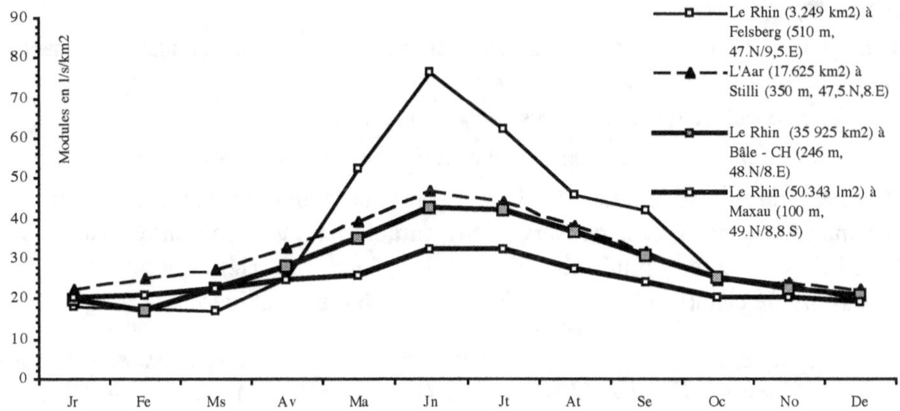

a) Le Rhin alpin.

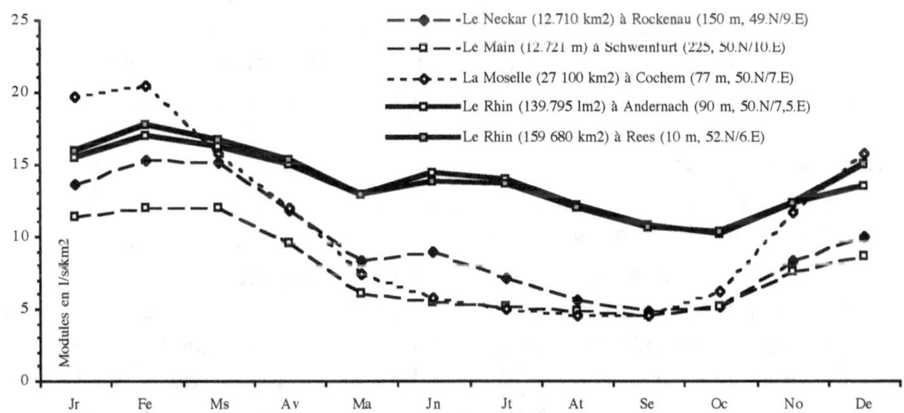

b) Le Rhin allemand.

Document 5.26 - Modification du régime du Rhin entre la Suisse et les Pays-Bas.

Entre Maxau et Andernach, le régime change totalement du fait de l'apport de cours d'eau abondants de régime pluvio-évaporal océanique : le Neckar, le Main et la Moselle pour ne retenir que les plus importants.

- Le rôle de la fonte des neiges est inexistant sur la Moselle, il est à peine perceptible sur le Neckar et le Main (maximum de février-mars). En effet, 43% des eaux de la Moselle et 35% de celles du Neckar comme du Main, sont écoulés entre décembre et février.

• À l'inverse, les basses eaux estivales sont très creusées du fait de l'évaporation ; l'écoulement de juin à septembre est réduit à 10 à 15% du total annuel.

• Or ce sont des cours d'eau assez abondants : le Main écoule 7,7 l/s/km^2, le Neckar 9,5 et la Moselle 10,8 (classe 9 ou mésoréisme médian).

Cette relative abondance transforme le régime du fleuve (Document 5.26.b). À Andernach, en aval de Coblence, une moitié des eaux s'écoule en saison froide et l'autre moitié en saison chaude.

• L'hiver écoule les eaux pluviales des affluents : 28% des eaux passent entre décembre et février.

• Le printemps écoule la fonte des neiges alpines : 26% du total annuel entre mars et mai,

• L'été en écoule la fonte des glaces : 23% de juin à août.

• Les basses eaux sont brèves : septembre et octobre, et peu creusées : > 10 l/s/km^2.

C'est un fleuve abondant : 13,6 l/s/km^2, et pondéré : 1,7 qui pénètre en Allemagne du nord, et il conserve cette caractéristique à son entrée aux Pays-Bas, à Rees. Cette qualité fait qu'en aval de la Percée Héroïque, il ne fut pas nécessaire de canaliser le fleuve, il était naturellement navigable.

5°) ***Le Rhône subit les mêmes avatars, mais dans le sens d'un écoulement influencé par le climat méditerranéen.*** (Document 5.27). Comme le Rhin, le Rhône vient du massif du Saint-Gothard, où il subit une forte influence glaciaire. Les hydrologues helvétiques exploitent un limnigraphe à Gletsch, presque à l'origine du torrent sous-glaciaire (Document 5.27.a).

Le Rhône ne draine alors que 39 km^2 et son régime est glaciaire pur :

• 67% de l'écoulement sont réalisés entre juin et août, avec un maximum de juillet. À l'opposé, les basses eaux hivernales sont très prononcées : 2% seulement des eaux s'écoulent entre décembre et février.

• L'immodération est à son comble : 52,4, et l'abondance spécifique est considérable : 65,7 l/s/km^2 (classe 13 ou mégaréisme abondant).

Pourtant la traversée du Valais réduit déjà l'écart entre l'été et l'hiver. Si le régime reste glaciaire : maximum de juillet, si l'hiver n'écoule encore que 10% des eaux opposables aux 45% de l'été, les affluents descendus des montagnes ajoutent une eau de débâcle nivale, et surtout une eau de ruissellement, lesquelles, à l'entrée dans le Léman, réduisent fortement l'immodération : 6,2, et le module : 32,3 l/s/km^2 (classe 11 ou mésoréisme élevé). La traversée du Lac ne modifie pas le module (30,4 l/s/km^2), mais nivelle l'écoulement comme celle du lac Bodan le fait pour le régime du Rhin à Bâle. À Genève, le Rhône est modéré : 2,6, même si le régime glaciaire reste observé entre un été qui écoule 37% des eaux et un hiver qui n'en écoule que 17%. Le régime du Rhône à son arrivée en Savoie est voisin de celui du Rhin entrant en Alsace.

Peu après Genève, le Rhône reçoit l'apport glacio-nivo-pluvial de l'Arve (Document 5.27.b). Cet affluent savoyard est de régime glaciaire :

• 32% de l'écoulement ont lieu entre juin et août, avec une forte influence nivale, car 34% des eaux circulent entre avril et juin, provoquant un maximum de juin.

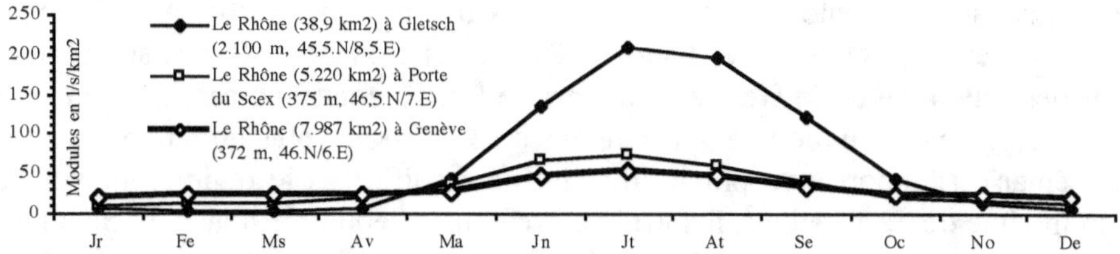

a) Le Rhône glaciaire dans son parcours helvétique.

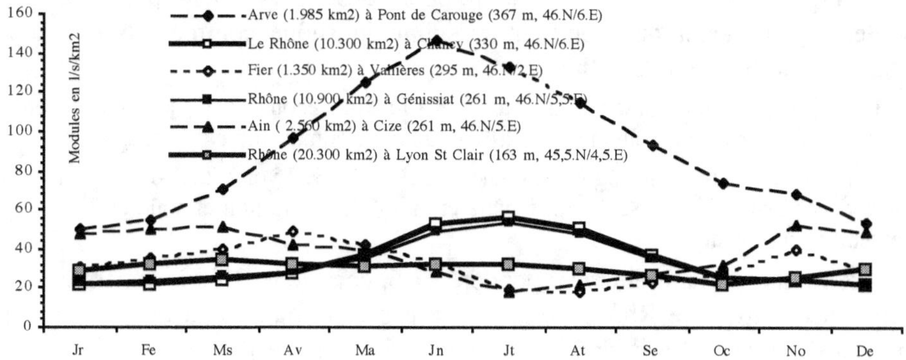

b) Le Rhône entre le Léman et Lyon

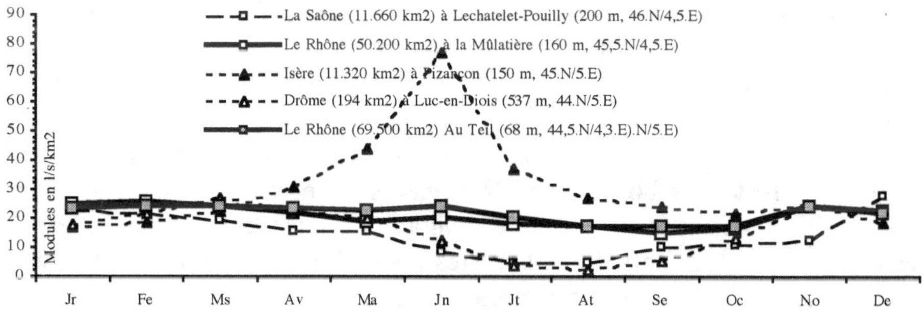

c) Le Rhône entre Lyon et Le Teil.

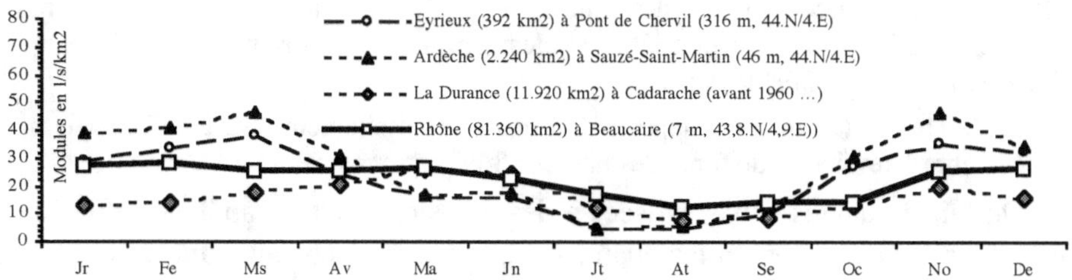

d) Le Rhône entre Le Teil et le Delta.

Document 5.27 - Avatars du régime du Rhône.

• Mais les précipitations d'hiver ruissellent en partie, et 15% des eaux circulent de décembre à février.

• Aussi son module est-il de 89,7 l/s/km², ce qui suffit à influencer l'écoulement du fleuve. Si à Chancy le Rhône reste pondéré : 2,6, si son régime est identique à celui de Genève, l'apport de l'Arve contribue essentiellement à un accroissement du module qui se relève à 33,2 l/s/km² (plus qu'à l'entrée dans le Léman). L'apport nivo-pluvial du Fier ne modifie pas le régime, mais avec son module de 32,7 l/s/km², il suffit à entretenir le débit du Rhône : 32,5 l/s/km² à Génissiat.

C'est la traversée du Jura, et l'apport des cours d'eau pluvio-nivaux, soutenus par le karst, qui modifient le régime du Rhône, comme le Neckar et le Main ont modifié celui du Rhin.

• L'Ain, le plus important d'entre eux : 38,1 l/s/km², écoule 32% de ses eaux entre décembre et février (ruissellement) et 29% entre mars et mai (fonte des neiges).

• Cela suffit à laminer le régime du Rhône à l'entrée de Lyon : 25% de l'écoulement entre décembre et février, 28% entre mars et mai, 25% entre juin et août, et 22% entre septembre et novembre.

Le Rhône est naturellement pondéré : 1,6, comme le Rhin à Andernach. La différence est que le Rhône ne conserve pas cette qualité du fait de l'apport pluvial des plaines de la Saône, et nivo-glaciaire des Alpes et nival du Massif Central (Document 5.27.c). À Lyon, le Rhône reçoit la Saône.

• Ce cours d'eau pluvio-évaporal océanique est abondant : 14,4 l/s/km² (classe 10 ou mésoréisme moyen) et peu pondéré : 6,4.

• Aussi écoule-t-il 41% de ses eaux en hiver (décembre-février) et 11% seulement en été (juin-août).

Le régime rhôdanien n'en est pourtant que peu modifié, et à la Mûlatière la pondération reste très bonne : 1,8. Néanmoins le régime tend à être pluvial : 30% de l'écoulement réalisés entre décembre et février, 20% entre juin et août seulement. Mais les confluences avec les cours d'eau glacio-nivaux et nivaux rétablissent la situation acquise en amont de Lyon.

• L'Isère à Pizançon est de régime nivo-glaciaire : la fonte de la neige l'emporte sur celle de la glace parce que 42% des eaux sont écoulés entre avril et juin (maximum de juin) contre 24% entre juin et août. Or, c'est un apport important pour le Rhône car l'Isère écoule encore 30,2 l/s/km².

• Puis la Drôme (16 l/s/km²) apporte de l'eau de ruissellement : 32% de l'écoulement de décembre à février, et de fonte des neiges : 36% entre mars et mai.

Du fait de hautes eaux réalisées à des dates différentes, au Teil, le Rhône a retrouvé sa pondération, et les quatre saisons écoulent chacune une part presque égale. Il reste aussi très abondant : 21,4 l/s/km² (classe 11 ou mésoréisme élevé). Le fleuve était naturellement navigable. Les difficultés ne venaient pas des variations saisonnières du débit, mais surtout de la géométrie du lit : la pente du Rhône est plus forte que celle du Rhin ; surtout (on l'observerait aussi sur le Danube), le Rhône doit franchir des gorges épigéniques qui, accroissant la vitesse de l'eau, perturbaient la navigation (dans le défilé de Donzère notamment).

Entre le Teil et le delta, le Rhône reçoit des affluents méditerranéens aux régimes très tranchés (Document 5.27.c). Nous avons décrit l'Ardèche et l'Eyrieux comme des cours d'eau immodérés de régime nivo-pluvial méditerranéen, où l'évapotranspiration estivale peut provoquer des débits très faibles (7% de l'écoulement en été). Mais leur abondance moyenne élevée : 22,5 et 27,1 l/s/km^2, accroît leur influence. Puis, des Alpes du Sud, arrive la Durance aujourd'hui anthropisée. Mais le régime antérieur à 1960 était typiquement nivo-pluvial :

- 37% de l'écoulement entre avril et juin avec un maximum principal de mai, 26% d'octobre à décembre maximum secondaire de novembre.
- Globalement, le soutien glaciaire et nival maintient le débit du Rhône à un niveau élevé : 21,8 l/s/km^2 à Beaucaire (classe 11 ou mésoréisme élevé).
- Mais l'étiage se creuse : 17% de l'écoulement en été, alors que les hautes eaux hivernales prennent de l'ampleur : 31% de l'écoulement entre décembre et février.

À Beaucaire, le Rhône restait pondéré : 2,3 et abondant, mais le profil du lit, ainsi que des apports pluviaux d'automne capables de générer des crues spectaculaires (automne 2003), ont à l'inverse du Rhin, impliqué les aménagements réalisés par la Compagnie Générale du Rhône dans la seconde moitié du XXe siècle.

6°) En Catalogne, l'Ebre connaît une pondération de son régime, mais reste intrinsèquement nival (Document 5.28.a).

- À Saragosse, l'Ebre est encore un cours d'eau méditerranéen immodéré : 15,9.
- Son régime est influencé par la montagne : 45% des eaux proviennent du ruissellement hivernal entre janvier et mars, et 25% de la fonte des neiges d'avril à juin.
- Mais, du fait d'une ambiance méditerranéenne, les basses eaux sont très creusées : 4% des eaux écoulées de juillet à septembre, alors que les pluies d'automne relèvent le module : 25% de l'écoulement entre octobre et décembre.

C'est un assez bon exemple de régime pluvio-nival méditerranéen. À Tortosa, à l'entrée du delta, la modification ne joue qu'au travers d'une pondération améliorée : 6, du fait d'une réduction relative de la part du ruissellement d'hiver : 36% des eaux écoulées entre janvier et mars. À l'inverse, l'étiage reste creusé : 9% seulement de l'écoulement en été. Enfin et surtout, la fonte des neiges participe à 30% de l'écoulement.

Dès la Renaissance, on songea à un aménagement du fleuve en vue de réserver les eaux d'hiver pour assurer l'irrigation estivale, car, fait majeur de l'influence supratropicale, le module est modeste : 6 l/s/km^2 à Saragosse, 3 l/s/km^2 à Tortosa (classe 7 ou microréisme atténué).

7°) Le Pô reste encore plus soumis à la tyrannie alpine (Document 5.28.b). À Piacenza (Plaisance), le Pô est déjà "loin des Alpes", pourtant il en conserve le régime nivo-pluvial :

• 30% de l'écoulement par fonte des neiges entre avril et juin, et 22% par ruissellement entre janvier et mars.

• Mais une seconde période de hautes eaux survient en automne : 29% des eaux s'écoulent entre octobre et décembre.

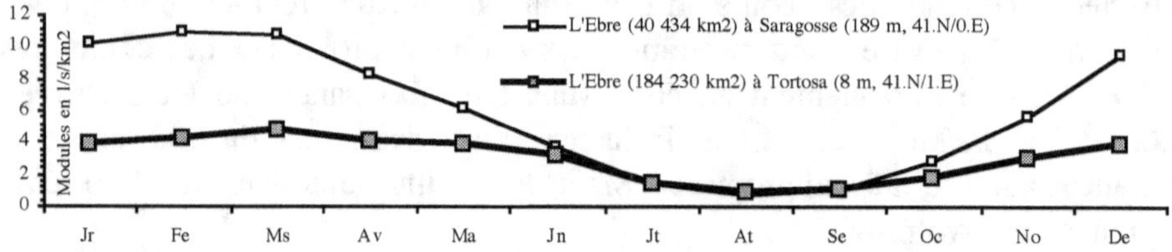

a) Les régimes de l'Ebre.

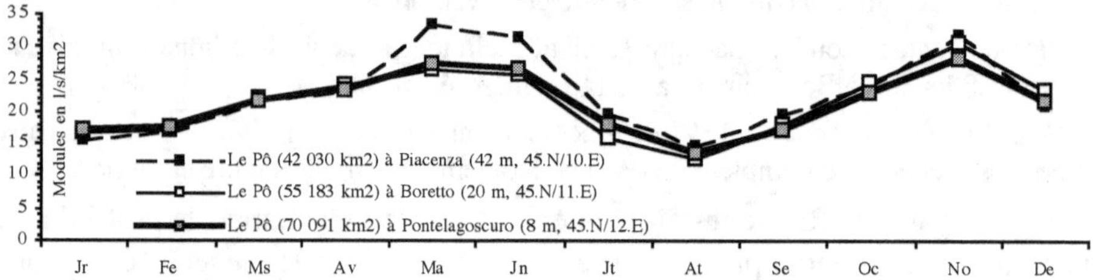

b) Les régimes du Pô.

Document 5.28. - Dans les plaines du sud de l'arc alpin et des Pyrénées, les montagnes impriment longtemps le rôle de la fonte des neiges.

Pourtant, le Pô apparaît pondéré : 2,1. Cela tient au fait que les saisons intermédiaires restent abondantes : les basses eaux hivernales sont soutenues par le ruissellement dans les Alpes et l'Apennin, et celles de l'été ne se creusent pas : 19% écoulés entre juillet et septembre. En effet, le climat du Piémont et de la Lombardie, semi-continental, connaît un maximum pluviométrique d'été.

Vers l'aval, le régime ne se modifie guère à Bonetto en Vénétie, comme à Pontelagoscuro à l'entrée du delta. Seul, du fait de l'éloignement des Alpes, le maximum principal, encore nival à Plaisance, devient-il pluvial-méditerranéen à l'aval. La pondération en est légèrement dégradée : 2,3 (mais cette valeur cache aussi des excès provoquant des inondations catastrophiques comme sur la plupart des fleuves méditerranéens).

Pourtant un fait domine et relève de l'influence des montagnes : le module est élevé : 22,6 l/s/km^2 à l'entrée du delta (classe 11 ou mésoréisme élevé).

III - Le rôle de la neige (voire de la glace) dans les montagnes d'Extrême-Orient

À latitude égale, les façades orientales des continents des moyennes latitudes font l'objet d'une "anomalie thermique négative" : l'ambiance y est plus froide et plus humide que sur les façades occidentales.Aussi, en Chine du Nord, dans l'Extrême-Orient sibérien et dans les îles septentrionales du Japon, les bassins-versants se couvrent-ils de neige en hiver. Mais l'influence nivale, voire glaciaire, peut venir aussi des massifs très élevés de l'Himalaya et des montagnes de la Chine occidentale.

Deux cas de figures se présentent.

• Le premier concerne l'influence directe d'une neige locale sur le régime des cours d'eau proches du littoral, mais situés au nord du 45e parallèle : cours d'eau de Sibérie maritime, de Chine du Nord et du Japon.

• Le second est attribué à une neige lointaine, chue sur les Massifs très élevés de l'intérieur, et qui, par sa fonte, imprime un régime nival à des fleuves qui débouchent dans la zone supratropicale.

A - Une ambiance froide et humide

Tel est ce qui se dégage des diagrammes ombrothermiques du Document 5.29 (des climats qui prendront aussi toute leur dimension sur la façade nord-est du continent nord américain). Neuf stations illustrent des climats que J.P. Vigneau nomme TC.E4 (Okhotsk, Blagovetchensk et Vladivostok) dans les Provinces maritimes de Sibérie orientale, TE.4 (Sapporo et Ishinomaki) au Japon, et TE.3 (Harbin et Shengyang) en Chine du Nord. Tokyo et Pékin qui appartiennent au domaine SB.4 illustrent la limite méridionale de cet ensemble.

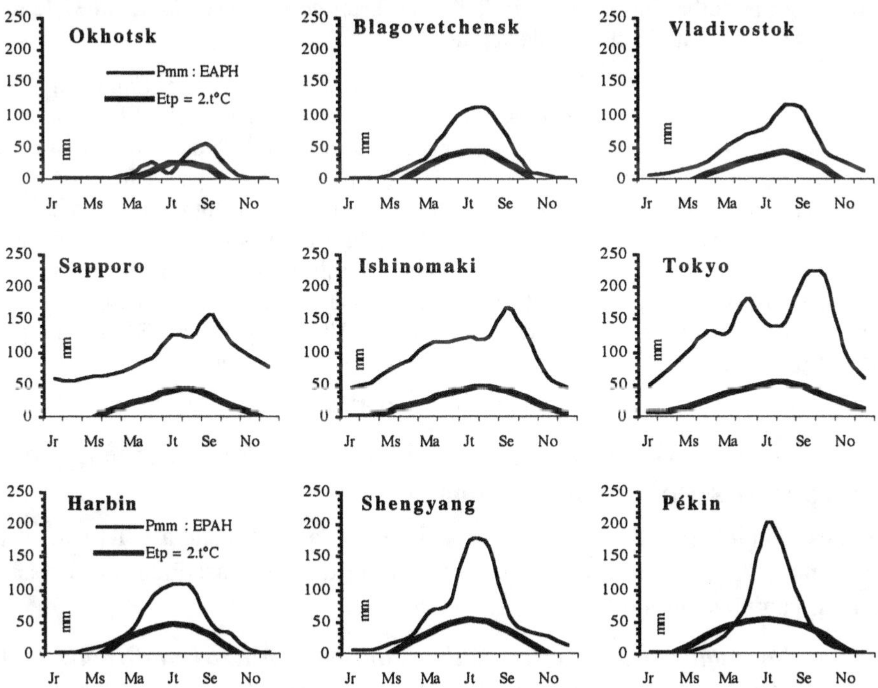

Document 5.29 - Les climats tempérés froids de l'Asie du Nord-est

• *Le domaine TC.E4 est une sorte d'interface avec les climats continentaux froids sibériens.* Okhotsk y appartient encore, autant par ses températures extrêmes : sept mois de gel, d'octobre à avril, par une amplitude thermique de 38°C, que par la modestie : 187 mm et la répartition : 82% au printemps et en été, de ses précipitations. Plus au sud, à Blagovetchensk et à Vladivostok, le froid reste intense : embâcle de novembre à mars ; mais l'influence de la mer fait que les précipitations y sont plus abondantes. À Blagovetchensk (sur le cours moyen de l'Amour), il tombe déjà 466 mm, avec une répartition qui reste continentale : 31% entre avril et juin, et 61% de juillet à septembre ; Vladivostok (près de la mer) est mieux arrosée : 579 mm dont "seulement" 26% entre avril et juin, et 52% de juillet à septembre. En bref, dès l'automne, l'omniprésence des hautes pressions thermiques de l'anticyclone sibérien efface les précipitations ; et, comme sur l'ensemble de la Sibérie, l'enneigement reste modéré. Ce n'est qu'à partir du printemps que l'affrontement entre l'air tropical et l'air polaire rend l'atmosphère pluviogène. Aussi, l'essentiel des précipitations se réalise-t-il sous forme de pluies de "saison chaude" : 326 mm à Blagovetchensk et 454 mm à Vladivostok.

• *Le Nord du Japon rend compte d'une forme "plus océanisée" du même climat.* Le froid peut rester important : il gèle de décembre à mars à Sapporo (Mer jaune, île d'Hokkaido) et encore en janvier à Ishinomaki (Pacifique, nord de Honshu). Mais les précipitations sont très abondantes : 1 118 mm à Sapporo et 1 132 mm à Ishinomaki. Certes la répartition conserve un maximum pluviométrique de saison chaude : 25% entre avril et juin, mais 37% seulement de juillet à septembre, ce qui laisse une part assez importante aux précipitations nivales de l'hiver : 16%. L'influence des hautes pressions sibériennes est ici contrariée par le passage plus fréquent de systèmes pluviogènes perturbés jusqu'au coeur de l'hiver. Dans ces milieux très humides, le rôle de la neige tend à équilibrer celui de la pluie.

• *À l'inverse, malgré une latitude voisine de celle du Japon, la Chine du Nord conserve une ambiance "plus continentale".* Que ce soit à Harbin et à Shengyang, en Mandchourie, et à Pékin, le gel prolongé marque la saison froide de novembre à mars, avec une amplitude thermique de 30 à 40°C. Ce n'est que l'impact (thermique) des hautes pressions sibériennes, lesquelles réduisent aussi le volume pluviométrique : 684 mm à Shengyang, 588 mm à Pékin, et 471 mm à Harbin. Aussi le régime des pluies reste-t-il foncièrement continental : 27% entre avril et juin, et 61% de juillet à septembre. À Harbin, les précipitations estivales, issues d'une pluviogenèse perturbée, couvrent 70% du total annuel. Ce domaine que J.P. Vigneau nomme TE.3, restera plus marqué par des pluies estivales abondantes que par un enneigement hivernal.

En bref, le climat continental arrive aux portes de l'océan Pacifique.

B - La confrontation de l'influence nivale et pluviale est la marque de la plupart des écoulements régionaux

Les écoulements du nord-est de la Sibérie : la Kamtchatka à Kluchi et la Penshina à Kamankoe, ont été classés dans le domaine arctique, et seuls les cours d'eau plus méridionaux ont été retenus.

1°) Les Soviétiques avaient effectué des jaugeages en Extrême-Orient. Ici, le principal fleuve sert de frontière à la Chine et la Russie, c'est l'Amour à Komsomolk, et deux de ses affluents : l'un sibérien, la Selemdhza et l'autre mandchou, l'Ussouri (ou Oussouri). L'Amour est le 16e fleuve mondial par son débit, et le 10e par l'aire de son bassin. Les Soviétiques avaient aussi jaugé le Tym qui se jette en mer d'Okhotsk (Document 5.30).

Le Tym et l'Ussouri sont encore des cours d'eau arctiques ou continentaux froids.

• L'essentiel du régime est nival : 57% des eaux du Tym et 53% de celles de l'Ussouri s'écoulent entre avril et juin, fruit d'une débâcle nivale, elle-même marquée par la rétention nivale qui réduit l'écoulement à quelque 3,5% du total de janvier à mars.

• Toutefois, le rôle des pluies estivales commence pourtant à faire effet. L'étiage évaporal n'est marqué qu'en août (et encore faiblement), car il est vite interrompu pas un maximum pluvial secondaire de septembre ou octobre : 25% de l'écoulement du Tym, 30% de celui de l'Ussouri, se réalisent à la charnière été-automne, d'août à octobre.

• En effet, le maximum pluviométrique se réalise entre juillet et novembre (maximum d'août). La première partie de cet apport ruisselle et participe au maximum pluvial ; la seconde partie est stockée tout l'hiver sous forme de neige, dont la violente débâcle (toute sibérienne) du printemps assure le régime nival.

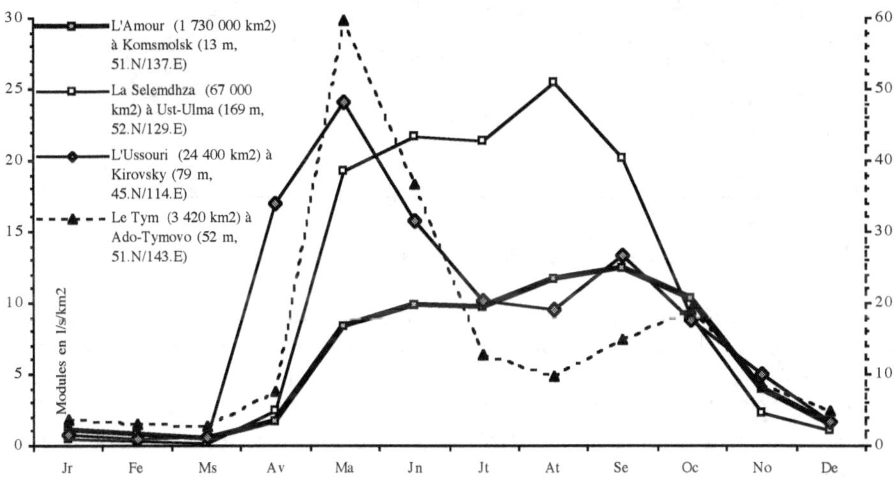

Document 5.30 - Ecoulement des Provinces maritimes

Le régime pluvial l'emporte sur l'Amour et la Selemdhza.

• Certes, l'étiage hivernal (1,5% seulement des eaux écoulées entre janvier et mars) relève du gel et de la rétention nivale ; mais la débâcle du printemps (28 et 35% de l'écoulement entre avril et juin) se soude à un écoulement pluvial estival long et abondant : 62% de l'écoulement entre juillet et octobre.

• Le fruit de cette conjonction est une vague de hautes eaux estivales d'allure glaciaire, qu'on attribua, à tort, à l'écho de la Mousson chinoise (Guilcher, précis d'hydrologie, p. 352… parmi d'autres).

• D'ailleurs, ces cours d'eau restent sibériens par leur immodération : 22 pour le moins immodéré : le Tym, et 127 pour le pire : la Selemdhza. Surtout, l'abondance n'atteint pas celles des fleuves de la Chine supratropicale (voir Deuxième partie, quatrième chapitre, 4 - Les cours d'eau des façades orientales supratropicales). Avec un module de 6 $l/s/km^2$ sur l'Amour et 8,9 $l/s/km^2$ sur l'Ussouri, nous restons dans le cadre d'un microréisme soutenu de classe 8. La Selemdhza : 10,3 $l/s/km^2$ reste de mésoréisme médian de classe 9. Seul le Tym : 15,3 l/s/km², atteint l'abondance : classe 10 ou mésoréisme moyen.

Les fleuves de Chine du Nord et du Japon septentrional marquent la transition avec les régimes pluviaux des régions supratropicales de l'Extrême-Orient (Document 5.31).

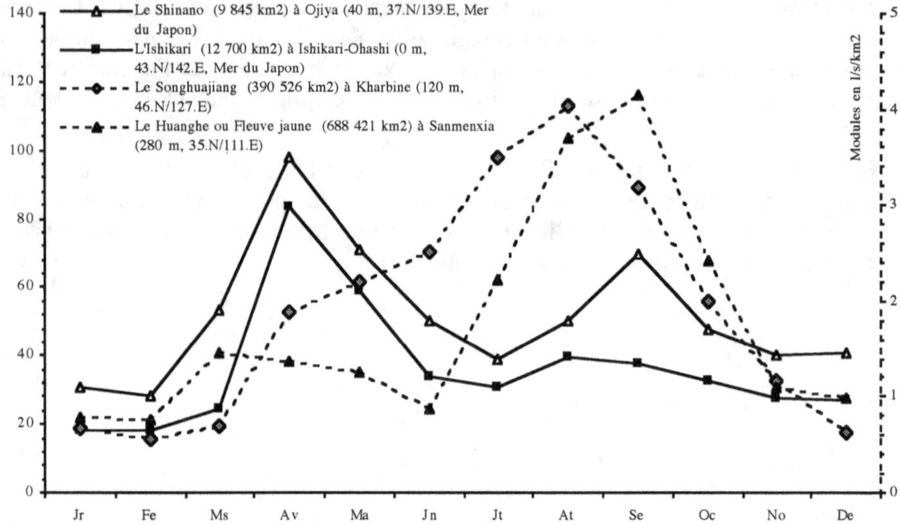

Document 5.31 - L'écoulement au nord du Japon de la Chine

• Au Japon, le Shinano (mer du Japon, Honshu) et l'Ishikari (mer du Japon, Hokkaido) restent influencés par la fonte des neiges. 36 et 40% de l'écoulement sont réalisés entre mars et mai, après un étiage dû à l'embâcle nival il est vrai moins marqué que sur le continent : 16% des eaux écoulées entre décembre et mars. Les abondantes pluies d'automne mesurées à Sapporo et à Ishinomaki sont réservées sous forme de neige et redistribuées au printemps.

• Toutefois, une pointe pluviale apparaît à la fin de l'été : 25% des eaux sont écoulés entre août et octobre. C'est, en plus équilibré, le régime nivo-pluvial du Tym et de l'Ussouri.Aussi la pondération est-elle mieux réalisée : 4, alors que les modules annoncent déjà les écoulements supratropicaux : le Shinano écoule 51,6 l/s/km² et l'Ishikari 36,1 l/s/km², ce sont des écoulements mégaréiques abondants de classe 12.

À l'inverse, en Chine du Nord le Songhuajiang qui irrigue Harbin, et le Huang-He ou Fleuve jaune, n'écoulent que très peu d'eau, à l'image des cours d'eau continentaux : 1,9 l/s/km² ou un microréisme mesuré de classe 6.

• Ici, la rétention nivale est importante et l'hiver : décembre à février, ne participe que pour 3% de l'écoulement. Le stock de neige est modeste, comme l'indique une faible débâcle : 17% de l'écoulement entre mars et mai.

• Le rôle dominant revient aux pluies de l'été qui dominent à Harbin et à Shengyang, et qui expliquent que 57% de l'écoulement annuel se réalisent entre juillet et septembre. Comme la date correspond aussi à l'évaporation maximale dans un pays couvert de loess favorables à l'infiltration, on n'en comprend que mieux la modestie des modules, mais aussi une toute relative pondération : 5,4 sur le Songhuajiang et 7,2 sur le Fleuve Jaune.

Le régime du Huang-He est pluvio-nival, avec deux maxima séparés, mais, une originalité locale, le régime du Songhuajiang évoque aussi celui de l'Amour.

2°) - En Chine du Sud, le régime nival ne concerne plus que des fleuves allogènes venus des montagnes continentales. C'est le cas du Chang-Jiang ou Fleuve bleu (Document 5.32).

Le cours du Chang-Jiang est pour les 2/3 montagnard. En effet, il prend sa source dans la Chine montagneuse et hypercontinentale de l'est du Tibet. Puis il se dirige vers le sud, vers les montagnes élevées et arrosées des confins orientaux de l'Himalaya, où il voisine l'Irraoudi et le Mekong.

- Durant tout ce parcours, il est encadré par des sommets situés entre 6 et 8 000 m, où la neige s'accumule (dont celle de la Mousson) pour n'être restituée que lorsque les températures passent au-dessus de zéro. Les rivières locales, celles qui alimentent les notamment les cuvettes endoréiques de Mongolie intérieure, sont des oueds nivaux, dont le Fleuve Bleu conserve l'image quand il arrive en Chine du Sud.

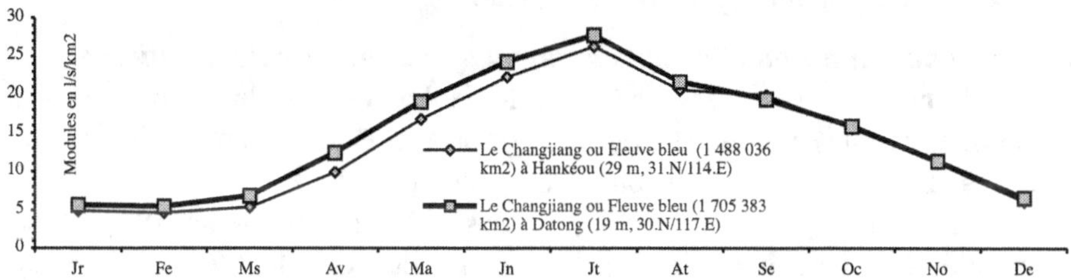

Document 5.32 - Le régime nival dans un fleuve allogène.

- Que ce soit à Hankéou ou à Datong, le régime est essentiellement nival : 65% des eaux entre juillet et septembre à Hankéou, et encore 50% à Datong avec un maximum de juillet. À l'inverse, l'hiver (janvier à mars) n'écoule que 10% du total.
- C'est un régime très différent des écoulements supratropicaux. Le Fleuve Bleu est un allogène assez pondéré : 5, et abondant du fait de l'apport nival : 13,6 l/s/km^2 à Hankéou, à la sortie des gorges d'Ichang. C'est un mésoréisme moyen de classe 10, mais très inférieur à l'écoulement supratropical. C'est cet apport pluvial, du fait des affluents qu'il reçoit en Chine supratropicale, qui explique un accroissement anormal de son module qui s'élève à 14,7 l/s/km^2 à Datong.

Ainsi, dans son immensité, la masse du continent eurasiatique est dominée par la rétention nivale et/ou glaciaire. Les régimes purement pluviaux sont réduits à une frange maritime en Europe occidentale et en Extrême-Orient.

IV - L'originalité de l'Amérique du Nord

On sait qu'elle tient à la disposition méridienne de deux chaînes littorales : Appalaches à l'est et Rocheuses à l'ouest. Elles font obstacle à la circulation atmosphérique zonale, et, à l'inverse de ce qui se passe en Europe, la vigueur du relief des Rocheuse réduit les domaines océanisés à une frange côtière pacifique : TO.3 au nord, et TO.4 au sud. À l'inverse, la proximité de la haute montagne impose le régime nival jusqu'en plaine.

Il en résulte un vaste développement des climats continentaux. Selon la typologie de J.P. Vigneau, les climats plus secs dominent à l'ouest, au pied des Rocheuses : TC.1 et TC.2 ; le type froid : TC.3 couvre le Canada des plaines et des boucliers ; le type de transition : TC-E4 s'étend au nord-est où, vers le sud, il passe peu à peu aux climats froids et humides : TE.3 et TE.4 de la façade atlantique. Ils possèdent, en commun, la caractéristique d'être neigeux.

A - L'écoulement des grandes plaines d'Amérique du Nord

Entre l'Arctique et le golfe du Mexique n'existe aucune solution de continuité topographique, aussi l'écoulement se trouve-t-il concentré par deux drains majeurs : le bassin du Missouri-Mississippi et le bassin du Saint-Laurent. Mais en hiver, dans ces grandes plaines, rien ne s'oppose au déplacement des Cold Waves vers le golfe du Mexique ; et, au nord du 40e parallèle, le rôle de la neige est incontournable dans l'écoulement. On comprend que le régime du plus grand fleuve, le Mississippi, conserve la marque des débâcles nivales jusque dans son delta, à la limite du monde tropical.

1°) Le climat est essentiellement continental, marqué par l'opposition entre le froid hivernal et les pluies estivales. Mais les vagues de froid venues de l'Arctique, entrant en contact avec l'air tropical n'écartent jamais l'éventualité de fortes chutes de neige en saison froide (Document 5.33).

A partir du piémont des Rocheuses, abrité des vents d'ouest, les précipitations s'accroissent d'ouest en est : elles doublent entre Edmonton (Alberta : 474 mm) ou Bismarck (Dakota du Nord : 385 mm), et Québec : 973 mm ou Indianapolis (Indiana : 936 mm). Mais leur répartition parfaitement continentale à l'ouest : formule E.P.A.H, tend à devenir plus "océanisée" vers l'est, avec une répartition saisonnière plus homogène autour des Grands-Lacs. Qu'on ajoute à cette observation une augmentation des températures vers le sud, ce sont trois grands ensembles climatiques qui peuvent être définis entre les Rocheuses et les Appalaches, entre les 40e et 55e parallèles.

Un premier ensemble longe la frontière canadienne. Il est illustré par les stations d'Edmonton, de Winnipeg (Manitoba), de Saint-Paul (Minnesota) et de Port-Arthur (Ontario).

- Ce sont des régions peu arrosées : 474 mm à Edmonton, 657 mm à Saint-Paul, mais la pluviométrie est assez tranchée. Selon la station, entre 39 et 41% des pluies tombent en été (juillet à septembre) et 27 à 33% au printemps (avril à juin). Cette période correspond à celle du dégel : en général d'avril à octobre. Mais il est encore bref à Edmonton : mai à septembre.
- Toutefois la saison froide est loin d'être une saison sèche, 15 à 20% des pluies ont lieu entre octobre et décembre, et encore 11 à 14% en hiver. Il se constitue alors un tapis neigeux susceptible d'alimenter l'écoulement lors de la débâcle nivale. On rajouterait que la brièveté de la période sans gel au pied des Rocheuses est compensée par l'effet

de fœhn appelé localement Chinook qui peut brutalement débarrasser le sol de sa couverture neigeuse.

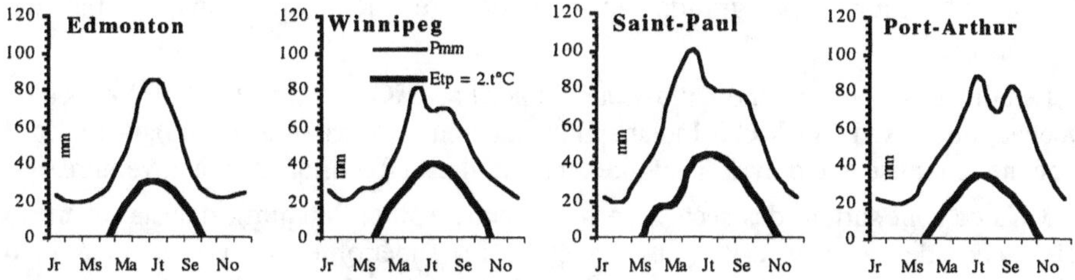

a) Transect septentrional de l'Alberta à l'Iowa.

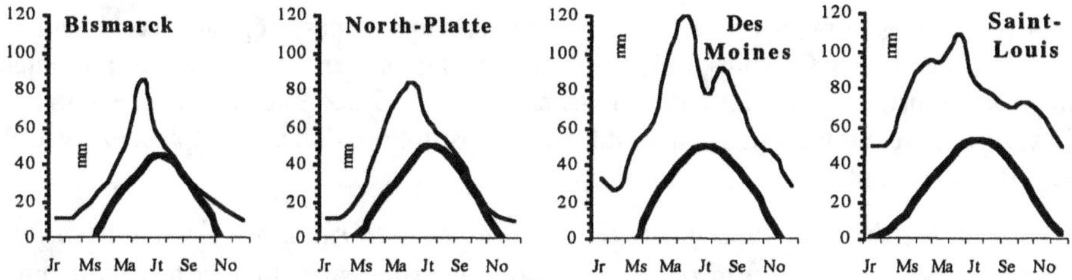

b) Transect méridional du Montana au Missouri.

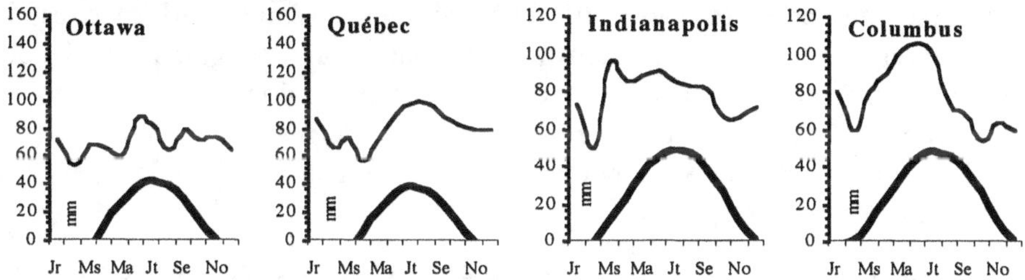

c) Les Grands-Lacs et le Middle-West.

Document 5.33 - Les nuances climatiques des grandes plaines de l'Amérique du Nord : on retiendra, d'une part, l'importance du gel hivernal et des pluies estivales, et d'autre part, des précipitations de plus en plus abondantes vers l'est, et surtout mieux réparties dans l'année.

Un second ensemble se constitue au sud de la frontière, illustré, entre le Montana et le Missouri, par les stations de Bismarck (Dakota du Nord), North-Platte (Nebraska), Des Moines (Illinois) et Saint-Louis (Missouri).

• Le climat y est moins rude, et la saison "hors gel" ne cesse de se réduire entre Bismarck : 7 mois (avril à octobre) et Saint-Louis où seul janvier a une moyenne < 0°C.

• Le total des précipitations reste voisin : 385 mm à Bismarck et 897 mm à Saint-Louis ; mais dans la répartition saisonnière, le printemps l'emporte (33 à 45% du total) sur l'été (26 à 34%). L'afflux pluvial correspond à la période d'exaspération de l'évapotranspiration, effet qui, on le sait, est désastreux sur l'écoulement.

• Cependant, jamais la sécheresse hydrologique : Pmm < 2.t°C, n'est observée. Surtout, les pluies de saison froide restent élevées : 12% en automne et 11% en hiver à Bismarck, et leur part s'accroît vers l'est : 21 et 20% pour chacune de ces saisons à

Saint-Louis. Les conditions climatiques se trouvent réunies pour la constitution d'un épais tapis neigeux.

Le pourtour des grands lacs bénéficie de conditions climatiques particulières.

• Le climat est, bien entendu, plus rude au nord : 5,3°C à Ottawa (Ontario) et 4,1°C à Québec, qu'au sud : 11,5°C à Indianapolis (Indiana) et Columbus (Ohio). Au nord, le dégel ne se réalise que d'avril à octobre ; au sud, il est effectif de mars à novembre.

• Mais ce sont surtout des secteurs arrosés (entre 850 et 980 mm), dont la répartition saisonnière des averses est moins tranchée. La supériorité des pluies d'été et de printemps n'est plus significative : 27 à 29% de pluies d'été, 25 à 32% de pluies de printemps.

• Aux averses orageuses estivales, caractéristiques des régions continentales, s'ajoutent des pluies frontales, qui, en hiver, franchissent les Appalaches ou remontent du golfe, et justifient 22 à 23% des pluies en hiver, et 19 à 25% des pluies en automne. Ce sont là des conditions aussi favorables à la constitution d'un épais tapis neigeux qu'à du ruissellement pluvial.

2°) ***Débâcle nivale et crue pluviale sont les caractéristiques des écoulements du nord des grandes plaines***. Cependant, l'immensité du territoire introduit d'autres influences. La principale est la dissymétrie climatique entre l'est arrosé et l'ouest semi-aride (à partir du 100e méridien). L'autre influence est la pondération par les systèmes lacustres abondants sur une grande partie des plaines et du bouclier canadiens. Ces influences régionales apportent son originalité à un écoulement dominé par la fonte des neiges.

C'est au Canada que la pondération lacustre est la plus visible ; mais elle n'est en rien omniprésente.

a) La Saskatchewan (Document 5.34.a) prend sa source dans les *Rocheuses* de l'Alberta, avec deux bras distincts : la Saskatchewan du Nord, en amont d'Edmonton, et la Saskatchewan en amont de Calgary.

• Sur le drain principal, le régime apparaît nival : 40% de l'écoulement sont réalisés par une débâcle de mai à juillet. Toutefois, 18% des eaux s'écoulent entre septembre et novembre (avec un léger maximum secondaire de novembre) et encore 17% entre décembre et mars.

• On ne comprend que mieux une pondération de 3,9 inhabituelle dans un régime nival de plaine.

Mais cet écoulement pluvial est non conforme au diagramme climatique d'Edmonton, et il faut analyser les deux branches amont. Seul le régime de la Saskatchewan du Sud est le plus purement nival : la débâcle nivale de mai à juin couvre 54% de l'écoulement alors que l'automne n'en concerne que 13% et l'hiver 11% ; la rivière est immodérée : 7,4.

• Nous retrouvons ce régime sur la Saskatchewan du Nord à Prince-Albert, qui reste immodérée : 6,3. À l'inverse, à Deer Creek, en amont, avec 23% de l'écoulement de septembre à novembre, l'automne n'écoule guère moins que le printemps : 37% de mai à juillet ; ce qui en fait un cours d'eau très pondéré : 2,6.

• De très nombreux lacs accidentent le cours de ce cours d'eau, dont la Saskatchewan du Nord entre Deer Creek et Prince-Albert. C'est aussi la traversée de plusieurs lacs qui explique la pondération de la Saskatchewan à The Pass. La traversée des lacs, l'importante évapotranspiration estivale, la rareté des pluies d'hiver, expliquent enfin la médiocrité des volumes écoulés. En amont, les Saskatchewan du Sud et du Nord sont déjà peu abondantes : 3,3 l/s/km^2 (classe 7 ou microréisme atténué) et l'écoulement devient dérisoire à The Pass : 1,7 l/s/km^2 (classe 6 ou microréisme mesuré). Ce bassin est la limite du monde semi-aride, voire aride.

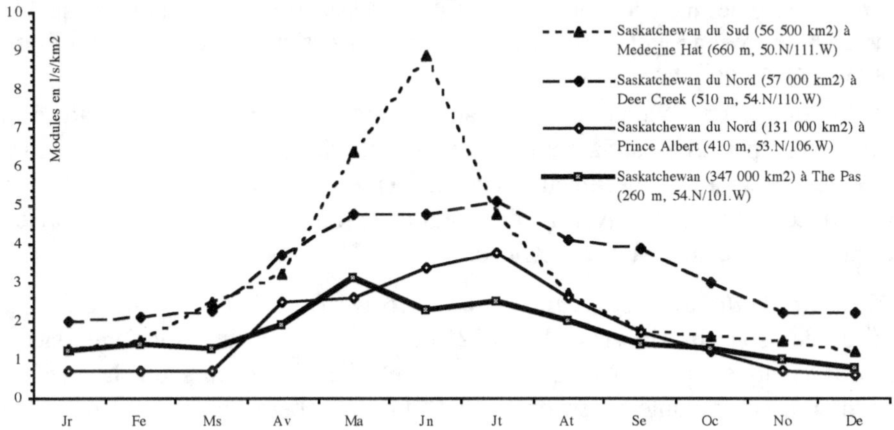

a) La Saskatchewan : un écoulement nival pondéré par des lacs

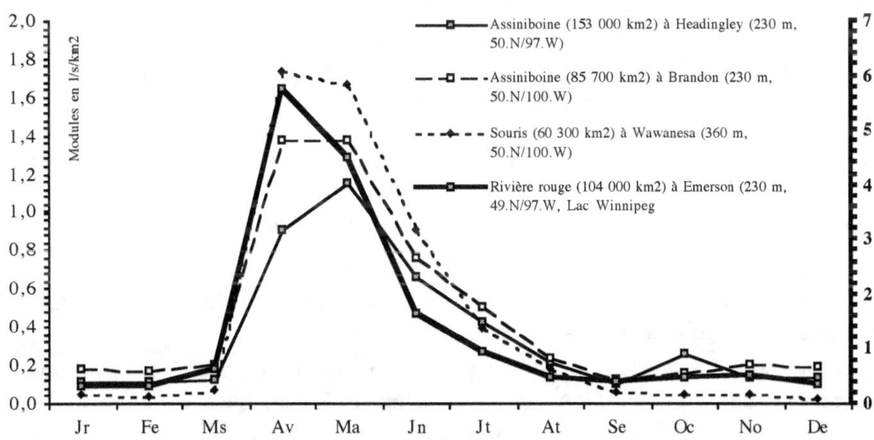

b) Quelques tributaires du Lac Winnipeg.

Document 5.34 - Les fleuves des grandes plaines canadiennes

b) Plus à l'est, l'Assiniboine et ses affluents la Rivière Rouge et la Souris sont aussi tributaires du lac Winnipeg.

• L'Assiniboine à Headingley est de régime nival plutôt pur (Document 5.34.b). Elle écoule les 2/3 de ses eaux entre avril et mai. L'hiver est indigent : 8% des eaux, et l'automne est à peine perturbé par les pluies : 11% de l'écoulement.C'est un régime acquis auprès de ses affluents : la Rivière Rouge et la Souris.

• La Rivière Rouge naît aux Etats-Unis à l'ouest de Minneapolis, et la Souris provient de l'Etat de Saskatchewan, après un détour aux Etats-Unis. Ce sont des cours de plaine dans le contexte du climat continental. La Rivière Rouge écoule 73% de ses eaux en avril et mai et, dans le même temps, la Souris en écoule 83%.

• Plus que les précédents, ils sont nivaux, du fait de l'absence de pondération lacustre, ce qu'illustre une immodération toute sibérienne : 18,5 pour la Rivière Rouge et 86,5 pour la Souris. À son entrée dans le lac, l'Assiniboine accuse encore un rapport de 11,4 entre ses débits extrêmes.

• À l'inverse, les modules sont insignifiants : 1,4 $l/s/km^2$ pour la Souris (classe 5 ou microréisme très mesuré) et 0,4 à 0,5 $l/s/km^2$ sur l'Assiniboine et la Rivière Rouge (classe 4 ou nanoréisme faible).

Ce qui apparaît comme une caractéristique régionale est le fait d'un écoulement perturbé par la conjonction estivale des pluies et de l'évaporation avec des formations superficielles. Ces dépôts tertiaires issus du démantèlement des Rocheuses et leur couverture de moraine de fond, de faible pente, favorisent les pertes. Seule la débâcle est efficace.

*3°) **Le bassin du Mississippi est l'un des plus vastes de la planète.*** En effet, par l'aire de son bassin-versant : 3 925 000 km^2, c'est le troisième bassin hydrographique (après l'Amazone et le Zaïre). Mais il n'occupe que la seizième place pour son module spécifique : 4,5 $l/s/km^2$ à Taberg Lansing, à l'entrée du delta ; car la fonte des neiges imprime sa marque sans ambiguïté, et les fleuves nivaux de plaine sont peu abondants. On observe une différence importante entre les modules des affluents de la rive droite, venus des Rocheuses et de leur piémont semi-aride, et ceux de la rive gauche, alimentés par les précipitations importantes, et le tapis nival afférent, des Appalaches.

a) Le Mississippi est originaire du Minnesota, à 200 km à l'ouest de Duluth. À Clinton (222 000 km^2 de bassin-versant), il n'a encore reçu l'appui d'aucun de ses grands affluents. Le recours aux coefficients de débits (Document 5.35.a) évite d'intégrer les différences d'abondance moyenne

• C'est un cours d'eau de régime nival de plaine qui écoule 38% de ses eaux au printemps (avril à juin) avec un maximum d'avril.

• Mais le rôle des précipitations estivales et automnales des grandes plaines transparaît (diagrammes de St Paul et Port-Athur : Document 5.34.a) avec un débit qui reste soutenu en été puis qui reprend en automne après un minimum d'août. Le régime est alors nivo-pluvial.

Plus que le Missouri, c'est l'Arkansas qui illustre le mieux le régime nival des cours d'eau venus des Rocheuses, mais ayant aussi traversé les territoires semi-arides situés à l'ouest du 100e méridien. Cet affluent prend sa source au Colorado, au Mont Elbert (4 400 m), au sud-ouest de Denver.

• Le rôle de la fonte du tapis neigeux des Rocheuses et de leur piémont est très retardé à Little-Rock (maximum de mai), mais ce rôle est indéniable : 43% de l'écoulement entre avril et juin.

• Il existe certes un maximum secondaire, pluvial, en octobre, mais cet automne (septembre à novembre) ne concerne que 15% de l'écoulement. En fait, si le ruissellement des pluies d'hiver sur les bassins-versants des affluents (voir ci-dessous) assure un important apport pluvial de saison froide (21% de l'écoulement entre décembre et février), le rôle de la neige reste dominant et le régime est nivo-pluvial.

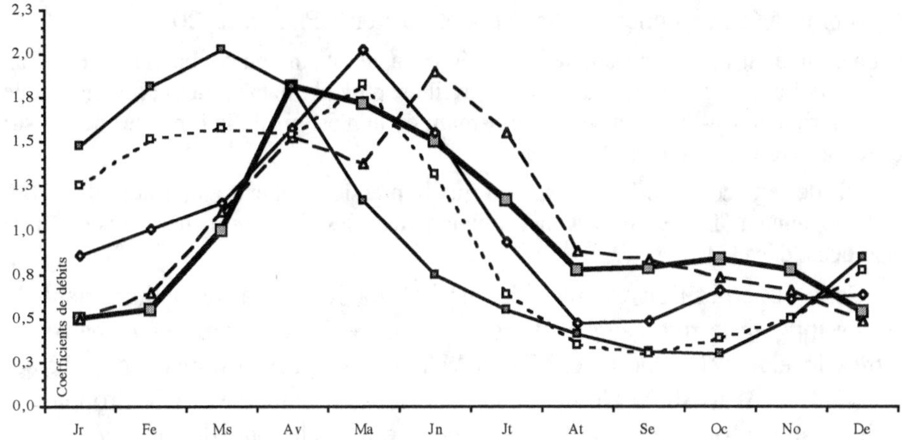

a) Coefficients de débits.

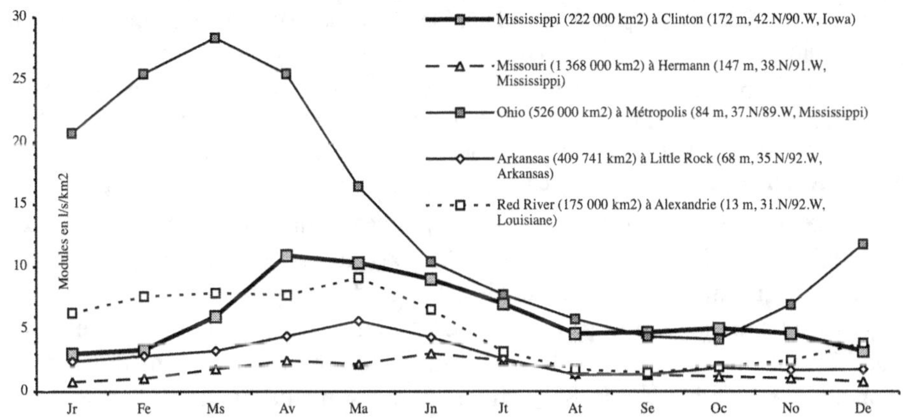

a) Modules spécifiques.

Document 5.35 – Le Mississippi et ses principaux affluents

Ce régime est aussi celui de la Red Rviver à Alexandrie (Louisiane) :

• Maximum d'avril, 41% de l'écoulement de mars à mai ; mais aussi 30% de l'écoulement en hiver, par ruissellement direct.

• Le cours d'eau est pourtant déjà une rivière du "Sud" : seul son principal affluent, la Canadian-River, est montagnard ; il naît dans les Rocheuses sèches du Nouveau-Mexique (< 400 mm/an), à l'est de Santa Fe.

• On notera pourtant que par 35 degrés de latitude nord, le rôle de la neige, imprimé par une origine à la fois montagnarde et continentale, reste dominant, sur la Red Rviver comme sur l'Arkansas.

Plus au nord, coule le Missouri, dont le bassin-versant en amont de Saint-Louis est, avec 1 368 000 km², beaucoup plus vaste que celui du Mississippi à Alton : 444 000 km². Avec la Yellowstone et la North-Platte River, ils proviennent des Rocheuses pluvieuses et neigeuses du Wyoming et du Montana. Puis ils traversent ensuite les états continentaux des deux Dakota et du Nebraska (diagrammes de Bismarck et de North-Platte : 2.120.b).

• La double influence est traduite par le régime à Hermann : un double maximum, l'un en avril et l'autre en juin. Le maximum d'avril est pluvial : le maximum pluviométrique est en avril à North-Platte, et seul le maximum de juin est nival : la fonte des neiges sur les Rocheuses et leur piémont.

• Mais de cette double influence naît un flux impressionnant entre mars et juillet : 70% de l'écoulement. Le régime est nivo-pluvial, mais les deux influences tendent à se superposer dans le temps.

Cette superposition est réalisée sur l'Ohio, le seul affluent important du Mississippi sur la rive gauche. Il prend sa source dans le nord des Appalaches, entre Cleveland et le lac Erié. Mais à Metropolis il a reçu l'apport de tous ses affluents : la Wabash, la Cumberland et surtout la Tennessee. À Metropolis, le régime est à la fois influencé par les précipitations et la fonte des neiges.

• Les diagrammes d'Harrisbourg et d'Albany (Document 5.34) rappellent que l'hiver reste très arrosé dans les Appalaches. Malgré le gel, l'eau peut ruisseler pendant toute la saison froide : aussi 71% de l'écoulement se réalisent-ils entre novembre et avril.

• Mais un tapis neigeux couvre les sommets, et sa fonte serait responsable du maximum de mars. Cependant, l'écoulement, qui n'est plus dominé par cette débâcle, peut être défini comme pluvio-nival, mais dans un contexte climatique où les deux processus sont superposés dans le temps.

La géographie physique des grandes plaines domine dans la réalisation de ces régimes ; mais son rôle ne s'arrête pas là. Il existe une dissymétrie pluviométrique qui joue en faveur de l'Est et des Appalaches. L'alimentation neigeuse et pluviale des Appalaches l'emportant, la dissymétrie est amplifiée par l'écoulement. À Clinton, le Mississippi lui-même est déjà médiocrement abondant : 6 l/s/km² (classe 8 ou microréisme soutenu) ; mais cela reste dans l'ordre de grandeur de l'abondance des fleuves nivaux de l'Europe et de la Russie baltiques, voire de la Volga. Mais c'est au niveau de l'origine géographique des affluents que la différence se fait.

Sur la rive gauche, l'écoulement spécifique est très faible ; 5 l/s/km² sur la Red River constituent un microréisme soutenu de classe 8 ; mais les modules de l'Arkansas : 2,8 l/s/km² (classe 7 ou microréisme atténué) et du Missouri : 1,6 l/s/km² (classe 6 ou microréisme mesuré) nous rapprochent des modèles des confins semi-arides de l'Ukraine et de la Russie : Bug du Sud, Dniepr, Oural. Sur la rive droite, l'Ohio offre une image très différente. Du fait des pluies d'hiver, il écoule 14 l/s/km² : classe 10 ou mésoréisme moyen. C'est en quelque sorte la réplique des régimes où neige et pluies d'hiver sont associés ; les cours d'eau issus des Vosges ou du Massif Central, par exemple. Une analyse détaillée des écoulements des principaux affluents du Mississippi et de leurs affluents affine les conclusions.

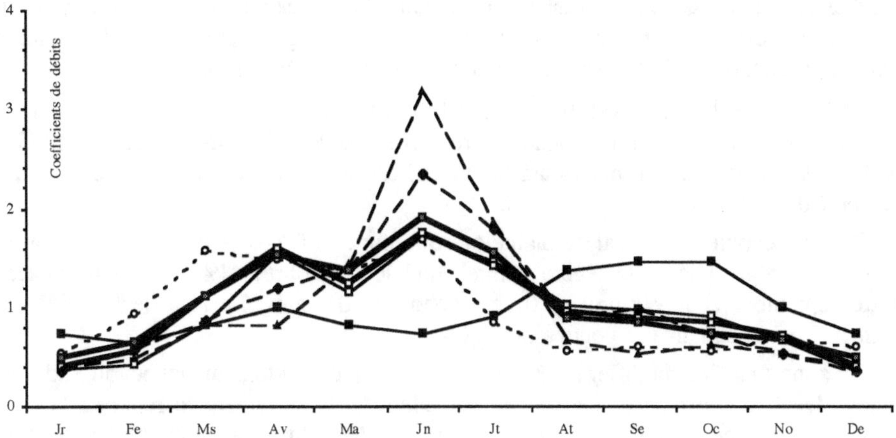

a) Coefficients de débits.

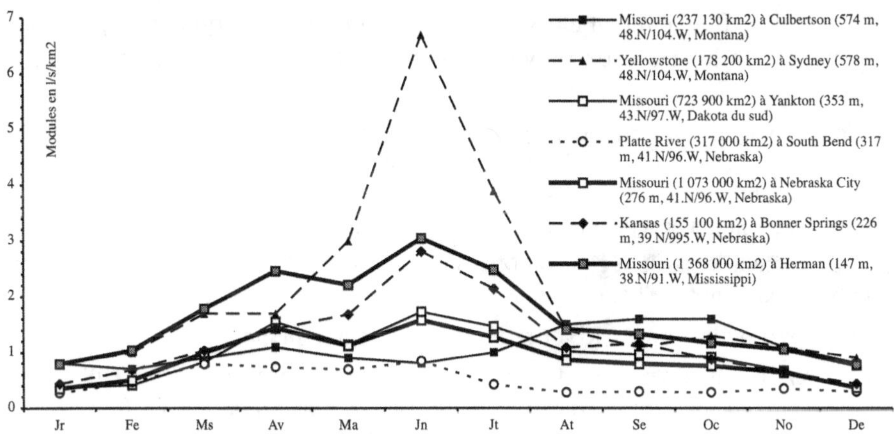

b) Modules spécifiques.

Document 5.36 - Régimes du Missouri et des affluents.

b) Le Missouri reçoit de nombreux affluents majeurs entre Culbertson au Montana, et Hermann au Missouri. (Document 5.36) Les affluents de l'amont sont nés dans les Rocheuses : la Yellowstone (170 200 km^2 de bassin) et la Platte River (317 000 km^2). À l'inverse, le Kansas (né de la confluence de la Republican, de la Solomon, de la Smoky Hill Rivers) ne draine que la plaine et le piémont des Rocheuses.

• Le régime du Missouri à Culberston est sous l'influence du réservoir hydroélectrique de Fort Peck au Montana. Les 23% de l'écoulement réalisés entre mars et mai ne sont pas d'origine nivale, mais ils constituent le fruit de l'apport pluviométrique ici maximal en cette saison. Quant au maximum principal de septembre, il est artificiel. Si on écoule 37% des eaux entre août et octobre, c'est pour satisfaire les besoins de l'irrigation. D'ailleurs, le fleuve s'en retrouve anormalement pondéré : 2,3. Les crues étaient d'une extrême violence et accompagnées d'un alluvionnement intense. Les crues de 1943 amenèrent le Président Roosevelt à constituer la Missouri Valley Autority, qui conduisit à l'aménagement de vastes plans d'eau à Fort Peck au Montana, à Garrison au Dakota du Nord, et à Ohae au Dakota du Sud. Ces barrages régularisent l'écoulement pour la production de 2 000 000 000 Kwh, et permettent la navigation.

À l'inverse, la Yellowstone est "restée naturelle".

• A Sydney, au Montana, une onde de crue nivale se déroule entre mai et juillet (55% de l'écoulement), avec un maximum de juin. C'est le fruit de la fonte de la couverture de neige des Rocheuses.

• C'est un écoulement nival de plaine presque pur : 11% des eaux seulement écoulés en hiver, malgré une toute légère pointe pluviale d'octobre (14% des eaux écoulées entre septembre et novembre) et (très secondaire) de mars. Le rôle de la neige est confirmé par une mauvaise pondération : 8,4.

• Cet apport suffit à modifier le régime du Missouri à Yankton, au Dakota du Sud. Les plans d'eau de Garrison et d'Ohae ne "nivellent pas" totalement le régime : la crue pluviale d'avril ne se confond pas avec la crue nivale de juin. Par rapport à Culberston, la pondération est dégradée : 4,8.

En aval, le fleuve reçoit alors la Platte River dont la marque principale est la conjonction de hautes eaux pluviales en mars et avril, puis nivales en mai et juin.

• L'effet obtenu est une longue crue pluvio-nivale de mars à juin : 54% de l'écoulement. Cependant, les pluies estivales parviennent à maintenir un écoulement assez abondant (associé à la restitution des barrages) : 18% des eaux sont encore écoulées entre juillet et septembre. Aussi la pondération est-elle assez bonne : 3,2.

• Ceci ne modifie pas le régime du Missouri à Nebraska-City : un régime pluvio-nival à double maximum : avril et juin.

L'apport de la Kansas River redonne un rôle à la neige.

• Ce cours d'eau et ses trois affluents (Republican, Solomon et Smoky Hill Rivers) bénéficient de la fonte de la couverture neigeuse des grandes plaines du Kansas et du Nebraska.

• L'apport pluvial de printemps est certes visible en avril, mais il est occulté par la débâcle nivale de mai à juin : 46% de l'écoulement (si on implique l'apport pluvial, ce sont 63% des eaux qui sont écoulés entre mars et juillet). L'hiver n'écoule que 11% des eaux et l'été moins de 20%. Le cours d'eau frise l'immodération : 6,5, et transmet une part de son régime au Missouri.

• À Hermann, le régime reste nivo-pluvial avec un maximum nival principal de juin et un maximum secondaire pluvial d'avril. Malgré les aménagements du milieu du XXe siècle, le Missouri en reste immodéré.

Cependant, le Missouri et ses affluents ne sont pas seulement originaux par cette influence nivo-pluviale de printemps, ils sont aussi très modestes. Sans du fait de l'apport de la Yellowstone : 2,1 l/s/km^2, le Missouri à Hermann : 1,6 l/s/km^2, ne relève-t-il que du microréisme mesuré de classe 6. Avec 0,9 à 1,2 l/s/km^2, le Missouri à Culbertson, à Yankton et à Nebraska-City, et la

Kansas-River relèvent du microréisme très mesuré de classe 5 ; quant à la Platte River, son module : 0,5 l/s/km² traduit un nanoréisme faible de classe 4.

c) L'Arkansas et la Red River conservent un régime influencé par la fonte des neiges à une latitude déjà supratropicale. La Canadian River, dont le jaugeage a été effectué en amont des barrages de l'Oklahoma, est le principal affluent de l'Arkansas. Ce sont des cours d'eau nivaux, où l'influence pluviale reste secondaire.

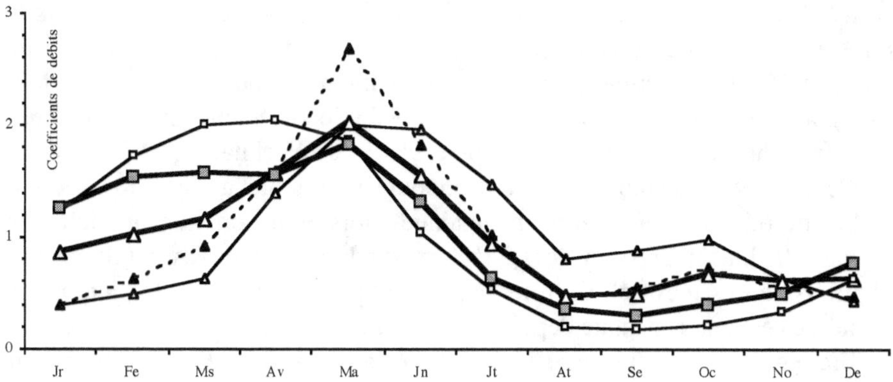

a) Coefficients de débits.

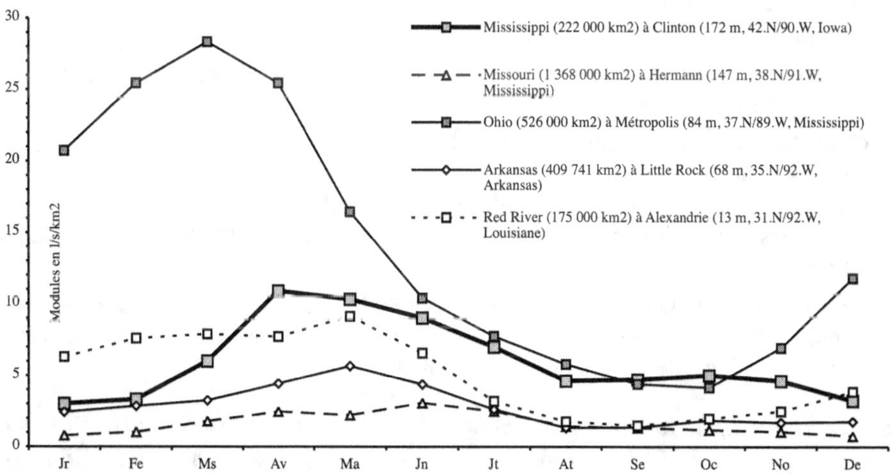

b) Modules spécifiques.

Document 5.37 - L'Arkansas, la Red River et leurs affluents.

- À Tulsa, la crue de printemps de l'Arkansas est durable et abondante : 52% des eaux s'écoulent entre avril et juillet. On sait que l'hiver est rude, d'où la modestie de l'écoulement (11% des eaux de décembre à février) ; mais le printemps est arrosé, que ce soit au nord à North-Platte (Document 5.33) ou au sud à Dallas. La crue serait pluvio-nivale, avec confusion du ruissellement et de la débâcle.
- Puis après un minimum d'août, un maximum secondaire pluvial d'octobre concerne encore 21% de l'écoulement de septembre à novembre.

• L'écoulement de la Canadian River est plus tranché : 52% des eaux sont écoulés entre avril et juin, ou 68% entre mars et juillet. Il faut estimer que sur ce cours mieux concerné par les Rocheuses dans sa partie amont, le rôle de la neige est plus efficace, aussi le maximum secondaire d'automne, est-il moins marqué : 15% des eaux.

• Il en résulte une immodération moyenne : 5 sur l'Arkansas et 7 sur la Canadian River.

Cette immodération n'est pas transmise à la station de Little Rock, où elle n'est que de 4,3, par effet secondaire des aménagements hydrauliques réalisés sur les deux cours d'eau en Oklahoma. En effet, le régime reflète toujours les influences venues de l'amont : pluies et fonte des neiges au printemps (51% des eaux écoulées entre avril et juillet), et un maximum secondaire d'automne. Mais l'originalité est un fort apport hivernal : 21% de l'écoulement entre décembre et mars, fruit du ruissellement sur les monts Ozarks et Wachita.

Ce dernier événement accroît le module relatif qui à Little-Rock est de 2,8 l/s/km^2 (classe 7 ou microréisme atténué) alors qu'en amont ce module n'est que de 1 l/s/km^2 à Tulsa et de 1,3 l/s/km^2 sur la Canadian River (classe 5 ou microréisme très mesuré). Ce rôle majeur de la semi-aridité sur le piémont des Rocheuses est une constante depuis le centre du Canada.

Bien qu'encore plus au sud, en Louisiane, la Red River conserve un écoulement nival, particulièrement marqué par le maximum de mai (44% des eaux sont écoulés entre avril et juin.

• Toutefois, à cette latitude, l'été évaporal apparaît, et le maximum secondaire d'automne a disparu, et, si près de la moitié des eaux s'écoule entre avril et juin, 43% ont été écoulés entre décembre et mars.

• C'est l'apport de la Ouachita River, dont le bassin-versant occupe le versant oriental des monts Ouachita. C'est un cours d'eau pluvio-évaporal : le maximum d'avril correspond à l'apport pluvial maximal, le minimum de septembre est évaporal. Mais nous sommes par 33 degrés de latitude sud ; et c'est le modèle du "Vieux sud à un seul maximum".

• Preuve en est l'immodération de 12, transmise à la Red River : 6 ; preuve en est aussi le module : 12,8 l/s.km^2 (classe 10 ou mésoréisme moyen), également transmis à la Red River : 6 l/s/km^2 (classe 8 ou microréisme soutenu).

d) - Le régime pluvio-nival et abondant de l'Ohio et de ses affluents, n'est pas sans rappeler celui des cours d'eau des moyennes montagnes d'Europe (Document 5.38).

• À Louisville, le régime de l'Ohio est encore fortement influencé par la neige du nord des Appalaches. Le régime est nival, car le maximum est en mars et 49% de l'écoulement sont réalisés entre février et avril, mais la pluie ruisselle aussi et assure 34% de l'écoulement entre décembre et février.

• Puis le reste de l'année est évaporal, l'été astronomique n'écoulant en effet que 8% des eaux, ce qui provoque une immodération de 9,8. C'est un régime qu'on a observé dans le Massif Central, et qui ici assure un écoulement abondant : 13,5 l/s/km^2 (classe 10 ou mésoréisme moyen).

Après Louisville, le fleuve reçoit successivement la Wabash, le Cumberland et la Tennessee.

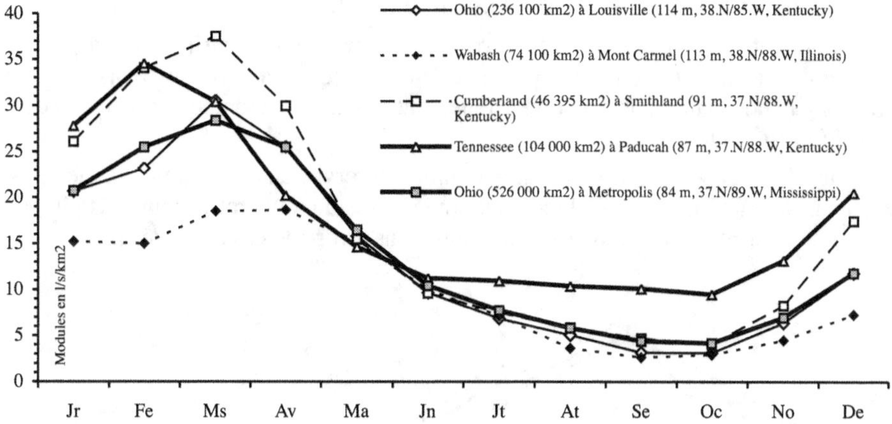

Document 5.38 - L'Ohio et ses principaux affluents.

• La Wabash et le Cumberland reproduisent le régime de l'Ohio à Louisville : 43 et 51% de l'écoulement au printemps, 31 et 39% en hiver et seulement 8% en été. Ce sont des régimes nivo-pluviaux. La différence : la Wabash est moins immodérée : 7,1 que le Cumberland : 9,3, et moins abondante : 10,1 l/s/km^2 (classe 9 ou mésoréisme médian) que le Cumberland : 16,7 l/s/km^2 (classe 10 ou mésoréisme moyen) pour des raisons géographiques. Le Cumberland est un cours d'eau de montagne, la Wabash, affluent rive droite de l'Ohio, draine les plateaux beaucoup moins élevés de l'Indiana.

• La Tennessee offre la même originalité que le Missouri à Culbertson. Le fleuve fit l'objet d'un aménagement global entre 1933 et 1959, et son écoulement se trouve en partie artificialisé. Pourtant, le régime a conservé son originalité avec un écoulement nival et pluvial en saison froide : 63% de l'écoulement entre décembre et avril, et un écoulement évaporal d'été : 15% des eaux annuelles. Mais seul l'hiver semble “naturel” : 15% de l'écoulement réalisés en été ne peuvent être naturels, et les ouvrages hydrauliques soutiennent l'étiage. Ainsi de juillet à octobre l'écoulement est presque stabilisé ; le recul de 2,7 à 2 l/s/km^2 est linéaire, respect indubitable d'un cahier des charges de l'utilisation des eaux du fleuve. Le fruit de cet aménagement est une amélioration de la pondération : 3,6, alors que le module reste abondant : 17,8 l/s/km^2 (classe 10 ou mésoréisme moyen).

Peu avant sa confluence avec le Mississippi, l'Ohio à Metropolis apparaît nettement nivo-pluvial : 47% de l'écoulement au printemps, 35% en hiver, et seulement 9% en été. Il bénéficie de la pondération de la Tennessee : 6,8, mais surtout, par rapport aux affluents de la rive droite du Mississippi, il est très abondant : 14 l/s/km^2 (classe 10 ou mésoréisme moyen).

c) *Les avatars du régime du Mississippi résument ces différentes influences.* Le régime du fleuve reste nival ; mais il gagne d'autres caractères qui ne sont que les reflets des variations du climat des grandes plaines entre le Canada et le golfe (Document 5.39). Si on ne se réfère qu'aux coefficients de débit, le

Mississippi connaît un important changement de régime entre Alton, avant la confluence avec le Missouri, et Vicksburg, après la confluence avec l'Arkansas, et surtout après celle de l'Ohio (Document 5.39.a).

• À Clinton et à Alton, le régime est nival avec un maximum d'avril et des basses eaux en décembre et janvier ; mais les précipitations estivales, importantes dans la moitié nord des grandes plaines, assurent un écoulement pluvial en automne et surtout au début de l'été (juin-juillet).

• À Vicksburg et à Talberg-Lansing, le régime conserve son maximum nival de mars à mai, mais le maximum pluvial de l'automne disparaît au profit d'un ruissellement d'automne et printemps en réponse à un climat plus arrosé en ces deux saisons.

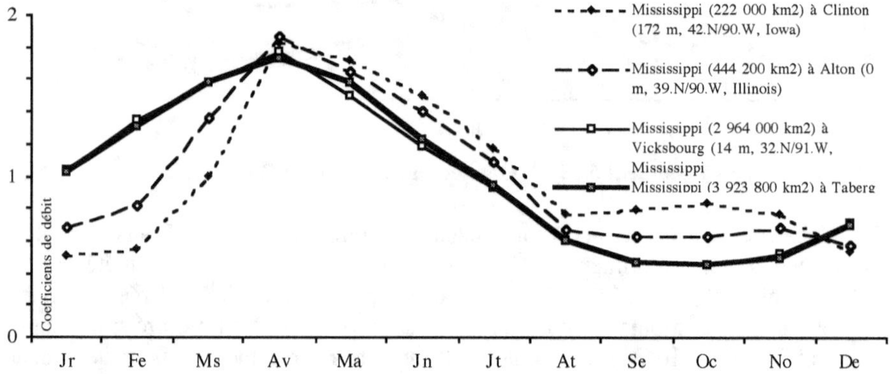

a) Les régimes du Mississippi (coefficients de débit)

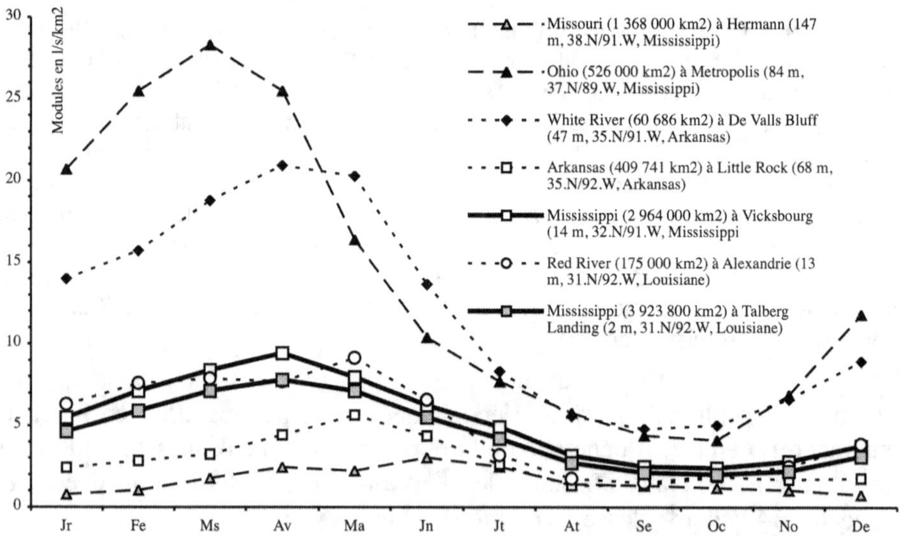

b) Le rôle des affluents (en modules spécifiques)

Document 5.39 - Les avatars du régime du Mississippi.

On sait que les affluents de la rive droite sont influencés par les averses de printemps du piémont des Rocheuses, et que l'Ohio est alimenté par les pluies encore importantes en hiver sur la côte est. Mais il faut aussi prendre en compte la médiocrité des écoulements venus de la rive droite. Tout se joue après la confluence du Mississippi et de l'Ohio (Document 5.39.b). Que l'on compare le régime du Mississippi à Vicksburg avec celui du Missouri à Hermann et de l'Arkansas à Little-Rock, on admettra que ces cours d'eau ont peu d'influence sur le Mississippi car ils écoulent trop peu d'eau.

Le Mississippi rend plutôt compte du régime de l'Ohio et de la White River. Cette dernière est le drain principal des Monts Ozarks. Son régime est nivo-pluvial : 42% de l'écoulement entre avril et juin, et 27% entre décembre et février ; surtout, c'est un cours d'eau qui écoule 11,9 l/s/km^2 (classe 10 ou mésoréisme moyen) qui rappelle la Ouachita River. À Vicksburg et à Talberg-Lansing, le fleuve conserve son propre acquis nival observé à Clinton et à Alton ; il y ajoute les influences nivales et pluviales de ses deux affluents les plus abondants : l'Ohio et la White River.

C'est un fleuve allogène qui pénètre en Louisiane, et dont la complexité est plus proche de celle du Danube, que du Rhin et du Rhône.

B - La côte nord-est du Canada et des Etats-Unis

L'écoulement doit y composer avec un climat très froid mais aussi très arrosé, dont nous avons déjà observé les effets en Sibérie Pacifique, en Mandchourie et au nord du Japon.

1°) Le climat concerne les côtes du Labrador, le Québec, Terre Neuve, la Nouvelle-Ecosse et le Nouveau-Brunswick, la Nouvelle-Angleterre et l'Etat de New York ; ce sont les climats TC-EC.4 et TE.4 de J.P. Vigneau (Document 5.40). La région concernée ne s'élargit qu'au Canada, autour et au nord du Saint-Laurent. Plus au sud, il se réduit à la plaine côtière et au versant oriental des Appalaches.

La partie canadienne est connue pour la rudesse de son climat par la durée et l'ampleur de son enneigement. Il faut la diviser en deux ensembles : l'*intérieur* autour des Grands Lacs et de la Baie James, puis le *littoral* et le golfe du Saint-Laurent. Nous avons choisi six stations : Hebron au Labrador, Ottawa et Québec dans la vallée du Saint-Laurent, Saint-John's à Terre Neuve, Sydney au Nouveau-Brunswick et Halifax en Nouvelle-Ecosse (Document 5.40.a).

- L'intérieur connaît encore un climat à tendance continentale : il gèle de novembre à mars à Ottawa et à Québec, et d'Octobre à Avril à Hebron. Mais le climat n'est continental qu'à Hebron où les précipitations sont à 45% estivales pour un total de 473 mm seulement. À Québec et Ottawa, les précipitations sont assez régulièrement réparties, et le maximum de saison chaude ne constitue plus que la tendance saisonnière d'un apport global volumineux : 873 mm à Ottawa, 943 mm à Québec. Compte tenu de la rigueur de l'hiver, le tapis neigeux est volumineux.

- Autour du golfe du Saint-Laurent, l'abondance pluviométrique domine : de 1 306 mm à Sydney à 1 363 mm à Halifax. Statistiquement, la saison froide est la plus arrosée ; mais 57% seulement des pluies s'abattent entre octobre et mars ; et la saison la moins arrosée : juillet à septembre, reçoit en moyenne 21% des averses. L'ambiance est celle d'une froidure humide, connaissant un fort enneigement hivernal.

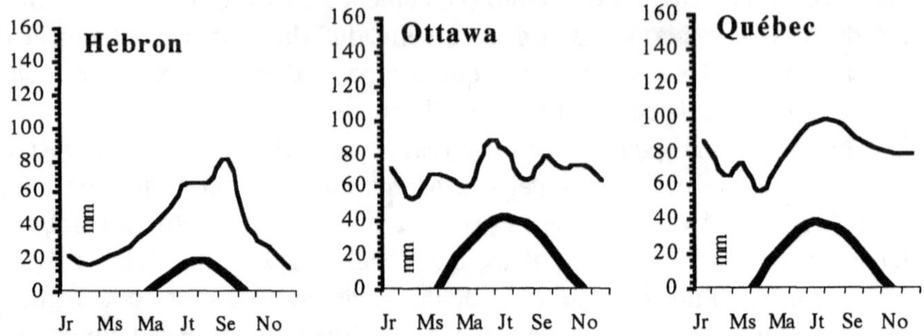

a) Le climat du Labrador et des "Pays du Saint-Laurent".

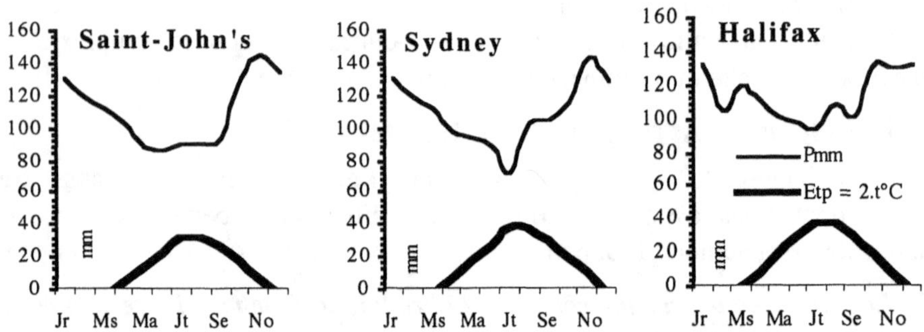

b) Le climat du golfe du Saint-Laurent.

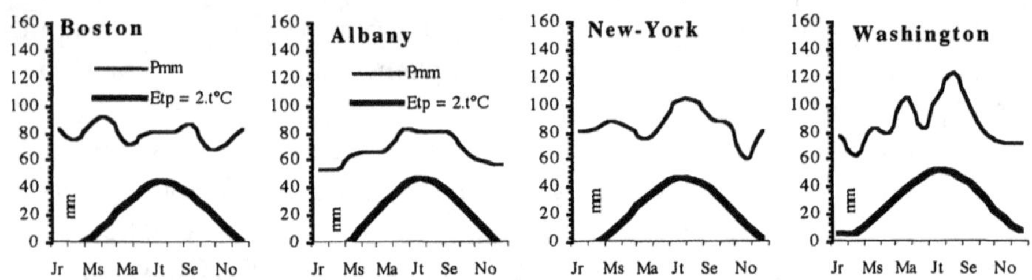

c) Le climat de la Nouvelle-Angleterre et de l'Etat de New York.

Document 5.40 - Diagrammes climatiques de la façade nord-est de l'Amérique du Nord.

• La côte est des Etats-Unis n'est guère moins rude, ce que traduisent les climogrammes de Boston, Albany, New York et Washington. L'hiver reste très froid jusqu'à New York (trois mois de gel à Boston et Albany et deux mois à New York) ; seul Washington ne connaît pas la permanence du gel hivernal. Cette côte est moins arrosée : entre 809 mm à Albany et 1 036 mm à Washington. Mais surtout, la notion de maximum et de minimum pluviométrique s'estompe, il pleut beaucoup en toute saison, avec peut-être une prédilection pour l'été. Pour ce qui nous concerne, le froid et des pluies d'hiver assurent la constitution d'un important tapis neigeux, qui s'accroît avec l'altitude sur le versant oriental des Appalaches.

• Enfin, ces climats connaissent des excès que les moyennes ne rendent pas. L'hiver peut subir des vagues de froid accompagnées de très fortes chutes de neige : comme ce fut le cas sur le Québec dans les années 90 ; à l'inverse, l'été peut être torride ; n'oublions pas que c'est par nécessité que la climatisation fut généralisée dès les années 40, dans les immeubles de la Mégalopolis.

L'abondance des données hydrométriques au Canada et aux Etats-Unis a permis de réaliser une analyse pointue de modèles de régimes correspondant chacun à une réponse aux conditions régionales.

2°) Le régime des tributaires occidentaux de la baie James (au sud de la baie d'Hudson) fait plus penser aux écoulements de l'Arctique qu'à ceux des grandes plaines (Document 5.41).

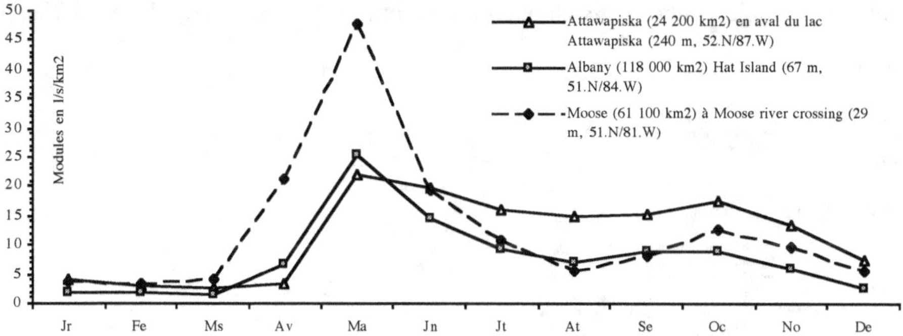

Document 5.41 - Les tributaires occidentaux de la Baie James

Le point commun de l'Attawapiska et de l'Albany est la forte rétention nivale :

• La débâcle est tardive : mai à juillet , mais abondante : 47% de l'écoulement sur l'Attawapiska et l'Albany . À l'inverse, l'étiage est très creux entre janvier et mars (6,5% d'écoulement) ; le gel est alors responsable d'une forte immodération, de 9 sur l'Attawapiska à 16 sur l'Albany.

• Mais ces deux cours d'eau ne connaissent pas le retour de l'étiage en été, reflet des précipitations estivales dans un contexte d'évapotranspiration modérée. Un maximum secondaire d'octobre marque cette seconde période d'abondance : l'Albany écoule 25% de ses eaux entre août et octobre, et l'Attawapiska 34%, puis le repli de l'automne est encore modéré car si l'Albany n'écoule plus que 9% de ses eaux de novembre à décembre, l'Attawapiska en écoule encore 25%.

• Enfin, on se souviendra que ce régime nivo-pluvial est aussi une des caractéristiques de l'Arctique canadien.

Sur la Moose, ce régime nivo-pluvial se différencie par l'occurrence d'un début d'étiage secondaire en été. La débâcle est plus précoce (58% de l'écoulement entre avril et juin), la crue pluviale concerne 20% des eaux entre août et octobre, mais l'étiage est sensible en juillet : 5,7 l/s/km^2 (moyenne : 12,7 l/s/km^2). Ce fonctionnement annonce le régime nivo-pluvial de la côte occidentale de la Baie James

Enfin, ces cours sont beaucoup plus abondants que ceux des grandes plaines voisines : l'Albany écoule 7,8 l/s/km^2 (classe 9 ou mésoréisme médian), l'Attawapiska et la Moose écoulent respectivement 11,6 et 12,7 l/s/km^2 (classe 10 ou mésoréisme moyen).

*2°) **L'étiage estival commence à marquer le régime des tributaires orientaux de la Baie James*** (Document 5.42). Pour les trois cours d'eau retenus, la rétention nivale induit un étiage hivernal très creusé : 8% seulement des eaux sont écoulés entre janvier et mars.

• Le régime de l'Eastman évoque celui de la Moose. À l'étiage, succède une violente débâcle de printemps : 42% des eaux sont écoulés entre mai et juillet, puis survient une crue pluviale secondaire : 33% des eaux sont encore écoulés entre septembre et octobre. Mais il existe une solution de continuité sous la forme d'un court étiage évaporal d'août.

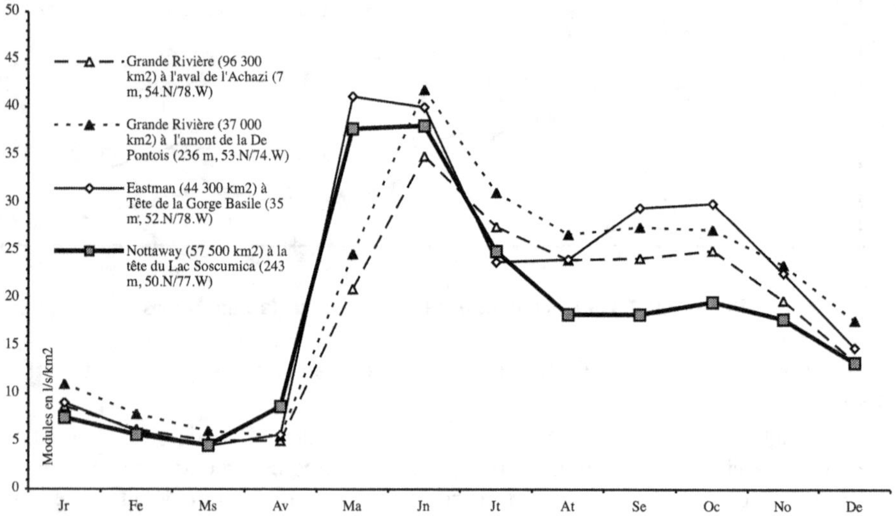

Document 5.42 - Tributaires orientaux de la Baie James Les régimes de la Grande Baleine à **la** confluence de la Pontois et de l'Achazi, comme celui de Nottaway, évoquent celui de la Moose. Ils ne connaissent pas cette solution de continuité. Certes, le régime est nivo-pluvial : 40 et 47% des eaux écoulées entre mai et juillet, puis, sans étiage, 34 et 26% encore écoulés d'août à octobre. Cette abondance de saison chaude, associée à la débâcle explique en partie le choix de ces bassins-versants, notamment la Grande Baleine, pour la réalisation des vastes programmes québécois de production hydroélectrique.

En effet, ces cours d'eau sont aussi très abondants : la Grande Baleine, à la confluence de Achazi, et la Nottaway écoulent 17,9 l/s/km^2 (classe 10 ou mésoréisme moyen) ; la Grande Baleine, à la confluence de la De Pontois, et l'Eastman écoulent 20,9 l/s/km^2 (classe 11 ou mésoréisme élevé).

4° Vers les Grands Lacs, l'écoulement est pondéré par les systèmes lacustres au nord, alors qu'au sud, du fait de la latitude, le caractère pluvial s'impose. (Document 5.43).

Le régime du Saint-Laurent est caricatural : il exprime, et très modestement, les variations saisonnières de la hauteur de l'eau dans le lac Ontario : un maximum de juin, quand les tributaires du lac sont en crue, et un minimum de février qui correspond à l'optimum de la rétention nivale.

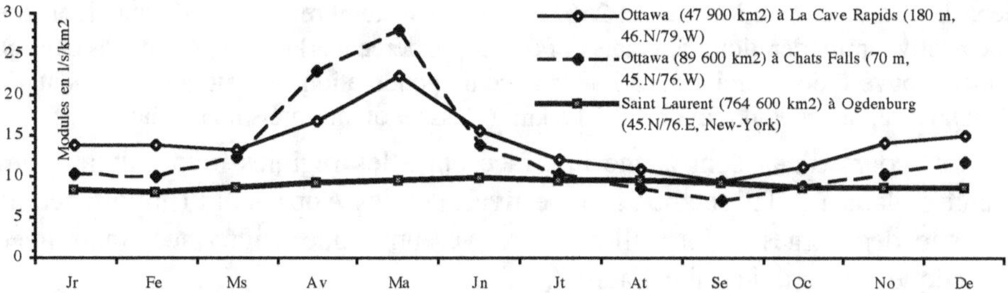

a) Tributaires du Saint-Laurent au sud-ouest du Québec.

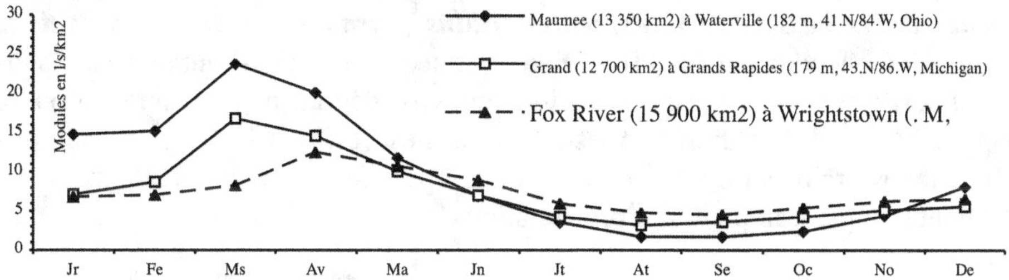

b) L'écoulement au sud des Grands lacs.

Document 5.43 - L'écoulement à proximité des Grands Lacs.

L'Ottawa River (Document 5.43.a : la Rivière des Outaouais en français) est avant tout un cours d'eau de régime nival pondéré par les lacs du sud-est du Bouclier Canadien, que draine l'amont du bassin-versant. Aussi la pondération recule-t-elle vers l'aval, entre Cave Rapids : 2,4 et Chats Falls : 3,9.

- La remarque porte sur un écoulement nival du fait de la débâcle : 23% des eaux écoulées entre avril et juin, et d'un étiage estival légèrement marqué : 18% de l'écoulement entre août et octobre. Mais la différence est faible du fait de la traversée des lacs.

- Or cette pondération élimine surtout l'étiage hivernal, car l'écoulement sous-glaciel (sous la banquise) permet à 23% de l'écoulement d'être assuré entre janvier et mars. Cela justifie une abondance encore élevée : 14 l/s/km^2 à Cave Rapids et 12,9 à Chats Falls (classe 10 ou mésoréisme moyen).

Aux Etats-Unis, au sud des Grands Lacs, le climat est plus continental, mais la latitude plus faible accroît l'évapotranspiration.

- Ainsi, la Maumee, un tributaire du lac Erié qu'elle gagne à Toledo (Ohio), présente un régime encore nival : 48% des eaux sont écoulés entre avril et juin, mais l'étiage est évaporal et situé en été : 5% seulement des eaux sont écoulés entre août et septembre. À l'inverse, l'étiage d'hiver est anéanti par le ruissellement des eaux : 24% entre janvier et mars. C'est le régime nivo-pluvial qu'on a décrit dans les Appalaches. La rivière est immodérée : 14,2 et abondante : 9,5 l/s/km^2 (classe 9 ou mésoréisme médian).

• La Grand, qui, plus à l'est, gagne le lac Michigan, aurait un régime voisin : 24% de l'écoulement de janvier à mars par ruissellement et 46% d'avril à juin par fonte des neiges. Mais les pertes par évapotranspiration estivale reculent et l'été écoule encore 14% des eaux du fleuve. On retrouve enfin ce comportement sur la Fox River, tributaire du lac Michigan au Wisconsin : 23% de l'écoulement de janvier à mars, 37% par une débâcle tardive de mai à juillet, et 25% en août et septembre. La Grand connaît encore une relative immodération : 5,3 mais la Fox est pondérée par la traversée de lacs dans ce milieu couvert de moraines : 2,7. Mais cette pondération se fait au détriment de l'abondance, qui se voit réduite à 7,5 l/s/km^2 (classe 9 ou mésoréisme médian).

Ces cours d'eau sont à une interface entre les régimes nivo-pluviaux des grandes plaines (relative abondance estivale) et des Appalaches (importance de la fonte des neiges). Nous allons retrouver un mode d'interface, mais avec l'Arctique, au nord du Saint-Laurent.

5°) Entre la baie d'Hudson et le détroit de Davis, Hydro-Québec a artificialisé de nombreux bassins-versants, mais certains expriment encore les conditions naturelles (Document 5.44). Ici, le tracé du Saint-Laurent est sud-ouest/nord-est ; et les conditions climatiques se dégradent à mesure qu'on se rapproche de l'Atlantique. Aussi, au nord-est du Québec, les conditions climatiques relèvent-elles de l'Arctique par les températures, mais de l'Atlantique par l'ampleur des précipitations.

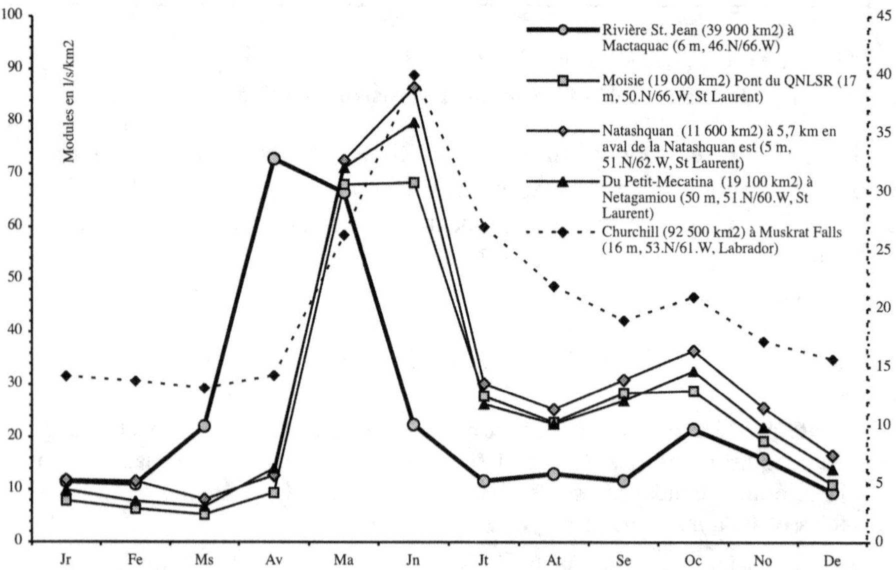

Document 5.44 - L'écoulement sur le bouclier canadien entre baie d'Hudson et détroit de Davis

La Moisie, la Natashquan et le Petit-Mecatina drainent le rebord méridional du Bouclier Canadien, et ils se jettent dans le Détroit de Jacques Cartier.

• Leurs écoulements sont parfaitement superposables et relèvent d'un régime nival et pluvial. En effet, la rétention hivernale est forte : 7% seulement de l'écoulement effectué entre janvier et mars, mais 55% entre mai et juillet. Cependant, l'eau ruisselle en été, car si proche de l'océan "c'est le diagramme de Saint-Jean de Terre Neuve qui illustre le régime des pluies". L'été est pluvieux dans une ambiance fraîche, et aussi sur un socle aquiclude qui fut poli par les glaciers quaternaires.

• Le régime est donc nivo-pluvial, avec une brève solution de continuité. Mais l'essentiel des précipitations participe à la rétention nivale dont la débâcle écarte toute modération : 12. À l'inverse, l'abondance du ruissellement apporte une abondance qu'Hydro-Québec a mise en valeur en bien des endroits : entre 25,3 l/s/km^2 sur la Moisie et 30,7 sur la Natasquan (classe 11 ou mésoréisme élevé).

Plus à l'ouest, la Rivière Saint-Jean, au Nouveau-Brunswick, gagne la baie de Fundy, et en illustre une forme atténuée.

• Elle écoule 56% de ses eaux par débâcle nivale, 17% par ruissellement d'été, mais ici la rétention nivale n'est pas absolue, et 15% des eaux relèvent du ruissellement hivernal. Elle ne perd rien en abondance du fait l'ampleur des précipitations, et de la forte valeur du coefficient d'écoulement : 24,1 l/s/km^2 (classe 11 ou mésoréisme élevé), aussi gagne-t-elle en pondération : 7,7.

Très au nord, la Churchill River (Province de Terre Neuve) se jette dans l'Atlantique.

• La convergence du ruissellement et de la fonte des neiges est parfaite : 17% des eaux en janvier et février (ruissellement), 22% entre mai et juin (débâcle) et 22% entre août et octobre : le régime nivo-pluvial relève des rigueurs de l'Arctique et de l'abondance océanique. Sa pondération : 3, relève de la traversée des lacs Lobstick, Ossokmanuan et Minihek, mais son abondance relative : 20,3 l/s/km^2 (classe 11 ou mésoréisme élevé) relève de la confrontation de deux ambiances climatiques.

6°) Sur la côte nord-est des Etats-Unis le rôle de la neige, quoique toujours présent, recule du nord vers le sud. Aussi faut-il séparer les cours d'eau de Nouvelle-Angleterre, au nord, de ceux de l'Etat de New York, où très vite on passerait aux écoulementx supratropicaux (Document 5.45).

Cinq cours d'eau serviront à définir les régimes fluviaux de Nouvelle-Angleterre (Document 5.45.a). Au nord-est, nous avons utilisé trois rivières du Maine : la Penoscot qui irrigue Bangor, la Kennebec qui irrigue la capitale Augusta, et l'Androscoggin. Plus au sud, nous avons retenu la Merrimack, au Massachussetts, et la Connecticut.

• Leur régime est nivo-pluvial, mais avec une pureté inconnue en Asie du nord-est, où, seul le Tym offrirait un profil voisin (voir III - Le rôle de la neige dans les montagnes d'Extrême-Orient) ; il est vrai que la répartition des pluies est assez homogène (Document 5.40.c). Le régime est pluvial par ruissellement d'hiver : 20% de l'écoulement entre janvier et mars, et d'automne : 17% de l'écoulement entre octobre et décembre. Mais le rôle de la fonte de l'abondant tapis neigeux constitué en hiver par association de pluies frontales et de gel, domine : 47% de l'écoulement se réalisent au printemps, entre avril et juin au nord, en mars et mai au sud.

• Aussi, dans l'ensemble les modules sont-ils élevés : la Merrimack écoule 17,1 l/s/km^2, la Kennetebec 17,2 l/s/km^2 et la Connecticut 18 l/s/km^2 (classe 10 ou mésoréisme moyen), la Penoscot écoule 19,2 l/s/km^2 et l'Androscoggin 19,9 (classe 11 ou mésoréisme élevé). Enfin, en toute logique, de cette complexité naît une relative pondération : entre 5 et 8.

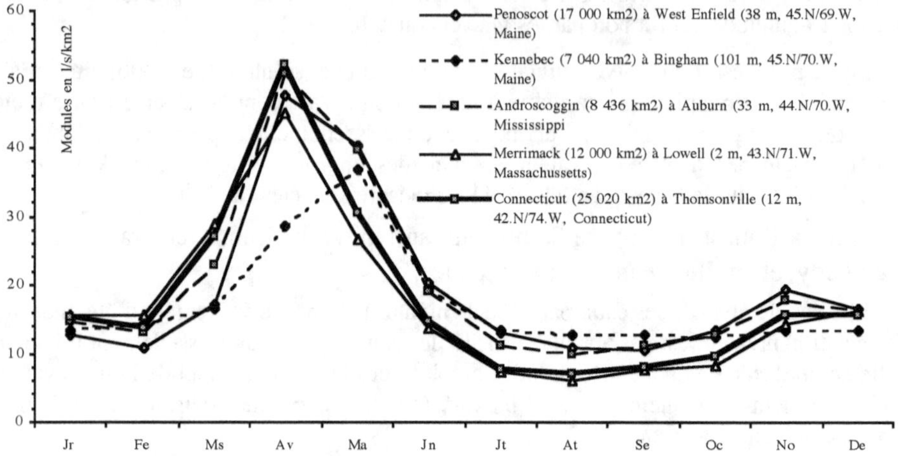

a) L'écoulement en Nouvelle-Angleterre.

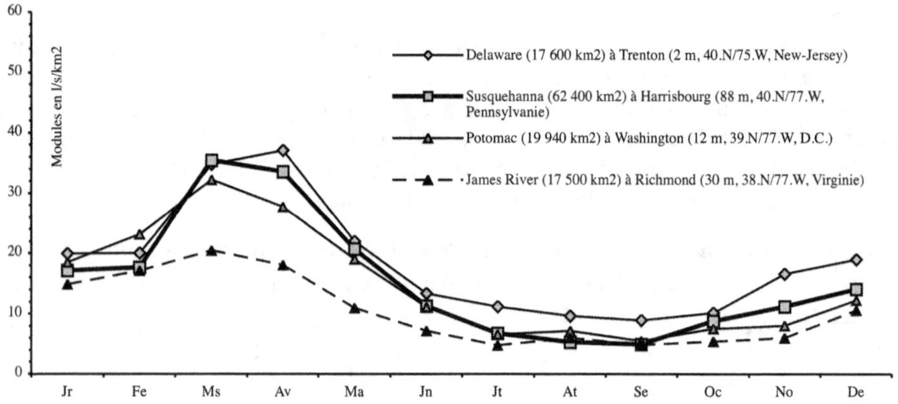

b) L'écoulement depuis l'Etat de New York jusqu'à la Virginie

Document 5.45 - L'écoulement nivo-pluvial de la côte orientale des Etats-Unis.

Pourtant un cours d'eau est original : la Kennebec. Elle traverse des lacs dans la moitié amont de son bassin, aussi est-elle pondérée : 2,9. Mais surtout, seule la crue nivale apparaît sur l'hydrogramme (Document 5.45.a). En effet, de juillet à février, le module mensuel est presque uniforme : le module moyen est de 11,8 l/s/km^2, avec un écart-type de 1,3, ce qui donne un coefficient de variation très faible : 0,11. Hors de la fonte des neiges, le module est stable du fait de la pondération des lacs.

Plus au sud, de l'état de New York à la Virginie, si les hivers peuvent rester rudes, on passe progressivement à des conditions climatiques supratropicales. Le milieu hydrologique est défini comme Centre atlantique par les hydrologues américains ; et nous avons retenu le Potomac et la Delaware qui gagnent la ria de la Delaware, la Susquehanna qui s'écoule vers la ria de la Chesapeake, et la James River qui arrose Richmond en Virginie.

• La répartition des écoulements saisonniers accuse encore l'influence nivale, avec un maximum de mars ou d'avril. À l'inverse, le maximum secondaire d'automne se fond dans la reprise progressive des débits après le déficit évaporal de l'été.

• En effet, les régimes sont évaporaux, et malgré de fortes pluies d'été entre New York et Washington, l'écoulement compris entre juillet et septembre ne concerne plus que 11% de l'écoulement. À l'inverse, la part du ruissellement hivernal s'accroît vers le sud, de 26% sur la Delaware à 34% sur la James River. Aussi, sans l'apport nival du printemps : 44% des eaux sont écoulés entre mars et avril sur la Delaware et la Susquehanna, et entre février et avril sur le Potomac et la James River.

Progressivement, vers la Virginie on passe au régime pluvial à un maximum déjà décrit dans l'écoulement supratropical du sud-est des Etats-Unis.

C - La côte ouest de l'Amérique du Nord

Sur cette façade orientale, l'écoulement relève de la dégradation montagnarde de climats océanisés au nord et supratropicaux au sud. Il n'existe pas de solution de continuité topographique zonale, et, le long de la côte, on passe des climats polaires océanisés, au nord, au climat méditerranéen de Californie, au sud. Mais la proximité de reliefs compris entre 4 000 et 6 000 m rend incontournable le rôle de la neige, chez des fleuves qui sont pour la plupart originaires de l'intérieur des Montagnes Rocheuses.

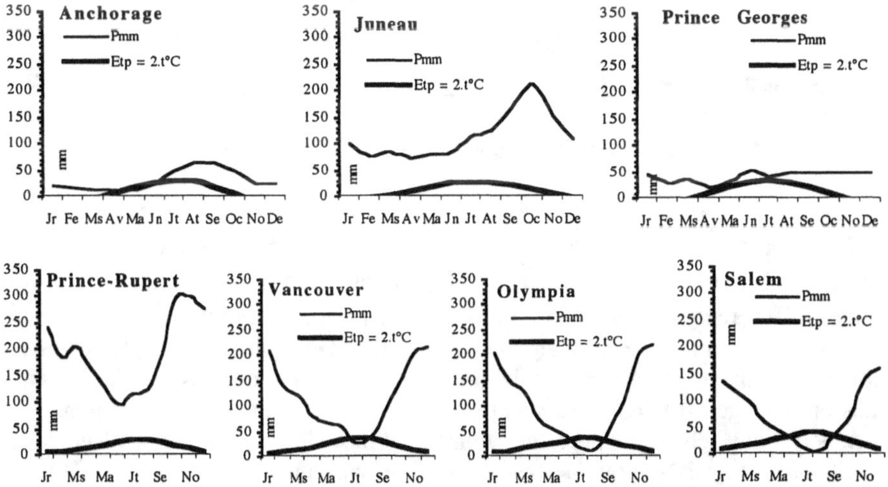

Document 5.46 - Les climats côtiers entre l'Alaska et l'Oregon.

1°) Le climat côtier présente déjà une originalité inconnue en Europe occidentale : la sécheresse progressive des étés (Document 5.46).

Entre Anchorage en Alaska et Salem, se développent les climats TO.4 et TO.3 de J.P. Vigneau. Mais, pour l'hydrologue, la répartition saisonnière des pluies annonce des variations du rôle joué par l'évapotranspiration estivale.

• A Anchorage, en Alaska, il gèle de novembre à mars, mais les précipitations peuvent être efficaces à l'écoulement car le maximum est estival. Ce régime se poursuit à Juneau, plus au sud, avec deux modifications : il tombe 1 383 m d'eau par an, dont 29% en été, et surtout 34% en hiver, avec constitution d'un épais tapis neigeux. Mais l'abri des chaînes bordières est lui aussi très efficace, comme le prouve le diagramme ombrothermique de Prince Georges, à l'intérieur des Rocheuses de Colombie Britannique. Alors que sur la côte, les précipitations atteignent 2 000 mm, cette station ne reçoit que 488 mm, mais selon une répartition assez égale sur l'année.

• En effet, la côte est très arrosée en Colombie Britannique, dans l'état de Washington et en Oregon : 2 333 mm à Prince-Rupert, 1 407 mm à Vancouver, pourtant bien abrité, 1 284 mm à Olympia dans l'Etat de Washington, et encore 912 mm à Salem en Oregon. Mais la répartition saisonnière change au profit de la saison froide. Même à Prince Rupert, les 2/3 des précipitations se réalisent en saison froide. Au cours de l'été, les hautes pressions subtropicales se rapprochent de la côte, rejetant les perturbations cycloniques vers l'Arctique. Dès Vancouver, la Nice du Canada, l'été est sec : 11% des pluies annuelles et sécheresse hydrologique en juillet. Cette situation prend de l'ampleur à Olympia : 7% des précipitations en été, et juillet-août est sec. Enfin, à Salem, c'est tout l'été, juin à août ; qui connaît la sécheresse hydrologique.

C'est l'interface avec les climats supratropicaux de Californie.

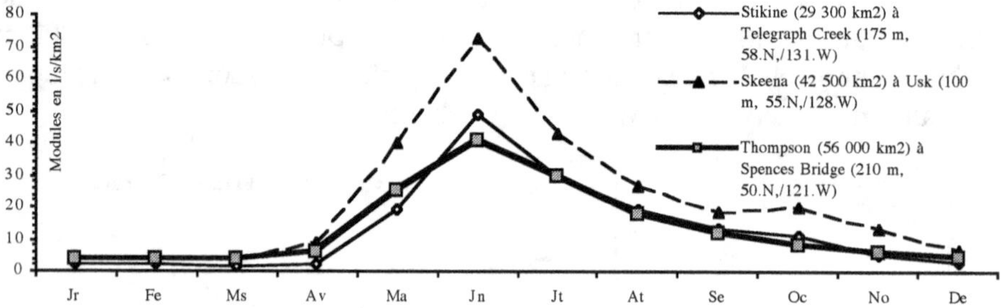

Document 5.47 - Régime nival des confins de l'Alaska

2°) ***Le régime nival reste assez pur sur les confins de l'Alaska*** (Document 5.47). En effet, sur la Stikine, au nord de la Colombie britannique, la Skeena qui débouche à Prince-Rupert et la Thompson au sud l'hiver connaît un long étiage : 6% seulement des eaux sont écoulés entre janvier et mars.

• La débâcle commence en mai avec un maximum de juin, et 60% des eaux sont écoulés entre mai et juillet. Par la suite, l'écoulement ne retrouve pas immédiatement sa situation d'étiage : 1/4 de l'écoulement est encore réalisé entre août et septembre. Si on se reporte aux climogrammes de Juneau, Prince-Georges et Prince-Rupert, les conditions sont réalisées pour la constitution d'un épais tapis neigeux.

• Mais la sécheresse estivale n'existe pas encore à ces hautes latitudes, aussi un soutien pluvial est-il possible à l'écoulement estival par ruissellement. C'est un régime nival à influence pluviale, fréquent dans les montagnes enneigées. La Skeen montre même un embryon de second maximum pluvial d'automne.

• Ces cours d'eau sont immodérés : 11 sur la Thomson, 20 et 27 sur la Skeena et la Stikine, et surtout abondants : la Skeena écoule 13,2 et la Thompson 13,4 l/s/km^2 (classe

10 ou mésoréisme moyen), et la Stikine, la plus abondante, écoule : 20,1 l/s/km^2 (classe 11 ou mésoréisme élevé).

3°) La Fraser est le principal drain de la Colombie britannique, conforme à la direction méridienne des chaînons : son écoulement est très influencé par le milieu montagnard (Document 5.48).

Sa particularité est que son module s'abaisse à peine entre Marguerite : 13,1 l/s/km^2 et Hope : 12,7 l/s/km^2, alors que son bassin-versant s'étend de 90%. À l'amont, il relève des conditions climatiques de Fort-Georges, à l'aval de celles de Prince-Rupert. L'apport pluvial augmente vers l'aval, ce qui entretient une forte alimentation hydrique.

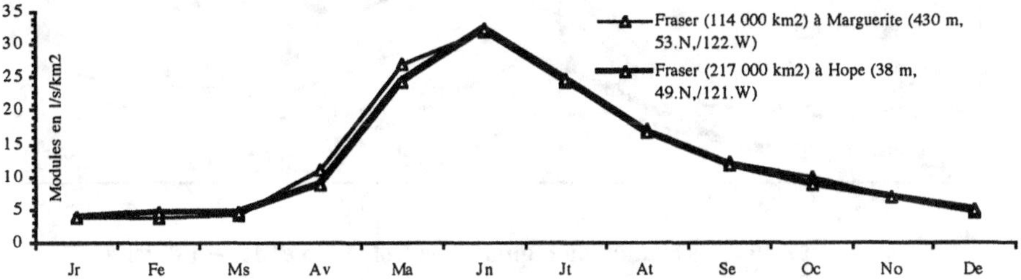

Document 5.48 - Les régimes de la Fraser

• Dans tous les cas de figures, le régime est nival : 10% de l'écoulement entre janvier et mars, et 53% de l'écoulement entre mai et juillet. La neige accumulée en hiver est de plus abondante vers l'aval du bassin ; aussi malgré une superficie plus vaste à drainer, l'écoulement reste aussi abondant. C'est suivant le même raisonnement qu'on expliquerait un écoulement qui est élevé en été du fait du ruissellement de pluies estivales de plus en plus abondantes vers la côte. C'est un exemple très rare de cours d'eau conservant son originalité initiale.

• La pondération est mauvaise : 8,3, mais le fleuve est abondant : 13,1 l/s/km^2 à Marguerite et 12,7 l/s/km^2 à Hope (classe 10 ou mésoréisme moyen).

4°) La Columbia est l'un des cours d'eau les plus abondants du nord-ouest des Etats-Unis, ce qui amena son aménagement vers la production hydro-électrique et l'irrigation. Le fleuve prend sa source dans des Rocheuses canadiennes déjà sèches, à l'ouest de Calgary.

• À Birchbank, à la frontière avec les Etats-Unis, et à International Boundary, c'est déjà un cours d'eau nivo-pluvial. En effet, 40% des eaux viennent de la débâcle de printemps, mais l'eau ruisselle en hiver : 20% de l'écoulement entre décembre et février, et encore 25% entre août et septembre. Aussi ce cours d'eau est-il pondéré : 3 et abondant : 23,1 l/s/km^2 à Birchbank et 18,8 à International Boundary (classe 11 ou mésoréisme élevé).

• À Dalles, en Oregon, près de son embouchure, le régime s'est modifié. Son caractère nival s'est accru : 51% de l'écoulement entre mai et juin ; aux dépens du ruissellement pluvial d'hiver (13% de l'écoulement entre décembre et février), et de l'été (17% entre août et octobre). En particulier, le ruissellement estival ne peut plus se produire dans un milieu qui connaît la sécheresse hydrologique. La perte de l'apport pluvial explique une pondération moins bonne : 5, et un module relatif réduit : 9 l/s/km² (classe 9 ou mésoréisme médian).

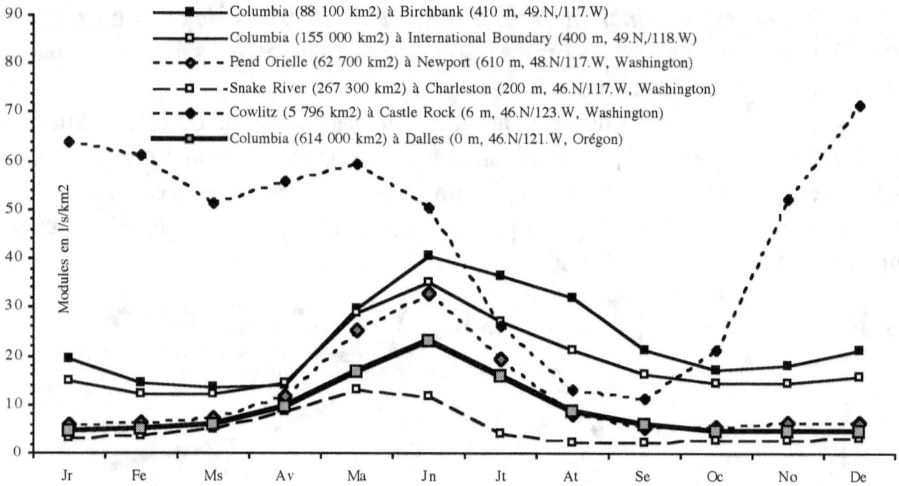

Document 5.49 - Les avatars du régime de la Columbia et de ses affluents

Les grands affluents n'apportent pas suffisamment d'eau.

• La Pend Orielle et la Snake sont de régime nival. La première est de régime nival presque pur : 55% de l'écoulement entre mai et juillet, avec un ruissellement modeste : 13% en hiver et 14% en été. Aussi le cours d'eau est-il immodéré : 6, et l'écoulement - 11,6 l/s/km² (classe 10 ou mésoréisme moyen) - ne suffit pas à soutenir la Columbia.

• Il en est de même de la Snake river, le principal affluent de la Columbia. Issue des confins semi-arides de l'Idaho et du Wyoming, la Snake est surtout alimentée par la fonte des neiges : 51% de l'écoulement, mais c'est insuffisant pour assurer un débit important : 6,4 l/s/km² (classe 9 ou exoréisme médian) et soutenir la Columbia.

• Enfin, la Cowlitz a un régime pluvio-évaporal : 8% seulement de l'écoulement en été, mais 37% en hiver. Le ruissellement lui assure un module de 44,7 l/s/km² (classe 12 ou mégaréisme abondant), mais ce bassin de 6 000 km², ne peut, à lui seul, restaurer le régime de la Columbia.

La promiscuité entre la mer et la montagne n'est guère favorable à l'écoulement de l'ouest. Certes, la côte est arrosée, mais l'intérieur connaît une sécheresse d'abri. L'écoulement n'est guère alimenté que par un tapis neigeux moins épais à l'intérieur que ne le fait croire l'abondance pluviale de la côte.

5°) Le rôle de la neige perdure ainsi vers le sud. (Document 5.50).

• Le régime de la Rogue, dans le sud de l'Etat de l'Oregon, est à peine nival ; le ruissellement de l'hiver l'emporte : 41% de l'écoulement entre décembre et février, sur la fonte des neiges : 38% entre mars et juin. C'est un régime pluvio-nival-évaporal du fait d'un écoulement réduit à 12% du total entre août et octobre.

• Plus au sud, en Californie, l'environnement montagnard maintient l'écoulement nival sur le San Joaquim. Le milieu supratropical lui imprime la sécheresse hydrologique et l'été "sec" n'assure que 9% de l'écoulement. Mais la Sierra Nevada est fortement arrosée et enneigée en hiver ; aussi le ruissellement assure-t-il 28% de l'écoulement entre janvier et mars, et la fonte des neiges 35% entre avril et juin. C'est un régime nivo-pluvial.

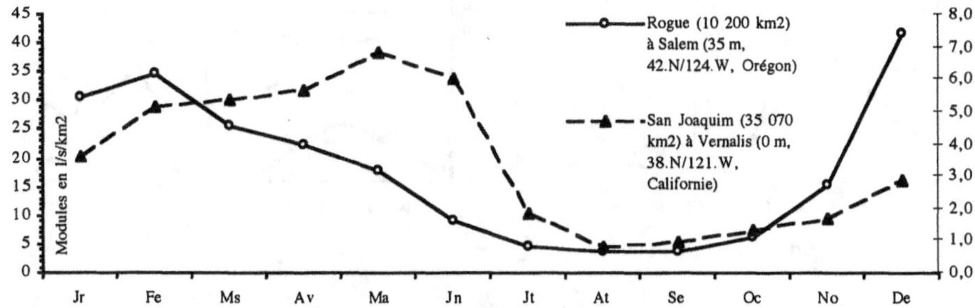

Document 5.50 - Les derniers régimes nivaux.

La Rogue reste abondante du fait du ruissellement : 17 l/s/km^2 (classe 10 ou mésoréisme moyen) et immodérée : 11,9. Le San Joaquim est déjà un cours d'eau de milieu sem-aride soumis à l'évaporation, il est immodéré : 8,5, et surtout peu abondant : 3,5 l/s/km^2 (classe 7 ou microréisme atténué). Plus au sud nous retrouverions, en Californie, des écoulements pluvio-évaporaux méditerranéens.

V - L'écoulement nival dans l'hémisphère sud

Dans l'hémisphère sud, le climat continental est presque inexistant. Il n'apparaît guère qu'en Argentine, de la Pampa à la Patagonie. Mais l'espacc concerné est trop étroit pour que cette continentalité s'exprime par le gel hivernal de longue durée. Quant à l'aridité qui l'accompagne, elle est surtout le fruit de l'abri andin.

Les conditions propices au gel saisonnier et aux régimes nivaux se réduisent aux Andes, partagées entre l'Argentine et le Chili. Toutefois, très loin de là, des conditions semblables se retrouvent dans les montagnes de la Nouvelle-Zélande.

A - Les climats du sud de l'Amérique latine

Dans ce milieu de plus en plus péninsulaire,la disposition méridienne du relief divise en deux le sud de l'Amérique latine : un versant chilien, exposé aux vents d'ouest, qui reçoit des montagnes de pluies, et un versant argentin, sous le vent, qui connaît l'aridité en Patagonie. La répartition des "pluviogrammes" est éloquente (Document 5.51). Les climats de ces deux ensembles peuvent être décrits à partir de sept stations météorologiques.

- Deux sont situées sur la côte atlantique, c'est-à-dire sous le vent par rapport à la circulation atmosphérique zonale : Bahia-Blanca, au sud de la province de Buenos Aires, Santa-Cruz dans le sud de la Patagonie.
- Trois relèvent de la côte Pacifique, au vent : Santiago au centre du Chili, Valdivia, au centre du pays et l'Ile de la Désolation, près du détroit de Magellan.

• Deux sont en Terre-de-Feu : Punta Arenas, au Chili, exposée à l'est, et Ushuaïa, en Argentine, exposée au sud.

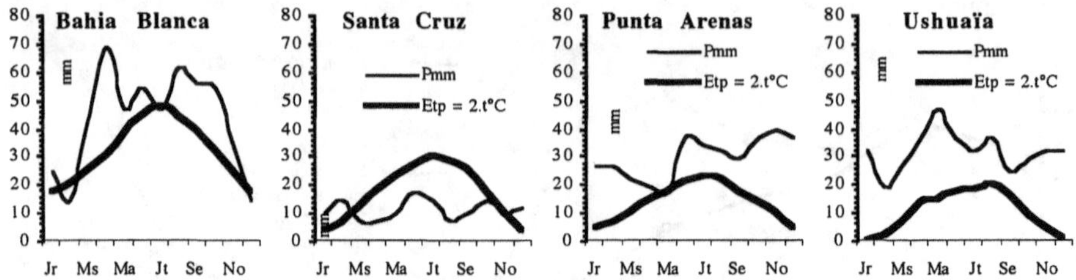

a) Côte atlantique : versant sous le vent.

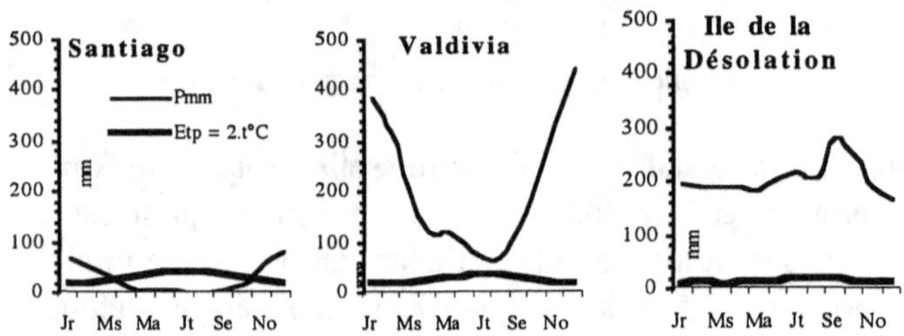

b) Côte pacifique : versant au vent.

Document 5.51 - Quelques diagrammes ombrothermiques de la péninsule sud-américaine

• Quelle que soit l'exposition, les températures moyennes reculent rapidement vers le sud. Encore de 15,9°C à Bahia-Blanca, et de 14,2°C à Santiago, par 35 et 38 degrés de latitude sud, cette moyenne annuelle n'est plus que de 5,2°C à Santa-Cruz (sur le 50e//) et de 1,5°C à Ushuaïa (sur le 54e//). Mais le gel est presque inconnu, et seule Ushuaïa connaît un mois sans dégel : janvier.

• La neige à basse altitude est aussi rare que l'évapotranspiration estivale. En fait, le climat est déterminé par les totaux pluviométriques et leur relation avec les températures.

Le nord du domaine relève des climats supratropicaux qui en constituent la limite septentrionale.

• Santiago du Chili appartient au climat méditerranéen : il est soumis à l'alternance entre les situations anticycloniques estivales et la circulaire polaire hivernale. Plus de 90% des pluies tombent entre octobre et mars, mais le total est modeste : 336 mm, et la sécheresse hydrologique persiste d'avril à octobre.

• Sur la côte est de l'Argentine, Bahia-Blanca relève du climat supratropical SB.4, avec successivement des précipitations frontales au printemps et en automne et des pluies alizéennes en été. Il en résulte une longue saison des pluies de mars à octobre, avec un maximum d'avril et d'août. Mais l'abri andin est déjà marqué, il ne tombe que 517 mm d'eau par an ; aussi par le jeu des températures rarement froides, la sécheresse hydrologique apparaît-elle en juillet, mais aussi en février et en décembre.

Plus au sud, la situation est inversée, et le versant chilien (l'Araucanie), appartient à une des régions les plus arrosées du monde, alors que la Patagonie connaît la semi-aridité.

• La côte pacifique relève du climat hyper-océanisé. Les perturbations portées par les westerlies se heurtent aux Andes, ce qui apporte 2 536 mm d'eau chaque année à Valdivia, avec une répartition purement océanique : A.H.P.E. En fait, les 3/4 des précipitations tombent entre octobre et mars, et l'hiver (juillet à septembre) n'en reçoit que 11%. Mais cela totalise tout même 270 mm, la sécheresse est inconnue, et il pleut en moyenne 2 à 3 jours sur 4 sur la côte de l'Araucanie. Or, vers l'intérieur les altitudes grimpent très vite : entre le Cerro Tronador (3 554 m) au sud-est de Valdivia et le Mont Fitzroy (3 375 m), au sud de la péninsule. Les chutes de neige y sont abondantes, et elles alimentent même des glaciers de montagne.

• A l'inverse, la sécheresse devient la règle en Patagonie. Les westerlies traversent les Andes, et deviennent la Zonda, un foehn desséchant. À Santa-Cruz, en Patagonie, il ne tombe que 135 mm, par ailleurs régulièrement répartis dans l'année. Aussi, le rôle des températures prédomine-t-il, car dès avril, l'évapotranspiration l'emporte sur les précipitations, et jusqu'en octobre, la Patagonie connaît la sécheresse hydrologique. En fait, l'écoulement sera sous la dépendance des stocks nivaux et glaciaires constitués dans les Andes méridionales.

Le sud du 50e parallèle, et la Terre-de-Feu, sont aux confins des climats arctiques.

• Les Iles de la Désolation sont aussi arrosées que Valdivia : avec 2 463 mm, la face au vent de la Terre-de-Feu reste hyperhumide. Mais l'abri reste important. Ushuaïa, exposée au sud, est déjà peu arrosée : 385 mm, et surtout, en été, Punta-Arena, abritée des vents d'ouest, n'en reçoit plus que 358 mm, et la sécheresse hydrologique apparaît en mai. Mais à cette latitude, le rôle du relief est devenu incontournable par l'enneigement qui se réalise à des altitudes de plus en plus basses, alors que les glaciers du Cerro-Yogan viennent vêler en mer.

B - L'importance de l'écoulement nival et pluvial

Faute de données fiables concernant le versant chilien nous évoquerons l'écoulement sur le versant argentin, le plus sec.Cependant, certains cours d'eau des Andes, du fait de leur abondance, relèvent d'une alimentation océanisée (Document 5.52).

1°) Le Manso et le Futaioufù naissent en Argentine, mais ils gagnent le canal naturel méridien qui sépare le continent des îles de Chiloe et des Chonos. Leurs bassins-versants reçoivent de plein fouet des précipitations pluvieuses venues du Pacifique, en été, et neigeuses, en hiver. Ce sont des conditions proches de l'Alaska méridional et de la Colombie britannique.

• Les régimes des deux cours d'eau (Document 5.52.a) comportent un maximum pluvial d'hiver : 29% de l'écoulement entre juin et août, et conforme au maximum des précipitations à Valdivia, et un maximum nival de printemps : 30% de l'écoulement entre octobre et décembre, consécutif à une débâcle sur les plus hauts sommets (par exemple le Cerro Castillo à 2 228 m).

• Le régime est tout juste nivo-pluvial ; aussi faut-il estimer que c'est l'abondance de l'écoulement pluvial qui explique l'abondance relative : le Manso écoule 60,9 l/s/km^2 et le Futaioufù : 62,9 l/s/km^2. Ceci les classe dans le mégaréisme abondant de classe 13, soit parmi les écoulements les plus abondants du monde.

• Or, cela pourrait paraître incompatible avec une pondération de 2,5. Celle-ci n'est pas le reflet du régime des pluies, lui-même immodéré malgré son abondance.Mais l'analyse des deux hydrogrammes révèle que cette pondération provient de l'absence de réelles basses eaux. Au cours de l'été potamologique, entre février et avril, les modules moyens restent de 35,1 l/s/km^2 sur le Manso et de 42,2 l/s/km^2 sur le Futaioufù : une telle abondance ne correspond pas à des pluies moins abondantes dans une saison plus chaude ; il faut évoquer un autre apport, et probablement un soutien des glaciers andins, déjà nombreux à cette latitude.

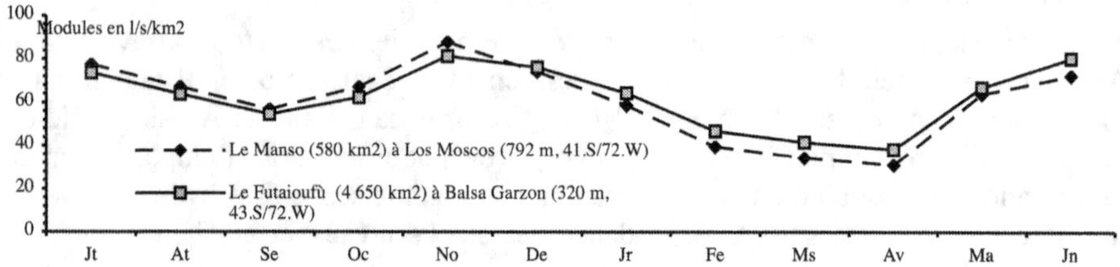

a) Ecoulement abondant relevant d'une alimentation pluviale océanisée.

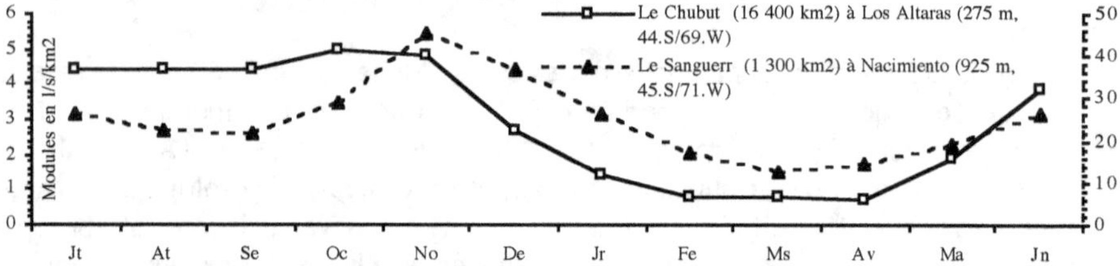

b) Ecoulement relevant du versant au vent des Andes argentines.

Document 5.52 - Les régimes nivo-pluviaux des cours d'eau du sud de l'Argentine

2°) Le Chubut et la Senguerr relèvent uniquement du versant argentin. Le Chubut est le drain principal de la Patagonie du sud ; il gagne l'Atlantique à Rawson au sud de la presqu'île de Valdès. Le Senguerr est son principal affluent de rive droite, drainant un secteur encore plus méridional.

• Ce sont des cours d'eau à écoulement nival : 40% du débit annuel se réalisent entre octobre et décembre. La rétention nivale n'oblitère pas le ruissellement hivernal dans ces régions où les pluies, quoique modestes, sont réparties sur toute l'année : 30% des eaux relèvent alors du ruissellement, entre juin et août.

• Toutefois, la ressemblance s'arrête là. Le Senguerr (1 300 km^2) est jaugé dans les Andes, où il bénéficie des pluies venues du Pacifique, ce qui justifie son module de 27,4 l/s/km^2 (classe 11 ou mésoréisme élevé). L'apport nival entre octobre et décembre concerne 38% de l'écoulement ; mais, apparemment, on peut aussi subodorer une alimentation glaciaire estivale estimée à 19% du total entre octobre et décembre (pond. 3,8).

• Ce n'est plus le cas du Chubut jaugé en Patagonie. Certes, le régime est influencé par la fonte des neiges : 40% de l'écoulement sont réalisés entre septembre et novembre. Mais, accusée par la Zonda, l'évapotranspiration estivale marque profondément l'écoulement : 7% seulement entre octobre et décembre. Le fleuve devient presque un oued avec un module réduit à 2,9 l/s/km^2 (classe 7 ou microréisme atténué).

3°) Le Rio Negro est le drain majeur de la Patagonie (Document 5.53). Né dans les Andes de Valdivia, il rejoint l'Atlantique entre Bahia-Blanca, au nord, et la presqu'île de Valdès, au sud. Les sources ont aussi donné accès aux écoulements de deux de ses affluents : la Limay et le Neuquen. Leurs régimes sont fortement influencés par des conditions climatiques maintenant montagnardes.

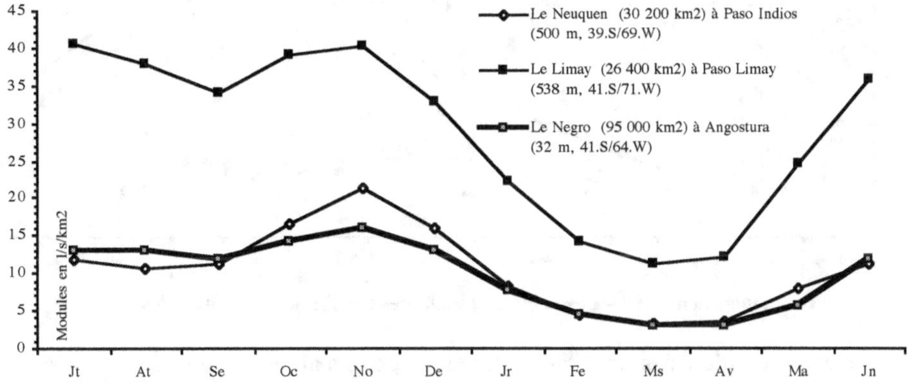

Document 5.53 - Le Rio Negro et ses affluents

• L'écoulement estival du Rio Negro recule du fait de l'évaporation : 9% des eaux sont écoulés entre février et avril ; mais il est marqué par la débâcle : 37% de l'écoulement entre juillet et août. Enfin, une partie des pluies d'hiver ruisselle, assurant 32% de l'écoulement entre juin et août. Toutefois l'aridité donne le ton avec une relative immodération : 5,4 et surtout un module relatif médiocre : 9,8 l/s/km^2 (classe 9 ou mésoréisme médian).

• Mais le fleuve conserve surtout des influences acquises à l'amont. Ces deux affluents sont jaugés dans les Andes, sur un versant sous le vent. Le Neuquen est le reflet du Rio Negro : hautes eaux hivernales par ruissellement, crue nivale de printemps, forte évaporation estivale : la pondération est de 6,3 et l'écoulement peu abondant pour ce milieu : 10,5 l/s/km^2 (classe 9 ou mésoréisme médian). À l'inverse, le régime du Limay est nettement marqué par les pluies venues du Pacifique et par l'altitude : équilibre (32%) entre le ruissellement d'hiver (juin à août) et la débâcle du printemps (octobre à décembre), ce qui lui assure un important module spécifique : 28,7 l/s/km^2 (classe 11 ou mésoréisme élevé).

4°) On ne saurait quitter les Andes, sans l'illustration de véritables régimes glaciaires. Par 50 degrés de latitude sud, la Leona et la Santa-Cruz sont les émissaires des lacs Viedna et Argentino. Ces lacs sont eux-mêmes soumis aux variations de débit de torrents sous-glaciaires (Document 5.54).

• Le régime de ces deux cours d'eau se retrouve calqué sur celui des températures, mais avec un décalage de deux mois provoqué par l'inertie des lacs. Aussi, le maximum est-il tardif, en mars, car c'est à ce moment que les lacs atteignent leur niveau maximal du fait de la fonte des glaces. Le minimum est également tardif : août, sur la Santa Cruz, et septembre, sur la Leona, par le même effet-retard. Mais la fonte des glaciers assure des modules très abondants : 38,5 l/s/km² sur la Santa Cruz et 43,6 l/s/km² sur la Leona (classe 12 ou mégaréisme abondant).

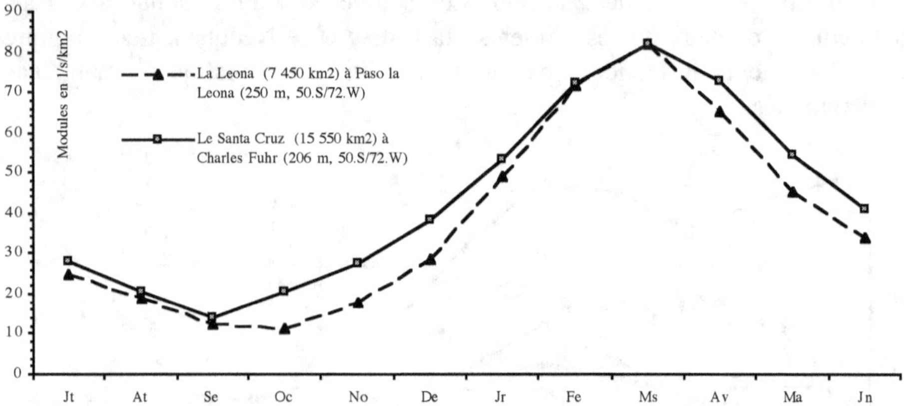

Document 5.54 - Les régimes glaciaires des Andes méridionales

• Toutefois, ce n'est pas un régime glaciaire direct, mais un régime transmis par les variations du niveau des lacs. On en viendrait, à tort, à douter de la pondération lacustre ; pourtant elle est là, les coefficients sont de 5,7 sur la Santa Cruz et de 7,3 sur la Leona : des valeurs faibles pour un régime glaciaire.

On noterait que ces cours d'eau argentins, dans leur amont, pourraient fort bien alimenter une industrie hydro-électrique, mais ce sont aussi des bouts du monde, peu mis en valeur, et c'est sans doute heureux pour l'équilibre de l'hydrosystème.

C - Le rôle de la neige en Nouvelle-Zélande

Il permet d'évoquer la précarité du régime exclusivement pluvial aux moyennes latitudes.

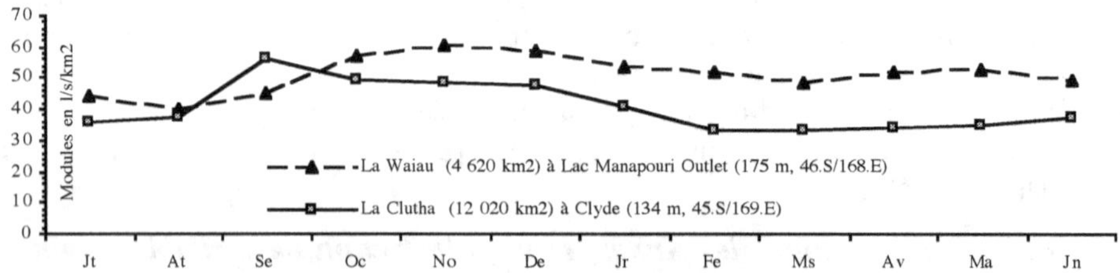

Document 5.55 - Le rôle de la neige en Nouvelle-Zélande

Nous avons décrit la Clutha comme un cours d'eau de régime pluvial océanique. Mais, dans cette île du sud, il est aussi possible d'évoquer la fonte des neiges (Document 5.55). La Clutha, mais aussi la Waïau s'écoulent vers le sud par 46 degrés de latitude, dans l'environnement montagneux de l'Ile du sud. Leur régime est assurément pondéré par des lacs, mais, si les hautes eaux de l'hiver (24% de l'écoulement sont pluviales, celles du printemps (29%) peuvent être nivales...

Somme toute, dans l'ensemble du monde tempéré, l'écoulement pluvio-évaporal n'affecte que les plaines soumises aux climats océanisés et méditerranéens sur les façades occidentales des continents, et supratropicaux chauds sur les façades orientales. Ailleurs, le gel d'hiver implique une débâcle nivale, voire glaciaire. Le climat continental y joue le rôle le plus important, comme c'est le cas des plaines d'Eurasie et d'Amérique du Nord, mais, vers l'est, il laisse la place au climat des façades orientales des continents : celui-ci en diffère par l'abondance des précipitations, mais s'y rapporte par le gel hivernal. Ailleurs, la débâcle nivale est allogène, elle provient de la fonte du tapis neigeux des montagnes voisines : c'est ce qui se produit autour de l'axe alpin, des Rocheuses et des Andes.

Si on ajoute les régions arctiques, un régime influencé par la fonte d'une couverture neigeuse reste le plus représentatif entre les pôles et le 45e parallèle.

Sixième chapitre :
Oueds et fleuves allogènes

Parler d'écoulement dans les déserts peut sembler une gageure, car la caractéristique même de l'aridité est la rareté voire l'absence d'eau. Si les conditions thermiques le permettent, et elles le peuvent souvent, l'évapotranspiration réelle l'emporte presque toujours sur les pluies, ce qui, par définition, est contraire à l'écoulement.

L'égalité complexe du bilan hydrique :

- **Actif = P + (Rc + Rh + Rst + ∂R_1)**
- **Passif = Etr + (Qd + Qh + Qst) + (Rc + Rh + Rst + ∂R_2)**

... devient

- **Actif = P**
- **Passif = Etr + Qd**

... car les réserves capillaires Rc et hypodermiques Rh du sol sont inexistantes, alors que les réserves Rst des nappes souterraines sont rares, voire fossiles et inaccessibles. C'est l'aréisme sec où les rares précipitations alimentent un ruissellement temporaire Qd concentré. Dans un lit d'oued, dans le pire des cas, l'écoulement ne se concentre pas et reste un sheet flood.

Cependant, c'est oublier que sur les marges arides le bilan peut être moins défavorable à l'écoulement : vers les moyennes latitudes, on passe en effet sans solution de continuité aux climats méditerranéens des façades occidentales. L'écoulement pluvio-évaporal-méditerranéen peut facilement être reconnu comme une interface entre les climats des moyennes latitudes et l'aridité.La Canterrane (Deuxième chapitre, document 2.7) en est l'illustration, car elle ne connaît jamais d'écoulement pérenne au cours de l'été.

Surtout, l'écoulement peut tirer son origine d'une région au climat différent, soit un milieu tropical (le Niger) ou tempéré (la Volga), soit une montagne mieux arrosée (le Nil, l'Amou-Daria, l'Indus…). L'écoulement observé n'est pas en équilibre avec le climat local, il est allogène ; d'ailleurs, la plupart des cours d'eau que nous avons eu à analyser se rapportent à des écoulements de ce type, qu'on ait affaire à des oueds nés de la fonte d'un tapis neigeux, ou à des fleuves gigantesques que le hasard a conduits vers des contrées sans eau : le Nil est toujours cité comme l'exemple le plus caractéristique.

Aussi, sans faire une analyse pointue du climat aride, rappelons ses formes et sa répartition topographique.

I - La répartition géographique de l'aridité

Elle correspond à la diagonale aride des grandes masses continentales. Le plus grand désert part de la Mauritanie et traverse l'ensemble subtropical africain et arabique (dont le Sahara) ; puis il s'oriente vers des latitudes plus élevées dans les cuvettes endoréiques d'Iran et d'Asie Centrale, pour s'achever en Chine, avec le désert de Gobi. En Amérique du Nord, elle concerne des régions topographiquement semblables : partie du Sonora, en basse Californie, l'aridité concerne le nord du Mexique et le sud-ouest des Etats-Unis jusqu'au méridien 100. Dans l'hémisphère sud, moins continental, ces masses arides concernent néanmoins la plus grande partie de l'Australie, le Kalahari et une diagonale qui, partie de l'Atacama, au Pérou, franchit les Andes et s'étend jusqu'au Chaco, au Paraguay et au nord de l'Argentine.

Pour le potamologue, la rigueur des hivers, associée à un environnement montagneux, est d'importance car, dans ces milieux, un tapis neigeux non négligeable peut se constituer, et favoriser les écoulements allogènes. Les Rocheuses et les montagnes d'Asie centrale sont favorables à ce processus. À l'inverse, l'hyperaridité est souvent associée aux déserts chauds, car leurs marges, peu ou pas montagneuses, ne sont guère propices à une pluviogenèse susceptible de concentrer l'écoulement : au Sahara, les oueds du sud de l'Atlas se perdent dans le désert. On distinguera donc les déserts chauds, subtropicaux et côtiers, des déserts froids, continentaux et d'abri.

A - La sécheresse hydrologique est permanente dans les déserts chauds

Elle provient d'une évapotranspiration presqu'éternellement supérieure aux précipitations, dans un contexte de températures élevées. Cette situation puise son origine dans deux processus.

- Près des façades occidentales des continents tropicaux, les alizés chassent l'eau de surface, provoquant ainsi un upwelling (ou ascendance des eaux froides du fond). Il se trouve que l'air océanique qui surmonte ces upwellings est plus froid que celui du continent. Quand il atteint le littoral, il se réchauffe et s'assèche ; aussi en aucun cas il ne peut être pluviogène. L'aridité est la règle sur ces marges continentales : Atacama au Pérou et Basse Californie en Amérique du Nord, Mauritanie et Namibie en Afrique, côte indienne de l'Australie.
- Puis, bien souvent, vers l'intérieur des continents, on passe, sans solution de continuité, sous les hautes pressions subtropicales où l'air est subsident. La vapeur d'eau (très rare) est dans l'impossibilité de se condenser. C'est ainsi que sont engendrés les grands déserts chauds : Mauritanie-Sahara et Namibie-Kalahari en Afrique, Arabie-Thar (Pakistan) en Asie, Basse-Californie-Sonora et Atacama aux Amériques, désert australien. En commun, ils associent rareté des pluies et forte évapotranspiration potentielle (Document 6.1).

Le plus vaste de ces espaces est l'ensemble africano-asiatique qui s'étend sur 90 degrés de longitude entre la Mauritanie et le désert du Thar au nord-ouest du subcontinent indien. Malgré une légère progression du total pluviométrique vers l'est : 2 mm annuels à Assouan en Egypte et 98 mm à Jacobabad au Pakistan, que ce soit à Nouadhibou en Mauritanie, à Assouan, à Djedda en Arabie et à Jacobabad, l'Etp mensuelle, estimée à 2.t°C, est toujours supérieure aux précipitations du mois ; l'état de sécheresse hydrologique est donc permanent. Les rares épisodes pluvieux qui appartiennent au système des moussons africaines, arabique et indienne, restent très insuffisants.

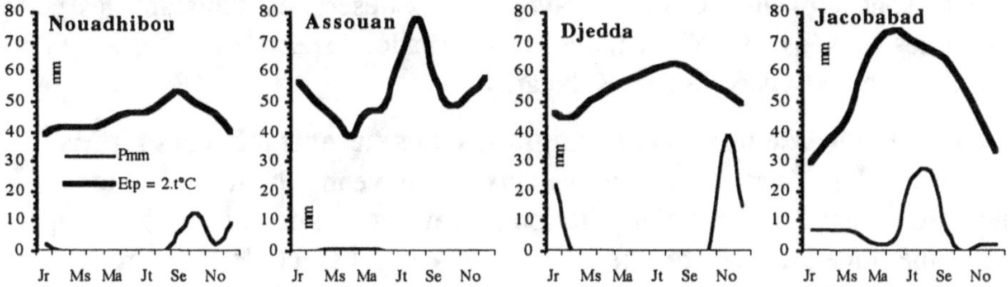

a) Grande diagonale aride de la Mauritanie au Thar au travers du Sahara et de l'Arabie.

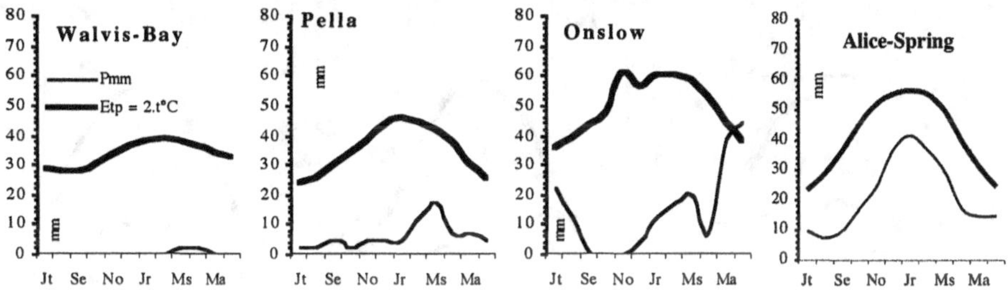

b) Déserts de Namibie-Kalahari et d'Australie

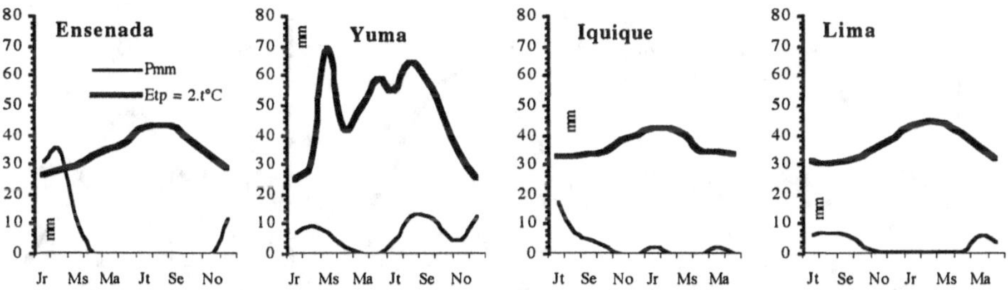

c) Déserts américains de Basse-Californie et du Sonora au nord, d'Atacama au sud.

Document 6.1 - L'ampleur du processus de sécheresse hydrologique dans les espaces arides subtropicaux.

Cette situation hydro-climatique se retrouve au sud de l'Afrique et en Australie. D'un point du vue purement climatique, ces déserts sont "plus arrosés" : 76 mm à Pella au sud du Kalahari, et 260 mm à Alice-Springs au centre de l'Australie. Mais du fait des fortes températures, l'Etp mensuelle dépasse largement les apports pluviométriques ; que ce soit dans les déserts côtiers : Walvis-Bay en Namibie et Onslow en Australie occidentale, ou subtropicaux : Pella au Kalahari et Alice-Springs. Enfin, l'ouest des deux Amériques, même si les espaces sont plus restreints, du fait du simple rétrécissement zonal des masses continentales aux latitudes subtropicales, la sécheresse hydrologique est intense le long des déserts côtiers de Basse-Californie (Ensenaba), et d'Atacama (Iquique), comme dans l'intérieur, à Yuma en Arizona et à Lima.

Partout, les conditions hydro-climatiques ne pourront alimenter que du "sheet flood" et des concentrations épisodiques dans les "oueds". Les grands fleuves sont allogènes. Certains traversent ces déserts en subissant des pertes hydriques élevées : le Nil, l'Indus, le Colorado, le Zambèze… d'autres s'y perdent comme l'Okavango au Kalahari.

B - La sécheresse moins contraignante des déserts à hivers froids

Ce sont les déserts hypercontinentaux des moyennes latitudes.L'aridité y est moindre, car l'évapotranspiration devient inférieure à l'apport pluviométrique ; il en résulte un excédent susceptible d'entretenir un écoulement qui, sinon pérenne, sera saisonnier (document 6.2).

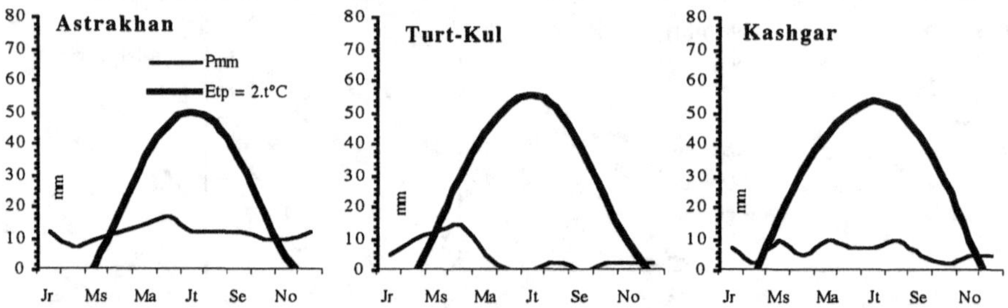

a) Les déserts continentaux froids de l'Asie centrale, de la Russie à la Chine.

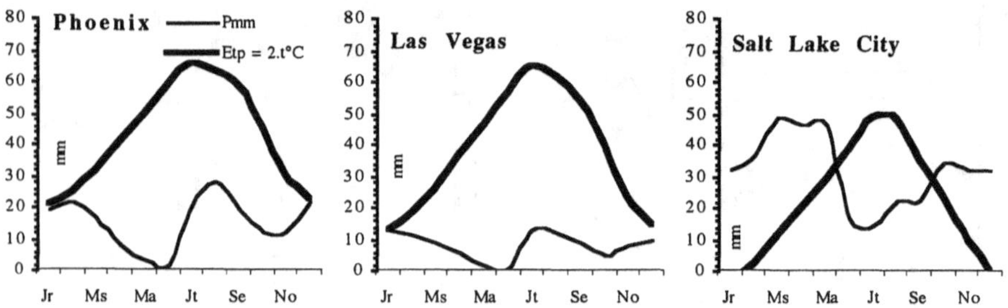

b) Les déserts d'abri de l'ouest des Etats-Unis.

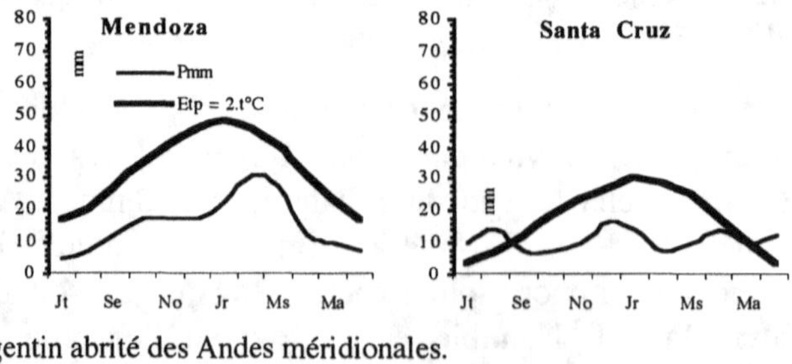

c) Le désert argentin abrité des Andes méridionales.

Document 6.2 - La réduction de la sécheresse hydrologique par l'occurrence du froid, dans les déserts continentaux et d'abri des moyennes latitudes.

• L'aridité (ou plus souvent la semi-aridité) peut provenir de la continentalité ou éloignement des océans pourvoyeurs de fronts pluvieux. C'est principalement le cas des grands déserts d'Asie centrale où la sécheresse apparue à l'est de la Volga se généralise dans la cuvette aralo-caspienne, dans les cuvettes endoréiques d'Iran et d'Afghanistan, et surtout dans les cuvettes du Takla-Makan en Chine occidentale.

• Elle est plus souvent le fait d'un obstacle montagnard qui barre l'accès aux flux atmosphériques d'ouest. C'est ainsi que les Andes et les Rocheuses engendrent des déserts sur leurs piémonts orientaux par effet de fœhn en Argentine (la Zonda) et dans l'ouest des Etats-Unis (le Chinook). Mais l'obstacle que l'axe Caucase-Pamir-Tian-Chan-Himalaya oppose à la Mousson venue de l'Océan Indien, accentue fortement l'aridité des déserts d'Asie centrale, de l'Iran à la Chine.

Que l'environnement soit fortement continental et/ou montagneux, un tapis neigeux générateur de débâcle printanière peut alors se constituer (Document 6.2). En effet, le froid, et surtout le gel apparaissent en hiver, alors que la continentalité et l'abri n'occasionnent pas une réduction pluviométrique aussi élevée que les upwellings et les anticyclones subtropicaux. Certes, du fait de la conjonction de l'abri et de la continentalité, il tombe moins de 100 mm par an à Tur-Kul dans la cuvette aralo-caspienne et à Kachgar au Takla-Makan ; mais les totaux annuels sont en général bien supérieurs : 195 mm à Phœnix, en Arizona, et à Mendoza, en Argentine, 385 mm à Las Vegas, au Nevada.

• Le cas extrême se présente en Asie centrale, où, du fait de la continentalité, le gel apparaît en hiver. À Astrakan, à Tur-Kul et à Kachgar les températures sont inférieures à 0°C de décembre à février. Or, cet hiver qui reçoit entre 20 et 30% des précipitations, constitue une réserve nivale qui sera violemment restituée à l'écoulement au printemps. Dans les montagnes du sud : Caucase, Pamir, Tian-Chan et Himalaya, le tapis neigeux sera plus important, surtout du fait d'un gel plus durable, et susceptible de donner naissance à des cours d'eau allogènes : l'Amou-Daria et le Syr-Daria en Asie centrale, l'Ili vers le lac Balkhach, le Tarim vers le Lob-Nor au Takla-Makan.

• Au Far-West et en Argentine, le gel est moins important, mais, ici la répartition saisonnière fait que l'évapotranspiration peut, en certaines saisons, se retrouver inférieure à l'apport pluvial. À Phœnix, l'Etp reste très importante ; toutefois, en hiver on frise la sécheresse Pmm = 2.t°C. À Las Vegas, les précipitations l'emportent en janvier, et d'octobre à mai à Salt-Lake City, plus au nord. Qu'on y ajoute un environnement montagneux, et l'eau courante apparaîtra avec une certaine abondance. Ce mécanisme se retrouve en Argentine : à Mendoza la sécheresse hydrologique est encore importante, mais se réduit en hiver ; à Santa-Cruz, plus au sud, elle disparaît de juin à août.

Trois types d'écoulements vont donc marquer les milieux arides et semi-arides, l'écoulement pluvial des déserts chauds se rapporte à l'écoulement pluvial tropical et pluvio-évaporal méditerranéen ; l'écoulement nival de plaine des déserts continentaux et d'abri relève de l'écoulement nival des espaces tempérés continentaux, et l'écoulement allogène est toujours associé à un environnement montagneux.

II - L'écoulement évaporal des déserts chauds

Il correspond à l'aréisme sec où l'évapotranspiration l'emporte généralement sur les précipitations. Cependant, de très fortes averses peuvent localement et provisoirement parvenir à la situation Pmm > Etr, et engendrer le sheet flood, voire un écoulement concentré. Un environnement montagnard favorise cette concentration, et l'écoulement pourra durer quelques jours. C'est l'*oued* du Sahara, ou *wadi* en Arabie.

Malheureusement, si les descriptions sont abondantes, les mesures sont trop souvent inexistantes. Malgré l'ampleur de l'évapotranspiration, l'écoulement peut apparaître sous la forme d'une crue violente, s'il est afférent à une très forte averse convective, comme cela peut se produire dans les milieux hyperarides. Mais, du fait du caractère aléatoire de la répartition géographique des pluies, l'écoulement n'arrive pas à se concentrer et constitue le sheet flood des Anglo-saxons, appelé aussi écoulement en nappe et qui constitue un écoulement diffus.

A - Le ruissellement en nappe et l'écoulement diffus

On nomme ainsi des formes d'écoulement en l'absence de lit. L'eau s'épanouit sur une surface variable sans inciser de chenaux permanents. Il n'a été observé que très rarement ; mais, à la surface des glacis, une forme de relief assez représentative des milieux arides, on observe un lacis d'embryons de chenaux mal incisés pouvant ne pas se rejoindre, se révélant toujours discontinus, et formant un réticule inorganisé et lâche. L'observation de leur fonctionnement remonte à la fin du XIXe siècle, à la suite des travaux de l'Américain Mac Gee dans le Sonora, en Basse Californie. Il avait ainsi pu définir plusieurs formes d'écoulement.

- Le ***rill wash*** est un écoulement dans ces nombreuses rigoles sinueuses et enchevêtrées, qui apparaît au début de l'averse.
- Le ***sheet wash*** lui succède si l'ampleur de l'averse s'accroît : c'est un ruissellement en nappes de quelques centimètres d'épaisseur.
- Si les pluies continuent, apparaît le ***sheet flood*** qui est constitué d'une eau à charge considérable, dans ces régions où l'absence de végétation favorise la mise en mouvement des fines particules.

Un sheet flood, du fait de la turbulence de ses eaux boueuses, est capable de déplacer des blocs et de balayer une surface considérable. Mais son caractère épisodique fait qu'il ne se reproduira pas au même endroit. Il n'y a donc pas incision, mais seulement abrasion de la surface à la façon du rabot sur une planche. On admet que les glacis ont pu être engendrés par ce genre d'érosion.

Si le processus se produit dans un système montagneux : Hoggar, Atlas saharien... la concentration peut alors construire un lit majeur dans lequel l'écoulement va séjourner quelques heures. On a parfois effectué des évaluations numériques à partir de photographies aériennes. Issus de l'Atlas saharien, le Guir, la Sahoura, la Rheris, le Zig, sont des ensembles de chenaux qui se perdent dans le désert, mais on y évalue que les crues peuvent atteindre 3 à 5 000 m^3/s.

• Sur le Guir, dont le bassin couvre 20 000 km^2, la crue d'octobre 1950 aurait écoulé 3 000 m^3/s, soit 150 $l/s/km^2$. Celle de mars 1959 aurait écoulé 5 000 m^3/s, ce qui fait un module de 250 $l/s/km^2$. Ce sont là des données largement supérieures à la classe 14 ou mégaréisme démesuré.

• Il semblerait que les tributaires septentrionaux du lac Eyres, en Australie, dont les lits dessinent de gigantesques systèmes de bras entrecroisés, aient un écoulement de crue encore assez élevé pour remplir le lac.

• Mais, de tels écoulements, dont la récurrence est très rare, ont-ils un sens hydrologique ?

Sur le versant saharien de l'Atlas, les autorités marocaines entretiennent des stations de jaugeages sur des cours d'eau dont les régimes sont à la limite de ces exemples : le Souss et le Draa notamment (Document 6.3). Le Souss atteint l'Atlantique à Agadir ; le tracé du Draa est plus complexe. À peu près pérenne jusqu'à Zagora, au sud, il draine alors épisodiquement, d'est en ouest, la cuvette située entre l'Anti-Atlas et la Hamada du Draa. Il gagne alors l'Atlantique au Cap Draa.

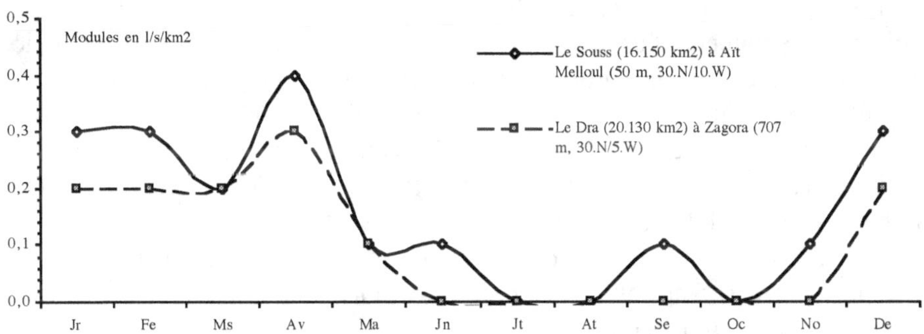

Document 6.3 - Deux régimes sahariens : le Souss et le Draa

Ce sont des "oueds" au sens hydrologique du terme : l'assec dure statistiquement de juillet à octobre sur le Souss et de juin à novembre sur le Draa. Surtout le module annuel : 0,2 $l/s/km^2$ sur le Souss et 0,1 $l/s/km^2$ pour le Dra, relève des classes 2 et 1 ou nanoréisme insignifiant. Mais l'écoulement se réalise chaque année, aussi le profil d'un régime se trouve-t-il dessiné. Or, sur le Souss, 85% de l'eau sont écoulés entre novembre et avril, valeur qui atteint 92% sur le Draa. De tels pourcentages et leur répartition dans l'année, traduisent l'influence du système climatique le plus proche : le climat méditerranéen du Maghreb ; et le maximum d'avril pourrait même être reconnu comme la fonte du tapis neigeux du Haut Atlas dont ils sont issus.

B - L'écoulement concentré appartient aux marges arides

Que ce soient les marges montagnardes, ou bien les marges climatiques, au travers de l'influence des climats tropicaux à pluies d'été et des climats supratropicaux à pluies d'hiver, la sécheresse hydrologique n'affecte pas l'année entière ; et il peut s'y ajouter la fonte des neiges

1°) Au Moyen-Orient et au Maghreb, le passage d'un écoulement typiquement pluvio-évaporal méditerranéen à un écoulement de milieu aride se traduit par la chute brutale du module. Les mesures sont rarissimes sur ces cours d'eau jugés peu utiles, mais deux exemples, l'un turc, l'autre marocain, sont sans équivoque (Document 6.4).

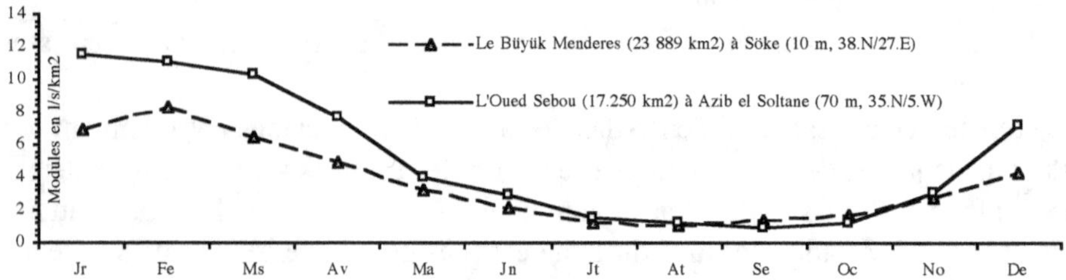

Document 6.4 - L'influence climatique méditerranéenne sur la marge nord de l'ensemble aride saharien et arabique.

L'écoulement maximum se réalise au coeur de l'hiver, entre janvier et mars, mois qui regroupent plus de 50% des eaux écoulées ; à l'inverse, le déficit estival est important : la part de l'été (juillet à septembre) est réduite à 7% de l'écoulement. Dans le paragraphe analysant l'écoulement supratropical du pourtour méditerranéen, nous avons divisé les modules en 11 classes (Deuxième partie, Quatrième chapitre, 3°) Sur le pourtour de la Méditerranée). Le Büyük Menderes (3,6 $l/s/km^2$) appartient à la classe 7, l'Oued Sebou (5,3 $l/s/km^2$) se situe dans la classe 8… preuve de la difficile séparation des deux domaines sur leurs marges. Ces deux oueds pourraient fort bien être classés rivières pluvio-évaporales méditerranéennes.

2°) En Amérique du Nord, la transition se réalise au Texas. L'aridité apparaît quand l'abri des Rocheuses, à l'ouest, l'emporte sur les influences supratropicales des façades orientales, près du golfe du Mexique. L'abondance des mesures effectuées par le Geological Survey permet de séparer un Texas humide d'un Texas aride (Document 6.5).

a) A l'est, la Sabine, la Neches et la Trinity gagnent le golfe du Mexique dans la région, encore arrosée, située entre Port-Arthur et Galveston ; elles sont issues du nord-est du Texas, lequel reçoit 954 mm, avec un maximum très net de printemps (voir Document 2.73).

• Le régime des cours d'eau appartient encore à celui des régimes pluvio-évaporaux du golfe du Mexique (ici à un seul maximum). Du fait du recul de l'évapotranspiration en hiver, ce sont entre 75 et 80% des eaux qui s'écoulent entre janvier et juin, avec un très net maximum de mai correspondant au maximum pluviométrique (mais peut-être déjà nival). À l'inverse, l'évapotranspiration réduit l'écoulement à 6% du total d'août à octobre.

• Pourtant aucun de ces cours d'eau ne peut vraiment être classé comme pluvio-évaporal supratropical, à l'image des écoulements du Vieux et du Nouveau Sud (Voir ci-dessus : Quatrième chapitre : Les moyennes latitudes et les écoulements pluvio-évaporaux, les cours d'eau des façades orientales supratropicales, le Sud-est de l'Amérique du Nord). En effet, les modules étaient compris entre 10 et 20 l/s/km^2, ici ils sont inférieurs à 10 l/s/km^2 : La Sabine et la Neches (9,9 et 8,6 l/s/km^2) relèvent du mésoréisme médian de classe 9 ; et la Trinity (4,5 l/s/km^2) du microréisme soutenu de classe 8.

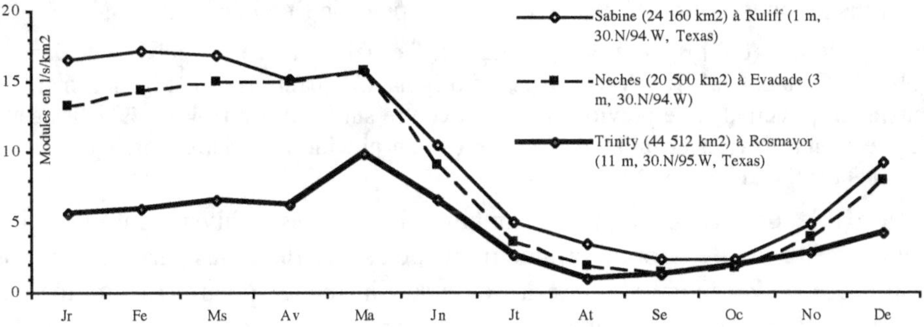

a) Le régime des tributaires du golfe du Mexique au Texas humide

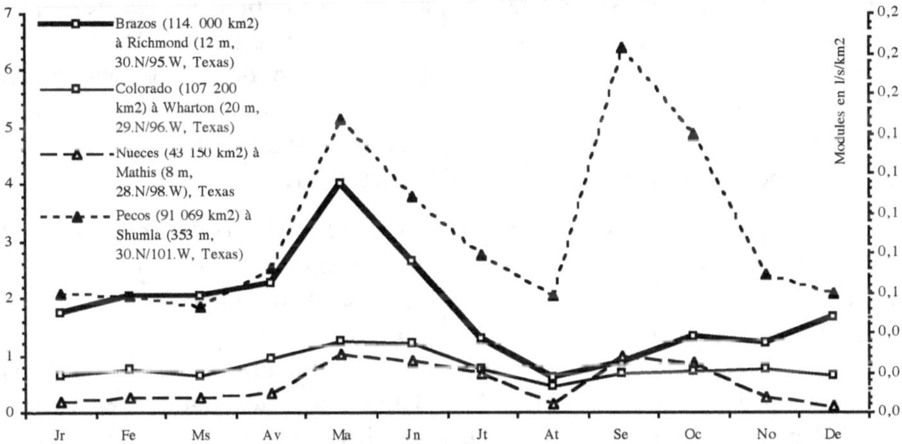

b) Le régime des tributaires du golfe du Mexique au Texas aride.

Document 6.5 - La tendance aride des cours d'eau texans.

Ce sont des régimes de transition avec le désert, dont une autre marque est la dégradation de la pondération : 8 sur la Sabine, 12 sur la Neches.

b) Le Brazos, le Colorado et la Trinity relèvent d'un milieu déjà moins arrosé, bien illustré par le diagramme ombrothermique de San Antonio (Document 2.73). Les 659 mm de pluies y sont assez bien répartis mais avec un double maximum : l'un au printemps, l'autre en septembre.

• La comparaison du Brazos et de la Trinity est instructive. Leurs régimes sont proches : 70 à 75% des eaux sont écoulées entre janvier et juin, alors que l'écoulement estival est réduit à 8 à 10% du total.

• Mais surtout, le maximum de printemps est très marqué par rapport à l'hiver ; cela marque une transition vers l'aridité : les pluies d'hiver ne sont plus assez copieuses pour maintenir un écoulement abondant. Il en résulte une dégradation brutale du module spécifique : 4,5 l/s/km^2 sur la Trinity, 1,8 l/s/km^2 sur le Brazos (classe 6 ou microréisme mesuré).

Plus à l'ouest, l'aridité s'accentue aux dépens de l'écoulement.

• Le Colorado (qui irrigue Austin, capitale du Texas) et la Nueces (qui se jette dans le golfe à Corpus-Christi) n'offrent pas d'originalité quant à leur régime, mais le maximum principal reste pluvio-évaporal et centré sur la saison froide : 49% des eaux écoulées entre février et juin ; mais un maximum pluvial secondaire se fait jour entre juillet et octobre, écoulant 29% des eaux.

Le rôle de l'aridité apparaît ambigu. Les pluies d'hiver sont d'origine polaire, celles de l'été sont d'origine tropicale ; si ces dernières parviennent sans trop d'obstacles topographiques, à l'inverse l'influence polaire est limitée par l'abri des Rocheuses. C'est donc sur l'écoulement de saison froide que l'aridité d'abri est la plus efficace. Il en résulte une double conséquence. Les modules sont infimes : 1,8 l/s/km^2 sur le Brazos (classe 6 ou microréisme mesuré), 0,5 et 0,8 l/s/km^2 sur le Colorado et le Nueces (classe 5 ou microréisme très mesuré). Inversement les écoulements y gagnent en pondération, du fait de cette double influence pluviale : 11 sur la Trinity, 7 sur le Brazos, 3 sur le Colorado. Mais, au coeur de l'hiver, la Nueces peut connaître épisodiquement l'assec, et le désert reprend ses droits avec une immodération de 11.

c) Beaucoup plus à l'ouest, l'aridité domine dans les déserts du Colorado et du Grand Bassin, aux Etats-Unis, et ceux du Chihuahua au Sonora, dans le nord du Mexique. Au Texas, le Pecos (affluent du Rio Grande) illustre cette dégradation. Cet affluent du Rio Grande provient des régions à la fois montagneuses et arides du Nouveau-Mexique, au climat illustré par les données de Phœnix (Document 6.2) : 100 à 200 mm de pluies qui se répartissent principalement en hiver et en été. Mais, l'environnement montagneux apporte une nuance nivale

• Son module n'est plus que de 0,09 l/s/km^2 (classe 2 et 1 ou nanoréisme insignifiant). C'est un oued qui connaît l'assec entre les épisodes de pluie qui lui impriment son régime. On observe deux maxima : l'un, en septembre, est sans ambiguïté pluviale, l'autre, en mai, peut être pluvial, mais peut aussi relever de la fonte des neiges dans l'est des Rocheuses.

Il faut franchir le Rio Grande pour retrouver un écoulement pluvial marqué par l'aridité. Trois cours d'eau appartiennent au Mexique aride : le Conchos, un affluent rive droite du Rio Bravo del Norte (nom que les Mexicains donnent au Rio Grande) dans l'Etat de Chihuahua, le Rio Grande de Santiago et l'Armeria, tous deux tributaires du Pacifique, dans l'Etat du Nayarit (Document 6.6).

• Le Conchos est en quelque sorte, la réplique mexicaine du Pecos. À 1500 m d'altitude, Chihuahua reçoit 377 mm d'eau par an, dont 86% entre juin et septembre. Son régime est le reflet de cette distribution des pluies, avec 67% des eaux écoulées entre juin et octobre. Aussi, on retiendra la médiocrité du module : 0,49 l/s/km², ce qui correspond à un nanoréisme faible de classe 4. Il se révèle assez immodéré : 8.

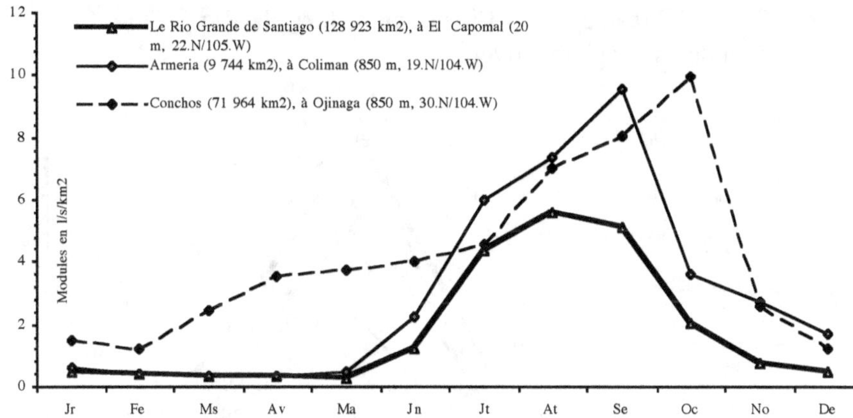

Document 6.6 - Quelques cours d'eau des déserts mexicains

À l'ouest, vers le Pacifique, l'Etat du Nayarit côtoie à la fois le milieu semi-aride et le milieu tropical à deux saisons.

• Le maximum pluviométrique est donc estival, même s'il est modeste. Les régimes du Rio Grande de Santiago et de l'Armeria évoquent cette origine pluviale : ils écoulent 84% de leurs eaux en été, entre juin et octobre. Mais, bien que marginaux aux déserts mexicains, l'Armeria n'écoule que 2,9 l/s/km² (classe 7 ou microréisme atténué), et le Rio Grande de Santiago 1,8 l/s/km² seulement (classe 6 ou microréisme mesuré).

Plus au nord-ouest, l'écoulement concentré disparaîtrait, notamment au Sonora où Mac Gee décrivit pour la première fois le sheet flood.

3°) En Amérique du Sud, seuls quelques cours d'eau allogènes traversent l'Atacama. Les principaux fleuves associés au milieu aride s'écoulent à l'abri des Andes, dans le Chaco au nord, et dans les Pampas semi-arides de Mendoza, abrités des influences pacifiques par les Andes et atlantiques par la Sierra de Cordoba. À Mendoza, et qui plus est au nord au Chaco, la distribution des pluies est tropicale, et maximale au cours de l'été austral. L'écoulement répercute cette distribution dans son régime (Document 6.7).

a) Les ingénieurs argentins se sont intéressés à cinq bassins-versants du Chaco. Le plus vaste est le Pilcamayo, affluent de gauche du Paraguay, originaire des Andes de Potosi, en Bolivie. Plus au sud, le Rio Salado est un affluent de gauche du Paraña : on a aussi jaugé son affluent le Pasaje qui, en aval, devient le Juramento. Enfin, le Rio San Francisco, un affluent de la Bermeja, autre affluent du Paraguay. Dans le Chaco méridional, l'écoulement est indécis : par exemple la Bermeja a plusieurs fois modifié son cours, lequel se confond avec celui du Teuco qui lui est parallèle. Les Saliñas y sont nombreux, et l'écoulement est indécis sur ces épandages quaternaires où s'observeraient aussi quelques exemples d'aréisme.

Ces oueds présentent des caractéristiques communes ; et la principale est sans doute leur immodération : 11 et 15 sur le Juramento-Pasaje, 25 sur le San Francisco, 45 sur le Pilcamayo et 215 sur son affluent le Rio Salado. Ce n'est que la traduction de leur régime pluvial.

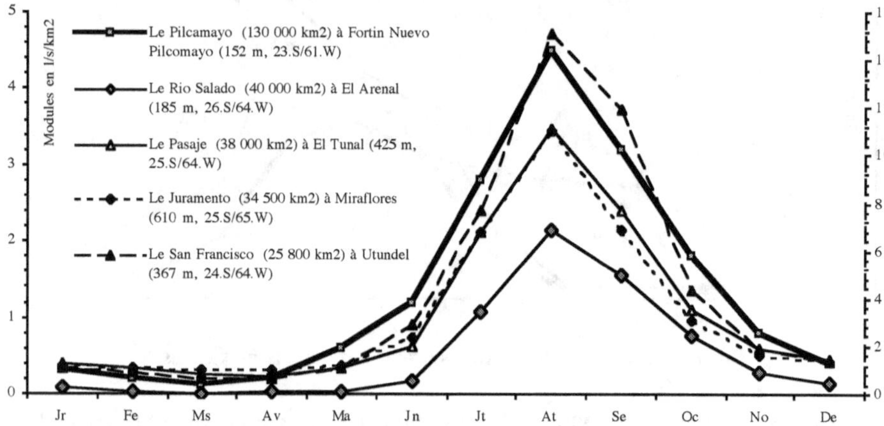

a) Le Gran Chaco méridional.

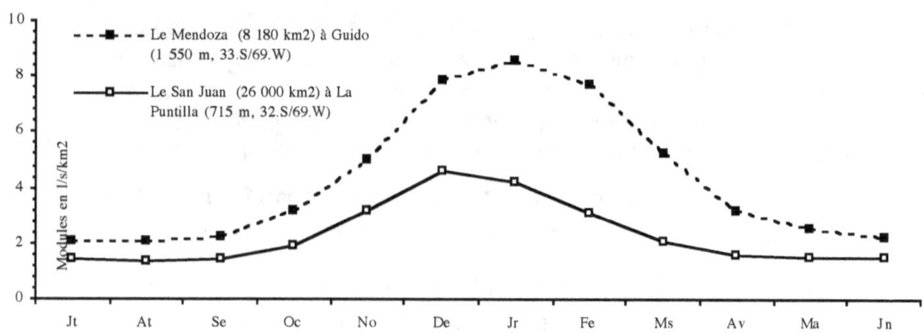

b) La Pampa de Mendoza en Argentine.

Document 6.7 - Quelques cours d'eau des marges arides de l'Amérique latine

• L'hiver austral est sec, et ces cours d'eau sont alors indigents, mais les averses consécutives à la saison des pluies apportent un flux brutal et volumineux qui s'étale sur le Chaco. En effet, le San Francisco, le Pilcamayo et l'ensemble Juramento-Pasaje écoulent les 3/4 de leurs eaux entre janvier et avril, dont 50% en février et mars. Aux cours des mêmes mois de l'année, le Rio Salado écoule respectivement 90 et 60% de ses eaux.

• Ce sont des oueds, comme on en rencontre sur le versant sud de l'Atlas saharien ; aussi leur module est très modeste. Seul le San Francisco évoque l'écoulement organisé par son débit : 4,1 l/s/km^2 (classe 8 ou microréisme soutenu), les autres évoquent plus sûrement un environnement sec : le Pilcamayo écoule 1,3 l/s/km^2, et l'ensemble Juramento-Pasaje 1 l/s/km^2 ; ce qui les range dans la classe 5 ou microréisme très mesuré. Le Rio Salado n'écoule que 0,52 l/s/km^2 : un nanoréisme faible de classe 4.

b) Plus au sud, le Mendoza et le San Juan sont des sous-affluents d'un autre Rio Salado, qui se perd dans les dépôts quaternaires sans pouvoir atteindre le Rio Colorado.

• Leur régime rappelle beaucoup les précédents ; Les 2/3 de l'écoulement sont effectués en été, entre novembre et mars, avec un maximum parfaitement centré sur la période la plus chaude : 45% des eaux annuelles entre décembre et février. S'il est vrai que les pluies sont maximales en cette saison, on reste tenté d'évoquer aussi la fonte des glaciers andins, si proches (à vol d'oiseau l'Acongagua n'est qu'à 180 km). On expliquerait alors mieux que l'abondance relative soit plus élevée : le Mendoza écoule 4,3 l/s/km^2 (classe 8 ou microréisme soutenu) et le San Juan 2,3 l/s/km^2 (classe 7 ou microréisme atténué). Toutefois, ces valeurs restent assez conformes aux écoulements soumis à la sécheresse hydrologique.

Il est à l'évidence qu'au Maghreb comme au Moyen-Orient, qu'au Texas comme au Mexique et en Argentine, l'écoulement n'est concentré que sur les marges des déserts, où les hommes entretiennent, depuis des siècles, une irrigation traditionnelle qui a pris son essor maximum sur les piémonts arides des montagnes de l'Asie centrale. Plus à l'intérieur, on entre dans le domaine des écoulements épisodiques et du ruissellement en nappe, dont la fréquence est trop rare pour que des mesures puissent être effectuées. Enfin, sans la présence d'édifices montagneux, ces écoulements marginaux seraient eux-mêmes défavorisés. Mais, si l'altitude est élevée, principalement sur les marges supratropicales et continentales, la neige entre en scène.

III - L'écoulement nival des déserts froids

Fraîcheur et gel y sont un gage d'abondance et de régularité. En effet, la fraîcheur, voire la froidure de l'hiver, réduisent l'évapotranspiration, et non seulement il peut se constituer des réserves nivales, mais les pluies d'hiver peuvent être efficaces et ruisseler. On pourrait croire les cas de figures plus nombreux, pourtant il n'en est rien, Souvent l'origine des cours d'eau est lointaine, et beaucoup d'entre eux sont des allogènes qui prennent naissance sous des climats différents, pour achever leur cours dans une cuvette endoréique : c'est l'exemple de la Volga, étudiée ci-dessus. D'autres traversent même le désert pour atteindre l'océan : c'est le cas du Colorado ou du Tigre.

A - L'écoulement nival

Il est possible dans les milieux continentaux semi-arides, voire arides, qui connaissent des précipitations au moins au début de la saison froide.

1°) Les marges méridionales de la Sibérie et du Caucase, sur les confins de la cuvette aralo-caspienne, offrent plusieurs exemples (Document 6.8).

• Le Tourgaï Noir prend naissance sur le seuil Kazakh pour se diriger vers la mer d'Aral, qu'il n'atteint pas car il se perd dans le Lac Tchalkar-Tenghiz.

• La Grande Uzen est un cours d'eau endoréique, qui prend sa source à l'est de Saratov pour se diriger vers le sud, vers la Caspienne qu'elle n'atteint pas, car elle se perd dans un lac fermé.

• Enfin, le Kalaus est plus méridional et draine le piémont aride du nord-Caucase ; mais il vient du nord, et ne subit donc pas l'influence des montagnes, il se jette dans la Kuma pour rejoindre la mer Caspienne.

Du fait de leur origine, ils ne bénéficient que des rares précipitations de la steppe ; mais l'hiver est ici rude, et les dernières précipitations de l'automne sont solides. Cette conjoncture apporte quelques points communs à ces modestes cours d'eau.

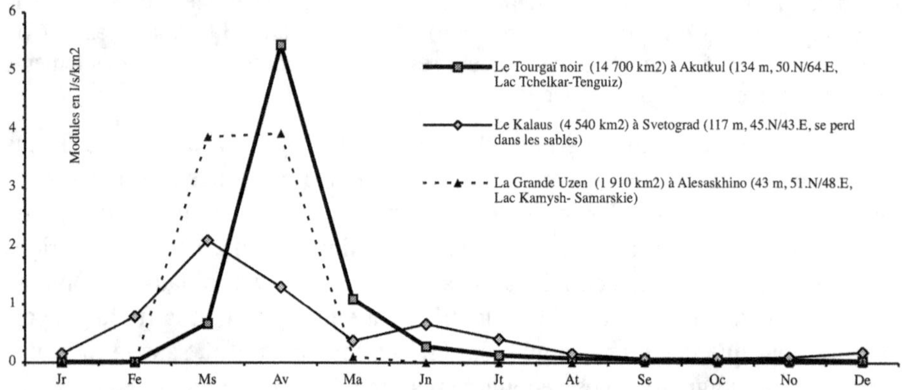

Document 6.8 - Ecoulement nival des oueds d'Asie centrale

• Le premier est le caractère indubitablement nival de l'écoulement : le Kalaus écoule 66% de ses eaux entre février et avril, le Tourguaï noir en écoule 92% entre mars et mai (dont 70% en avril) et la Grande Uzen en écoule la totalité en trois mois : mars à mai, dont 99% en mars et avril.

• Le second point de ressemblance est que ce sont des oueds aux modules insignifiants : la Grande Uzen écoule 0,66 l/s/km^2 , le Tourguaî Noir 0,65 l/s/km^2 et le Kalaus 0,53 l/s/km^2 ; c'est un nanoréisme faible de classe 4. L'immodération est considérable : 30 sur le Kalaus, 544 sur le Tourguaî Noir et infinie sur la Grande Uzen.

Pourtant ils représentent trois étapes différentes d'intégration au système aride.

• Le Kalaus est encore le plus proche des écoulements nivaux des plaines russes ou sibériennes. L'assec est inexistant, ce qui donne un sens à l'étiage : 4% des eaux écoulées entre septembre et novembre, période de forte évapotranspiration. Mieux, il existe même une légère crue pluviale de juin, correspondant au ruissellement des pluies continentales de l'été.

• Le rôle de l'aridité dans la réponse des autres cours d'eau à la pluviométrie est plus effectif. Le Tourguaî Noir ne connaît pas d'assec ; mais, d'août à février, l'écoulement se limite au tarissement régulier des sources. En effet, au cours de l'hiver, les précipitations ne parviennent qu'à constituer un tapis neigeux. Il fond principalement en avril (70% de l'écoulement), mais il recharge des nappes plus ou moins profondes qui, malgré la sécheresse ambiante, parviennent à assurer une certaine pérennité à l'écoulement jusqu'en février, qui ne peut être que le mois le creux de l'étiage.

• Enfin, la Grande Uzen ne bénéficie plus de ce soutien ; cet oued écoule tout son stock de neige en deux mois.

*2°) **Les déserts nord-américains de l'Utah et du Nevada fournissent des écoulements assez voisins***, dans un contexte où l'altitude accroît la rudesse du climat.

• La Green River est un affluent rive droite du Colorado issue du Wyoming ; vers le sud, dans l'Utah, elle pénètre dans des régions de plus en plus arides, ce qui lui confère un caractère allogène.

• La Sévier est un cours d'eau endoréique, entièrement inscrit dans l'Utah et qui termine son cours dans une sebkha : le Lac Sévier.

• Enfin, la Humboldt, est un autre cours d'eau endoréique du Nevada ; et qui finit lui aussi dans une sebkha : le Lac Humbolt (Document 6.9).

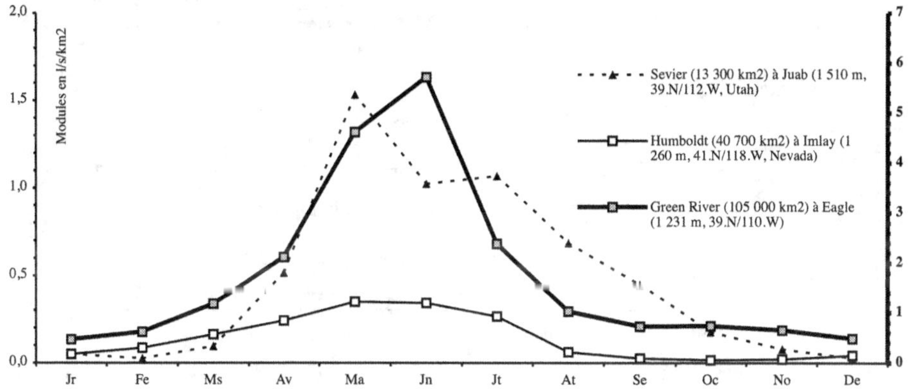

Document 6.9 - Ecoulement nival des oueds du Far West.

Comme pour les précédents, le régime nival et l'appartenance au monde des déserts leur offrent des ressemblances :

• 60 % des eaux sont écoulées entre mai et juillet, mais les modules sont faibles : La Green River écoule 1,7 l/s/km^2 (classe 6 ou microréisme mesuré), la Sévier écoule 0,48 l/s/km^2 (classe 4 ou nanoréisme faible) et la Humboldt 0,14 l/s/km^2 (classe 2 et 1 ou nanoréisme insignifiant).

• La station de Salt Lake City (Document 6.2) nous rappelle que le milieu est moins aride, mais froid. Surtout, les pluies de saison froide entretiennent un tapis neigeux, alors que les pluies de printemps sont abondantes et ruissellent. Ces deux processus expliquent la durée et le caractère tardif de la débâcle : avril à juillet, sur la Sévier et la Humboldt. À la fonte des neiges, s'ajoutent des pluies de printemps, et ses oueds sont nivo-pluviaux.

• Mais, à Salt Lake City la sécheresse hydrologique est assez brève : juin à septembre, et si on extrapole à la région entière, les pluies seront excédentaires une grande partie de l'année : l'étiage correspond à l'évapotranspiration estivale et à la rétention nivale.

Cette dernière explique l'assez forte immodération : 20 sur la Humboldt, 58 sur la Sévier.

Certes, il existe des nuances. Si la Humboldt répond à ce schéma, la Sévier offre l'originalité d'un écoulement abondant, quoique décroissant en été, et qui ne peut s'expliquer que par un ruissellement. Dans tout cela, la Green River fait figure d'originale. Son régime ne semble guère influencé par le désert. Il est vrai qu'elle acquiert un régime pluvio-nival de montagne, qui lui confère une certaine allogénie.

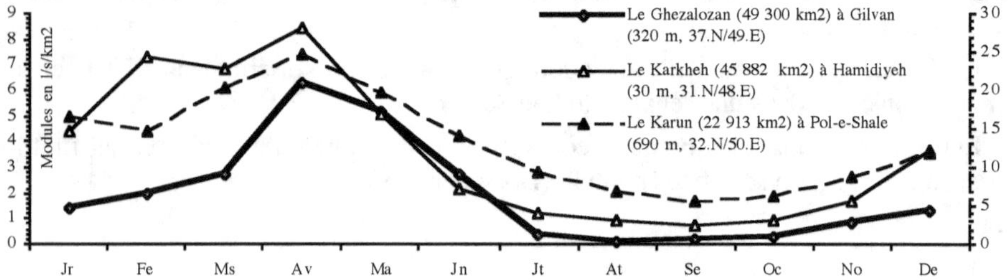

a) Les montagnes sèches d'Iran

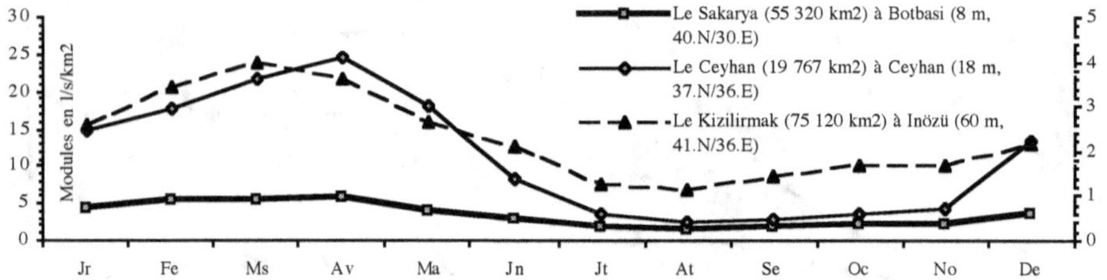

b) Les montagnes sèches de Turquie.

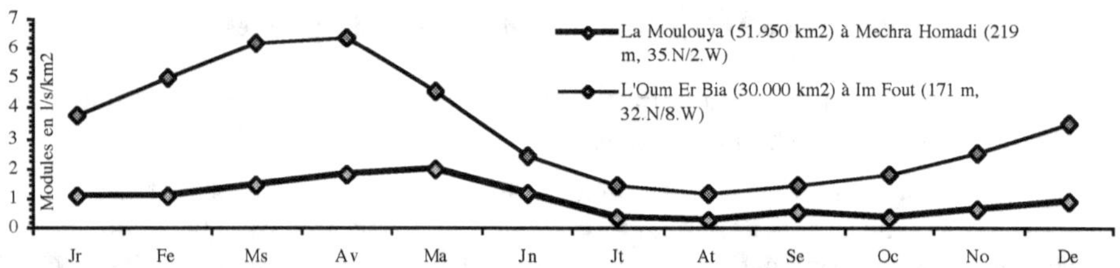

c) Les montagnes sèches du Maroc.

Document 6.10 - L'influence de la neige dans les montagnes sèches du Moyen-Orient et du Maghreb.

B - L'influence nivale est fréquente dans un environnement montagnard toujours plus arrosé

Ce serait principalement le cas dans les montagnes d'Iran, de Turquie et du Maghreb (Document 6.10). Mais, la difficulté de définir une véritable interface perturbe la séparation avec les écoulements de type méditerranéen, quand ils sont influencés par la présence d'un tapis neigeux hivernal. C'est l'abondance relative qui souvent donne la réponse.

Quelques exemples instructifs existent au Moyen-Orient et au Maghreb (Document 6.10). Le Karun, en Iran, est un drain du Zagros affluent du Chatt el Arab, et le Ceyan, en Turquie, draine l'Anti-Taurus, vers le golfe d'Alexandrette.

• L'un écoule 11,3 $l/s/km^2$ et l'autre 13,2 $l/s/km^2$: ils appartiennent au mésoréisme moyen de classe 10. Ce ne sont pas des cours d'eau du monde aride mais plutôt du monde méditerranéen ; mais, à l'image des cours d'eau texans, ils marquent la transition vers les montagnes arides, car ils sont jaugés à l'amont, dans un milieu encore montagnard

• Mais, dans leur ensemble ils offrent le point commun d'écouler une débâcle nivale de printemps.

L'Iran jauge aussi le Karkheh, un de ses affluents rive droite du Karun, et le Ghezalozan, un drain de l'Elbourz, tributaire de la Caspienne.

• Le Kerum écoule 41% de ses eaux entre mars et mai ; c'est peu, car l'étiage est peu creusé : 12% des eaux. Les deux autres cours d'eau sont jaugés à des altitudes plus faibles, dans un milieu moins montagnard et plus aride. La débâcle est plus violente : 52% des eaux du Karkheh et 61% de celles du Ghezalozan. À l'inverse, les étiages sont prononcés : 5% seulement des eaux sont écoulés en été.

• C'est un régime qui reste marqué par la fonte des neiges, car les tapis neigeux du Zagros et de l'Elbourz sont tels qu'on connaît localement des exemples de transhumance inverse. Mais c'est insuffisant pour assurer l'abondance hydrique, l'immodération est forte : 11 sur le Karkheh et 50 sur le Ghezalozan ; et, en contrepartie, l'abondance est faible : si le Karkheh écoule encore 3,6 $l/s/km^2$ (classe 7 ou microréisme atténué), le Ghezalozan, avec 1,9 $l/s/km^2$, relève du microréisme mesuré de classe 6. Karkheh et Ghezalozan appartiennent au monde des déserts.

Les cours d'eau d'Anatolie ont un comportement différent. En dehors du Ceyan, les ingénieurs turcs ont jaugé le Sakarya, un des plus grands fleuves du nord-Ouest, tributaire de la Mer Noire, et le Kizilirmak, le drain du nord-est, autre tributaire de la mer Noire.

• Le rôle de la neige reste indéniable avec 40% des eaux écoulées entre février et mars. Mais, à l'inverse des cours d'eau iraniens, l'étiage reste soutenu du fait de l'abondance des réserves souterraines dans un milieu où abondent entablements calcaires et coulées volcaniques anciennes. Ces cours d'eau sont pondérés par le karst : 4, comme les cours d'eau dinariques et balkaniques.

• Mais la semi-aridité réduit l'abondance relative.Le Sakarya n'écoule que 3,4 $l/s/km^2$, et le Kizilirmak 2,3 seulement ; ce qui les situe en classe 7 ou microréisme atténué.

Enfin, au Maroc, la Moulouya (tributaire de la Méditerranée) et l'Oum Er Bia (tributaire de l'Atlantique) relèvent aussi de la transition entre l'écoulement méditerranéen et celui des milieux semi-arides et arides.

• Ces deux cours d'eau ont encore des comportements relevant du régime pluvio-nival méditerranéen : 44% des eaux sont issus de la conjonction de la débâcle nivale et des pluies de printemps entre mars et mai. À l'inverse, l'étiage apparaît assez peu prononcé sur ses drains naturels du Haut Atlas : 10% de l'écoulement entre août et octobre. Il en résulte une relative pondération 7 et 5, qui pourrait être le fruit du soutien d'étiage réalisé par les barrages à des fins d'irrigation (par exemple Bin el Ouidame).

• Il n'en reste pas moins que pour des rivières nées en haute montagne, l'écoulement est très modeste : 3,4 l/s-km^2 sur l'Oum er Bia (classe 7 ou microréisme atténué), et seulement 0,98 l/s-km^2 sur la Moulouya (classe 5 ou microréisme très mesuré).

En fait, ces cours d'eau des montagnes marginales aux déserts annoncent les grands fleuves allogènes.

IV - L'originalité des fleuves allogènes

Ils importent en plein désert des régimes étrangers. Des régions tempérées humides, peuvent parvenir des cours d'eau ayant acquis les caractéristiques du régime pluvio-nival ou nival de plaine : c'est le cas de la Volga pénétrant dans la cuvette aralo-caspienne. Le plus souvent, ce sont de puissants fleuves qui ont pris naissance dans les montagnes très enneigées, voire glaciaires, du pourtour : on peut citer les fleuves de Mésopotamie, et l'Indus. Mais quelques-uns prennent naissance dans la zone intertropicale de l'Afrique subsaharienne, Parmi les différents cas de figure : le Niger ressort in extremis du Sahara, l'Okavango s'y perd, et le Nil traverse le Sahara.

A - Les déserts d'Asie Centrale

Les fleuves allogènes nivaux y ont été utilisés dès la plus haute Antiquité par les collectivités humaines. Leur abondance, contemporaine de la reprise de l'activité de la végétation, était une manne pour les céréaliculteurs et les arboriculteurs des cuvettes d'Asie centrale et de Mésopotamie. Les services hydrologiques soviétiques puis ouzbèques jaugent régulièrement l'Amou-Daria et le Syr-Daria ; les services irakiens ont la même politique envers le Tigre et l'Euphrate ; car la connaissance de leurs débits est fondamentale pour l'agriculture et la production d'électricité de ces pays.

1°) Les Soviétiques avaient jaugé le Chu et l'Arys. Le Chu, au Kazakhstan, est un cours d'eau endoréique issu de l'Altaï et qui se perd dans la sebkha du Lac Saumal-Kul (steppes de Koulounda). L'Arys est un des cours d'eau qui irriguent le Ferghana.

Le ***Chu*** est assez caractéristique des écoulements pluvio-nivaux des confins semi-arides de la Sibérie.

• La neige s'accumule sur l'Altaï et provoque une débâcle précoce en février et avril, mais elle ne concerne que 35% des eaux écoulées. Le solde est pluvial, du fait de l'abondance pluviométrique de mai-juin (station de Turt-Kul : Document 6.2). Toutefois, cette région connaît son maximum pluviométrique en saison froide, et l'écoulement est abondant de novembre à juin, période qui cumule 80% de l'écoulement. Cette abondance ne peut s'expliquer que par un héritage acquis dans les montagnes voisines, et, malgré l'aridité, l'étiage est bref : juillet à septembre. C'est cette qualité qui justifie l'intérêt qu'on porta au cours d'eau.

• C'est un allogène modeste 2,8 l/s/km^2 ; mais son microréisme atténué de classe 7 est, toutes proportions gardées, élevé pour le milieu aride, car, plus à l'ouest la Grande Uzen, nivale de plaine, n'écoule que 0,66 l/s/km^2. Le résultat est aussi une assez bonne pondération : 5.

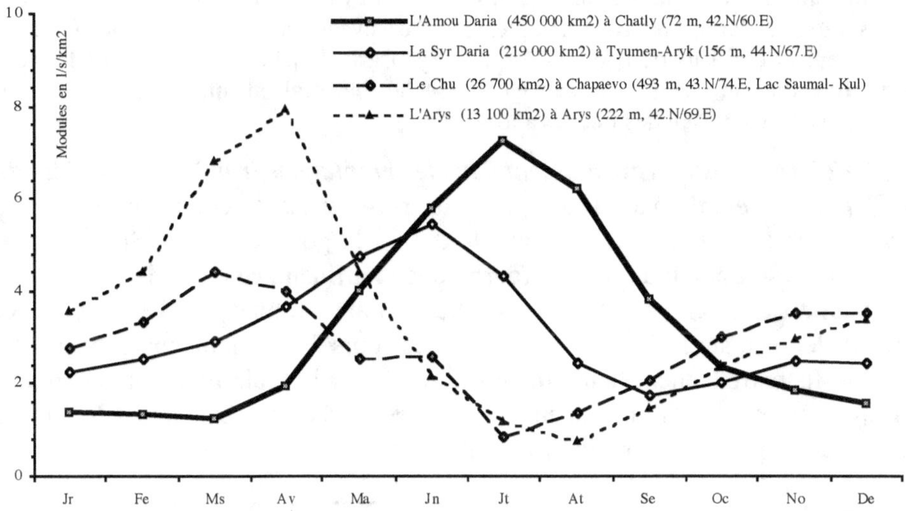

Document 6.11 - Fleuves allogènes de la cuvette aralo-caspienne

L'*Arys* fait partie des allogènes qui ont fait la richesse du Ferghana.

• Le milieu connaît une pluviométrie plutôt de saison froide qui alimente à la fois le ruissellement sur les versants, et un tapis neigeux sur les Tien-Chan ; aussi l'écoulement est-il nivo-pluvial de montagne. Si 80% des eaux sont écoulés entre novembre et mai, 35% relèvent du ruissellement pluvial de novembre à février, et 45% de la débâcle de mars à mai. Or, l'été est chaud et aride avec une très forte évapotranspiration génératrice d'un étiage bref : juin à septembre, qui n'écoule que 8% des eaux.

• L'aménagement de l'Arys pour la redistribution estivale de l'abondance hivernale est ancien et se justifiait, car l'abondance relative est élevée pour ce bassin intramontagnard aride : 3,4 l/s/km^2 (classe 7 ou microréisme atténué), mais l'immodération élevée : 10.

2°) Au milieu du XXe siècle, on estima pouvoir mettre en valeur les mêmes qualités hydrauliques de l'Amou-Daria et du Syr-Daria. Ici, l'abondance est plus tardive : mai à juillet sur le Syr-Daria, et juin à août sur l'Amou-Daria. Ces cours d'eau plus intrinsèquement nivaux du fait de la plus grande implication du système montagneux des Tien-Chan, impliquent aussi une alimentation glaciaire, au moins pour ce qui concerne l'Amou-Daria.

• Le Syr-Daria est un cours d'eau de régime nival. Elle écoule 39% de ses eaux entre mars et juin, mais elle reste fortement influencée par le ruissellement de saison froide : 45% de l'écoulement sont effectués entre novembre et avril. Aussi l'étiage estival est-il bref et peu marqué. Le résultat est un écoulement pondéré : 3, et assez marqué pour un milieu aride : 3,1 l/s/km^2 (classe 7 ou microréisme atténué). On remarquera que l'originalité des écoulements allogènes est de rester, dans l'ensemble, des écoulements relevant de l'exoréisme modéré ; d'où leur intérêt économique.

• L'*Amou-Daria* est de régime glacio-nival. Elle écoule la plus grande partie de ses eaux entre mai et octobre : 76%, dont 50% en été (juin à août), du fait du rôle des glaciers. L'étiage hivernal bénéficie de l'apport pluvial, ce qui réduit l'immodération : 6, et maintient une relative abondance : 3,2 l/s/km² (classe 7 ou microréisme atténué), ce qui lui valut d'être dévié vers les champs de coton irrigués du Kara-Koroum. Or, avec celles du Syr-Daria, ses eaux maintenaient le niveau de la mer d'Aral. Avec le détournement des eaux de l'Amou-Daria, le Syr-Daria ne peut plus assurer à elle seule cette fonction, et la grande sebkha s'assèche inexorablement, montrant le rôle écologique fondamental des fleuves allogènes.

3°) Le Tigre et l'Euphrate naissent dans les montagnes fraîches et humides de la Turquie orientale. Par la suite, ils vont traverser les déserts syrien et irakien avant de se rejoindre dans le Chatt-el-Arab et le golfe Persique. Sur leur rive droite, le désert arabique ne leur fournit aucun affluent, ce qui, à la manière du Nil pourrait entretenir les caractères acquis en amont, mais, sur leur gauche, et principalement, sur le Tigre, parviennent des cours d'eau montagnards venus du Zagros. Ils entretiennent le régime nival, mais leur irrégularité a toujours réduit l'usage des eaux sans aménagement, à l'inverse du Nil. (Document 6.12). En fait, il faut séparer le Tigre de l'Euphrate.

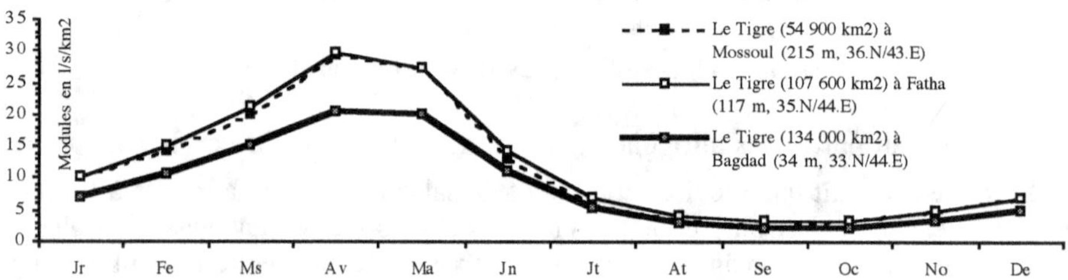

a) Variations du régime du Tigre de l'amont vers l'aval.

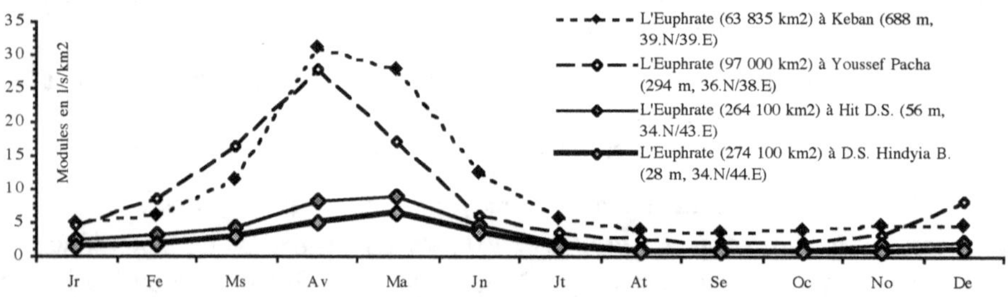

b) Variations du régime de l'Euphrate de l'amont vers l'aval.

Document 6.12 - Les avatars de l'écoulement des deux grands fleuves mésopotamiens : conservation du régime, mais réduction du module.

• Le *Tigre* est jaugé en trois point : à Mossoul, à Fatha et à Bagdad (Document 6.12.a). C'est un cours d'eau de régime nivo-pluvial de montagne qui entre en Irak et qui gardera cet acquis : 2/3 des eaux sont écoulés entre novembre et avril, du fait du ruissellement ; mais 54% de l'écoulement sont concentrés entre mars et mai, du fait de la fonte des neiges en Turquie orientale et sur le Zagros. À l'inverse, l'étiage estival est creux : 6,5% seulement de l'écoulement entre juillet et septembre. On sait que les fleuves allogènes connaissent une réduction de leur module brut (Document 2.4. L'exception aride : débits bruts et modules diminuent vers l'aval). Grâce à l'apport des affluents venus du Zagros, la traversée du désert est moins contraignante, et, entre Mossoul et Fatha, le débit s'accroît de 672 m^3/s à 1 320 m^3/s ; ce n'est que plus en aval que le désert l'emporte et à Bagdad le débit a reculé à 1 160 m^3/s (mais il reste élevé). À Fatah , avec un module de : 12,3 $l/s/km^2$, le fleuve relève du mésoréisme moyen de classe 10 ; à Bagdad , il écoule encore 8,7 $l/s/km^2$: un mésoréisme médian de classe 9. Immodéré (9 à 9,5), il ne pouvait être utilisé à l'état naturel et fut aménagé à partir du mandat britannique de 1920.

• L'***Euphrate*** est jaugé à Keban par les Turcs, à Youssef Pacha par les Syriens, et à Hit D.S. et Hindyia par les Irakiens. Comme le Tigre, ce fleuve est pluvio-nival de montagne ; à Keban, il écoule 70% de ses eaux entre mars et juin, et seulement 13% en été, d'août à octobre. C'est un acquis qui sera peu modifié par la traversée du désert arabique septentrional, car il ne reçoit plus d'affluents importants dans son parcours irakien. À l'entrée du Chatt-el-Arab, la répartition aux mêmes dates reste de 67 et de 10%. Mais, à l'inverse, il perd beaucoup d'eau. Les affluents montagnards en apportent au Khurdistan : 637 m^3/s à Keban, 907 m^3/s à Youssef Pacha ; mais le débit brut se réduit dans la traversée de l'Irak : 827 m^3/s à Hit D.S. puis plus fortement encore en basse Mésopotamie : 599 m^3/s à Hindyia, près de la confluence avec le Tigre. Sans apport extérieur, l'eau du fleuve se perd dans le désert. Avec 10 $l/s/km^2$ à Keban et encore 8,5 $l/s/km^2$ à Youssef Pacha le module relatif relève du mésoréisme médian de classe 9. À Hit D.S. il n'est plus que de 3,4 $l/s/km^2$ et à Hindyia de 2,2 $l/s/km^2$ seulement, où il ne relève plus que du microréisme atténué de classe 7 (ce qui d'ailleurs reste honorable en plein désert).

Aussi l'Euphrate fut-il toujours moins utile à la Mésopotamie alors que son immodération pouvant atteindre 13 faisait redouter les inondations.

B - Les fleuves allogènes nivaux de l'ouest américain

Deux d'entre eux s'imposent : le Colorado et le Rio Grande.Ces deux fleuves ont en commun de naître dans une montagne elle-même très marquée par l'aridité ; mais si le Colorado s'engage vers les milieux de plus en plus arides du Sud-ouest, le Rio Grande traverse certes le désert au Nouveau-Mexique, mais termine son cours dans un secteur subtropical du golfe du Mexique.

Le document. 6.13 rappelle les conditions ombrothermiques régionales

1°) Le Colorado : nous avons déjà évoqué le caractère allogène du principal affluent du Colorado : la Green-River ; en effet, la partie amont du bassin-versant provient des secteurs semi-arides de l'est des Rocheuses ; c'est le tracé nord-est/sud-ouest du fleuve qui lui fait traverser des régions d'aridité croissante en Utah, en Arizona et en Basse-Californie. Mais son régime n'est pas sans rappeler le Tigre et l'Euphrate, car il conserve son allure nivo-pluviale (Document 6.14.a).

• À Less Ferry, en Arizona, 70% des eaux sont écoulés en quatre mois, entre avril et juillet ; elles sont le fruit d'une débâcle nivale venue de l'amont et du ruissellement abondant au printemps (voir les diagrammes de Denver et de Las Vegas : Document

6.13.a). La décrue commencée en juillet est toutefois interrompue par le ruissellement des pluies de la fin de l'été et de l'automne, déjà observée sur la Green River ; l'immodération est alors de 11. À Yuma, le fleuve a traversé le désert ouest-américain, mais il conserve largement le souvenir de son origine pluvio-nivale : 60% des eaux sont encore écoulés entre avril et juillet. Mais il a fortement gagné en modération : 5, toutefois c'est aussi un des effets des aménagements hydro-électriques.

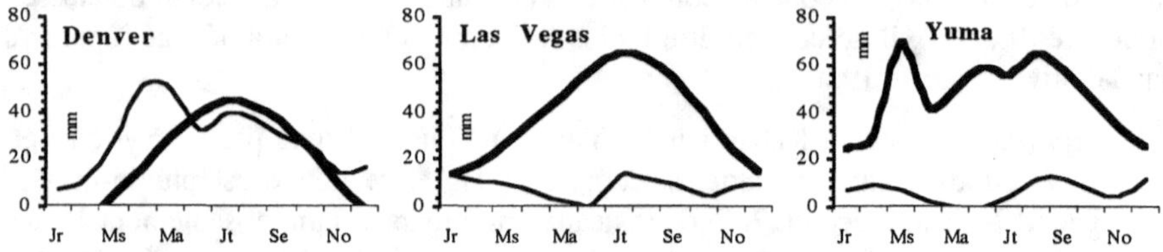

a) Ambiance climatique du bassin de Colorado

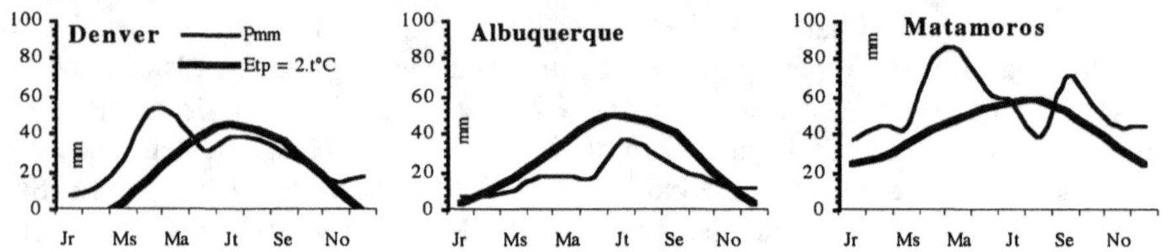

b) Ambiance climatique du bassin du Rio Grande.

Document 6.13 - Conditions climatiques de l'ouest des Etats-Unis

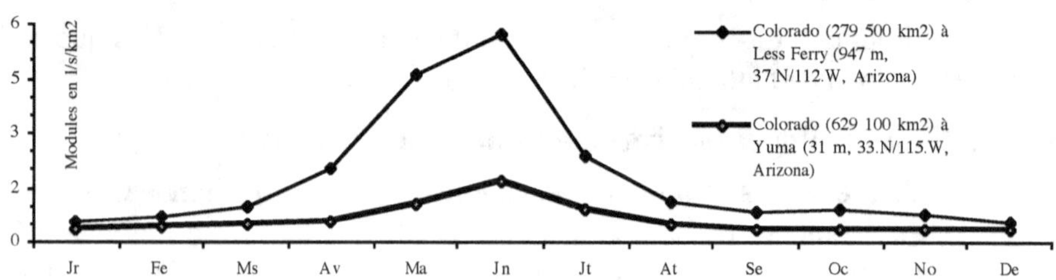

a) Variations du régime du Colorado vers l'aval.

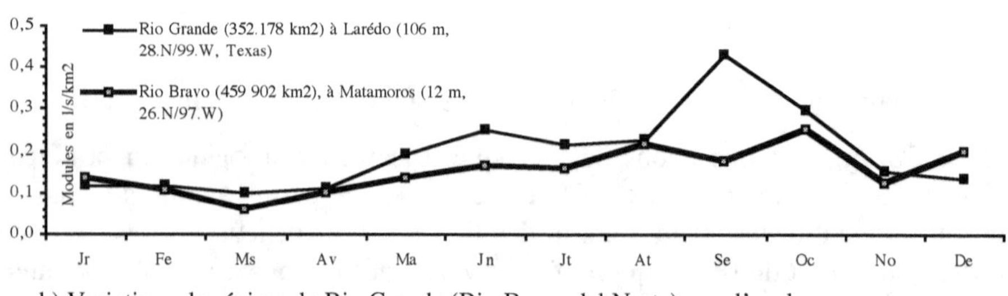

b) Variations du régime du Rio Grande (Rio Bravo del Norte) vers l'aval.

Document 6.14 - Les avatars de l'écoulement des deux grands fleuves des déserts des Etats-Unis et du Mexique.

- Mais l'aridité ambiante a d'autres conséquences. À Less Ferry, à l'aval d'un bassin de 280 000 km^2, l'écoulement n'est plus que de 490 m^3/s ou 1,8 $l/s/km^2$; à Yuma, le drainage atteint 630 000 km^2, mais l'écoulement est réduit à 383 m^3/s ou 0,61 $l/s/km^2$.

Le Colorado perd de l'eau en traversant le désert, bien qu'il continue de recevoir des affluents, par exemple la Gila à Yuma. On pourrait l'expliquer par ses affluents qui eux-mêmes sont allogènes, mais on doit surtout évoquer l'évaporation sur les plans d'eau retenus par les grands barrages : Glen Canyon Dam en Utah, Hoover Dam et Parker Dam en Arizona, sur le Colorado, Roosevelt Dam, et Coolidge Dam sur la Gila, par exemple. L'écoulement annuel du Colorado, qui relève encore du microréisme mesuré de classe 6 à Less Ferry, ne relève plus que du nanoréisme faible de classe 4 à Yuma.

2°) ***Le Rio Grande est encore moins abondant*** (< 70 m^3/s à son embouchure), mais son régime ne relève plus de la fonte des neiges (Document 6.13.b).

• Ce fleuve frontière qui reste le Rio Bravo del Norte pour les Mexicains et le Rio Grande pour les Texans, prend naissance dans les Monts San Juan au Colorado, c'est-à-dire dans un milieu déjà semi-aride (Voir Denver : Document 6.13.a). Mais le Nouveau-Mexique (voir Albuquerque : Document 6.13.b) est moins aride que ne le sont le Nevada et l'Arizona pour le Colorado. Toutefois, à Albuquerque, les pluies sont plus continentales et abondantes en été, quand l'évapotranspiration est maximale, le rôle de la neige tend à disparaître. Enfin, après Laredo le milieu devient plus humide, il tombe annuellement 667 mm de pluies à Matamoros, avec un important maximum de printemps et un maximum secondaire de septembre : la sécheresse hydrologique n'existe plus qu'en juillet et août. C'est un cours d'eau qui frôle le désert mais ne s'y perd pas. Toutefois, les affluents sont presque tous issus de milieu aride : les Rios Conchos et Santa Maria au Chihuahua ; nous avons aussi étudié le Pecos, au Texas aride, qui, à Shumia au Texas, n'écoule que 0,09 $l/s/km^2$.

• Le Rio Grande à Laredo (Document 6.14.b) affirme un écoulement plutôt pluvial avec 70% des eaux écoulées en mai et octobre. Cependant ces hautes eaux de saison chaude ont une double origine : le maximum de juin est le souvenir de la débâcle nivale dans les montagnes du Colorado et du nord du Nouveau-Mexique, quant au maximum principal de septembre, on l'attribuera au ruissellement sur les montagnes du Nouveau-Mexique, très arrosées en été (voir le climogramme d'Albuquerque), mais il faut aussi voir la réalité : ce régime complexe ne doit pas faire oublier que le fleuve n'écoule que 0,19 $l/s/km^2$. C'est un écoulement insignifiant de classes 1 et 2. Ce sont des débits observés sur le Colorado texan, le Nueces et, bien sûr, le Pecos.

• La traversée de la plaine côtière des confins texans et mexicains, dans un milieu plus arrosé, suffit à effacer le caractère commun aux fleuves allogènes : le débit brut ne recule pas, il reste faible : 69,2 m^3/s ; mais il est plus élevé à Matamoros qu'à Laredo. Toutefois l'écoulement reste insignifiant de classe 2. Il est aussi relativement pondéré : 4, mais cette pondération pourrait être artificialisée par les réservoirs édifiés pour la satisfaction de l'agriculture irriguée : Amistad Dam à Del Rio et surtout le Falcon Dam en aval de Laredo.

C - L'originalité du Nil

Le Nil est en effet original à bien des égards. Déjà, il ne provient pas des moyennes latitudes, comme la plupart des fleuves allogènes analysés jusqu'ici. Surtout, il a une longue histoire humaine : il est à l'origine de la civilisation de l'Egypte antique, et aujourd'hui il fait l'objet d'un considérable enjeu international dans une Afrique qui manque d'eau.

*1°) Les sources du Nil…*Le Nil prend naissance dans la région équatoriale des Grands lacs, mais une des difficultés est d'en déterminer la source avec précision.

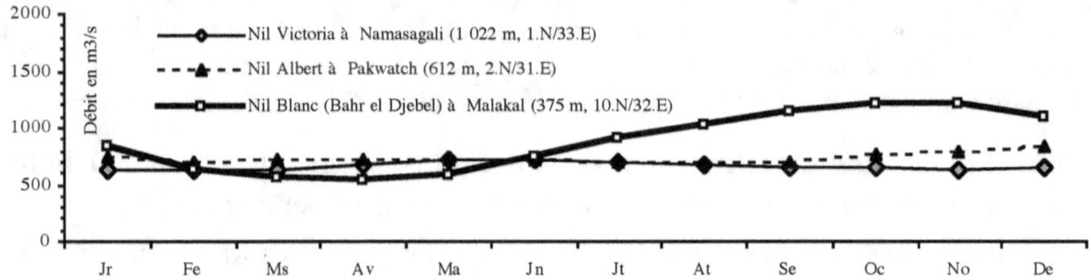

a) Le Nil pondéré par les lacs.

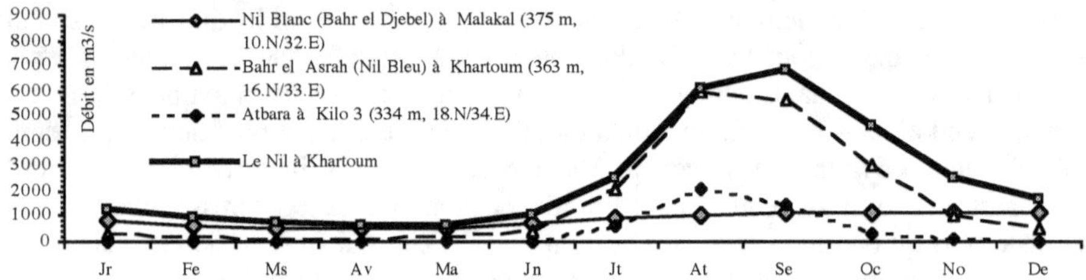

b) Le Nil soudanais acquiert un régime pluvial tropical.

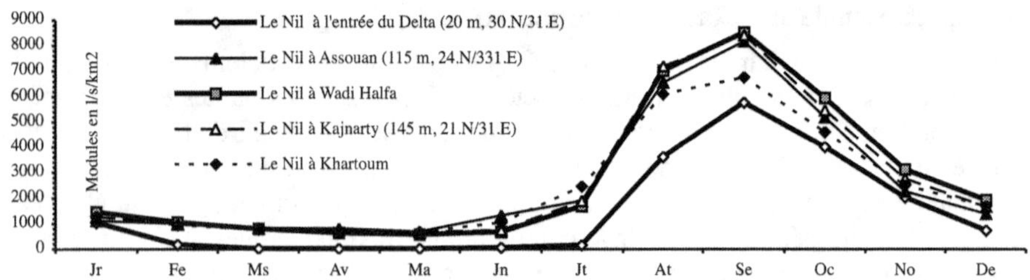

c) Le Nil égyptien reste de régime tropical, mais il perd de l'eau dans la traversée du Sahara.

Document 6.15 - Avatars hydrologiques du Nil, des Grands Lacs jusqu'au Delta

- Selon Hérodote, les sources du Nil se situaient dans les *Montagnes de la Lune*, dans lesquelles on a cru reconnaître le Ruwenzori ; dans ce cas, le Nil serait l'émissaire du lac Edouard. Mais une partie des eaux du lac Victoria se déverse dans le lac Albert, et l'on peut estimer que les eaux du Nil viennent principalement de ce très grand lac. Enfin, en amont du lac Victoria, le Kagera (appelé Ruvubu au Burundi) est le plus long tributaire du lac ; il pourrait être choisi comme cours le plus amont du Nil. Toutefois, nous estimerons le Nil comme surtout l'émissaire du Lac Victoria.

Vers l'aval du lac, le Nil change plusieurs fois de nom. C'est le Nil Victoria en amont du lac Albert, puis il est appelé Nil Blanc mais aussi Nil Albert en Ouganda et Bahr-el-Djebel au Soudan. C'est là qu'il va recevoir ses premiers affluents importants. Peu en amont de Malakal (au Soudan) il reçoit l'apport de la Sobat, drain occidental du plateau éthiopien, et du Bahr-el-Gazhal qui draine tout l'ouest du Soudan, jusqu'au Darfour. En aval, il ne reçoit plus d'affluents rive gauche, mais le nord du plateau éthiopien envoie encore des cours d'eau importants : le Bahr-el-Asrah ou Nil bleu à Khartoum, et l'Atbara à Atbara.

Par la suite, il parcourt près de 2 500 km de Sahara sans recevoir le moindre apport fluvial.

2°) Les avatars du Nil entre les Grands Lacs et son Delta. Au sortir des Grands Lacs, le régime est très pondéré ; ce sont donc la traversée du Soudan et l'apport des affluents pluviaux tropicaux, puis la traversée du Sahara, qui vont lui donner le régime et la régularité qu'on lui connaissait avant la mise en eau du lac Nasser dans les années 60 (Document 6.15). En amont de Malakal, le Nil conserve la pondération acquise par la traversée du lac Victoria et du lac Albert (Document 6.15.a)

- Le Nil Victoria est certainement le plus pondéré. Il écoule 662 m^3/s, entre un maximum de 721 m^3/s en juin, et un minimum de 623 m^3/s en février. Il ne fait que rendre compte des variations saisonnières du niveau du lac qui, situé dans l'hémisphère sud, est alimenté par le ruissellement des pluies tropicales de l'été austral, avec un long décalage dû à l'inertie de cette énorme masse d'eau lacustre. La pondération est de 1,2.

- Plus en aval, le Nil Albert : 736 m^3/s, répercute les variations du régime lacustre du lac Victoria : 731 m^3/s en juin et 696 m^3/s en février (régime de l'hémisphère sud), et des variations saisonnières du niveau du lac Albert, situé dans l'hémisphère nord : 845 m^3/s en décembre et 691 m^3/s en août. Le fruit de cette association des régimes lacustres est la conservation d'une pondération de 1,2.

Au Soudan, le Nil Albert devient le Nil Blanc ou Bahr-el-Djebel.

- D'un débit de 868 m^3/s à Malakal, il offre une pondération très légèrement dégradée : 2,3, avec un maximum de 1 200 m^3/s en novembre et 525 m^3/s en avril. Malakal est à 1 000 km au nord du lac Albert, le maximum lacustre s'est décalé de plusieurs mois vers l'automne ; à l'inverse, l'apport modeste du Bahr-el-Gazhal, lui-même pondéré par la traversée de vastes marais, ne modifie en rien le régime acquis. Mais avec une crue d'automne, le Nil acquiert un régime qu'il conservera jusqu'au delta.

- Le Nil reçoit alors d'Ethiopie ses deux plus importants affluents : le Bahr-el-Asrah et l'Atbara (Document 6.15.b). Il est connu que le Nil avait ses crues en été et en automne, une autre illustration de la pondération avant la confluence avec le Bahr-el-Asrah est bien réalisée par le fait que le Nil n'écoule encore que 52% de ses eaux entre juillet et novembre. Or ce n'est pas là le régime du Bahr-el-Asrah et de l'Atbara.

- Le Bahr-el-Asrah est pluvial tropical de l'hémisphère nord. Il écoule 90% de ses eaux entre juillet et novembre, dont 75% entre août et octobre, ce qui explique son immodération : 43. Or, ce fleuve écoule 1 638 m^3/s, soit près de deux fois plus que le Nil Bleu à Malakal, il impose donc son régime.

- Quant à l'Atbara, c'est presque un oued qui connaît l'assec entre février et mars, et qui écoule 98% de ses eaux entre juillet et novembre, dont 76% entre août et septembre. Bien que n'écoulant que 388 m^3/s, il impose au fleuve principal un régime acquis définitivement à Khartoum : un long étiage hivernal et des hautes eaux d'août à octobre appelées à tort "La Crue du Nil" qui écoule 60% du total annuel.

- Le Nil reste immodéré : 10,2, mais va gagner une régularité qui lui permet de transformer sa plaine alluviale en oasis linéaire depuis des millénaires.

Le Nil est encore jaugé au Soudan à Kajnarty, près de la troisième cataracte, puis les Egyptiens effectuent de mesures à la frontière, à Wadi-Halfa, puis à Assouan et dans le Delta. On peut écrire que son régime est complètement acquis.

• L'étiage dure de janvier à juin et correspond à la saison sèche de l'Afrique tropicale humide.

• Puis les eaux commencent à monter en juillet, c'est la "crue proprement dite" qui dure trois mois : d'août à octobre.

• Les eaux se retirent dès novembre, et le fleuve a regagné son lit en février.

Mais, quel que soit le lieu de jaugeage, 80% des eaux sont écoulés entre juillet et novembre, dont 55% d'août à octobre ; et tout cela avec une régularité d'horloge. Les apports du Bahr-el-Asrah et de l'Atbara expliquent que le débit du fleuve continue de croître jusqu'à Kajnarty : 2 787 m^3/s. Puis le rôle négatif de la traversée du Sahara se fait ressentir par une stabilisation : 2 787 m^3/s à Wadi-Halfa. Par la suite, le fleuve perd de l'eau par évaporation, mais aussi par transpiration des cultures effectuées le long de son cours. De 2 787 m^3/s à Wadi-Halfa, le débit brut n'est plus que 2 613 m^3/s à Assouan et seulement de 1 475 m^3/s à l'entrée dans le delta. En 1 250 km de cours, le Nil voit son débit divisé par deux. C'est une perte importante qui se traduit par un repli considérable du module relatif, ce qui rend mieux compte du déclin.

• Le Nil Victoria draine un bassin de 262 000 km^2 ; aussi, à l'entrée dans le lac Albert écoule-t-il 2,5 l/s/km^2. Plus en aval, le Bahr-el-Djebel à Malakal (391 000 km^2) n'écoule déjà plus que 2,2 l/s/km^2. Le Nil tel qu'il sort de l'Ouganda n'est pas un fleuve abondant ; sous les tropiques, l'évapotranspiration consomme la plus grande partie des eaux de pluie, et la part revenant à l'écoulement est modeste. À Malakal, le Nil relève du microréisme atténué de classe 7.

• Ses affluents sont plus abondants : le Bahr-el-Asrah écoule 5 l/s/km^2, et l'Atbara 5,6 l/s/km^2 , du fait de leur parcours dans les montagnes d'Ethiopie ; mais ils ne participent que du microréisme soutenu de classe 8 ; aussi ne peuvent-ils que réduire le prélèvement du Sahara. À Wadi-Halfa, le Nil draine 2 960 000 km^2, ce qui ramène son module à 0,93 l/s/km^2 (classe 5 ou microréisme très mesuré). À l'entrée dans le delta, le module n'est plus que de 0,25 l/s/km^2 (classe 3 ou nanoréisme très faible).

En dehors de quelques fleuves très puissants qui allient fonte des neiges et pluies très abondantes, les cours d'eau tropicaux relèvent de modules faibles. Pour ce qui concerne le Nil, la traversée du Sahara en fait un cours d'eau modeste, compte tenu de la dimension de son bassin-versant. Les aménagements humains réalisés dans les années 60, et ceux qui actuellement sont en chantier, risquent de lui être fatal : déjà l'eau manque dans le delta et l'érosion des tempêtes de la Méditerranéen a fait reculer le littoral de façon sensible.

Septième chapitre : Les régimes pluviaux de la zone intertropicale

En dehors des montagnes à l'altitude supérieure à 5 000 m, au demeurant assez rares, le froid n'existe pas. Entre les deux tropiques, les températures moyennes des mois les plus chauds sont de 27°C en Amérique latine, 28°C en Afrique subsaharienne, et de 29°C en Asie du Sud-Est, tandis que les températures moyennes des mois les plus frais y sont respectivement encore de 24°C, 22°C, et 23°C. La notion d'hiver thermique vient à disparaître, et les températures moyennes mensuelles dépassent généralement 20°C.

Par ce seul fait, l'évapotranspiration potentielle est intense, et son rôle devient déterminant sur les bilans hydrologiques, et sur les quotients d'écoulement annuels notamment. Par exemple, sur les bassins-versants situés au voisinage des tropiques, la brièveté de la saison des pluies joue en faveur de l'impact de cette évaporation potentielle, principale destinataire des précipitations. Aussi les modules spécifiques y sont-ils plutôt faibles : 7,8 $l/s/km^2$ en moyenne sur les Llanos sud-américains (classe 9 ou mésoréisme médian), 3,9 $l/s/km^2$ sur le Dekkan et 2,3 $l/s/km^2$ en Afrique du Sénégal au Tchad (classe 7 ou microréisme atténué).

Toutefois, à l'approche de l'Equateur, ou sous les climats d'alizé, les apports pluviaux sont plus abondants et souvent mieux répartis dans l'année. Le quotient d'écoulement se relève jusqu'au mégaréisme basique de classe 12 : 33,7 $l/s/km^2$ en Afrique équatoriale, 35,7 $l/s/km^2$ en Amazonie, 40,9 $l/s/km^2$ dans l'Isthme américain, 48,8 $l/s/km^2$ en Asie du Sud-Est.

Toutefois, du fait de la modestie des amplitudes thermiques : 6°C en Amérique latine et en Afrique subsaharienne, 4°C en Asie du Sud-Est, pour élevée qu'elle soit, cette évapotranspiration se trouve répartie sur l'ensemble de l'année. Son influence sur les régimes mensuels est fortement réduite ; et les écoulements intertropicaux, comme leurs régimes afférents, se retrouvent sous la seule influence des précipitations et de leur répartition dans l'année. Ce sont des écoulements et des régimes exclusivement pluviaux, même si une grande partie de l'écoulement du Marañon, du Gange ou du Brahmapoutre est influencée par la fonte des neiges sur les sommets des Andes et de l'Himalaya.

Le fonctionnement hydrologique de ces cours d'eau ne peut donc pas se comprendre sans une connaissance précise des climats tropicaux.

I - Les climats intertropicaux et la répartition de leurs précipitations

On peut les définir suivant la position saisonnière de la convergence intertropicale, dont le caractère cyclonique pluviogène engendre des précipitations plus élevées dans son voisinage.

Pendant l'été boréal - juillet à septembre - cette C.I.T. se rapproche du Tropique du Cancer, pour se déplacer près du Tropique du Capricorne au cours de l'été austral - février à avril. La saison des pluies est toujours estivale (à l'inverse des climats supratropicaux situés au-delà de la ceinture des régions arides) ; mais elle sera d'autant plus courte que le séjour de la C.I.T. sera bref. Il en résulte les climats tropicaux proprement dits, comportant une saison des pluies estivale (courte) et une saison sèche (longue).

Les espaces proches de l'Equateur sont visités deux fois dans l'année par la convergence intertropicale, au cours des saisons dites intermédiaires, au moment des équinoxes. Le résultat est un régime pluviométrique à quatre saisons : deux maxima au printemps et en automne, séparés par deux minima d'hiver et d'été, régime qui supprime la saison sèche. C'est le climat équatorial proprement dit avec ses pluies zénithales (Nous utiliserons le terme de pluies zénithales pour des raisons pratiques : l'expression indique pluies voisines des Equinoxes, en dehors de toute explication scientifique), car aux Equinoxes, époque des maxima pluviométriques, le "*Soleil est au Zénith dans les régions proches de l'Equateur*".

A - La répartition des pluies en Afrique occidentale rend assez bien compte de ce mécanisme (Document 7.1).

L'intérieur, la boucle du Niger et les pays du lac Tchad sont soumis aux pluies d'été, nées de la proximité de la convergence intertropicale ; les pays du golfe de Guinée sont à l'inverse soumis au régime des pluies zénithales.

Toutefois, le balancement saisonnier de la position de la C.I.T par rapport à l'équateur peut modifier la circulation atmosphérique. Quand elle se tient dans l'hémisphère nord, l'alizé du S.E traverse l'équateur, et se trouve alors dévié sur sa droite par la force de Coriolis, et il devient une mousson (Le nom commun *mousson* désigne tout alizé qui, ayant franchi l'équateur, change de direction. On réservera l'expression *Mousson* au nom propre qui désigne le même processus dans le sud-est asiatique) du S.W. C'est celle-ci qui explique l'abondance des pluies à Freetown, au Liberia : 3 321 mm, et d'une manière générale celle du golfe de Guinée.

Vers l'intérieur, la puissance de l'alizé du N.E, appelé localement Harmattan, réduit la pénétration de la mousson. Ce n'est plus vrai en Asie du Sud-Est.

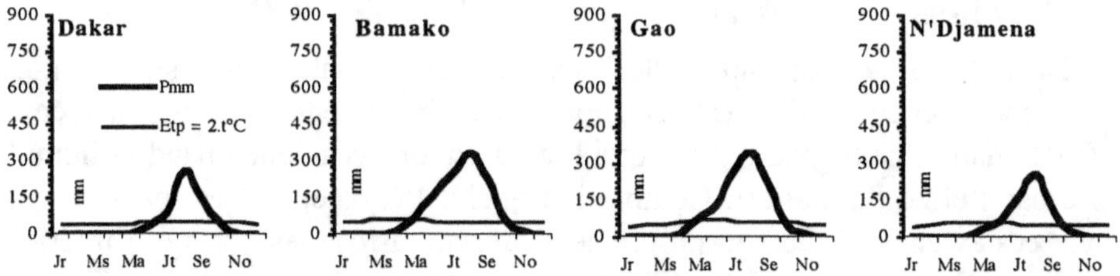

a) Quelques stations septentrionales sur les marges du Sahara (15e// nord) : le climat est tropical à deux saisons, dont une saison des pluies courte et concentrée sur l'été boréal. L'année reçoit 850 mm essentiellement entre juin et septembre.

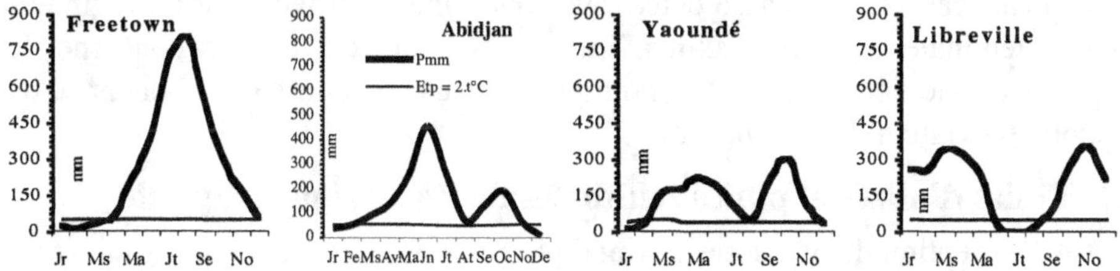

b) Quelques stations du golfe de Guinée : le régime tropical persiste jusqu'à Freetown, mais Abidjan est déjà soumis à des pluies zénithales. L'année est aussi beaucoup plus arrosée et reçoit 2 300 mm de pluies.

Document 7.1 - Diagrammes ombrothermiques de quelques stations de l'Afrique occidentale et du golfe de Guinée.

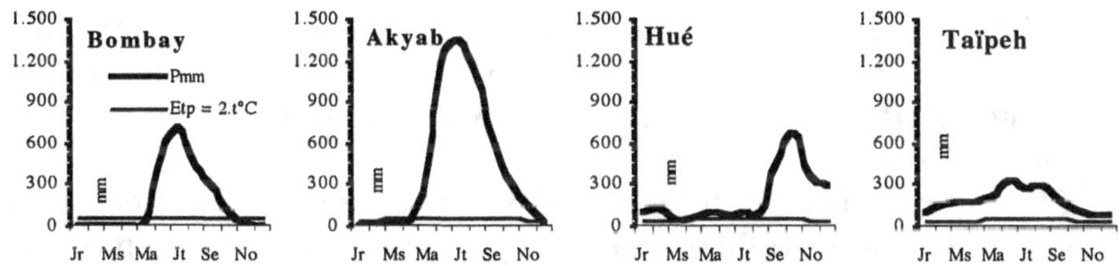

a) Les climats de Mousson et leur dégradation vers l'est : c'est un climat tropical à deux saisons mais très arrosé : 2 950 mm par an en moyenne.

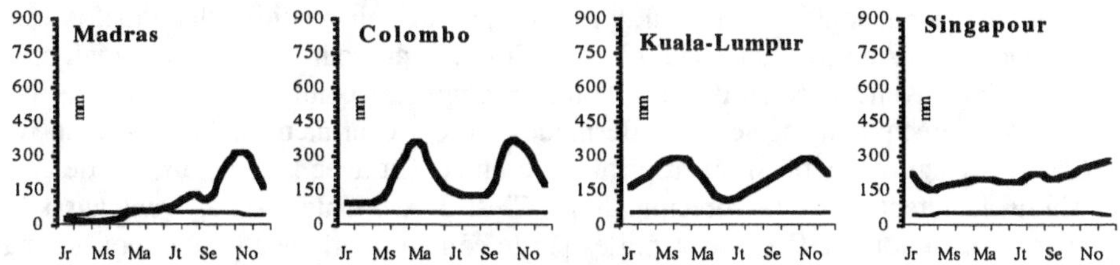

b) Le passage aux climats équatoriaux et la tendance aux pluies zénithales, avec une forte pluviométrie : 2 200 mm annuels en moyenne.

Document 7.2 - Tableau des climats de l'Asie du S.E.

B - L'Asie du Sud-Est est la fois confrontée à des pluies équatoriales et à des pluies de Mousson

Du fait de la disposition des masses continentales en Asie, la zone intertropicale et équatoriale est océanique, insulaire et péninsulaire. L'arrivée de la C.I.T. dans l'hémisphère provoque l'afflux d'air océanique chaud et humide porté par l'alizé du sud-est. Comme il franchit l'équateur, il est dévié sur sa droite et devient la Mousson proprement dite qui arrose les côtes et l'intérieur des îles et des péninsules. L'importance du relief, dont la barrière de l'Himalaya, accentue la pluviosité. Vers le nord, le phénomène est saisonnier et la Mousson joua un rôle fondamental dans la culture des populations. Vers l'équateur, cette C.I.T. passe deux fois dans l'année, provoquant un régime de pluies zénithales à deux maxima. En soi, et pour ce qui nous concerne, les régimes pluviométriques ne diffèrent guère ; mais c'est oublier l'abondance des apports pluviaux (Document 7.2).

C - Pluies d'alizés et pluies zénithales de l'Amérique tropicale

À l'exception du Mexique, l'Amérique centrale est constituée par un isthme étroit et un archipel montagneux : les Petites et Grandes Antilles. Le climat y est soumis au flux régulier des alizés qui apportent l'air humide de l'Atlantique tropicale. Deux nuances sont à apporter : celle du relief qui met des versants au vent et d'autres sous le vent, et celle du balancement saisonnier de la convergence intertropicale. La moitié nord de l'Amérique du Sud est au contraire très continentale, c'est dans cette partie que le continent s'étend le plus en latitudes ; mais il se trouve que l'équateur le traverse en plein milieu, aussi, dans leur ensemble, les bassins-versants de l'Amazone et de l'Orénoque, comme le massif des Guyanes, sont soumis à des climats équatoriaux très largement ouverts aux flux d'est que J.P. Vigneau assimile à une mousson (Document 7.3).

Le sud du Mexique, l'Isthme et les Antilles sont assez typiques de climats d'alizés. D'Acapulco à la Barbade, les diagrammes offrent le même profil : une saison sèche au cours de l'hiver boréal, de décembre à mars, le Carême des Antilles francophones, puis une saison pluvieuse pendant l'été : l'Hiver.

- En toute saison, souffle l'alizé du N.E. qui apporte l'air humide atlantique, issu de l'anticyclone des Açores. Mais celui-ci est moins actif au cours de l'hiver boréal, alors que l'air froid, venu d'Amérique du Nord, se comporte comme un anticyclone peu propice aux précipitations, vers les Bermudes. Avec le printemps, l'anticyclone des Açores redevient très actif : l'air tropical entre en conflit avec l'air polaire, et de cette instabilité résultent de fortes précipitations. C'est à ce moment qu'arrivent aussi les cyclones nés au nord de l'équateur, portés par le courant nord-équatorial et poussés par l'alizé. Toutefois, au moment de son extension maximale, en juillet, l'anticyclone tend à recouvrir la région caraïbe, y générant une courte saison moins arrosée.
- Une saison de pluies à deux maxima reste la marque de ces climats d'alizés. Les versants au vent peuvent être très arrosés : 3 850 mm d'eau à Coloñ (Panama) et

3 677 mm à Bridgetown à la Barbade, tandis que les versants sous le vent ne sont pas toujours secs : 1 814 mm au Raizet à la Guadeloupe.

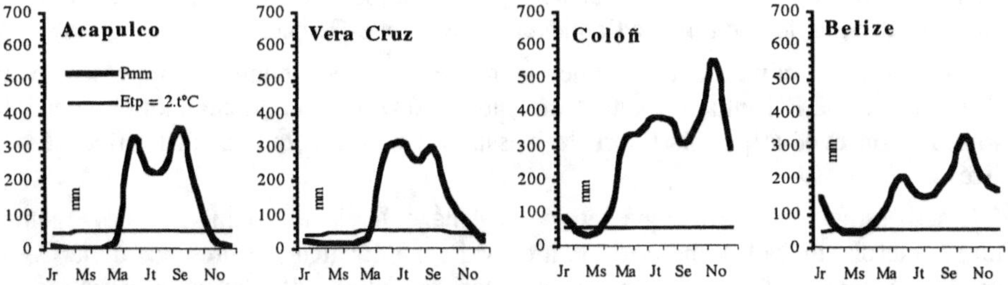

a) Les climats d'alizé du Mexique et de l'Isthme.

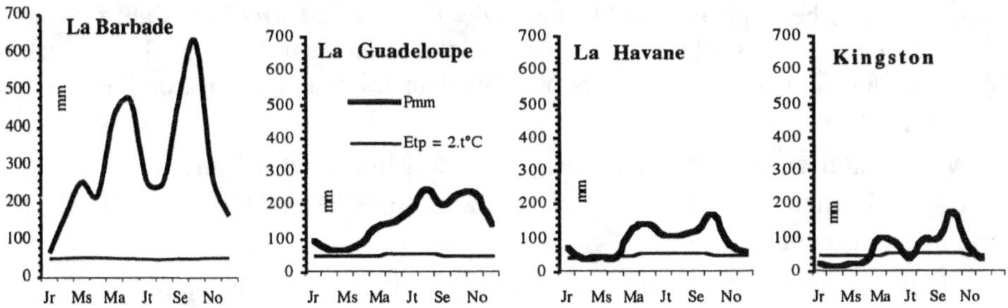

b) Les climats d'alizé au vent et sous le vent des Antilles.

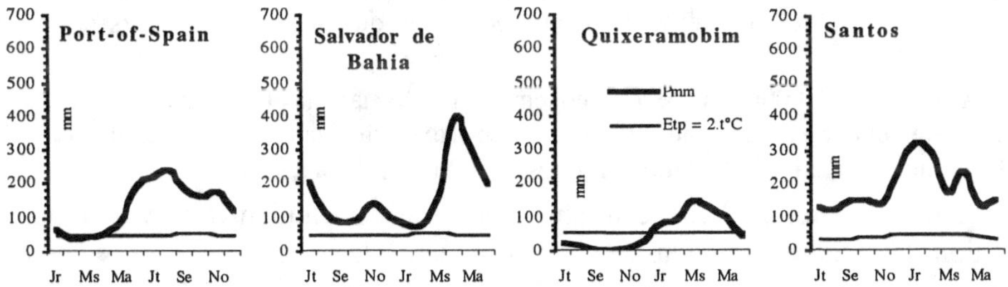

c) Les climats d'alizé de la côte orientale de l'Amérique du Sud.

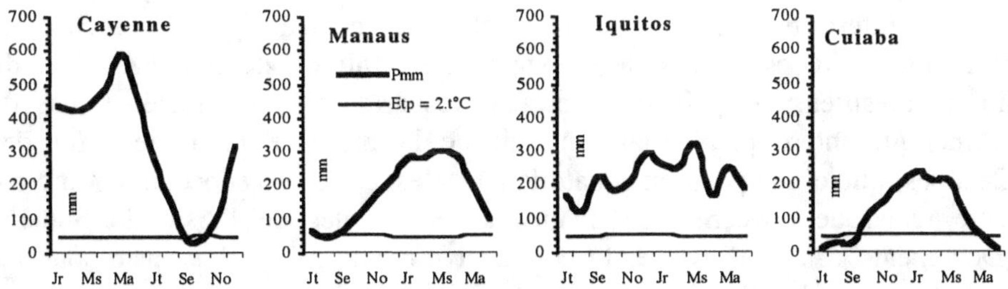

d) Les climats de mousson de la Guyane et de l'Amazonie….

Document 7.3 - Les climats de l'Isthme américain, des Antilles et du nord de l'Amérique du Sud

On retrouve ce climat dans l'hémisphère sud le long des côtes du Brésil.

• À Salvador de Bahia et à Santos, une saison peu arrosée en hiver s'oppose à une saison des pluies à deux maxima au cours de l'été austral. Ce mécanisme s'explique par l'affrontement entre l'air tropical et l'air polaire associés à un alizé du S.E. dont la puissance dépend de l'activité de l'anticyclone de Sainte-Hélène.

• Toutefois, ce climat connaît une anomalie : les précipitations régressent vers l'équateur, de 2 131 mm à Santos, au sud, à 637 mm à Quixeramobim, dans le Nordeste ; on évoque parfois l'abri du massif des Guyanes qui réduit l'efficacité des alizés.

• Les bassins de l'Orénoque et de l'Amazonie sont soumis a ces mêmes flux. Toutefois, du fait d'une position à cheval sur l'équateur, la présence de la C.I.T. dans un hémisphère transforme en mousson les alizés de l'autre hémisphère. À Cayenne, sur la côte, la saison pluvieuse est longue, de novembre à juin. En hiver, la C.I.T. est dans l'hémisphère sud et le massif des Guyanes est arrosé par l'alizé du nord-est ; en été elle se tient sur la mer des Caraïbes, et à ce moment l'alizé du S.E. traversant l'équateur devient une mousson du S.W. Mais dans les deux cas c'est de l'air tropical maritime, très humide.

Vers l'intérieur du continent, les pluies de Manaus et d'Iquitos sont aussi le fruit de l'alternance de moussons et d'alizés, selon la position de la C.I.T. par rapport à l'équateur.

• À Manaus, au sud de l'équateur, l'alizé du S.E. l'emporte, avec de fortes pluies au cours de l'été austral.C'est ce qui s'affirme à Cuiyaba, dans le sud du Mato Grosso. Mais, en Amazonie l'eau est partout, et il faut prendre en considération un très important recyclage par convection plus ou moins quotidienne (250 jours de pluies annuelles).

• À Iquitos, à 4 000 km de l'embouchure de l'Amazone, les pluies sont presque régulièrement réparties dans l'année. Ceci explique leur volume exceptionnel : 3 744 mm à Cayenne, 2 629 mm à Iquitos, 2 100 mm à Manaus.

Nous retiendrons deux contraintes générales du milieu. En hydrologie, la notion de sécheresse ne s'associe pas toujours à la notion de saison sèche des climatologues. La sécheresse hydrologique implique une E.T.P. supérieure à l'apport pluviométrique, estimée par la relation Pmm < 2.t°C. Or, dans bien des climats intertropicaux, la saison sèche ne connaît pas la sécheresse hydrologique. C'est le cas de la plupart des Antilles, de l'Amazonie et du littoral brésilien. Ces climats tropicaux très arrosés sont caractéristiques de l'Amérique intertropicale, tant du fait de la présence maritime (Mer des Caraïbes) que d'une position équatoriale. À l'exception du subcontinent indien, cette remarque concerne les péninsules et les îles de l'Asie du Sud-Est (Document 7.2). À l'inverse, le continent africain est le plus vaste sous les latitudes tropicales, il connaît surtout des climats marqués par une courte saison humide et une longue saison sèche (Document 7.1) ; aussi, les longues périodes de sécheresse hydrologique y sont-elles la règle.

Il faudra aussi traiter différemment l'hydrologie des fleuves dont le bassin-versant traverse l'équateur ; car ils sont soumis aux régimes pluviaux de chacun des hémisphères. C'est sans conséquence sur le régime des petits bassins, dont l'écoulement relèvera des climats équatoriaux à double maximum, mais pour ce qui concerne les très grands bassins : Amazone et Zaïre, certains de leurs affluents peuvent subir la saison sèche alors que d'autres, situés dans l'autre hémisphère, connaissent la saison humide. Il en résulte une complexité grandissante du régime du drain principal, entre l'amont et l'aval. Le Zaïre est caractéristique du fait ; il en résulte souvent une curieuse pondération qui n'a rien à envier à la dualité pluie océanique et neiges observée sur le Rhône ou le Rhin.

II - Régimes fluviaux de l'Afrique intertropicale

Il est dominé par des climats tropicaux à longue saison sèche et à courte saison de pluies. Il n'y a qu'à proximité de l'équateur, que les précipitations devenant plus abondantes, les coefficients d'écoulement s'élèvent dans le contexte de précipitations plus durables et souvent dédoublées.Mais il faut aussi prendre en compte les massifs montagneux : Fouta Djalon, Cameroun et surtout hauts plateaux et volcans de l'Afrique orientale, qui, par effet de relief, constituent de véritables châteaux d'eau, et des réserves lacustres dans la région des Grands Lacs.

Nous partirons du nord-ouest, de la région des savanes et des forêts claires, domaine du véritable climat tropical dit sec ; car c'est ici que, dans l'hémisphère nord, on rencontre les plus représentatifs des écoulements pluviaux tropicaux. On y oppose des basses eaux de plusieurs mois à de brèves et importantes hautes eaux. Mais ces basses eaux connaissent elles-mêmes une période de très faibles débits que nous appellerons étiage, une situation difficile à quantifier, dont nous estimerons l'occurrence quand le module du mois est inférieur ou égal au 1/3 du module annuel moyen.

A - Le régime pluvial tropical au Sénégal

Ici, la saison des pluies est estivale (Document 7.1 : diagrammes ombrothermiques de quelques stations météorologiques de l'Afrique occidentale), et, si elle peut être copieuse, elle est brève dans un contexte d'une évapotranspiration forte et pérenne. Les cours d'eau du Sénégal, du nord de la Guinée et de la Gambie illustrent parfaitement un régime pluvial immodéré et peu abondant en dehors du Fouta-Djalon. Parmi eux, le fleuve Sénégal est assez typique du régime pluvial-tropical.

On relève un certain nombre de critères généraux. Sur les bassins-versants de plusieurs dizaines de milliers de kilomètres-carrés, la réponse de l'écoulement est décalée par rapport au maximum pluvial de juillet. Plusieurs semaines sont nécessaires pour que le ruissellement atteigne le drain principal, car une part importante des pluies est absorbée pour la réhumectation des sols, et il faut plusieurs semaines avant que leur saturation soit atteinte. Le régime du Sénégal à Bakel (Document 7.4 a) illustre ce mécanisme.

• La montée des eaux est à peine perceptible en juillet ; et elle n'est importante qu'en août, pour n'être maximale qu'en septembre. La décrue est aussi lente, et concerne octobre et novembre.

• Au cours de cette courte période, 92% de l'écoulement sont effectués entre juillet et novembre, dont 78% entre août et octobre.

• Mais en décembre l'étiage est de retour, jusqu'en juin suivant : ces sept mois n'écoulant que 8% des eaux.

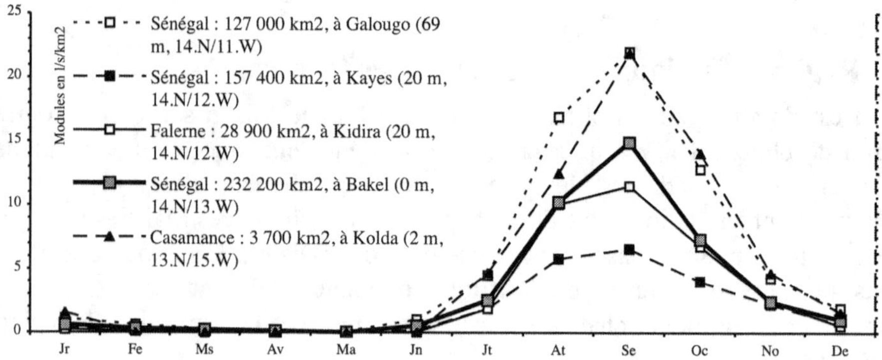

a) Le fleuve Sénégal et la Casamance : exemples de l'écoulement pluvial tropical.

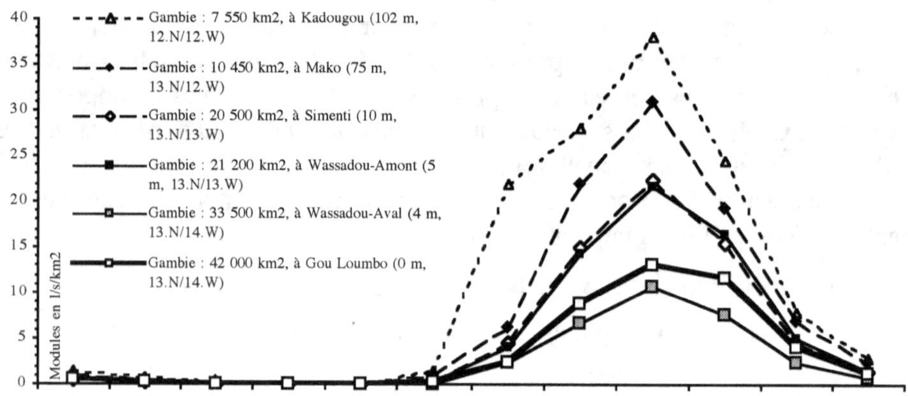

b) Avatars de l'écoulement de la Gambie.

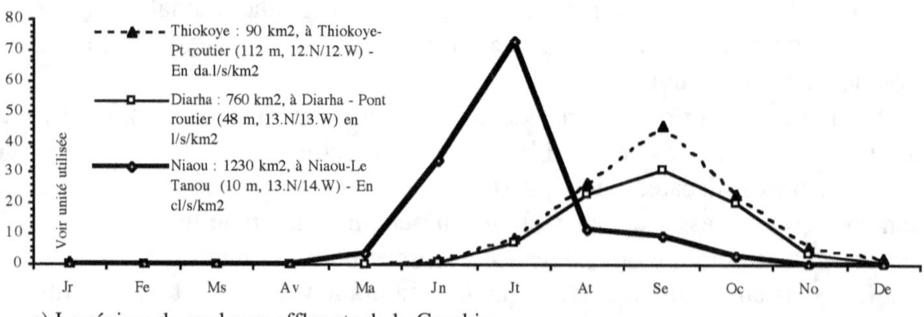

c) Le régime de quelques affluents de la Gambie.

Document 7.4 - : Le régime pluvial tropical de Sénégambie.

On comprendra les valeurs prises par l'immodération : 220 à Galougo au Mali, et 346 à Bakel, à l'embouchure. Mais le régime se maintient entre Galougo et Bakel (Document 2.60.a), et si le fleuve subit des avatars, ils ne concernent pas le régime saisonnier mais le volume d'eau apporté.

1°) Les avatars du fleuve Sénégal : Le Sénégal prend sa source dans le massif du Fouta-Djalon, et en amont de Galougo, dans une région fortement exposée à la mousson africaine.

• Aussi le module du fleuve est-il relativement élevé : 5,5 $l/s/km^2$ (classe 8 ou microréisme soutenu). Mais, à Kayes au Sénégal, du fait de son entrée au Sahel, ce module se retrouve divisé par 3,5, et réduit à 1,8 $l/s/km^2$ (classe 6 ou microréisme mesuré).

• C'est alors qu'il reçoit d'autres rivières venues du Fouta-Djalon ; parmi elles, la Falerme au module de 2,8 $l/s/km^2$. Le Sénégal lui-même profite alors à nouveau de la mousson, et écoule 3,5 $l/s/km^2$ à Bakel (classe 7 ou microréisme atténué).

2°) Cet impact du relief et de la mousson se retrouve sur la Gambie (Document 7.4.b). Ce fleuve côtier joue un rôle économique de premier plan dans l'économie sénégalaise, aussi est-il jaugé en six endroits : Kadouga, Mako, Simenti, Wassadou amont, Wassadou aval, et Gou-Loumbo. C'est presqu'un oued, dont l'immodération atteint 4 500 à Simenti.

• Le régime est celui du Sénégal : 95% des eaux écoulées entre juillet et novembre, dont 80% entre août et octobre.

• Mais, au fur et à mesure que la Gambie s'éloigne de sa source, elle perd beaucoup d'eau par évapotranspiration : de 10,6 $l/s/km^2$ à Kadouga (un mésoréisme médian de classe 9), le module passe à 2,8 à Wassadou aval (classe 7 ou microréisme soutenu), mais à Gou-Loumbo, elle a profité des pluies côtières et atteint 3,5 $l/s/km^2$.

3°) La République du Sénégal jauge aussi d'autres cours d'eau, parmi eux quelques affluents de la Gambie. La Diarha (1 260 km^2) écoule 7,3 $l/s/km^2$, et la Thiokaye, un torrent de 90 km^2, écoule 9,5 $l/s/km^2$ (classe 9 ou mésoréisme médian).

Mais, d'un point de vue scientifique, l'exemple de la Niaou doit être souligné : ce bassin-versant dévale du Fouta-Djalon et reçoit de plein fouet la mousson ; il offre l'originalité de répondre immédiatement aux sollicitations pluviales :

• Le maximum est en juillet, 98% des eaux sont écoulés entre juin et août, et le module est de 11,2 $l/s/km^2$ (classe 10 ou mésoréisme moyen) ; pourtant c'est un torrent à sec de novembre à avril.

• Une preuve que les précipitations n'expliquent pas tout : le sous-sol aquiclude n'a aucune réserve, mais sur les granits décharnés du Fouta-Djalon, le quotient d'écoulement devient très élevé au cours des pluies, la pente fait sans doute le reste.

4°) Enfin, la Casamance est le plus méridional des bassins encore soumis à un climat tropical sec : 80% des eaux y sont écoulés entre août et octobre, mais l'écoulement cesse de février à juin, c'est un oued qui n'écoule que 0,33 $l/s/km^2$ (classe 3 ou nanoréisme très faible).

B - Le régime pluvial tropical des plateaux intérieurs de l'Afrique occidentale

Vers le nord-est, l'Afrique occidentale est abritée de l'influence océanique par le relief alors qu'elle est largement ouverte aux influences sahariennes, et notamment au souffle de l'Harmattan.

1°) L'écoulement des tributaires du lac Tchad relève d'un climat sec et très tranché. L'écoulement s'en ressent sur le plus important tributaire du lac : le Chari. (Document 7.5)

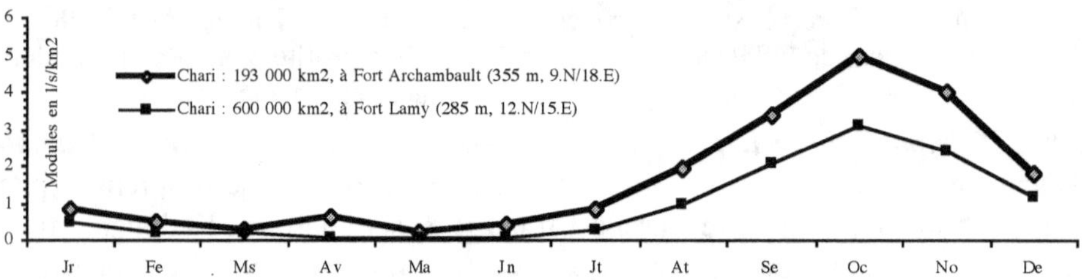

Document 7.5 - Le Chari, tributaire du Lac Tchad.

Ce fleuve prend naissance sur le versant oriental du mont Cameroun, d'où il est attiré vers le nord, vers la cuvette endoréique du Tchad.

• Son régime n'a rien d'original, à Fort-Archambault comme à Fort-Lamy (N'Djaména) : les hautes eaux ont lieu en octobre, et 85% des eaux sont écoulés entre août et novembre.

• On retrouve les caractéristiques des cours d'eau des régions semi-arides : le module qui n'est que de 1,6 $l/s/km^2$ (classe 6 ou microréisme mesuré) à Fort Archambault, n'est plus que de 0,9 $l/s/km^2$ (classe 5 ou microréisme affaibli) à Fort Lamy, et encore a-t-il reçu l'apport du Logone. La traversée de nombreux marécages réduit l'immodération qui est tout de même de 25 puis 31.

• Mais cet écoulement est déjà une interface, celle qui fait la transition entre le régime tropical et l'influence de l'aridité.

2°) Le Niger constitue sans doute l'exemple le plus typique des fleuves tropicaux d'Afrique occidentale qui "flirtent" avec le Sahara (Document 7.6)

Le Niger du Fouta-Djalon : sous le nom de Djoliba, le Niger prend sa source près du mont Kundukunko, aux confins de la Sierra Leone et de la Guinée, dans le massif du Fouta Djalon. Puis il se dirige vers le nord-est, où il gagne le Sahara, ce qui influence son écoulement. Puis, fruit probable d'une capture ancienne, il oblique vers le sud-est, vers le Nigeria et le golfe de Guinée. Si, à sa source et à son embouchure, les précipitations sont comprises entre 1 500 et 3 000 mm, dans la boucle de Tombouctou elles se réduisent à 200 mm.

• Aux confins de la Guinée et du Mali, le haut-Niger et son affluent le Milo (Document 7.6.a) ont un régime pluvial tropical tranché avec une brève période de hautes eaux : 87% de l'écoulement sont entre juillet et novembre, dont 70% entre août et octobre.

La dégradation du régime au Mali. Du fait de la distance à parcourir dans les chenaux, les hautes eaux ont tendance à se déplacer vers l'hiver ; le Niger reçoit alors la Bani, son dernier affluent important. Mais le régime de celle-ci est déjà retardé, et s'il reste pluvial tropical, le centre de gravité de la crue se trouve reporté sur octobre, et, 75% des eaux sont maintenant écoulés entre septembre et novembre. Ce régime est transmis au fleuve.

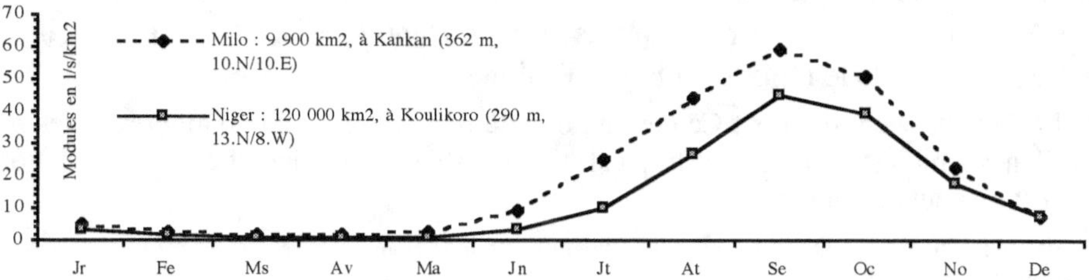

a) Le Niger dans le Fouta-Djalon.

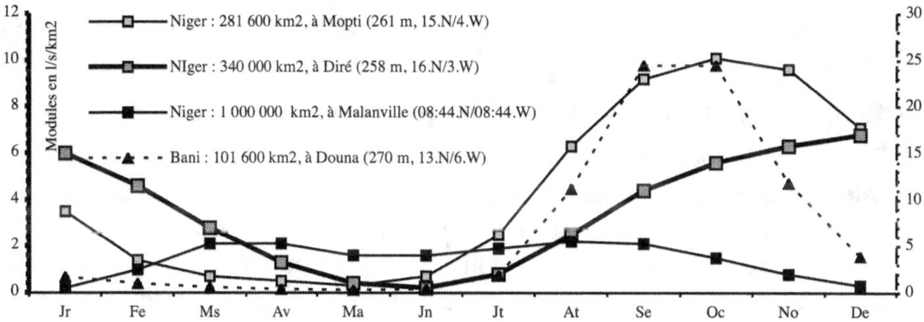

b) Dégradation de régime du Niger au Mali

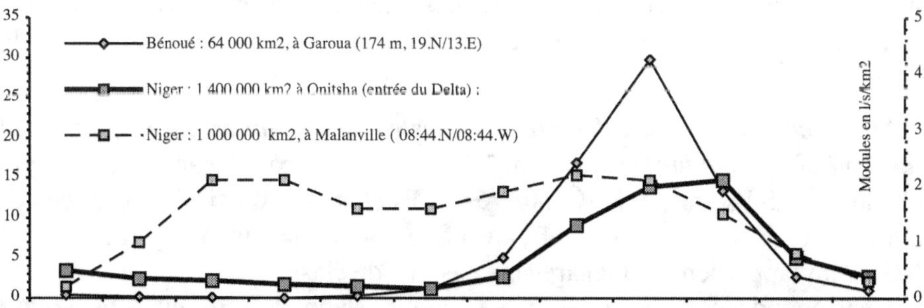

c) Reconstitution du régime du Niger au Nigeria.

Document 7.6 - Les avatars du régime du Niger.

• À Mopti, le maximum est déporté vers décembre. Surtout, la crue est étalée sur cinq mois, d'octobre à février qui écoulent les 3/4 des eaux.

• Le fleuve et ses affluents deviennent très immodérés : 540 pour le Milo, 75 pour le Niger à Koulikoro, et 82 pour la Bani. Cette immodération se réduit sur le Niger dans la traversée de son delta intérieur : 34 à Mopti et à Diré, mais c'est aux dépens du débit.

• Du fait de la forte évapotranspiration, les modules annuels reculent de 1 560 m^3/s (13 $l/s/km^2$ = classe 10 ou mésoréisme moyen) à 1 211 m^3/s à Mopti (4,3 $l/s/km^2$ = classe 8 ou microréisme soutenu) et enfin à 1 190 m^3/s à Diré (3,5 $l/s/km^2$). Le phénomène s'amplifie entre Diré et Malanville où il n'écoule plus que 1,5 $l/s/km^2$ (classe 6 ou microréisme mesuré).

À Malanville, le Niger tend vers un "régime pluvial équatorial" avec de brèves basses eaux en hiver, et une période de hautes eaux entre mars et septembre (87% de l'écoulement) séparée en deux maxima : l'un en mars-avril et l'autre en août-septembre.

Après Malanville, l'arrivée des eaux de la Bénoué efface tous ces avatars et le fleuve retrouve le régime du Fouta-Djalon.

• La Bénoué vient du mont Cameroun, où elle reçoit plus de 2 000 mm de pluies par an. Son régime est typiquement tropical : 95% des eaux entre juillet et novembre, dont 85% entre août et octobre.

• Le régime du Niger à Onitsha s'en trouve simplifié : un long étiage d'hiver, 3/4 des eaux entre juillet et novembre.

Les 5,1 $l/s/km^2$ (classe 8 ou microréisme soutenu), soit 7 000 m^3/s mesurés à Onitsha doivent tellement à la Bénoué que le Niger apparaît comme un de ses affluents.

C - Le passage au régime équatorial près du golfe de Guinée

Du fait de la mousson africaine, la côte est très arrosée, principalement le long de la Côte des graines sur les rivages de Sierra Leone et du Liberia : Freetown reçoit 3 321 mm d'eau chaque année. Mais le régime reste tropical (Document 7.1.b), puis le long du golfe, vers les bouches du Niger, on passe peu à peu à une très longue période de hautes eaux, avec l'amorce d'un double maximum d'écoulement. La question reste de savoir si progressivement, à l'approche de l'équateur, le régime des fleuves côtiers prend une allure équatoriale, avec l'apparition de deux maxima dans l'année et la disparition des étiages.

1°) *Sur la côte de Guinée, l'écoulement reste assez typiquement tropical, mais il devient plus abondant* (Document 7.7.a). On y jaugea le Diani (23,6 $l/s/km^2$), la Koliba (26,3 $l/s/km^2$) et le Koukouré (28,1 $l/s/km^2$) : trois rivières qui relèvent du mésoréisme élevé de classe 11 ; ainsi que la Makona qui, avec un module de 36,6 $l/s/km^2$ appartient au mégaréisme basique de classe 12.

Cette abondance est le reflet de précipitations abondantes ; aussi, bien que le régime reste tropical (70 à 90% des eaux entre juillet et novembre), ces fleuves ne connaissent pas un étiage aussi creusé.

• Certes, l'immodération est de 107 sur le Konkouré, sur les confins nord-ouest de la région. Les autres sont beaucoup plus pondérés du fait d'une saison sèche plus courte et moins creusée. Malgré une "pondération" de 17, la Diani écoule 21% de ses eaux entre décembre et juin ; puis, réduite à 9 sur la Koliba et 5 sur la Makona, la pondération devient réelle, et ces deux cours d'eau écoulent 24 et 35% de leurs eaux en cette même période de l'année.

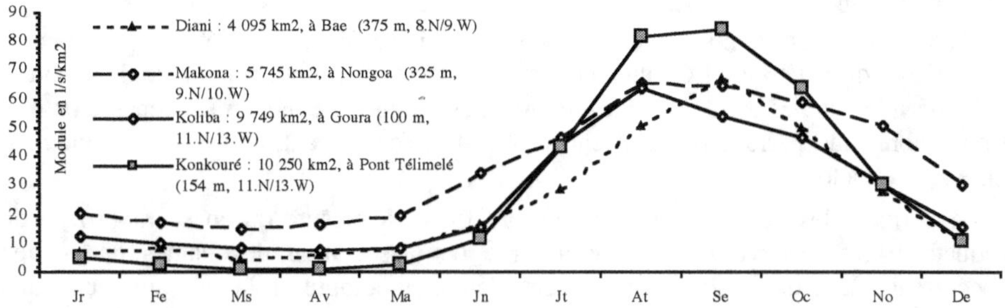

a) Côte de Guinée.

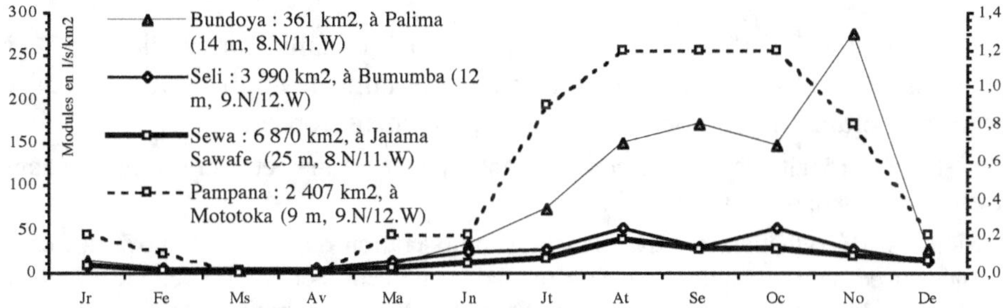

b) Côte de Sierra Leone.

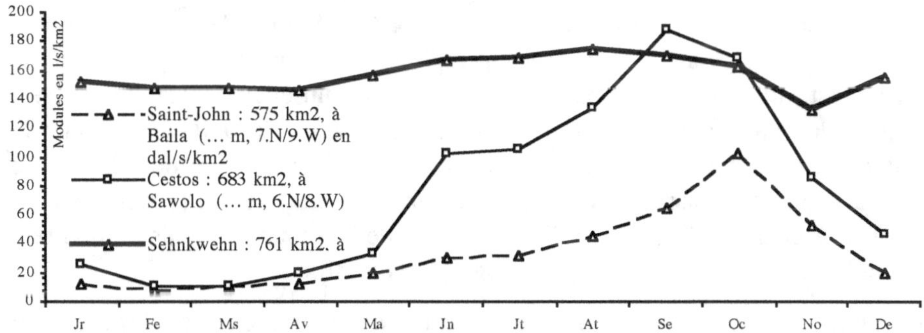

c) Côte du Liberia.

Document 7.7 - Les tributaires de la "Côte des Graines".

2°) Les cours d'eau de la Sierra Leone sont en général d'abondance analogue (Document 7.7.b) : la Sewa écoule 14,3 l/s/km² (classe 10 ou mésoréisme moyen), le Seli 22 l/s/km² (classe 11 ou mésoréisme élevé) et la Bundoya 75,8 l/s/km² (classe 13 ou mégaréisme abondant). Il est vrai que cette dernière ne draine que 361 km² en amont de son drainage, ce qui explique un fort quotient de ruissellement et une forte immodération 126.

Cette abondance est aussi le reflet d'une modification du régime, lequel reste cependant de type tropical avec un étiage séparé des hautes eaux.

• Mais la durée de l'étiage est modifiée ; elle est encore de 8 mois sur la Sawa, le plus tropical des bassins de référence. Aussi cet étiage est-il moins creusé que dans l'intérieur du continent : il écoule 26% des eaux, ce qui réduit la crue d'août à octobre à 53% de l'écoulement.

- Cette immodération moindre (22) concerne aussi la Seli. Certes, l'étiage, plus creusé, ne participe qu'à 18% de l'écoulement ; mais il y est plus bref : 6 mois de décembre à mai. Aussi les hautes eaux sont-elles abondantes : le module moyen est dépassé de mai à novembre, une période qui concentre 82% de l'écoulement, contre 51% seulement entre août et octobre.

- La période des hautes eaux s'allonge au fur et à mesure qu'on se rapproche de l'équateur. On observe même une amorce de dissociation des hautes eaux avec l'occurrence de deux maxima, l'un en août, l'autre en octobre sur la Sali, annonçant une réponse aux climats à double maximum de précipitations qui apparaissent en Côte d'Ivoire.

Ces remarques s'appliquent à des bassins de taille assez élevée : 4 à 7 000 km^2, mais la Bundoya, malgré sa faible taille favorable à une réponse rapide aux pluies, n'offre pas un régime typiquement tropical.

- L'étiage se réduit à la période comprise entre janvier et mai, et le creux de cet étiage ne concerne guère que mars et avril.

- Même si l'écoulement est très tranché (immodération de 126) avec 96% des eaux écoulés en période de hautes eaux, on retiendra que cette période est longue : 7 mois, que la période de très hautes eaux (modules > 100 l/s/km^2) perdure d'août à novembre (82% de l'écoulement) avec deux maxima, l'une en août et l'autre en novembre.

Ce sont effectivement des écoulements et des régimes de transition malgré l'existence de cas particuliers. Par son régime, la Pampana, un cours d'eau du nord-ouest du pays, reste dans le même contexte : un étiage court, de janvier à avril, de longues hautes eaux qui participent à 85% de l'écoulement, dont 58% seulement entre août et novembre. Mais le module n'est que de 0,52 l/s/km^2 (classe 4 ou nanoréisme faible), avec occurrence de l'assec de mars à avril. C'est le fruit d'un phénomène d'abri au sein des montagnes, mais il montre la sensibilité de ces écoulements à la géographie du milieu.

3°) Le long de la côte du Libéria, la transition continue de se dessiner. Les autorités libériennes (avant les tristes événements de la fin du XXe siècle) ont jaugé les écoulements de trois cours d'eau drainant des bassins exigus pour l'Afrique (Document 7.7.c). En effet, sur moins de 1 000 km^2, la réponse pluviale est plus brutale, et leur hydrologie doit être comparée à celle du Bundoya en Sierra Leone. Ils sont très abondants : le Saint-John écoule 33,7 l/s/km^2 (classe 12 ou mégaréisme basique), le Cestos 77,3 l/s/km^2 (classe 13 ou mégaréisme abondant) et le Sehnkwehn 157 l/s/km^2, ce qui le fait relever du mégaréisme démesuré de classe 14. Cette abondance est équatoriale et elle relève du dysréisme humide.

Le régime du Saint-John et du Cestos est batard :

- L'étiage est très bref et localisé entre février et avril, la période de hautes eaux écoule 98% du total (ce qui n'a de sens que pour montrer la brièveté des basses eaux). Le double maximum n'est pas sensible, mais la crue commence en mai pour marquer un palier en juin-juillet, pour atteindre son maximum en septembre. Il en résulte une immodération moindre : 22 sur le Saint-John et 26 sur le Cestos.

Le Sehnkwehn constitue un cas particulier.

- Son régime n'a rien d'anormal : les basses eaux vont de février à mai, et les basses eaux de juin à janvier. Elles sont toutefois interrompues par un repli en novembre, lequel permet à une double crue de se dessiner : l'une en août et l'autre en janvier.
- Mais la notion de hautes et basses eaux est toute relative, car ce cours d'eau dysréique possède une pondération de 1,3. Cette pondération s'explique par la traversée des marécages de la plaine côtière, vers la frontière avec la Côte d'Ivoire. Mais le régime est imposé par des pluies de plus de 3 000 mm par an avec un maximum de juin et d'octobre, que le temps de réponse reporte en août et janvier sur l'écoulement.

4°) Si le régime équatorial apparaît en Côte d'Ivoire et au Ghana, il reste très précaire (Document 7.8). En effet, entre Abidjan et Accra les précipitations adoptent le rythme zénithal (Document 7.1). Deux cours d'eau ghanéens répondent à cette sollicitation pluviale.

a) La côte du Ghana est séparée de l'intérieur par une chaîne de collines NW-SE ; elle sépare aussi les bassins versants du Tano (fleuve frontière avec la Côte d'Ivoire) et du Pra, de celui de la Volta. Par 4 degrés de latitude nord, ces cours d'eau sont soumis au balancement saisonnier de la C.I.T, et leur régime semble typiquement équatorial.

- La saison sèche est très courte et ne concerne que le coeur de l'hiver boréal : décembre à février. Il est vrai que l'étiage est alors très creusé : 8 à 9% de l'écoulement annuel ; il correspond à la présence de la C.I.T. dans l'hémisphère sud, ce qui attire l'alizé du N.E.
- Puis les hautes eaux sont durables et abondantes : les 9 mois de mars à octobre écoulent 91 à 92% des eaux. Elles sont aussi divisées en deux maxima : un maximum principal de mai et un maximum secondaire d'août.
- Ces extrêmes ne relèvent pas totalement de pluies zénithales. Le maximum de mai coïncide au passage de la C.I.T. au-dessus des bassins-versants, et aux fortes pluies qui en résultent. Puis la C.I.T. franchit l'équateur et l'alizé de l'hémisphère sud, il devient alors une mousson qui explique le second maximum.
- Toutefois, le résultat de ces avatars est une abondance relative assez élevée : 8,7 l/s/km^2 pour le Tano, et 10,6 l/s/km^2 pour le Pra (classe 9 ou mésoréisme médian, le tout associé à une bonne pondération (7-8) utilisée pour le flottage des grumes.

b) Mais les fleuves venus de l'intérieur conservent un régime plus typiquement tropical ; notamment *la Comoe et la Sassandra (*Côte d'Ivoire), et surtout la *Volta* en amont du lac Volta (document 7.8).

- La Comoe est issue des hauteurs de la Haute-Volta et draine la moitié orientale de la Côte d'Ivoire. L'étiage dure 8 mois, de juin à juillet, et c'est un cours d'eau très immodéré : 64, dont les hautes eaux sont réduites la période d'août à novembre, laquelle écoule 85% d'un écoulement par ailleurs modeste : 3,5 l/s/km^2 (classe 7 ou microréisme atténué).

• La Sassandra prend sa source au mont Tiouri, sur les confins orientaux du Fouta Djalon. C'est aussi un cours d'eau de régime tropical avec un étiage de 8 mois, et des hautes eaux concernant 88% de l'écoulement (dont 75% entre août et octobre). Toutefois, à l'inverse des cours d'eau des plateaux de l'intérieur du continent, elle est "abondante", car son module de 8,6 l/s/km² relève du mésoréisme médian de classe 9.

• Plus méridional, le régime du N'Zo, pourtant moins abondant (2,7 l/s/km², classe 7, microréisme atténué) est déjà influencé par des conditions pluviométriques équatoriales. La période de hautes eaux, qui concerne 96% de l'écoulement, est longue : mai à novembre ; alors que l'étiage est plus court : 4 mois. Mais il reste très creusé, et l'immodération est considérable : 86.

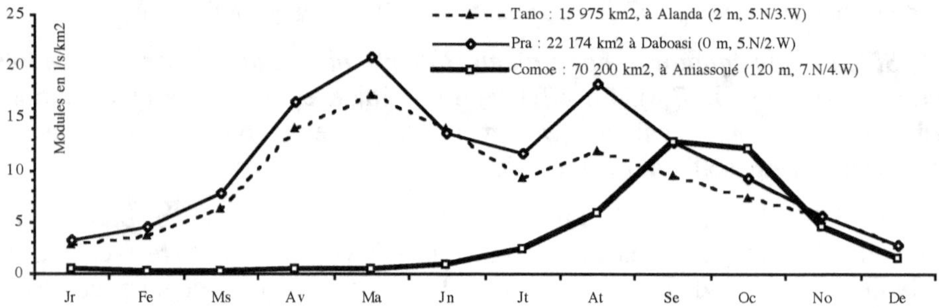

a) Quelques cours d'eau ivoiriens.

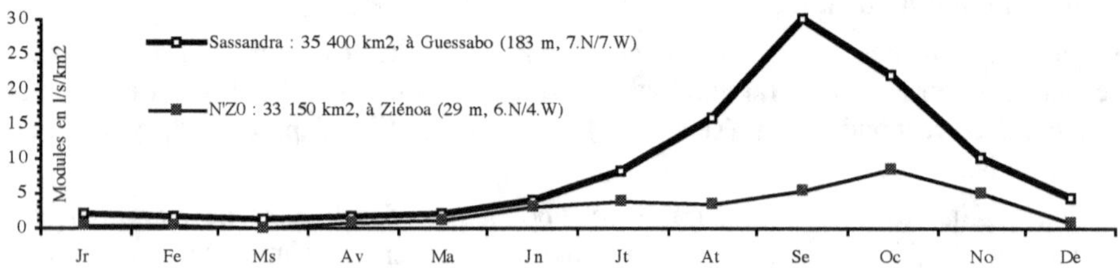

b) La Sassandra.

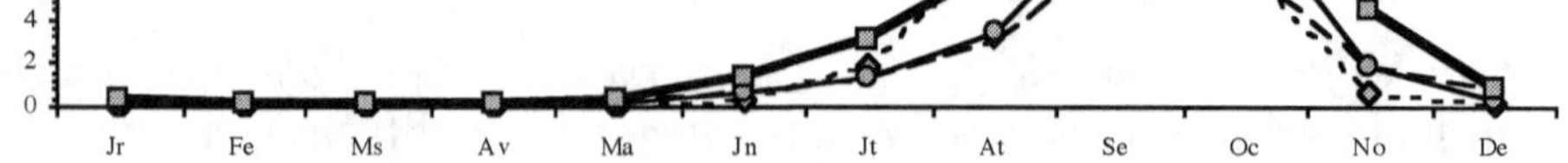

c) Les avatars de la Volta.

Document 7.8 - Fleuves de Côte d'Ivoire et de la Côte de l'Or

Le potentiel énergétique de la Volta a largement été utilisé, aussi est-elle jaugée en de nombreux sites (Document 7.8.c).

À Senchi, près de son embouchure, à l'aval d'un bassin de 300 000 km², elle conserve les régimes imposés par la Volta Noire et la Volta Blanche : un étiage de 7 mois, des hautes eaux qui écoulent 90% du total annuel entre juillet et novembre, (dont les 3/4 entre août et octobre). La Volta Blanche qui s'écoule dans un paysage de savanes sèches et de sahel, est une interface vers les écoulements du Sahara méridional, car l'assec survient de janvier à mai, et la crue écoule 99% des eaux : aussi, l'immodération y est-elle de 1 320. Ces deux Volta de l'amont sont peu abondantes : 1,9 l/s/km² pour la Volta Noire (classe 7 ou microréisme atténué), 2,9 l/s/km² pour la Volta Blanche (classe 6 ou microréisme mesuré). À Yegi, comme à Senchi, la Volta conserve le régime acquis : plus de 80% des eaux écoulées entre août et octobre.

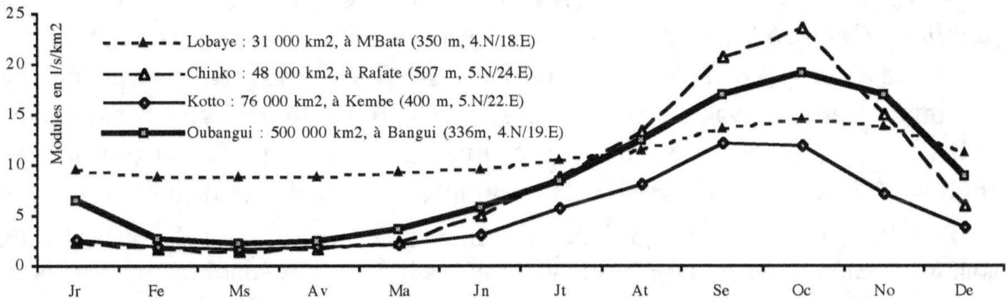

a) Régimes de l'Oubangui et de ses affluents.

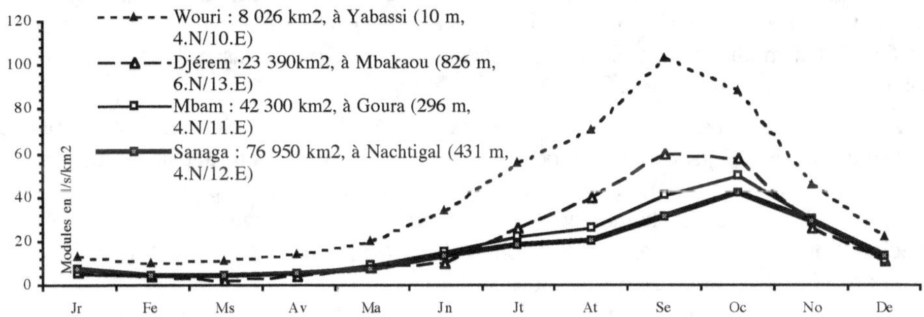

b) Régimes tropicaux à un maximum du Cameroun

Document 7.9 - Régimes à un maximum d'Afrique centrale.

• Les débits utilisés ont été mesurés avant la construction du barrage d'Akomsombo, mais ils montrent l'intérêt économique du fleuve. Si son régime n'avait pas été modifié par l'homme, il bénéficiait d'un tracé aval dans une région qui reçoit plus de 2 000 mm par an. Son module qui était de 2,2 l/s/km² à Yegi (classe 7 ou microréisme atténué) s'élevait à 4,3 l/s/km² à Senchi (classe 8 ou microréisme soutenu). Il est très rare que le module s'accroisse d'amont en aval, c'est le signe d'une abondance brute de croissance exponentielle : une qualité pour remplir l'immense réservoir du barrage d'Akosomba au Ghana.

L'influence équatoriale est souvent réelle pour ce qui concerne l'abondance des cours d'eau, mais le régime à deux maxima ne parvient pas à s'imposer. En fait, en Afrique, c'est un régime rare.

D - La question du régime équatorial en Afrique centrale

Il semble que le passage à un régime à deux maxima, sans étiage prononcé, se fasse brutalement au niveau du 5ᵉ parallèle nord. Plus au nord, les régimes restent fondamentalement tropicaux, tandis qu'à l'image de ce qui vient d'être décrit chez les tributaires du golfe de Guinée, l'abondance s'accroît du nord au sud.

1°) Le régime tropical du Centre Afrique est marqué par la durée des hautes eaux, reflet d'un climat à longue saison des pluies. En effet, leur total annuel s'élève à 1 560 mm à Bangui, répartis sur une longue saison humide de mai à octobre

a) Quatre cours d'eau, affluents rive droite du Congo, sont jaugés en République Centrafricaine : l'Oubangui, avec ses affluents et sous-affluents : la Lobaye, le Kotto et le Chinko. (Document 7.9.a). Le bassin-versant de l'Oubangui draine un vaste territoire au sud de la ligne de partage des eaux avec le Nil (territoire du Barh el Ghazal), et avec la cuvette du Tchad (monts des Bongros). À Bangui, son régime est la synthèse de ceux de ces affluents.

• À l'est le Kotto et le Chinko relèvent d'un régime tropical avec des hautes eaux d'août à septembre, et un étiage hivernal. Mais ces basses eaux sont brèves : 3 mois de mars à avril, face à des hautes eaux qui se trouvent en accord avec le régime des pluies : elles commencent en mai, culminent en octobre et se terminent en janvier. Elles concernent 91% de l'écoulement sur le Kotto et 95% sur le Chincko. Aussi, par rapport au Chari, les modules sont élevés : 5,2 l/s/km^2 sur le Kotto (classe 8 ou microréisme soutenu) et 8,5 l/s/km^2 (classe 9 ou mésoréisme médian).

• À l'ouest, la Lobaye est originale par sa pondération : 1,7. Sur un fleuve dont le minimum est de 8,7 l/s/km^2, on ne peut parler d'étiage, on ne peut que séparer six mois de basses eaux : janvier à juin, de six mois de hautes eaux, dont la part est sensiblement équilibrée. La place des hautes eaux dans l'année est en accord avec le régime des précipitations. Quant à la pondération, elle est apparemment structurale, et une démonstration par l'absurde est possible.

• Le bassin du Chincko est inscrit dans le socle précambrien aquiclude, les réserves souterraines sont rares, malgré sa brièveté l'étiage se creuse et génère une forte immodération : 17. Le Kotto est plus pondéré : 7, car il draine les grès crétacés du Bongo, dont les réserves souterraines soutiendraient l'étiage. La Lobaye provenant des mêmes terrains, à la limite orientale du mont Cameroun, on peut évoquer une accentuation du même processus, dans un milieu fortement arrosé. D'ailleurs avec 10,8 l/s/km^2 la Lobaye est abondante et relève du mésoréisme médian de classe 9.

b) A Bangui, l'Oubangui relève de ces différents régimes : le bref étiage ne dure que de février à avril, le reste de l'année écoulant 95% des eaux, dont 50% entre août et novembre. Comme on le devinait près du golfe de Guinée, le passage au régime équatorial se fait par allongement de la période de hautes eaux, augmentation du module relatif : 8,8 l/s/km^2 (classe 9 ou mésoréisme médian) et amélioration de la pondération : 9.

2°) Au Cameroun, le régime tropical persiste au nord du pays, mais la durée des hautes eaux s'accroît dans un contexte assez proche du dysréisme humide (Document 7.9.b). Quatre cours d'eau camerounais répondent à cette définition. Le Wouri est un fleuve côtier qui dévale du mont Cameroun. La Sanaga et son affluent le Djérem naissent sur les plateaux volcaniques de l'Adamaoua, au nord, alors que son autre affluent, le Mbam, descend du mont Cameroun. Tous gagnent le golfe de Guinée.

Ils présentent le même régime.

- L'étiage est creusé mais bref entre février et avril. Le reste de l'année concerne des hautes eaux, et plus particulièrement la période de juillet à octobre, où se concentrent 75 à 80% de l'écoulement.
- Aussi, ces cours d'eau sont-ils marqués par une abondance relative élevée. Avec un module de 15,9 l/s/km^2, la Sanaga relève du mésoréisme moyen de classe 10. Son affluent le Mbam : 18,3 l/s/km^2 relève de la même classe, mais la Djerem : 21,1 l/s/km^2 appartient au mésoréisme élevé de classe 11. Enfin le Wouri : 40,4 l/s/km^2 est mégaréisme basique de classe 12, et appartient aux cours d'eau les plus abondants de la planète.

3°) C'est en République du Congo et au Gabon que le régime équatorial apparaît enfin (Document 7.10).

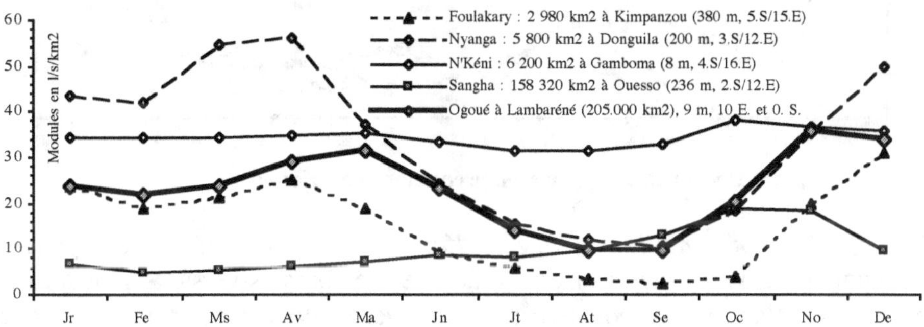

Document 7.10 - Le régime équatorial au Congo

a) La Sangha, un affluent rive droite du Congo, présente encore des caractères tropicaux : les hautes eaux ont lieu entre août et octobre. Mais celles-ci ne concernent que 43% de l'écoulement, car les basses eaux écoulent plus de 26% du total, et un maximum secondaire se dessine en juin, et un critère de régime équatorial réside dans une bonne pondération : 4. Mais ce caractère équatorial a du mal à s'affirmer : à des basses eaux principales de juillet à septembre, s'oppose une longue période de hautes eaux pendant le reste de l'année connaissant deux maxima bien marqués : l'un en avril ou mai et l'autre entre octobre et décembre.

- Au Gabon, les deux tributaires du golfe de Guinée, l'Ogoué et la Nyanga, écoulent 90% de leur eaux entre octobre et juin, dans une région où il tombe 2 382 mm d'eau à Libreville, avec un maximum de mars et de novembre, et une sécheresse hydrologique en été. Les modules relatifs y sont très élevés : l'Ogoué écoule 23 l/s/km^2 et la Nyanga 33,3 l/s/km^2 (classe 11 ou mésoréisme élevé).
- La N'Kémi, un affluent rive droite du Congo, offre sans doute le régime équatorial le plus élaboré : deux périodes de basses eaux à peine marquées, deux périodes de hautes eaux en avril-mai et octobre-novembre, une pondération de 1,2, et un mégaréisme

basique de classe 12 avec un module de 34,4 l/s/km². L'écoulement nivelle les modestes fluctuations pluviométriques saisonnières.

• Avec le Foulkary, autre affluent rive droite du Congo, nous passons dans l'hémisphère sud. Les basses eaux sont plus longues : juin à octobre, et coïncident avec la saison sèche de l'hémisphère sud tropical. Les hautes eaux (91% de l'écoulement) concernent l'été austral, avec un maximum d'avril ou mai ; et elles restent durables : de novembre à mai. Aussi écoulent-elles 90% des eaux. Mais, du fait d'un étiage déjà marqué, la pondération n'est que de 12. Si l'écoulement relatif est encore de 15,3 l/s/km² (la classe 10 ou mésoréisme moyen), ce n'est pas un régime équatorial, mais tropical, avec il est vrai, l'occurrence d'un maximum secondaire en décembre.

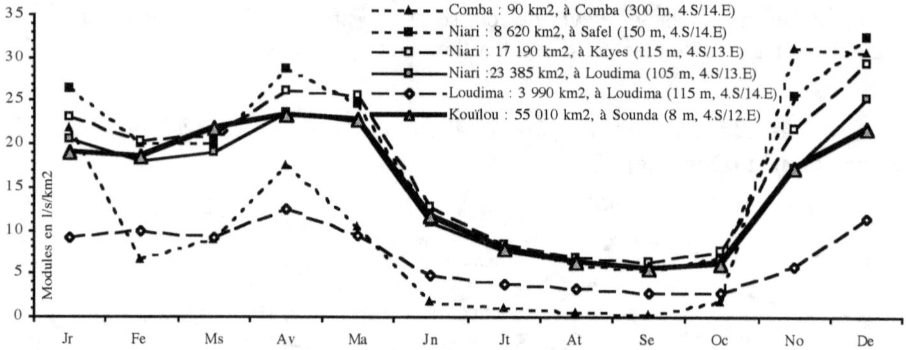

Document 7.11 - Le régime équatorial du Kouilou.

b) *Le Congo-Brazzaville a jaugé le Kouilou et la plupart de ses affluents* (Document 7.11). L'intérêt offert est double : les bassins-versants sont répartis de part et d'autre de l'équateur, et le jaugeage concerne un large éventail d'échelles spatiales puisque les superficies vont de 90 à 55 010 km².

• Les basses eaux estivales - juillet à octobre - relèvent du régime tropical de l'hémisphère sud.

• Quant aux hautes eaux (90 à 96% de l'écoulement) elles présentent un double maximum l'un en décembre et l'autre en avril. Ce dernier relève du régime tropical de l'hémisphère sud, mais le premier est l'écho des pluies zénithales équatoriales quand la C.I.T. passe au-dessus de ces bassins au début de l'automne austral.

On s'aperçoit que le régime équatorial au sens strict est très rare, car la plupart des cours d'eau sont loin de posséder un tracé zonal, exclusivement équatorial. La plupart ont un parcours oblique, voire méridien, et sont préférentiellement concernés par les pluies tropicales de l'un des deux hémisphères. D'autres traversent l'équateur, comme le Congo.

4°) Les avatars du Congo ont été décrits par de nombreux auteurs, ce que nous nous limiterons à résumer. Si on se limite aux quelques hydrogrammes du Document 7.12, le Congo aurait un régime équatorial avec un maximum principal de décembre et secondaire d'Avril. Dans la réalité, le fleuve accumule des régimes acquis auprès d'affluents issus des deux hémisphères. Partout le Congo présente donc deux pics de hautes eaux séparés par deux périodes de basses eaux peu accentuées car le fleuve est pondéré : 2 Kisangani, 4 à Lukoléa, 3 à Kinshasa et 2 à Brazzaville.

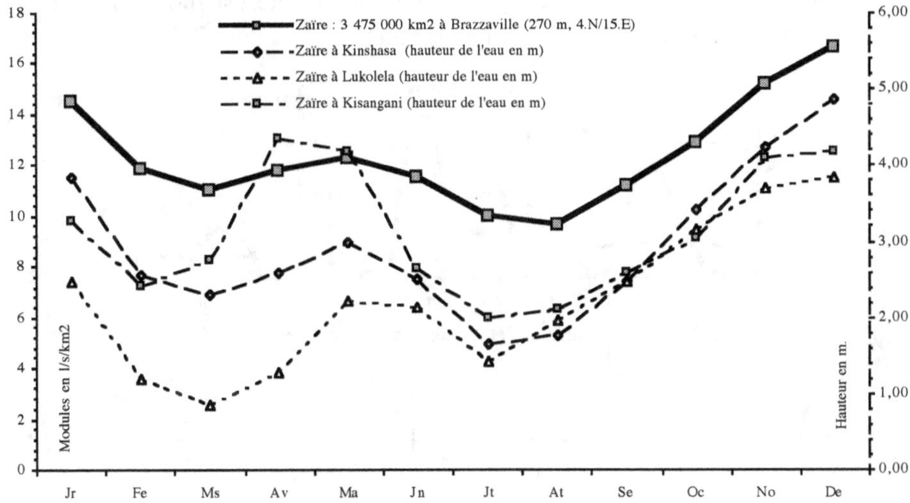

Document 7.12 - Les avatars du régime du Congo.

Pourtant ce n'est pas un fleuve équatorial, la plupart de ses affluents sont de régime pluvial évaporal tropical, et cette pondération est le fruit de la conjonction de régimes de l'hémisphère nord et de l'hémisphère sud.

• L'amont du fleuve est dans l'hémisphère sud, aussi les affluents rive gauche ont-il un régime pluvial tropical austral, avec un maximum de février. Mais du fait de la longueur du fleuve, l'écoulement prend du retard et ces hautes eaux d'hiver n'arrivent qu'en avril-mai, sur la partie moyenne du cours.

• Dans cette partie moyenne, le Zaïre reçoit alors des affluents à régime tropical de l'hémisphère nord au maximum d'août à octobre : la Sanga et l'Oubangui, ce qui accuse un maximum d'hiver boréal.

• Enfin, dans sa partie aval le Zaïre reçoit à nouveau des affluents de l'hémisphère sud : la Kasaï et le Kwango, qui redonnent un peu d'ampleur au maximum de printemps et surtout réduisent l'étiage "hivernal".

Il en résulte un fleuve puissant, le second par son module brut : 43 000 m^3/s à Brazzaville, soit un module de 12,4 $l/s/km^2$ relevant du mésoréisme moyen de classe 10. C'est une valeur énorme pour un drainage de 3 500 000 km^2 ; et c'est surtout en cela que le Congo peut être qualifié de cours d'eau équatorial : il rend à son bassin-versant une grande partie des pluies abondantes qu'il a reçues.

E – Le passage au régime équatorial en Afrique orientale

La région est certes montagneuse, mais elle se trouve soumise de façon alternative, aux apports de l'alizé humide de l'océan Indien et de la mousson du nord-ouest.

1°) Le climat de l'Afrique orientale est original. En effet, plus accidentée qu'à l'ouest, l'Afrique est ici plus arrosée. Puis, au sud de l'équateur, elle est plus étroite, la continentalité est donc oppressante et l'aridité est moins accentuée : l'étreinte du Kalahari n'atteint pas celle du Sahara (document 7.3).

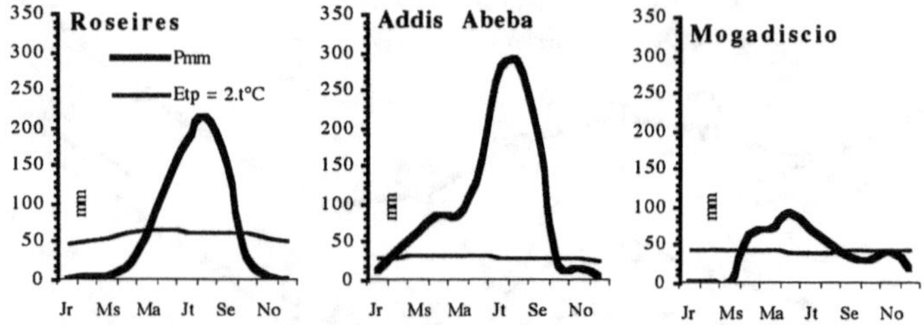

a) Le climat tropical du Plateau abyssin et de ses marges occidentale et orientale.

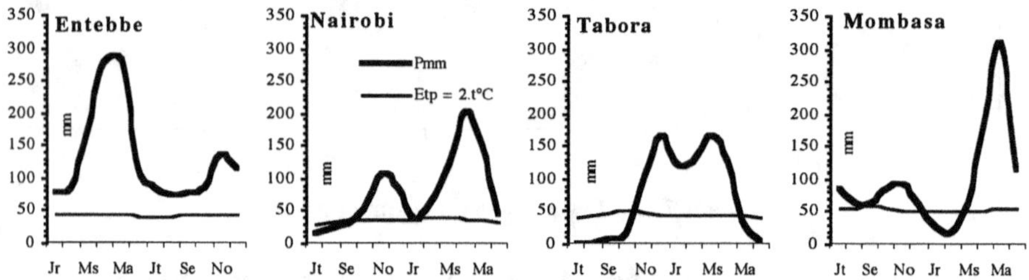

b) L'Afrique orientale équatoriale : Ouganda, Kenya et Tanzanie.

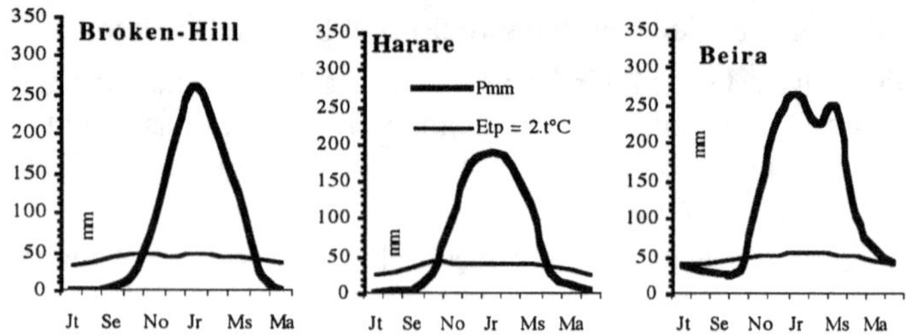

c) Le climat tropical de Zambie, du Zimbabwe et du Mozambique

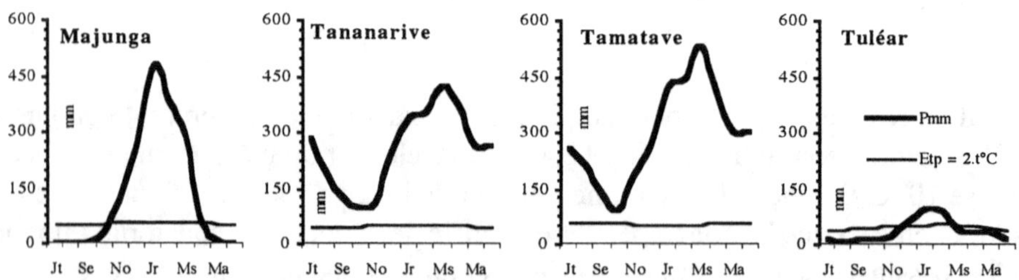

c) La répartition des pluies à Madagascar

Document 7.13 - La répartition saisonnière des précipitations en Afrique orientale.

Au nord, le massif abyssin et ses marges soudanaises sont encore marqués par le climat tropical à deux saisons (Document 7.13.a), 60 à 70% des pluies surviennent entre juillet et septembre.

• Mais l'altitude accroît fortement les précipitations ; si à Roseires, au Soudan, il ne tombe que 777 mm, à Addis-Abeba, à 2 650 m d'altitude, le total annuel est de 1 191 mm.

• En hiver, l'Ethiopie est sous le flux de l'alizé du N.E. (ou mousson d'hiver selon les navigateurs arabes), ce vent est essentiellement continental et n'apporte pas de pluies. En été la circulation s'inverse, l'alizé qui a franchi l'équateur devient une mousson du sud-ouest, laquelle apporte l'humidité de l'océan Indien.

• Cette abondance tranche avec celle de la côte, car la Somalie se trouve abritée simultanément de la mousson d'hiver et de la mousson d'été ; Mogadiscio ne reçoit que 466 mm chaque année, principalement en été et en automne, quand la C.I.T. traverse le pays.

• Les hauteurs de l'Abyssinie constituent le château d'eau de l'hydrologie locale.

Issue du rifting moribond de l'Afrique de l'Est, une ligne de hauteurs méridiennes, agrémentée de très hauts massifs volcaniques : Ruwenzori (5 119 m), Kenya (5 200 m) ; Kilimandjaro (5 200 m), sépare la cuvette du Congo et le bassin du Nil, des hauts plateaux abyssins (2 500 m) au nord, et du plateau du Zimbabwe (2 000 m) au sud. Entre les failles bordières du rift, les fossés abritent toujours des lacs de graben : lac Albert, lac Amin, lac Kiwu, lac Tanganika et lac Malawi, dont certains sont endoréiques comme le lac Turkana, en Ethiopie. L'abri et l'effet de fœhn y entretiennent des climats secs, tandis que les horsts et les massifs volcaniques font obstacle à la circulation atmosphérique générale, celles des alizés et des moussons, qui, dans tous les cas de figures seraient des vents chargés d'humidité par la traversée de l'océan Indien.

Vers le sud, vers l'équateur, la répartition des précipitations devient zénithale avec un double maximum au printemps et en automne, processus très bien représenté à Entebbe (Ouganda) et à Nairobi (Kenya), et encore sur la côte à Mombasa (Document 7.13.b).

• Mais, à l'inverse de la cuvette du Congo, et du fond du golfe de Guinée, les totaux annuels restent modestes : 1 574 mm à Entebbe à 1 300 m d'altitude, 1 159 mm à Mombasa sur la côte, et seulement 924 mm à Nairobi, qui, abritée parmi les montagnes, connaît la sécheresse hydrologique (Pmm < 2.t°C) de juillet à septembre (hiver austral).

• En effet, le relief joue le rôle fondamental, et les fossés intérieurs connaissent souvent un climat à la limite de l'aridité : les rives du lac Rodolphe par exemple. Si, la présence d'un double maximum persiste encore à Tabora en Tanzanie, la répartition redevient tropicale par 6 degrés de latitude sud.

Il faut atteindre ***la Zambie, le Zimbabwe et le Mozambique pour que les précipitations retrouvent une distribution tropicale*** : celle de l'hémisphère sud à maximum de janvier (Document 7.13.c).

• Mais c'est un climat plus arrosé qu'au voisinage du Sahara. À l'intérieur du continent, à Harare au Zimbabwe et à Broken-Hill en Zambie, il tombe chaque année 818 et 908 mm de pluies. C'est plus qu'aux mêmes latitudes d'Afrique du nord-ouest.

• Ces totaux augmentent vers la côte, du fait de phénomènes de mousson, qui activent la pluviogenèse estivale : par exemple, Beira,au Mozambique, reçoit 1 430 mm par an.

• Au Natal, ce climat passerait sans solution de continuité aux climats supratropicaux des façades orientales de continents.

Seule la côte nord-ouest de Madagascar offre une répartition tropicale à maximum d'été (Document 7.13.c).

• Il tombe 1 150 mm d'eau entre novembre et mars, quand la C.I.T, stationnée au sud de l'équateur, attire l'alizé du nord-est (la mousson d'hiver) qui, au-delà de l'équateur, devient une mousson du sud-est, laquelle apporte l'humidité de l'océan Indien. Le total annuel, de 1 596 mm, est pourtant inférieur à celui de Tamatave sur la côte est : 3 530 mm.

• Bien qu'en hiver la C.I.T. située au nord de la mer d'Oman en affaiblisse les effets, l'alizé apporte de l'eau en toute saison. De janvier à mars, il est relayé par la mousson du nord-ouest qui apporte 1 400 mm, puis encore 1 000 au printemps. Sur les hauts plateaux, Tananarive - 3 042 mm - répercute le même régime des précipitations.

• A l'inverse, l'abri des reliefs engendre la semi-aridité de Tuléar. Ce port du sud-est de l'île ne reçoit que 409 mm d'eau, ce qui lui vaut de connaître la sécheresse hydrologique de mars à novembre. Le sud-ouest de l'île est abrité de l'alizé et de la mousson.

• La sécheresse recule quand la C.I.T. entre dans l'hémisphère sud, les pluies venues de l'océan Indien pouvant atteindre le versant occidental.

2°) L'Ethiopie est le "Château d'eau " de la Corne de l'Afrique. Ce sont des fleuves issus des massifs abyssins qui donnent au Nil le régime qu'il conservera jusqu'à son delta : la Sobat, le Bahr-el-Asrah (ou Nil bleu) et l'Atbara (Document 7.14.a). Ce sont des cours d'eau abondants, de régime pluvial tropical dont relève aussi l'Omo (célèbre pour la richesse archéologique de sa vallée) principal tributaire du lac Turkana (endoréique).

L'Ethiopie a de grands projets hydrauliques (dont certains aux dépens du Soudan et de l'Egypte) : un vaste programme d'irrigation à partir des eaux de la Sobat, du Bahr-el-Asrah et surtout du lac Tana dont les eaux seraient dérivées par tunnel vers la vallée du Beles. Des jaugeages sont donc effectués sur la Sobat, le Bahr-el-Asrah et l'Omo.

a) Ces projets sont justifiés par l'abondance des cours d'eau.

• Les modules de l'Omo : 12,3 l/s/km² et de la Sobat : 16,2 l/s/km², relèvent du mésoréisme moyen de classe 10, tandis que le Bahr-el-Asrah qui écoule 24,9 l/s/km² relève du mésoréisme élevé de classe 11. Le rôle du relief est indéniable ; à latitude égale la Gambie ou le Sénégal, à leur embouchure, écoulent 3,5 fois moins d'eau que l'Omo et 7 fois moins que le Bahr-el-Asrah. Bien que cela sorte de notre propos, on n'en comprend que mieux les conflits d'usage sur leurs eaux, entre l'Ethiopie et le Soudan.

Mais ce sont aussi des fleuves immodérés : 18 pour la Sobat, 32 pour l'Omo et 43 pour le Bahr-el-Asrah.

• La période des hautes eaux est assez longue : 6 mois de juin à novembre (reflet de la durée et de l'abondance pluviométrique sur ces montagnes), et elle écoule plus de 90% des eaux de l'Omo et du Bahr-el-Asrah. On relève aussi des modules supérieurs à deux fois celui de juillet à octobre.

• Mais les basses eaux sont très creusées : moins de 10% du total écoulé, avec cinq mois d'étiage de janvier à mai. La Sobat, le moins immodéré des trois, souffre moins des basses eaux. En effet, l'étiage défini comme le 1/3 du module ne concerne que février, mars et avril. Dès le mois de mai, on observe une reprise régulière de l'écoulement que l'on peut attribuer à une plus longue saison de pluies sur ce bassin plus proche de l'équateur.

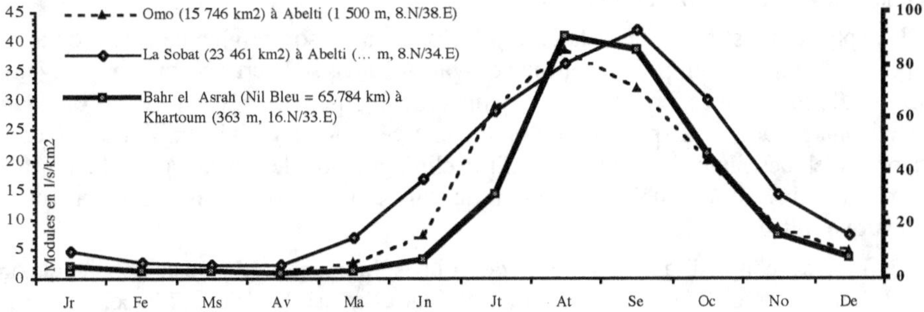

a) Cours d'eaux abondants affluents ou sous-affluents du Nil

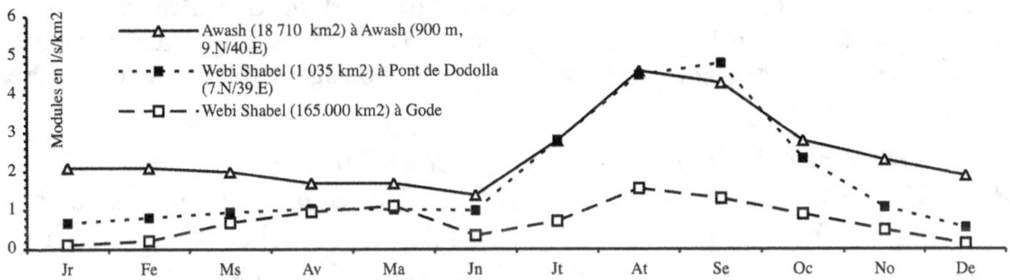

b) Cours d'eau modestes se dirigeant vers l'océan Indien ou les cuvettes fermées.

Document 7.14 - L'Ethiopie : château d'eau de la Corne de l'Afrique.

• À l'ouest du continent, sous des conditions tropicales à deux saisons, l'abondance ne s'observe que sur les hauteurs du Fouta Djalon (amont du Niger) ou du mont Cameroun ; illustrant le rôle positif des reliefs qui accroissent l'apport pluvial.

b) A l'inverse, la grande indigence des cours d'eau orientaux, ceux de l'Ethiopie sèche, marque, malgré une origine montagnarde, le reflet d'un milieu quasi aride sur les marges occidentales de la Somalie (Document 7.14.b). On y jauge l'Awah, lequel, né près d'Addis-Abeba, gagne le Triangle des Afars où il se perd dans la cuvette endoréique du lac Abbé. On jauge aussi le Webi Shabel (ou Wabi Shebele) au pont de Dodolla, peu après sa source au nord du mont Orobo (Ethiopie centrale), puis à Gode, près de la frontière somalienne. Les données ont été présentées comme peu fiables, mais les ordres de grandeur saisonniers seraient respectés.

• L'Awash est de régime tropical, avec des hautes eaux de juillet à octobre, mais qui n'écoulent que 48% du total, car on relève l'amorce d'une crue secondaire de janvier à mars. Il en résulte un régime d'allure équatoriale (mais il n'en est rien) et une pondération de 3.

• Le Webi Shabel est tropical au pont de Dodolla, avec de hautes eaux de juillet à octobre. Près de 70% des eaux sont alors écoulées. À l'inverse, les eaux sont très basses au coeur de l'hiver boréal : décembre à février. Cette situation d'étiage disparaît par la suite, mais sans qu'il soit possible de définir de hautes eaux secondaires. Ce régime à deux maxima ne se réalise que plus en aval, à Gode. Le fleuve présente alors très nettement un régime d'allure équatoriale avec une crue principale en août et septembre, et une crue secondaire en avril et mai.

• L'explication est commune : la crue principale prend son origine dans la montagne, et procède du maximum pluviométrique estival. À l'inverse la crue secondaire relèverait du climat des plaines orientales, un climat de mousson : la C.I.T. est alors dans l'hémisphère sud, et la mousson d'hiver, chargée en humidité sur l'océan Indien, apporte quelques pluies à l'équinoxe (voir le climogramme de Mogadiscio). Il en résulte un régime fluvial à double maximum du fait d'un bassin relevant de processus climatiques différents.

• Enfin, ces cours d'eau sont aussi des oueds indigents. L'Awash écoule encore 2,5 l/s/km² (classe 7 ou microréisme atténué), mais le Webi Shabel n'écoule qu'1,8 l/s/km² au pont de Dodolla (classe 6 ou microréisme mesuré) et 0,7 l/s/km² seulement à Gode (classe 5 ou microréisme affaibli). C'est un cours d'eau allogène qui traversera le désert somalien, ce qui confirme le rôle de château d'eau des montagnes éthiopiennes. Ils constituent une interface entre la montagne éthiopienne et le désert somalien.

3°) Les régimes à deux maxima du Kenya et de Tanzanie sont une originalité de ces deux pays plus ou moins à cheval sur l'équateur. Au nord, les autorités kenyanes ont jaugé le N'Zoïa : un affluent du lac Victoria drainant le plateau bordier occidental de la Rift Valley, et l'Ewasi N'Giro qui se perd au nord-est, dans le désert somalien. Au sud de l'équateur, les Kenyans jaugent la Tana qui, au nord de Nairobi, draine le versant sud du mont Kenya pour gagner l'océan Indien. Quant aux Tanzaniens, ils jaugent le Ruvu, un autre tributaire de l'océan Indien, issu du Kilimandjaro, et la Wami, tributaire du détroit de Zanzibar. Ces cinq cours d'eau ont une originalité commune : celle d'un régime à double maximum, l'un au printemps : avril ou novembre, l'autre en automne : novembre ou avril (Document 7.14'). C'est ce qui caractérise le véritable régime pluvial équatorial (s'il existe réellement).

a) Trois des cours d'eau ci-dessus répondent à la définition du régime pluvial équatorial : l'Ewasi N'Giro dans l'hémisphère nord, le Tana et le Ruwu, dans leur partie amont, pour ce qui concerne l'hémisphère sud . La Tana est certainement le modèle le plus élaboré (Document 7.14'.b).

• L'année commence par quatre mois de basses eaux, de janvier à avril ; c'est alors que surviennent les premières hautes eaux de mai à juillet ; mois qui écoulent 25% du module annuel. Les basses eaux suivantes sont de courte durée : août et septembre, et elles laissent place à la seconde période de hautes eaux, la plus importante : 43% de l'écoulement entre octobre et décembre.

• Aussi, aucun mois ne peut-il être défini comme un mois d'étiage ; il n'existe que des basses eaux sur ce cours d'eau peu abondant (3,6 l/s/km² soit un microréisme atténué de classe 7), mais assez pondéré : 6. Ce cours d'eau exprime réellement le régime équatorial avec une réponse à des pluies zénithales. Il reflète parfaitement le régime des pluies à Nairobi ou Mombasa. Il est vrai aussi que le bassin est situé entre 0 et 2 degrés de latitude sud.

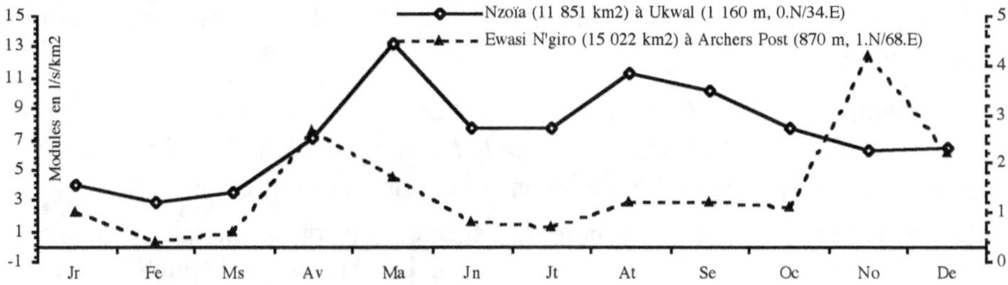

a) Cours d'eau situés au nord de l'équateur.

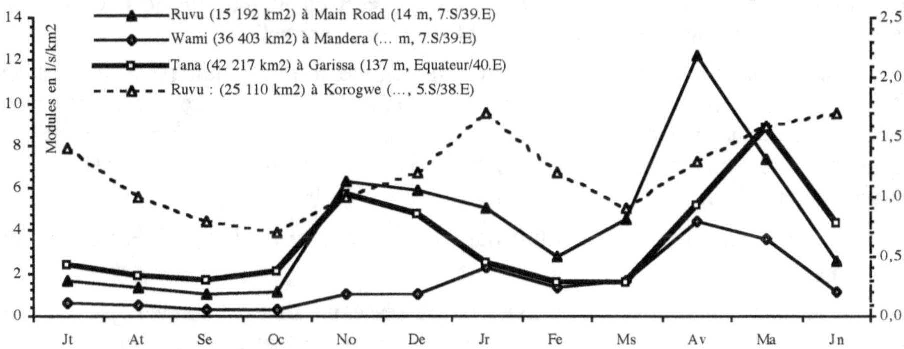

b) Cours d'eau situés au sud de l'équateur.

Documents 7.14' - Régimes d'allure équatoriale d'Afrique orientale.

Le régime de l'Ewasi N'Giro est analogue (Document 7.14'a).

• Les basses eaux de l'hiver sont brèves : janvier à mars ; et les hautes eaux de printemps sont plus précoces : avril et mai qui écoulent 25% des eaux annuelles, comme dans l'exemple précédent. La seconde période de basses eaux est moins creusée, mais plus longue, juin à octobre, et elle fait alors place à la seconde période de hautes eaux, novembre et décembre, qui écoule 36% de l'eau annuelle. Toujours à la différence du précédent, il existe un très court étiage au coeur de l'hiver boréal.

Enfin, la partie amont du Ruwu à Main Road (Document 7.14'.b) reste aussi de régime équatorial, toutefois avec moins de netteté.

• Plus qu'une période de basses eaux, l'hiver austral de juillet à octobre, est une période d'étiage. La première crue, novembre à janvier, est abondante : 33% des eaux écoulées. Elle est séparée de la seconde crue par février : un bref mois de basses eaux. Cette seconde crue contribue à 47% de l'écoulement entre mars et mai. L'occurrence d'un long étiage hivernal, le rapprochement dans le temps des deux périodes de hautes eaux annoncent le régime tropical, dont les autres cours d'eau sont la transition.

Aucun des régimes analysés en Afrique centrale n'apparaissait aussi élaboré. Pourtant, on doit s'interroger sur son authenticité. Ces cours d'eau sont peu abondants. Le Ruwu à Main Road écoule 4,3 l/s/km^2 (classe 8 ou microréisme soutenu), la Tana 3,6 l/s/km^2 (classe 7 ou microréisme atténué) et l'Ewasi N'Giro 1,5 l/s/km^2 seulement (classe 6 ou microréisme mesuré).

Ces hauts plateaux sont peu arrosés, mais le rythme des pluies est zénithal, ce qui engendre un écoulement qui, sans être équatorial par son abondance, l'est par son régime.

b) Les régimes de transition avec le modèle pluvial tropical : à l'image du régime du Ruwu à Main Road, ils possèdent deux périodes de hautes eaux très rapprochées dans le temps. Le Nzoïa en sera la première illustration.

- Ce tributaire du lac Victoria au nord de l'équateur ne connaît qu'une seule période hivernale de basses eaux : de novembre à mars. Les hautes eaux, printanières, sont abondantes : 32% de l'écoulement entre avril et mai. Il n'y a pas de seconde période de basses eaux à proprement parler, mais un léger repli en juillet, suivi d'une nouvelle période de hautes eaux d'août à octobre : 24% des eaux annuelles.
- Il s'agit vraiment d'une transition vers le régime tropical, qui, plus au nord, en Ethiopie, ferait l'objet d'une longue crue de juillet à octobre. Mais ce cours d'eau reste pondéré : 5, et ne connaît pas d'étiage proprement dit, ce qui accuserait un régime équatorial. Il est même relativement abondant pour la région : 7,3 l/s/km^2 (classe 9 ou mésoréisme médian).

Ce type de régime se reproduit dans la partie aval du Ruwu à Korogwé, en Tanzanie.

- Il n'y a pas d'étiage, et les périodes de basses eaux sont très brèves : septembre-octobre et mars. L'abondance (médiocre en elle-même) est pérenne avec une première crue de novembre à février (35% de l'écoulement) et une seconde d'avril à août (41%).
- La faiblesse de son module : 1,2 l/s/km^2 (classe 5 ou microréisme affaibli) relève d'une très forte évapotranspiration, mais sa pondération : 2 s'expliquerait volontiers par le soutien quasi constant de la fonte des neiges sur le Kilimandjaro. Ce qui n'était pas encore le cas à Main Road, la partie aval est alimentée par des affluents venus de cet ancien volcan, où le tapis est permanent. En l'absence de saisons thermiques, la neige fond quotidiennement, ce qui conduit à la pondération du régime.

Enfin, la Wami, dont le bassin-versant est au sud du 6e parallèle, est presque de régime tropical.

- L'année commence par un étiage hivernal de juillet à octobre : quatre mois dont les modules sont inférieurs au 1/3 de la moyenne annuelle. La première période de hautes eaux ne se dessine que très lentement, et seul janvier est marqué par un fort débit. Puis il n'y a pas de seconde période de basses eaux mais un répit en février, avant la véritable crue, celle de mars à juin.
- En réalité, il n'y a qu'une longue période de hautes eaux de novembre à juin, période où 91% de l'écoulement sont réalisés. Toutefois, le cours d'eau reste peu abondant : 1,5 l/s/km^2 : un microréisme mesuré de classe 6.

c) Ce passage du régime équatorial au régime tropical est assez bien illustré par la comparaison des régimes des deux plus grands fleuves de la région : le Zambèze et le Limpopo (Document 7.15). Le Zambèze ne serait pas sans rappeler le Niger. Né près de Kolwezi, au Zaïre, il y acquiert un régime équatorial, avant de piquer sur le Kalahari, qu'il frôle. Mais il échappe à la cuvette de l'Okavango, pour gagner le Canal de Mozambique.

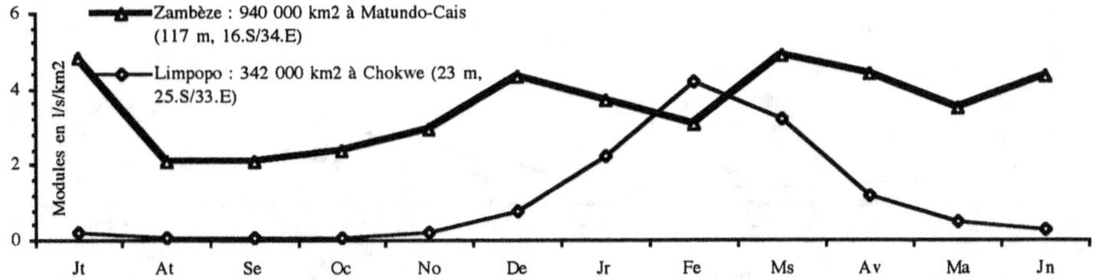

Document 7.15 - Zambèze et Limpopo : passage du régime équatorial au régime tropical

• À Matundo-Cais, au Mozambique, le fleuve a perdu beaucoup d'eau et il n'écoule plus que 3,5 l/s/km^2 (classe 7 ou microréisme atténué), mais son régime conserve le souvenir de son passage en milieu équatorial, en amont.

• Il est accidenté par trois pointes de crue. La première dans l'année est hivernale : de mai à juillet ; la seconde se déroule en mars et avril. Or, ces deux phases de hautes eaux ne peuvent être qu'équatoriales, l'abondance est née du ruissellement des pluies zénithales en Zambie et au Zaïre ; et à Matundo-Cais cette eau arrive avec un à deux mois de retard. À l'inverse, la troisième crue, celle de novembre et décembre, correspond aux pluies tropicales ayant ruisselé sur les affluents de l'aval. Le résultat est une excellente pondération de 2 (peut-être aussi influencée par les grands barrages, Kariba et Kabora Bassa notamment).

À l'inverse, si le Limpopo flirte, lui aussi, avec le Kalahari, son régime est plus parfaitement tropical.

• Il écoule 92% de ses eaux en été, de décembre à mai, dont les 3/4 entre janvier et mars. À ces hautes eaux s'oppose un étiage important de juin à novembre. C'est un régime qui n'est pas sans rappeler celui du Sénégal, ou du Niger au Mali, sous des conditions climatiques peu différentes. Aussi, cet allogène est-il immodéré : 42, et n'écoule-t-il qu'1,1 l/s/km^2 (classe 5 ou microréisme affaibli) à Chokwe, près de son embouchure

En Afrique équatoriale, nous retiendrons l'existence d'un régime de type équatorial mieux dessiné qu'en Afrique Centrale et dans le golfe de Guinée. Il est vrai que l'écoulement est le plus souvent zonal, ce qui d'une part évite aux cours d'eau de changer de zone climatique de l'amont vers l'aval, mais , d'autre part, évite aussi le changement d'hémisphère, générateur de comportements équatoriaux erronés.

4°) Le régime tropical vient toucher les cours d'eau de régime pluvio-évaporal supratropical d'Afrique du Sud car le Kalahari n'atteint pas l'océan Indien.

a) La transition tropicale est réalisée en Tanzanie avec le Rufugi et *le Kilombero* (Document 7.16.a). Le bassin-versant du Rufugi draine tout le versant oriental du plateau limitrophe du grand Rift, en Tanzanie, au nord-est du lac Malawi. Le Kilombero est un de ses affluents de la rive gauche. L'ensemble draine une région assez accidentée.

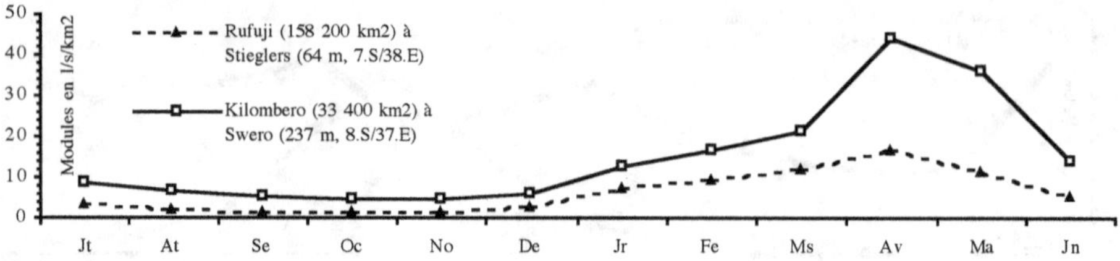

a) Le régime tropical en Tanzanie.

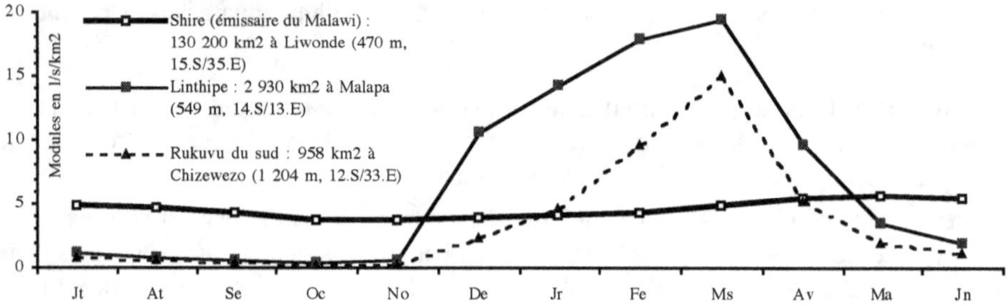

b) Autour du lac Malawi.

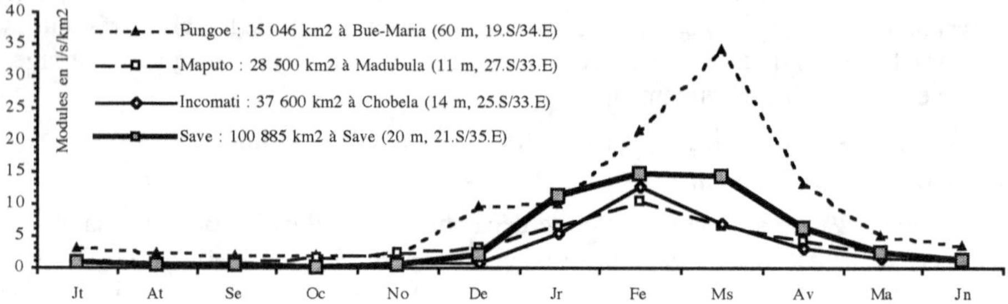

c) Le régime tropical au Mozambique.

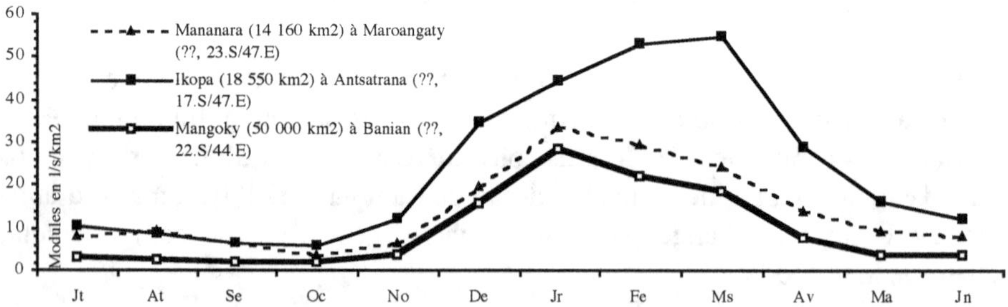

d) Le régime tropical à Madagascar.

Document 7.16 - Le régime tropical en Afrique australe

• Les régimes sont assez typiquement tropicaux, avec une longue période de basses eaux : juillet à novembre, dont un étiage de trois mois, de septembre à novembre. Les hautes eaux sont assez précoces, dès le début de l'été, en janvier, mais la pointe de crue est en avril. Il en résulte une longue période de hautes eaux au cours de laquelle 90% des eaux sont écoulés.

• De la présence d'un long étiage découle une forte immodération de 14 sur le Rufugi et de 10 sur le Kilombero. Nous estimons que cette longue période de hautes eaux marquerait l'ultime transition entre l'influence tropicale et l'influence équatoriale. Ce sont des cours d'eau plus abondants, du fait de l'éloignement du désert. Le Rufuji écoule 6,2 l/s/km^2 (classe 8 ou microréisme soutenu) et le Kilombero 15,1 l/s/km^2 (classe 10 ou mésoréisme moyen).

La présence du lac Malawi apporte une certaine originalité, dans cette région plus continentale et abritée de l'alizé du sud-est. Trois cours d'eau ont été jaugés : le Linthipe et le Rukuvu du Sud sont des tributaires du lac, et le Shire en est l'émissaire (Document 7.16.b).

• La pondération de ce dernier est spectaculaire : 2. Cependant, le fleuve transcrit parfaitement les variations saisonnières du niveau du lac, de hautes eaux en hiver par ruissellement et des basses eaux en été par évapotranspiration.

• Cette pondération contraste avec l'immodération du Linthipe et du Rukuvu. L'étiage très prononcé s'étend de juin à novembre (ce qui est plus bref qu'en Afrique occidentale), mais l'arrivée des hautes eaux est très brutale, et cette crue dure de décembre à mai.

De l'ampleur de ces hautes eaux découle une abondance légèrement plus élevée qu'en Afrique occidentale. Le Kilombero écoule 3,5 l/s/km^2 (classe 7 ou microréisme atténué), le Shire 4,5 l/s/km^2 (classe 8 ou microréisme soutenu) et le Linthipe 6,7 l/s/km^2 (classe 9 ou mésoréisme médian). Mais le creusement de l'étiage conduit à une grande immodération : 65 sur le Linthipe et 150 pour le Kukuvu.

b) Plus au sud-est, le Mozambique abrite des cours d'eau de régime tropical et assez abondants à une latitude où règne le désert côtier de Mauritanie en Afrique occidentale. Les cours d'eau jaugés sont des fleuves côtiers qui gagnent le Canal du Mozambique. Du nord au sud, le Pungoe s'y jette près de Sofala (Beira), la Save est située à 200 km au sud, l'Incomati et le Maputo gagnent la mer quelques kilomètres au nord de Maputo.

• La période de hautes eaux est longue sur cette côte où l'alizé apporte des pluies abondantes. Elle commence en décembre pour durer jusqu'en mai, et elle écoule 85 à 90% des eaux annuelles dont plus de 50% entre janvier et mars. Il est vrai que les basses eaux durent de juin à novembre avec un étiage de juillet septembre (ou octobre selon les bassins).

• Le régime est immodéré : 11 sur le Maputo (le plus vaste), et 145 sur la Pungoe. Mais l'originalité est l'abondance à une telle latitude. Les moins puissants n'écoulent que 2,8 l/s/km^2 (Incomati) et 3,4 l/s/km^2 (Maputo), et relèvent d'un microréisme atténué de classe 7. La Save écoule 4,4 l/s/km^2 (classe 8 ou microréisme soutenu) et le Pungoe 9 l/s/km^2 (classe 9 ou mésoréisme médian).

À l'inverse de la façade occidentale du continent où une solution de continuité aride se situe entre le régime tropical (maximum d'été) et le régime méditerranéen (maximum d'été), ici, il n'y a pas de solution de continuité avec les régimes pluvio-évaporaux très abondants de la province du Natal : Caledon, Senqu, Makhaleng et Tsehlanyane.

*5°) **Sur l'autre rive du Canal de Mozambique, le régime tropical se retrouve dans les plus grands cours d'eau de l'île de Madagascar*** (Document 7.16.d).

On jauge trois fleuves : la Mangoky draine le sud de l'île vers le Canal de Mozambique, dans une région assez sèche, la Mananara est l'un de ses affluents rive droite, et l'Ikopa, affluent de la Betsiboka gagne les secteurs très arrosés de la région de Majunga.

• Avec l'Ikopa, nous retrouvons des débits qu'on n'a plus rencontrés depuis la côte des Graines ou l'Afrique centrale équatoriale. La période de basses eaux est brève : juin à octobre, avec deux mois d'étiage au coeur de l'hiver : août et septembre. Les hautes eaux commencent en novembre et culminent en mars, pour durer jusqu'en mai. 95% de l'écoulement sont alors réalisés, dont 70% entre décembre et mars. C'est un régime parfaitement conforme à la distribution des précipitations à Majunga, qui connaît une courte saison sèche. L'Ikopa est un cours d'eau peu immodéré : 9 et surtout abondant, car avec 24 $l/s/km^2$ il relève du mésoréisme élevé de classe 11.

• Ce régime est aussi celui de la Mananara, mais avec l'amorce d'un maximum secondaire. En effet, sur les plateaux les pluies alimentées par la mousson et l'alizé sont réparties sur toute l'année avec un très net repli en octobre et secondairement en mai. La Mananara connaît effectivement des hautes eaux volumineuses de novembre à mai : 95% de l'écoulement. Mais les basses eaux sont réduites à octobre, seul mois d'étiage, alors que se dessine un maximum secondaire pluvial d'août. Ce cours d'eau reste peu immodéré : 10 et abondant : 14,2 $l/s/km^2$ (classe 10 ou mésoréisme moyen).

• Enfin, le Mangoky accuse le climat plus sec du sud-ouest de la péninsule. Les hautes eaux durent moins longtemps : décembre à avril, mais écoulent toujours plus de 90% de la lame d'eau annuelle. Surtout, non seulement les basses eaux durent plus longtemps, mais quatre mois, juillet à octobre, connaissent l'étiage. Sans atteindre la modestie des écoulements continentaux, Tanzanie et Kenya, le module reste de 9,2 $l/s/km^2$, soit encore un mésoréisme médian de classe 9, tandis que l'immodération est de 18.

6°) Les Iles de l'océan Indien sont soumises au climat d'alizé de l'hémisphère où elles se tiennent.

Le vent est presque continuellement de secteur sud-est, mais il mollit au cours de l'hiver austral, quand la C.I.T. se trouve dans l'hémisphère nord, alors que les hautes pressions subtropicales se rapprochent de l'archipel. À l'inverse, en été, l'alizé austral, qui a retrouvé toute sa vigueur, apporte un air chaud et humide qui déverse des pluies abondantes, fréquemment accompagnées de cyclones, sur les versants exposés au vent. L'écoulement rend compte de cette répartition, et se trouve bien illustré par les données relatives aux deux extrémités des Mascareignes : les Seychelles au nord et l'Ile Maurice au sud (Document 7.17).

a) L'originalité de l'écoulement à l'Ile Maurice (Document 7.17.a) réside dans l'occurrence de deux maxima très rapprochés l'un de l'autre : l'un en février, l'autre en avril ou mai.

• Globalement, le régime est tropical, avec de très hautes eaux de décembre à avril, au cours de l'été austral ; et des basses eaux le reste de l'année, avec seulement deux mois d'étiage, en octobre et novembre. Quant à la présence de deux maxima, elle est certes climatique, mais sur ces îles exiguës les bassins versants sont étroits ; le plus vaste, la Grande Rivière du Sud-ouest, ne draine que 163 km². Ajoutons un contexte montagneux, avec de très fortes pentes, et la réponse des bassins aux averses est très rapide.Ainsi, le maximum mensuel correspond au maximum pluvial tropical de février, quand la C.I.T. occupe sa position la plus méridionale ; par la suite l'écoulement devrait reculer, mais, en avril-mai survient la saison des cyclones, qui justifie un second maximum.

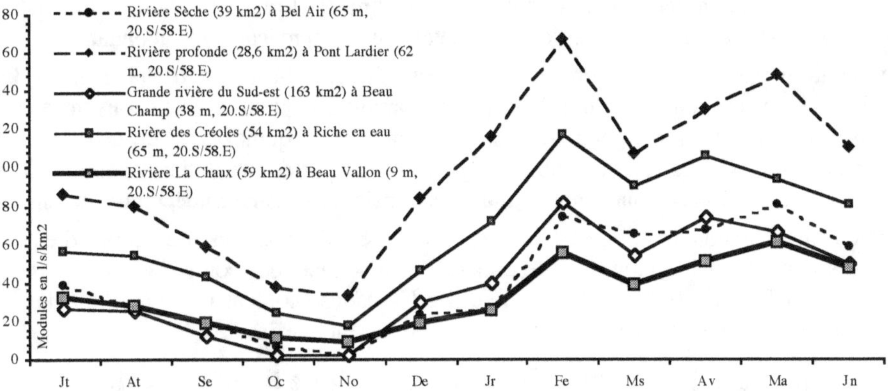

a) L'écoulement fluvial à l'Ile Maurice

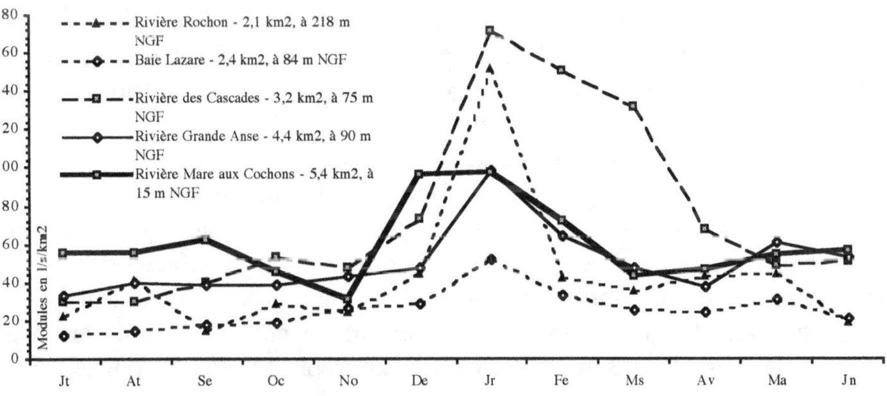

b) L'écoulement fluvial à Mahé, aux Seychelles

Document 7.17 - Les régimes fluviaux des Iles de l'océan Indien.

• Le résultat est une abondance considérable, qui donne à cette île un comportement hydrologique digne de l'équateur. En effet, le moins abondant, la Rivière La Chaux, écoule 26,5 l/s/km² et relève du mésoréisme élevé de classe 11. Avec 39,8 et 40,8 l/s/km², la Grande Rivière du Sud-ouest et la Rivière Sèche (un euphémisme) sont de mégaréisme basique de classe 12. La Rivère des Créoles : 67,8 l/s/km² et la Rivière Profonde : 97,3 l/s/km², appartiennent au mégaréisme abondant de classe 13.

Les différences observées jouent en défaveur des cours d'eau situés sous le vent.

b) Aux Seychelles (Document 7.17.b) les régimes fluviaux sont assez peu différents. L'intérêt de les analyser est que les jaugeages ont ici porté sur les cours d'eau exigus de l'île de Mahé. Le plus vaste : la Rivière Mare aux Cochons, ne draine que 5,4 km². Ce sont de véritables torrents tropicaux.

Sous 5 degrés de latitude sud, ces cours d'eau, de faible drainage, répondent presque instantanément aux averses, ce que traduisent les moyennes mensuelles et annuelles.

- Ainsi, ces torrents sont très abondants et les nuances relèvent encore de l'exposition. Le moins abondant, la Baie Lazare, écoule 26,5 l/s/km² : un mésoréisme élevé de classe 11. Les autres dont les modules vont de 44,2 l/s/km² (la Rivière Rochon) à 78,5 l/s/km² (la Rivière des Cascades) appartiennent à la classe 13 ou mégaréisme abondant.
- D'autre part, à aucun moment, on ne peut évoquer la notion d'étiage, mois dont l'écoulement est inférieur au 1/3 du module annuel. Il pleut en toute saison, mais il existe réellement un maximum zénithal au moment des équinoxes. C'est ce que traduit l'écoulement. Certes, le maximum de janvier l'emporte, car il correspond aussi au passage des cyclones ; mais un maximum secondaire se dessine en décembre et janvier.
- Quant à la pondération, elle illustre assez bien l'exposition. Les cours d'eau les moins exposés aux cyclones sont pondérés : 3 à 4, mais des cours d'eau très exposés comme la Rivière Rochon et la Rivière des Cascades écoulent jusqu'à 172 l/s/km² en janvier, d'où une immodération qui d'ailleurs n'atteint que 10.

F - Typologie des régimes fluviaux en Afrique intertropicale

Les régimes fluviaux de l'Afrique intertropicale obéissent aux rythmes saisonniers des pluies et des sécheresses. Au voisinage des tropiques, l'écoulement, souvent immodéré, oppose une brève période de hautes eaux estivales à une longue période d'étiage. Vers l'équateur, cet écoulement gagne en pondération, avec deux périodes de hautes eaux quand le soleil passe au zénith, et deux périodes de basses eaux. Toutefois, le traitement de 113 jaugeages en Afrique intertropicale a révélé quelques nuances régionales.

Au nord de l'équateur, nous disposons d'une série de jaugeages assez bien répartis entre le Sénégal et l'Ethiopie. Les mesures ont été effectuées entre 5 et 15 degrés de latitude nord, c'est-à-dire dans une partie du continent africain soumise à une longue saison sèche, interrompue par une courte saison des pluies. Les cours d'eau sont de régime pluvial tropical avec une longue période de basses eaux et une crue courte, mais qui participe à la majeure partie de l'écoulement. La réalisation de moyennes régionales (Document 7.18.a) permet de montrer que les régimes se pondèrent d'ouest en est (ce qui est parfaitement l'inverse de la zone tempérée) du fait de l'allongement de la période de hautes eaux.

Un moyen de l'illustrer consiste à retenir comme mois de hautes eaux ceux dont le coefficient d'écoulement est supérieur à 1. Dans l'ensemble, entre 70 et 80% des eaux sont alors écoulés.

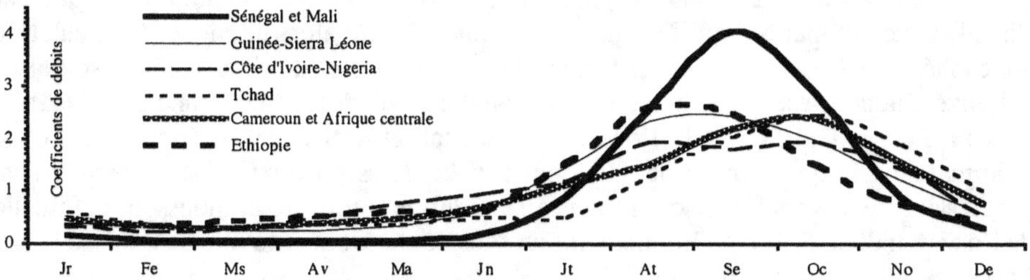

a) Les grands types de régimes tropicaux africains au nord de l'équateur.

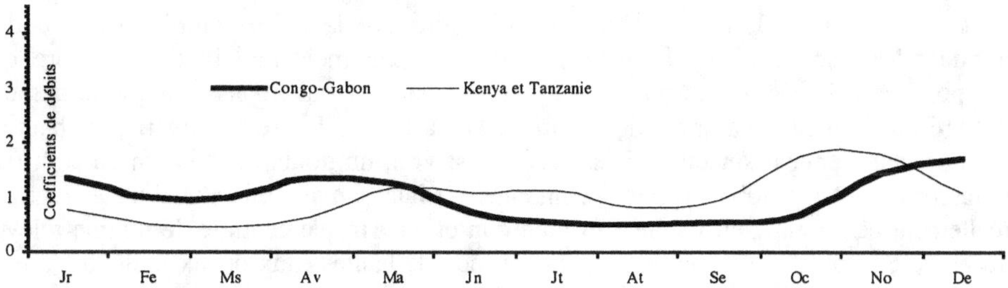

c) Les régimes équatoriaux.

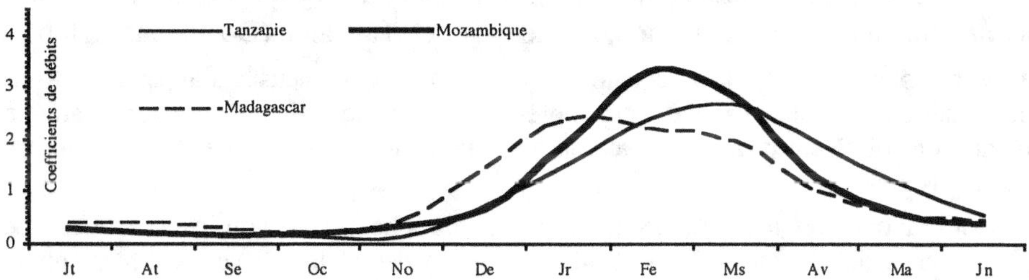

d) Les régimes tropicaux de l'Afrique sud-orientale et de Madagascar

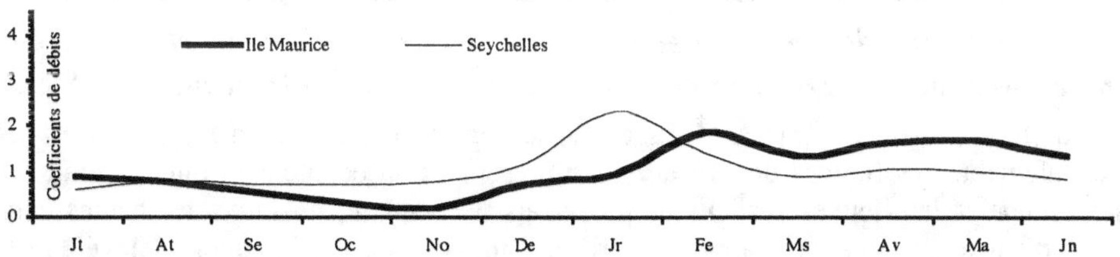

e) Les régimes insulaires de l'océan Indien.

Document 7.18 - Typologie des régimes tropicaux en Afrique.

• Dans la partie la plus continentale, là où les moussons de l'Atlantique et de l'océan Indien pénètrent mal, le régime le plus tranché se rencontre à l'est, au Sénégal et au Mali. Les hautes eaux ne durent que trois mois : août à octobre, et le coefficient de pondération atteint alors 135. Cet exemple est souvent pris comme caractéristique de l'écoulement tropical. Pourtant, plus à l'est, au Tchad bien plus sec, cette saison des pluies dure quatre mois d'août à novembre. Même les fleuves d'Ethiopie, sur les marges de l'océan Indien, connaissent eux aussi des hautes eaux étalées sur quatre mois de juillet à octobre.

• L'explication qui dans le détail pourrait être structurale, ne peut se justifier que par l'incidence du climat dès qu'il s'agit de moyennes. Il faut alors impliquer la circulation atmosphérique. Ces savanes situées au nord de l'équateur sont principalement soumises à l'alizé du nord-est (et à la mousson quand l'alizé du sud-est franchit l'équateur pendant l'été boréal). Or, vers l'ouest, vers le Mali et le Sénégal, l'alizé est sec, c'est l'Harmattan, à qui l'on doit la longueur et la sécheresse des hivers. Mais, progressivement, vers l'est, son influence se réduit au profit de la mousson, dont celle de l'océan Indien. Enfin, en Ethiopie, il faut sans doute évoquer le rôle de l'altitude dans l'accroissement des précipitations.

On relèverait un mécanisme semblable le long du golfe de Guinée.

• Au sud du Sénégal, le long de la côte des graines, de la Guinée au Sierra Leone, du fait de la Mousson africaine, les hautes eaux durent cinq mois, de juillet à novembre, ce qui pondère à 11 des cours d'eau pourtant abondants. Nous avons souligné ci-dessus l'allure faussement équatoriale des régimes. De la Côte d'Ivoire au Nigeria, les hautes eaux se maintiennent sur cinq mois, avec, il est vrai, un double maximum en août (la mousson) et en octobre (pluies zénithales). Mais jamais on n'atteint le régime réellement équatorial ; et, même au Cameroun et en Afrique centrale, le régime relève du modèle tropical avec une très longue période de hautes eaux de six mois, de juin à novembre. Dans ces derniers cas de figures, la pondération est de 8.

Le régime purement équatorial n'intéresse qu'un espace réduit, que nous avons isolé au Gabon, au Congo, au Kenya et en Tanzanie (Document 7.18.b).

• Vers l'ouest, la répartition équatoriale des écoulements mensuels apparaît réalisée : deux périodes de hautes eaux peu après les équinoxes. En Afrique orientale, les répartitions diffèrent peu, deux maxima d'écoulement séparés par des basses eaux très peu creusées.

. Nous avons longuement discuté l'origine du phénomène ; on peut évoquer des phénomènes de mousson, on peut aussi songer à des affluents venus d'hémisphères différents et dont les hautes eaux tropicales seraient en opposition de phase. Mais, bien souvent, ces crues correspondent au moment où le soleil est au zénith de l'équateur.

Les régimes des cours d'eau de l'Afrique sud orientale et de l'océan Indien sont marqués par la réponse à une saison des pluies (Document 7.18.c).

• Sur le continent comme à Madagascar, les hautes eaux concernent 70 à 80% de l'écoulement. Les fleuves du Mozambique présentent un écoulement qui ne serait pas sans rappeler les fleuves maliens et sénégalais. Cependant, la durée des hautes eaux s'étend sur quatre mois, de janvier à avril, et l'immodération : 21, quoiqu'élevée, reste inférieure à celle de l'Afrique de l'ouest. Vers l'intérieur, cette durée s'allonge en Tanzanie : cinq mois, de janvier à mai, comme sur la Grande Ile : cinq mois de hautes eaux également, de décembre à avril. Du fait d'une situation en façade orientale, l'alizé, comme les moussons, contribuent à l'abondance comme à la pondération, avec même l'apparition d'une sorte de maximum secondaire à Madagascar.

• Ce double maximum se confirme sur les petites îles. Mais, ici, la saison des hautes eaux est bien plus durable : cinq à six mois de l'été austral, avec un maximum principal correspondant au passage de la C.I.T. Le résultat est une pondération réduite à 9 à l'Ile Maurice, et à 3 aux Seychelles.

Au sud du Sahara, l'Afrique est souvent définie par la rigueur des sécheresses et des étiages qui leur sont afférents.Mais il ne faut pas généraliser, la sécheresse concerne essentiellement les régions "sahéliennes" d'Afrique du nord-ouest, à l'ouest du Tchad. Cela se traduit effectivement par un écoulement très immodéré. Mais, ailleurs, malgré des étiages qui peuvent rester assez creusés, l'eau est plus abondante en dehors des régions équatoriales, c'est flagrant près du golfe de Guinée, en Ethiopie et dans l'est africain. Cette abondance est le fruit du relief, et d'une circulation atmosphérique favorable. On comprend mieux que les plus grands aménagements hydrauliques se trouvent par ici : barrage de Kossou sur la Bandama en Côte d'Ivoire, barrage d'Akossombo sur la Volta au Ghana, Kainji-Dam sur le Niger au Nigeria, barrages de Kariba et Kabora-Bassa sur le Zambèze, même si ces aménagements sont très loin d'atteindre l'ampleur de leurs homologues sud-américains.

Toutefois, dans sa majeure partie l'écoulement africain relève du modèle pluvial tropical, ce qui contribue à donner l'illusion d'un continent mal drainé et sec. C'est oublier que le Zaïre est le second fleuve du monde par son débit.

III - L'écoulement en Amérique tropicale

En Amérique latine, l'écoulement pluvial intertropical bénéficie d'une double originalité. D'abord, aux latitudes où, en Afrique, s'étalent le Sahara et le Kalahari, l'Amérique est étroite et montagneuse dans l'hémisphère sud, et "isthmique et insulaire" dans l'hémisphère nord. Le déficit hydrologique issu de la proximité des grands déserts que nous avons relevé sur le Niger et le Zambèze, n'existe pas. À l'inverse, le développement zonal du continent prend toute son ampleur à des latitudes proches de l'équateur.

La répartition des précipitations, par ailleurs plus abondantes qu'en Afrique intertropicale, y prend presque partout une allure équatoriale, avec deux maxima pluviométriques (Document 7.3). En fait ce n'est que l'originalité du climat d'alizé, qui oppose une saison sèche en hiver, à une saison de pluies ou Carême, en été. Mais la brève extension anticyclonique du coeur de l'été interrompt le Carême par une courte saison sèche, et donne deux maxima aux pluies estivales. L'écoulement s'en fait généralement l'écho.

Enfin, au Mexique, pays par lequel nous aborderons le domaine, la présence d'une chaîne de montagnes méridienne : la Sierra Madre, réduit, voire évite, "l'allogénie" observée sur le Niger et sur le Nil. Les affluents du Rio Bravo relèvent d'un écoulement nival de montagne en milieu aride. La transition avec l'écoulement tropical humide, marquée par l'Armeria et le Rio Grande de Santiago, se fait assez brutalement. Au sud du 20ᵉ parallèle nord, le climat devient très pluvieux.

A - Le Mexique, l'Isthme de Panama et les Antilles

Cette partie de l'Amérique n'est jamais "continentale", et la caractéristique de sa potamologie est un écoulement pluvial abondant à double maximum (Document 7.19 et 7.20). En règle générale, comparées aux hautes eaux qui écoulent 80% des eaux entre mai et décembre, les basses eaux sont brèves. Ces hautes eaux font l'objet d'un premier maximum au début de l'été, puis d'un second au début de l'automne, toujours plus important. Cependant, la diversité du milieu isthmique et insulaire impose une typologie. Les tributaires du versant pacifique, soumis à la mousson dans un contexte montagneux (la ceinture de feu du Pacifique), sont les plus abondants. Les cours d'eau "continentaux" tributaires de la mer des Caraïbes sont soumis au même climat ; leurs régimes seraient les mêmes sans l'influence du karst.Enfin, dans les îles, si le rôle de l'exposition ne change pas le régime, il modifie considérablement le quotient d'écoulement et, par voie de conséquence, le module spécifique.

1°) Les tributaires du Pacifique sont très abondants. Entre les 17e et 8e parallèles de l'hémisphère nord, nous avons pu analyser les régimes de 14 cours d'eau : trois mexicains, trois salvadoriens, trois costa-riquiens et cinq panaméens (Document 7.19).

Afin de permettre une comparaison avec l'Afrique et l'Asie, nous avons été amenés à préciser la définition des hautes eaux et de l'étiage : les mois de hautes eaux écoulent un module mensuel supérieur à la moyenne annuelle ; à l'inverse, il y a étiage (ou très basses eaux) quand le module du mois est inférieur au 1/3 à la moyenne annuelle. Si l'on respecte cette double définition, il s'avère que les hautes eaux sont plus durables qu'en Afrique : quatre mois en moyenne ; à l'inverse, l'étiage se réduit, voire disparaît au sud du 13e parallèle. En effet, il tombe fréquemment plus de 2 000 mm d'eau chaque année sur les reliefs.

Le Mexique jauge la Santa Catalina, le Rio Verde et le Suchiate (Document 7.19.a). Avec un long étiage, ils évoquent la sécheresse estivale.

- La Santa Catalina est le plus septentrional, aussi ses hautes eaux sont-elles reportées vers l'automne, de juillet à novembre, et cela sans maximum secondaire, celui-ci ne se dessine que plus au sud sur le Rio Verde et le Suchiate, avec un crue plus précoce : juin à octobre.
- Mais partout les hautes eaux écoulent 78 à 80% du total annuel, au cours de la saison de pluies, ce qui engendre une immodération de 15. Néanmoins, l'abondance est liée à l'exposition.
- La Santa Catalina écoule 30 l/s/km^2 : un mésoréisme élevé de classe 11, et, avec 64 l/s/km^2, le Suchiate relève du mégaréisme abondant de classe 13. À l'abri des montagnes d'Oaxaca, le Rio Verde écoule beaucoup moins d'eau : 8 l/s/km^2, dans le cadre d'un mésoréisme médian de classe 9 (un module qui, toutefois, serait jugé important en Afrique).

Le Honduras jauge la Lempa, le Rio Grande de San Miguel et le Goasoran (Document 7.19.b).

Ils continuent d'opposer un long étiage de décembre à avril, à de longues et abondantes hautes eaux à double maximum de juin à octobre pouvant écouler jusqu'à 91% des eaux sur le Goasoran.

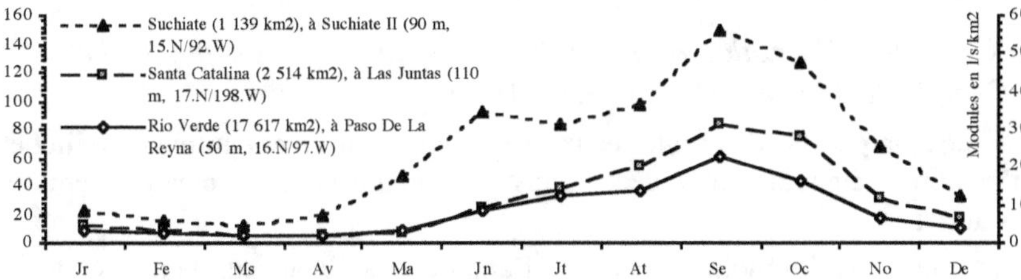

a) Bassins-versants du Mexique oriental : entre 15 et 16 degrés de latitude nord.

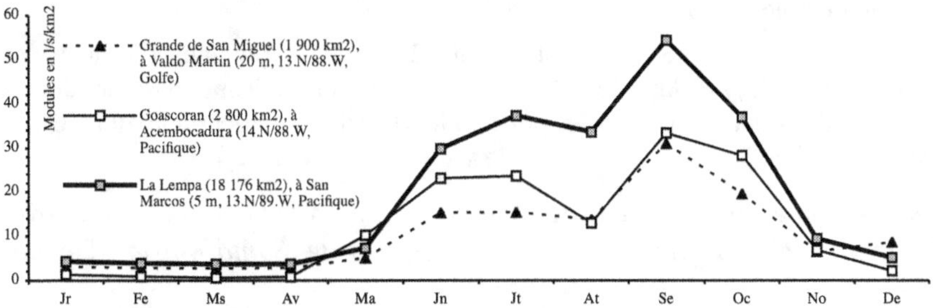

b) Bassins-versants d'El Salvador : entre 13 et 14 degrés de latitude nord

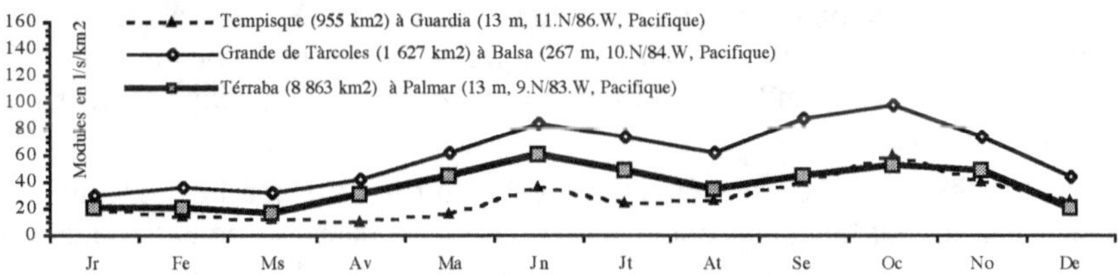

c) Bassins-versants du Costa Rica : entre 9 et 11 degrés de latitude nord

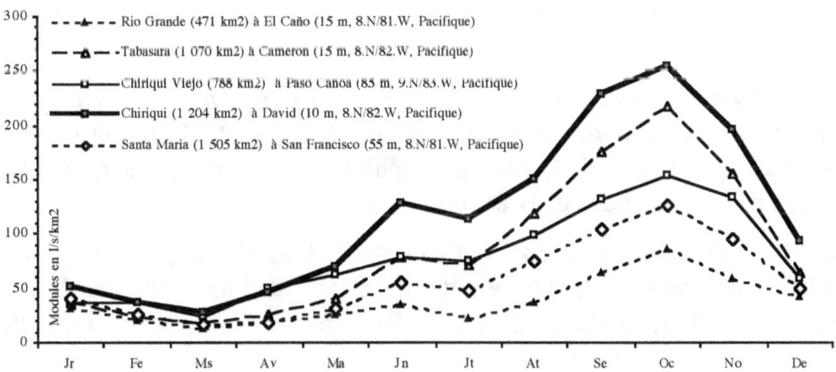

d) Bassins-versants du Costa Rica : entre 8 et 9 degrés de latitude nord

Document 7.19 - Amérique centrale : régimes des tributaires du Pacifique.

- Reflet d'une pluviométrie tranchée, l'immodération, de 13 sur la Lempa et le Rio Grande, atteint 51 sur le Goasoran.

• Il en résulte aussi une abondance moindre pour la région : le Rio Grande de San Miguel écoule 10,6 l/s/km² et ne relève que du mésoréisme médian de classe 9, tandis qu'avec 12 l/s/km² pour le Goasoran, et 19,1 l/s/km² sur la Lempa, on atteint le mésoréisme moyen de classe 10.

Au Costa Rica la notion d'étiage disparaît sur le Tempisque, la Térraba et le Rio Grande de Tàrcoles (Document 7.19.c).

• À l'inverse, la période des hautes eaux, bien divisée par un maximum de juillet et un autre d'octobre, s'étend de juin à décembre sur le Tempisque et de mai à novembre sur les deux autres.

• Aussi, reflet de pluies moins tranchées à l'approche de l'équateur, la pondération est-elle meilleure : 6 sur le Tempisque, et 3,5 sur la Térraba et le Rio Grande de Tàrcoles. À l'inverse, le module s'accroît.

• Le Tempisque, le moins abondant, écoule 27,2 l/s/km² (un mésoréisme élevé de classe 11), avec 36,5 l/s/km² le Térraba relève du mégaréisme basique de classe 12 ; quant au Rio Grande de Tàrcoles qui écoule 61 l/s/km², il appartient au mégaréisme abondant de classe 13

Ce dysréisme reste la règle au Panama où l'on jaugea un autre Rio Grande, le Tabasara, le Chiriqui, le Chiriqui-Viejo, et le Santa-Maria (Document 7.19.d).

• Ce sont des bassins-versants de 450 à 1 500 km² très sensibles aux variations des précipitations. Aussi, selon l'abri des "méandres" de la Cordillère centrale, la durée des hautes eaux peut atteindre sept mois sur le Chiriqui, ou être réduite à quatre mois : sur le Tabasara, le Chiriqui-Viejo et le Santa-Maria avec apparition d'un étiage de deux mois : mars et avril sur le Tabasara.

• L'immodération varie dans le même sens de 6 : Chiriqui Viejo, à 12 : Tabasara. Mais ces cours d'eau restent très abondants : deux relèvent du mégaréisme basique de classe 12 : le Rio Grande : 37,4 l/s/km² et la Santa Maria : 57 l/s/km² ; deux autres relèvent du mégaréisme abondant de classe 13, le Chiriqui Viejo : 78,3 l/s/km² et le Tabasara : 85,4 l/s/km² ; enfin, avec 116,3 l/s/km², le Chiriqui appartient au mégaréisme démesuré de classe 14.

2°) Les tributaires de la mer des Caraïbes sont moins abondants et parfois fortement marqués par une forte pondération (Document 7.20). Plus que sur le versant pacifique, le rôle de l'abri topographique, et surtout du karst, modifie la répartition et le volume des eaux écoulées.

a) Le Mexique jauge neuf cours d'eau tributaires du golfe, dont trois au Yucatán. Quatre sont à proximité du domaine semi-aride du nord-est : le Tecolutla, le Bobos, le Papaloapan et le Pànuco, par 20-22 degrés de latitude nord (Document 7.20.a).

• Toutefois, malgré une saison sèche (Pmm < 2.t°C) de janvier à avril à Vera-Cruz, l'étiage, tel que nous l'avons défini, est quasi inexistant (mars sur le Pànuco). Ces cours d'eau ont une longue période de hautes eaux pluviales tropicales de juin à novembre, période qui, sur tous ces fleuves, écoule 60 à 80% des eaux annuelles ; mais seul le

Bobos offre réellement deux maxima. C'est un taux assez faible comparé au versant pacifique, et qui explique que les basses eaux soient soutenues.

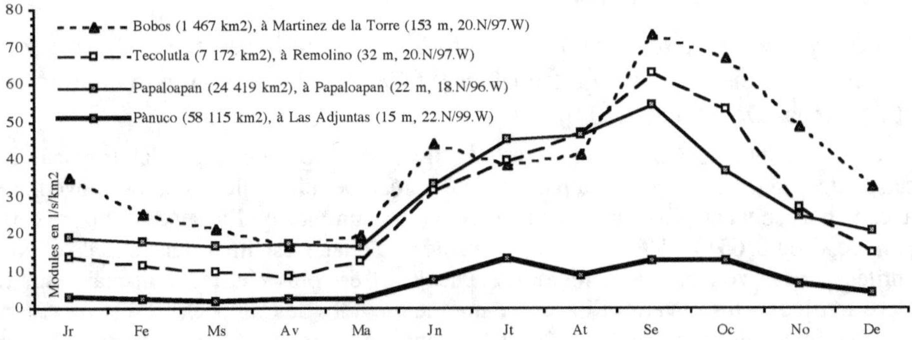

a) Bassins-versants mexicains septentrionaux : entre 20 et 22 degrés de latitude nord

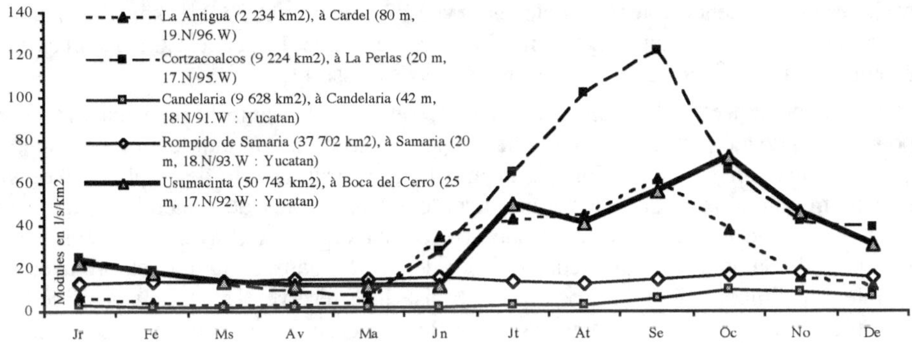

b) Bassins-versants mexicains méridionaux : entre 17 et 19 degrés de latitude nord

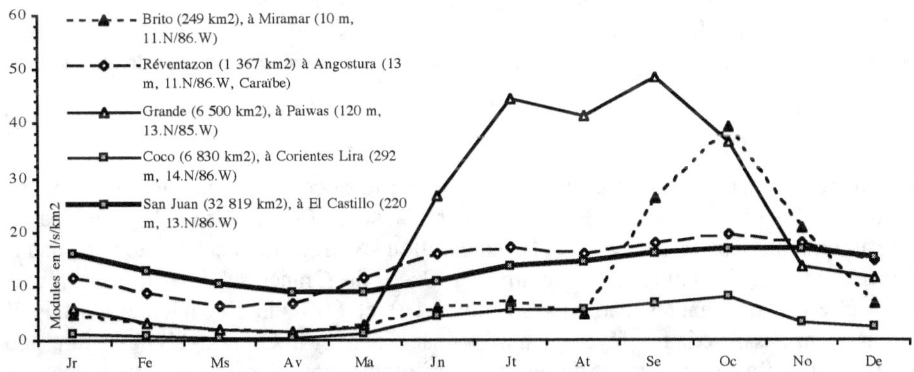

c) Bassins-versants du Nicaragua et du Costa Rica : entre 11 et 14 degrés de latitude nord

Document 7.20 - Amérique centrale : régimes des tributaires de la mer des Caraïbes.

• Il n'existe aucune raison climatique à cela ; il faut évoquer des réserves karstiques, probables dans les calcaires méso- et cénozoïques de la Sierra Madre orientale. La relative pondération de 3 sur le Papaloapan à 7 sur le Tecolutla et le Pànuco serait alors justifiée. L'ampleur des précipitations estivales explique alors l'abondance relative. Le Tecolutla écoule 27,6 l/s/km^2, et le Papaloapan 29/s/km^2, ce qui en fait des cours d'eau de mésoréisme élevé de classe 11. Le Bobos, quant à lui, écoule 38,5 l/s/km^2 : un mégaréisme basique de classe 12. La modestie du Pànuco : 6,3/s/km^2 ou microréisme soutenu de classe 8, évoque l'abri.

b) Plus au sud, vers le Yucatán, on note le retour de l'étiage. Six bassins sont jaugés : l'Usumacinta, le Cortzacoalcos, la Candelaria, le Rompido de Samaria et l'Antigua (Document 7.20.b).

• L'Usumacinta, le Cortzacoalcos et l'Antigua sont de régime pluvial tropical. La saison des hautes eaux reste centrée sur l'été boréal, de juin-juillet à octobre-novembre, avec le plus souvent deux maxima ; mais selon l'occurrence ou l'absence d'étiage, cette période écoule 65 à 85% des eaux annuelles. L'étiage est important sur l'Antigua, abritée par les volcans de la région de Puebla. Il est plus court - avril-mai - sur le Cortzacoalcos, plus ouvert à l'influence marine du golfe de Campêche. Il est inexistant sur l'Usumacinta, mais au Yucatán, il faut aussi évoquer l'influence karstique. Il en résulte une réduction de l'immodération : 24 sur l'Antigua et 6 sur le l'Usumacinta. Mais les écoulements restent très élevés. Avec 22,7 l/s/km^2 et 32,2 l/s/km^2 l'Antigua et l'Usumacinta relèvent du mégaréisme basique de classe 12 ; et le Cortzacoalcos qui écoule 44,8 l/s/km^2 relève du mésoréisme élevé de classe 11.

• La Candelaria et le Rompido-de-Samaria sont sous le contrôle du karst avec une pondération de 6,6 pour le premier et de 1,4 pour le second. Pourtant les comportements hydrologiques diffèrent. La Candelaria nivelle et retarde le rôle de la pluie, avec un maximum unique et tardif, en octobre, avec des hautes eaux de septembre à janvier : c'est le rôle normal d'une réserve lacustre ou karstique. À l'inverse, le régime du Rompido de Samaria est purement tropical : des hautes eaux de juin à octobre avec un double maximum (juin et octobre). Mais les réserves souterraines nivellent l'écoulement. Dans le premier exemple les réserves sont encore modestes, la pondération est réduite ; dans le second, les réserves sont considérables, et seule une partie des débits enregistrés relève d'un ruissellement. Preuve en est : le premier, par ailleurs abrité par les Chiapas, n'écoule que 4,3 l/s/km^2 (classe 8 ou microréisme soutenu), alors que le Rompido de Samaria relève du mésoréisme moyen de classe 10.

c) Cette diversité se retrouve sur les côtes du Nicaragua et du Costa Rica (Document 7.20.c).

• Quatre bassins-versants drainent le Nicaragua : le Coco, le Grande, le San Juan et le Britto (250 km^2 seulement) et un dernier dans le Costa Rica : le Reventazon. Apparemment, deux relèveraient de la pondération karstique ou lacustre : le San Juan au Nicaragua et le Reventazon. Le régime du Coco, du Grande et du Britto est pluvial tropical avec des hautes eaux participant à 70 et 80% de l'écoulement. Mais ils connaissent aussi l'étiage : février à mai pour le Coco, et le Grande, février à juin pour le Britto. Ce n'est que le reflet du jeu de l'abri montagnard dans ce pays de volcans, et du "poids" des versants au vent et sous le vent. Il en résulte une immodération qui atteint 31 sur le Grande. Surtout, les modules en souffrent. Si le Grande écoule 19,8 l/s/km^2 (classe 11 ou mésoréisme élevé), le Britto n'écoule que 10,4 l/s/km^2 (classe 9 ou mésoréisme médian), et le Cocos 3,3 l/s/km^2 seulement (classe 7 ou microréisme atténué). C'est une bonne illustration de la sensibilité de l'écoulement tropical aux conditions climatiques, ici amplifiée par l'exiguïté des bassins-versants dans l'isthme américain.

• Le San Juan est abondant : 13,3 l/s/km² (classe 10 ou mésoréisme moyen), mais cet émissaire du lac Nicaragua est très pondéré : 1,9, et ne répercute que les variations de la hauteur des eaux du lac, maximales en été et en automne. Le Reventazon écoule la même quantité d'eau : 13,6 l/s/km², avec une pondération analogue : 3, mais sept mois ont un débit de hautes eaux, supérieur à 13,6 l/s/km². Ce n'est ni une pondération lacustre, ni une pondération karstique. Quelle cause invoquer ?... peut-être la restitution des eaux infiltrées dans les cônes de scories...

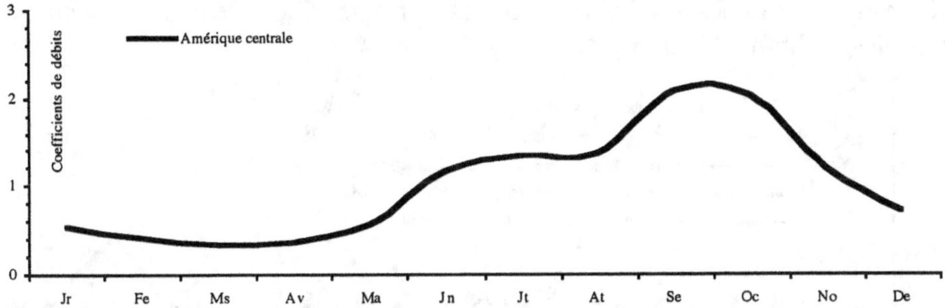

Document 7.21 - Le régime pluvial tropical d'Amérique centrale

*3°) **Mais les régimes de l'Amérique centrale restent typiquement tropicaux.*** L'écoulement y est simultanément le reflet du climat et de la taille des bassins-versants. En effet, hors du Mexique, les bassins-versants sont beaucoup plus étroits qu'en Afrique, ce qui les rend très sensibles aux fluctuations pluviométriques locales, lesquelles relèvent d'une double influence.

• La première, d'ordre général, est la coupure de la saison des pluies en deux maxima, que les bassins-versants reproduisent fidèlement dans un régime d'allure équatoriale. Mais ce n'est qu'une illusion, le régime est typiquement pluvial tropical. En effet, l'année hydrologique est divisée en deux : une période de basses eaux (moins associée à un étiage qu'en Afrique), au début de l'année civile, de janvier à mai ; et une période de hautes eaux dans la seconde partie de l'année, où l'originalité de la circulation atmosphérique introduit un double maximum, généralement en juin ou juillet et septembre ou octobre (Document 7.21).

• L'autre originalité relève de l'exiguïté des bassins qui accentue le rôle de leur exposition. À quelque distance, on peut rencontrer des écoulements dont le rapport des modules moyens peut être décuplé entre un bassin sous le vent et un bassin au vent.

Toutefois, l'Amérique centrale est très arrosée, et annonce une réalité propre au continent : des fleuves abondants et plus utiles qu'en Afrique.

B - L'originalité équatoriale sud-américaine

Le régime équatorial avec deux maxima : l'un au printemps et l'autre en automne, fruits du passage de la C.I.T. au zénith, séparés par deux minima bien individualisés, caractérise l'écoulement insulaire et celui du nord de l'Amérique du Sud. Voilà une différence supplémentaire avec les régimes tropicaux africains. Pourtant, il offre une autre originalité : celle de sa disparition à l'équateur.

1°) ***La transition régime tropical - régime équatorial est bien représentée à Cuba et à la Jamaïque***, où l'on a jaugé quelques cours d'eau (Document 7.22).

a) L'écoulement cubain relève encore de l'Amérique centrale. Les hydrologues gèrent cinq bassins versants ; trois vers la mer des Caraïbes : le Damuiji, le San Diégo et le San Cristobal, et deux vers l'Atlantique : la Rioja et le Toa. Outre l'évolution vers un régime équatorial, il faut aussi prendre en compte les réserves souterraines et l'exposition des versants. C'est ce que révèlent les modules et l'immodération.

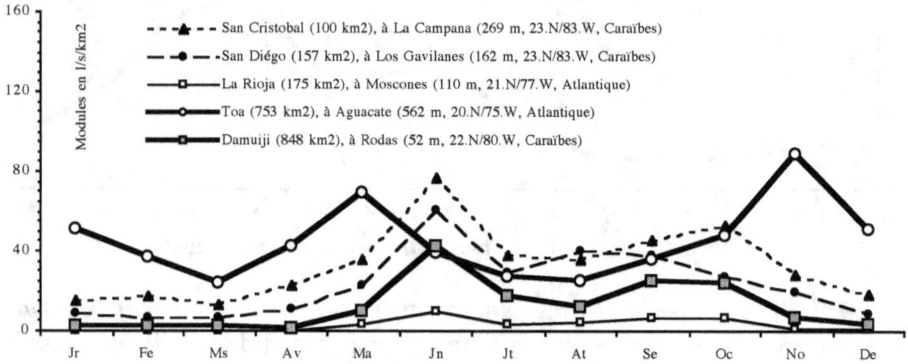

a) Bassins-versants cubains (en gras : tributaires de l'Atlantique, et fin : tributaires de la mer des Caraïbes).

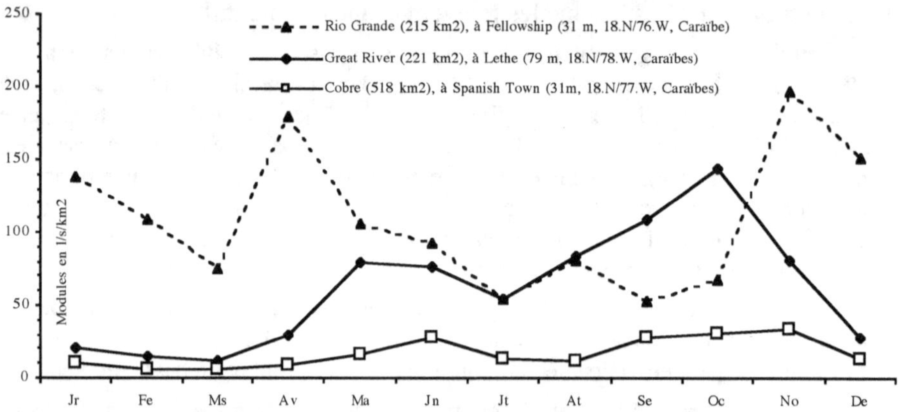

b) Bassins-versants jamaïcains

Document 7.22 - Régimes pluviaux des Caraïbes.

• Le régime du Damuiji, du San Diégo et de la Rioja reste tropical avec des hautes eaux qui, entre mai-juin et octobre, écoulent 80% du total annuel. Ils connaissent aussi l'étiage de janvier à avril, reflet d'une position abritée. L'immodération, de 10 seulement sur le San Diégo, atteint 250 sur la Rioja. Le module est proportionnel à l'effet d'abri : le San Diego écoule 23 l/s/km^2 (classe 11 ou mésoréisme élevé), le Damuiji n'écoule plus que 12,3 l/s/km^2 (classe 10 ou mésoréisme moyen), et la Rioja fait figure d'oued avec 3,2 l/s/km^2 (classe 7 ou microréisme atténué).

• À l'inverse, le San Cristobal et le Toa relèvent d'une exposition aux alizés associée à des réserves karstiques. Le premier est encore tropical avec des hautes eaux à deux maxima de mai à octobre, qui n'écoulent que 71% du total annuel, du fait d'un soutien pluvial et souterrain en saison sèche. Le résultat est une pondération de 6, associée à un module de 33,3 l/s/km^2 relevant du mégaréisme basique de classe 12. Sur la Toa, l'allure équatoriale du régime se précise avec un maximum de mai et un second de novembre, ce qui améliore la pondération : 4, laquelle est alors associée à un module de 44,6 l/s/km^2 relevant toujours du mégaréisme basique de classe 12.

b) En Jamaïque les régimes prennent plus nettement une allure équatoriale, avec deux périodes de hautes et deux de basses eaux bien tranchées, séparées par un maximum d'écoulement au printemps et en automne. Il est vrai que les hydrologues ne gèrent, apparemment, que les bassins les mieux exposés et les mieux arrosés : le Rio Grande, la Cobre et la Great River.

• On peut y relever l'effet au-vent/sous-le-vent dans l'apparition d'un étiage sur la Great River en février et mars. À l'image de Cuba, le Rio Grande, qui écoule 109 l/s/km^2 (classe 14 ou mégaréisme démesuré) est pondéré : 3,7 ; alors que la Great River, qui écoule encore 60,8 l/s/km^2 (classe 13 ou mégaréisme abondant) est plus immodérée : 12. Entre ces deux extrêmes la Cobre relèverait d'une pondération karstique : 6, avec un module "plus faible" ; mais encore de : 17 l/s/km^2 (classe 10 ou mésoréisme moyen), lequel évoque aussi une situation abritée des vents pluvieux.

• Dans les régimes intertropicaux, les modules élevés vont de pair avec une pondération.

2°) Les vrais régimes équatoriaux à deux maxima ne sont bien dessinés qu'au nord des Andes, sur le Magdalena et ses affluents, et sur les cours d'eau du versant nord de la Sierra de Merida, au Venezuela (Document 7.23).

a) Le Venezuela jauge le Mototan, tributaire de la Lagune de Maracaïbo, et le Tocuyo qui gagne la mer des Caraïbes (Document 7.23.a).

• Le climat local est original, car il ne reçoit que 500 mm d'eau chaque année ; certes, les pluies sont apportées par l'alizé et elles sont maximales au passage de la C.I.T. au zénith, mais les situations anticycloniques fréquentes associées à l'abri des massifs montagneux, donnent au milieu un aspect semi-désertique. C'est le régime équatorial qui sauve les cours d'eau d'un étiage prononcé.

• Les deux cours d'eau sont peu abondants ; le Mototan n'écoule que 7,5 l/s/km^2 (classe 9 ou mésoréisme médian) et le Tocuyo 3,3 l/s/km^2 seulement (classe 7 ou microréisme atténué). Mais la répartition saisonnière des pluies favorise l'occurrence de deux maxima en mai-juin et octobre-novembre. Au total, les hautes eaux durent de 5 à 6 mois ; aussi les basses eaux, réparties en deux saisons, et probablement soutenues par les réserves souterraines des massifs calcaires, ignorent l'étiage. Aussi, malgré la modestie de leur écoulement, ces cours d'eau sont-ils relativement pondérés : 4 et 7.

b) En Colombie les régimes de la Cauca et du Magdalena sont plus difficiles à interpréter (Document 7.23.b). Ces deux fleuves drainent les deux vallées méridiennes structurales qui séparent les trois cordillères des Andes de Colombie. Ces montagnes reçoivent plus de 3 000 mm vers leurs sommets qui dépassent 5 000 m d'altitude. Aussi, malgré une latitude équatoriale, la neige est quotidiennement abondante.

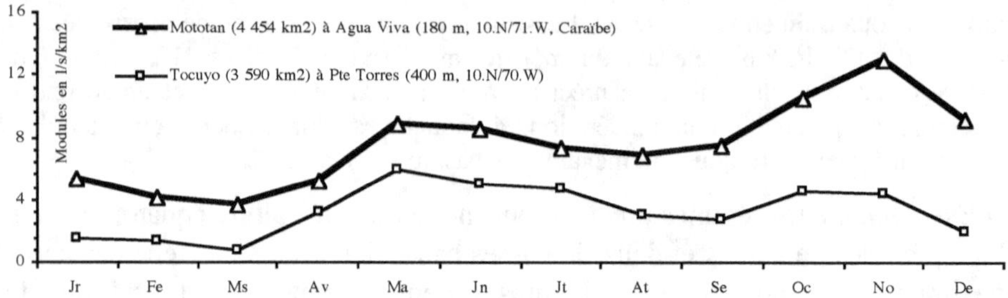

a) Bassin-versant de régime caraïbien à deux maxima.

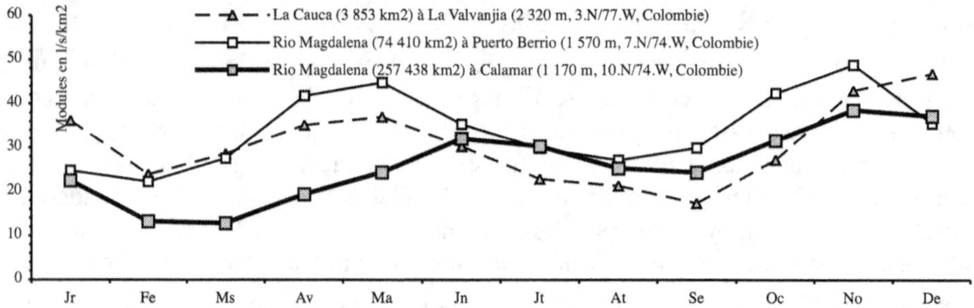

b) Le Magdalena et le régime équatorial de montagne : la réserve nivo-glaciaire des Andes est pérenne ; mais le régime de sa fonte est diurne et non-saisonnier, ce qui assure la pondération de l'écoulement.

Document 7.23 - Le régime équatorial à double maximum.

• La Cauca est jaugée très à l'amont de son bassin-versant, à 2 370 m d'altitude, là où elle ne draine que 6 000 km^2. Elle est très abondante : 30,8 l/s/km^2, et relève du mésoréisme élevé de classe 11. Elle reflète assez parfaitement le régime zénithal des pluies des Andes équatoriales, avec un maximum proche des solstices, en mai et en décembre. Mais la notion d'étiage n'existe pas, et le cours d'eau est pondéré : 2,7. Une telle pondération ne peut s'expliquer que par l'intervention d'un processus régulateur qui, ici, ne peut être qu'un tapis neigeux. En effet, sous ces latitudes, au niveau des Tierras Geladas, la couverture neigeuse est pérenne, mais cette pérennité n'est que statistique, elle fond au plus chaud de la journée, mais se reconstitue chaque nuit. Ce processus ne peut avoir qu'un effet pondérateur.

• Le régime du Magdalena lui-même en diffère peu. Le fleuve est jaugé en deux points, à Puerto Barrio, à 1 570 m, à l'aval d'un bassin de 74 500 km^2, et à Calamar, à 1 100 m, à l'aval de 260 000 km^2 de drainage. À Puerto Barrio, le régime est identique à celui de la Cauca : deux maxima de mai et novembre, sans étiage intermédiaire. Le module est élevé : 34,2 l/s/km^2 (classe 12 ou mégaréisme basique) et l'écoulement est pondéré : 2,2. Le Magdalena était navigable naturellement, la difficulté (comme sur de nombreux cours d'eau tropicaux) vient de la présence de rapides qu'au XIXe et au XXe siècle on contournait par des voies ferrées : procédure simple, mais génératrice de coûteuses ruptures de charges. Vers l'aval, le régime se rapproche du modèle centre-américain ; en effet, le maximum de printemps a glissé sur juin et juillet alors que le maximum d'automne se maintient en novembre : on passe ainsi progressivement au régime tropical de l'Amérique centrale. Mais le cours d'eau reste abondant : 26 l/s/km^2 (classe 11 ou mésoréisme élevé) et pondéré : 3.

3°) Au sud, dans les Llanos et les Guyanes, on passe au régime tropical à un seul maximum. En effet, le climat n'est pas sans rappeler celui des rivages de Tanzanie, du Mozambique et de Madagascar. C'est un climat d'alizé, très arrosé, mais qui connaît un maximum estival, quand la C.I.T. est dans l'hémisphère nord.

a) Conscient que ses richesses pétrolières ne sont pas inépuisables, le Venezuela a songé à harnacher les fleuves de l'intérieur d'équipements hydroélectriques, notamment *l'Orénoque* et ses affluents : *l'Apure* et le *Caroni.* Mais de nombreux bassins secondaires ont aussi été jaugés sur la côte caraïbe et dans la sierra de Merida au nord-ouest.

Les jaugeages permettent ainsi de montrer que le rôle de l'abondance pluviométrique reste assez comparable à celui qu'on lui donna en Amérique Centrale. Le climat est semi-aride au nord-ouest et au nord du pays, avec 500 à 1.000 mm de pluies annuelles seulement ; mais très vite, au sud, sur la rive droite de l'Orénoque, les précipitations dépassent 2 000 mm par an.

Le long de la côte caraïbe, les jaugeages démontrent la sensibilité des écoulements (Document 7.24). L'Aragua vient de la Cordillère de Tisieza dans la province de Sucre, le Tuy draine, plus à l'ouest la province de Miranda, et le Yaracuy vient de l'extrémité N.E. de la Sierra de Merida. C'est la région la moins pluvieuse du Venezuela. Pourtant on observe trois cas de figures (Document 7.24.a).

• Le point commun repose sur le régime à un seul maximum estival, en juillet-août, au coeur d'une longue période de hautes eaux, de juin à novembre, ce qui semble être la caractéristique de l'Amérique tropicale. À l'inverse, le rôle de la sécheresse hydrologique (Pmm < 2.t°c) s'accroît de l'ouest vers l'est, du fait de l'occurrence d'une période d'étiage. Absent sur le Yaraquy, celui-ci dure un mois sur le Tuy : avril, et trois mois sur l'Aragua : mars à mai.

• Le fruit est une réduction du module et un accroissement de l'immodération, avec une accentuation de la différence entre hautes et basses eaux, la part de celles-ci dans le total annuel passant de 67% sur le Yaracuy à 83% sur l'Aragua. Le Yaracuy est déjà modeste, il n'écoule que 7,9 l/s/km^2 (classe 9 ou mésoréisme médian) avec une pondération de 4. Le Tuy est encore plus modeste : 5,7 l/s/km^2 (classe 8 ou microréisme soutenu) pour une immodération de 5,7. Le régime de l'Aragua est une interface vers l'écoulement semi-aride : son module qui n'est plus que de 2,3 l/s/km^2 relève d'un microréisme atténué de classe 7, avec une immodération de 69 rare dans cette partie de l'Amérique.

Le même scénario s'observe chez les affluents de l'Orénoque venus de la Sierra de Merida (Document 7.24. b et c) ; mais ici l'originalité est l'occurrence d'un étiage sans relation avec la pluviométrie, et imputable au relief.

• On distingue d'abord deux types de cours d'eau : ceux qui sont abondants : Paguey, Bocono et Portuguesa, et ceux qui ne le sont pas : Tirgua, Pao et Guarico. Cette différence relève de l'exposition, car ces derniers sont des bassins-versants intérieurs à la montagne et, de ce fait, moins arrosés. L'exiguïté de leur drainage : souvent moins de 1.000 km^2, explique leur sensibilité au milieu physique : pluies et sous-sol.

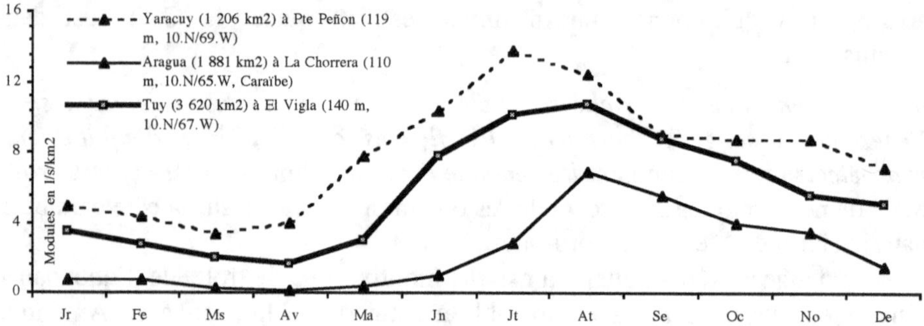

a) Bassin-versant peu arrosés de la côte caraïbe.

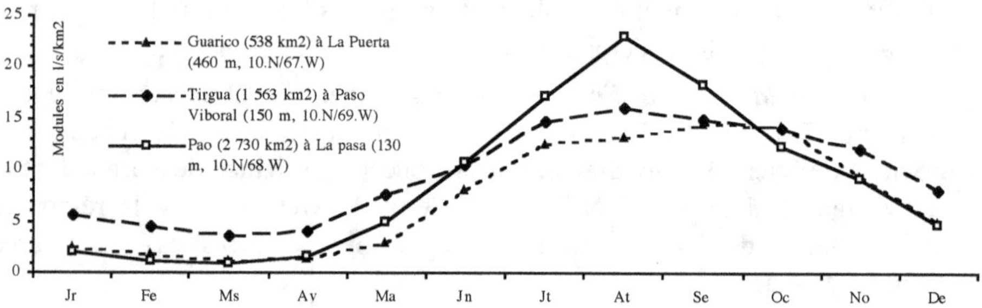

b) Bassins-versants peu arrosés de la Sierra de Merida (affluents de l'Orénoque)

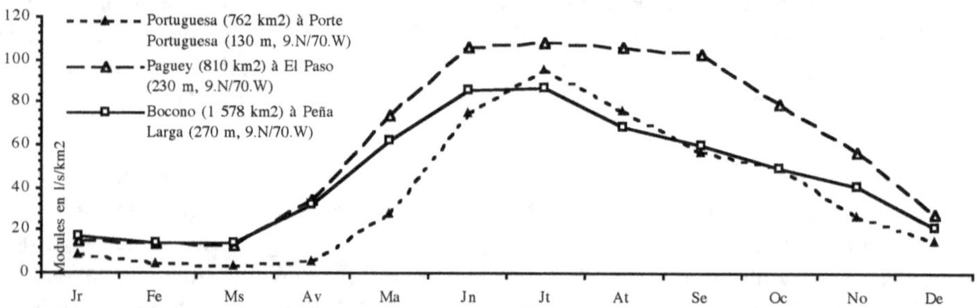

c) Bassins-versants très abondants issus de la Sierra de Merida (affluents de l'Orénoque)

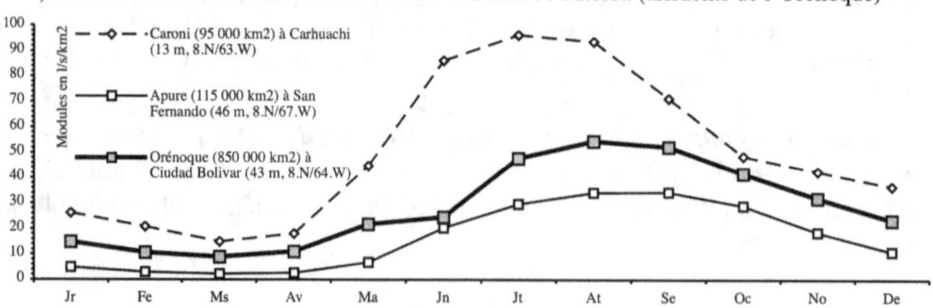

d) Le régime de l'Orénoque et de ses deux principaux affluents : le Caroni et l'Apure.

Document 7.24 - Le régime à un seul maximum au Venezuela.

• Les régimes du Tirgua, du Pao et du Guarico connaissent une période de hautes eaux à maximum d'août, de juin à novembre. Les modules sont modestes par rapport aux autres bassins-versants : ils écoulent respectivement 9,7, 8,8 et 7,2 l/s/km^2, et relèvent d'un mésoréisme médian de classe 9. L'originalité porte sur le long et très logique étiage de quatre mois sur le Pao et le Guarico (mais il est absent sur le Tirgua). Sans conséquence sur le module, ces étiages ont un effet pervers sur la pondération. En effet, sur le Pao et le Guarico les hautes eaux contribuent à 85% de l'écoulement, et l'immodération est de 25 et 13, alors que le Tirgua qui ignore l'étiage est pondéré : 5. Cette différence, qui ne s'explique pas par un processus climatique, est à imputer à un probable drainage karstique dans les calcaires mésosoïques de la Sierra, alors que les autres bassins sont inscrits dans les roches du socle.

• Le Paguey, le Bocono et le Portuguesa, mieux exposés sont plus abondants. Avec un module respectif de 37 l/s/km^2 et de 46 l/s/km^2, le Portuguesa et le Bocono relèvent du mégaréisme basique de classe 12 ; le Paguey, quant à lui, écoule 61,4 l/s/km^2 : un mégaréisme abondant de classe 13. Cette abondance relève en partie d'une longue période de hautes eaux, de mai à octobre, avec un maximum de juillet. Mais deux d'entre eux, le Paguey et le Portuguesa, connaissent trois et quatre mois d'étiage ; ce qui y accroît le rôle des hautes eaux : 80 et 85% de l'écoulement du Paguey et de la Portuguesa, où l'immodération atteint 32. Nous évoquerons encore le rôle du sous-sol. Il est d'ailleurs assez éloquent que le module mensuel du Paguey ne s'abaisse pas après le maximum de juin (106 l/s/km^2) ; il continue d'écouler plus de 100 l/s/km^2 jusqu'en septembre, à l'image d'un cours d'eau soutenu par une réserve artificielle, ce qui n'est, bien sûr, pas le cas. Par contre, on peut évoquer une réserve karstique.

b) Les régimes de l'Orénoque et de ses affluents résument ce modèle du nord de l'Amérique du Sud, et annoncent l'originalité du massif des Guyanes (Document 7.24.d). On jauge en effet, deux des plus gros affluents de l'Orénoque : l'Apure (115 000 km^2) et le Caroni (95 000 km^2).

• L'Apure résume à lui tout seul les problèmes soulevés chez les émissaires de la Sierra de Merida. Il est puissant pour son drainage, puisqu'il écoule 16,4 l/s/km^2 et relève du mésoréisme moyen de classe 10. Cette abondance tient à la durée de hautes eaux (six mois, de juin à novembre), qui couvrent 85% de l'écoulement annuel. Mais, à l'image de plusieurs bassins de la sierra, il connaît un étiage de quatre mois, accentué par la traversée des Llanos ; aussi est-ce un cours d'eau très immodéré : 16, qui rejoint l'Orénoque. Toutefois, l'Apuré donne une assez bonne idée de l'écoulement des plaines du nord-ouest de l'Amérique du sud, au pied et à l'abri des Andes.

• L'Orénoque qui, à Ciudad Bolivar n'a pas encore reçu le Caroni, évoquerait plutôt la forme favorisée des écoulements de cette même contrée. La plupart de ses affluents sont sur sa rive gauche, et proviennent de la Sierra de Merida et de la Cordillère orientale de Colombie. Un bassin-versant de 850 000 km^2 est sans commune mesure avec les cours d'eau jusqu'ici analysés. Il annonce déjà l'Amazonie, et, à Ciudad Bolivar, il écoule 25 200 m^3/s, ce qui en fait le 3e fleuve mondial et le 2e fleuve américain, qui, avec un module de 28,5 l/s/km^2 relève du mésoréisme élevé de classe 11. Les hautes eaux sont de même durée que sur l'Apuré : six mois, mais elles ne participent qu'à 70% du total annuel car les basses eaux ne sont pas ici synonymes d'étiage. Aussi, est-ce un cours d'eau pondéré - 6 - profond, de plusieurs dizaines de kilomètres de large, navigable et inutilisé, qui gagne le delta. Pourtant, à sa pondération il ajoute une grande régularité qui ne se rencontre guère que sur le Nil. En effet, on a préféré aménager le Caroni.

• Le Caroni vient du massif des Guyanes, où il a creusé une vallée encaissée. Cet avantage, associé à une abondance relative élevée, l'a fait choisir pour les aménagements hydroélectriques. Il écoule en effet 50 l/s/km^2, ce qui relève du mégaréisme basique de classe 12. Il n'y a pas de réserves souterraines sur le massif ; aussi, malgré sa taille son régime est-il très sensible aux précipitations. Ainsi, les hautes eaux sont brèves : quatre mois de juin à septembre, mais elles ne participent qu'à 45% de l'écoulement annuel, car, si près de l'équateur, il n'existe pas de sécheresse hydrologique prolongée, et seul mars connaît l'étiage. Aussi, avec un coefficient de 6,5 se révèle-t-il plus pondéré que l'Apuré.

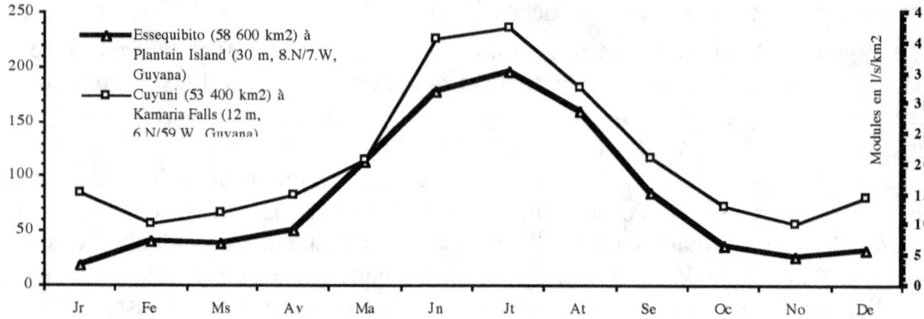

a) Régime des cours d'eau du Guyana.

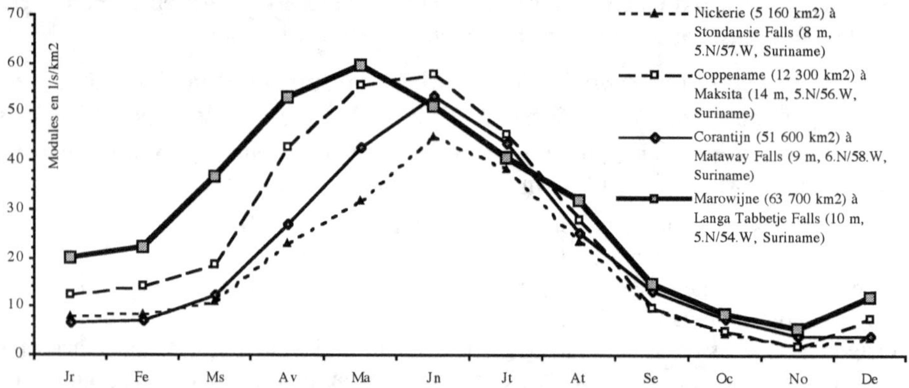

b) Régime des cours d'eau du Surinam : la date du maximum unique recule fortement vers l'ouest.

Document 7.25 - Cours d'eau du Massif des Guyanes : on notera la rareté du régime équatorial à double maximum.

c) Cette caractéristique concerne l'ensemble des Guyanes, où, malgré la proximité de l'équateur, la pluviométrie influencée par l'alizé reste à un seul maximum (Document 7.25). La richesse en bauxite poussa les exploitants à produire de l'alumine, voire directement de l'aluminium. Il fallait une électricité bon marché, aussi les fleuves furent-ils jaugés et harnachés. C'est pourquoi le Guyana jauge l'Essequibito et le Cuyani (Document 7.25.a), et le Surinam le

Marowijne (en français le Maroni), la Coppename, le Nickerieet le Corentijn (Document 7.25.b).

Au ***Guyana***, le Cuyuni est un affluent de l'Essequibito, largement ouverts sur l'Atlantique, leurs bassins reçoivent et redistribuent les pluies de l'alizé.

• Le Cuyuni se développe dans la plaine du nord-ouest, et ne se trouve guère influencé par les pluies de relief des massifs de l'intérieur. Avec un module de 20,6 l/s/km^2, il relève du mésoréisme élevé de classe 11. Réparties sur quatre mois, de mai à septembre, les hautes eaux ne mobilisent que 64% de l'écoulement annuel, l'abondance générale ressortant aussi de basses eaux qui ne connaissent pas l'étiage, donnant une bonne pondération : 4. L'Essequibito est le drain principal du Guyana, issu des Serra Acarai à la frontière du Brésil, et surtout alimenté par les affluents de la rive gauche, lesquels reçoivent des pluies accusées par le relief du massif des Guyanes. Il écoule 81,4 l/s/km^2, ce qui relève du mégaréisme abondant de classe 13. Malgré l'abondance générale, l'étiage apparaît en janvier, au cours de la brève saison sèche ; aussi les cinq mois de hautes eaux écoulent-ils 75% des eaux, ce qui provoque une certaine immodération : 10.

Cette abondance se poursuit au **Surinam**. Des quatre fleuves jaugés, trois relèvent du mésoréisme élevé de classe 11 : le Corantijn écoule 20,5 l/s/km^2, le Coppename 24,8 l/s/km^2, et le Maroni 29,5 l/s/km^2. Moins abondant avec 17,3 l/s/km^2, le Nickerie relève néanmoins du mésoréisme moyen de classe 10.

• Mais l'originalité n'est pas là, elle réside dans la date des hautes eaux maintenant très avancées dans la saison. D'une durée de quatre mois en moyenne, elles commencent en mars, culminent en mai-juin et s'achèvent en août. L'étiage leur fait suite, et se trouve très creusé entre octobre et décembre.

• C'est la répercussion du régime pluviométrique de Cayenne. On rappellera qu'en hiver, la C.I.T, située dans l'hémisphère sud, attire l'alizé très humide du nord-est, puis, qu'en été, quand elle se tient sur la mer des Caraïbes l'alizé du S.E. devient une mousson du S.W. également très humide. Par contre, en automne, les vents faiblissant, une relative sécheresse s'installe pour une courte durée. Cela ne suffit pas à altérer l'abondance moyenne, mais détériore la pondération : de 11 sur le Maroni, elle atteint 32 sur le Coppename.

Mais pour tous ces cours d'eau, dont les dimensions sont comparables aux tributaires du golfe de Guinée ou du Canal de Mozambique, on retiendra surtout l'ampleur d'une abondance spécifique inconnue en Afrique, associée, par quelques degrés de latitudes nord, à un régime qui reste tropical avec un seul maximum.

C - Au sud de l'équateur, ce régime tropical persiste

Les différences sont d'ordre géographique, car il faut distinguer les cours d'eau venus des Andes pour gagner soit le Pacifique, soit le Chaco et le Paraña, de ceux qui drainent les plaines du Brésil tropical. Surtout, il faut négliger le cas de l'Amazone, ce géant qui, à l'image du Congo, reçoit des affluents des deux hémisphères et dont les régimes se trouvent en opposition de phase.

1°) L'Amazone est un géant au régime simple (Document 7.26). En effet, le régime de l'Amazone à Obidos compte six mois de hautes eaux automnales et hivernales, de mars à août, avec un maximum de juin. Suivent six mois de basses eaux printanières et estivales, de septembre à février. Un tel régime est en accord, avec deux mois de décalage, avec les précipitations de Manaus : maximum pluviométrique en janvier et surtout avril.

Les descriptions et les analyses réalisées par M. Pardé, puis reprises par A.Guilcher et J. Loup, sont là pour rappeler que le régime de l'Amazone est imposé par les affluents de la rive droite : le Marañon, le Purus, le Tapajoz, le Xingu, et principalement le Madeira d'une part ; les affluents de rive gauche, le Japura et plus encore le Rio Negro, d'autre part.Comme le régime tropical à un seul maximum estival s'impose à la latitude de l'Orénoque et dans le massif des Guyanes, aux dépens d'un régime équatorial à deux maxima, il est logique que l'Amazone, dont la plus grande partie du bassin-versant est située dans l'hémisphère sud, présente un régime à minimum plutôt hivernal et un maximum plutôt estival.

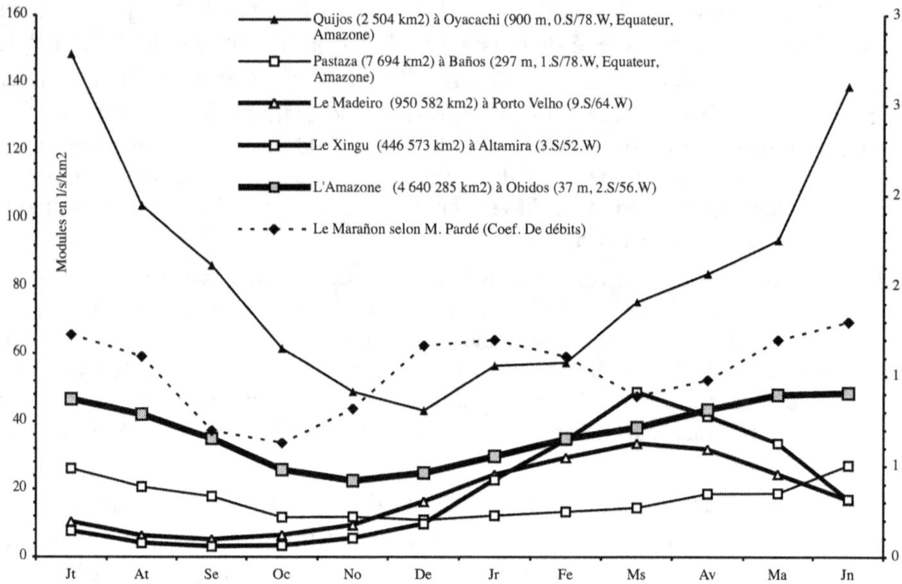

Document 7.26 - L'Amazone : le régime pluvial tropical finit par l'emporter

On peut reconstituer cette décomposition avec quatre affluents dont les jaugeages furent publiés par l'Unesco dans les années 70. Le Madeira (950 600 km^2) et le Xingu (446 600 km^2) sont en effet de régime tropical de l'hémisphère sud avec des hautes eaux estivales de janvier à mai, avec un maximum de mars.

• Le Xingu est le plus tropical des deux.Il draine les Campos du Mato Grosso qui connaissent la sécheresse estivale (voir le diagramme ombrothermique de Cuïaba : Document 7.3.d). Aussi, les hautes eaux se traduisent-elles par une crue de cinq mois qui écoule 81% des eaux annuelles, en opposition avec un étiage hivernal de quatre mois, d'août à novembre, mais qui ne concerne que 7% de l'écoulement. Cela explique son immodération : 16. Mais, du fait de l'ampleur de la crue, son module est élevé :

20,3 l/s/km^2 (classe 11 ou mésoréisme élevé). Avec des modules assez proches, ce régime serait celui du Tapajoz et du Rio Negro. Ce dernier, frère de l'Orénoque, est très abondant : J. Loup lui attribue 30 l/s/km^2 (classe 11 ou mésoréisme élevé)

• Issu des Andes péruviennes et boliviennes (par son affluent le Marmore), le Madeira est plus pondéré : 6,5, car l'écoulement estival ne connaît qu'un mois d'étiage : septembre, parce que soutenu par la fonte quotidienne des neiges et des glaces d'une chaîne équatoriale dont l'altitude avoisine les 6 000 m (7 014 m à l'Ancohuma au nord de la Paz). Le module reste élevé : 18,5 l/s/km^2 (classe 10 ou mésoréisme moyen). Ce régime soutenu par la fonte des neiges serait probablement celui des autres affluents andins : le Japura, le Jurua et le Purus.

Selon M.Pardé, le Marañon (Marañon est le nom de l'Amazone au Pérou, Solimoes est celui qu'on lui donne dans la partie occidentale du Brésil), et plus en aval le Solimoes, possédaient un régime à deux maxima : l'un en été, de décembre à février, et l'autre en automne-hiver, d'avril à juillet. Ce régime andin n'est attesté par aucune mesure ; toutefois, l'Equateur jauge deux cours d'eau situés en amont, dans les Andes : le Quijos (2 500 km^2 seulement) et le Pastaza (7 700 km^2). Ce dernier est un affluent direct du Marañon en rive droite au Pérou, tandis que le Quijos (ou Coca) est un affluent du Napo au nord-est de l'Equateur, ce dernier se jetant dans l'Amazone en aval d'Iquitos.

• Leur régime correspond au premier maximum décrit par Pardé. Ils sont tous deux issus des Andes et leur régime est le même : hautes eaux d'avril à septembre avec un maximum de juillet sur le Quijos, et de juin sur le Pastaza. Le soutien nival et glaciaire écarte l'étiage ; seules existent des basses eaux d'octobre à mars, à minimum de décembre. Aussi la pondération est-elle de 3, et, avec 16,1 l/s/km^2, le Pastaza relève du mésoréisme moyen de classe 10, alors que le Quijos qui écoule 77,1 l/s/km^2, relève, quant à lui, du mégaréisme abondant de classe 13.

• Mais ceci n'explique pas un régime à maximum de l'hiver austral. Par effet de fœhn, ces bassins-versants ne peuvent être abondamment alimentés par le Pacifique. Ils sont mieux alimentés par des pluies venues de l'Atlantique, apportées par l'alizé du nord-est, particulièrement actif au cours de l'été boréal. Ces deux cours d'eau, à cheval sur l'équateur, sont plutôt arrosés par des pluies de l'hémisphère nord.

Si le Marañon et le Solimoes possèdent effectivement un maximum secondaire d'avril à juillet, il faudrait l'attribuer au maximum tropical de l'hémisphère sud, comme sur le Madeira et le Xingu... ! Toujours est-il qu'il n'en reste apparemment rien à Obidos. Le fleuve connaît alors six mois de hautes eaux de mars à août, et six mois de basses eaux sans étiage, de septembre à février. Le cours d'eau est alors très pondéré : 2,2 car les hautes eaux ne concernent que les 2/3 de l'écoulement annuel. Cela s'expliquerait par l'addition de plusieurs facteurs.

• Ce sont d'abord des hautes eaux tropicales, comme le Madeira et le Xingu, mais retardées de deux mois par un important temps de réponse sur cet immense bassin-versant.

• Mais les eaux sont déjà hautes en janvier et février, du fait, à notre avis, de l'arrivée des hautes eaux estivales (premier maximum du Marañon) venues du piémont andin.

• Enfin, l'absence d'étiage s'explique autant par le soutien nivo-glaciaire de l'amont que par l'absence de saison sèche sur l'ensemble de l'Amazonie (voir le diagramme ombrothermique d'Iquitos : Document 7.3.d).

Le fleuve est alors très abondant : 35,7 l/s/km^2, soit un mégaréisme basique de classe 12 ; M. Pardé estimait le module à 30 l/s/km^2 après la confluence avec le Xingu. Abondant, pondéré, l'Amazone serait sans doute aussi très régulier. La plus forte crue connue à Obidos, celle de juin 1953, aurait écoulé 65 l/s/km^2 ; c'est inférieur à deux fois le module annuel.

2°) Le régime tropical de montagne andin (Document 7.27), dont nous avons subodoré une origine pluviale atlantique à l'amont de l'Amazone, justifie que nous l'abordions avant celui des plaines du Brésil tropical et du Paraña, qui, lui aussi, en dépend en partie.

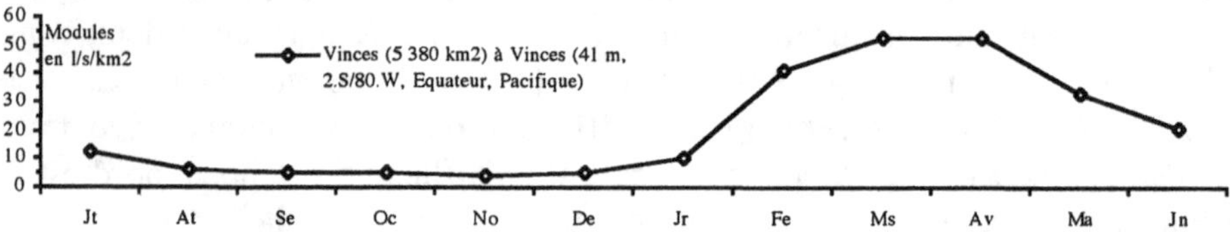

a) Equateur.

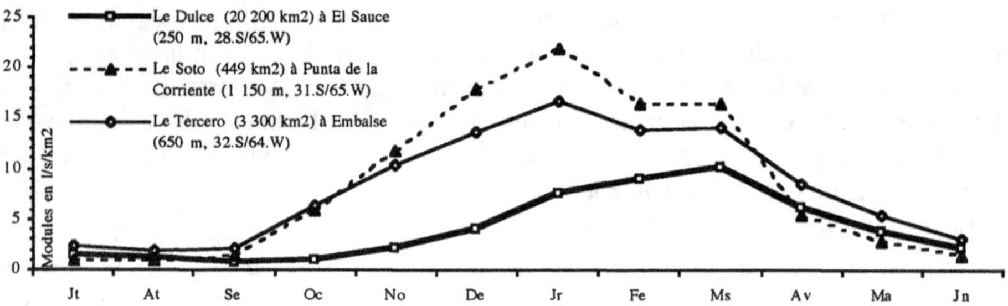

b) Nord du Chaco

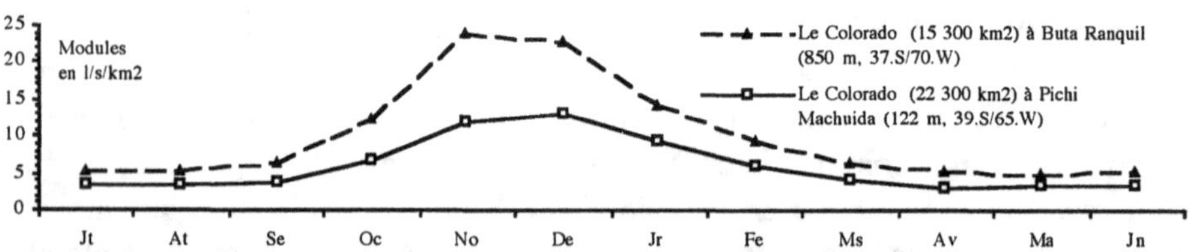

b) Nord de l'Argentine

Document 7.27 - Régime tropical andin.

a) L'Equateur jauge le Vinces (Document 7.27.a), un affluent du Guayas, qui arrose le port de Guayaquil. Bien qu'à cheval sur l'équateur, l'écoulement est typiquement tropical.

• Les 3/4 des eaux du bassin sont écoulés entre janvier et avril, quand la C.I.T. est largement ancrée dans l'hémisphère sud, et que parviennent les pluies du Pacifique, apportées par l'alizé du nord-est devenu une mousson du nord-ouest quand il franchit l'équateur. À l'inverse, pendant l'hiver austral, quand cette même C.I.T. est au nord, l'alizé du sud-est, qui franchit les Andes, est asséché par effet de fœhn, ce qui explique cinq mois d'étiage, d'août à décembre. Le Vincès est abondant : 21,5 l/s/km², il relève du mésoréisme élevé de classe 11, mais il est immodéré : 13.

b) Vers le sud, à l'ouest du Chaco, l'Argentine jauge trois cours d'eau du nord du Chaco : le Dulce (20 000 km²) et le Soto (450 km²) qui se perdent dans une sebkha, près de San Miguel de Tucuman ; et le Tercero (3 300 km²) qui gagne le Paraña (Document 7.27.b).

• La région est totalement abritée de l'influence du Pacifique, mais elle est aussi très éloignée de celle de l'Atlantique. Le maximum pluviométrique est estival, quand la C.I.T. se tient dans l'hémisphère sud.

• Le plus septentrional, le Dulce évoque encore le Madeiro et le Xingu, avec quatre mois de hautes eaux, entre janvier et avril, écoulant les 2/3 des eaux annuelles, face à un étiage très creusé d'août à octobre. Plus au sud, le Soto et le Tercero offrent à la fois des hautes eaux plus longues : quatre mois, et plus précoces : novembre à mars, qui écoulent 80% des eaux annuelles du fait de la rigueur et de la durée de l'étiage : juin à septembre.

• Outre une immodération qui atteint 25 sur le Soto, les modules sont faibles. Avec 8,7 et 9,3 l/s/km², le Soto et le Tercero relèvent du mésoréisme médian de classe 9. Le Dulce est encore plus modeste : 4,3 l/s/km², un microréisme soutenu de classe 8. Dans ces régions plus continentales, et abritées, on retrouve certes des valeurs entrevues sur le versant sud de la Sierra de Merida et au nord du Venezuela, mais aussi en Afrique continentale de l'ouest.

c) Au sud du Chaco, le Colorado annonce les écoulements supratropicaux (Document 7.27.c). En effet, le Colorado prend sa source dans les Andes du Chili pour gagner l'Atlantique au sud de Bahia-Blanca en Argentine. Il est jaugé en deux points, à Buta Ranquil au sortir des Andes, et à Pichi Machuida au sud de la Pampa.

• Le régime n'est pas sans rappeler celui des pays de la Plata (voir ci-dessus). La crue est en effet précoce, d'octobre à janvier, mais elle n'écoule que 60% des eaux annuelles, les conditions tempérées maintenant un débit estival et hivernal suffisant pour y écarter l'étiage.

• Il faut surtout évoquer le rôle de la neige ; elle est abondante dans les Andes, le fleuve prend naissance près du Nevado de Longavi à 3 240 m. Nous nous trouvons en limite des influences tropicales : certes, en été la fonte du tapis neigeux permanent assure un écoulement abondant, l'hiver se fait aussi ressentir au travers d'une relative rétention. Ce cours d'eau est à la limite du domaine tropical.

• De celui-ci il hérite d'une pondération nivale de 4 à 5 et d'une relative abondance : 10,5 l/s/km² à Buta Ranquil : un mésoréisme médian de classe 9. Mais il perd de l'eau dans la Pampa : de 154 m³/s à 132 m³/s à Pichi Machuida, soit un module de 6,2 l/s/km² (classe 8 ou microréisme soutenu). On passerait au sud aux écoulements semi-arides de Patagonie.

3°) Le régime tropical de plaine se dessine au Brésil au Sud de l'Amazonie, sur des fleuves imposants, aujourd'hui largement harnachés pour la production hydro-électrique. Du fait de l'orientation N.W.-S.E. de son bassin-versant, le

Paraña apporte le régime tropical aux confins du domaine supratropical (Document 7.28).

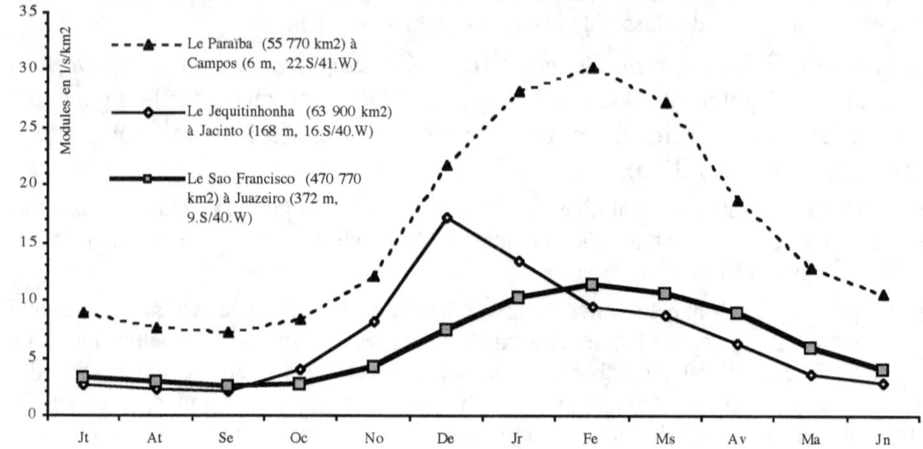

a) Brésil tropical.

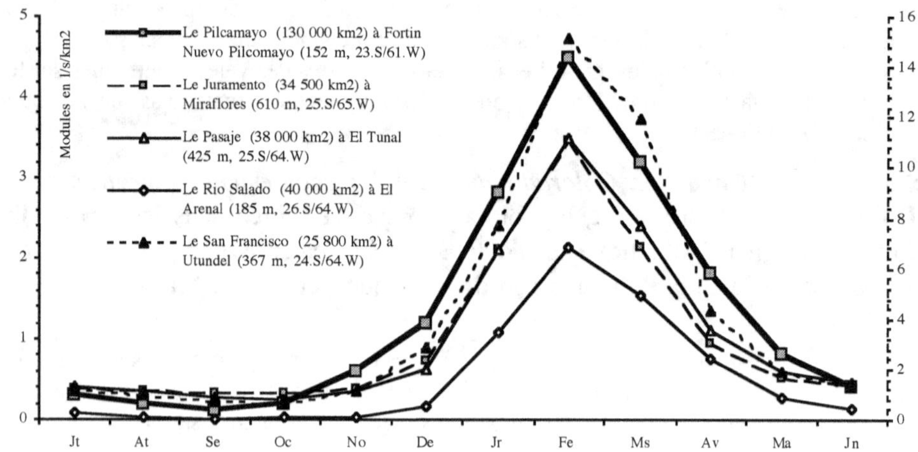

b) Le Chaco tropical.

Document 7.28 - Régime tropical de plaine

a) Dans sa partie tropicale, le Brésil a aménagé et gère le Sao Francisco (470 000 km^2), le Jequitinhonha (64 000 km^2) et le Paraïba (55,800 km^2). Ici s'affirme un régime tropical de plaine de l'hémisphère sud (Document 7.28.a), quasiment sans étiage (d'où l'intérêt de les aménager) avec une assez longue période de hautes eaux : novembre à avril, qui écoule 70% des eaux annuelles.Ces hautes eaux sont la réponse au maximum estival de pluies alizéennes d'un climat sans saison sèche (diagramme ombrothermique de Santos : Document 7.3.c). L'abondance répond à la position géographique.

- Le Paraïba s'écoule parallèlement à la côte, entre Santos et Rio de Janeiro, au pied de la Sierra do Mar. Il se trouve copieusement arrosé (2 231 mm à Santos), ce qui explique un module de 16,8 l/s/km^2 : un mésoréisme moyen de classe 10. L'absence d'étiage y justifie aussi une pondération de 4.

• À l'inverse, le San Francisco et le Jequitinhonha sont situés plus au nord et surtout sur le revers de la Sierra do Mar. Moins arrosés, ils sont moins abondants : le Sao Francisco écoule 6,4 l/s/km^2 et le Jequitinhonha 7,1 l/s/km^2 ; ils relèvent du mésoréisme médian de classe 9. Si on ajoute l'occurrence d'un mois d'étiage (septembre) sur le Jequitinhonha (la pondération n'est plus que de 8), on en revient à évoquer la grande sensibilité des régimes pluviaux tropicaux à la répartition et au volume des précipitations. C'est ici que l'Amérique tropicale occupe l'espace le plus vaste en latitude ; aussi les régimes tropicaux y prennent-ils un aspect africain.

b) C'est exactement ce qui se dégage des cours d'eau argentins du nord du Chaco (Document 7.28.b). L'Argentine jauge cinq cours d'eau issus des Andes de Bolivie et du Chili : le Pilcamayo (130 000 km^2) affluent du Parañá, le San Francisco (25 800 km^2) affluent de la Bermejo, et sous-affluent du Parañá, le Pasaje (38 000 km^2) qui devient le Juramento (34 500 km^2) affluent du Rio Salado (40 000 km^2) lui-même affluent du Parañá.

• Ils ont en commun la modestie de leur module spécifique. Seul le San Francisco est de quelque importance ; et, avec 4,4 l/s/km^2, il relève du microréisme soutenu de classe 8. Le Pilcamayo : 1,4 l/s/km^2 appartient au microréisme mesuré de classe 6, le Juramento-Pasaje : 1,1 l/s/km^2 relève du microréisme affaibli de classe 5 ; quant au Rio Salado : 0,6 l/s/km^2, c'est un oued relevant du nanoréisme faible de classe 4.

• Cette déficience provient de l'éloignement de l'Atlantique associé à l'abri andin, phénomènes qui donnent à l'écoulement un aspect africain. En effet, les hautes eaux sont brèves : quatre mois, de janvier à avril, mais elles écoulent 75 à 80% du total annuel, et même 90% sur le Rio Salado. À l'inverse, les basses eaux sont très durables. Le Juramento-Pasaje est le moins atteint par la sécheresse hydrologique, avec un étiage de trois à quatre mois seulement : août à octobre-novembre. Cette durée passe à cinq mois sur le Pilcamayo : juin à octobre, puis à six mois sur le San Francisco : juin à novembre, et pour atteindre sept mois sur le Rio Salado : juin à décembre, dont un assec d'août à novembre. Les pluies alizéennes ne parviennent qu'avec difficulté.

Ces cours d'eau représentent en réalité une interface avec l'aridité ; celle-ci se traduit par une immodération croissante ; de 11-14 sur le Juramento-Pasaje, elle passe à 45 sur le Pilcamayo et à 215 sur le Rio Salado.

4°) Le Parañá et le Paraguay drainent près d'un million de km^2 en amont du Rio de la Plata, c'est, par son drainage, le huitième bassin-versant de la planète et le second de l'Amérique du Sud, où il occupe aussi la quatrième place par son débit. Il est jaugé à Guaira au Brésil, à l'aval d'un bassin de 800 000 km^2, et à Posadas en Argentine, à l'aval de 975 500 km^2 de drainage. Nous lui avons associé deux affluents très abondants : le Pescado et la Bermejo (Document 7.29).

• À Guaira, le jaugeage est effectué en amont du barrage d'Itaïpu, et c'est le drain principal du Minas Gerais. Il a alors reçu des affluents puissants, dont le Rio Grande et le Tiete. Comme les autres cours d'eau de la région, il ne connaît pas d'étiage. Certes, la période de hautes eaux estivales est brève : janvier à avril, mais elle ne concerne que 52% de l'écoulement, car, au vu de l'aire de son bassin, ce fleuve (qui ne vient pas d'une région à saison sèche prolongée) est pondéré : 2,8, et puissant : 10,6 l/s/km² (classe 9 ou mésoréisme médian)

- À Posada, il n'a pas encore été grossi du Paraguay, mais il a gagné en pondération : 2 car l'hiver est de moins en moins sec, et les hautes eaux ne concernent que 46% du total écoulé. Surtout son module s'est accru, passant à 12,3 l/s/km² : un mésoréisme moyen de classe 10, alors que le bassin frise le million de km².

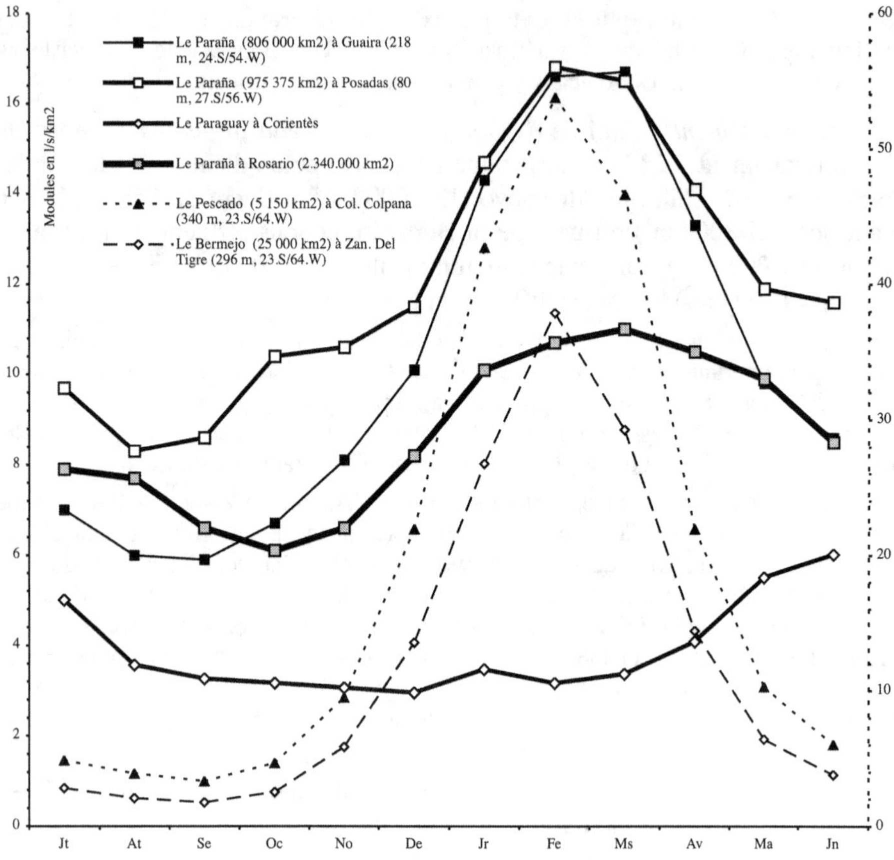

Document 7.29 - Le Paraña et le Paraguay

C'est alors qu'il reçoit le Paraguay.

- Dans sa partie aval, ce dernier a reçu l'apport de cours d'eau puissants et immodérés - 20 - le Bermejo et le Pescado. Leur bassin est en partie andin, mais il traverse la région sèche du sud du Chaco, ce qui leur donne un régime tranché : des hautes eaux qui, de décembre à avril, écoulent 80% du total, opposées à un étiage de cinq mois de juin à octobre. Cette contradiction est sans effet sur les modules ; le Bermejo écoule 13,1 l/s/km² (classe 10 ou mésoréisme moyen), et le Pescado 20,4 l/s/km² (classe 11 ou mésoréisme élevé).

Or, le Paraguay n'en est pas affecté.

• À Corrientes, avant de rejoindre le Paraña, le fleuve apparaît étonnement pondéré : 2. En effet, la traversée des marais du Pantanal a eu le même effet pondérateur que la traversée d'un lac. Les éventuels étiages ont disparu et les hautes eaux ne concernent que 41% de l'écoulement annuel. Mais la pondération des marais a aussi un effet retard sur l'écoulement, dont l'onde de crue est reportée sur l'automne et le début de l'hiver. Toutefois, cette pondération a aussi des effets pervers : l'évaporation est intense sur le Pantanal, et le Paraguay n'écoule que 3,9 l/s/km² à Corrientes, soit un microréisme atténué de classe 7.

Aussi, le régime du fleuve principal n'en est-il que modestement affecté. Certes, à Rosario il n'écoule plus que 8,7 l/s/km² (classe 9 ou mésoréisme médian), mais les hautes eaux restent estivales, ne concernant que 50% du total annuel. C'est un cours d'eau tropical très pondéré - 1,8 - et navigable qui pénètre une région de climat tempéré.

D - Les régimes tropicaux sud-américains apparaissent originaux (Document 7.30).

La configuration géographique de l'Amérique du Sud joue en faveur d'une pénétration importante des influences maritimes tant en Amérique centrale que dans le nord de l'Amérique latine. Même hors des secteurs où le jeu des moussons et des alizés génère deux maxima dans l'année, la saison sèche reste naturellement courte. Aussi l'écoulement prend-t-il partout une allure pluviale tropicale avec des hautes eaux qui écoulent entre 75 et 80% des eaux annuelles. Mais la durée de ces hautes eaux varie, avec le risque de voir poindre une période d'étiage.

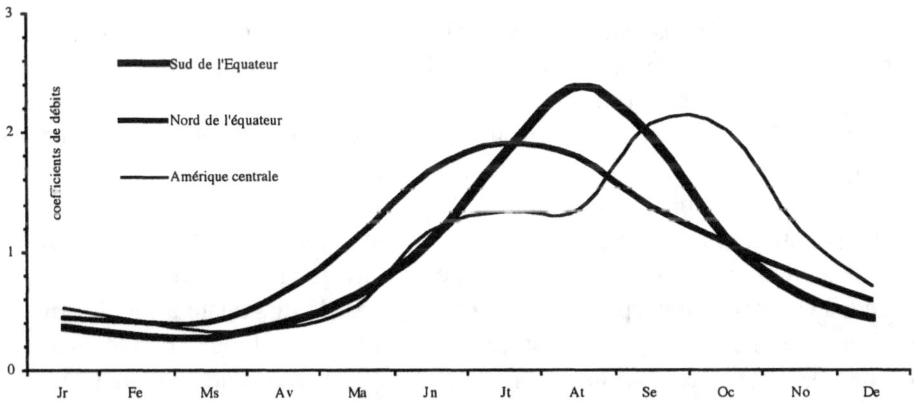

Document 7.30 - Les régimes tropicaux latino-américains. Pour ce qui concerne l'Amérique au sud de l'équateur, il faut considérer juillet comme le premier mois de l'année.

• Dans l'Isthme américain, la saison de pluies estivale est très longue, à peine marquée par un repli au creux de l'été. Il en résulte un écoulement toujours abondant, avec une longue période de hautes eaux à deux maxima entre juin et novembre. Généralement, on ne voit pas poindre le moindre étiage.

• Au nord du continent sud-américain, malgré d'importants effets d'abri, dans les Llanos du Venezuela et dans les Guyanes, le régime tropical reste toujours marqué par une longue période de hautes eaux qui a perdu son deuxième maximum, situé en général entre mai et octobre. Malgré l'abondance, les étiages sont fréquents dès qu'un abri montagnard réduit le volume des précipitations.

• Mais il faut atteindre l'hémisphère sud pour voir apparaître un régime qui nous rappelle les savanes africaines. La période de hautes eaux se réduit à quatre mois, décembre à octobre (l'été austral). Comme 80% des eaux y sont écoulés, la longue période de basses eaux connaît des étiages qui peuvent atteindre plusieurs mois, et au sein lesquels on retrouve toujours deux mois d'hiver : février et mars. Il est vrai que c'est à cette latitude que l'Amérique du Sud est la plus étendue zonalement ; il faut aussi y associer l'abri des Andes.

Néanmoins, les cours d'eau de l'Amérique latine sont beaucoup plus abondants que les cours d'eau des autres continents intertropicaux ; n'y trouve-t-on pas l'Amazone, l'Orénoque et l'ensemble Paraña-Paraguay ?

IV - L'écoulement en Asie des Moussons

Cette partie de l'Asie regrouperait les pays soumis à la Mousson ; c'est, au sens large, l'Asie du Sud-Est. En hiver, le flux du nord-est appelé Mousson sèche n'est autre que l'alizé de l'hémisphère nord, asséché par effet de fœhn quand il dévale le versant sud de l'Himalaya. En été, attiré dans l'hémisphère nord par une C.I.T. proche des sommets de l'Himalaya, l'alizé du sud-est franchit l'équateur, le flux est alors dévié sur sa droite par la force de Coriolis, c'est un vent de sud-ouest qui vient de l'océan Indien, et qui est appelé Mousson humide.

Le climat de Mousson, et les écoulements qui lui sont afférents, concernent essentiellement le Subcontinent Indien, les îles et les péninsules du Sud-est asiatique et la Chine méridionale. Mais les nuances y sont nombreuses, pour la plupart générées par l'exposition ou l'abri au flux de sud-ouest. L'orientation des lignes de rivages, des chaînes de montagnes, joue alors un rôle de premier ordre, alors que sur les mers épicontinentales du sud-est, le vent peut se recharger en humidité, exportant plus à l'est une pluviogenèse toujours intense.

Cependant, alors qu'aux Amériques et en Afrique le lien avec les climats et les écoulements supratropicaux est interrompu par la diagonale aride, le contact est ici possible. Par l'ouest, par le haut bassin de l'Indus, parviennent les influences tempérées continentales, et par l'est, par le contact avec la Chine du Nord, le contact se fait avec les climats supratropicaux. Cette influence est souvent traduite par la neige, révélatrice de l'apparition d'un hiver thermique. Enfin, vers le sud, dans un milieu insulaire, on passe insensiblement aux pluies équatoriales et à leur régime zénithal.

Quoi qu'il en soit, c'est en Inde que la Mousson prend toute son expression.

A - Le subcontinent indien et les avatars du régime pluvial tropical

La péninsule indienne est le véritable pays de la Mousson, celle des navigateurs ; mais le balancement saisonnier du flux des alizés de part et d'autre de l'équateur n'est pas le seul responsable de la répartition des pluies. En hiver les perturbations du front polaire apportent des pluies dans les montagnes du nord-est, alors que, vers le sud, l'influence équatoriale commence à jouer un rôle déterminant.

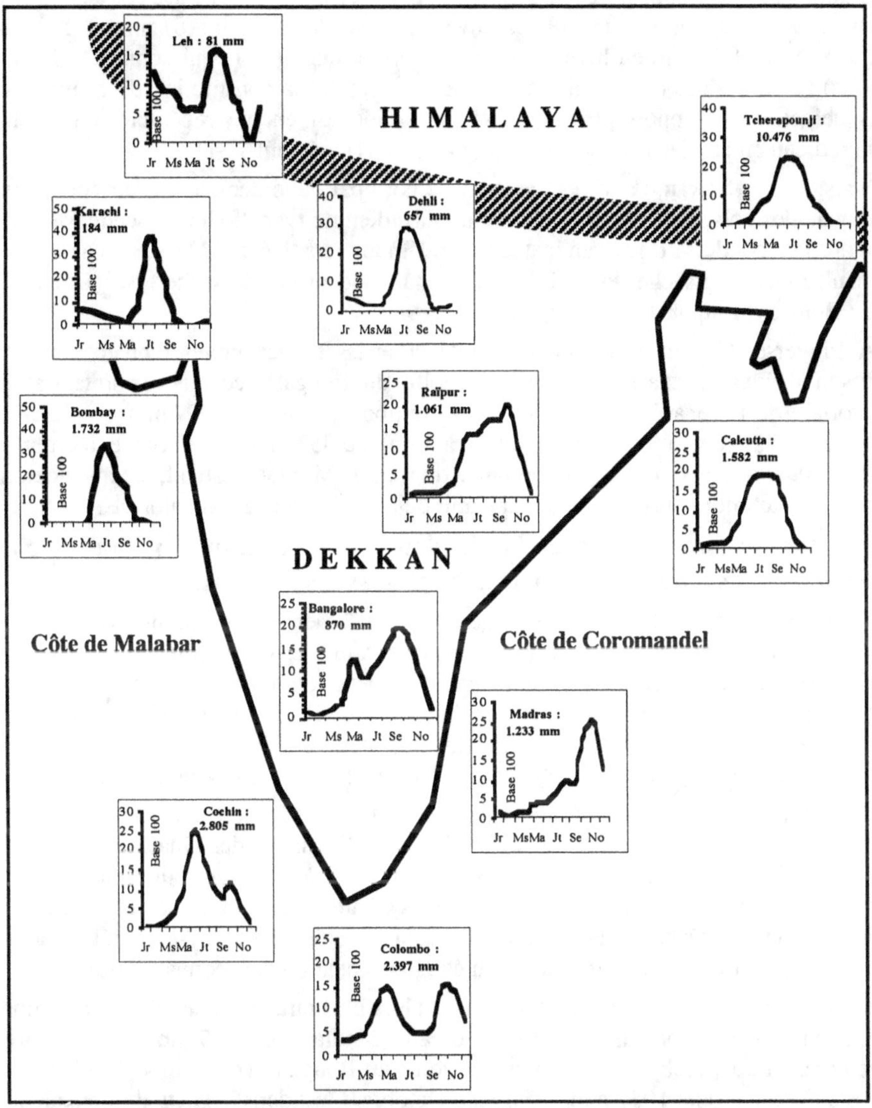

Document 7.31 - La répartition des précipitations sur le subcontinent indien Les graphiques sont réalisés en base 100 du total pluviométrique annuel de la station retenue.

1°) Le climat indien n'est pas seulement un climat de mousson (Document 7.31). En hiver, un puissant anticyclone thermique stationne sur la Mongolie : son air lourd et froid déborde par les cols de l'Himalaya.

• À ce moment le jet stream de l'hémisphère nord longe l'Himalaya sur sa face Sud, où il entretient les hautes pressions. Il se forme alors un front polaire entre l'air continental et l'air océanique de l'océan Indien, front qui connaît une circulation cyclonique, avec des vents de nord-Ouest.

• Quand ces vents sont issus de l'Asie occidentale, ils se chargent d'eau sur la Mer d'Oman, et ils apportent des pluies hivernales sur le Penjab : 81 mm à Leh, au Cachemire, dont 30 mm en hiver, entre décembre et mars (mois qui connaît le 1/3 des apports) ; ce qui, dans cette région de montagne, permet la constitution d'un important tapis neigeux. Cet apport pluvial de saison froide est encore repérable à Karachi : 30 mm d'eau en janvier-février et à Delhi : 45 mm (Document 7.31).

• Mais, sur le Dekkan, les vents viennent du nord par débordement de l'air continental au travers des cols himalayens. C'est un air subsident de type "fœhn", et cette Mousson du nord-est conduisait les navigateurs de l'Inde vers l'Arabie. Cette masse d'air s'échauffe et se dessèche, et le Dekkan connaît une profonde sécheresse (Document 7.31 : Bombay, Raïpur, Bangalore).

• À l'inverse, Ceylan et le sud de l'Inde connaissent des pluies d'hiver, car cette mousson d'hiver se charge d'eau sur le golfe du Bengale, ce qui explique l'allure équatoriale de la répartition des pluies à Colombo, qui reçoit 2 097 mm de pluies en deux fois : 825 mm au printemps (avril à juin) et 853 mm en automne (octobre à décembre). D'ailleurs, malgré l'importance du flux de Mousson estival, la tendance vers un double maximum pluviométrique apparaît déjà à Cochin et à Bangalore.

En été : le renversement de la circulation atmosphérique est brutal : c'est "*the burst of the monsoon*" des auteurs anglo-saxons.

• Le jet-stream remonte alors très largement au nord et perd de sa puissance, tandis que l'anticyclone thermique est repoussé vers l'Arctique. La C.I.T. franchit l'équateur, et atteint l'Himalaya. Il se produit un échange d'énergie entre les hautes pressions tropicales de l'hémisphère sud (alors en hiver) et la C.I.T. qui se trouve alors dans l'hémisphère nord. L'alizé du sud-est franchit l'équateur, et dévié sur sa droite, il devient la Mousson du sud-ouest, celle qui conduisait les navigateurs d'Arabie en Inde.

• Ce vent touche l'Inde par l'ouest et traverse le Dekkan : La côte des Malabars est très arrosée, du fait des pluies de reliefs engendrées par l'obstacle des Ghâtes occidentales. Il tombe 1 752 mm de pluies à Bombay et 2 806 mm à Cochin, dont respectivement 1 368 et 1 794 mm de juin à septembre. Mais les Ghâtes occidentales deviennent un abri pour l'intérieur du Dekkan qui se trouve beaucoup moins arrosé : 870 mm à Bangalore. Comme l'essentiel de ces pluies tombe en été, le reste de l'année connaît l'aridité.

• Sur la côte de Coromandel, la mousson est alors plus tardive, septembre à novembre, mais elle redevient abondante : 1 233 mm d'eau à Madras, dont 817 mm de septembre à novembre. Elle se recharge en eau sur le golfe du Bengale, et il tombe 1 582 mm de pluies à Calcutta, dont 1057 mm de juillet à Octobre. C'est dans le Delta du Bengale que la mousson est la plus violente, la plus abondante et la plus longue. Vers le nord-est, elle se heurte à l'Himalaya, et l'Assam connaît les plus fortes précipitations du monde, par effet conjugué du relief et de la Mousson : 11 476 mm de pluies à Cherrapunji dont 8 776 mm entre mai et septembre.

• Puis l'Himalaya dévie le flux vers le nord-ouest, cette Mousson prend alors la Plaine Indo-Gangétique en enfilade. Cela ravive l'abondance pluviométrique au nord-est du Dekkan, où Raïpur reçoit 1 061 mm d'eau, dont 853 mm entre juin et octobre. En effet, à la Mousson venue de l'océan Indien s'ajoute le flux ayant traversé le golfe du Bengale. Mais les réserves d'eau s'épuisent vite. Il ne tombe plus que 657 mm de plus à Delhi, dont 556 mm (85%), et 181 mm à Karachi, dont 145 mm (80%) entre juin et septembre. Pourtant, la Mousson est encore ressentie à Leh qui reçoit 32 mm de pluies entre juillet et septembre.

Dans cet ensemble, le Pakistan se situe à une interface, et l'apport cyclonique de saison froide joue un rôle climatique non négligeable, qui se retrouvera à l'écoulement. Mais, du fait de la prédominance de la Mousson, l'écoulement pluvial tropical est souverain ; les nuances sont apportées par l'abri que peuvent connaître les bassins-versants. La variété des régimes des cours d'eau du Dekkan en rend parfaitement compte (Document 7.32) même si la crue d'été est une caractéristique commune.

2°) L'écoulement le long des Ghâtes occidentales (Document 7.32.a). La côte des Malabars reçoit de plein fouet la Mousson d'été et se trouve très arrosée entre mai-juin et août-septembre selon la latitude. Deux cours d'eau sont jaugés dans la partie méridionale : la Kalinda qui irrigue Mangalore (Mysore), et plus au sud encore le Periyar qui se jette dans l'océan Indien au nord de Cochin (Kerala). Ces deux fleuves côtiers dévalent le rebord occidental des Ghâtes.

• Ils sont déjà remarquables par leur abondance relative. Avec un module de 39,2 l/s/km^2, le Periyar relève du mégaréisme basique de classe 12, et la Kalinda, quant à elle, appartient aux fleuves les plus abondants de la planète, relevant du mégaréisme démesuré de classe 14 avec un module de 100,3 l/s/km^2. Mais, à l'inverse de l'Afrique et des Amériques où l'abondance est liée aux modules élevés, ici elle reste associée à l'immodération : 40 et 45.

• Cette immodération est le reflet du climat : une longue période de très basses eaux est interrompue, pour quelques mois seulement, par de très violentes hautes eaux pendant lesquelles l'écoulement du mois est alors supérieur au module. Aussi, les étiages (mois dont l'écoulement est < 1/3 du moule) sont-ils très creusés et durables : cinq mois de janvier à mai. À l'inverse, la période de hautes eaux est brève mais abondante : elle n'est que de trois mois sur la Kalinda : juillet à septembre, mais elle concerne 75% du total annuel écoulé. Toutefois, du fait de l'amorce d'un second maximum pluvial à Cochin, elle dure cinq mois sur le Periyar : juin à octobre, et concerne alors 85% du total annuel.

En fait, cet écoulement brutal, presque inconnu en Amérique latine mais très présent en Afrique occidentale, est le fait d'un régime pluviométrique sans nuance qui oppose une longue saison sèche à une brève et violente saison des pluies. Il sera caractéristique du Dekkan. C'est lui aussi qui, de longue date, a imposé la maîtrise de l'eau, la construction de réservoirs : les "Tanks de l'Inde", et la culture irriguée.

3°) L'écoulement au nord-ouest du Dekkan (Document 7.32.b) est perturbé par la proximité du désert du Thar, tandis qu'au Gujarat la subsidence du golfe de Cambay a attiré le drainage vers l'ouest. L'Union Indienne y gère l'écoulement de quatre bassins-versants, pour les besoins en eau de la ville de

Bombay : au nord, le Mahi et le Sabarmat irriguent Ahmadabad ; au sud, le Narmada et le Tapti sont les drains du nord du Dekkan, dont la particularité est de s'écouler à contresens, vers l'ouest.

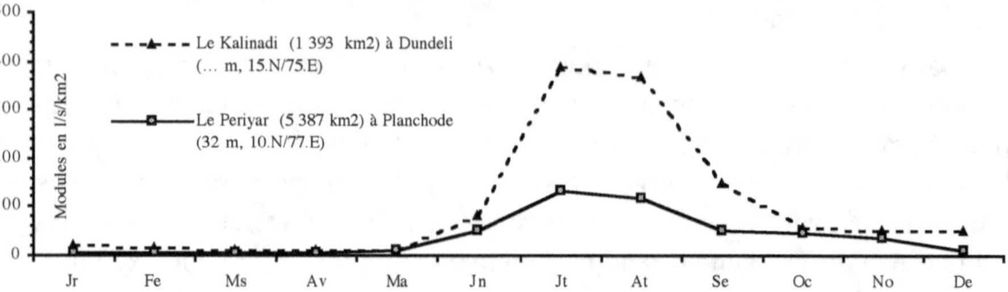

a) Les Ghâtes occidentales : on notera l'importance de la crue de Mousson dans cette région très arrosée mais de saison sèche très durable.

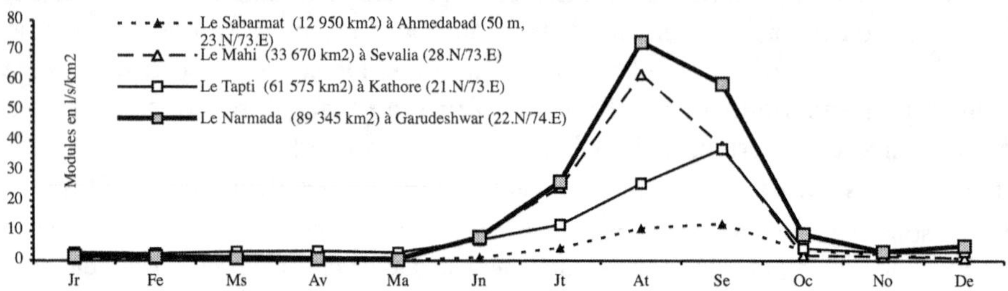

b) Les écoulements vers le golfe de Cambay sont influencés par le désert du Thar.

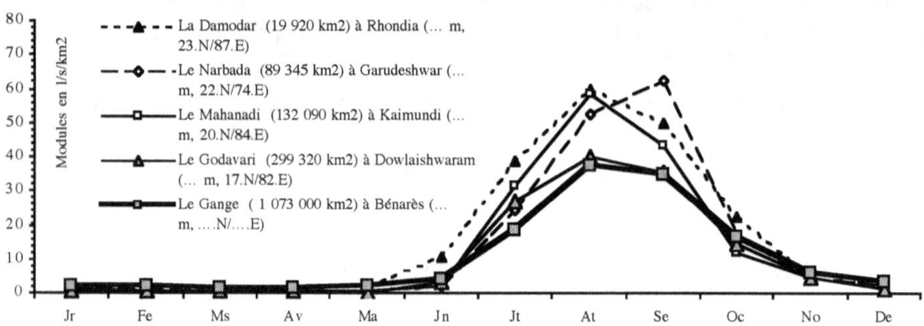

c) Le Dekkan central et le véritable régime de mousson indienne.

Document 7.32 - Les différents régimes de Mousson sur le plateau du Dekkan

• Le Narmada et le Mahi opposent fortement un long étiage : sept mois sur le Narmada (novembre à mai) et huit mois sur le Mahi (octobre à mai), à de brèves hautes eaux : trois mois sur le Narmada (juillet à septembre) et quatre mois sur le Mahi (juin à septembre) ; mais, au cours de celles-ci 90% des eaux annuelles sont écoulés. Cependant, si l'immodération atteint son comble : 141 et 180, les modules restent élevés du fait de l'abondance et de la brutalité des hautes eaux. Au cours de cette période, les apports pluviométriques (voir Bombay) sont très supérieurs à l'évapotranspiration, et l'écoulement devient dysréique ; aussi le Narmada écoule-t-il 16,7 l/s/km^2 et le Mahi 12,7 l/s/km^2, ce qui les situe dans le mésoréisme moyen de classe 10.

• Le régime du Tapti est plus ambigu ; il est moins abondant : 9,4 l/s/km^2 (classe 9 ou mésoréisme médian), mais il est plus pondéré : 15 (toutes proportions gardées). En fait, si les hautes eaux sont réduites à la Mousson : trois mois de juillet à septembre, elles n'écoulent que 72% du total annuel, car l'écoulement ne connaît qu'un mois d'étiage : février. Le Tapti est l'un des drains des Trapps basaltiques du Dekkan ; ces formations tertiaires poreuses constituent un excellent aquifère dont les réserves améliorent localement la pérennité de l'écoulement.

• Enfin, le Sabarmat est presque un oued. Il n'écoule plus que 3,4 $l/s/km^2$ (classe 7 ou microréisme atténué), dont 85% en trois mois, de juillet à septembre. Hors d'Asie, ce régime tropical ne fut observé qu'entre le Sahara et l'équateur sur le Sénégal, la Gambie, le Niger et la Bani, la Volta, le Chari, ou l'Omo ; mais avec des modules souvent bien inférieurs. Il n'en constitue pas moins une interface vers l'aridité.

4°) Le Dekkan central illustre le mieux le régime de mousson indienne (Document 7.32.c). Ce régime concerne d'abord quatre drains du Dekkan, de tailles moyennes, vers le golfe du Bengale : la Damodar, le Narbada, le Mahanadi et le Godavari. Nous avons ajouté le Gange, qui, à Benares, n'est plus influencé par la neige himalayenne.

• Ce sont des cours d'eau qui restent abondants : le Gange et le Godavari écoulent 11,5 $l/s/km^2$ le Mahanadi 14,1 $l/s/km^2$, le Narbada 15,3 $l/s/km^2$ et la Damodar 17,7 $l/s/km^2$. Ils relèvent donc du mésoréisme moyen de classe 10. Mais cette abondance est réduite à quatre mois, de juillet à octobre, quand, sous l'effet de la Mousson, l'écoulement est provisoirement dysréiques (ce sera aussi une époque de crues qui peuvent se révéler catastrophiques). Mais, en dehors de cette période, l'écoulement connaît six à sept mois d'étiage.

• Aussi, on ne s'étonnera pas de l'immodération : si avec 25 le Gange est encore pondéré par la fonte des glaces sur l'Himalaya, l'immodération atteint 150 sur le Narbada et 163 sur le Godavari. Aussi, au XXe siècle, l'Union Indienne a-t-elle équipé ces cours d'eau de barrages mixtes : destinés simultanément à l'irrigation et à la production d'énergie.

Des jaugeages étant effectués en plusieurs points du bassin on peut évoquer les avatars de l'écoulement sur le Cauveri, la Krishna et le Gaudavari (Document 7.33). Ils transcrivent, à leur manière, la succession des types de climats sur le Dekkan.

*a) Au Centre du plateau, le **Godavari** draine près de 300 000 km² de bassin-versant.* Il est jaugé en cinq points, et les données concernent aussi un de ses affluents, la Wainganga. Le régime est remarquable de stabilité (Document 7.33.a).

• Les hautes eaux se réduisent à trois mois, entre juillet et septembre, quand la Mousson franchit les Ghâtes occidentales ; mais elles écoulent 80 à 85% du total. En effet, au cours du reste de l'année, les reliefs côtiers font abri et c'est l'étiage de sept à huit mois qui génère une immodération qui atteint 244 sur la Wainganga, et 279 sur le Godavari à Dhalegaon.

• Mais la régularité du régime masque les modifications du module. En effet, le fleuve est d'abord successivement jaugé à Dhalegaon (31 000 km^2), à Babli (56 000 km^2) et à Basar (87 000 km^2). Entre ces cinq points, son module passe de 5,1 à 3,2 $l/s/km^2$ (classe 7 ou microréisme atténué).

• Le Godavari prend naissance dans la partie sèche du Dekkan : au Maharastra la Mousson apporte moins de 1 000 mm d'eau par an, du fait de l'abri et de l'éloignement de la mer. Mais il reçoit alors la Wainganga, qui arrive du nord, du Madhya Pradesh plus arrosé, il reçoit en effet 1 000 à 2 000 mm. Cet affluent qui écoule 15,7 l/s/km^2, relève du mésoréisme moyen de classe 10.

• Aussi, quand il entre en Andhra Pradesh, le Godavari écoule-t-il 5,7 l/s/km^2 (classe 8 ou microréisme soutenu) pour accroître son écoulement dans cet Etat bien arrosé. Et, à l'approche de Yanaon il écoule 11,1 l/s/km^2 soit un mésoréisme moyen de classe 10.

Mais les régimes révèlent le rôle incontournable de la Mousson, car ces avatars n'ont guère concerné que les écoulements des mois d'août et septembre.

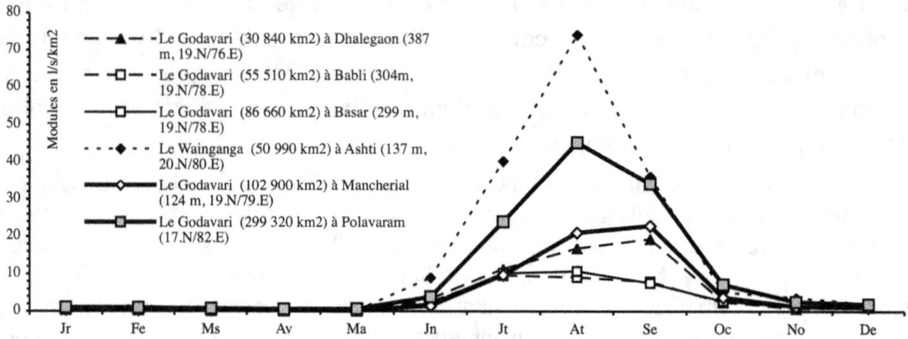

a) Le Godavari : les avatars d'un fleuve du Dekkan.

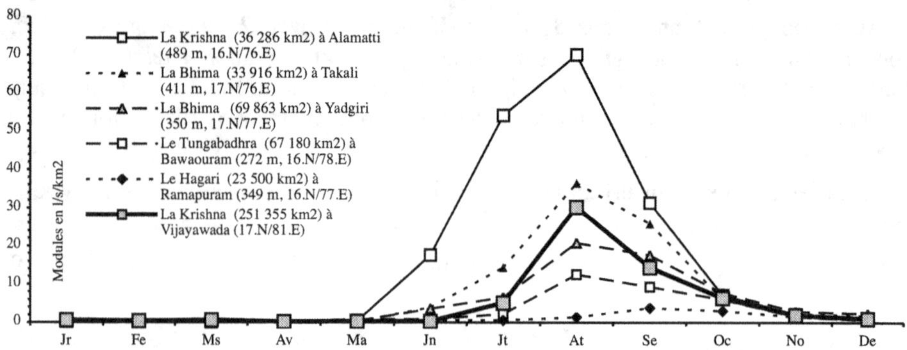

b) La Krishna : la dégradation du régime de mousson vers l'est du Dekkan

Document 7.33 - Avatars des grands cours d'eau du Dekkan

b) Plus au sud, le processus inverse s'observe sur la ***Krishna*** (Document 7.33.b). Ici le fleuve n'est jaugé qu'en deux points, à Alamatti à l'aval de 36 000 km^2 de bassin-versant et à Vijayawada à l'aval de plus de 250 000 km^2 de bassin-versant. Entre temps, il reçoit le Bhima, le Tungabadhara et le Hagari dont le régime se transforme de l'ouest vers l'est.

La Krishna à Alammati est un cours d'eau de régime pluvial tropical de Mousson :

• De juin à septembre, quatre mois de hautes eaux écoulent 94% du total annuel dans des conditions de dysréisme, alors que le reste de l'année connaît un étiage prononcé.

C'est le régime des fleuves des Ghâtes occidentales en été et celui du Dekkan central le restant de l'année.

- Le fruit en est une immodération de 1 092 et un écoulement qui relève du mésoréisme moyen de classe 10, avec un module de 16,8 $l/s/km^2$.

Or, les affluents répercutent progressivement le retard de l'éclatement de la Mousson vers l'est, et la réduction de ses apports

- La Bihma à Takali connaît sept mois d'étiage et seulement trois de hautes eaux : juillet à septembre. Or, du fait de l'abri, le module n'est que de 8,3 $l/s/km^2$ (classe 9 ou mésoréisme médian), et 85% des eaux sont écoulés en trois mois, avec une immodération de 252. Plus en aval, à Yadgiri, l'étiage est aussi long, mais les hautes eaux de quatre mois sont décalées de juillet à octobre ; le module n'est plus que de 5,7 $l/s/km^2$ (classe 8 ou microréisme soutenu).

- Le Tungabadhra offre un maximum toujours plus tardif : 80% des eaux écoulées entre août et octobre. Le module n'est plus que de 3,1 $l/s/km^2$ (classe 7 ou microréisme atténué).

- Enfin, le Hagari, n'écoule plus que 1,1 $l/s/km^2$ et relève du microréisme affaibli de classe 5. Le Hagari n'est pas un oued pour des raisons structurales : c'est le drain naturel de calcaires dévoniens qui pondèrent l'écoulement : 27 “seulement”, et réduisent la notion d'étiage à mars et avril

La Krishna draine la partie la plus sèche et la plus abritée du Dekkan : de l'ouest vers l'est, la Mousson de plus en plus tardive apporte de moins en moins d'eau, aussi l'écoulement accuse-t-il cette semi-aridité. À Vijayawada, la Krishna est un cours d'eau très immodéré : 263, malgré 250 000 km^2 de bassin, du fait de brèves très hautes eaux entre août et octobre (85% de l'écoulement) au milieu d'un étiage de huit mois. D'un mésoréisme moyen de classe 10 en amont, le fleuve qui n'écoule plus que 5,5 $l/s/km^2$ est devenu microréique de classe 8. Krishna et Godavari illustrent la sensibilité des cours d'eau tropicaux aux variations régionales du climat, même sur un espace réduit.

B - L'écoulement sur les marges du Dekkan

Le régime pluvial tropical de Mousson y connaît quelques péjorations (Document 7.34).

1°) Le régime pluvio-nival du Brahmapoutre.

Plus que le Gange, le Brahmapoutre et son affluent le Jia Bhorelli rappellent le rôle de la fonte des neiges sur l'amont de leur bassin-versant (Document 7.34.a). Sur la plus grande partie de son cours, le Brahmapoutre draine une vallée incisée dans la suture ophiolitique de Zanghé entre la nappe du sud Tibet et celle du Haut Himalaya. Mais ce drainage d'ouest en est se situe au-delà des plus hauts sommets de la chaîne, et se trouve à l'écart de la Mousson. Toutefois, pour rares qu'elles soient, les précipitations tombent sous forme de neige, laquelle s'accumule en hiver. Mais cette région du Tibet n'appartient plus au domaine tropical, mais relève plutôt d'un climat de montagne à hiver rude et connaissant une débâcle printanière.

• Son régime est encore fortement influencé par la Mousson qui, à Cherrapunji, connaît un maximum de juillet. Les hautes eaux durent de juin à octobre, mais n'écoulent que les trois-quarts de l'écoulement annuel.

• Il faut alors évoquer un soutien de l'étiage par la fonte des neiges. Cet étiage de trois mois, de janvier à mars, peut correspondre autant à la sécheresse de l'hiver qu'à la rétention nivale en altitude. D'ailleurs, dès avril, le module mensuel s'accroît, et le module de juin est trop anormalement élevé pour être pluvial de Mousson.

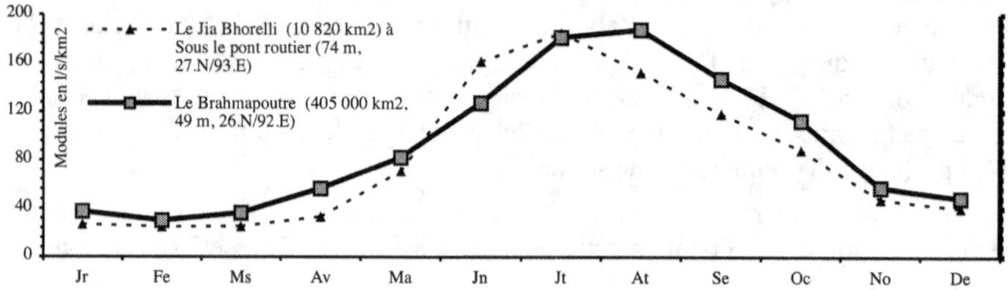

a) Le Brahmapoutre : influence de la neige.

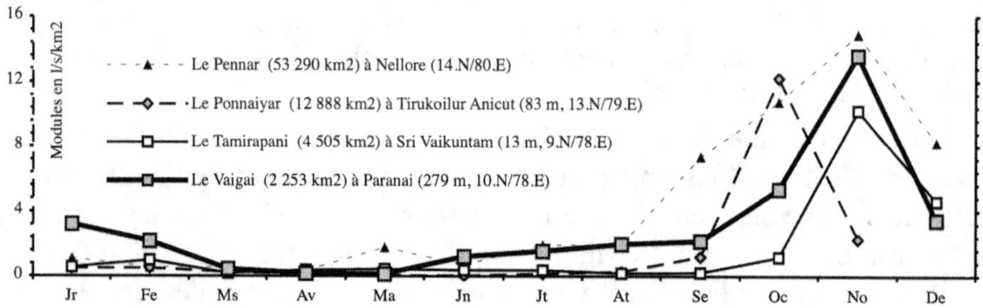

b) L'écoulement de l'Inde du sud : une Mousson retardée.

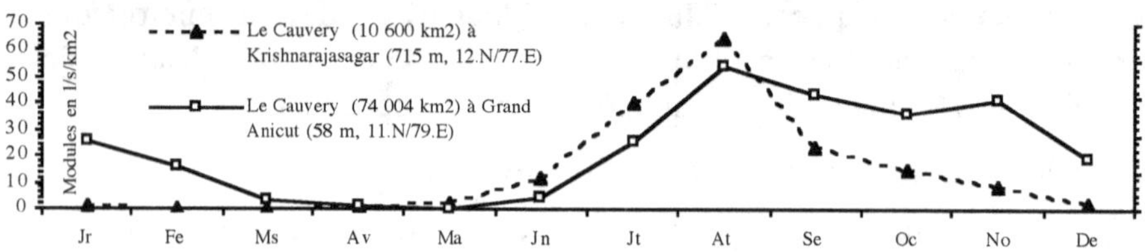

c) La Cauveri : la dégradation vers un régime équatorial

Document 7.34 - Péjoration du régime pluvio-tropical du Dekkan

Le régime du Brahmapoutre est encore plus éloquent de cette dégradation liée au milieu montagnard.

• L'étiage se réduit à février, ce qui peut s'expliquer par la rétention nivale, mais moins par l'évaporation très réduite en hiver dans la partie montagnarde du bassin.

• Les hautes eaux se tiennent de juin à octobre, avec une influence pluviale certaine, mais aussi une débâcle nivale en mai et en juin. Les mesures font défaut, mais les témoignages de voyageurs évoquent la difficulté de remonter et de traverser les vallées himalayennes en crue au début du printemps bien avant l'arrivée de la Mousson.

À l'appui de cette dégradation, on retiendra la relative pondération : 6 pour le Brahmapoutre et 8 pour le Jia Bhorelli. Il est à noter que sur les marges tropicales de montagnes (nous l'avons déjà évoqué dans les Andes) la neige joue un rôle pondérateur de l'écoulement. L'écoulement tend vers une sorte de dysréisme froid avec un module élevé : 48,4 $l/s/km^2$ pour le Brahmapoutre, ce qui relève du mégaréisme basique de classe 12, et 86,1 $l/s/km^2$ pour le Jia Bhorelli : mégaréisme abondant de classe 13.

2°) Vers le sud de la péninsule, le régime est péjoré par l'occurrence d'un double maximum pluvial (Document 7.34.b et c). Les cours d'eau du sud-est du Dekkan sont surtout marqués par une Mousson très retardée , ou inversée avec un maximum semble-t-il en hiver. Le Pennar relève du premier cas :

• L'étiage, par ailleurs bref, dure de janvier à avril pour faire suite à une période indécise de mai à août, pendant laquelle l'écoulement croît lentement. Puis brutalement la Mousson éclate de septembre à novembre et écoule 70% des Eaux en trois mois. C'est conforme au pluviogramme de Madras (Document 7.31), mais avec un apport pluvial réduit ; le Pennar n'écoule que 4,5 $l/s/km^2$: un microréisme soutenu de classe 8.

Les autres cours d'eau relèvent de pluies d'hiver, lesquelles n'ont rien d'une anomalie :

• La Mousson sèche traverse le golfe du Bengale et y accumule de l'humidité qu'elle déverse sur le sud de la péninsule, lequel est abrité, et échappe à la Mousson d'été. Les régimes du Ponnaiyar et du Tamirapani répondent à cette pluviométrie (Document 7.34.b). Ces tributaires du golfe du Bengale font l'objet d'un étiage de sept mois, de mars à septembre, quand les autres cours d'eau du Dekkan sont en crue. À l'inverse, les hautes eaux sont brèves mais hivernales : novembre à février. La conséquence est une immodération qui atteint 315 sur le Ponnaiyar. Mais, l'alimentation pluviale reste modeste : le Ponnaiyar n'écoule qu'1,6 $l/s/km^2$ (classe 6 ou microréisme mesuré) et le Tamirapani écoule 8,7 $l/s/km^2$ (classe 9 ou mésoréisme médian).

Le régime du Vaigai apparaît alors transitoire.

• Il écoule 14,5 $l/s/km^2$ (classe 10 ou mésoréisme moyen), mais son régime est mixte ; l'étiage est bref, de mars à mai, puis l'écoulement croît de juin à septembre : apport de la Mousson d'été, puis la Mousson d'hiver éclate en octobre et écoule 86% des eaux d'octobre à février. L'immodération persiste : 102 mais c'est un compromis entre le Pennar, d'une part, et le Ponnaiyar et le Tamirapani, d'autre part.

Les avatars du Gauvery illustrent cette transition sur le même cours d'eau (Document 7.34.c).

• À Krishnarajasagar, le Gauvery est de régime pluvio-tropical de Mousson. L'étiage est très creusé : immodération de 455, et long : six mois de décembre à mai. Les hautes eaux, de juillet à octobre sont en accord avec le régime de la Mousson d'été, elles écoulent 85% des eaux annuelles. Avec un module de 15,4 $l/s/km^2$, l'écoulement relève du mésoréisme moyen de classe 10.

• Vers l'aval, le poids de la Mousson d'été se réduit : les hautes eaux de juillet à octobre n'écoulent plus que 65% des eaux annuelles. Un maximum secondaire se fait jour en hiver de décembre à février, reflet probable de la Mousson d'hiver. Mais cet apport est insuffisant tant pour relever le module : 3,2 $l/s/km^2$ (classe 7 ou microréisme atténué), que pour réduire l'immodération qui reste de 109.

Il n'est pas évident que ces mécanismes annoncent les régimes équatoriaux de l'Insulinde.

3°) L'Indus marque la transition avec les climats tempérés (Document 7.35). En effet, l'Indus, et plus précisément le Penjab, peuvent être soumis, en hiver, à une circulation cyclonique de front polaire qui apporte une abondance pluviométrique inconnue ailleurs dans le nord de l'Inde (Document 7.31) ; laquelle a une incidence non négligeable sur l'écoulement de quelques affluents (Document 7.35).

L'Indus prend sa source au Tibet, près des Gartok ou Grayarsa, sur le versant nord de l'Himalaya, et, jusqu'au territoire de Gilgit, au nord-ouest du Cachemire ; mais, à l'image du Brahmapoutre, il draine la suture ophiolitique de Zanghé entre la nappe du sud Tibet et celle du Haut Himalaya. Par la suite, il se dirige vers le sud, vers le Pakistan

a) Il est jaugé une première fois à Attock, en amont de sa confluence avec ses affluents du Penjab (Document 7.35.a). Son régime est certes influencé par la Mousson, comme l'indique un maximum d'été : la pointe de crue est en juillet, et les hautes eaux de quatre mois, sont surtout estivales : mai à septembre. Toutefois, d'une part ces hautes eaux ne concernent que 73% du total écoulé, et d'autre part celles de mai et juin ne relèvent pas de la Mousson. Qu'on ajoute la quasi-absence d'étiage, celui-ci étant réduit à janvier, on se retrouve avec un régime voisin de celui du Brahmapoutre.

L'amont du bassin relève d'un climat de montagnes tempérées.

• Au cours de l'hiver, le repli de l'évapotranspiration évite l'occurrence de la sécheresse hydrologique, l'étiage de janvier relevant de la rétention nivale.

• Surtout, l'Himalaya est alors le siège d'un flux d'ouest générateur de précipitations cycloniques susceptibles d'entretenir l'écoulement : 13% de celui-ci sont réalisés entre décembre et mars. À haute altitude (au Cachemire comme au Kara-Korum, les sommets dépassent 8 000 m) un tapis neigeux se constitue dans un environnement glaciaire. Le réchauffement printanier le transforme en écoulement nival jusqu'en juin.

• C'est alors que la Mousson arrive par le sud, allongeant, sans solution de continuité, la période de hautes eaux jusqu'en août, voire septembre. Mais il n'est pas interdit d'attribuer une partie de ces hautes eaux au soutien glaciaire du Kara-Korum.

L'Indus, dans sa partie amont, relève d'un curieux régime pluvio-nivo-glaciaire de montagne et de mousson. Aussi, est-ce un cours d'eau assez pondéré : 7, et abondant : 14,2 $l/s/km^2$ (classe 10 ou mésoréisme moyen) qui pénètre dans un Pakistan semi-aride, pour y recevoir immédiatement les eaux de ses "Cinq affluents du Penjab".

b) Le régime des rivières du Penjab (Document 7.35.b-c-d). Le Penjab est un affluent rive gauche de l'Indus, né de la confluence, à Alipur au Pakistan, des "Cinq Rivières" : Jhelum, Chenab, Ravi, Beas, et Sutlej, issues du versant sud de l'Himalaya occidental, lequel fait obstacle à la fois à la circulation cyclonique d'hiver et à la Mousson. Selon qu'il y ait ou pas constitution d'un tapis neigeux épais, on relève deux types de régime.

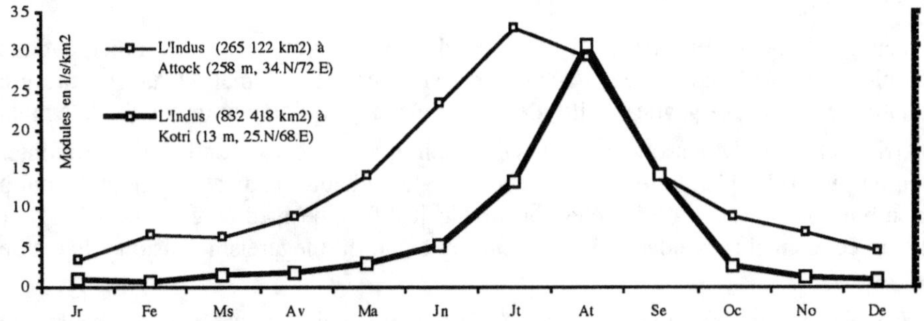

a) - Avatars de l'Indus entre le Penjab et le Sind.

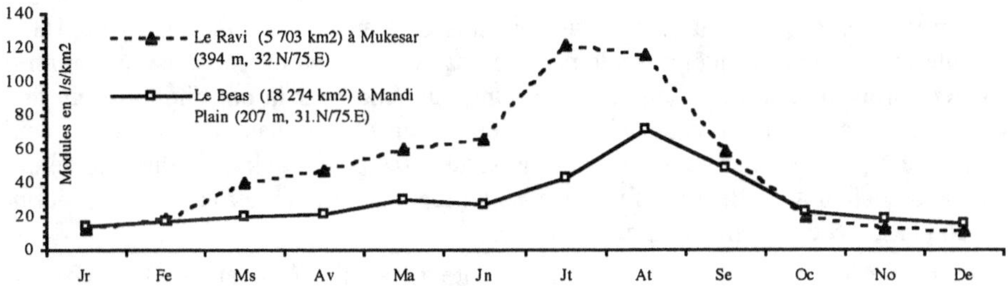

b) Le régime pluvio-nival du Ravi et du Beas.

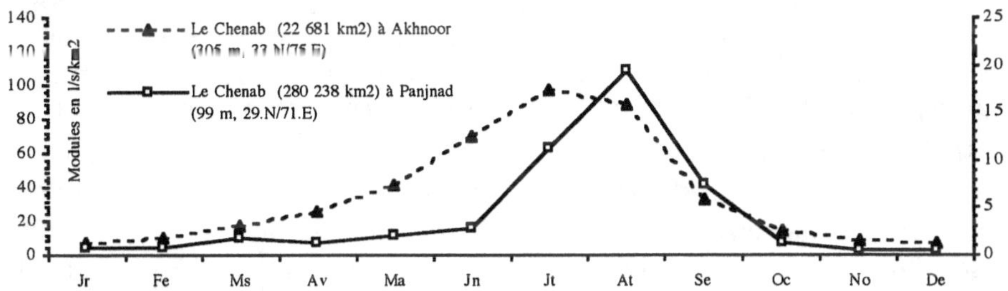

c) Le régime pluvial à influence nivale du Chenad.

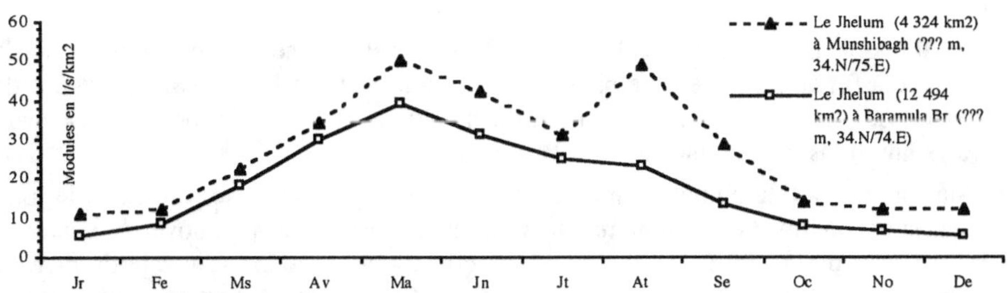

d) Le régime complexe de la Jhelum.

Document 7.35 - Le bassin de l'Indus : la transition entre le régime nival de montagne tempérée et le régime pluvial de mousson.

Le Ravi illustre la forme pluvio-nivale (Document 7.35.b) et il reproduit l'écoulement de l'Indus, le soutien glaciaire en moins ; aussi est-il parfaitement pluvio-nival.

• L'étiage de novembre à janvier correspond à la rétention nivale des précipitations cycloniques. Mais l'écoulement s'accroît très vite de février à mai au fur et à mesure que la fonte des neiges gagne en altitude en Himalaya, jusqu'au maximum nival de mai.

• Arrive alors la Mousson et c'est sans répit que les eaux continuent de monter jusqu'en juillet. Le résultat est une longue période de hautes eaux : cinq mois de mai à septembre. La présence de la rétention nivale justifie une médiocre pondération : 11 mais un écoulement abondant : 51,8 l/s/km^2, relevant du mégaréisme basique de classe 12.

Le Beas illustre une forme où l'influence nivale est moins profonde (Document 7.35.b).

• Il n'y a pas d'étiage au sens où aucun mois de l'année n'écoule moins du 1/3 du module moyen. On évoquerait seulement des basses eaux en hiver, où ce minimum de janvier correspond au mois le plus froid. On peut subodorer la constitution d'un tapis neigeux, car, au cours de cette saison arrosée par un flux d'ouest, l'écoulement recule d'octobre à janvier, pour se ressaisir par la suite. Il ne peut s'agir que d'un écoulement pluvial associé à une rétention nivale (on serait tenté de le nommer écoulement thermal car en phase avec les températures hivernales).

• Le réchauffement printanier provoque la fonte du tapis neigeux et induit le maximum secondaire de mai. Il existe en effet une solution de continuité jusqu'à la brève crue pluviale de Mousson de juillet à septembre, seule capable d'assurer un débit de hautes eaux supérieur au module annuel. Mais ces hautes eaux ne concernent que 50% de l'écoulement, le reste étant assuré par les pluies cycloniques d'hiver. Le résultat est un régime pondéré : 5, qui reste abondant : 30,5 l/s/km^2, un mésoréisme élevé de classe 11.

Le Chenab offre un régime se rapprochant de celui du Ravi (Document 7.35.c). Il est jaugé à Akhnoor (Cachemire indien) à l'aval de 22 700 km^2 de bassin-versant montagnard, et à Panjnad (Pakistan) à l'aval d'un bassin plus vaste : 280 000 km^2, et il draine alors en grande partie un territoire de plaine. La transformation illustre assez parfaitement la rapide montée en importance de la Mousson.

• À Akhnoor, nous retrouvons le régime du Ravi : un étiage par rétention nivale de novembre à février, une débâcle nivale de mars à mai et des hautes eaux pluviales de Mousson de juin à août. La pondération est médiocre : 14, mais le module est élevé : 37,6 l/s/km^2 (classe 12 ou mégaréisme basique).

• Mais à Panjnad, le climat semi-aride du Pakistan a fait valoir ses droits. Si le long étiage est encore nival de novembre à février, les très basses eaux en novembre, mars et avril relèvent de la sécheresse hydrologique climatique. La débâcle nivale de mai est imperceptible, et seul ressort le rôle pluvial de la Mousson par des hautes eaux brèves - juillet à septembre - mais abondantes - 80% du total.

• Cette répartition pluvio-tropicale de Mousson confirme le rôle de la fonte des neiges en mai sur le Ravi, la Beas le Haut Chenab et le Haut Indus. Elle explique aussi l'intérêt économique d'un ensemble de fleuves pour lesquels existe un important conflit d'usage entre Inde et Pakistan.

• Plus à l'ouest, mais aussi plus ancrée dans la montagne, la Jehlum, au Cachemire, offre un régime complexe à double maximum (Document 7.35.d). Cet affluent de l'Indus est jaugé à Munshibagh, dans l'Himalaya et à Baramula, plus en aval.

• C'est à Munshibagh que le régime est le plus complexe. Il ne connaît pas l'étiage, mais comme nous l'avons décrit sur la Beas, le module décroît en automne, d'octobre à janvier, pour croître par la suite ; les pluies cycloniques entretiennent à la fois un écoulement pluvial et un tapis neigeux en altitude.

• La débâcle nivale est intense entre avril et juin où 41% de l'écoulement annuel sont effectués ; puis elle est relayée par la Mousson, 35% des eaux annuelles sont écoulés entre juillet à septembre. Le fleuve connaît aussi une très longue période de hautes eaux, six mois d'avril à septembre, qui écoulent 76% des eaux malgré l'absence d'étiage. Mais une solution de continuité existe entre ces deux"crues", l'écoulement connaît un repli en juin et juillet. Toutefois, l'écoulement de ces deux mois est associé à des hautes eaux ce, qui pourrait signifier un éventuel soutien glaciaire. La Jhelum n'offre pas un écoulement très abondant, et avec un module annuel de 28,1 $l/s/km^2$, elle appartient néanmoins au mésoréisme élevé de classe 11. Son intérêt économique dans les aménagements hydrauliques pakistanais relève surtout de sa grande pondération : 4.

• À l'image de la Chenab, cette qualité connaît une péjoration quand le cours d'eau pénètre dans le Pakistan semi-aride. À Baramula, l'étiage apparaît en décembre et janvier, tandis que la durée des hautes eaux se réduit à cinq mois. Mais c'est la description du régime qui est originale. Si on attribue l'étiage à la rétention nivale, il faut reconnaître un recul pluviométrique qui, artificiellement, renforce le rôle de la rétention nivale. Aussi, la débâcle d'avril à juin apparaît-elle modeste : 48% du module annuel ; en effet, les hautes eaux de Mousson, réduites à deux mois (juillet et août) y sont indigentes : 23% du total. En d'autres lieux, on serait face à un écoulement nivo-glaciaire, mais il faudrait admettre que la Mousson ne parvient pas jusqu'ici, ce qui est indéfendable.

• Il faut plutôt évoquer l'abri intramontagnard : entre Munshibagh et Baramula, le bassin est abrité des influences méridionales, ce qui donne plus de poids aux précipitations cycloniques hivernales dans l'écoulement, et par voie de conséquences à la neige. Un commencement de preuve est aussi fourni par le module qui reste élevé du fait de l'influence nivale : 19,2 $l/s/km^2$ (classe 11 ou mésoréisme élevé) mais dont la pondération est péjorée par l'étiage : 7.

Toutefois ces cours d'eau pakistanais et cachemiris illustrent assez bien les modalités de l'influence de la neige dans une montagne tropicale tout comme le rôle des influences climatiques extratropicales. Mais l'Indus montre aussi combien ces influences sont vite perdues quand les fleuves pénètrent dans les plaines tropicales.

c) L'Indus à l'entrée de son delta (Document 7.35.b-c-d) a acquis un régime pluvial tropical. Il est jaugé à Kotri à la tête du delta, et l'étiage y dure six mois ; la crue nivale de mai n'est plus perceptible, remplacée par une crue pluviale de juillet à septembre, indubitablement pluviale de Mousson, car elle écoule 80% des eaux annuelles en trois mois seulement.

C'est le régime très immodéré : 50, des cours d'eau du nord-ouest du Dekkan, le Mahi ou le Narmada. Mais il se trouve aggravé, car il est maintenant associé à un module affaibli par la traversée du désert : 3,1 l/s/km², un microréisme atténué de classe 7. La dégradation est brutale et explique la nécessité d'aménagements hydrauliques pour utiliser les eaux de l'amont dans l'irrigation et la mise en valeur d'un Pakistan essentiellement aride, et qui, à l'inverse de l'Egypte, ne fut jamais un don de l'Indus.

Depuis 1960, l'Indus Basin Development Board a réalisé les grands travaux hydrauliques destinés à la production hydro-électrique et à l'extension des périmètres irrigués. On a édifié des barrages en terre dans les chaînons bordiers de l'Himalaya, dont celui de Dahra sur l'Indus, haut de 225 m. De ces retenues, partent des canaux débitant 300 à 600 m³/s, courant du Nord au Sud, permettant l'irrigation du centre du Penjab, entre Lahore et Multan.

C - Les autres fleuves de l'Asie du Sud-Est

Ils continuent d'être soumis au flux saisonnier des pluies de Mousson, mais, vers le sud, l'influence des précipitations de régime équatorial est de plus en plus précise, alors que vers le nord-est, se mêlent influences des pluies frontales et rétention nivale, en Chine notamment.

En effet, il faut distinguer les fleuves dont l'hydrologie est exclusivement locale, c'est-à-dire qui sont exclusivement soumis au climat tropical, et ceux qui apportent de l'amont un régime acquis sous d'autres conditions climatiques. En effet, les chaînons orientaux de l'Himalaya, entre les Chamdo au nord-ouest, le Seutchouan au nord-est, le Yunnan au sud-est, constituent les Châteaux d'eau des fleuves birmans, indochinois et chinois. C'est ici que naissent l'Irraouadi, la Salouen, le Mékong, le Song-koï, le Yangtsé-Kiang et le Hoang-Ho.

1°) Le régime des fleuves birmans n'est pas sans rappeler le régime du Brahmapoutre (Document 7.36). Deux fleuves issus de ces chaînons orientaux irriguent la Birmanie : la Salouen et l'Irraouadi ; mais seul ce dernier semble régulièrement jaugé. *L'Irraouadi* est un fleuve amputé de son réseau amont qui fut capturé par le Brahmapoutre. Néanmoins, l'amont du bassin reste himalayen. Mais, à Bhamo, on ne dispose que des hauteurs, d'eau, ce qui est déjà une indication utile pour l'analyse du régime.

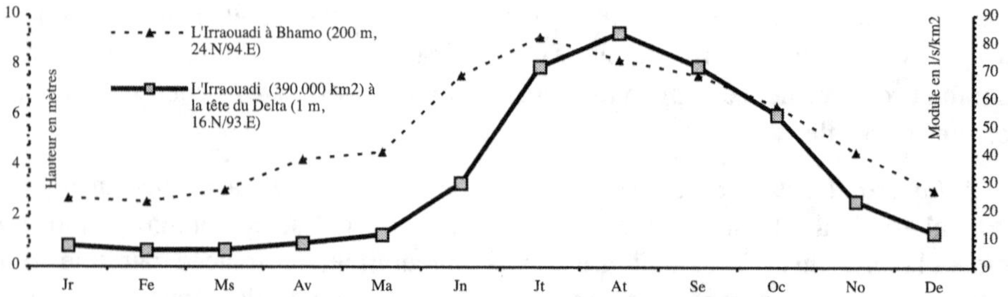

Document 7.36 - Le régime pluvio-nival de l'Irraouadi.

• Les hautes eaux sont principalement marquées par la mousson, aussi 50% de l'écoulement sont-ils effectués entre juillet et octobre. Mais juin serait aussi un mois de hautes eaux, et, après un hiver qui ne connaît pas l'étiage, car les conditions thermiques ne sont pas favorables à l'évapotranspiration, les eaux remontent précocement, dès avril. Cette crue précoce doit être attribuée à la fonte d'un tapis neigeux.

Dans la traversée de la péninsule birmane, le fleuve perd cette qualité au profit de l'influence pluvio-évaporale. Il reçoit en effet, un affluent exclusivement birman, le Chindwin, et dont le régime est pris en compte à la tête du delta.

- L'étiage est alors de quatre mois, de janvier à avril, alors que les hautes eaux restent intimement liées à la Mousson. Elles écoulent les 3/4 du total annuel entre juillet et octobre, avec un maximum qui est passé de juillet à août. Mais cet écart ne traduit qu'un temps de réponse aux averses, de plus en plus long au fur et à mesure que s'accroît l'aire du bassin-versant.
- Toutefois, la lente remontée des débits à partir de mai marque la fin de l'étiage et pourrait être le lointain écho de la fonte des neiges sur les montagnes de l'amont. C'est d'ailleurs un cours d'eau dont l'immodération n'a rien d'exagéré : 14, et dont l'abondance relative n'est pas sans évoquer le soutien nival : le module de 34,4 l/s/km^2 relève du mégaréisme basique de classe 12.

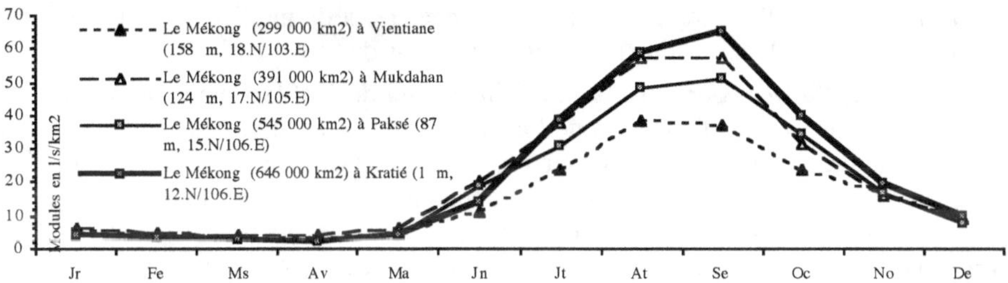

Document 7.37 - La régularité géographique du régime du Mékong… dont le module croît d'amont en aval.

2°) Le Mékong offre un autre style d'écoulement (Document 7.37). Cet autre géant asiatique descend du Tibet, où il se nomme Dza-Chu, dans un environnement de montagnes semi-arides, mais qui atteignent 6 000 m. Près des trois-quarts de son cours circulent en Chine, et il ne sort vraiment de la montagne qu'à Louang-Prabang au Laos. Le fleuve est jaugé en quatre endroits : à Vientiane au Laos, à l'aval de 300 000 km^2 de bassin, à Mukhdahan en Thaïlande (400 000 km^2), à Paksé au Laos (550 000 km^2) et à Kratié au Viêt-Nam (650 000 km^2). L'originalité est que son module croît de l'amont vers l'aval : de 15,3 l/s/km^2 à Vientiane (mésoréisme moyen de classe 10), il passe à 21,9 l/s/km^2 à Kratié (mésoréisme élevé de classe 11) ; alors que le bassin drainé n'a que doublé sa superficie, le débit brut a triplé, passant de 4 860 m^3/s à 15 275 m^3/s.

À Vientiane, si caractère montagnard il y a, il n'est plus que confidentiel.

- L'étiage évaporal est là, et il dure trois mois, de février à avril. À l'inverse les hautes eaux s'avèrent durables, de juillet à novembre, et éclusent 80% du total écoulé.

Toutefois, l'absence d'étiage en décembre et janvier pourrait être un héritage de l'amont où l'évaporation est moindre du fait de la fraîcheur.

• Personnellement, nous estimons que la fin de cet étiage en mai, associé à un débit déjà honnête en juin, serait d'origine nivale. On expliquerait ainsi que l'immodération soit peu accentuée : 10, et un module déjà élevé : 15,3 l/s/km^2 ou mésoréisme moyen de classe 10.

Cette situation persiste à Mukhdahan, même si l'étiage atteint janvier.

• La fonte des neiges explique les modules plus élevés de mai-juin. Par contre, le rôle de la Mousson se radicalise, et elle est capable d'assurer 80% de l'écoulement entre juillet et octobre, aggravant l'immodération à 14.

• L'anomalie est l'augmentation du module : 21,3 l/s/km^2 ou un mésoréisme élevé de classe 11. Ce n'est que le fruit de l'accroissement de l'abondance brutale des pluies ; au Laos puis en Thaïlande, le Mékong rentre dans une région recevant plus de 2 000 mm d'eau chaque année.

À Paksé, il draine une région abritée et moins arrosée avec un étiage long, de janvier à mai, marquant la fin de l'influence nivale.

• Mais la durée des hautes eaux reste de 4 mois, et la conséquence ne réside que dans une dégradation de l'immodération : 19, et un léger recul du module : 18,9 l/s/km^2. Ce régime se poursuit à Kratié : long étiage et quatre mois de hautes eaux.

• Mais il faut chiffrer pour illustrer la différence qui devient facilement explicable. À Paksé et à Kratié, le module moyen de l'étiage est de 3,6 l/s/km^2, mais entre ces deux points de jaugeage, le module moyen des hautes eaux s'accroît de 41 l/s/km^2 à 51 l/s/km^2, soit une croissance de 25%. À l'approche de la mer de Chine, les pluies de Mousson sont de plus en plus importantes, le module annuel passe de 18,9 à 21,9 l/s/km^2 (classe 11 ou mésoréisme élevé) mais l'immodération prend des proportions indiennes, se dégradant de 18 à 27.

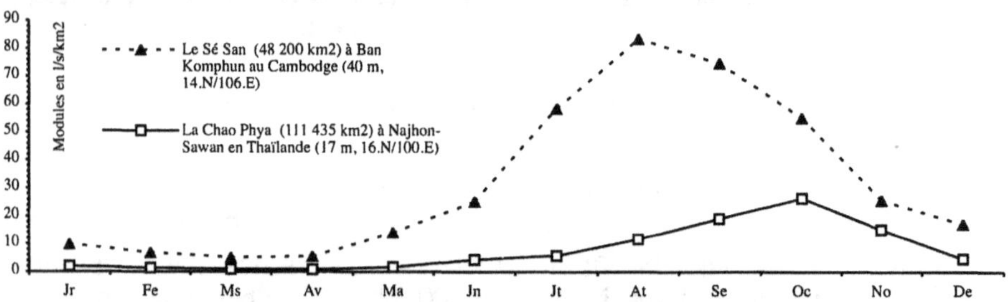

Document 7.38 – Dégradation indochinoise du régime pluvial.

3°) L'originalité des cours d'eau indochinois (Document 7.38) par rapport aux écoulements indiens est moins évidente et relève de conditions locales. Les jaugeages sont rares, mais l'Unesco a publié deux relevés mensuels. Le premier, dans le nord-est du Cambodge, concerne le Sé San, un affluent rive gauche du Mékong qui prend naissance dans la cordillère annamite.Le second est la Chao Praya, l'un des bras du Menan, drain principal de la Thaïlande occidentale, dans son immense delta.

• Le Sé San draine le versant occidental de la cordillère. C'est le versant au vent, celui qui reçoit 2 à 3 000 mm de pluies chaque année selon un régime traduit par un diagramme ombrothermique de Hué (Document 7.2). L'abondance pluviométrique se traduit par un module très élevé : 31,8 l/s/km² (classe 11 ou mésoréisme élevé) ; mais la brièveté de cette Mousson réduit les hautes eaux à quatre mois, de juillet à octobre : les 3/4 de l'écoulement, face à un long étiage de cinq mois, de janvier à avril. Cette dualité génère une immodération de 32.

• La Chao-Praya n'écoule qu'une partie des eaux du Menan, et son débit n'est pas représentatif de l'amont. Certes, le centre de la Thaïlande est "sec" : abrité entre le Tenasserim à la frontière de la Birmanie, et le plateau de Korat à l'est. Il ne reçoit que de 1 000 à 1 500 mm d'eau chaque année, et même moins de 1 000 mm vers le sud. Ceci explique en partie un module faible : 7,9 l/s/km² relevant du mésoréisme médian de classe 9. Le déficit pluviométrique local explique mieux un étiage de janvier à mai malgré une basse latitude (14 degrés nord) et dont la longévité justifie une grande immodération : 31.

4°) En Chine du Sud, on passe progressivement aux écoulements supratropicaux des façades orientales (Document 7.39). Entre le Song-koï au Tonkin et le Hoang-Ho ou Fleuve jaune, le module régresse, alors que simultanément un maximum secondaire pluvial apparaît au printemps.

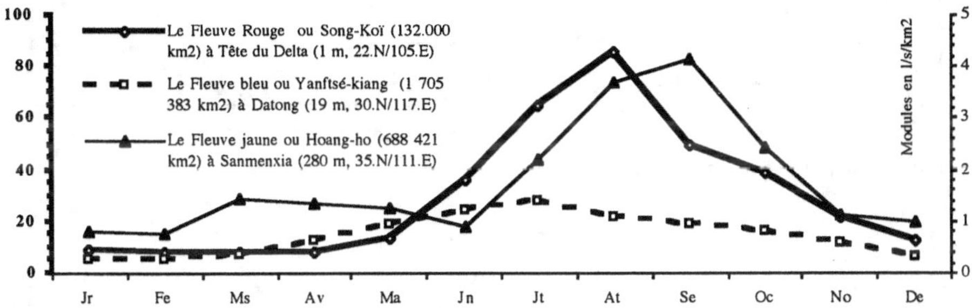

Document 7.39 - Passage du régime de Mousson au régime subtropical en Chine

• Le Songkoï ou Fleuve rouge descend droit du Yunnan vers le golfe du Tonkin après avoir irrigué Hanoï. À la tête de son delta, il draine près de 150 000 km² de bassin-versant, avec d'évidentes hautes eaux reliées à la Mousson : 80% des eaux annuelles sont ainsi écoulés entre juin et octobre. Même si elle est plus courte, la sécheresse évaporale d'hiver reste présente, avec trois mois d'étiage de février à avril. Étiage et abondance des hautes eaux expliquent deux caractéristiques d'un régime que nous suivons depuis le Pakistan : un module de 29,7 l/s/km² et qui relève d'un mésoréisme élevé de classe 11, est une immodération qui reste forte : 11.

• Le Fleuve bleu et le Fleuve jaune marquent la limite septentrionale du régime pluvial de Mousson. Certes le régime du Fleuve bleu ou Yangtsé-Kiang conserve une longue période de hautes eaux estivales, de mai (probable fonte des neiges) à octobre (pluies de Mousson). Mais ces hautes eaux ne regroupent que la moitié de l'écoulement annuel, il n'y a pas d'étiage hivernal, la pondération et de 5 et le module n'est plus que 14,7 l/s/km² : un mésoréisme moyen de classe 10.

• Si le Yangtsé-Kiang est encore influencé par la Mousson, ce n'est plus le cas du Hoang-Ho. Non seulement il n'y a pas d'étiage, mais son régime présente une double période de hautes eaux : l'une entre mars-avril et l'autre, de juillet à octobre, qui n'est plus que le lointain écho de la Mousson. Par ailleurs, ce fleuve pondéré : 5, n'écoule plus qu'1,8 l/s/km^2, un microréisme mesuré de classe 6.

5°) Les conditions hydro-climatiques Iles et Péninsules de l'Insulinde n'illustrent pas le passage du régime tropical au régime équatorial, mais offrent plutôt l'image d'un conflit climatique. (Document 7.40). Entre Ceylan et les Philippines, les Iles se rapprochent de l'équateur, puis le traversent ; mais c'est une ligne que l'alizé franchit saisonnièrement lui aussi, puisque ce phénomène est à l'origine du processus de Mousson.

a) Le régime des fleuves de Ceylan n'est que l'aboutissement des transformations du régime de Mousson observées au sud du Dekkan (Document 7.40). Entre 6 et 9 degrés de latitude nord, le Malwattu Oya et le Mahaweli drainent le versant oriental de l'île, vers le golfe du Bengale ; le Walawe et le Kelani s'écoulent vers le sud, vers l'océan Indien.

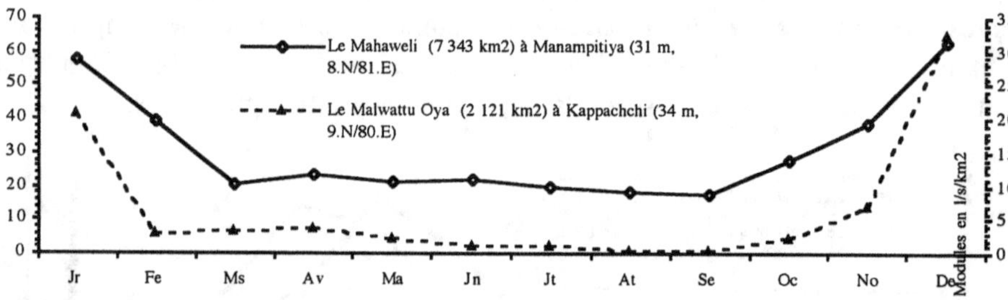

a) Régime à un seul maximum.

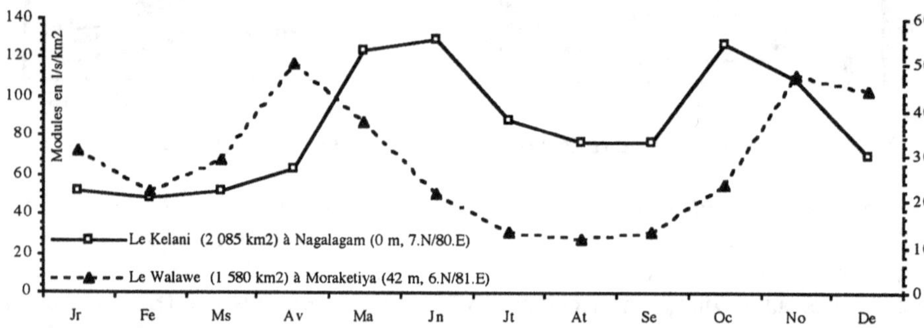

b) Régime à double maximum.

Document 7.40 - La transition équatoriale au Sri Lanka.

Les régimes du Malwattu Oya et du Mahaweli ne sont pas sans rappeler ceux du Ponnaiyar et du Tamirapani dans le sud du Dekkan (Document 7.34.b).

• Les basses eaux se situent en été, alors que les hautes eaux vont de décembre à janvier sur le Malwattu Oya et de novembre à février sur le Mahaweli. Ce n'est pas un régime de Mousson inversé ; mais, du fait de leur exposition, les bassins-versants reçoivent les pluies de la Mousson d'hiver, rechargées en humidité par la traversée du golfe du Bengale ; à l'inverse, l'impact hydrologique de la Mousson d'été est atténué par effet de fœhn.

• L'atténuation est modérée sur le Mahaweli. Il ne connaît pas d'étiage, aussi se retrouve-t-il pondéré : 3,6, et très abondant : 30,8 l/s/km^2 (un mésoréisme élevé de classe 11). À l'inverse, le Malwattu Oya, très abrité des influences occidentales, connaît quatre mois d'étiage de juin à septembre, et surtout dix mois de très basses eaux, de février à novembre, car 93% des eaux sont écoulés en deux mois, en décembre et janvier. L'immodération atteint 70, mais le module de 6,5 l/s/km^2 ne relève que du microréisme soutenu de classe 8.

Sur la côte méridionale de l'île, le Walawe et le Kelani offrent un régime plus typiquement équatorial.

• Il n'y a pas d'étiage, et les hautes eaux se réalisent en deux temps : une phase de printemps d'avril à juin et une phase d'hiver d'octobre à janvier. En d'autres lieux, nous évoquerions des pluies zénithales, mais du fait de sa situation géographique, ce versant reçoit alternativement les pluies de la Mousson d'hiver venues du golfe du Bengale, et les pluies de la Mousson d'été venues de l'océan Indien. Les nuances dans l'exposition des bassins-versants expliqueraient que la dualité pluviométrique soit mieux réalisée sur le Kelani que sur le Walawe.

• Aussi, le premier écoule-t-il 84,8 l/s/km^2, soit un mégaréisme abondant de classe 13, auquel est associé une très bonne pondération : 3. Le second est moins pondéré : 4, et "n'écoule que" 28,7 l/s/km^2, ce qui relève tout de même du mésoréisme élevé de classe 11.

b) La Fédération de Malaisie jauge quelques cours d'eau de la Péninsule (Document 7.41). Il s'agit du Kelatan qui gagne le golfe de Siam, et du Perak, tributaire du détroit de Malacca.

• Leurs régimes sont assez voisins : pas d'étiage, une période de hautes eaux principales d'hiver : quatre à cinq mois, d'octobre à février, écoulant les deux-tiers des eaux annuelles, et de brèves hautes eaux secondaires de mai à juillet. Le parallélisme avec le climogramme de Kuala-Lumpur (Document 7.2) est assez net, pourtant on n'évoquera pas un régime équatorial en phase avec des pluies zénithales.

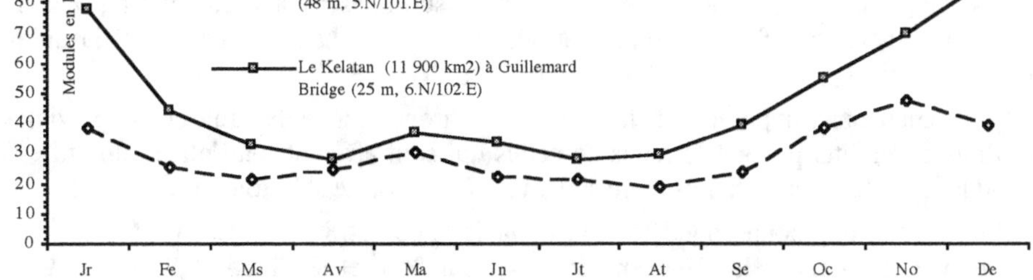

Document 7.41 - Ecoulement équatorial en Malaisie.

• Le maximum d'hiver correspond à des pluies apportées par l'alizé du nord-est, fortement rechargé en humidité au-dessus de la mer de Chine méridionale. Le maximum secondaire est un maximum de mousson, quand l'alizé du sud-est, ayant franchi l'équateur, arrose les rivages méridionaux des Iles de la Sonde. La présence de ces îles est d'ailleurs suffisante pour que la Malaisie péninsulaire, abritée par Sumatra, soit moins arrosée.

• La dualité des hautes eaux et l'absence d'étiage se traduisent par une pondération de 3. Mieux exposé à l'alizé du nord-Est, le Kelatan écoule 46,8 l/s/km^2 (classe 12 ou mégaréisme basique) ; quoique plus abrité, le Perak écoule tout de même 29,2 l/s/km^2, et relève du mésoréisme élevé de classe 11.

En Amérique latine et plus encore en Asie des Moussons, l'écoulement reste plutôt très abondant.

c) Nous terminerons par les Philippines (Document 7.42), où l'écoulement restera pluvial tropical, mais dans un milieu soumis, selon la saison, à l'alizé du nord-est et à la Mousson asiatique.

La détermination du régime des cours d'eau ***de l'île de Luçon*** (ou Luzon) est ambiguë. On y jauge quatre fleuves côtiers (Document 7.42.a) : deux relèvent du versant occidental de l'Ile et gagnent la mer de Chine : l'Agno et la Pampanga, alors que le Cagayan et son affluent, le Chico, drainent une vallée méridienne de la cordillère centrale vers le détroit de Luçon, au nord. Les répartitions saisonnières des modules évoquent un régime pluvial tropical de Mousson. En effet, sur l'ensemble les hautes eaux de juillet à novembre s'opposent à de basses eaux en hiver et au début du printemps. Mais il faut nuancer : cette répartition n'est réalisée que sur l'Agno et la Pampanga.

• L'hiver y connaît quatre mois d'étiage, de février à mai ; mais les hautes eaux qui se réalisent brutalement de juillet à novembre écoulent 82% du total annuel. Ce sont les pluies apportées par la Mousson du sud-ouest, celle qui occasionnait un maximum secondaire en Malaisie, mais qui s'est fortement rechargées en vapeur d'eau sur les eaux chaudes de la mer de Chine méridionale.

• Ces deux cours d'eau sont immodérés : 18, mais abondants. L'Agno écoule 57,8 l/s/km^2 et relève du mégaréisme abondant de classe 13. La Pampanga est moins abondante, mais écoule cependant 35 l/s/km^2 : un mégaréisme basique de classe 12.

Les régimes du Chico et de la Cagayan sont plus ambigus. L'étiage est très bref : avril-mai sur la Cagayan, et absent sur le Chico.

• Les hautes eaux relèvent de la Mousson du sud-ouest ; mais, sur la Cagayan, le maximum est très tardif, en novembre et décembre, et les hautes eaux durent jusqu'en janvier.

• Nous émettrons l'hypothèse de la succession chronologique de hautes eaux pluviales de Mousson en été, prenant le relais de celles qui sont afférentes à l'alizé du nord-est, quand la C.I.T. est dans l'hémisphère sud, avec une modeste solution de continuité.

• Il en résulte une bonne pondération : 6 sur la Chico et 8 sur la Cagayan, et surtout une grande abondance : la Cagayan écoule 61,8 l/s/km^2 et le Chico 65,3 l/s/km^2. Ceci relève des plus forts modules de la planète : le mégaréisme abondant de classe 13.

Dans le ***centre de l'archipel***, on jauge le Jalau à Panay et l'Illog à Negros (Document 7.42.b), tous tributaires de la mer de Sulu.

• L'étiage survient entre février et mai, puis, rapidement la saison des hautes eaux débute en juillet pour durer jusqu'en octobre ou novembre.Ce serait là un régime pluvial de Mousson ; une explication qui se justifie sur l'Illog, à Negros. Mais les hautes eaux du Jalau se stabilisent à 70 l/s/km^2 jusqu'en octobre-novembre. L'hypothèse d'un fonctionnement karstique n'est pas à écarter. En effet, la pondération est de 7 contre 16 sur l'Illog.

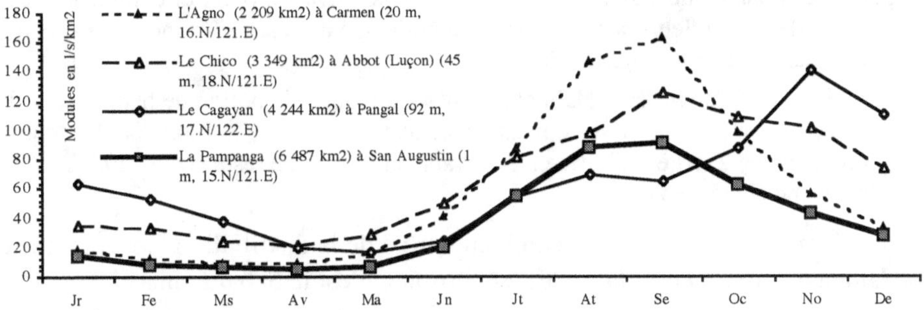

a) Le régime de Mousson à Luçon.

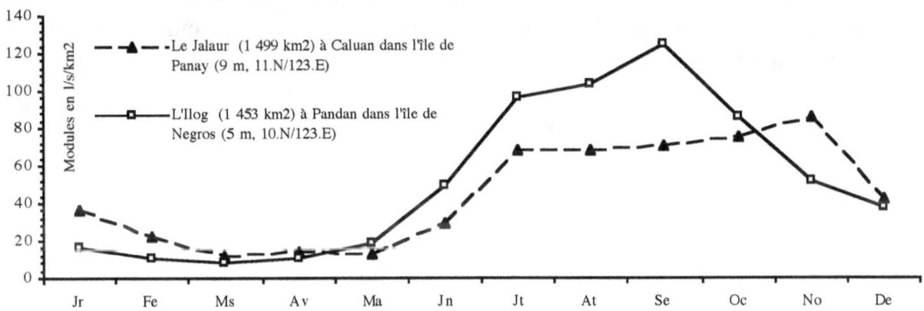

b) Double influence de la Mousson et des alizés à Panay et à Negros.

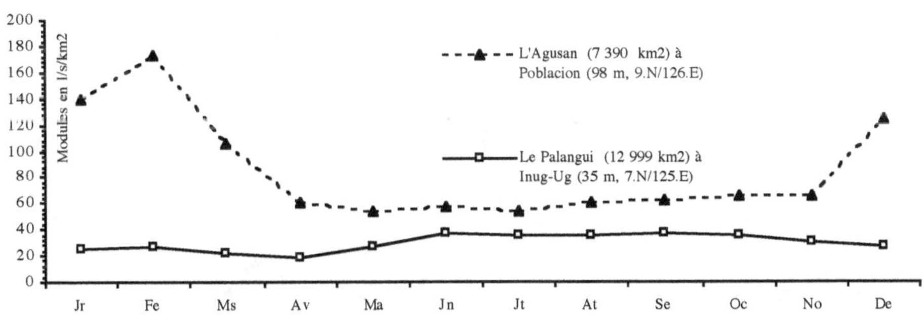

c) Régimes équatoriaux et karstiques de l'île de Mindanao.

Document 7.42 - Avatars des régimes insulaires aux Philippines.

• Enfin, ces deux cours d'eau restent abondants : le Jalau écoule 44,7 l/s/km^2 et l'Illog 51,2 l/s/km^2, ce qui relève du mégaréisme basique de classe 12.

Deux cours d'eau sont équipés d'un système de mesure à ***Mindanao*** (Document 7.42.c).

• L'Agusan, tributaire de la mer de Mindanao, n'est plus un cours d'eau tropical de Mousson. L'écoulement ignore l'étiage, et se limite à des basses eaux estivales, opposées à des hautes eaux d'hiver, qui n'écoulent que 61% du total entre décembre et mars. C'est le type même d'un écoulement pluvial tropical certes, mais relevant du maximum alizéen, quand la C.I.T. est dans l'autre hémisphère. Mindanao reçoit plus de 3 000 mm d'eau annuellement, on n'en comprend que mieux l'abondance 85,3 $l/s/km^2$: mégaréisme abondant de classe 13 ; à l'inverse, la pondération (peut-être influencée par le karst) est de 3. D'ailleurs son écoulement méridien, dans une vallée intramontagnarde n'est pas sans rappeler le Cagayan, à Luçon.

• Le régime du Palangui est indubitablement karstique, et la notion de hautes eaux de juin à novembre n'a guère de sens, mais peut illustrer l'écho de la Mousson. Surtout la pondération est de 2, critère d'influence du karst, et le module reste élevé : 29,7 $l/s/km^2$, un mésoréisme élevé de classe 11.

Ce dernier exemple illustre combien le rôle de la distribution terre-mer reste fondamental. Aux mêmes latitudes, en Afrique, c'est le Sahara ; mais ici comme dans l'Isthme américain, l'imbrication des espaces continentaux et marins entretient un écoulement dont le régime reste tropical, mais dont les modules sont très différents des modèles africains trop souvent pris seuls en exemple, dans la littérature tant scientifique que pédagogique.

Huitième chapitre : Typologie et répartition géographique des régimes

La multiplication des mesures en différents lieux de la planète montre que la division en régimes glaciaires, nivaux, pluvio-évaporaux et pluviaux intertropicaux, même associés en régimes pluvio-nivaux (ou nivo-pluviaux) et nivo-glaciaire simplifie une systématique beaucoup plus étendue. Par exemple, le régime nival sibérien est assez différent de celui du Canada ; nous avons constaté des différences continentales et régionales dans les répartitions saisonnières et le volume écoulé des eaux dans les régimes pluviaux tropicaux.

Un affinement de la typologie aurait pu s'imposer, maintenant que nous disposons de relevés couvrant l'ensemble des cinq continents. Cependant, à la suite de Pardé, bien des hydrologues se sont attelé à cet exercice : Guilcher, Frécaut, Loup, pour ne parler que des géographes-hydrologues d'expression française. Une des typologies les plus élaborées fut résumée par Robert P. Beckinsale en 1969 (in *River Regîmes*, par Robert P. Beckinsale , School of Geography, Oxford University, in *Introduction to Physical Hydrology*, edited by Richard J. Chorley, University Paperbook, 1971).Il distingua quatre ensembles de régimes, eux-mêmes subdivisés.

• Les ***régimes mégathermaux*** regroupaient trois sous-types, tous situés dans la zone intertropicale : le *régime équatorial à deux maxima*, le *régime tropical à simple maximum* à courte période d'étiage, et *le régime tropical à simple maximum* mais à longue période d'étiage.

• Les ***régimes mésothermaux*** appartiennent aux moyennes latitudes ne connaissant pas le gel hivernal. Ce sont le *régime subtropical à double maximum* des façades sud-est des Etats-Unis, le *régime subtropical à maximum d'été et minimum d'hiver* d'Asie du Sud-est, le *régime à minimum estival très creusé* des régions méditerranéennes, le *régime à faibles variations saisonnières à maximum d'hiver* de l'Europe océanisée, et le *régime à faibles variations saisonnières à maximum d'été* du sud des Etats-Unis.

• Les ***régimes microthermaux*** où intervient la restitution nivale ; avec le *régime à maximum pluvial d'hiver et minimum nival d'été* de Chine du Nord (le régime pluvio-nival), le *régime à long minimum nival d'hiver et crue brutale de printemps* (le régime nival de plaine), le *régime à hautes eaux nivales suivies de hautes eaux* pluviales de Sibérie orientale, le *régime pluvio-nival ou nivo-pluvial à maximum de printemps* d'Europe orientale.le *régime à maximum nival de printemps et à maximum secondaire pluvial d'automne* (Russie…), et le *régime à violent maximum de printemps et à forte rétention nivale* du grand nord canadien.

• Les ***régimes de montagne*** apparaissent au-dessus de 1 500 m (sans citer de latitude !). Ce sont le *régime de transition nival* : pluvio-nival et nivo-pluvial, le *régime nival de montagne*, souvent glacio-nival et le *régime glaciaire*, quand les glaciers occupent au moins 70% du bassin-versant.

C'est la typologie que nous avons retrouvée. Est-il utile de revenir sur cette répartition que décrit assez parfaitement la réalité locale ? Deux ensembles de régimes dominent l'écoulement des cinq continents : ceux qui sont nés de la fonte des neiges et des averses intertropicales. En effet, nous avons vu combien le rôle de l'écoulement pluvio-évaporal océanique ou méditerranéen que les manuels les plus illustres prennent comme exemple pédagogique, est peut-être l'un des moins représentatifs de l'interglaciaire que nous vivons actuellement.

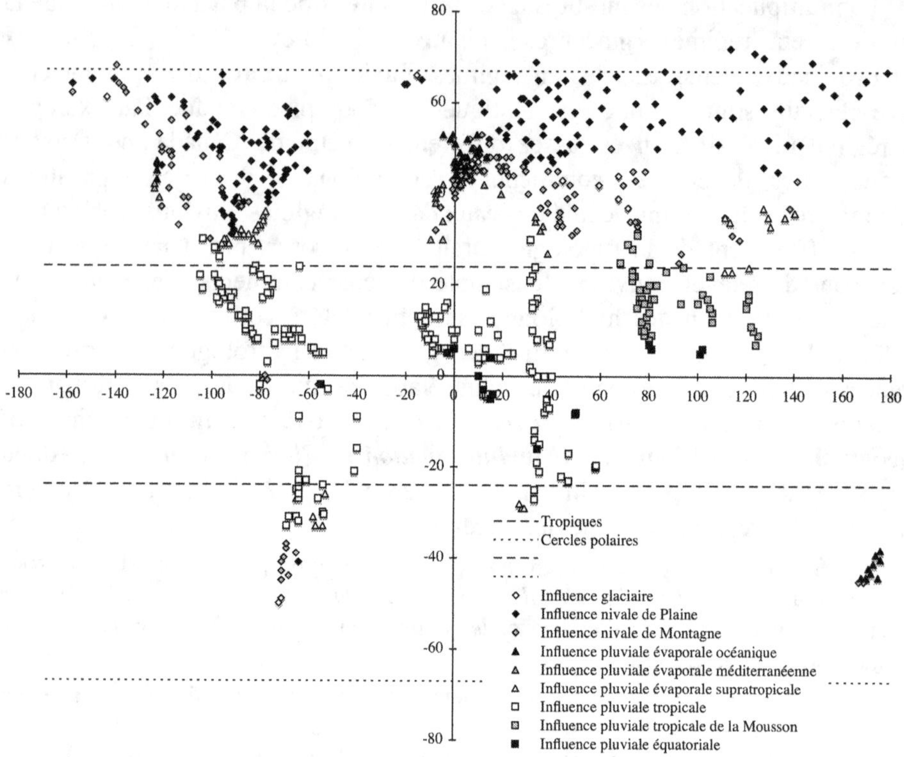

Document 8.1 - Distribution géographique des influences nivo-glaciaires, pluvio-évaporales et pluviales sur les régimes fluviaux.

La cartographie de l'extension géographique des différents régimes (Document 8.1) illustre assez bien la réalité. Parmi les 700 relevés hydrométriques que nous avons analysés, 48% relèvent de la fonte des glaces et des neiges, 37% des écoulements thermaux des régions intertropicales ; dans 15% seulement des cas, l'évapotranspiration estivale joua le rôle essentiel.

En effet, ce régime se limite aux littoraux océanisés et supratropicaux des moyennes latitudes, et fonte des neiges et des glaciers, écoulement des pluies d'hiver et évaporation estivale et ruissellement sans nuance thermique saisonnière, restent fondamentaux dans la géographie des écoulements saisonniers ; en effet, les régimes sont thermaux, pluvio-évaporaux et pluvio-pluviaux ; et le Document 8.1 rend compte de l'inégalité de la répartition géographique de ces trois influences.

• Le ***régime pluvial*** pur est caractéristique des continents intertropicaux, où il peut être scindé en trois ensembles.Le plus fréquent, et celui dont la répartition géographique est la plus vaste, est le régime pluvial tropical, marqué par l'opposition entre une longue période hivernale de basses eaux et une brève crue pluviale afférente aux pluies estivales. Il se décline en un régime pluvial de Mousson dans le sud-est asiatique. À l'inverse, le régime pluvial équatorial, qui serait marqué par l'occurrence de deux périodes de hautes eaux afférentes aux pluies zénithales, est très rare.

• Le ***régime de rétention nivale et glaciaire*** est d'une aire géographique équivalente. Il est induit par l'existence d'un hiver glacé au sens strict du terme : l'occurrence de plusieurs mois de gel. Il concerne les hautes latitudes, mais aussi les domaines tempérés continentaux ainsi que les milieux montagnards, toutes latitudes confondues, sous réserve que l'altitude soit suffisante, et que la latitude permette la réalisation de saisons thermiques. Il existerait des variantes importantes entre le rôle simultané de la glace, de la neige et de la pluie ; mais on peut décliner trois modèles : le régime glaciaire (et glacio-nival) réduit aux montagnes des moyennes et hautes latitudes, le régime nival de plaine des hautes latitudes et des plaines tempérées continentales, et le régime nival de montagne qui atteint les régions supratropicales.

• À l'inverse, le ***régime pluvio-évaporal*** couvre l'espace très réduit des façades maritimes des moyennes latitudes : régime pluvio-évaporal océanique sur les confins nord-ouest des continents, régime pluvio-évaporal méditerranéen sur les confins sud-ouest, et régime pluvio-évaporal supratropical sur les confins sud-est. En effet, "plus haut en latitude (et en altitude) et plus à l'intérieur des continents ", il est perturbé par le gel hivernal ; plus bas en latitude, l'évaporation cesse d'être saisonnière. Mais il existe alors une interface : celle de l'aridité, solution de continuité entre l'influence pluvio-évaporale et l'influence pluviale pure.

L'étude régionale détaillée a révélé bien des nuances géographiques au sein d'un même type de régime ; ainsi, le régime nival sibérien est différent du régime canadien, le régime tropical d'Afrique est différent de celui d'Amérique du Sud. Une modélisation peut alors être envisagée.

Du fait de la multiplication des jaugeages sur de nombreux cours d'eau, nous avons pu construire près de 700 graphiques. Afin de donner une illustration aux différents régimes et d'établir une typologie, le module mensuel exprimé en $l/s/km^2$ a été remplacé par la valeur adimentionnelle du coefficient de débit, ce qui permet de réaliser des régimes types à partir de la moyenne des régimes originaux de cours d'eau voisins et de régimes saisonniers identiques. Nous avons pu ainsi conserver les trois régimes simples : fonte des neiges et glaces, pluie et évaporation, et ruissellement pluvial exclusif.

I - Rôle de la débâcle nivale et glaciaire

Les régimes consécutifs au jeu de la rétention nivale et glaciaire, puis à sa débâcle saisonnière, constituent l'ensemble le plus complexe car les régimes exclusivement liés à la fonte des neiges et/ou des glaces ne semblent pas réellement exister : en été, les pluies ruissellent sur les glaciers, même à très haute altitude ; en Arctique, à la même saison, ces mêmes pluies ruissellent sur le permafrost ; enfin, en montagne, l'hiver n'est jamais exclusivement neigeux.

A - Les régimes surtout influencés par la fonte des glaces

Nous les avons décrits dans les Rocheuses de l'Alaska, en Islande, dans les Alpes, en Asie centrale et en Patagonie (Document 8.2). En Arctique, ce régime ne concerne guère que la Copper à Kitina ; mais la pureté glaciaire est bien représentée (Document 201.a) : le maximum d'écoulement est en juillet, mois le plus chaud, 80% des eaux sont écoulés entre juin et septembre, et l'étiage, défini par un écoulement mensuel inférieur au 1/3 du module, dure de novembre à avril. Hors des Rocheuses, ce régime a été rencontré en Islande où il est pondéré par les lacs, ce qui supprime la notion même d'étiage.

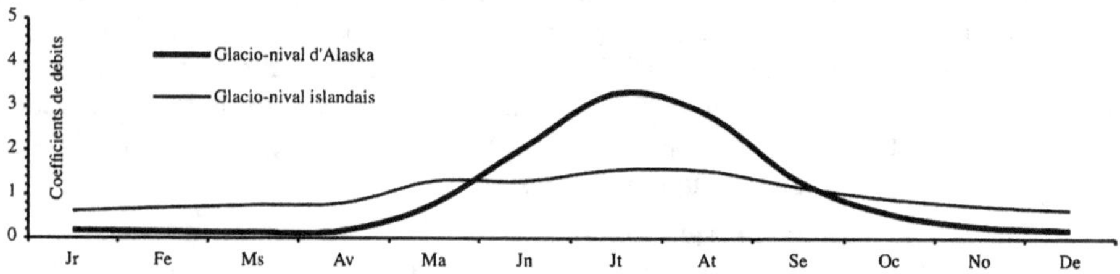

a) Régimes des montagnes arctiques.

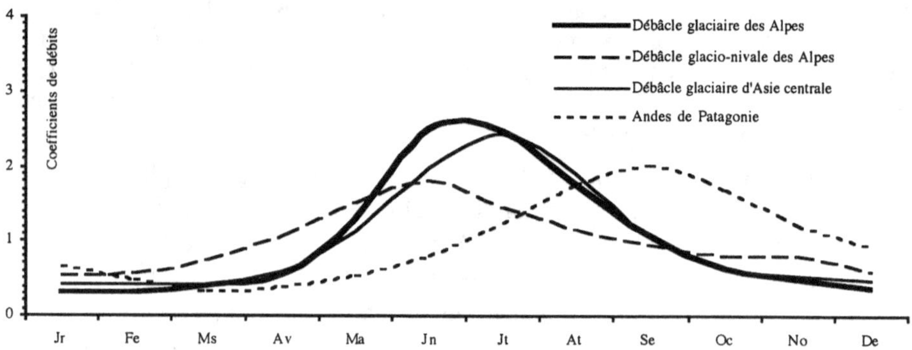

b) Régimes des montagnes des moyennes latitudes.

Document 8.2 - Influence dominante de la fonte des glaces.

Mais ce régime est mieux représenté dans les montagnes tempérées où nous avons analysé l'écoulement de trente cours d'eau répartis dans les Alpes, le Caucase et le Pamir (Asie centrale) et les Andes méridionales (Document 8.2.b). L'occurrence d'un écoulement nival n'est pas toujours nette ; seule des hautes eaux printanières la rendent perceptible. C'est un régime fréquent dans les Alpes de Savoie, fort exposées à un enneigement hivernal et à sa débâcle dès le mois d'avril.

La présence d'un écoulement pluvial est plus facile à déterminer. En effet, les précipitations hivernales, pour rares qu'elles soient, ne sont pas exceptionnelles en hiver ; l'eau ruisselle sur les pentes et surtout sur la glace, où elle emprunte les bédiaires pour s'engouffrer dans les moulins, et enfler le débit du torrent sous-glaciaire. Dans la vallée de Chamonix, on redoute ainsi les crues de l'Arve. Aussi, la notion d'étiage, déjà réduite dans les Alpes à janvier et février, disparaît dans les autres montagnes. Il en résulte des fleuves puissants qu'on utilisa pour la production hydro-électrique dans les Alpes, et l'irrigation en Asie Centrale.Les conséquences d'aménagements mal conçus ont montré que l'existence même de la Mer d'Aral dépendait des apports de l'Amou-Daria et du Syr-Daria. Le rôle de la pluie l'emporte même dans les Andes méridionales avec un maximum d'automne.

Aussi, la principale différence entre l'Arctique et la haute montagne repose non pas sur l'enneigement, mais sur le ruissellement hivernal des pluies.

B - Le rôle de la neige et de la pluie en Arctique

Même si la débâcle nivale y joue le rôle principal, elle n'écarte jamais le ruissellement. Beaucoup de manuels, surtout du secondaire, ont souvent présenté l'Arctique comme caractéristique des écoulements exclusivement nivaux... ! Nous ne les avons jamais rencontrés (Document 8.3). Il est cependant vrai qu'entre 50 à 70% des eaux sont écoulées entre avril et juin dans l'hémisphère nord, et octobre et décembre dans l'hémisphère sud ; une situation hydrologique qu'on oppose à un long étiage hivernal. Toutefois, l'immensité et la continentalité apportent des nuances tant entre l'Amérique du Nord et l'ensemble eurasiatique, que régionalement au sein de chacun des continents.

Entre la Scandinavie et la Sibérie pacifique, le rôle comparé de la neige et de la pluie varie avec la continentalité. En Suède et Norvège, comme dans l'Extrême-Orient russe, les pluies estivales d'origine frontale sont abondantes, et, chronologiquement, elles prennent le relais de la fonte des neiges. Aussi, les hautes eaux durent-elles d'avril à septembre. Entre ces deux rivages, les pluies estivales, les seules qui surviennent dans ces régions continentales entrent en conflit avec l'évapotranspiration. C'est flagrant dans l'Arctique russe et en Sibérie occidentale (Document 8.3.a) : la fonte des neiges y domine entre avril et juillet. Mais on observe un ruissellement estival qui soutient l'écoulement, même s'il est réduit par l'évapotranspiration. C'est différent en Sibérie centrale et orientale. Si on y définit les hautes eaux comme les mois dont le coefficient de débit est > 1, elles sont situées entre mai et septembre, du fait de la fonte des neiges puis du ruissellement des pluies estivales. Ce régime nivo-pluvial devient même pluvio-nival sur certains bassins de Sibérie orientale, avec une abondance maximale pendant le court dégel, en juin et juillet.

En Alaska et au Canada, le modèle plus purement nival observé en Russie arctique et en Sibérie occidentale est absent. L'étiage n'existe qu'en Alaska et en Arctique, mais il disparaît à l'approche de la Baie d'Hudson dont l'immense masse d'eau met un terme à l'augmentation de la continentalité vers l'est. Surtout, du fait de l'absence d'une barrière montagneuse zonale, comme l'ensemble Alpes-Himalaya dans l'ancien monde, les influences méridionales autorisent une pluviométrie plus abondante en été, ce qui induit un régime encore plus influencé par les pluies. Aussi, du Pacifique à l'Atlantique, les hautes eaux, dont le maximum reste nival, occupent l'année de mai à octobre, inculquant aux cours d'eau un régime nivo-pluvial bien différent de celui de l'ancien monde.

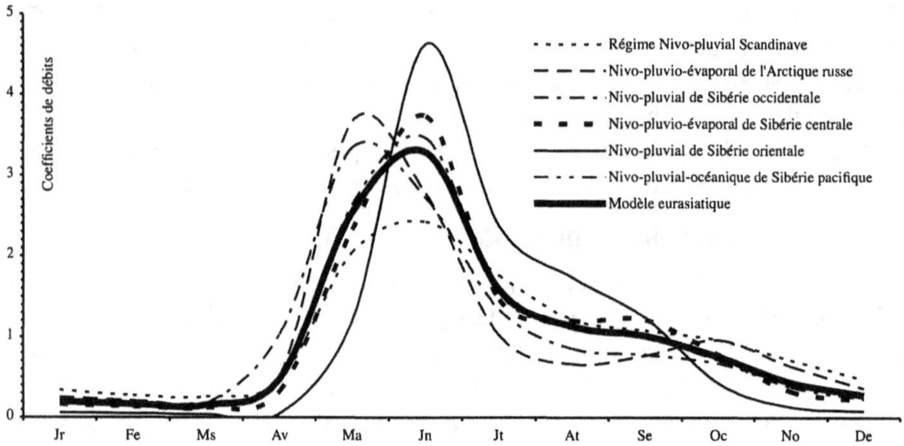

a) Principaux modes d'écoulement de l'Arctique en Eurasie

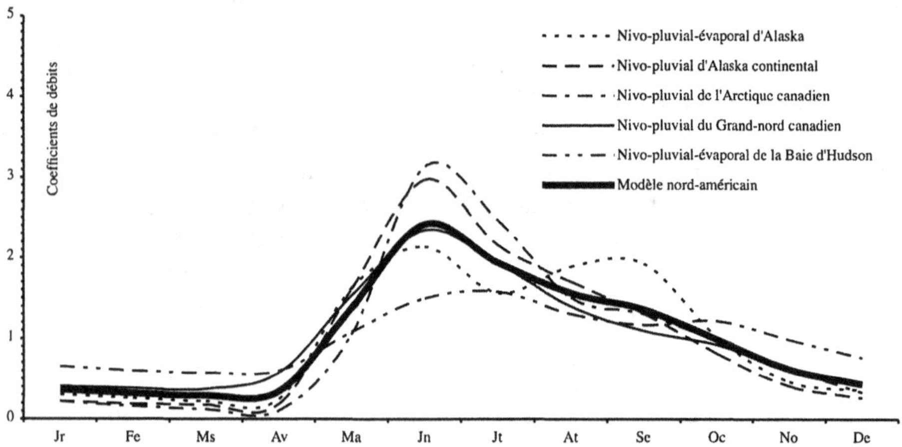

b) Principaux modes d'écoulement de l'Arctique en Amérique du Nord

Document 8.3 - Typologie et géographie des régimes fluviaux des régions polaires arctiques. Le régime nival est toujours accompagné par des hautes eaux pluviales au cours de l'été.

Aussi, malgré une allure voisine, le profil du régime moyen de l'Amérique du Nord (Document 8.3.b) est-il différent de celui de l'ancien monde (Document 8.3.a). Les hautes eaux sont issues d'une débâcle nivale de juin, puis du ruissellement des pluies estivales. Mais l'étiage consécutif au gel, qui dure quatre mois en Eurasie (décembre à mars), est réduit au creux de l'hiver : février et mars en Amérique du Nord. La différence se traduit par une immodération moins élevée : 8 en Amérique, 22 en Eurasie. Plus qu'un climat moins tranché, ce qui n'est pas toujours bien marqué, il est préférable d'évoquer la nature géomorphologique des milieux. Le grand nord américain, fortement marqué par l'héritage des glaciations quaternaires, pondère son écoulement dans d'innombrables lacs naturels ; ce qui, en Eurasie, n'existe qu'en Finlande.

C - Dans les montagnes des moyennes latitudes, l'écho de la débâcle nivale est ressenti jusque dans les plaines avoisinantes

Souvent pluvieuses, ces montagnes allient plus solidement encore ruissellement et fonte des neiges. En effet, ces montagnes côtoient les climats océanisés et supratropicaux qui accentuent le rôle de la neige en hiver, et des pluies en toute saison (Document 8.4). Mais la grande différence avec l'Arctique vient du rôle de la latitude. Ici, l'été peut être chaud et engendrer une importante évapotranspiration, alors que sur les façades occidentales, il constitue aussi la saison la moins arrosée. L'analyse a porté sur 130 relevés dont les trois-quarts ont concerné l'ensemble européen. Aussi nous avons regroupé les régimes en trois grands ensembles : les montagnes européennes (non méditerranéennes), les montagnes méditerranéennes et les autres montagnes tempérées.

Les régimes moyens calculés pour les montagnes d'Europe (Pyrénées, Massif Central ; Carpates et Caucase) montrent le rôle incontournable de l'altitude (et aussi de la continentalité). Le rôle de la neige se traduit par une débâcle, et celui du climat tempéré par le transfert des basses eaux de l'hiver à l'été : l'écoulement y prend alors une allure plus sûrement pluviale, voire évaporale. Le Caucase est la seule montagne dont l'écoulement reste nival au sens strict : crue de printemps et basses eaux hivernales. Ailleurs, la coexistence d'averses et de chutes de neige en hiver en exclut les basses eaux ; à l'inverse, la latitude tempérée, associée à une altitude moindre, introduit l'évapotranspiration. L'altitude, encore élevée, des Pyrénées centrales permet la constitution d'un épais tapis neigeux générateur d'une importante onde de crue entre avril et juin, l'évapotranspiration reste modérée, aussi l'étiage ne se réalise-t-il pas ; toutefois, les basses eaux ne se situent plus en hiver, où les pluies ruissellent, mais à la fin de l'été. Ce comportement s'aggrave dans les Carpates, où la débâcle est plus précoce. Enfin, dans le Massif Central, le rôle de la neige n'est visible que par le maximum secondaire de mars, mais les hautes eaux sont pluviales à maximum d'automne, et l'on passe ainsi progressivement du régime nivo-pluvial au régime pluvio-nival.

Ces avatars annoncent les montagnes méditerranéennes dont l'écoulement oppose la fonte des neiges au ruissellement des averses cévenoles d'automne et des pluies cycloniques d'hiver (Document 8.4.b). Ce régime pluvio-nival est celui des Alpes du Sud (ce serait aussi celui des Pyrénées orientales), de la Péninsule italienne et de la Péninsule ibérique, avec deux périodes de hautes eaux : une crue nivale de mai et une crue pluviale d'automne. Mais les moyennes évoquent des nuances régionales non climatiques ; en effet, l'originalité est l'absence d'étiage alors que l'écoulement pluvial méditerranéen est souvent marqué par de très basses eaux en été.Celui-ci n'existe que dans les Alpes du Sud et en Espagne ; dans les autres montagnes méditerranéennes, il faut souvent évoquer le karst, notamment dans les Alpes Dinariques et dans l'Apennin. C'est dans l'Apennin que Pardé analysa l'écoulement de la Nera dont le coefficient de pondération est ramené à 1 par le karst.

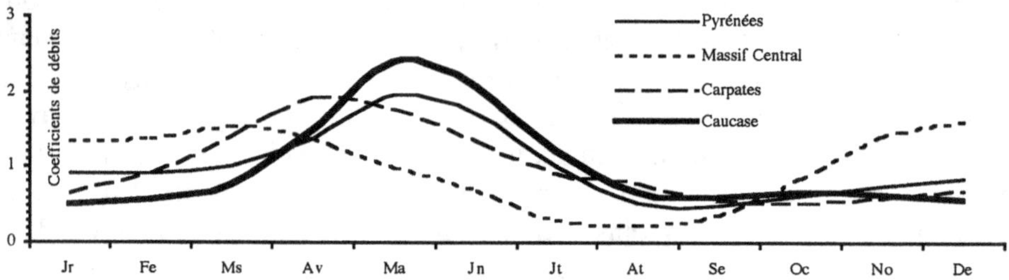

a) Modèles des montagnes européennes des moyennes latitudes

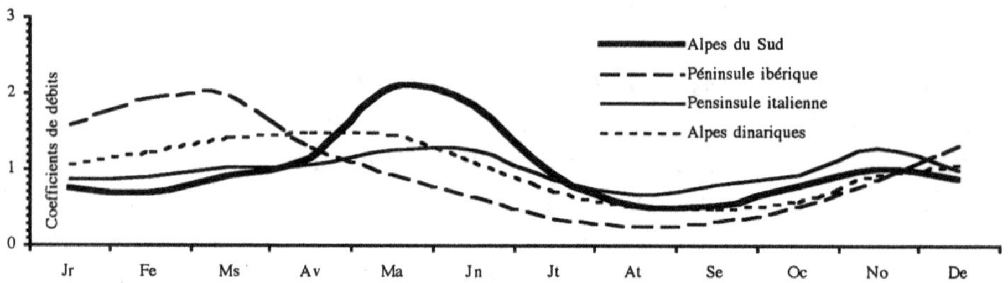

b) Modèles des montagnes méditerranéennes

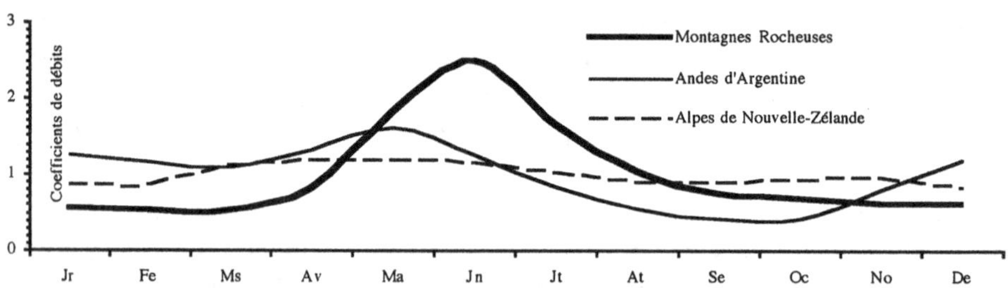

c) Modèles d'autres systèmes montagneux tempérés

Document 8.4 - L'influence nivale dans les montagnes tempérées.

Ailleurs dans le monde, la débâcle nivale joue parfois un rôle important à des latitudes déjà basses du fait de l'altitude des Andes et des Rocheuses : dans ces dernières, elle se fait encore ressentir par 30 degrés de latitude nord. Mais c'est l'environnement climatique des plaines voisines qui construit les nuances régionales (Document 8.4.c). D'une manière générale, les Rocheuses, entre l'Alaska et la Californie, dépassent souvent 4 000 m. Le tapis neigeux, entretenu par des précipitations de secteur ouest, favorise à la fois un écoulement nival de juin, et des basses eaux hivernales ; mais le ruissellement qui reste possible exclut l'étiage. On retrouve ce processus dans les Alpes néo-zélandaises. Comment interpréter les hautes eaux hivernales des Andes méridionales ? Les pluies sont ici abondantes toute l'année et le régime serait pluvio-évaporal sans la constitution d'un tapis neigeux en altitude (près de 5 000 m).

Les détails ont été présentés dans les analyses zonales et régionales, mais le fait montagnard impose le régime nival jusqu'au 41e parallèle en Espagne, au 37e en Argentine, au 32e au Maroc et au 30e aux Etats-Unis ; soit très à l'intérieur du domaine pluvio-évaporal.

D - L'écho des régimes nivo-pluviaux de l'Arctique dans les plaines du domaine continental.

Il n'existe pas de solution de continuité topographique entre l'Arctique, d'une part, et la plaine germano-polonaise, la table russe et l'Ukraine, l'Asie centrale, et les grandes plaines d'Amérique du Nord, d'autre part. C'est également vrai le long des façades nord-est des continents : Chine du Nord et Japon, Québec et Nouvelle-Angleterre (Document 8.5).

Les grandes plaines des Etats-Unis et du Canada, les plaines d'Europe centrale et orientale, les steppes russe et ukrainienne sont alors soumises aux effets de climats continentaux marqués par une dureté et une durée du gel de l'hiver de plus en plus prononcées au fur et à mesure qu'on gagne l'intérieur des continents ; puis cette rigueur se poursuit sans solution de continuité jusque sur les côtes atlantiques et pacifiques. Mais, à l'inverse de l'Arctique, l'été est plus long et parfois même très chaud, apportant une nuance évaporale à un écoulement nival.Enfin, les variétés régionales décrites, ont révélé une différence importante entre les deux continents.

En Europe orientale, en Russie, en Ukraine et en Extrême-Orient (Document 8.5.a) on ne s'étonnera pas de retrouver les régimes arctiques, car il n'existe pas de barrière entre les deux domaines. Le régime est principalement nival, l'étiage par rétention atteint même trois mois en Russie septentrionale. Mais les précipitations, ici maximales en été, parviennent encore à ruisseler et assurent un écoulement pluvial en cette saison, même si, du fait d'une latitude plus basse et de températures plus élevées, ce caractère est moins accentué que dans l'Arctique sibérien. Vers le Pacifique, le rôle pluvial s'amplifie, avec l'écho (lointain) des pluies de Mousson.

Ce mécanisme se retrouve en Amérique du Nord (Document 8.5.b) la Mousson en moins. Mais il existe une différence de poids ; en Eurasie les basses eaux restent hivernales ; ici ce n'est pas toujours vrai, par l'effet conjugué d'une chaleur estivale génératrice d'évapotranspiration, et d'un hiver moins rude, plus arrosé où l'eau ruisselle. Certes, partout le maximum d'écoulement est nival, mais l'étiage ne se rencontre jamais.

La différence observée entre les écoulements arctiques persiste. Le régime moyen des plaines américaines est plus pondéré : 3, que celui de l'Eurasie : 5.

Les deux continents sont largement ouverts aux influences polaires, ce qui a permis de rencontrer une influence nivale jusqu'au 37ᵉ parallèle nord en Chine et au 30ᵉ dans les grandes plaines des Etats-Unis. Mais l'Amérique du Nord est plus largement ouverte aux influences tropicales, lesquelles, en Eurasie, sont arrêtées par une barrière montagneuse : le milieu n'est pas plus clément, il est surtout chaud plus longtemps en été.

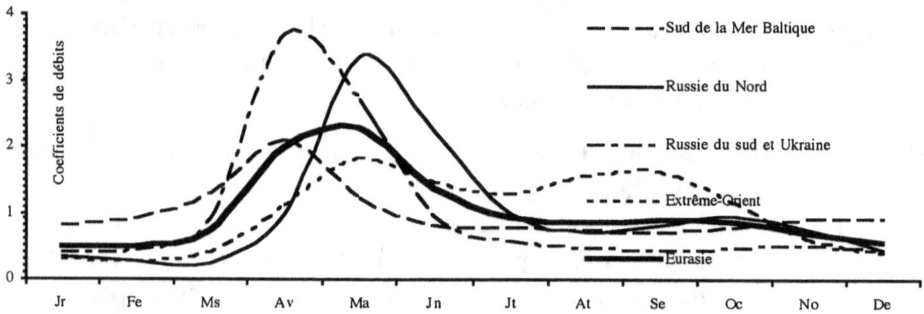

a) Modèle nivo-pluvial des grandes plaines eurasiatiques et de leur façade nord-est.

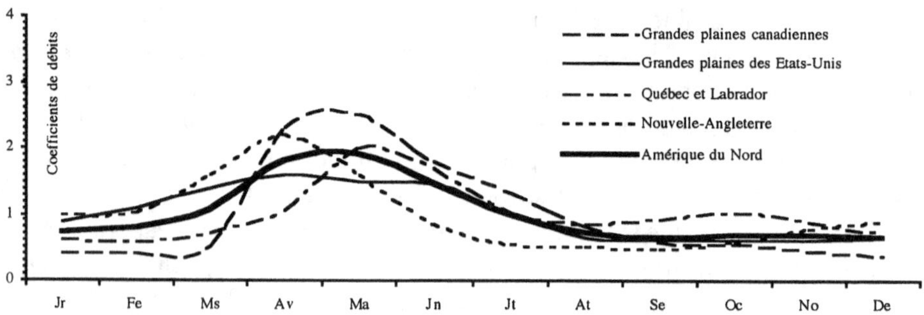

b) Modèle nivo-pluvial des grandes plaines nord-américaines et de leur façade nord-est.

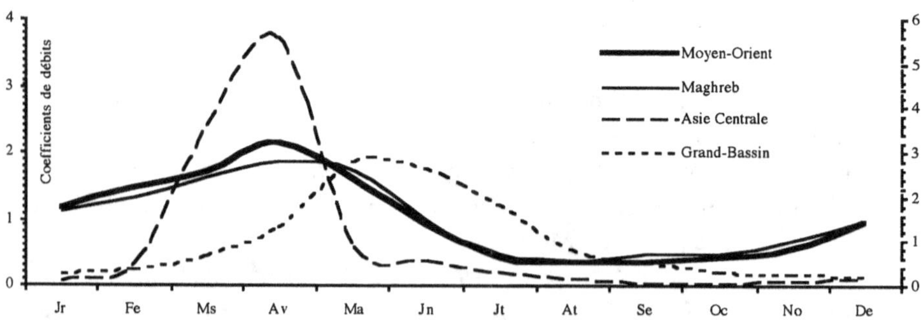

c) La transition avec l'aridité.

Document 8.5 - Extension de l'influence nivale dans les grandes plaines continentales et sa transition avec l'aridité.

E - C'est dans ces conditions que se réalise la transition avec l'aridité.

En effet, nous avons montré qu'il n'existe pas de régimes arides, mais des formes pluviales ou nivales sèches, c'est-à-dire chez lesquelles l'étiage va jusqu'à l'assec. Les écoulements en milieu aride et semi-aride ont été analysés au Moyen-Orient (de la Syrie à l'Iran), en Asie centrale (bassin de la Caspienne), au Maghreb et dans le Grand Bassin (Document 8.5.c).

Au Maghreb et au Moyen-Orient, du fait du relief et de la position par rapport à l'Eurasie, les écoulements des espaces arides et semi-arides répondent à la forme méditerranéenne de l'écoulement nival. L'écoulement est nivo-pluvial : les hautes eaux se situent entre janvier et mai, nivales en avril-mai et pluviales en hiver. L'aridité est intense durant tout l'été ; aussi, à l'inverse du régime nivo-pluvial méditerranéen, n'y a-t-il pas de hautes eaux en automne, période où les pluies rechargent les réserves phréatiques.

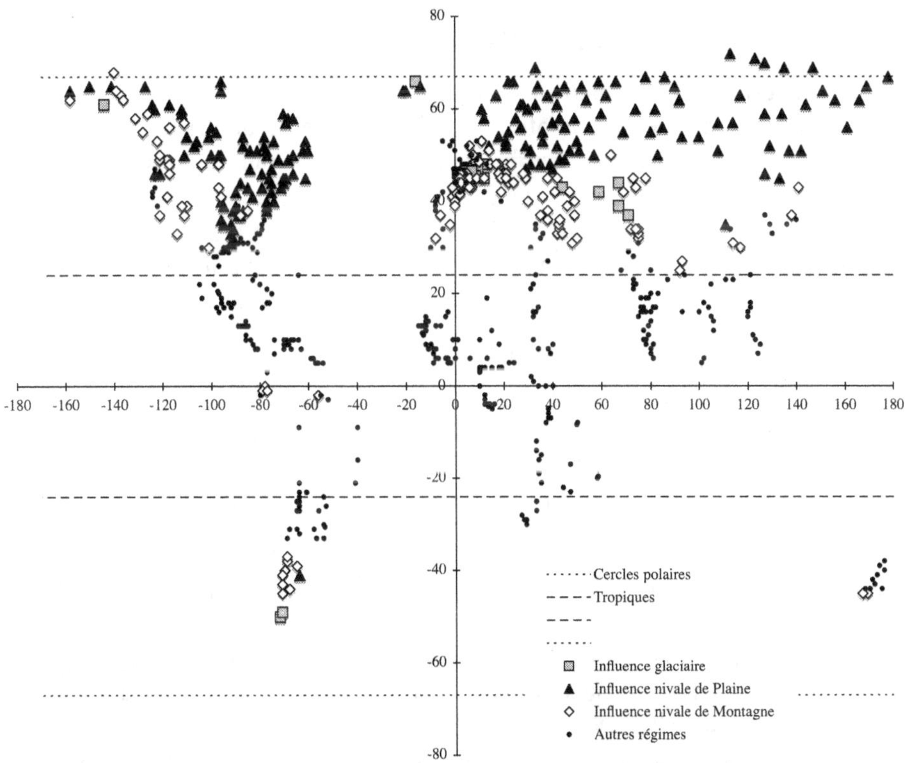

Document 8.6 - Distribution des cours d'eau dont le régime est influencé par la débâcle nivale et glaciaire

En Asie Centrale et dans le Grand Bassin, c'est le régime nivo-pluvial de plaine qui se maintient dans le désert, mais avec beaucoup de différences entre les deux continents. En Asie Centrale comme dans le Grand bassin le régime moyen se traduit par de hautes eaux de printemps, qu'il est possible d'interpréter comme le fruit d'une débâcle nivale ; puis par un long étiage d'automne, résultat *de* l'important déficit hydrique de saison chaude. Mais le processus est plus tranché en Asie : les moyennes traduisent l'écoulement d'oueds nivaux où le modeste tapis neigeux fond brutalement pour laisser la place à un tarissement des nappes négligeable.

Le contraste entre la brutalité des écoulements eurasiatiques et la relative modération des écoulements américains apparaît comme une constante.
Par le regroupement des coordonnées de tous les jaugeages dont le régime mensuel est de près ou de loin soumis à la fonte saisonnière de la glace et de la neige, c'est la plus grande partie des régions polaires et tempérées qui se trouve alors concernée (Document 8.6). Mais surtout, au delà de la diagonale des climats arides, la transition avec les écoulements pluviaux sans variation thermique saisonnière se fait brutalement, sans la moindre solution de continuité, comme si la diagonale aride se comportait comme une interface entre deux mondes climatiques…

II - Les régimes pluviaux entre les deux tropiques

Ils concernent uniquement les bassins-versants qui ne sont plus soumis au rythme saisonnier de l'évapotranspiration. Cette évapotranspiration étant stabilisée à une valeur élevée du fait de la faible amplitude thermique annuelle, son impact (pourtant considérable) passe inaperçu, et les régimes potamologiques deviennent la réplique de ceux des précipitations. L'analyse régionale n'en a pas moins montré une grande variété régionale à l'intérieur de chacun des trois continents concernés (Documents 8.7 et 8.8).

A - L'Afrique et l'Asie du Sud-Est

Elles offrent une certaine homogénéité, et surtout elles répondent à la conception qu'on s'y fait de l'écoulement : de brèves et importantes hautes eaux estivales dans le domaine tropical et un écoulement abondant à peine perturbé par des hautes eaux zénithales à l'approche de l'équateur (Document 8.8.a et b).

1°) Du fait de la mousson, l'Afrique occidentale et le Dekkan portent les bassins-versants aux écoulements les plus typiquement tropicaux. (Document 8.8.a et b).

- Les ***régimes des cours d'eau du Dekkan*** sont les plus tranchés : six mois d'étiage, de décembre à mai, et trois mois seulement de hautes eaux, de juillet à septembre, conduisent à une immodération de 52.

- En ***Afrique de l'ouest, du Sénégal au Niger***, l'écoulement connaît une période de basses eaux plus courte, avec seulement quatre mois d'étiage, de janvier à avril, alors que les hautes eaux durent cinq mois, de juillet à novembre. L'immodération plus faible : 13, relève d'un contraste pluviométrique réduit entre l'hiver et l'été. Mais le point commun est l'occurrence d'une mousson ; si la mousson africaine est moins tranchée, elle n'en oppose pas moins une saison sèche durable à une courte et violente saison de pluies.

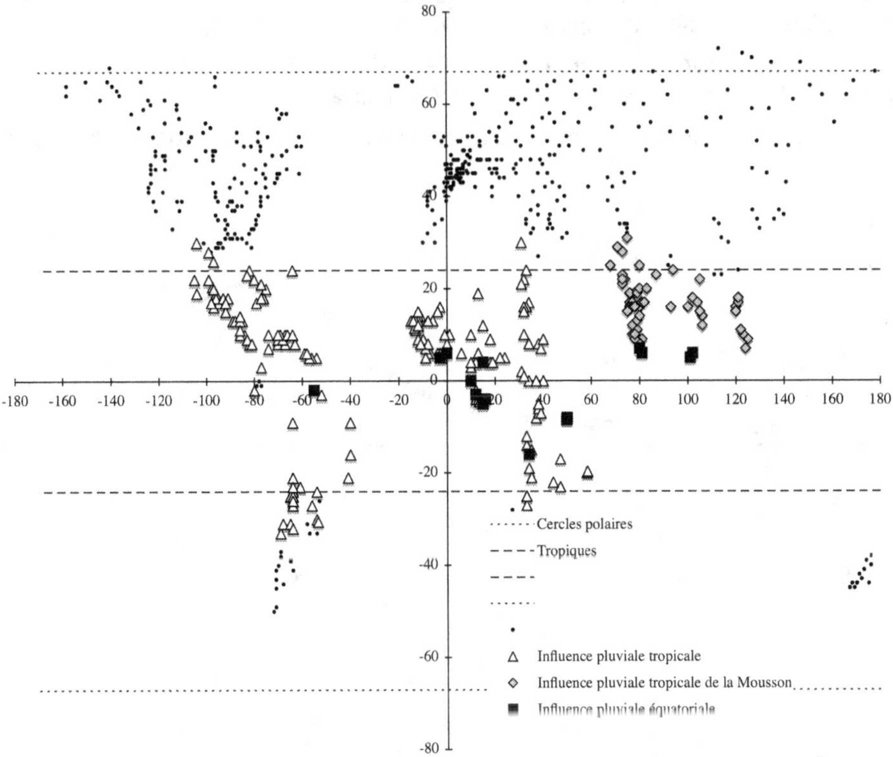

Document 8.7 - Distribution des cours d'eau dont le régime est influencé par le seul apport pluvial.

L'environnement malien, ou sénégalais est assez peu différent de celui du Dekkan. Ici, une population moins abondante a pu se contenter des cultures sous pluies, mais, à l'image de l'Inde, le développement d'une agriculture durablement développée passe par la maîtrise de l'écoulement et de l'irrigation. C'est dans cet esprit qu'on aménagea les barrages de Sansanding sur le Niger et de Manantali sur le Sénégal. C'est dans ce sens aussi que les régimes ouest-africains et indiens peuvent être définis comme des régimes pluviaux de mousson.

En effet, ailleurs en Afrique et en Asie, les régimes, pour semblables qu'ils apparaissent : une longue période de basses eaux et une courte crue, sont surtout beaucoup plus pondérés.

• Pour ***ce qui concerne l'Afrique centrale et orientale***, du Cameroun à l'Ethiopie, ***comme l'Afrique australe***, du Kenya au Mozambique, la période de hautes eaux est la même : de juillet à novembre dans l'hémisphère nord, et de janvier à mai dans l'hémisphère sud, mais elle ne concerne plus que 70% des eaux, car dans le contexte d'un environnement montagnard ici, et/ou d'un climat d'alizés ailleurs, les écoulements hivernaux sont plus importants.

• Globalement, ***du Cameroun à l'Ethiopie, la notion d'étiage disparaissant***, la pondération est de 7 : c'est un régime tropical de montagne. Même le régime tropical d'alizé, commun au Kenya et au Mozambique, n'offre qu'une immodération de 12 et un étiage réduit à trois mois de septembre à novembre (printemps austral).

• C'est aussi le ***régime des péninsules de l'Asie du Sud-est*** : cinq mois de hautes eaux, un mois d'étiage en mai, et une immodération réduite à 7.

Ce régime pluvial pur à un seul maximum restera le modèle du régime pluvial tropical.

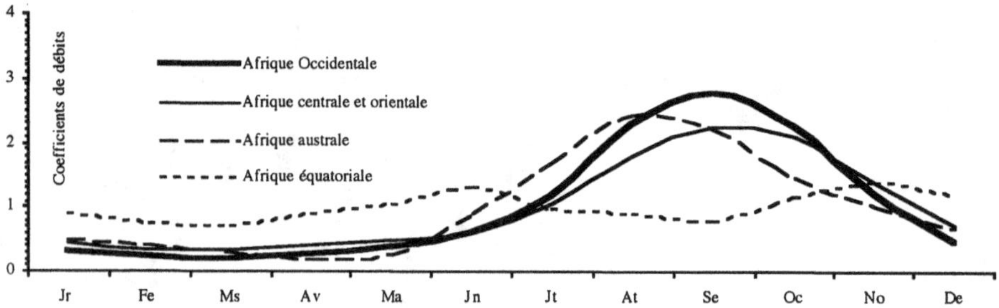

a) Types de régimes pluvio-pluviaux en Afrique au sud du Sahara.

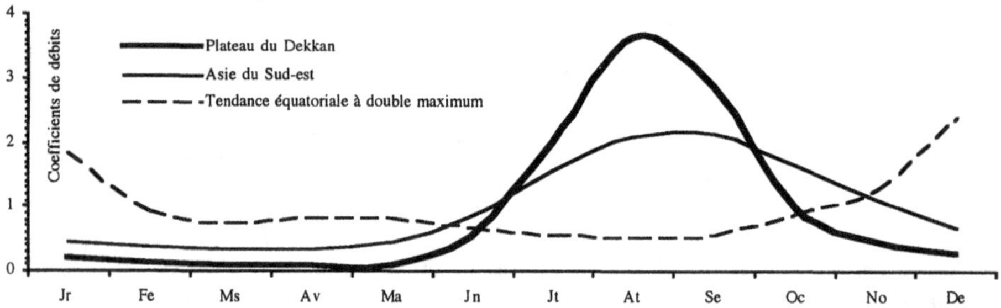

b) Types de régimes pluvio-pluviaux en Inde et en Asie du Sud-est.

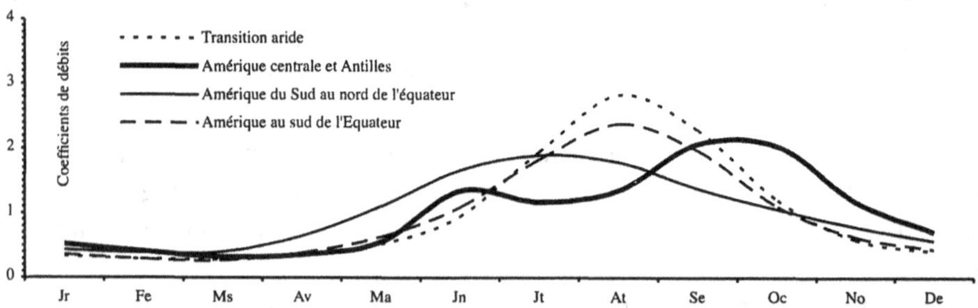

c) Types de régimes pluvio-pluviaux en Amérique au sud du Rio Grande.

Document 8.8 - Typologie et répartition géographique des régimes pluvio-pluviaux.

2°) L'Afrique centrale et l'Asie du Sud-est sont les seuls continents à connaître un régime "équatorial" à double maxima. Mais il faut ici rappeler comment donner une expression climatique à ce régime pluvial pur équatorial. Nous avons montré que les écoulements à double maximum aux équinoxes qui simulent les pluies zénithales, sont aussi rares que ces pluies zénithales.

Ce régime est plus souvent associé à la modification du sens des alizés (effet de mousson) qui accompagne le passage saisonnier de la C.I.T de part et d'autre de l'équateur : c'est par exemple le cas des îles de la Sonde et de Ceylan, soumises alternativement à la Mousson et à l'alizé du nord-est. Ailleurs l'alizé est plus ou moins violent, mais il perd de la puissance quand la C.I.T. est à la verticale du bassin-versant considéré ; il en sera de même des pluies venues de l'océan et des écoulements afférents.

- Il est vrai qu'en ***Afrique équatoriale*** existe un régime pluvial pur équatorial, fruit de pluies zénithales, mais aussi d'affluents issus de bassins-versants d'hémisphères différents ; ce régime qui est celui du Zaïre se traduit surtout par une bonne pondération : 2.

- En ***Asie du Sud-est, en Insulinde*** notamment, on oppose des hautes eaux de Mousson d'hiver (l'alizé du nord-est), souvent les principales, à un maximum secondaire consécutif à la Mousson d'été. Le résultat est le même : une pondération de 5, dix fois meilleure que sur le Dekkan.

Mais ce double maximum est aussi le fait du régime tropical américain.

B - L'Amérique intertropicale

Du fait de l'étroitesse de son domaine tropical dans l'hémisphère nord, l'Amérique latine ne connaît la dualité entre une longue saison sèche et une courte saison des pluies qu'au voisinage et au sud de l'Equateur. Aussi les régimes pluviométriques et les écoulements afférents prennent-ils une allure équatoriale du fait du déplacement saisonnier de la C.I.T. (Document 8.7.a et b)

Il en découle un régime original à double maximum : l'un en juin et l'autre en septembre, avec un court repli en juillet. Ce n'est qu'une originalité locale, car ce régime reste en fait typiquement tropical, avec une longue période de hautes eaux : six mois de juin à novembre, et une période hivernale de basses eaux sans étiage prononcé.

- Nous avons souligné l'importance de l'exposition, comme celle du karst, mais ce régime pluvial caraïbe reste très original avec une pondération de 6, à une latitude ou l'immodération est de 12 en Afrique, et de 52 sur le Dekkan.

- Vers le sud, au niveau de l'équateur, l'Amérique ne connaît pas de régime à double maximum mais un régime pondéré : 5, sans étiage au cours des basses eaux, et avec de longues hautes eaux : six mois de mai à octobre. C'est le régime tropical de l'Insulinde et de l'Afrique australe.

Il faut alors franchir l'équateur pour retrouver un régime tropical plus pur : des hautes eaux de juin à octobre écoulant 75% de l'écoulement annuel, et des basses eaux marquées par trois mois d'étiage de juillet à septembre.

Du fait de la rareté du régime équatorial, on ne retiendra que les formes du régime tropical. Il est sous la domination des contrastes pluviométriques et de la distribution des masses continentales. Quand celles-ci occupent une part importante de l'espace tropical : Afrique occidentale, Asie du Sud-est, la saison sèche est marquée alors que s'organise un système de mousson : c'est le régime tropicale typique. Ailleurs, la présence de montagnes et/ou l'interpénétration océan-continent, donnent des formes moins contrastées, aux hivers plus abondants. On passe insensiblement aux formes équatoriales, dont le régime à double maximum de l'Amérique centrale et du Sud-est Asiatique constitue la plus belle originalité. A chaque fois, cela se traduit par une meilleure pondération. C'est aussi l'autre régime représentatif de l'écoulement planétaire (document 8.7).

Vers les déserts, ces régimes se perdent dans l'aridité. Il n'existe pas de mesures fiables au niveau de l'Afrique. En Asie la transition se fait par le régime nival en Himalaya. C'est au Mexique qu'on passerait au désert sans trop solution de continuité (Document 8.7.c). La transition, analysée dans le cas des cours d'eau mexicains, se situe au niveau du Rio Bravo et du Rio de Santiago vers 25 degrés de latitude nord. Elle se réalise avec le régime pluvio-évporal méditerranéen vers la Californie, et avec le régime pluvio-évaporal supratropical vers le Texas. La moyenne des coefficients de débit des cours d'eau arides du Mexique donne un régime plutôt tropical avec des hautes eaux en été, la transition tempérée étant brutale. En effet, si le point commun des marges septentrionales et méridionales des déserts reste l'aridité, la répartition des pluies dépendra, selon la latitude, soit des influences tropicales ou soit des influences supratropicales.

Le fait que l'écoulement tropical semble dominer au Mexique aride relève de l'artéfact : les exemples ont été choisis dans le sud du désert. Cependant, il est vrai qu'au Sahara, le Nil apporte en plein domaine méditerranéen, un écoulement tropical.

III - Les régimes pluvio-évaporaux

Ils ont souvent servi de modèle dans les manuels ; et pourtant, ce sont les moins fréquents. En effet, leur extension est réduite à celle des climats océanisés et méditerranéens des façades occidentales de continents des moyennes latitudes, et, sur les façades sud-orientales, à celle des climats supratropicaux chauds (Document 8.9). En effet, dès les façades nord-est, le gel hivernal introduit le régime nival. Pourquoi cette priorité dans les manuels scolaires ? Ils sont caractéristiques de l'écoulement chez quelques Grandes Puissances économiques : Etats-Unis et surtout Europe Occidentale.

Les bassins-versants concernés ne prennent de l'ampleur que si le relief permet aux influences océaniques de pénétrer largement à l'intérieur du continent. C'est le cas en Europe occidentale et méditerranéenne, dans le "Sud" des Etats-Unis, aux confins de l'Uruguay et de l'Argentine, et en Chine du Sud. Mais la présence d'une montagne littorale péjore très vite les régimes pluvio-évaporaux vers le régime nival, ce qui est fréquent au Maghreb, de l'Alaska à la Californie, et en Nouvelle-Zélande. L'analyse régionale a montré trois types de modèles (Document 8.9).

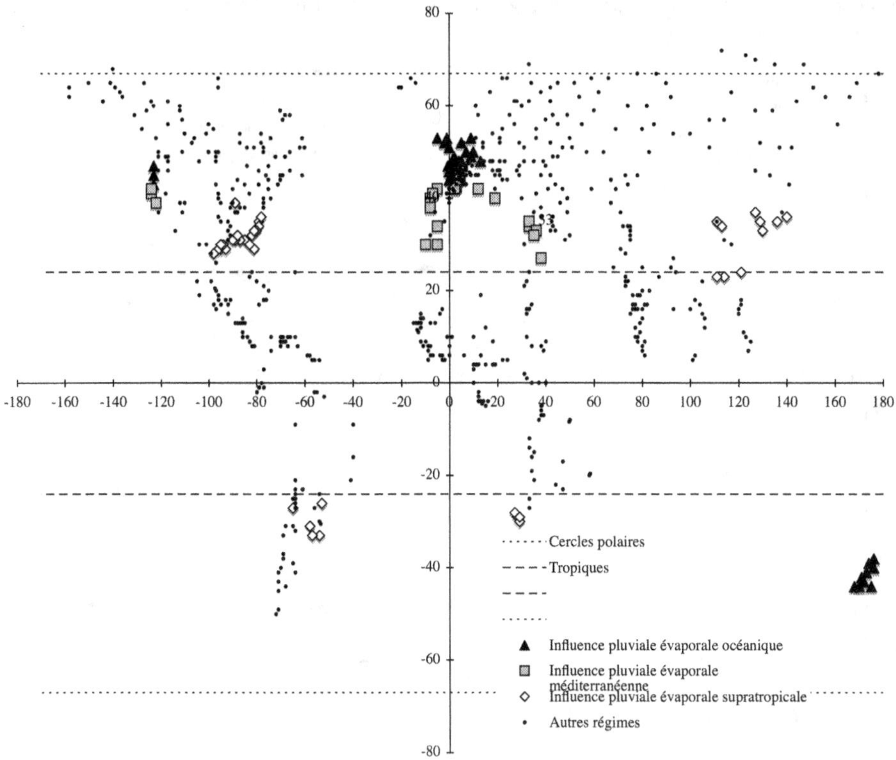

Document 8.9 - Distribution des cours d'eau dont le régime est influencé par la confrontation entre l'apport pluvial de saison froide et l'évapotranspiration de saison chaude.

A - Le régime pluvio-évaporal des façades occidentales

Il transcrit fidèlement les modalités des climats océanisé et méditerranéen : en été, le débit recule devant l'évapotranspiration (le bilan hydrique est alors déficitaire) ; en hiver, le recul des températures favorise le ruissellement des averses. La différence est zonale et non régionale.

Le parallélisme des régimes entre l'Amérique du Nord (Oregon et Colombie Britannique) et l'Europe occidentale est évocateur d'un même fonctionnement. Il n'y a pas d'étiage, et l'évapotranspiration, maximale en août et septembre, n'engendre que des basses eaux. Les hautes eaux sont simultanées, de novembre à avril, et écoulent 70% des eaux annuelles.

- Ce régime se péjore rapidement avec l'altitude et la continentalité, quand le gel d'hiver permet la constitution d'un tapis neigeux. On passe alors très vite au régime pluvio-nival et nivo-pluvial de montagne (Document 8.4.a) - L'influence nivale dans les montagnes tempérées), ou de plaines continentales en Europe centrale et en Amérique du Nord (Document 8.5.a et b - Extension de l'influence nivale dans les grandes plaines continentales). Si le modèle néo-zélandais en diffère, cela tient à une alimentation pluviale considérable sur la face au vent de l'Ile, avec des étés encore arrosés qui réduisent l'évapotranspiration : le coefficient de débit du minimum d'écoulement, en octobre, est encore de 0,85.

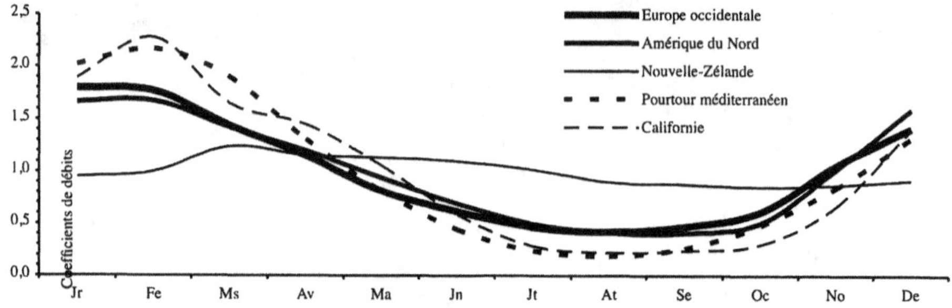

a) Modèle océanique (trait plein) et méditerranéen (pointillé) des façades occidentales.

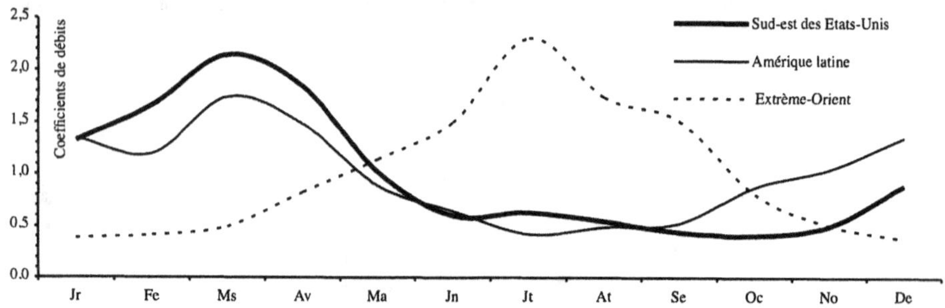

b) Modèle à un seul maximum des façades sud-orientales.

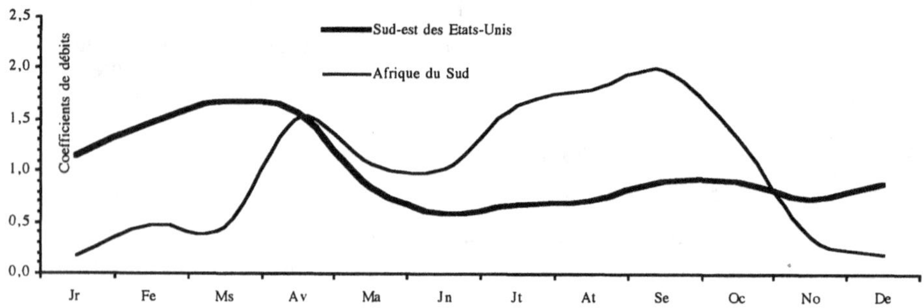

c) Modèle à double maximum des façades sud-orientales des continents.

Document 8.10 - Typologie et géographie des régimes pluvio-évaporaux des façades océaniques tempérées dépourvues de tapis neigeux en hiver.

Vers les tropiques, l'écoulement méditerranéen est confronté à des étés secs (Pmm < 2.t°C), alors que la saison froide reste arrosée. La comparaison du pourtour méditerranéen et de la Californie montre que les mêmes causes y induisent les mêmes effets. L'hiver est abondant avec de hautes eaux de ruissellement de décembre à mai, écoulant 70% du total annuel. L'originalité méditerranéenne est l'occurrence d'étiages : ici quatre mois, de juillet à octobre.

• On sait que l'environnement montagnard péjore rapidement ces régimes qui, tout en restant très évaporaux en été, deviennent pluvio-nivaux ou nivo-pluviaux, avec une débâcle de printemps bien visible dans le sud de l'Europe et en Amérique latine ((Document 8.4.b - L'influence nivale dans les montagnes tempérées).

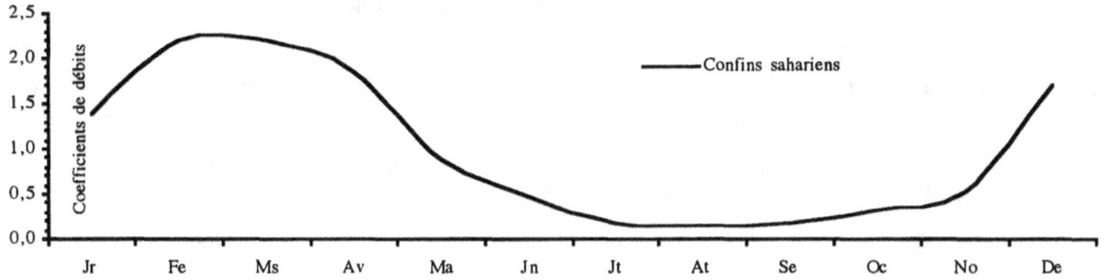

Document 8.11 - Régime méditerranéen des oueds se perdant dans le Sahara au sud de l'Algérie et du Maroc.

• Plus au sud encore, ce régime se fond dans le désert, en particulier au nord du Sahara (Document 8.11)... L'étiage est très creusé : le coefficient de débit mensuel moyen n'est que de 10% du module, et il dure de juillet à octobre ; aussi les hautes eaux, de décembre à avril, écoulent-elles 80% du total. L'aridité implique des débits infimes, mais l'influence méditerranéenne est incontestable, et confirme l'absence de régime de modèle aride, le désert se limitant à la péjoration des régimes des régions avoisinantes (vers le sud, on passerait au régime tropical à maximum d'été).

B - Le régime pluvio-évaporal des façades orientales

Ce régime pluvio-évaporal peut être soumis à une double influence pluviométrique : celle des perturbations de front polaire en hiver, et celle de perturbations tropicales en été. En Chine, elles sont apportées par la Mousson (Document 8.10.b et c). Dans la partie la plus septentrionale du domaine, ou dans les secteurs abrités des influences tropicales, le régime pluvio-évaporal ne comporte qu'un seul maximum.

• Que ce soit dans le Vieux Sud des Etats-Unis ou en Uruguay, le régime ne diffère guère des précédents quant à la répartition des hautes eaux : 70% de l'écoulement entre novembre (ou mai) et avril (ou octobre), et l'absence d'étiage. Le flux est accéléré par le ruissellement des pluies de saison froide et réduit par l'évaporation estivale.

• Ce régime n'existe pas en Asie du Sud-est, du fait de la prépondérance de l'influence des perturbations tropicales conduites par la Mousson. Si le régime ne comporte qu'une seule période de hautes eaux, celle-ci se situe en été ; et 70% des eaux sont écoulées de mai à septembre. Ce régime, sur cette façade, ne constitue pas une transition avec le domaine aride mais avec le régime pluvial tropical de Mousson, avec lequel il n'existe guère de solutions de continuité.

À l'inverse, les régimes à double maximum du "Sud" vers la Floride et à l'ouest du Mississippi, et sur les confins tropicaux de l'Afrique du Sud, marquent la double influence polaire et tropicale (Document 8.10.c).

• Les hautes eaux de printemps sont issues d'une pluviogenèse de front polaire, celles de l'été proviennent des perturbations tropicales, portées par l'alizé, apparemment plus puissant en Afrique australe.

• La présence du double maximum pourrait améliorer la pondération et supprimer l'étiage. C'est vrai aux Etats-Unis, cela ne l'est pas en Afrique du Sud, où l'influence tropicale l'emporte : immodération de 12 associée à deux mois d'étiage... en hiver.

• Par cette dernière remarque, on peut affirmer que les régimes pluviaux à double maximum : supratropicaux et équatoriaux, ne sont pas originaux, mais constituent des interfaces, ce sont des formes de transition. Ils sont associés à la confrontation de deux influences contradictoires : la frontologie polaire et tropicale aux moyennes latitudes, des maxima pluviométriques en opposition de phase de part et d'autre de l'équateur.

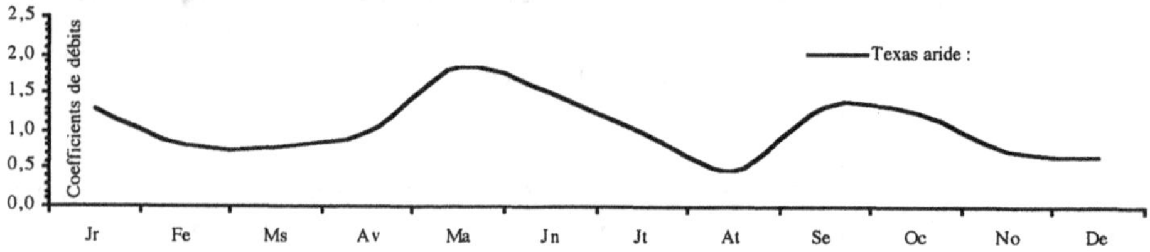

Document 8.12 - Transition pluvio-évaporale dans le désert texan.

• C'est ainsi, que vers le désert de l'Ouest américain, au Texas, le double maximum ainsi acquis (Document 8.12) se maintient avec deux ondes de crue pluviales, l'une au printemps et l'autre en été. C'est le régime pluvio-évaporal à double maximum qui, au travers du régime du Rio Grande, passerait au régime tropical dans le désert mexicain.

Il se dégage de toutes ces considérations que nous vivons un interglaciaire dont l'écoulement est principalement marqué par deux causes majeures. Au voisinage des tropiques, là où disparaît l'hiver thermique, l'écoulement est dominé par le rythme des précipitations tropicales. Dans la partie polaire de chaque hémisphère la fonte d'un tapis neigeux domine ; elle préside à l'écoulement des régions arctiques, des montagnes tempérées et des plaines soumises à l'influence des climats continentaux à hiver froid. Au cours des périodes glaciaires, ce régime a dû s'étendre vers les tropiques. Entre ces deux influences, la confrontation évaporation-précipitation n'occupe que peu d'espace : les façades océaniques et supratropicales, aux limites très fluctuantes au Quaternaire.

On ajoutera deux remarques. D'abord, le régime purement nival n'existe pas, les pluies estivales arctiques et continentales ruissellent en été. Il n'existe pas non plus de régime des régions arides, l'aridité détériore les totaux écoulés, mais reproduit, selon la latitude, l'influence nivale, pluviale tropicale et pluvio-évaporale.

IV - Les hydroclimats et leurs régimes afférents

Au début du premier chapitre, l'analyse statistique des modules spécifiques annuels avait permis de classer les écoulements annuels en 14 classes de modules, elles-mêmes réparties entre le dyréisme, l'exoréisme généralisé, l'exoréisme atténué et l'écoulement à tendance aride. Nous avons subodoré une relation cohérente entre ces modes d'écoulement et les régimes mensuels.

A - Quelle relation entre influences climatiques et régimes ?

Il existe un lien assez net entre les influences et les classes de modules spécifiques (Document 8.13). Le tableau croisé permet de calculer le nombre de jaugeages qui, dans une classe donnée, correspondent à chaque mode de régime. On sait que les modules les plus fréquemment mesurés appartiennent aux classes 8 à 11 qui concernent 407 jaugeages. Ils sont ubiquistes, et concernent tous les types de régimes. Cependant, ils sont plus caractéristiques du régime nival de plaine et de montagne, du régime pluvio-évaporal supratropical et du régime tropical. Nous avons là les grandes tendances de l'écoulement.

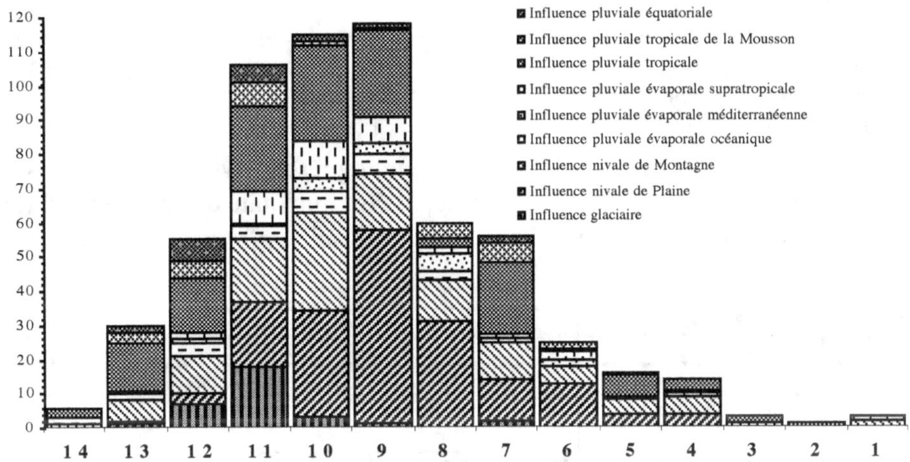

Influence	14	13	12	11	10	9	8	7	6	5	4	3	2	1	8 à 11
glaciaire		1	**7**	**18**	3	1		2							22
nivale de plaine		1	3	**19**	**31**	**57**	**31**	**12**	**13**	4	4				**138**
nivale de montagne	1	**6**	**11**	**18**	**29**	**16**	**12**	**11**	**5**	4	**5**			2	**75**
pluviale évaporale océanique	2	2	4	4	**6**	**6**	3					1			19
pluviale évaporale méditerranéenne			1	1	4	3	**5**	1	2		1				13
pluviale évaporale supratropicale		1	2	**9**	**11**	**8**	2	1	2	1	1				**30**
pluviale tropicale	3	**14**	**16**	**25**	**28**	**25**	2	**21**	1	**6**	3	2	1	1	**80**
pluviale tropicale de la Mousson		3	**5**	**7**	1	1	**5**	**6**	2	1					14
pluviale équatoriale		2	**6**	**5**	2	1		2							8

Document 8.13- Fréquence des influences climatiques dans les classes de modules annuels. Près de 700 jaugeages ont été analysés : du fait qu'il existe 14 classes et 9 types d'influence climatique, 126 cas de figures peuvent ainsi se produire. Dans le cas d'une répartition équitable, chacun d'eux serait représenté 5 fois. On estime donc qu'une fréquence représentative doit au moins être supérieure à 5. Mais les classes les plus représentatives de l'écoulement planétaire vont de 8 à 11, dans cette fourchette, la répartition équitable des jaugeages serait de 25 dans chaque type d'influence : une fréquence représentative sera donc > 25.

• ***105 jaugeages relèvent du mégaréisme*** (classes 12 à 14) ; parmi eux, ***35 jaugeages appartiennent aux régimes nival de montagne et glaciaire***, et ***56 au régime pluvial tropical et équatorial***. C'est une répartition très logique ; l'évapotranspiration est négligeable dans le premier cas, alors que dans le second on rencontre les apports pluviaux les plus abondants de la planète. Aussi, du fait de l'ampleur de l'Etr, les régimes pluvio-évaporaux sont-ils exclus.

• ***391 jaugeages relèvent du mésoréisme*** (classes 9 à 11) et ils occupent les mêmes secteurs géographiques ***: 221 relèvent du régime nival et glaciaire*** : 57%, et 110 du régime pluvial tropical et équatorial : 28%. Toutefois, ***60 appartiennent au régime pluvial évaporal***, mais il s'agit de celui des façades supratropicales sud-orientales, les mieux alimentées.

• ***181 jaugeages relèvent du microréisme*** (classes 5 à 8), et dans cet ensemble, qui annonce la sécheresse, les régimes pluvio-évaporaux cessent d'être convenablement représentés. En effet, il s'agit d'écoulements déjà modestes qui connaissent un long étiage, soit du fait d'une longue rétention solide : 108 (60%) relèvent du régime nival, soit du fait d'une longue saison sèche : 53 (30%) appartiennent au régime pluvial tropical (dont celui de la Mousson).

• Enfin, ***23 jaugeages relèvent du nanoréisme*** (classes 1 à 4). Ce n'est pas un nombre représentatif : 3% des quelque 700 jaugeages réalisés. L'importance du régime nival et du régime tropical peut traduire une certaine réalité, mais celle-ci est obscurcie par le fait que beaucoup d'entre eux ont été effectués aux Etats-Unis et dans l'ex.URSS.

Cependant, si on ne retient que les valeurs représentatives (définies dans la légende du Document 2 212), on voit réapparaître l'ubiquité du régime nival (de plaine et de montagne) et du régime pluvial tropical ("standard" comme de Mousson).

	Espaces	Types de régimes	Nb
Cl.14	*Europe occidentale*	*Influence nivale de montagne*	*1*
	Nouvelle-Zélande	*Influence pluvio-évaporale océanique*	2
	Afrique occidentale	*Influence pluviale tropicale*	*1*
	Amérique centrale		2
Cl.13	*Europe occidentale*	*Influence glaciaire*	*1*
	Europe du Nord	*Influence nivale de plaine*	*1*
	Amérique du Sud	**Influence nivale de montagne**	**3**
	Europe occidentale	**(6 jaugeages)**	1
	Inde et Pakistan		1
	Nouvelle-Zélande		1
	Nouvelle-Zélande	*Influence pluvio-évaporale océanique*	2
	Taïwan	*Influence pluvio-évaporale supratropicale*	*1*
	Amérique centrale	**Influence pluviale tropicale**	**6**
	Afrique occidentale	**(14 jaugeages)**	**3**
	Amérique du Sud		2
	Océan Indien		2
	Afrique occidentale		1
	Asie du Sud-est	*Influence pluviale tropicale de la Mousson*	*1*
	Asie du Sud-est	*Influence pluviale équatoriale*	*1*
	Océan Indien		*1*

Document 8.14 - Régimes, répartition géographique et fréquence des écoulements mégaréiques des classes 13 à 14.

B - Quelle géographie pour les régimes fluviaux ?

En effet, quels continents, quels climats et quels régimes fluviaux sont concernés par les 700 jaugeages publiés par l'U.N.E.S.C.O. ? Les documents 8,13 à 8.20 établissent la relation spatiale entre les 14 classes de modules spécifiques annuels, les modes de régimes et les espaces afférents. Parfois le nombre de jaugeages est trop faible pour être vraiment significatif, il apparaîtra en italique ; à l'inverse, les échantillons significatifs sont surlignés et indiqués en caractères gras.

1°) Les écoulements mégaréiques sont assez ubiquistes (Document 8.14 et 8.15) mais ils concernent préférentiellement les régimes nivaux de montagne d'une part, et des régimes pluviaux tropicaux, équatoriaux et de Mousson. D'autre part, en simplifiant, ils sont caractéristiques des montagnes tempérées et de la zone intertropicale humide.

	Espaces	Types de régimes	Nb
Cl.12	*Europe occidentale*	*Influence glaciaire*	*1*
	Amérique du Sud		*1*
	Europe du Nord	*Influence nivale de plaine*	*1*
	Amérique du nord		*1*
	Europe occidentale	**Influence nivale de montagne**	**4**
	Inde et Pakistan	**(11 jaugeages)**	**3**
	Asie du Nord-est		2
	Amérique du Sud		1
	Nouvelle Zélande		1
	Etats-Unis	*Influence pluvio-évaporale océanique*	2
	Nouvelle Zélande		2
	Europe occidentale	*Influence pluvio-évaporale méditerranéenne*	*1*
	Asie du Nord-est	*Influence pluvio-évaporale supratropicale*	2
	Amérique Centrale	**Influence pluviale tropicale**	**8**
	Amérique du Sud	**(16 jaugeages)**	**5**
	Océan Indien		2
	Afrique occidentale		1
	Asie du Sud-est	**Influence pluviale tropicale de la Mousson**	**3**
	Inde et Pakistan	**(5 jaugeages)**	2
	Océan Indien	**Influence pluviale équatoriale**	**3**
	Afrique centrale	**(6 jaugeages)**	2
	Asie du Sud-est		1

Document 8.15 - Régimes, répartition géographique et fréquence des écoulements de la classe 12.

• Du fait de la faiblesse de ses effectifs, la ***classe 14 (mégaréisme démesuré : Qsp > 98,87 l/s/km²) n'est guère représentative***. Toutefois elle montre que ces très forts débits concernent surtout des secteurs exposés aux flux d'air humides : Alpes, Nouvelle-Zélande, Isthme américain, Côte des Graines en Afrique occidentale. La zonalité s'exprime néanmoins par l'influence nivale dans la zone tempérée et pluviale dans la zone tropicale (la Nouvelle-Zélande, pluvio-évaporale, est une exception).

• La ***classe 13 (mégaréisme abondant : 57,18 < Qsp < 98,87 l/s/km²) est plus représentative***. Elle précise le rôle des influences nivales de montagnes dans les pays tempérés et des régimes pluviaux sous les tropiques. Elle confirme d'abord le rôle des flux d'air maritime sur des versants de montagnes très exposés, avec constitution d'un tapis neigeux en altitude ; les Andes méridionales (Argentine) en sont assez caractéristiques. Le second domaine concerné est l'Amérique centrale et l'Afrique occidentale (côte du Liberia et de la Sierra Leone) où les flux d'alizés (et de mousson) se heurtent aux reliefs littoraux et assurent un écoulement dysréique dans un régime pluvial tropical.

• La ***classe 12 (mégaréisme basique : 33,07 < Qsp < 57,18 l/s/km²) confirme cette distribution*** (Document 8.15). Les montagnes, et plus précisément les montagnes européennes (Alpes et Pyrénées) et l'Himalaya, par l'obstacle qu'elles opposent aux Grands frais et à la Mousson, se couvrent de neige dont elles restituent les réserves au printemps, avant la montée en puissance de l'évapotranspiration. Ce rôle pluviogène doit aussi être attribué aux montagnes tropicales très exposées aux flux maritimes : sommets volcaniques de l'Amérique centrale, Andes, montagnes d'Asie du Sud-est, îles de l'océan Indien (Seychelles, Ile Maurice...).

	Espaces	Types de régimes	Nb
Cl.11	**Europe occidentale**	**Influence glaciaire**	**9**
	Europe centrale	**(18 jaugeages)**	**7**
	Amérique du Nord		1
	Europe orientale		1
	Amérique du Nord	**Influence nivale de plaine**	**15**
	Sibérie	**(19 jaugeages)**	3
	Europe du Nord		1
	Europe occidentale	**Influence nivale de montagne**	**8**
	Europe du Sud	**(18 jaugeages)**	**4**
	Amérique du Nord		2
	Amérique du Sud		2
	Europe orientale		1
	Inde et Pakistan		1
	Nouvelle Zélande	*Influence pluvio-évaporale océanique*	*3*
	Amérique du Nord		*1*
	Amérique du Nord	*Influence pluvio-évaporale méditerranéenne*	*1*
	Chine et Corée	**Influence pluvio-évaporale supratropicale**	**5**
	Afrique du Sud	**(9 jaugeages)**	2
	Amérique du Sud		2
	Afrique occidentale	**Influence pluviale tropicale**	**9**
	Amérique du Sud	**(25 jaugeages)**	**8**
	Afrique occidentale		**5**
	Océan Indien		2
	Afrique centrale		1
	Asie du Sud-est	**Influence pluviale tropicale de la Mousson**	**6**
	Inde et Pakistan	**(7 jaugeages)**	1
	Asie du Sud-est	*Influence pluviale équatoriale*	*2*
	Afrique centrale		*1*
	Amérique du Sud		*1*
	Océan Indien		*1*

Document 8.16 - Régimes, répartition géographique et fréquence des écoulements de la classe 11.

Les régimes nivaux et pluviaux intertropicaux ne relèvent pas du même processus climatique, mais dans les deux cas, il y a afflux hydrique sur une période brève : la fonte des neiges, l'éclatement des pluies tropicales (et l'abondance équatoriale). Cette brutalité est compatible avec le dysréisme si le terrain est favorable : une haute montagne tempérée très arrosée dans le premier cas (l'Himalaya est la limite sud du domaine tempéré, en hiver sa partie orientale relève de la circulation de front polaire), une montagne qui fait barrière aux flux d'alizés et de mousson, un dispositif fréquent en Amérique latine et en Asie du Sud-est, mais plus rare en Afrique.

2°) Les écoulements mésoréiques relèvent de la rétention solide et dans une moindre mesure des régimes pluviaux intertropicaux (Document 8.16 à 8.18). Mais, ils sont rejoints par des écoulements des façades continentales océanisées et supratropicales.

	Espaces	Types de régimes	Nb
Cl.10	*Europe occidentale*	*Influence glaciaire*	*1*
	Europe du sud		*1*
	Asie Centrale		
	Amérique du Nord	**Influence nivale de plaine**	**22**
	Europe orientale	**(31 jaugeages)**	4
	Sibérie		4
	Europe du Nord		1
	Amérique du Nord	**Influence nivale de montagne**	**8**
	Europe occidentale	**(29 jaugeages)**	**7**
	Europe centrale		**4**
	Amérique du sud		2
	Inde et Pakistan		2
	Moyen-Orient		2
	Asie centrale		1
	Chine et Corée		1
	Europe du sud		1
	Europe orientale		1
	Europe occidentale	**Influence pluvio-évaporale océanique**	**4**
	Amérique du Nord	**(6 jaugeages)**	1
	Europe centrale		1
	Europe du sud	*Influence pluvio-évaporale méditerranéenne*	*2*
	Amérique du Nord		*1*
	Moyen-Orient		*1*
	Amérique du Nord	**Influence pluvio-évaporale supratropicale**	**9**
	Amérique du Sud	**(11 jaugeages)**	1
	Chine et Corée		1
	Afrique centrale	**Influence pluviale tropicale**	**8**
	Amérique du sud	**(27 jaugeages)**	**7**
	Amérique centrale		**6**
	Afrique orientale		3
	Afrique occidentale		2
	Océan Indien		1
	Inde et Pakistan	**Influence pluviale tropicale de la Mousson**	**8**
	Asie du Sud-est	**(10 jaugeages)**	2
	Afrique centrale	*Influence pluviale équatoriale*	*2*

Document 8.17 - Régimes, répartition géographique et fréquence des écoulements de la classe 10.

• La ***classe 11 (mésoréisme élevé : 19,12 < Qsp < 33,07 l/s/km²) étend les deux influences précédentes aux régimes voisins*** : régimes glaciaires et nivaux de plaine d'une part, régime pluvial tropical et de Mousson, d'autre part. Pour ce qui relève de la rétention nivo-glaciaire, le rôle de la Géographie se précise. Les montagnes européennes conservent leur place avec le régime nival de montagne des Alpes, des Pyrénées, mais aussi des montagnes méditerranéennes, et avec le régime glaciaire (notamment celui des bassins du Rhin, du Rhône et du Danube). Mais l'originalité est l'arrivée du régime nival des plaines d'Amérique du Nord. Il concerne en fait tant les cours d'eau arctiques pondérés par les lacs, que les cours d'eau alimentés par l'important tapis neigeux des façades nord-est du Québec et de Nouvelle-Angleterre. À l'inverse, le régime pluvial intertropical concerné par ces débits, reste localisé en Amérique latine, en Asie du Sud-est et sur la côte d'Afrique occidentale, du fait d'un littoral montagneux qui fait obstacle aux flux maritimes. C'est dans ce contexte que le régime pluvio-évaporal fait son apparition. Il s'agit de l'influence pluvio-évaporale supratropicale de la Chine du Sud et de la Corée ; et cette occurrence est très logique. Le climat supratropical des façades sud-est de l'Asie est influencé par le flux de Mousson, lequel provoque des précipitations violentes capables d'engendrer des écoulements très proches du dysréisme.

• La ***répartition des régimes de la classe 10 (mésoréisme moyen : 11,06 < Qsp < 19,12 l/s/km²) reste assez proche de celle de la classe précédente***. La rétention nivale de plaine alimente principalement l'écoulement alaskien, canadien et de Nouvelle-Angleterre, conjointement avec un écoulement nival de montagne où dominent toujours les Rocheuses et les montagnes européennes. À l'opposé, le régime pluvial intertropical continue de dominer les reliefs de l'Amérique du Sud (Isthme, Andes, Guyanes) et les littoraux ouest-africains. Mais ces écoulements moins abondants sont aussi le fait d'autres secteurs accidentés, en l'occurrence les jaugeages effectués à l'ouest du Dekkan ; et des montagnes d'Afrique centrale (le mont Cameroun notamment). Surtout, dans le cadre des régimes pluvio-évaporaux, on voit apparaître des rivages très arrosés par les perturbations de l'Atlantique : l'ouest-européen et le sud-est des Etats-Unis. Ainsi se confirment trois tendances : l'importance des écoulements nivaux et pluvio-évaporaux en Amérique du Nord et en Europe, celle des régimes pluviaux intertropicaux en Amérique latine et en Asie du Sud-est.

• C'est ce que confirment la ***classe 9 (mésoréisme médian : 6,40 < Qsp < 11,06 l/s/km²)*** et le Document 8.18. À ces modules beaucoup moins élevés, correspondent des régions moins arrosées, en l'occurrence les secteurs continentaux de l'Amérique du Nord (bassin du Yukon, pourtour de la baie d'Hudson, baie James...) et de l'Europe orientale (Baltique, mer Blanche, Table russe, Ukraine), avec, à l'inverse, les régions arrosées de la Sibérie, proches de l'Arctique et surtout du détroit de Behring. C'est dans le même contexte que les écoulements nivaux des montagnes méditerranéennes apparaissent (Carpates, Alpes Dinariques, Khurdistan).

En suivant la même logique, on retrouve les secteurs déjà abrités des montagnes tropicales d'Amérique du Sud (en particulier les cours d'eau issus de la Sierra de Merida et de la Cordillère de Tisieza au Venezuela), alors que l'Afrique intérieure fait une entrée discrète : cours d'eau sénégalais, maliens, et surtout centre et est africains. À l'inverse, les régimes pluvio-évaporaux restent l'apanage de l'Europe océanisée et du sud-est des Etats-Unis. Avec cette classe, s'achève la liste des modules élevés relevant du dysréisme et de l'exoréisme abondant.

• Ces classes concernent d'abord les régimes à rétention nivale (et glaciaire), puis, en deuxième position les régimes pluviaux intertropicaux. La répartition géographique des régimes à rétention nivale a dégagé des répartitions préférentielles : les montagnes enneigées (Europe, Andes du Sud et Rocheuses) d'une part, et les plaines et boucliers d'Amérique du Nord d'autre part, la Russie et la Sibérie se trouvant peu représentées. La répartition des régimes pluviaux intertropicaux met aussi l'accent sur le rôle des écoulements latino-américains face à ceux de l'Afrique, voire de l'Asie du Sud-est. La place des régimes pluvio-évaporaux (très localisés géographiquement) n'a rien de secondaire, et l'on a souvent cité la Nouvelle-Zélande, l'Europe océanisée, la Chine et le Sud-est des Etats-Unis. Pour preuve, ils sont rares dans les classes inférieures (1 à 8).

	Espaces	Types de régimes	Nb
Cl.9	*Sibérie*	*Influence glaciaire*	*1*
	Amérique du Nord	**Influence nivale de plaine**	**20**
	Sibérie	**(57 jaugeages)**	**17**
	Europe orientale		**13**
	Europe du Nord		**5**
	Amérique du Sud		1
	Europe centrale		1
	Europe du Sud	**Influence nivale de montagne**	**5**
	Moyen-Orient	**(16 jaugeages)**	**4**
	Amérique du Nord		3
	Amérique du Sud		2
	Europe orientale		2
	Europe occidentale	**Influence pluvio-évaporale océanique**	**6**
	Moyen-Orient	*Influence pluvio-évaporale méditerranéenne*	*2*
	Amérique du Nord		*1*
	Amérique du Nord	**Influence pluvio-évaporale supratropicale**	**6**
	Afrique du Sud	**(8 jaugeages)**	1
	Amérique du Sud		1
	Amérique du Sud	**Influence pluviale tropicale**	**9**
	Afrique centrale	**(25 jaugeages)**	**7**
	Afrique occidentale		3
	Afrique orientale		3
	Amérique centrale		2
	Océan Indien		1
	Inde et Pakistan	**Influence pluviale tropicale de la Mousson**	**8**
	Asie du Sud-est	**(10 jaugeages)**	2
	Afrique occidentale	*Influence pluviale équatoriale*	*1*

Document 8.18 - Régimes, répartition géographique et fréquence des écoulements de la classe 9.

3°) Les écoulements microréiques (Document 8.19 et 8.20) concernent déjà des écoulements modestes : 0,72 à 6,4 l/s/km^2 ; cette modestie est le fait de l'occurrence d'un étiage très long, lui-même fruit d'une très longue rétention nivale et/ou d'une faible pluviométrie annuelle génératrice d'une longue période de sécheresse hydrologique (Pmm < 2.t°C pendant plusieurs mois).

• La ***classe 8 regroupe les modules les plus élevés (microréisme soutenu : 3,70 < 6,40 l/s/km^2), relevant du régime nival et pluvial intertropical.*** Le régime nival de montagne se rapporte maintenant aux montagnes déjà continentales de l'Europe centrale, moins arrosées : Alpes autrichiennes, Bohême, Carpates…

	Espaces	Types de régimes	Nb
Cl.8	**Sibérie**	**Influence nivale de plaine**	**12**
	Amérique du Nord	**(31 jaugeages)**	**10**
	Europe orientale		**9**
	Europe centrale	**Influence nivale de montagne**	**7**
	Europe du Sud	**(12 jaugeages)**	2
	Amérique du Nord		1
	Amérique du Sud		1
	Asie centrale		1
	Europe occidentale	*Influence pluvio-évaporale océanique*	2
	Nouvelle-Zélande		*1*
	Europe du Sud	*Influence pluvio-évaporale méditerranéenne*	2
	Moyen-Orient		*1*
	Afrique du Nord		*1*
	Amérique du Nord	*Influence pluvio-évaporale supratropicale*	*1*
	Uruguay		*1*
	Afrique du Sud		*1*
	Afrique orientale	**Influence pluviale tropicale**	**7**
	Afrique occidentale	**(20 jaugeages)**	**5**
	Amérique du Sud		**5**
	Amérique centrale		2
	Afrique centrale		1
	Inde et Pakistan	**Influence pluviale tropicale de la Mousson**	**5**
Cl.7	*Asie centrale*	*Influence glaciaire*	*1*
	Sibérie		*1*
	Europe orientale	**Influence nivale de plaine**	**6**
	Amérique du Nord	**(12 jaugeages)**	**5**
	Sibérie		1
	Asie centrale	**Influence nivale de montagne**	**3**
	Moyen-Orient	**(11 jaugeages)**	**3**
	Afrique du Nord		1
	Amérique du Nord		1
	Amérique du Sud		1
	Europe du Sud		1
	Europe orientale		1
	Europe du Sud	*Influence pluvio-évaporale méditerranéenne*	*1*
	Chine et Corée	*Influence pluvio-évaporale supratropicale*	*1*
	Afrique occidentale	**Influence pluviale tropicale**	**10**
	Afrique orientale	**(21 jaugeages)**	**6**
	Amérique centrale		3
	Amérique du Sud		2
	Inde et Pakistan	**Influence pluviale tropicale de la Mousson**	**6**
	Afrique occidentale	*Influence pluviale équatoriale*	*1*
	Afrique orientale		*1*

Document 8.19 - Régimes, répartition géographique et fréquence des écoulements des classes 7 et 8.

… Dans le régime nival de plaine, les fleuves russes et sibériens sont plus représentatifs que ceux de l'Amérique du Nord. Ce rôle de l'abri, de la continentalité, de la sécheresse, se retrouve chez les cours d'eau de régime pluvial intertropical. On voit maintenant apparaître les cours d'eau africains, ou ceux des régions abritées de l'Amérique latine (nord du Mexique et Chaco). Quant au régime pluvial tropical de

Mousson, il n'est plus guère concerné que par les bassins les moins arrosés du Dekkan : Krishna, Godavari et Bhima

	Espaces	Types de régimes	Nb
Cl.6	**Amérique du Nord**	**Influence nivale de plaine**	**6**
	Sibérie	**(13 jaugeages)**	**3**
	Chine et Corée		2
	Europe orientale		2
	Amérique du Nord	*Influence nivale de montagne*	*3*
	Moyen-Orient		*1*
	Asie Centrale		*1*
	Moyen-Orient	*Influence pluvio-évaporale méditerranéenne*	*2*
	Amérique du Nord	*Influence pluvio-évaporale supratropicale*	*2*
	Afrique occidentale	**Influence pluviale tropicale**	**5**
	Afrique orientale	**(10 jaugeages)**	**3**
	Amérique centrale		1
	Amérique du Sud		1
	Inde et Pakistan	*Influence pluviale tropicale de la Mousson*	*1*
Cl.5	*Amérique du nord*	*Influence nivale de plaine*	*3*
	Sibérie		*1*
	Amérique du nord	*Influence nivale de montagne*	*3*
	Afrique du Nord		*1*
	Amérique du nord	*Influence pluvio-évaporale supratropicale*	*1*
	Amérique du Sud	*Influence pluviale tropicale*	*3*
	Afrique orientale		*2*
	Afrique centrale		*1*
	Inde et Pakistan	*Influence pluviale tropicale de la Mousson*	*1*

Document 8.20 - Régimes, répartition géographique et fréquence des écoulements des classes 5 et 6.

• Cette nouvelle répartition géographique est confirmée par ***la classe 7 (microréisme atténué : 2,14 < Qsp < 3,70 l/s/km²).*** Pour ce qui concerne l'écoulement nival de plaine, les écoulements nord-américains concernés appartiennent aux secteurs abrités des grandes plaines : la Saskatchewan et la Nelson River notamment. Mais la sécheresse hydrologique est aussi marquée par un régime nival de montagne géographiquement dominé par l'Asie centrale (des ex-Républiques Soviétiques) et du Moyen-Orient (notamment l'Euphrate). Enfin, le régime pluvio-évaporal n'est pratiquement plus représenté en dehors de quelques modèles méditerranéens au Moyen-Orient.

• Du fait de la rareté des mesures, ***la classe 6 (microréisme très mesuré : 1,24 < Qsp < 2,14 l/s/km²) est déjà à peine représentative.*** Toutefois, les jaugeages nivaux de plaine effectués en Amérique du Nord confirment le rôle de l'abri sur les écoulements du Missouri et de la Saskatchewan. Les écoulements sibériens sont déjà tributaires de la Caspienne. L'écoulement pluvial tropical est lui aussi influencé par la proximité du désert, aussi concerne-t-il surtout l'Afrique sèche avec le Nil, le Niger ou le Chari.

• Quant à la ***classe 5 ou microréisme mesuré : 0,72 < Qsp < 1,24 l/s/km², elle ne repose pas sur un nombre suffisant de relevés pour avoir une représentativité***. La place prise par les écoulements américains dans le régime nival tient surtout à l'abondance des jaugeages effectués aux Etats-Unis et au Canada. Du fait de la recherche hydrologique appliquée par le Brésil, l'Amérique du Sud n'est pas plus représentative des écoulements pluviaux tropicaux. Mais ces quelques exemples correspondent aux régions semi-arides du Canada, de l'Ouest américain, du Venezuela et du Chaco.

4°) Les écoulements nanoréiques sont tous intermittents et relèvent de la forme oued, connaissant souvent l'occurrence de l'assec (Document 8.21). Nous avons démontré qu'ils ne constituent jamais des écoulements originaux, mais que les fleuves de régions semi-arides et arides relèvent des régimes les plus proches : régime nival de montagne, régime pluvio-évaporal méditerranéen et régime pluvial tropical. Mais les analyses sont rares, et les jaugeages des classes 1 à 4 ne sont pas représentatifs de l'écoulement dans les déserts.

	Espaces	Types de régimes	Nb
Cl.4	*Amérique du Nord*	*Influence nivale de plaine*	*3*
	Europe orientale		*1*
	Amérique du Nord	*Influence nivale de montagne*	*3*
	Asie centrale		*1*
	Europe orientale		*1*
	Afrique du Nord	*Influence pluvio-évaporale méditerranéenne*	*1*
	Amérique du Nord	*Influence pluvio-évaporale supratropicale*	*1*
	Afrique occidentale	*Influence pluviale tropicale*	*1*
	Amérique centrale		*1*
	Amérique du Sud		*1*
Cl.3	*Asie centrale*	*Influence nivale de montagne*	*1*
	Amérique du Nord	*Influence pluviale tropicale*	*1*
	Afrique occidentale		*1*
Cl.2	*Amérique centrale*	*Influence pluviale tropicale*	*1*
Cl.1	*Amérique du Nord*	*Influence nivale de montagne*	2
	Afrique du Nord	*Influence pluvio-évaporale méditerranéenne*	*1*

Document 8.21 - Régimes, répartition géographique et fréquence des écoulements des classes 1 à 4.

• La ***classe 4 (nanoréisme faible : 0,41 < Qsp < 0,72 l/s/km²) illustre assez bien cette transition vers les déserts*** décrite ci-dessus (Sixième chapitre : fleuves et rivières de régions semi-arides et arides). Dans le cas d'un écoulement nival, il s'agit des secteurs les plus abrités des grandes plaines (Assiniboine, Souris et Maily-Uzen) d'Amérique du Nord et d'Asie centrale, des vallées intramontagnardes fermées (Colorado, Platte River, Kalaus, Turgaï Noir). Ce dernier cas de figure concerne aussi l'écoulement tropical.

• Les ***classes 3 (nanoréisme très faible : 0,24 < Qsp < 0,41 l/s/km²), puis 2 et 1 (nanoréisme insignifiant : 0,08 < Qsp < 0,24 l/s/km²)*** confirment cette réalité sur une poignée d'exemples aux Etats-Unis, au Mexique et en Argentine.

Mais l'originalité repose peut-être sur la persistance du régime pluvio-évaporal méditerranéen chez des cours d'eau sahariens : le Draa et le Souss.

Conclusion générale

L'analyse des quelque 700 jaugeages collationnés par l'U.N.E.S.C.O. dans les années 70-80, a permis de préciser la connaissance des écoulements sur les cinq continents.

Née de l'évaporation océanique, l'origine des eaux est pluvio-nivale. Mais répartition zonale des précipitations est irrégulière, et il faut lui opposer la distribution zonale des masses continentales et des masses montagneuses.

Aux moyennes latitudes, les pluies viennent plutôt de l'ouest, et elles arrivent plutôt par l'est (les alizés) aux latitudes intertropicales. Si les continents s'élargissent en longitudes, leurs parties centrale et orientale (ou occidentale, selon la latitude) seront moins arrosées. C'est cette continentalité croissante qui explique la réduction des modules relatifs vers l'intérieur des continents, recul souvent accentué par la croissance de l'évapotranspiration aux moyennes latitudes C'est ainsi que s'explique en partie la médiocrité des écoulements en Asie centrale et en Sibérie, dans les grandes plaines canadiennes. Le positionnement des continents sous les tropiques n'en est qu'une exagération : les hautes pressions subtropicales y génèrent l'aridité. L'écoulement est presque inexistant au Sahara, au Kalahari et en Australie. Les barrières montagneuses font le reste : les Andes et les Rocheuses réduisent, voire annihilent les possibilités d'un écoulement pluvial au Chaco et dans l'ouest des Etats-Unis, l'Himalaya interdit l'accès de l'Asie centrale à la Mousson. Aussi existe-t-il une hiérarchie des continents dans leurs disponibilités potamologiques.

L'Amérique vient en tête de ce classement. Le handicap de la barrière des Andes et des Rocheuses est contrebalancé par l'ouverture du continent vers l'Arctique, les Caraïbes, et l'Antarctique. La circulation méridienne entretient de fortes précipitations sur les châteaux d'eau montagneux. Surtout, le continent se rétrécit aux latitudes tropicales, sèches, pour s'élargir aux latitudes tempérées au nord, et tropicales au sud. C'est donc ici qu'on trouve les écoulements dysréiques, et les plus importants fleuves de la planète : l'ensemble Missouri-Mississippi, l'Orénoque et l'Amazone, et l'ensemble Paraña-Paraguay.

L'Eurasie vient en seconde position. Certes, il y a rupture topographique : l'Himalaya, et climatique : la diagonale aride, entre l'Asie des Moussons, d'une part, et l'Europe et l'Asie centrale, d'autre part. Mais elle est largement ouverte à la Mousson, qui assure l'écoulement des fleuves chinois et indochinois. Pareillement, l'absence d'une véritable barrière montagneuse en Europe occidentale assure l'enneigement assez loin en Sibérie.

En fait, le continent le plus mal pourvu est l'Afrique. La présence du Nil et du Zaïre ne doit pas faire illusion : la plus grande partie du continent se tient sous les latitudes tropicales et est soumise aux hautes pressions génératrices de déserts : le Nil le traverse avec peine, le Niger l'évite et l'Okavango s'y perd.

Que le régime y soit nival ou pluvial, l'Amérique collectionne les fleuves relevant du dysréisme, l'Europe et l'Asie connaissent plutôt les écoulements exoréiques assez abondants, l'Afrique relevant de l'exoréisme modéré, voire, au nord-ouest, de l'écoulement à tendance aride.

Les cours d'eau les plus représentatifs de l'hydrologie planétaire sont finalement des écoulements immodérés ; l'immodération provient de la superposition d'une crue nivale ou pluviale tropicale et d'un long étiage par rétention solide ou par sécheresse hydrologique. La différence est seulement chronologique, les basses eaux sont en saison froide dans les cours d'eau niveaux et en saison chaude pour les autres. Sans aménagement, ces cours d'eau ne sont pas utiles pour les sociétés modernes, car celles-ci exigent une économie de l'eau au sens où il faut la réserver pour la redistribuer toute l'année. Cette économie exigeant la construction de réservoirs artificiels, qu'on ne s'étonne pas de trouver les principaux aménagements en haute et moyennes montagnes (tempérées ou tropicales), sur les boucliers arctiques et tropicaux. Les finalités sont toujours les mêmes : la production d'énergie et l'irrigation (celle-ci gagnant de plus en plus les régions tempérées). Mais cette immodération est aussi génératrice de drames : la violence des hautes eaux est un aléa auquel sont soumises les communautés riveraines.

Pourtant un mode de régime domine largement. Il oppose une période de hautes eaux, plutôt brève, à des basses eaux durables. C'est le modèle nilotique, ou celui des fleuves chinois, des sites où se développèrent les plus anciennes civilisations. Ce modèle relève de deux régimes : la fonte brutale d'un stock neigeux : le régime nival, ou le ruissellement de précipitations très abondantes : le régime pluvial tropical. En effet, 54% des jaugeages analysés relevaient, au moins en partie, de la fonte d'un stock solide, 32% ont été réalisés entre les tropiques.

Le plus représentatif est certainement le modèle à rétention nivale, et les régimes mixtes qui lui sont associés : glacio-nival, nivo-pluvial et pluvio-nival. Cette place relève de la forte extension prise par les continents nord-américains et eurasiatiques vers les hautes latitudes, avec un écoulement attiré par la cuvette de l'Arctique. Ce régime est aussi très bien représenté dans les montagnes tempérées, qui bénéficient d'un enneigement saisonnier. Or, du fait de la répartition des systèmes montagneux aux latitudes moyennes, et de l'ouverture des plaines attenantes vers des mers tropicales et supratropicales, les régimes issus des torrents de montagnes sont largement exportés, à des latitudes relativement basses : cuvettes d'Asie centrale, golfe Persique, Méditerranée, mer des Caraïbes… La granulométrie des terrasses anciennes qui accompagnent les fleuves tempérés témoigne d'une extension beaucoup plus méridionale de ces régimes aux cours des périodes glaciaires.

L'extension du régime pluvial tropical relève aussi de la distribution des terres par rapport aux océans. C'est l'océan mondial qui est pourvoyeur de la vapeur d'eau portée par les vents, et qui, indirectement, contribue à la genèse des pluies abondantes qui abreuvent l'écoulement saisonnier des régions intertropicales. Ce sont généralement des processus qui accompagnent la translation de la convergence intertropicale de part et d'autre de l'équateur. Ce sont ces phénomènes de mousson qui se trouvent à l'origine des bilans hydrologiques parfois dysréiques de l'Asie du Sud-est, de la Côte des Graines, et de l'isthme américain. Cette disparité saisonnière fut mise à profit par les populations riveraines.

Des aménagements connexes ont été induits. Certes, le monde arctique est le plus souvent désolé et voué à une toundra, ou au mieux à une forêt boréale. Les rares habitants utilisent encore les hautes eaux printanières pour le flottage des grumes abattues au cours de l'hiver. Cette utilisation séculaire fait encore le bonheur des forestiers scandinaves, russes et canadiens. En Suède, par exemple, 31 000 km de fleuves sont encore animés par le flottage au Nord, dans le Noorland et sur les rivières du Centre qui traversent les lacs Vanern et Vattern. On y comptait encore 15 000 flotteurs de bois, à la fin du XXe siècle.

Mais, ces contrées offrent un autre intérêt : celui de pouvoir produire de l'hydroélectricité. Le sous-sol est aquiclude : boucliers canadien, fennoscandien, russe et sibérien, et les vallées peuvent facilement être barrées par des digues. Les modules relatifs sont modestes, mais, en contrepartie, l'évaporation est faible du fait de la latitude et de la durée de la saison froide : on peut mettre en réserve les grandes quantités d'eau issues de la débâcle sans risque de pertes. Enfin, du fait de la faiblesse de la densité de population, l'inondation artificielle de vastes surfaces ne pose guère de problèmes humains. C'est ainsi que des secteurs périarctiques sont devenus des pourvoyeurs d'électricité. En Norvège, le flottage a cédé la place à la production hydroélectrique, car le relief est marqué par l'ampleur du surcreusement glaciaire, ce qui autorise les usines de haute chute dans le Telemark et le Buskerud, où l'on produit 12 000 000 000 Kwh, ressources qui font de ce pays un producteur de pointe dans les domaines de l'électrométallurgie et de l'électrochimie. Mais l'espace sans conteste le plus utilisé concerne le bouclier canadien et les affluents rive gauche du Saint Laurent au Québec et en Ontario et les tributaires méridionaux de la Baie d'Hudson. Au Québec, les affluents du Saint-Laurent ont une productibilité de plus de 200 000 000 000 Kwh, en Baie James la productibilité de la seule Grande Rivière est alors de 80 000 000 000 Kwh, et au Manitoba, à Churchill Falls fonctionne une des plus grandes installations du monde, capable de fournir 30 000 000 000 Kwh. Très loin de là, en Sibérie orientale, sur l'Angara, les Soviétiques avaient construit la centrale de Bratsk : barrage à “plots” de 126 m de haut, 1 400 m de long retenant un plan d'eau de 570 km de long, alimentant une hydrocentrale de 22 000 000 000 Kwh ; un aménagement longtemps le plus important du monde.

En dehors de l'Arctique, ce régime à rétention solide se retrouve sur les fleuves des Grandes-Plaines nord-américaines et les plaines russes, mais aussi sur les cours d'eau issus de la haute montagne alpine. Sans entrer dans un déterminisme géographique révolu, on retiendra que les aménagements convergent avec les harnachements hydroélectriques des montagnes européennes, des Appalaches et des Rocheuses, d'une part, et l'aménagement de retenues gigantesques sur la Volga, la Dniepr et le Danube, mais aussi sur les affluents rive droite du Mississippi : Missouri, Red River, Arkansas...

Le monde intertropical ignore les hivers thermiques, aussi, l'évapotranspiration y est-elle très élevée. En Asie des Moussons, on exploita de longue date les ressources de la crue annuelle, mise en réserve dans les tanks du Dekkan. Cette réserve permettait d'assurer une culture irriguée seule capable d'assurée la survie d'une population ici nombreuse. Ailleurs, on utilisait le débordement naturel des fleuves pour permettre une production assez intensive pour assurer la soudure en deux saison sèches. Cette méthode archaïque expliqua les fortes densités paysannes le long du Gange, du Mékong, des fleuves chinois, mais aussi dans le delta intérieur du Niger. Le Nil égyptien, bien que situé au Sahara, fonctionne comme un fleuve tropical, et explique que l'Egypte était un don du Nil. Au XIXe et surtout au XXe siècle, des ouvrages conçus spécialement pour l'irrigation, ont amélioré la mise en réserve des crues et leur répartition sur l'ensemble de la saison sèche. Ces méthodes ont d'ailleurs débordé le Monde Tropical ; vers les régions supratropicales, notamment les régions méditerranéennes où l'eau manquait cruellement en été. Le rôle d'interface que ces régions jouent entre les milieux tropicaux et tempérés n'en est qu'accru. Parmi les grands aménagements agricoles, celui du Nil est certainement le plus important. De 1899 à 1902, l'ingénieur Wilcocks éleva le barrage d'Assouan proprement dit : 106 m en 1902 et porté à 121 m en 1930. Ce barrage-poids permettait d'évacuer 6 600 m^3/s pour l'irrigation. La croissance exponentielle de la population égyptienne dans les années 1950-1960, amena l'Egypte à concevoir le barrage Saad el Ali, situé dans la retenue même du précédent.Il retient le Lac Nasser de 5 000 km^2 et de 157 000 000 000 m^3, qui nécessita le déplacement de 80 000 personnes et du Temple Abou Simbel. Le désert y puise 16 000 000 000 m^3/an par évapotranspiration, mais l'ouvrage permet de régulariser l'irrigation de 2 500 000 ha de terres situées en aval, et d'en irriguer 400 000 ha supplémentaires.

La production hydroélectrique est devenue le principal souci des régions tropicales, surtout quant elles ne disposent pas de réserves d'énergie fossile.Une hydrocentrale d'une productivité de 10 000 000 000 Kwh est associée au barrage Saad el Ali, car, le coût de tels ouvrages exige une rentabilité maximale. Sur le Dekkan, tous les ouvrages sont mixtes ; en Chine, sur le Yang-Tsé, le barrage des Trois-Gorges devra assurer l'irrigation des terres, la lutte contre les inondations (on se souvient de celle de 1998) et la production d'énergie.

Mais, dans les secteurs plus humides et moins peuplés la production énergétique se révèle le seul objectif ce qui nous rapproche des régions arctiques : boucliers aquicludes, larges vallées, faibles de la densité de population. En Afrique, on ne rencontre que de vastes centrales isolées : Fria sur l'Onkouré en Guinée, Mano River au Liberia, Bull Dam et Akossombo sur la Volta au Ghana, Kainji Dam sur le Niger, au Nigeria, Edéa sur la Sanaga au Cameroun, ou Cahora-Bassa sur le Zambèze au Mozambique. Mais des potentiels importants ont commencé à faire l'objet d'un aménagement concerté sur la Sassandra, le Zambèze et le Zaïre. À l'inverse, le Venezuela et surtout le Brésil ont constitué de vastes secteurs de production qui n'ont rien à envier aux aménagements canadiens ou russes. L'effort d'Electrobras a surtout porté sur le harnachement du Paraña et de ses affluents rive gauche : Rio Grande, Rio Tiete et surtout Iguaçu, avec les centrales de Jupia, d'Ilha Soltera en amont, et de Paranaira en aval, ouvertes dans les années 1970, ce qui donnait au Brésil une puissance installée de 30 000 000 kw au début des années 80. Puis on réalisa. Mais le "plan 2010 d'Electrobras" envisageait la construction de 200 nouvelles centrales dont Xingu ouverte en 1994 ; et surtout Itaipu de 12,6 millions kW de puissance installée, qui, dès 1997, avec une production de 90 milliards de Kwh, assurait 89% de la consommation énergétique du Paraguay et 25% de la demande du marché brésilien. Violemment attaqué pour sa politique amazonienne, le Brésil a voulu mettre l'accent sur l'écologie. Des études d'impact environnemental du réservoir ont été réalisées, pour minimiser les effets subis par la région. Le lac a été conçu pour opérer à un niveau fixe de 220 mètres au-dessus du niveau de la mer ; le marnage est ainsi évité. La sécurité des habitants des berges est assurée et des activités de loisir, de navigation et d'usage des eaux pour l'irrigation et l'approvisionnement de la population riveraine sont possibles.

On sait enfin l'exiguïté l'espace réservé aux régimes pluvio-évaporaux. À l'exception de l'Europe, les bassins-versants y sont réduits à des marges littorales. Le régime pluvio-évaporal océanique concerne cependant de fortes concentrations humaines en Amérique du Nord, en Extrême orient et surtout en Europe. L'agriculture n'y développa l'irrigation qu'au XXe siècle, avec l'aspersion du maïs et des protéagineux, la batellerie est plus ancienne, mais, concurrencée par le rail et la route, son expansion reste limitée à l'aval des fleuves chinois, et à quelques fleuves européens dont la Seine (le Rhône, le Rhin et le Danube doivent leur qualité à la fonte des neiges et des glaces).

Aussi, ce régime y est-il jugé plutôt comme un handicap, générateur d'inondations cataclysmales au cours d'épisodes pluvieux anormalement élevés, comme à Paris en 1910, en Chine en 1998, en Europe centrale en 2000. À l'inverse, les étés sont de plus en plus difficilement vécus ; en effet, les besoins en eau des communautés urbaines, des industries et de l'agriculture intensive ont accru les prélèvements estivaux, alors qu'on ne laisse pas le temps suffisant aux pluies d'hiver de reconstituer les nappes phréatiques.

Le régime pluvio-évaporal méditerranéen est jugé plus dangereux encore et ses excès ont défrayé la chronique à Vaison-la-Romaine en 1992, dans les Corbières en 1999 et à Alger en 2001. Pourtant, ce sont les étiages qui furent longtemps le plus redoutables, car ce domaine supratropical sert d'interface avec les déserts continentaux et subtropicaux. Les villes et l'agriculture n'ont jamais pu se passer de leurs ressources hydriques, et dès l'Antiquité l'irrigation à partir des montagnes voisines et des fleuves allogènes fut un des moyens de pérenniser l'agriculture au Moyen-Orient, au Maghreb, en Espagne et en France du sud notamment. Véhiculée par l'Islam en Asie centrale, la technique les fut par le catholicisme espagnol dans les deux Amériques. C'est en Iran et en Espagne que les premiers barrages destinés à l'irrigation furent édifiés.

Les fleuves peuvent être dangereux par leurs excès, surtout quand de fortes concentrations humaines sont concernées : Asie de Moussons, domaines supratropicaux et océanisés de l'hémisphère nord et cours d'eau montagnards ; régions surtout concernées par les régimes pluvio-évaporaux Ailleurs, le fleuve apparaît plutôt utile, car hautes et bases eaux , qu'elles soient d'origine nivale ou pluviale, connaît au moins une grande régularité chronologique. Les crues du Nil ont régné sur la vie quotidienne des Egyptiens pendant 5 000 ans. L'homme a d'ailleurs su très tôt s'adapter à l'immodération, comme à l'irrégularité, par les barrages mobiles à écluse pour la navigation, par le barrage-réservoir pour l'irrigation et la production d'énergie. Le fleuve est devenu le compagnon inséparable des villes et de leurs industries, en leur fournissant eau potable, eau industrielle, énergie, divertissement… sans compter qu'il permet l'agriculture intensive, seul moyen, jusqu'à nouvel ordre, de nourrir les fortes concentrations humaines.

Cependant, on a commis des excès. Des fleuves ont perdu leur écoulement ; la très dangereuse Durance est tellement régularisée par le barrage de la Serre-Ponçon, que l'eau ne s'y écoule plus qu'avec parcimonie, la majorité est conduite artificiellement vers la Provence. La Mer d'Aral ce vide, car l'eau de l'Amou-Daria et du Syr-Daria se perd dans le canal du Karakoum et les champs de coton. La lac Nasser est envahi par les limons. On a peut-être évité le pire, le Plan Davidov, ou détournement de l'Ienisseï vers la cuvette aralo-caspienne. Mais, on a aussi réhabilité la Tennessee, on a transformé la Pendjab en oasis, ... D'ailleurs, preuve de leur utilité, les fleuves font l'objet d'une enjeu économico-politique : répartition des eaux du Nil en le Soudan et l'Egypte, de celles de l'Indus entre l'Inde et le Pakistan, de celles du Colorado et de Rio Bravo entre les Etats-Unis et le Mexique.

Bibliographie sommaire

CHORLEY R.J. (1969) - *Introduction to geographical hydrology* - Londres, Methuen.

COSANDEY Cl. et ROBINSON M. (2000) - *Hydrologie continentale* - Armand Colin, Paris.

FRECAUT R et PAGNEY P. (1983) - *Dynamique des climats et de l'écoulement fluvial* - Masson, Paris.

GAUTHIER E. et TOUCHARD L. (1999) - *Fleuves et lacs* - Armand Colin, Synthèses, Paris.

GUILCHER. A (1979) - *Précis d'hydrologie marine et continentale* - 2de édition, Masson, Paris .

GUYOT C. (1974) - *L'hydrologie* - PUF, Que sais-je - Paris .

JACQUES G. (1996) - *Le cycle de l'eau* - "Les fondamentaux" Hachette supérieur,

LAMBERT R. (1996) - *Géographie du cycle de l'eau* - PUM, Toulouse,

LAWRENCE DINGMAN S. (1993) - *Physical Hydrology* - MacMillan Publishing Company, New York.

LOUP J. (1974) - *Les eaux terrestres* - Masson, Paris.

PARDE M. (1968) - *Fleuves et rivières* - Armand Colin, Paris.

PETRETTI F. (1997) - *Fleuves et ruisseaux* - Naturoscope Gründ, Paris

REMENIERAS G.(1980) - *L'hydrologie de l'ingénieur* - Eyrolles , Paris , 2de édition.

RITTER J. (1976) - *Le Danube* - PUF, Que Sais-je ? n° 1622

RITTER J. (1968) - *Le Rhin* - PUF, Que sais-je ? n° 1065

RITTER J. (1973) - *Le Rhône* - PUF, Que Sais-je ? n° 1507,

ROCHEFORT M. (1969) - *Les Fleuves* - P.U.F. Que-sais-je ?, Paris.

TODD D.K. (1970) - *The water encyclopedia* - Huntington, New York.

TOUCHARD L. (2003) - *Hydrologie : mers, fleuves et lacs* - Armand Colin, Campus, Paris

U.N.E.S.C.O. (1979) - *Débit de certains cours d'eau du monde* - Les presses de l'UNESCO - Paris

VIGNEAU J.P. (2000) - *Géoclimatologie* - Ellipse, Paris

Table des documents

Table des matières

612357 - Juin 2015
Achevé d'imprimer par
1livre.com
du rêve à la réalité !